工程师经验手记

51 单片机轻松入门
——基于 STC15W4K 系列

(C 语言版)(第 2 版)

李友全　编著

北京航空航天大学出版社

内容简介

本书以最新流行的不需要外部晶振与复位电路的可仿真的高速STC15W4K系列单片机为核心，详细介绍了单片机内部功能模块，如定时器、中断、串口、SPI接口、片内比较器、A/D转换器、可编程计数器阵列(CCP/PCA/PWM)等。每个重要知识点都有简短精炼的实例作验证。然后是对单片机常用外围接口的介绍与STC15W4K系列单片机的实际产品运用实例分析。另外，对单片机开发必须掌握的C语言基础知识与Keil开发环境也作了较为详细的介绍。对于没有学习过C语言的读者，通过本书也能轻松进入以C语言开发单片机的学习状态。

为了快速验证本书的理论知识，作者设计了与本书配套的双核(两个仿真型单片机)实验板，功能强大，操作简单、直观，除用于本书实验测试外，还可用于产品前期开发。

本书可作为普通高校计算机类、电子类、自动控制类、仪器仪表类、机电一体化类等相关专业的教学用书，对已有一定设计经验的单片机工程师也有重要的参考价值。

图书在版编目(CIP)数据

51单片机轻松入门 ：基于STC15W4K系列 ：C语言版/李友全编著. --2版. --北京 ：北京航空航天大学出版社，2020.9

ISBN 978-7-5124-3340-3

Ⅰ. ①5… Ⅱ. ①李… Ⅲ. ①单片微型计算机－C语言－程序设计 Ⅳ. ①TP368.1②TP312.8

中国版本图书馆CIP数据核字(2020)第157982号

51单片机轻松入门——基于STC15W4K系列(C语言版)(第2版)

李友全 编著

责任编辑 杨 昕

*

北京航空航天大学出版社出版发行

北京市海淀区学院路37号(邮编100191) http://www.buaapress.com.cn

发行部电话：(010)82317024 传真：(010)82328026

读者信箱：emsbook@buaacm.com.cn 邮购电话：(010)82316936

涿州市新华印刷有限公司印装 各地书店经销

*

开本：710×1 000 1/16 印张：28.5 字数：641千字

2020年9月第2版 2022年9月第2次印刷 印数：2 001～3 000册

ISBN 978-7-5124-3340-3 定价：89.00元

若本书有倒页、脱页、缺页等印装质量问题，请与本社发行部联系调换。联系电话：(010)82317024

序

21 世纪全球全面进入了计算机智能控制/计算时代，而其中的一个重要方向就是以单片机为代表的嵌入式计算机控制/计算。由于适合中国工程师、学生入门的 8051 单片机已有 30 多年的应用历史，且绝大部分工科院校均有此必修课，同时有几十万名对该单片机十分熟悉的工程师可以相互交流开发和学习心得，因此有大量的经典程序和电路可以直接套用，从而大幅降低了开发风险，极大地提高了开发效率，这也是 STC 宏晶科技基于 8051 系列单片机进行产品开发的巨大优势。

Intel 8051 技术诞生于 20 世纪 70 年代，不可避免地面临着落伍的危险，如果不对其进行大规模创新，我国的单片机教学与应用就会陷入被动局面。为此，STC 宏晶科技对 8051 单片机进行了全面的技术升级与创新，经历了 STC89/90、STC10/11、STC12、STC15 系列，累计上百种产品：全部采用 Flash 技术(可反复编程 10 万次以上)和 ISP/IAP(在系统可编程/在应用可编程)技术；针对抗干扰进行了专门设计，具有超强的抗干扰能力；进行了特别加密设计，如 STC15 系列现无法解密；对传统 8051 进行了全面提速，指令速度最快提高了 24 倍；大幅提高了集成度，如集成了 A/D、CCP/PCA/PWM (PWM 还可当 D/A 使用)、高速同步串行通信端口 SPI、高速异步串行通信端口 UART、定时器、看门狗、内部高精准时钟(±1%的温漂，－40～＋85℃的温度范围，可彻底省掉外部昂贵的晶振)、内部高可靠复位电路(可彻底省掉外部复位电路)、大容量 SRAM、大容量 EEPROM、大容量 Flash 程序存储器等。针对大学教学，现 STC15 系列的一个单芯片就是一个仿真器，定时器改造为支持 16 位自动重载(学生只需学一种模式)，串行口通信波特率计算改造为系统时钟/4/(65 536－重装数)，极大地简化了教学，针对实时操作系统 RTOS 推出了不可屏蔽的 16 位自动重载定时器，并且在最新的 STC-ISP 烧录软件中提供了大量的贴心工具，如范例程序、定时器计算器、软件延时计算器、波特率计算器、头文件、指令表、Keil 仿真设置等。

2014 年 4 月，STC 宏晶科技重磅推出了 STC15W4K32S4 系列单片机，其拥有宽电压工作范围，不需任何转换芯片，就可直接通过计算机 USB 接口进行 ISP 下载编程。除此之外，该系列单片机还集成了更多的 SRAM(4 KB)、定时器(7 个，其中 5 个普通定时器，2 个 CCP 定时器)、串口(4 个)，集成了更多的高功能部件(如比较器、带死区控制的 6 路 15 位专用 PWM 等)；开发了功能强大的 STC-ISP 在线编程软件，包含了项目发布、脱机下载、RS485 下载、程序加密后传输下载等功能，并已申请专利。

在中国,民间草根企业掌握了 Intel 8051 单片机技术,以“初生牛犊不怕虎”的精神,击溃了欧美竞争对手之后,站在 8051 单片机的前沿,也正在向着 32 位单片机前进。当然,这有您,有他,有大家的关心、鼓励与支持!

STC 宏晶科技感恩社会,回馈社会,全力支持我国的单片机/嵌入式系统教育事业,STC 大学推广计划正在如火如荼地进行中,免费向大学赠送可仿真的 STC15W4K 系列实验箱(仿真芯片 IAP15W4K58S4),共建 STC 高性能单片机联合实验室。本教材是 STC 大学推广计划的合作教材,也是 STC 杯单片机系统设计大赛的推荐教材。

部分已建和在建单片机实验室的高校有:上海交通大学、西安交通大学、浙江大学、武汉大学、华中科技大学、中山大学、吉林大学、山东大学、哈尔滨工业大学、天津大学、同济大学、湖南大学、兰州大学、东北大学、西北农林科技大学、中国海洋大学、北京航空航天大学、南京航空航天大学、北京理工大学、南京理工大学、华东理工大学、太原理工大学、哈尔滨理工大学、哈尔滨工程大学、北京化工大学、北京工业大学、东华大学、苏州大学、江南大学、扬州大学、南通大学、宁波大学、深圳大学、杭州电子科技大学、桂林电子科技大学、西安电子科技大学、成都电子科技大学、华北电力大学、南京邮电大学、西安邮电大学、天津工业大学、中国石油大学、中国矿业大学等“985”“211”及电类本科高校,以及广东轻工职业技术学院、深圳信息职业技术学院、深圳职业技术学院等高等职业学校。

感谢 Intel 公司发明了经久不衰的 8051 体系结构,感谢李友全老师的新书保证了中国 30 年来的单片机教学与世界同步。采用本书作为教材的院校将优先免费获得我们可仿真的 STC15W4K 系列实验箱的支持。

明知山有虎,偏向虎山行!

STC 宏晶科技:Andy.姚

www.STCMCU.com,www.GXWMCU.com

2015 年 1 月

第 2 版前言

自《51 单片机轻松入门（C 语言版）——基于 STC15W4K 系列》第 1 版出版以来，得到了广大读者的支持与肯定，也收到了许多读者提出的一些有价值的意见，作者结合这几年积累的设计经验，对第 1 版进行了如下优化：

(1) 对实验板电源输入部分进行了改进，由以前电源开关直接切断交流的方式改为了切断直流的方式，明显减小了电源开关切换瞬间对计算机 USB 接口的干扰，进一步提高了程序下载的稳定性，这也是作者历经反复实验和分析得到的重要经验。

(2) 第 1 章增加了 I/O 口 4 种工作模式的内部原理图，对软件仿真部分中逻辑分析仪的使用进行了更准确细致的讲解。

(3) 第 2 章增加了关键字 volatile 的使用说明，这是一个很重要的关键字，是程序调试中经常会遇到的问题。

(4) 第 3 章增加了外中断调试更简洁的电路及相关说明。

(5) 第 4 章增加了 SSI 通信相关的进口绝对式编码器外形图，有助于读者明确 SSI 通信电路和程序的实际用途。

(6) 第 6 章对 I^2C 通信程序代码的健壮性进行了优化，增加了 24C512 的例程。

(7) 第 13 章增加了简单易用且与 1602 液晶外形相似的中文串口液晶屏的讲解。

(8) 第 15 章增加了步进电机细分驱动器内部电路图及相关说明。

(9) 第 22 章更新了硬件逻辑分析仪的使用方法，内容比以前更加详细，更加完整。

对于从 0 开始学习单片机的读者，在阅读本书的过程中，如果遇到一些不理解的句子，可以先用铅笔在书上作标记，然后继续阅读后面的内容，或者到本书 QQ 群里提问。单片机是一门实践性很强的课程，需要在结合书本学习的同时多做实验，由书本指导实验，在实验过程中进一步去理解书本上的知识。

对于单片机初学者，不要把单片机看得那么难，所谓书读百遍，其义自现，只要静下心来认真学习，付出总会有收获。

本书配套实验板购买地址：https://shop117387413.taobao.com。

配套视频、例程、相关软件、器件手册等下载地址：https://pan.baidu.com/s/1_

6HFFLl3Zhqdd_hMepYMAg,提取码:ercn。

STC 单片机购买地址:http://www.gxwmcu.com。

本书 QQ 群:324284310。

作者邮箱:xgliyouquan@126.com。

李友全
2020 年 7 月

前　言

STC 单片机是在传统 8051 单片机内核的基础上进行大幅度改进升级优化而来的新一代 8051 单片机，具有高速、高可靠、低功耗、外围模块多、ISP 升级程序方便、价格低廉等显著优点，加上 STC 宏晶科技单片机的厂商“南通国芯微电子”属于中国大陆本土企业，当我们在产品设计过程中遇到问题时，便于与厂家沟通以获得技术支持，所以 STC 单片机已经被众多的产品设计工程师作为首选方案而运用到自己的产品中。

STC 单片机的指令系统与标准的 8051 内核完全兼容，过去的 51 单片机书籍仍然可以拿来作为辅助参考资料。已经熟悉传统 8051 内核单片机的读者，可以轻松过渡到 STC 可仿真的超级强大的 STC15 系列单片机或 STC 早期的 STC89 系列单片机，本书的编写建立在笔者十多年的产品设计经验基础之上，具体编写从前到后又花费了近 5 年的时间，笔者本着十年磨一剑的精神把每一个章节的内容写出水平，因此本书内容翔实，语言简练，通俗易懂，对多年来传统单片机教材含糊不清的概念与重要知识都做了明确分析；全书程序代码编写规范，注重程序的通用性与移植性，让读者既能轻松看懂理论知识，又能方便地将程序代码移植到产品中去。

本教材主讲的单片机型号是 STC 公司的 IAP15W4K58S4（既能仿真又能便于 USB 直接下载程序），是目前 STC 最先进的芯片之一，其内部资源十分丰富，具有 58 KB 程序存储器，4 096 字节数据存储器，5 个定时器，4 个独立串口，8 通道 10 位高速 A/D 转换器，1 个 SPI 接口支持主机与从机模式，2 路 CCP/PCA/PWM，6 路带死区控制的专用 PWM，1 个比较器等，支持 USB 直接下载程序和串口下载程序，内部集成有高精度 R/C 时钟与高可靠复位电路，支持 2.5～5.5 V 宽工作电压范围，只需提供电源就能成为单片机最小系统，只需加上一个 RS232 电平转换芯片或 USB 转串口芯片再与计算机相连就能成为一个功能完善的仿真系统。程序仿真调试非常方便，用此芯片可以完成本书很多高级实验，比如 TLC5615 数/模转换芯片播放歌曲、SD 卡读/写等。另外，此单片机在软件与硬件上都完全兼容资源略少的上一代单片机 STC15F2K60S2 系列，因此本书也完全适用于 STC15F2K60S2 系列的学习。为降低实际产品成本，本书还辅助性地介绍了 STC15W404S 系列，STC15W404S 系列资源更少一些，但引脚仍然很多,同样支持宽电压供电,带比较器功能,支持 SPI 主机与从机模式等。在功能要求比较简单的产品上,为进一步降低成本,读者也可使用 STC15W401AS 系列或 STC15W100 系列芯片。

本教材在编写过程中得到了北京航空航天大学出版社和 STC 单片机创始人姚永平先生的大力支持,使本书在总体架构上的先进性与实用性得到了保证,并由姚永平先生亲自担任本教材的主审,在此向北京航空航天大学出版社和姚永平先生深表谢意。

本书中用到的单片机程序下载软件与中文手册可到 STC 官网 http://www.stcmcu.com 免费下载,配套实验板可以登录 https://shop117387413.taobao.com/ 购置,配套例程和免费视频也可在此网址获取下载地址,大家在使用本书过程中有什么疑问或需要也可直接发邮件与作者进行交流,作者邮箱:xgliyouquan@126.com。

编　者

2015 年 1 月

目 录

第1章 单片机高效入门 …… 1

1.1 单片机简介 …… 1

1.1.1 认识单片机 …… 1

1.1.2 单片机的用途 …… 2

1.1.3 典型芯片与C语言介绍 …… 2

1.1.4 本书的配套实验板及相关学习工具介绍 …… 4

1.2 点亮一个发光二极管 …… 13

1.2.1 单片机型号命名规则 …… 13

1.2.2 单片机引脚功能说明 …… 14

1.2.3 制作一个最简单的单片机实验电路 …… 20

1.2.4 使用Keil μVision3环境编写最简单的程序 …… 21

1.2.5 ISP下载程序到单片机 …… 26

1.2.6 程序解释 …… 27

1.3 Keil仿真 …… 29

1.3.1 软件仿真 …… 29

1.3.2 硬件仿真 …… 36

1.4 经典流水灯实例 …… 38

1.5 单片机C语言延时程序详解 …… 40

1.5.1 学会使用计算软件 …… 40

1.5.2 计算软件内部运算过程详解 …… 42

1.5.3 利用库函数实现短暂精确延时 …… 47

1.5.4 使用定时器/计数器实现精确延时 …… 48

1.6 main()、void main()和int main()的区别 …… 48

1.7 printf格式化输出函数 …… 49

第2章 单片机开发必须掌握的C语言基础 …… 53

2.1 简单数据类型与运算符 …… 53

2.1.1 原码、反码、补码、BCD码和格雷码 …… 54

2.1.2 常 量 …… 58

2.1.3 变量的数据类型(bit、char、int、long、float) …… 58

2.1.4 变量的存储空间(code、data、bdata、idata、xdata) …… 67

2.1.5 变量的存储类型(auto、static、extern) …… 68

2.1.6 变量的作用域 …… 71
2.1.7 运算符 …… 72
2.1.8 运算符的优先级与结合性 …… 78
2.2 C51 构造数据类型 …… 80
2.2.1 数 组 …… 80
2.2.2 结构体 …… 82
2.2.3 共用体 …… 85
2.2.4 指 针 …… 86
2.2.5 #define 与 typedef 的区别 …… 90
2.3 流程与控制 …… 92
2.3.1 分支结构 …… 92
2.3.2 循环结构 …… 94
2.3.3 跳转结构 …… 95
2.4 函 数 …… 97
2.4.1 函数定义 …… 97
2.4.2 调用格式 …… 98
2.4.3 传值调用与传地址调用的对比 …… 98
2.4.4 数组作为函数参数 …… 99
2.4.5 使用指针变量作为函数形式参数 …… 100
2.4.6 使用结构体变量指针作为函数参数 …… 100
2.4.7 函数作用域 …… 101
2.4.8 库函数 …… 101
2.5 模块化编程 …… 102
2.5.1 头文件的编写 …… 102
2.5.2 条件编译 …… 102
2.5.3 多文件程序(模块化编程) …… 103
2.6 关键字 volatile 与代码调试小技巧 …… 105
第 3 章 定时器/计数器、中断系统 …… 106
3.1 定时器/计数器 …… 106
3.1.1 单片机定时器/计数器工作原理概述 …… 106
3.1.2 定时器/计数器的相关寄存器 …… 107
3.1.3 定时器/计数器的工作方式 …… 110
3.1.4 初值计算 …… 113
3.1.5 编程举例 …… 114
3.2 可编程时钟输出 …… 117
3.3 中断系统 …… 122
3.3.1 中断系统结构图 …… 122

3.3.2 操作电路图中的开关(相关寄存器介绍) …… 122
3.3.3 编写中断函数 …… 126
3.3.4 中断程序举例 …… 127
3.3.5 外部中断代码调试(按键的防抖技术) …… 131
第 4 章 串口通信 …… 133
4.1 最基本的串口通信 …… 133
4.1.1 串口数据发送格式 …… 134
4.1.2 串口相关的寄存器 …… 135
4.1.3 波特率的计算步骤 …… 140
4.1.4 单片机与计算机通信的简单例子 …… 142
4.2 彻底理解串口通信协议 …… 146
4.3 串口隔离电路 …… 151
4.4 计算机扩展串口(USB 转串口芯片 CH340G) …… 153
4.5 RS485 串行通信 …… 157
4.6 SSI 通信 …… 160
4.6.1 SSI 数据通信格式 …… 160
4.6.2 SSI 硬件电路 …… 161
4.6.3 SSI 软件实现 …… 162
4.7 数据通信中的错误校验 …… 165
4.7.1 校验和(CheckSum)与重要的串口通信实例 …… 165
4.7.2 CRC 校验 …… 168
4.8 单片机向计算机发送多种格式的数据 …… 172
第 5 章 SPI 通信 …… 177
5.1 SPI 总线数据传输格式 …… 177
5.1.1 接口定义 …… 177
5.1.2 传输格式 …… 178
5.2 SPI 接口相关的寄存器 …… 180
5.2.1 SPI 相关的特殊功能寄存器 …… 180
5.2.2 SPI 接口引脚切换 …… 183
5.3 SPI 接口运用举例 …… 183
第 6 章 I^2C 通信 …… 193
6.1 I^2C 总线数据传输格式 …… 193
6.1.1 各位传输要求 …… 193
6.1.2 多字节传输格式 …… 196
6.2 程序模块功能测试 …… 200
6.2.1 硬件仿真观察 24C02 读/写结果(R/C 时钟:22.118 4 MHz) …… 200
6.2.2 硬件仿真观察 24C32/64 读/写结果(R/C 时钟:22.118 4 MHz) …… 207

6.2.3 硬件仿真观察 24C512 读/写结果(R/C 时钟:22.118 4 MHz) …… 210
6.3 24C02 运用实例(断电瞬间存储整数或浮点数) …… 210
第 7 章 单片机内部比较器与 DataFlash 存储器 …… 217
7.1 STC15W 系列单片机内部比较器 …… 217
7.1.1 比较器结构图 …… 217
7.1.2 寄存器说明 …… 217
7.1.3 电路讲解与程序实例 …… 219
7.2 DataFlash 存储器 …… 220
7.2.1 与 DataFlash 操作有关的寄存器介绍 …… 221
7.2.2 DataFlash 操作实例(断电瞬间存储数据) …… 223
第 8 章 可编程计数阵列 CCP/PCA/PWM 模块(可用作 DAC) …… 229
8.1 PCA 模块总体结构图 …… 229
8.2 PCA 模块的特殊功能寄存器 …… 230
8.3 PCA 模块的工作模式与应用举例 …… 233
第 9 章 模/数转换器 ADC …… 244
9.1 ADC 的主要技术指标 …… 244
9.2 使用单片机内部的 10 位 ADC …… 246
9.2.1 与 ADC 相关的特殊功能寄存器 …… 246
9.2.2 实例代码 …… 248
9.3 12 位 ADC 转换芯片 MCP3202-B …… 250
9.4 单通道 16 位 ADC 转换芯片 ADS1110A0 …… 256
9.5 单通道 18 位 ADC 转换芯片 MCP3421A0T-E/CH …… 256
第 10 章 数/模转换器 DAC …… 261
10.1 TLC5615 数/模转换电路与基本测试程序 …… 261
10.2 TLC5615 产生锯齿波、正弦波、三角波 …… 264
10.3 TLC5615 的高级运用(播放歌曲) …… 268
第 11 章 单片机实用小知识 …… 272
11.1 复 位 …… 272
11.1.1 外部 RST 引脚复位 …… 272
11.1.2 软件复位 …… 273
11.1.3 内部低压检测复位 …… 273
11.1.4 看门狗定时器复位 …… 274
11.2 单片机的低功耗设计 …… 275
11.2.1 相关寄存器说明 …… 275
11.2.2 应用举例 …… 278
11.3 单片机扩展 32 KB 外部数据存储器 62C256 …… 279
11.3.1 电路讲解 …… 280

11.3.2 软件测试实例…………………………………………………………………………………… 281
第 12 章 常用单片机接口程序 ………………………………………………………………… 284
12.1 数码管静态显示………………………………………………………………………………… 284
12.2 数码管动态显示………………………………………………………………………………… 288
12.3 独立键盘………………………………………………………………………………………… 292
12.4 矩阵键盘………………………………………………………………………………………… 300
第 13 章 1602 液晶 ……………………………………………………………………………… 308
13.1 1602 液晶外形与电路图 …………………………………………………………………… 308
13.2 1602 液晶应用举例 ………………………………………………………………………… 309
13.3 1602 液晶显示汉字与特殊符号 …………………………………………………………… 313
13.4 使用中文液晶屏………………………………………………………………………………… 315
第 14 章 精密电压表/电流表/通用显示器/计数器的制作………………………………… 317
14.1 功能说明与电路原理分析……………………………………………………………………… 317
14.2 程序实例………………………………………………………………………………………… 320
14.2.1 通用显示器功能检测程序(外部程序)…………………………………………………… 320
14.2.2 计数器功能检测程序(外部程序)………………………………………………………… 321
14.2.3 模块程序…………………………………………………………………………………… 321
第 15 章 步进电机测试 …………………………………………………………………………… 326
15.1 步进电机的特点………………………………………………………………………………… 326
15.2 步进电机的 3 种励磁方式……………………………………………………………………… 327
15.3 步进电机驱动电路……………………………………………………………………………… 328
15.4 步进电机驱动实例……………………………………………………………………………… 329
15.5 步进电机专用驱动器介绍 …………………………………………………………………… 331
第 16 章 频率检测 ………………………………………………………………………………… 334
16.1 频率检测的用途与频率定义…………………………………………………………………… 334
16.2 频率检测实例…………………………………………………………………………………… 335
第 17 章 DS1302 时钟芯片………………………………………………………………………… 340
17.1 DS1302 的 SPI 数据通信格式 ………………………………………………………………… 340
17.2 程序实例………………………………………………………………………………………… 342
第 18 章 红外通信 ………………………………………………………………………………… 346
18.1 红外通信电路与基本原理……………………………………………………………………… 346
18.2 红外接收软件实例……………………………………………………………………………… 349
第 19 章 单总线 DS18B20 通信(长距离无线通信)………………………………………… 355
19.1 DS18B20 运用基础 …………………………………………………………………………… 355
19.1.1 单只 DS18B20 的温度检测电路 ………………………………………………………… 355
19.1.2 DS18B20 的通信时序 ……………………………………………………………………… 355
19.1.3 DS18B20 内部功能部件 ROM、RAM 和指令集……………………………………… 358

19.1.4 读取温度步骤 …… 360
19.2 单只 DS18B20 的温度检测 …… 361
19.3 多只 DS18B20 的温度检测 …… 366
19.3.1 读取传感器代码 …… 366
19.3.2 读取传感器温度 …… 367
第 20 章 SD 卡与 znFAT 文件系统 …… 371
20.1 认识 SD 卡与 SD 卡驱动程序 …… 371
20.1.1 认识 SD 卡 …… 371
20.1.2 电路讲解 …… 373
20.1.3 通信时序与完整驱动程序说明 …… 373
20.2 znFAT 文件系统 …… 382
20.2.1 znFAT 的移植方法 …… 382
20.2.2 znFAT 移植实例 …… 386
第 21 章 MP3 播放器实验 …… 388
21.1 MP3 的介绍与电路讲解 …… 388
21.1.1 VS1003B 引脚说明 …… 389
21.1.2 VS1003 寄存器 …… 390
21.2 正弦测试 …… 392
21.3 通过 SD 卡播放 MP3 文件 …… 395
第 22 章 数字存储示波器技巧与逻辑分析仪的操作 …… 399
22.1 测量直流电源开关机瞬间输出的毛刺浪涌 …… 399
22.2 测量稍纵即逝的红外发射信号 …… 403
22.3 精确测量直流电源纹波 …… 405
22.4 示波器带宽选用依据 …… 407
22.5 逻辑分析仪概述 …… 408
22.6 线束和测试夹 …… 409
22.7 逻辑分析仪软件的安装 …… 409
22.8 采集数据和分析仪设置 …… 413
22.8.1 演示模式 …… 413
22.8.2 采集数据 …… 413
22.8.3 逻辑分析仪设置 …… 414
22.9 导航数据(缩放、平移、重排、隐藏等) …… 415
22.9.1 放大和缩小 …… 415
22.9.2 左右平移 …… 415
22.9.3 数字边沿跳跃 …… 416
22.9.4 调整窗口大小 …… 417
22.9.5 使用标签 …… 418

22.9.6 重新排列通道…… 419
22.9.7 改变通道信号高度…… 420
22.9.8 隐藏通道…… 420
22.10 测量、时间标记和书签…… 421
22.10.1 数字测量 …… 421
22.10.2 使用注释 …… 422
22.10.3 使用时间标记 …… 422
22.10.4 添加多个时间标记 …… 423
22.10.5 快速显示任意两点间的时间(持久显示) …… 424
22.11 使用书签 …… 426
22.12 使用协议分析器 …… 427
22.13 在波形的指定点启动分析器 …… 430
22.14 查看协议分析器结果 …… 431
22.15 导出分析结果 …… 432
22.16 保存和加载波形 …… 433
22.17 使用触发 …… 433
22.17.1 边沿触发 …… 433
22.17.2 脉冲宽度触发 …… 435
22.18 键盘快捷键 …… 435
附录 ASCII 码表 …… 436
参考文献 …… 438

第1章 单片机高效入门

1.1 单片机简介

1.1.1 认识单片机

单片机全称是单片微型计算机。大家都知道计算机内部主要包含微处理器 CPU、硬盘、内存等部件,而一个单片机内部也包含了微处理器内核、程序存储器、数据存储器等,单片机的内核相当于计算机主板上的 CPU,单片机的程序存储器相当于计算机的硬盘,单片机的数据存储器相当于计算机的内存。另外,编写过计算机应用程序的人都知道,计算机是按程序命令一条条执行语句完成所需的功能,单片机也是按程序命令一条条执行语句完成所需的功能。从这里可以看出,单片机与计算机实在是太相似了,这就是可以把它称为计算机的原因。还有,单片机拥有的这么多的结构部件都是集成在单一的、一块集成电路芯片上的,加上体积微小,所以全称就是单片微型计算机,简称单片机。单片机常见外观如图 1-1 所示。

图 1-1 单片机常见外观图

单片机与普通集成电路的区别是:普通集成电路的功能是固定死的,使用者无法更改;单片机的功能是可以通过编写程序进行更改的。事实上,由于单片机只是用在电子产品线路板上的一个集成电路芯片,完成一些常用的电气检测与控制功能,把它称为微型计算机太过夸大其词,于是又有人把它改名称为微控制器,英文名称 Micro Control Unit,缩写为 MCU。不管称为单片微型计算机还是微控制器或者 MCU,它本质上始终是用在电子产品线路板上的一个集成电路芯片,没什么神奇之处。

1.1.2 单片机的用途

单片机的用途十分广泛,比如常见的家用电器中洗衣机、空调、电磁炉等内部有单片机;智能化仪器仪表内有单片机;工业生产数控机床位移检测用的光栅尺,其光栅尺连接的控制仪表内有单片机;作者设计过的,用在全国各地的国家粮食储备库与中央粮食储备库的计算机测温系统,除计算机外的核心就是单片机;作者设计过的,用在生产流水线检验家用热水器部件的检验设备和检验汽车部件的检验设备,也都是以计算机和单片机为核心构成的。

现在这个时代的电子产品,普遍都在使用单片机,所以学好单片机是非常重要的。

1.1.3 典型芯片与 C 语言介绍

单片机种类较多,比较流行的有 51 单片机、AVR 单片机、PIC 单片机、MSP430 单片机、STM32 等。过去比较流行的 51 单片机的典型型号是 AT89C51 与 AT89S51,现在已被功能更强大、使用更方便的 STC 单片机所取代。STC 单片机对原有 51 内核进行了重大改进并增加了很多片内外设,第一代 STC89 系列单片机的性能就显著超越了 AT89 系列;又经历了几代的发展,现在 STC 已发展到了 15 系列,具有低功耗、低价位、高性能、使用方便等显著特点。STM32 是意法半导体公司使用 Cortex - M3 内核生产的 32 位单片机,运行速度更快、功能更强大、性价比高,现在运用也比较广泛。至于 AVR 单片机、PIC 单片机、MSP430 单片机等由于价格高、供货渠道不稳定等多种因素,它们在市场所占有的份额已经越来越小,所以学习单片机要把重点放在 STC 和 STM32 上,下面就以 STC 系列单片机为例进行讲解。本书主要介绍 STC,把 STC 学通后再学习 STM32 就简单了,因为,几乎所有 STC 单片机的例子都可以用在 STM32 上。

STC15 系列单片机又分为多个子系列,STC15W100/STC15F100W 系列→STC15W201S 系列→STC15W401AS 系列→STC15W404S 系列→STC15W1K16S 系列→STC15F2K60S2 系列→STC15W4K32S4 系列等,它们的功能从简单到高级依次增强。由于芯片具体型号众多,不可能每一个都去学,所以本书主要讲解功能最强的 STC15W4K32S4 系列中的 IAP15W4K58S4,它的功能最全(STC15 系列中的其他型号功能都比它少),价格也更便宜,表 1 - 1 列出了 STC15 系列单片机典型型号与资源的对比。IAP15W4K58S4 单片机兼容 STC15 系列其他型号的单片机,在 IAP15W4K58S4 单片机上运行正常的程序,不用做任何修改就可以直接下载到同系

列的其他型号的单片机上运行。在硬件上，IAP15W4K58S4 引脚排列也完全兼容相同封装的 15 系列的其他型号。正因为如此，与本书配套的实验板除了可以做 IAP15W4K58S4 相关的实验外，也可以完成 15 系列其他型号单片机的实验。综上所述，读者只要学会使用 IAP15W4K58S4，STC15 系列中的其他型号芯片就都可以使用了。

表 1-1　STC15 系列单片机典型型号对比

型　号	IAP15W4K58S4（本身就是仿真器）	STC15W4K56S4	IAP15F2K61S2（本身就是仿真器）	STC15F2K60S2	STC15W408S
工作电压/V	2.5～5.5	2.5～5.5	4.5～5.5	4.5～5.5	2.5～5.5
Flash 程序存储器/KB	58	56	61	60	8
数据存储器 SRAM/KB	4 096	4 096	2 048	2 048	512
定时器	T0～T4	T0～T4	T0～T2	T0～T2	T0～T2
PCA/PWM/CCP	2 通道	2 通道	3 通道	3 通道	—
6 通道专用 PWM（带死区控制）	有	有	—	—	—
串口数量	4	4	2	2	1
8 通道 10 位 A/D 转换器	有	有	有	有	—
SPI 接口	主从	主从	主	主	主从
比较器	有	有	—	—	有
EEPROM	IAP	2K	IAP	1K	5K
支持 USB 直接下载	支持	支持	—	—	—
支持外部晶振/MHz	5～35	5～35	5～35	5～35	—
参考价/元	5.9	5.9	4.9	4.9	3.0

针对表 1-1 的说明如下：

① 型号为 IAP 开头的单片机可以在程序运行过程中由程序修改或者擦除整个 Flash 程序存储区，让传统的只读程序存储器变成可读/写程序存储器，程序运行过程中写入 Flash 的数据与程序一样，具有掉电不丢失的功能。表中 EEPROM 为 IAP 的，表示 EEPROM 使用 Flash 存储区剩余空间。型号不是 IAP 开头的单片机，无论程序如何操作，都无法更改 Flash 程序存储区，使用 IAP 提高了程序的灵活性，不使用 IAP 有利于 Flash 存储空间程序的安全性。

② STC 单片机内部带有高精度 R/C 时钟，±1%温漂（-40～85 ℃），通常的应用如串口通信、红外通信、18B20 通信类程序都是不需要外部晶振的。作为特殊应用，比

如精密频率计就需要外部晶振(外部晶振频率稳定度通常都高于 0.01%,初始误差可通过调整与晶振连接的电容容量进行微调)。需要注意,STC15 系列的个别型号(比如 IAP15W4K61S4)如果使用外部晶振,则目前只能外接 24 MHz 的晶振,否则芯片可能无法正常工作,IAP15W4K58S4、IAP15F2K61S2、STC15F2K60S2 等都是可以使用外部 5～35 MHz 晶振的。

学习单片机除了要了解芯片内部的功能模块外,还要学习编程语言。编程语言有汇编语言和 C 语言两种语言可供选择。汇编语言的学习其实比 C 语言要简单,只要熟悉一下单片机的汇编指令,找几个简单的例子练一练就大致学会了;另外,学习汇编语言还有个好处,就是可以对单片机内部程序存储器和数据存储器的原理理解得比较清楚。C 语言本身也比较简单,只是学习的内容比汇编语言要多,也就是说,学习 C 语言的难度要略大于汇编语言。但是,汇编语言编写好的程序,别人是很难读懂的,就连自己编写的程序,隔上三五个月再看也是很难看懂的。而 C 语言就不同了,C 语言编写的程序比汇编语言容易理解,并且具有较强的移植性,一种单片机的代码可方便地移植到另一种单片机上。还有一个更重要的问题是,不管汇编语言编程水平有多高,如果不精通 C 语言,也是不行的,因此本书着重讲解 C 语言。

1.1.4 本书的配套实验板及相关学习工具介绍

本书配套了 2 个实验板,一个作为主实验板,外形如图 1-2 所示,可以完成流水灯、定时器/计数器、串口通信、I^2C 通信、SPI 通信、按键、数码管、LCD1602 液晶、A/D 转换、D/A 转换、红外接收、DS18B20 温度传感器、TFT 工业彩色串口触摸屏等实验;另一个作为辅助实验板可直接插接到主实验板上,用于完成 SD 卡、MP3 播放器实验。使用配套实验板最大的好处是可以节省自己搭接实验电路的时间。

SD 卡与 MP3 辅助实验板外形如图 1-3 所示。

熟悉电路图是编程与实验的重要基础,由于电路模块单元较多,可以在学习到相应章节时再回来仔细分析电路。电路原理详细说明如下。

1. 电源电路与 EEPROM 断电检测电路

图 1-4 有 2 路断电检测电路,一路是通过二极管 1N4007 全波整流采样交流电,适用于各个型号的单片机,可靠性很高,可用于大量数据的断电瞬间存储;另一路是电源 VCC 与 GND 间的电阻串联,分压值送入比较器输入口 P5.5,这种方式硬件更加简单,但只能用于内部带比较器的 STC15W 系列单片机。

2. 双 CPU 电路

本实验板采用双 CPU 电路(如图 1-5 所示),目的是要完成单片机与单片机之间高达 8 MHz 的 SPI 数据通信实验,另外可以将一个 CPU 的输出脉冲作为计数源送入另一个 CPU 完成计数器实验。采用多 CPU 方式还能够解决单片机 I/O 口不足的问题或两个高级中断谁也不能让谁的竞争问题。

图 1－2　主实验板外形图

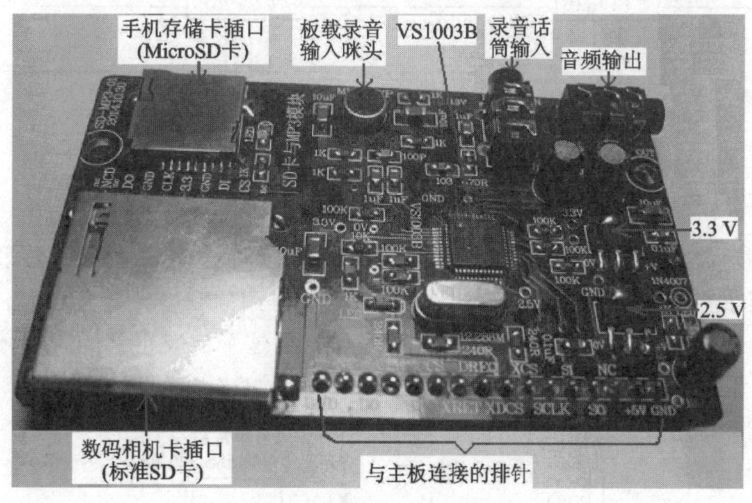

图 1－3　辅助实验板外形图

3. 2号单片机晶振与复位电路

STC15系列单片机内部R/C时钟精度高达±1%(－40～＋85 ℃),内部具有高可靠复位电路,因此一般情况下是不需要晶振与复位电路的。本实验板的1号单片机外部没有这部分电路,为了做精确频率检测实验,2号单片机使用了外部22.118 4 MHz晶振,外部晶振频率稳定度通常都高于0.01%,初始误差可通过调整与晶振连接的电容容量进行微

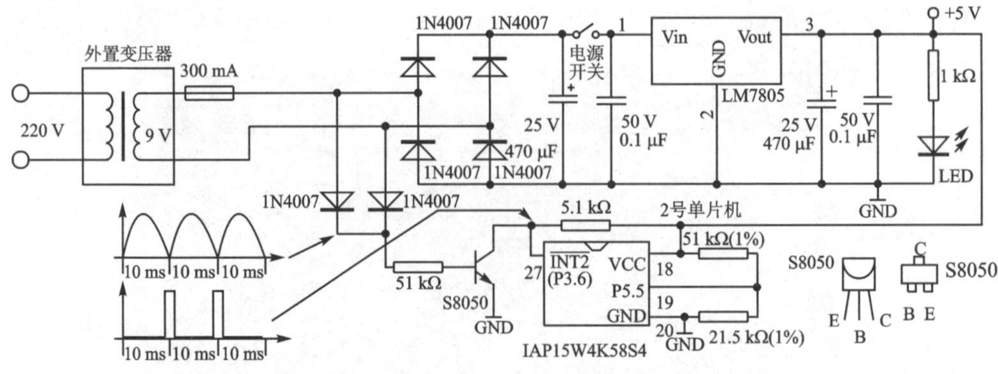

图 1-4　电源电路与 EEPROM 断电检测电路

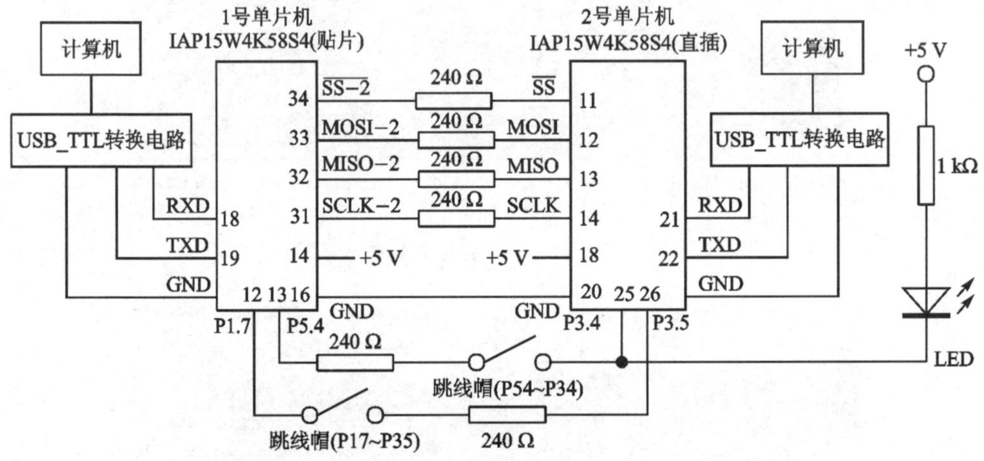

图 1-5　双 CPU 电路

调。不能用示波器或频率计直接测量晶振引脚频率后进行调整,因为示波器或频率计的接入相当于在晶振引脚并接电容到地,所以测量得到的频率误差会增大。可通过软件设置单片机在 P5.4 引脚输出主时钟,频率计测量这个位置得到的频率才是最真实的频率值。2 号单片机晶振与复位电路如图 1-6 所示。

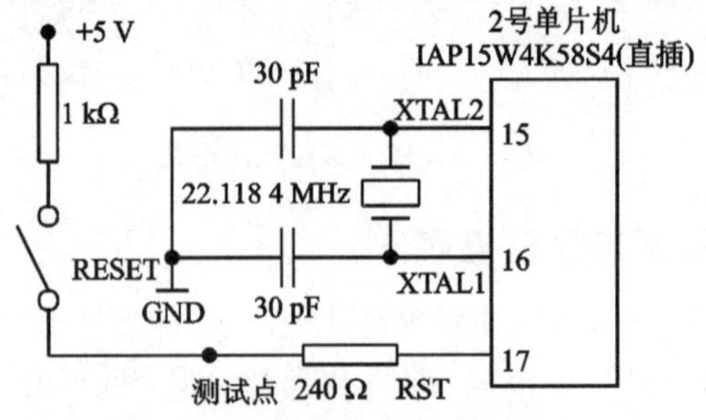

图 1-6　晶振与复位电路

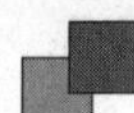

4. 2号单片机与 I^2C 器件 24C02 连接电路

2号单片机与 I^2C 器件 24C02 连接电路如图 1-7 所示。

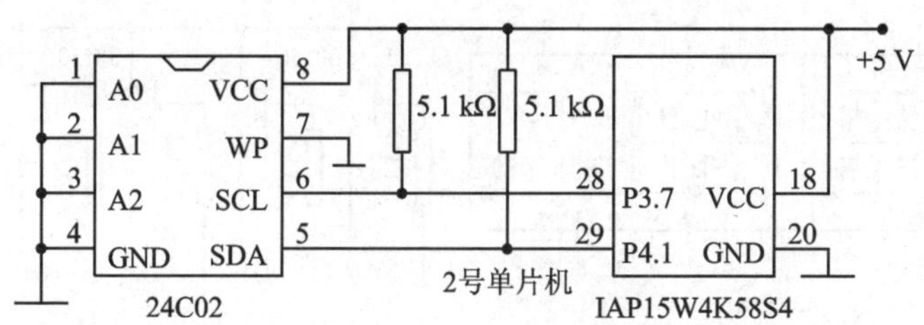

图 1-7　I^2C 接口电路

5. 2号单片机串口下载与双串口实验电路

2号单片机串口下载与双串口实验电路如图 1-8 所示。

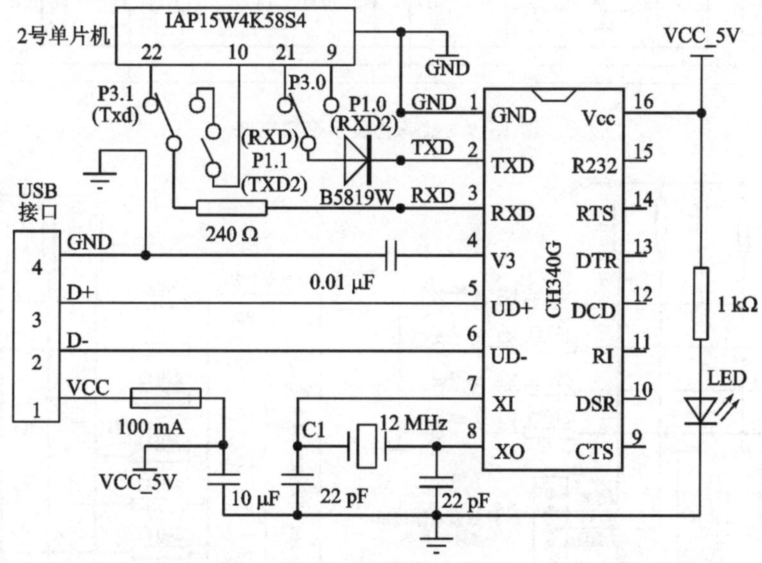

图 1-8　2号单片机串口下载与双串口实验电路

6. 2号单片机数码管显示接口电路

由于独立的 6 位一体数码管在市场上很难购买到，所以在电路中采用的是 2 个完全相同的 3 位一体共阳型数码管。2号单片机数码管显示接口电路如图 1-9 所示。

7. 2号单片机独立按键与外部显示器接口电路、矩阵按键电路

与按键连接的单片机 I/O 口都串联了 240 Ω 的电阻，用于防止软件设置错误（比如误设为强推挽）时单片机 I/O 口输出电流保护，外部显示器接口是通过 2 根信号线连接“电压表/电流表/计数器/显示器”模块。“电压表/电流表/计数器/显示器”模块的电路图将在第 14 章单独介绍，P3.4 和 P3.5 还用作计数器与频率计的信号输入口，输

入脉冲信号由 1 号单片机的 P5.4 和 P1.7 提供。2 号单片机独立按键与外部显示器接口电路、矩阵按键电路如图 1－10 所示。

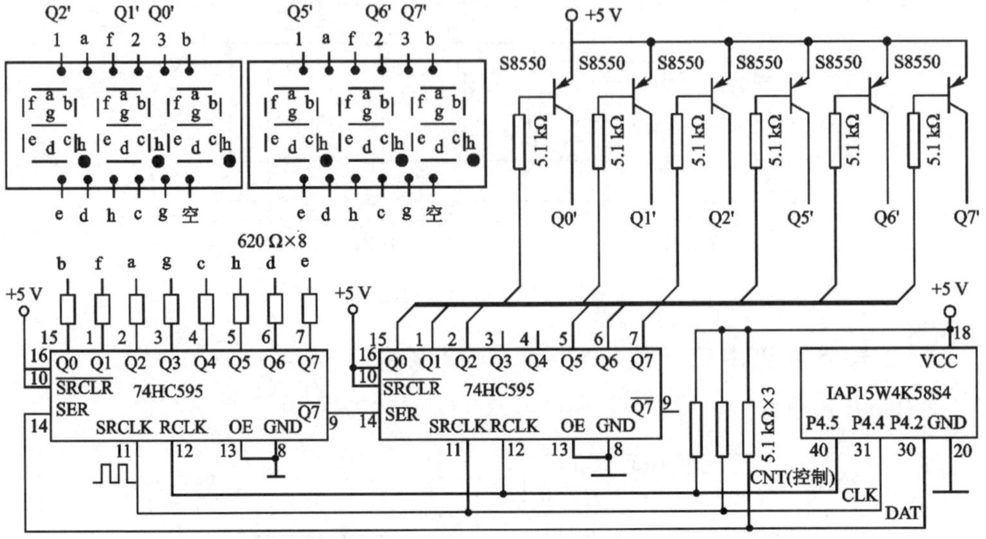

图 1－9 数码管显示接口电路

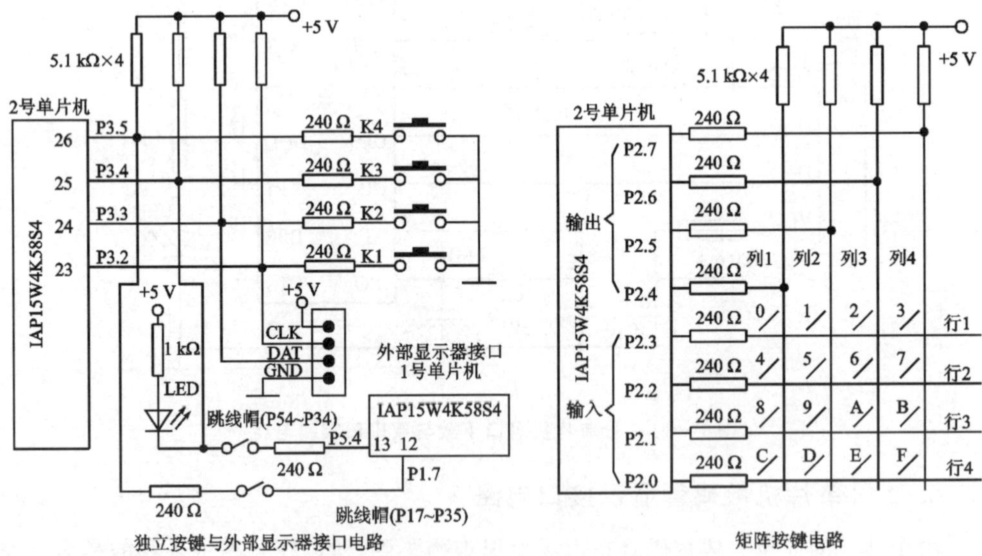

图 1－10 独立按键与外部显示器接口电路、矩阵按键电路

8. 2 号单片机 LED 指示灯电路

2 号单片机 LED 指示灯电路如图 1－11 所示。

9. 2 号单片机 10 位 ADC 转换电路

2 号单片机 10 位 ADC 转换电路如图 1－12 所示，当电位器调到两端极限＋5 V 或 0 V 时，如果程序中将 P1.1(ADC1)设为输出，将导致 I/O 口短路，串联 240 Ω 电阻把

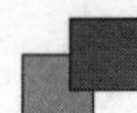

短路电流限制到单片机 I/O 口允许的 20 mA 范围内,从而保护 I/O 口不损坏。

10. 1号单片机串口下载与模拟串口实验电路

1号单片机串口下载与模拟串口实验电路如图 1-13 所示。

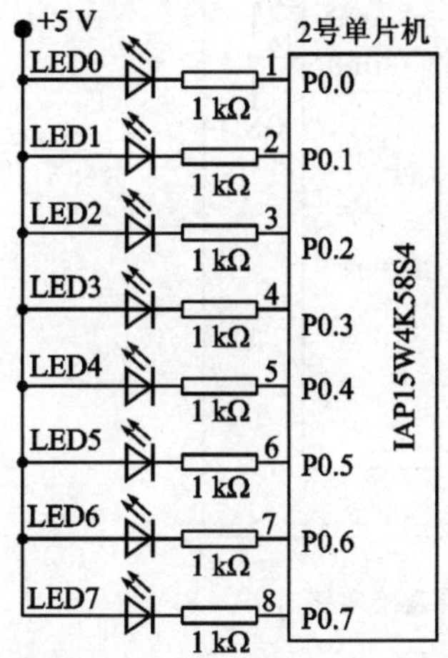

图 1-11 LED 指示灯电路

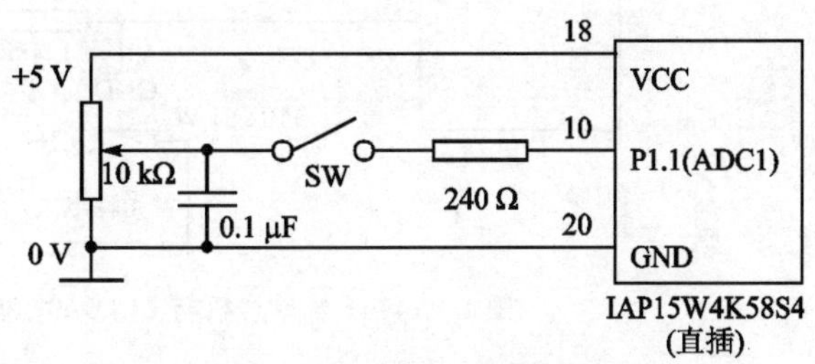

图 1-12 2号单片机 10 位 ADC 转换电路

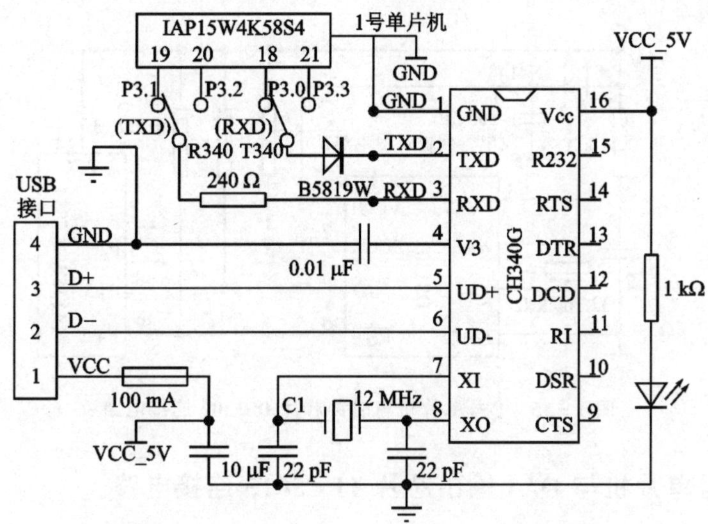

图 1-13 1号单片机串口下载与模拟串口实验电路

11. 1号单片机与 LCD1602 液晶显示器连接电路

1号单片机与 LCD1602 液晶显示器连接电路如图 1-14 所示,LCD1602 模块使用插针的方式直接插接到主实验板对应的插座上。

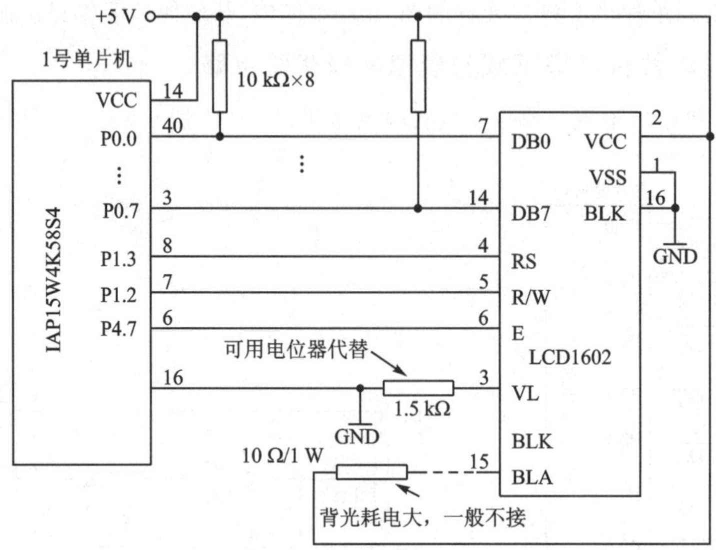

图 1－14　1 号单片机与 LCD1602 液晶显示器连接电路

12. 1 号单片机与时钟芯片 DS1302 连接电路

1 号单片机与时钟芯片 DS1302 连接电路如图 1－15 所示。

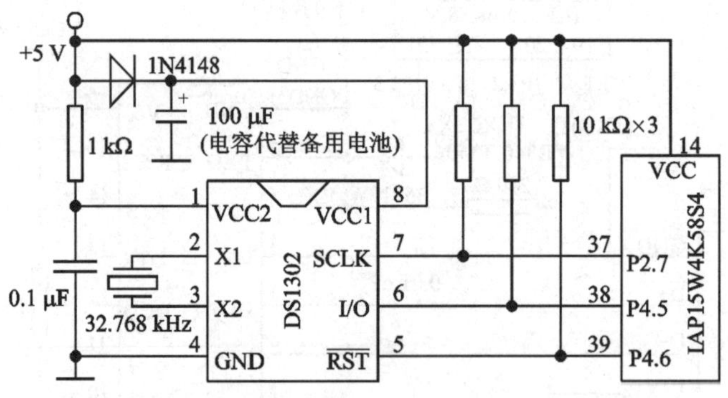

图 1－15　1 号单片机与时钟芯片 DS1302 连接电路

13. 1 号单片机与 D/A 输出芯片 TLC5615 连接电路

1 号单片机与 D/A 输出芯片 TLC5615 连接电路如图 1－16 所示。

14. 1 号单片机温度检测与 LED 指示灯电路

1 号单片机温度检测与 LED 指示灯电路如图 1－17 所示。

15. 1 号单片机红外接收电路

1 号单片机红外接收电路如图 1－18 所示。

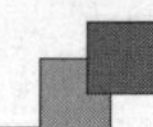

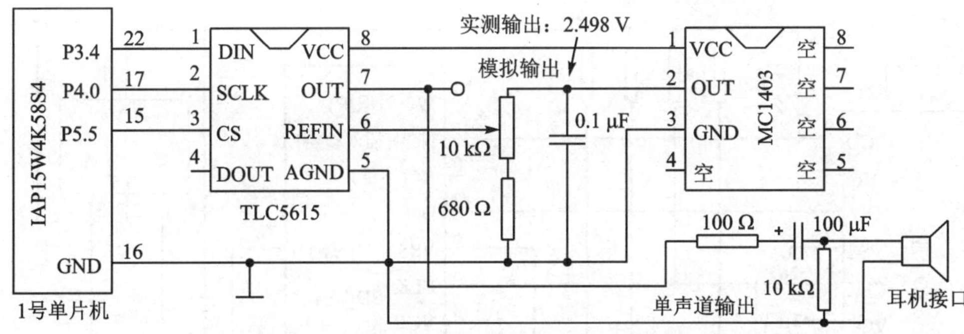

图1-16　1号单片机与D/A芯片TLC5615连接电路

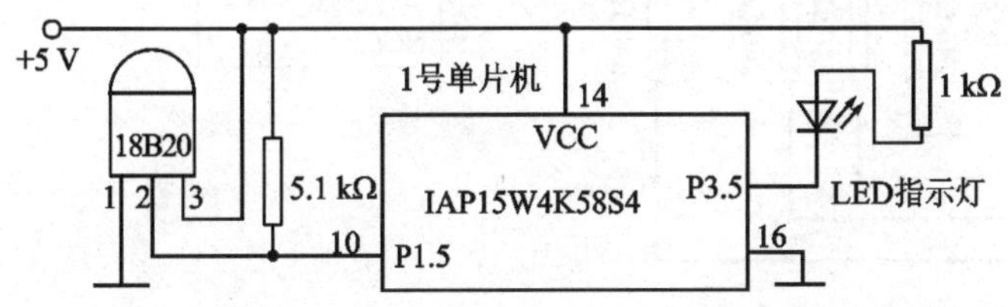

图1-17　温度检测与LED指示灯电路

图1-18　红外接收电路与红外接收头引脚定义

16. 1号单片机驱动的SD卡电路

由1号单片机驱动的SD卡电路原理如图1-19所示，它与MP3部分的电路共同构成一个独立的电路板，使用插针方式直接插接到主实验板上的LCD1602液晶插座位置即可。由于单片机使用的是5 V电压供电，所以I/O口输出电压也接近5 V，单片机驱动3.3 V的SD卡，在程序中应将对应的单片机I/O口设置为开漏输出方式。

17. 1号单片机驱动的MP3音频播放器模块电路原理

除开发板外还有其他几个常用工具：数字万用表、逻辑分析仪、数字存储示波器与计算机。数字万用表如果没有现成的，建议购买“胜利VC86E”或“胜利VC97”，VC86E

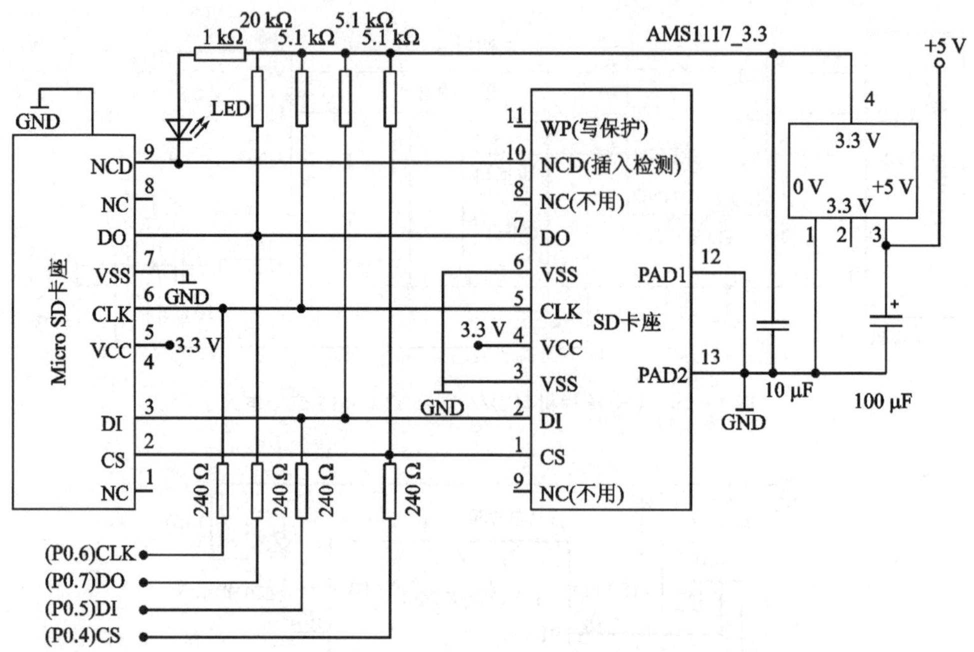

图 1-19　1 号单片机驱动的 SD 卡电路

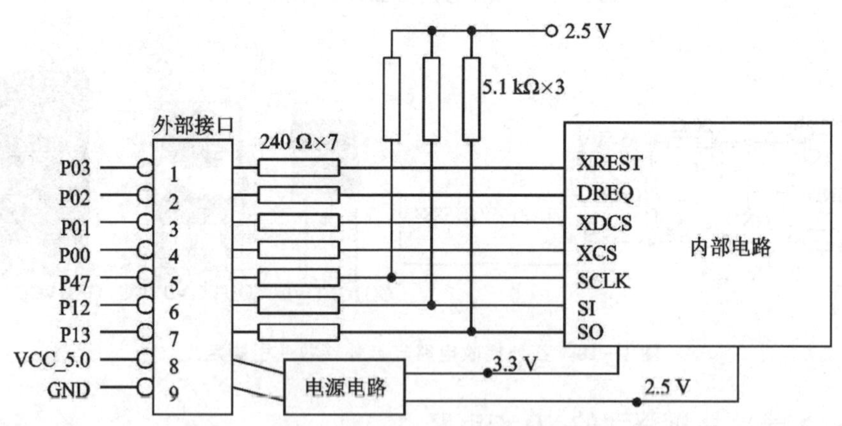

图 1-20　主实验板与 VS1003 模块接口

直流电压精度比 VC97 更高,在做 A/D 转换实验时需要使用,VC97 的频率检测功能比 VC86E 更稳定,方便测量单片机输出信号频率;逻辑分析仪特别重要,初学时购买 24 MHz 采样率的即可,价格在 100 元左右,外观与使用说明在本书最后章节有详细介绍,要想彻底明白串口通信、SPI 通信、I²C 通信,没这个东西几乎是不可能的,不过也要提示一下,24 MHz 采样率的逻辑分析仪适合测量的信号频率在 1 MHz 以内,如果信号频率过高,则测出的波形将与实际不符;数字存储示波器建议选用 100 MHz 带宽、4 通道并具有单次捕获功能的泰克示波器,示波器价格较高,有最好,没有也不影响本书实验;最后就是计算机,计算机配置要求并不高,但最好选用主板带 9 针 RS232 串口的,这样会省去很多麻烦。1 号单片机驱动的 MP3 音频播放器模块电路原理如

图 1-20 和图 1-21 所示。

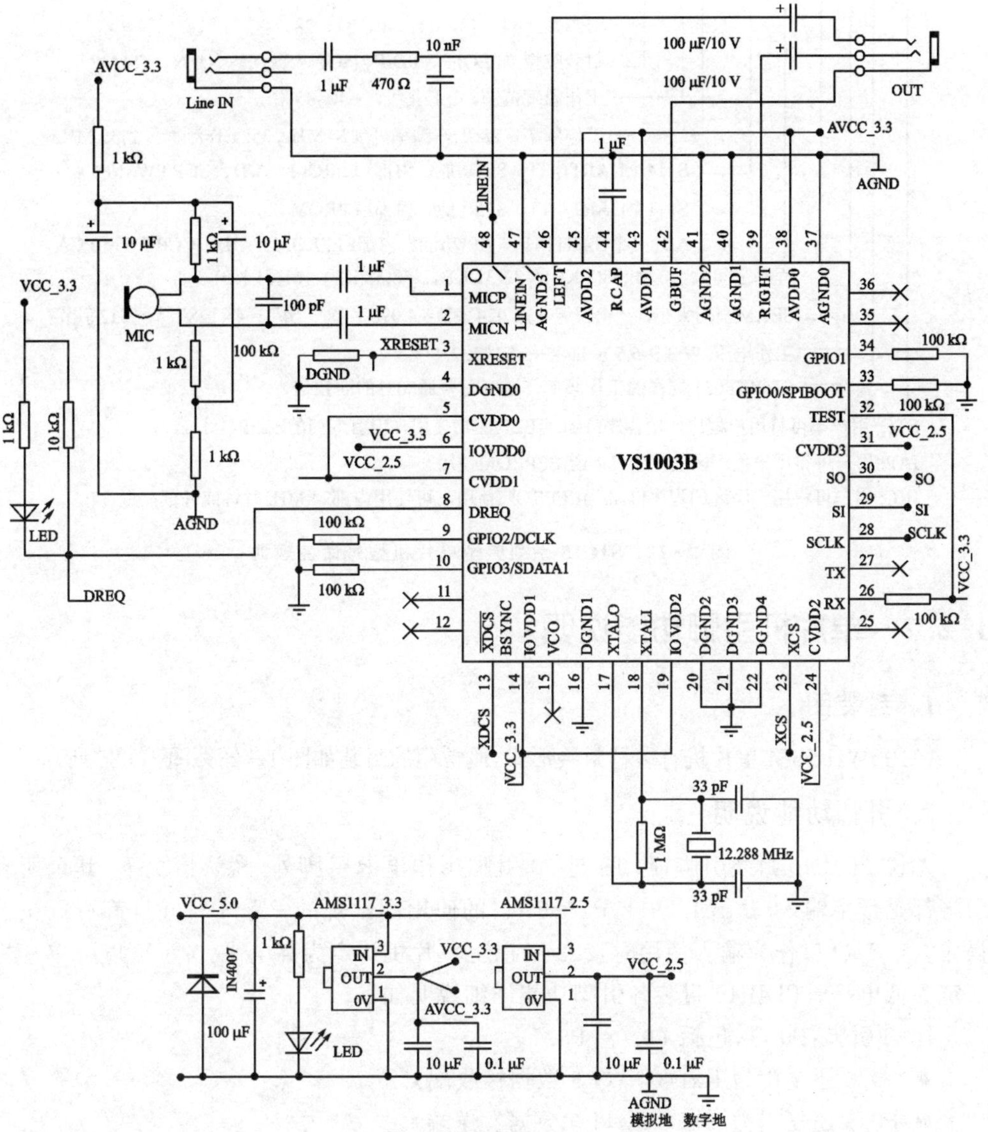

图 1-21　MP3 音频播放器模块内部电路

1.2　点亮一个发光二极管

1.2.1　单片机型号命名规则

STC15 系列典型单片机型号命名规则如图 1-22 所示。

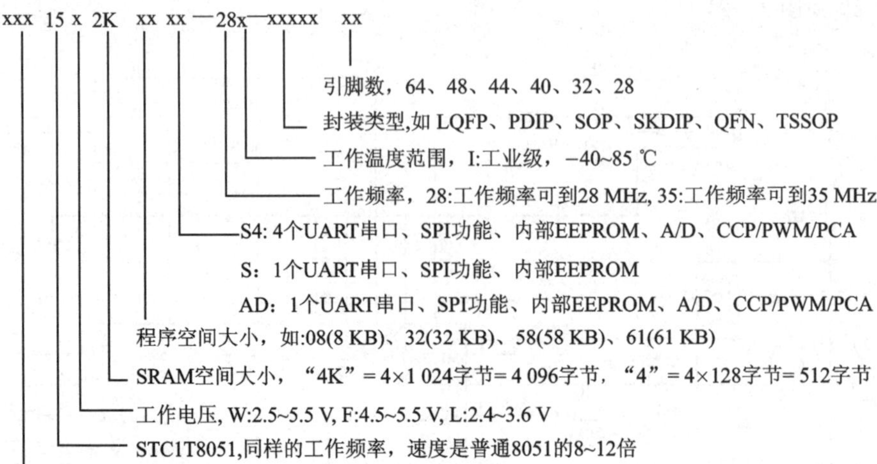

图 1-22　STC15 系列典型单片机型号命名规则

1.2.2　单片机引脚功能说明

1. 封装图

IAP15W4K58S4 单片机有多种封装形式,最常用的封装如图 1-23～图 1-25 所示。

2. 引脚功能说明

先说 PDIP40 封装引脚,除 18 与 20 引脚用作电源引脚外,默认情况下,其余所有引脚都是数字输入/输出 I/O 口,P4～P7 口的使用同常规的 P0～P3,并且都可以按位操作。当 I/O 口作为输入使用时,2.2 V 以上单片机认定为高电平,0.8 V 以下单片机认定为低电平。PDIP40 封装各引脚功能详细说明如下。

1～8 引脚:P0 口,包括 P0.0～P0.7。

- P0.0 还复用为 RxD3(串口 3 数据接收端)。
- P0.1 还复用为 TxD3(串口 3 数据发送端)。
- P0.2 还复用为 RxD4(串口 4 数据接收端)。
- P0.3 还复用为 TxD4(串口 4 数据发送端)。
- P0.4 还复用为 T3CLKO(定时器/计数器 3 的时钟输出)。
- P0.5 还复用为 T3(定时器/计数器 3 的外部输入)与 PWMFLT_2(PWM 异常停机控制引脚)。
- P0.6 还复用为 T4CLKO(定时器/计数器 4 的时钟输出)与 PWM7_2(脉宽调制输出通道 7)。
- P0.7 还复用为 T4(定时器/计数器 4 的外部输入)与 PWM6_2(脉宽调制输出通道 6)。

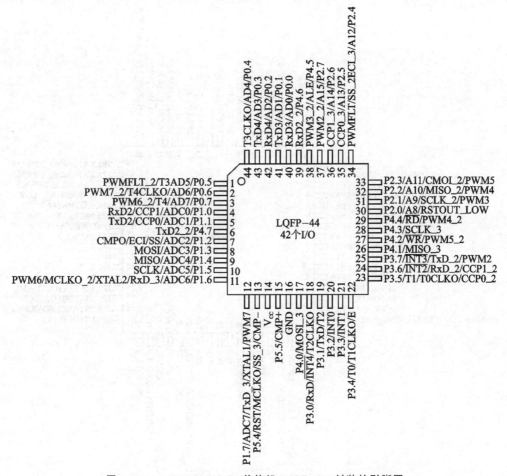

图 1－23　IAP15W4K58S4 单片机 LQFP－44 封装的引脚图

在特殊情况下需要扩展外部数据存储器时，P0 口还可分时用作数据总线（D0～D7）与 16 位地址总线的低 8 位地址，P0 口到底是用作 I/O 口还是低 8 位数据/地址是不需要单独设置的。程序中如果是 I/O 操作命令，它就是 I/O 口；程序中如果是在执行访问外部数据存储器的命令，它就是 8 位数据/地址。

9～16 引脚：P1 口，包括 P1.0～P1.7。同时复用为 8 通道模/数转换器 ADC 输入口，STC15 系列 I/O 口用作模/数转换 ADC 时不需要对 I/O 口输出状态做额外配置。

- P1.0 还复用为 CCP1（捕获/脉冲输出/脉宽调制通道 1）与 RxD2（串口 2 数据接收端）。
- P1.1 还复用为 CCP0（捕获/脉冲输出/脉宽调制通道 0）与 TxD2（串口 2 数据发送端）。
- P1.2 还复用为 ECI（可编程计数阵列定时器的外部时钟输入）、SS（单片机用作 SPI 从机时的从机片选输入控制端）和 CMPO（比较器的比较结果输出端）。
- P1.3 还复用为 MOSI（SPI 主机输出、从机输入）。
- P1.4 还复用为 MISO（SPI 主机输入、从机输出）。

RxD4_2/P5.2
T3CLKO/AD4/P0.4
TxD4/AD3/P0.3
RxD4/AD2/P0.2
TxD3/AD1/P0.1
RxD3/AD0/P0.0
RxD2_2/P4.6
PWM3_2/ALE/P4.5
P7.7
P7.6
P7.5
P7.4
PWM2_2/A15/P2.7
CCP1_3/A14/P2.6
CCP0_3/A13/P2.5
PWMFLT/SS_2/ECI_3/A12/P2.4

TxD4_W/P5.3 1
PWMFLT_2/T3/AD5/P0.5 2
PWM7_2/T4CLKO/AD6/P0.6 3
PWM6_2/T4/AD7/P0.7 4
P6.0 5
P6.1 6
P6.2 7
P6.3 8
Rx2/CCP1/ADC0/P1.0 9
Tx2/CCP0/ADC1/P1.1 10
TxD2_2/P4.7 11
CMPO/ECI/SS/ADC2/P1.2 12
MOSI/ADC3/P1.3 13
MISO/ADC4/P1.4 14
SCLK/ADC5/P1.5 15
PWM6/MCLKO_2/XTAL2/RxD_3/ADC6/P1.6 16

64 63 62 61 60 59 58 57 56 55 54 53 52 51 50 49

LQFP64L
LQFP64S
62个I/O

48 P2.3/A11/MOSI_2/PWM5
47 P2.2/A10/MOSI_2/PWM4
46 P2.1/A9/SCLK_2/PWM3
45 P2.0/A8/RSTOUT_LOW
44 P4.4/RD/PWM4_2
43 P4.3/SCLK_3
42 P4.2/WR/PWM5_2
41 P4.1/MISO_3
40 P7.3
39 P7.2
38 P7.1
37 P7.0
36 P3.7/INT3/TxD_2/PWM2
35 P3.6/INT2/RxD_2/CCP1_2
34 P3.5/T1/T0CLKO/CCP0_2
33 P5.1/TxD3_2

17 18 19 20 21 22 23 24 25 26 27 28 29 30 31 32

P1.7/ADC7/TxD_3/XTAL1/PWM7
P5.4/RST/MCLKO/SS_3/CMP-
V_{CC}
P5.5/CMP+
GND
P4.0/MOSI_3
P6.4
P6.5
P6.6
P6.7
P3.0/RxD/INT4/T2CLKO
P3.1/TxD/T2
P3.2/INT0
P3.3/INT1
P3.4/T0/T1CLKO/ECI_2
P5.0/RxD3_2

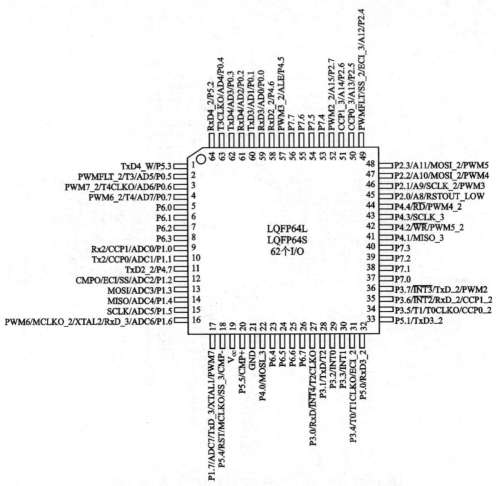

图 1－24　IAP15W4K58S4 单片机 LQFP64L/LQFP64S 封装的引脚图

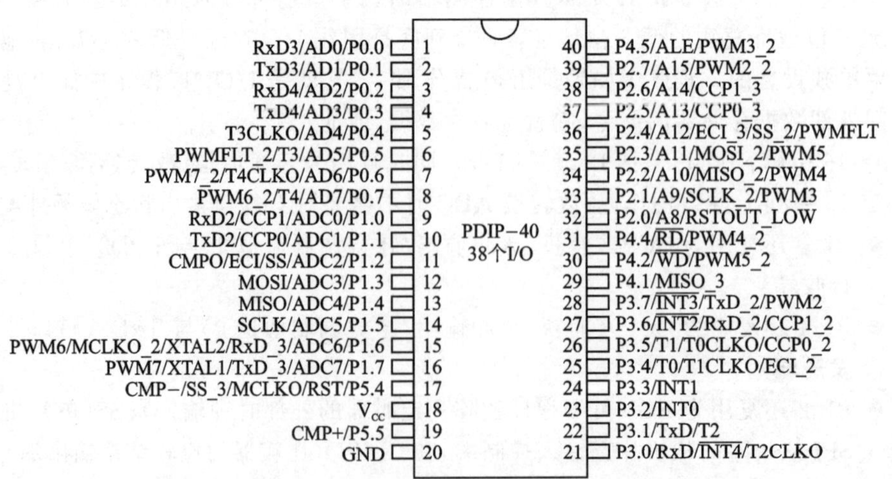

图 1－25　IAP15W4K58S4 单片机 PDIP－40 封装的引脚图

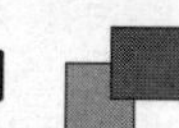

- P1.5 还复用为 SCLK(SPI 主机时钟输出或从机时钟输入)。
- P1.6 与 P1.7 复用为外部晶振输入端口,若程序下载时勾选“选择使用内部 R/C 时钟”则 P1.6 与 P1.7 设置为普通 I/O 口,不勾选“选择使用内部 R/C 时钟”则 P1.6 与 P1.7 设置为外部晶振输入端口,程序下载完毕后给单片机断电,重新上电后设置生效。P1.6 还复用为 RxD_3(串口 1 接收端备用切换引脚)、MCLKO_2(主时钟输出备用切换引脚)和 PWM6(脉宽调制输出通道 6),P1.7 还复用为 TxD_3(串口 1 发送端备用切换引脚)、PWM7(脉宽调制输出通道 7)。

17 引脚:P5.4 口,若要用作外部复位引脚 RST,需在程序下载软件中设置,外部复位与内部的 MAX810 专用复位电路是逻辑或的关系。P5.4 还复用为 MCLKO,即可编程主时钟输出:无输出、输出主时钟、输出 0.5 倍主时钟、输出 0.25 倍主时钟。由于单片机所有 I/O 口对外允许的最高输出频率为 13.5 MHz,所以这里的最高输出也不能超过 13.5 MHz,主时钟指外部晶体振荡器频率或内部 R/C 时钟频率。另外,P5.4 还可复用为 SS_3(SPI 从机时的从机片选输入端备用切换引脚)与 CMP−(比较器负极输入端)。

18 引脚:电源正,STC15W 系列使用 2.5～5.5 V,STC15F 系列使用 4.5～5.5 V,STC15L 系列使用 2.4～3.6 V。

19 引脚:P5.5,复用为 CMP+(比较器正极输入端)。

20 引脚:GND。

21～28 引脚:P3 口,包括 P3.0～P3.7。

- P3.0 复用为 RxD(串口 1 数据接收端)、$\overline{\mathrm{INT4}}$(外中断 4,只能下降沿中断)和 T2CLKO(T2 时钟输出)。
- P3.1 复用为 TxD(串口 1 数据发送端)和 T2(定时器/计数器 T2 外部计数脉冲输入)。
- P3.2 复用为 INT0(外部中断 0 输入,既可上升沿中断,也可下降沿中断)。
- P3.3 复用为 INT1(外部中断 1 输入,既可上升沿中断,也可下降沿中断)。
- P3.4 复用为 T0(定时器/计数器 T0 外部计数脉冲输入)、T1CLKO(T1 时钟输出)和 ECI_2(可编程计数阵列定时器的外部时钟输入备用切换引脚)。
- P3.5 复用为 T1(定时器/计数器 T1 外部计数脉冲输入)、T0CLKO(T0 时钟输出)和 CCP0_2(捕获/脉冲输出/脉宽调制通道 0 备用切换引脚)。
- P3.6 复用为 $\overline{\mathrm{INT2}}$(外部中断 2 输入,只能下降沿中断)、RxD_2(串口 1 数据接收端备用切换引脚)和 CCP1_2(捕获/脉冲输出/脉宽调制通道 1 备用切换引脚)。
- P3.7 复用为 $\overline{\mathrm{INT3}}$(外部中断 3 输入,只能下降沿中断)、TxD_2(串口 1 数据发送端备用切换引脚)和 PWM2(脉宽调制输出通道 2)。

29 脚:P4.1,复用为 MISO_3(SPI 主机输入,从机输出备用切换引脚)。

30 脚:P4.2,复用为 $\overline{\mathrm{WR}}$(扩展片外数据存储器时的写控制端)与 PWM5_2(脉宽调制输出通道 5)。

31 脚:P4.4,复用为 $\overline{\mathrm{RD}}$(扩展片外数据存储器时的读控制端)与 PWM4_2(脉宽调制输出通道 4)。

32～39 脚:P2 口,包括 P2.0～P2.7,在扩展外部数据存储器时作地址总线的高 8 位输出。

- P2.0 复用为 RSTOUT_LOW 功能,可通过程序下载软件设置上电复位后输出高电平还是低电平。
- P2.1 复用为 SCLK_2(SPI 时钟备用切换引脚)与 PWM3(脉宽调制输出通道 3)。
- P2.2 复用为 MISO_2(SPI 主机输入、从机输出备用切换引脚)与 PWM4(脉宽调制输出通道 4)。
- P2.3 复用为 MOSI_2(SPI 主机输出、从机输入备用切换引脚)与 PWM5(脉宽调制输出通道 5)。
- P2.4 复用为 ECI_3(可编程计数阵列定时器的外部时钟输入备用切换引脚)、SS_2(SPI 从机时的从机片选输入端备用切换引脚)和 PWMFLT(PWM 异常停机控制引脚)。
- P2.5 复用为 CCP0_3(捕获/脉冲输出/脉宽调制通道 0 备用切换引脚)。
- P2.6 复用为 CCP1_3(捕获/脉冲输出/脉宽调制通道 1 备用切换引脚)。
- P2.7 复用为 PWM2_2(脉宽调制输出通道 2)。

40 脚:P4.5,复用为 ALE,在扩展外部数据存储器时利用此引脚锁存低 8 位地址,使 P0 口分时作地址总线低 8 位和 8 位数据总线,P2 口作地址总线高 8 位。P4.5 还复用为 PWM3_2(脉宽调制输出通道 3)。

LQFP44 贴片封装比 PDIP40 插件封装多了 P4.0、P4.3、P4.6 和 P4.7 引脚,单独说明如下。

17 引脚:P4.0 复用为 MOSI_3(SPI 主机输出、从机输入备用切换引脚)。

28 引脚:P4.3 复用为 SCLK_3(SPI 时钟备用切换引脚)。

39 引脚:P4.6 复用为 RxD2_2(串口 2 数据接收端备用切换引脚)。

6 引脚:P4.7 复用为 TxD2_2(串口 2 数据发送端备用切换引脚)。

LQFP64L/LQFP64S 封装比 LQFP44 封装增加的且有复用功能的引脚说明如下。

32 引脚:P5.0 复用为 RxD3_2(串口 3 数据接收端备用切换引脚)。

33 引脚:P5.1 复用为 TxD3_2(串口 3 数据发送端备用切换引脚)。

64 引脚:P5.2 复用为 RxD4_2(串口 4 数据接收端备用切换引脚)。

1 引脚:P5.3 复用为 TxD4_2(串口 4 数据发送端备用切换引脚)。

3. I/O 口工作模式

IAP15W4K58S4 单片机所有 I/O 口都可由软件配置成 4 种工作模式之一:准双向口(标准 8051 单片机输出模式)、推挽输出、仅为输入(高阻)和开漏输出,I/O 口的 4 种工作模式如图 1-26 所示。每个口的工作模式由 2 个控制寄存器(PnM1、PnM0)中的相应位控制,其中 $n=0\sim7$,例如 P0M1 和 P0M0 用于设定 P0 口,其中 P0M1.0 和 P0M0.0 用于设置 P0.0,P0M1.7 和 P0M0.7 用于设置 P0.7,依次类推,设置关系如表 1-2 所

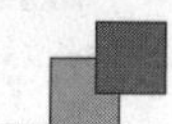

列。STC15 系列中的 STC15W4K32S4 系列芯片，上电后所有与死区控制专用 PWM 相关的 I/O 口均为高阻态，需将这些口设置为准双向口或强推挽模式方可正常使用。相关 I/O：P0.6/P0.7，P1.6/P1.7，P2.1/P2.2/P2.3/P2.7，P3.7，P4.2/P4.4/P4.5，其余 I/O 口上电复位后都是 200 μA 的弱上拉输出状态，可直接作输出口使用。

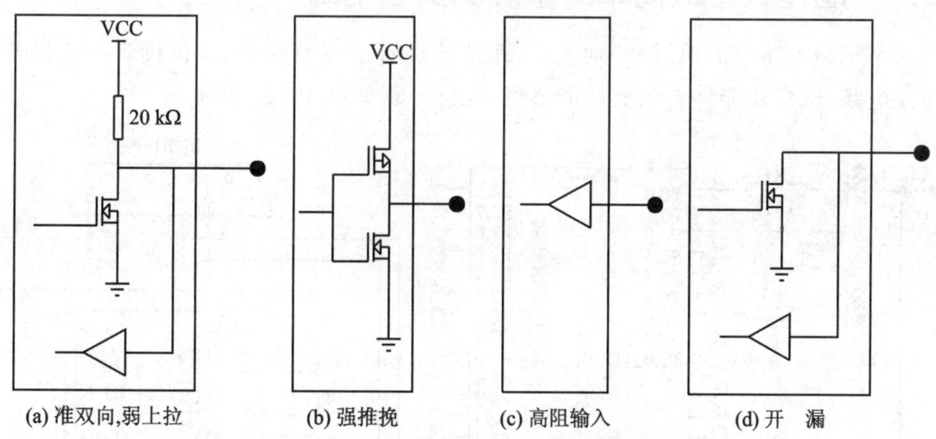

图 1-26　I/O 口的 4 种工作模式

表 1-2　I/O 口工作模式

PnM1[7～0]	PnM0[7～0]	I/O 口工作模式
0	0	准双向口（标准 8051 单片机输出模式），灌电流可达 20 mA，拉电流典型值为 200 μA，由于制造误差，实际为 150～270 μA
0	1	推挽输出，强上拉输出，可达 20 mA，外加限流电阻，尽量少用
1	0	仅为输入（高阻）
1	1	开漏，内部上拉电阻断开，要外接上拉电阻才可以输出高电平

例如，若设置 P1.7 为开漏，P1.6 为强推挽输出，P1.5 为高阻输入，P1.4、P1.3、P1.2、P1.1 和 P1.0 为弱上拉，则可使用下面的代码进行设置。

```
P1M1 = 0xa0;            //1010 0000B
P1M0 = 0xc0;            //1100 0000B
```

为了所有 I/O 口都方便直接使用，可将所有 I/O 口都配置为准双向口，函数代码如下：

```
void port_mode()          //端口模式
{
    P0M1 = 0x00; P0M0 = 0x00;P1M1 = 0x00; P1M0 = 0x00;P2M1 = 0x00; P2M0 = 0x00;P3M1 = 0x00;
    P3M0 = 0x00;P4M1 = 0x00; P4M0 = 0x00;P5M1 = 0x00; P5M0 = 0x00;P6M1 = 0x00; P6M0 = 0x00;
    P7M1 = 0x00; P7M0 = 0x00;
}
```

在使用单片机 I/O 口作灌电流输入或拉电流输出时，由于内部无电流限制功能，外部电路设计上一定要限制进出 I/O 口的电流不要超过 20 mA。另外，虽然 IAP15W4K58S4 单片机所有的 I/O 口驱动能力都能达到 20 mA，但整个芯片的最大工作电流不要超过 120 mA，电流较大时可使用 74HC245、ULN2003 或三极管进行驱动。

1.2.3 制作一个最简单的单片机实验电路

这个实验电路很简单，但特别重要，即使已经有了实验板，也建议读者手工制作这个硬件电路，这样才能体会到成功的喜悦，电路原理如图 1-27 所示。

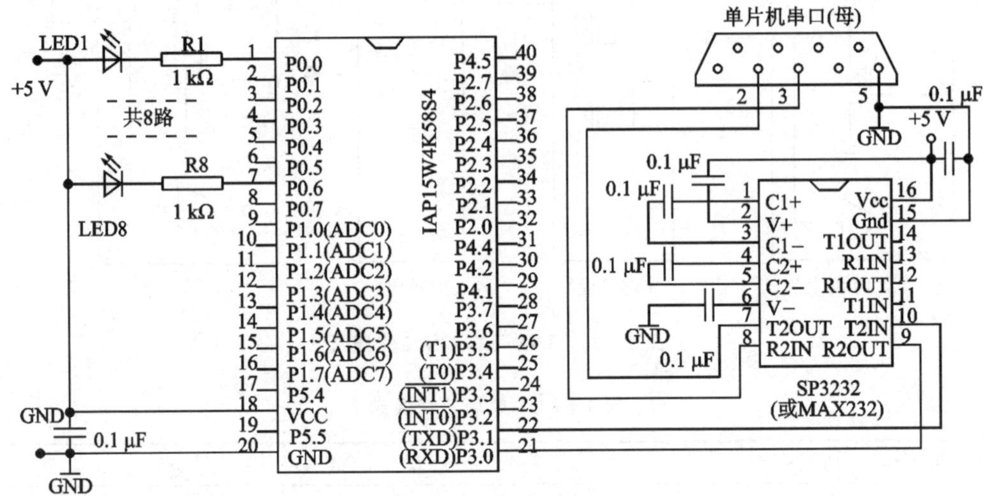

图 1-27 最简单的单片机实验电路

电路图左边需要输入 5 V 直流电，电源电压允许范围 3.0～5.5 V(单片机电压范围 2.5～5.5 V，SP3232EEN 电压范围 3～5.5 V)，单片机引脚 1～8 接 8 路发光二极管，用于观察单片机程序运行结果，如果没有 5 V 直流电源，也可按图 1-28 制作，或者用 3 只 1.5 V 的干电池串联成近似的 5 V 电源。

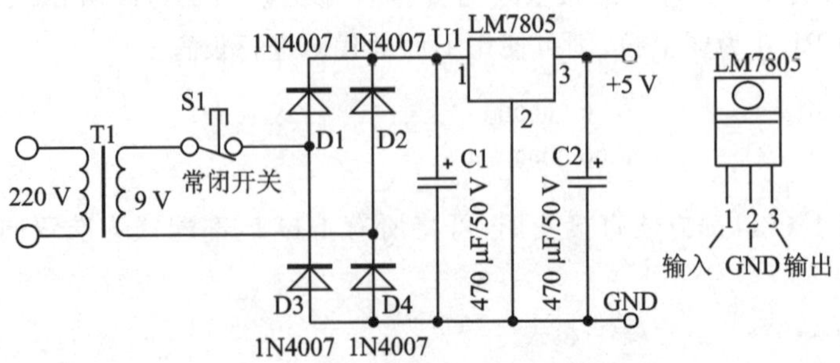

图 1-28 5 V 直流稳压电源

检查电路制作无误后，将单片机串口母头插接到计算机 9 针串口公头上，RS232 串口公头与母头实物如图 1-29 所示，实物上的每一个引脚都是有编号的。

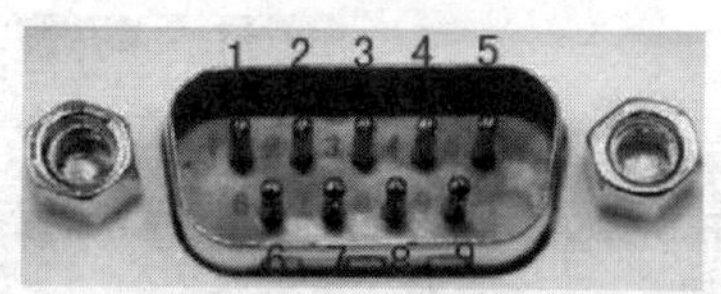

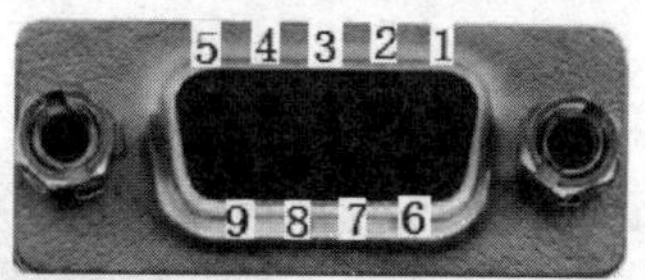

图1-29　计算机串口公接头与单片机串口母接头

1.2.4　使用 Keil μVision3 环境编写最简单的程序

1. 安装 Keil 软件

建议安装 Keil C51 V8.18，此版本功能齐全，使用稳定，如图1-30所示。

汉字补丁程序　　双击运行安装程序

图1-30　Keil C51 V8.18 安装图标

首先在C盘新建一个文件夹并命名为“keil_818”，把安装程序路径修改为这个路径，安装过程非常简单，不需要输入系列号，在如图1-31所示界面的“First Name:”和“E-mail:”后面输入任意数字或字符即可，然后单击 Next 按钮就会变为可用状态，后面的过程就不用再介绍了。

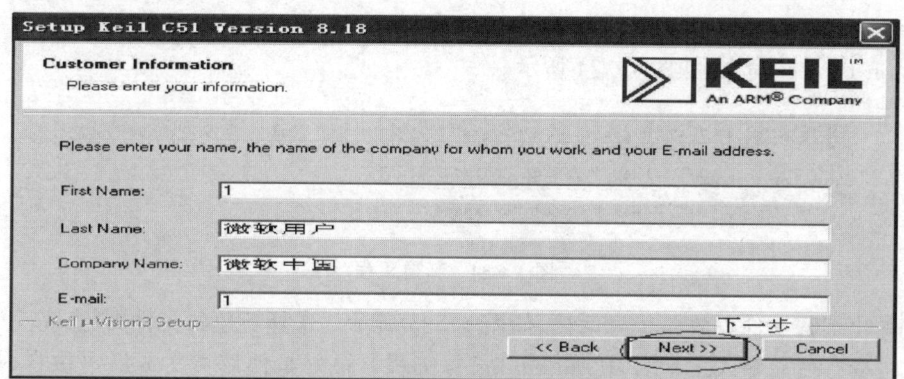

图1-31　用户名与邮箱对话框

如果单片机需要处理中文数据，比如单片机串口需要向计算机串口发送汉字，或单片机系统使用汉字显示屏或彩色显示屏，Keil 会过滤 0xfd 字符，使得部分汉字显示错误或出现乱码。这是 Keil 本身的一个错误，最简单的解决办法是使用汉字补丁软件，将汉字补丁软件 cckeilv802.exe 放到 keil818\c51\bin 目录里，运行一下这个程序就可以了，如图1-32所示，该补丁程序支持 keil_8.02 和 keil_8.18，其他版本没做过测试。

2. 输入代码并编译当前工程

在计算机某个位置新建一个文件夹并命名为“点亮一个发光二极管”，也可随意取个名字，然后打开本书配套资源的任意一个例程，找到 STC15W4K.H 文件并复制到

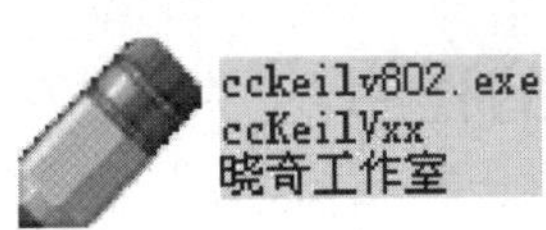

图 1-32 安装汉字补丁程序

"点亮一个发光二极管"文件夹中,然后如图 1-33 所示,双击桌面"Keil μVision3"图标进入 Keil 软件。

图 1-33 双击进入 Keil 软件

刚进入 Keil 软件会打开一个 Keil 自带的文件,是不需要的,读者接着选择菜单 Project→ Close μVision Project 命令关闭原有工程,然后选择菜单 Project→New μVision Project 命令,如图 1-34 所示。

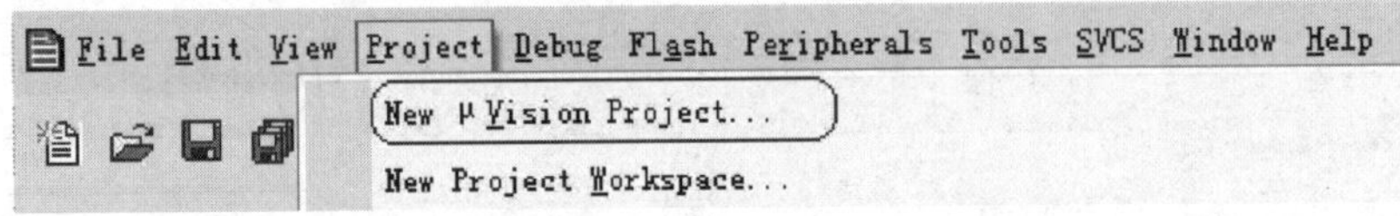

图 1-34 新建工程

弹出工程文件存放路径对话框,如图 1-35 所示。选择新建的文件夹"点亮一个发光二极管",然后输入工程名,比如 led_light,工程名最好是使用英文或汉语拼音,然后单击"保存"按钮,不用管扩展名,自动进入下一步。

图 1-35 输入工程名

如图 1-36 所示,在窗口左边选择 Atmel 公司的 AT89C52 后单击 OK 按钮确定,弹出如图1-37所示对话框，选择“否”。

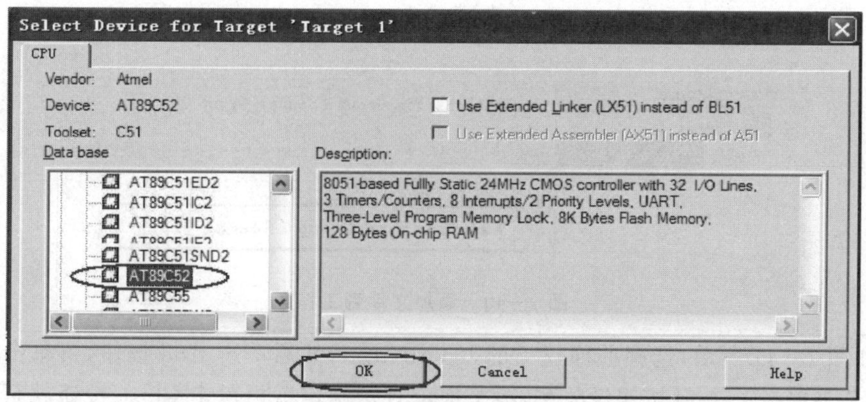

图1-36　选择芯片型号

图1-37　加载启动文件

如图1-38所示，单击新建文件图标新建一个空白文件，然后单击保存图标存盘。

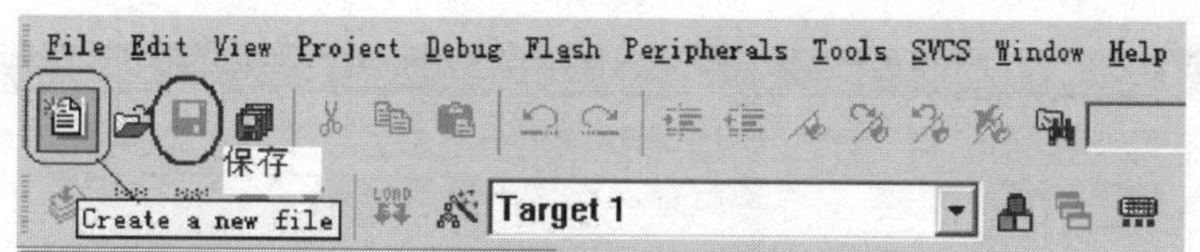

图1-38　新建文件

如图1-39所示，输入文件名led_light.C，注意后缀名为.C，若使用汇编语言编程，则后缀名为.ASM，后缀名不用区分大小写，然后单击“保存”按钮。

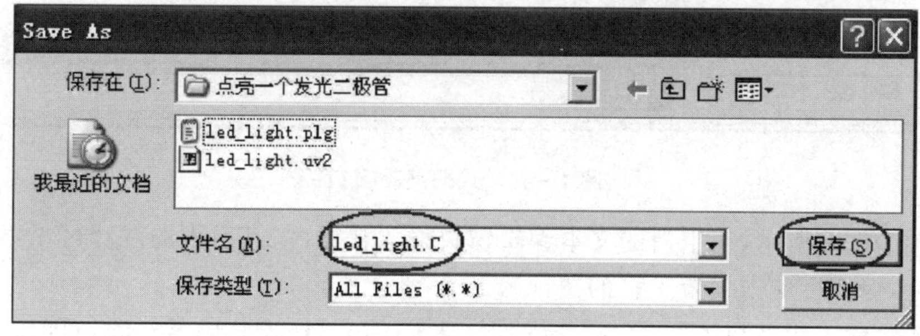

图1-39　输入文件名

如图1-40所示,单击选中工程窗口Target 1下一层的Source Group 1,右击选择Add Files to Group 'Source Group 1'命令。

图1-40　添加文件到工程

如图1-41所示,选择前面建立的led_light.C,然后单击Add按钮,再单击Close按钮,若多单击了Add按钮没关系,英文提示直接确定后再单击Close按钮就行了,之后将出现如图1-42所示的代码编辑窗口。

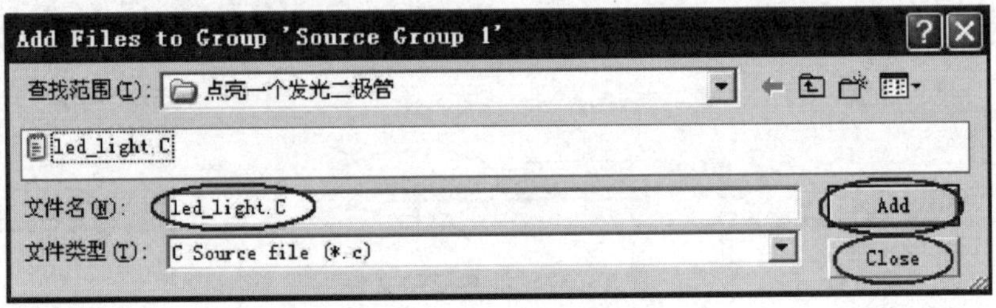

图1-41　选择C语言文件

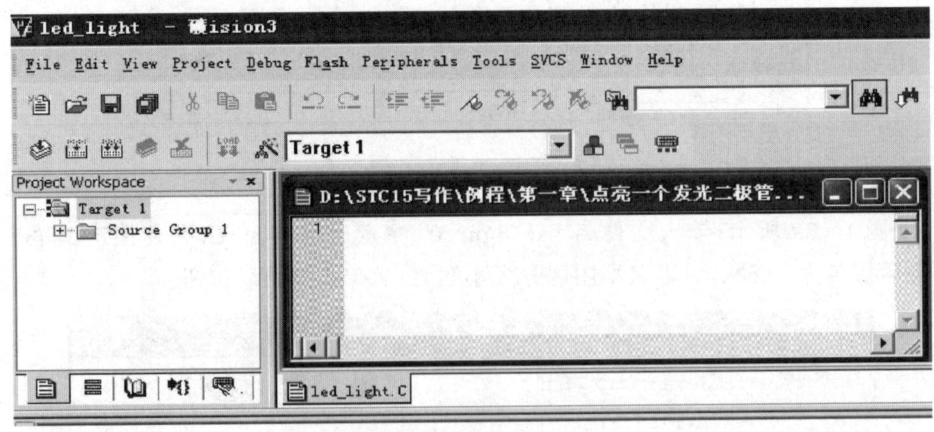

图1-42　代码编辑窗口

如图1-43所示,在空白的文本编辑窗口输入代码("//"后面的注释可以不输入),然后保存,保存后单击设置工程的图标。

进入设置工程窗口如图1-44所示,勾选Create HEX File复选项,目的是得到最终下载到单片机中的HEX目标文件。

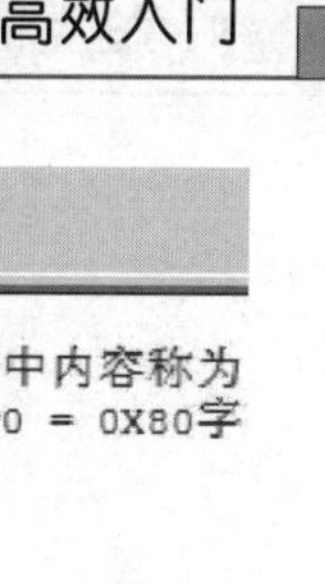


```
//让接在STC15W4K58S4的P0.0引脚发光二极管发光
#include "STC15W4K.H"    // include称为文件包含命令，后面双引号中内容称为
sbit  P0_0 = P0^0;       // sbit是位定义，"STC15W4K.H"中有sfr P0 = 0X80字
void  main ()
{
    P0_0=0;          // 点亮LED
}                    // 实验证明：程序执行到这后面又执行P0_0=0。
```


图1-43　输入代码后的文本编辑窗口

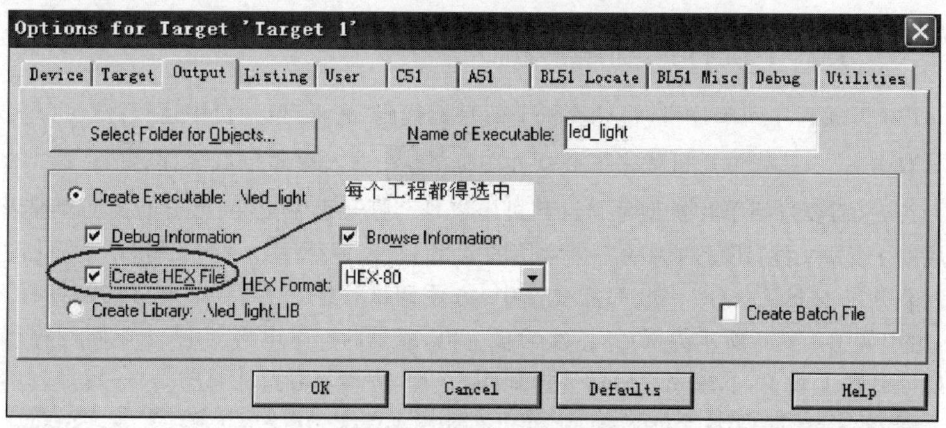

图1-44　创建HEX文件

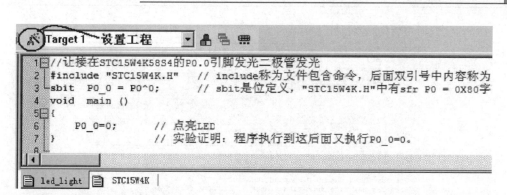

如图1-45所示，编译当前工程，编译提示“具体的工程名-0 Error(s)，0 Warning(s)”。就表示编译成功。“data=9”表示程序占用内部数据存储器的大小为9个字节，IAP15W4K58S4允许的最大值为256；xdata表示程序占用外部数据存储器的大小，IAP15W4K58S4允许的最大值为3 840，特殊情况下通过硬件扩展允许的最大值为65 536；code是代码占用程序存储器Flash的空间，IAP15W4K58S4允许的最大值为58×1 024=59 392。若data超出256，编译结果会有错误提示；若xdata超出3 840，不会出现错误提示，但会导致程序下载到单片机后出现运行功能错误；code超出59 392，在程序下载时下载软件会有提示。

图1-45画圈的图标前面有一个图标build target用于编译当前C文件，画圈的rebuild all target files用于编译工程中所有的C文件。对于单个文件程序，这两个都可以，也没什么区别，当要编写大型多文件程序时，如果只修改了当前一个文件而其他文件并没有被修改，此时是不需要重新编译所有文件的，这时选用圈前面的图标，就只对当前修改过的文件进行编译，这样可以节省编译时间；如果修改过多个文件，就只能选用画圈的图标，对所有文件全部重新编译一次。

图 1-45　编译文件

1.2.5 ISP 下载程序到单片机

ISP 下载程序到单片机,将计算机上的目标代码“灌入”单片机中运行。

双击 STC 系列单片机程序下载软件图标 进入程序下载界面,如图 1-46 所示。首先,需要选择单片机型号与计算机串口号,“打开程序文件”用于查找工程编译时生成的 HEX 文件,IRC 时钟频率最常用的就是 11.059 2 MHz,“当目标文件变化时自动装载并发送下载命令”一般都需要选中,方便调试程序。然后,单击“下载/编程”按钮,出现如图 1-47 所示界面后,给实验板上电,或是断一下电再上电,上电瞬间程序就开始向芯片下载了,下载完成后的界面如图 1-48 所示。需要注意的是,一定是先单击

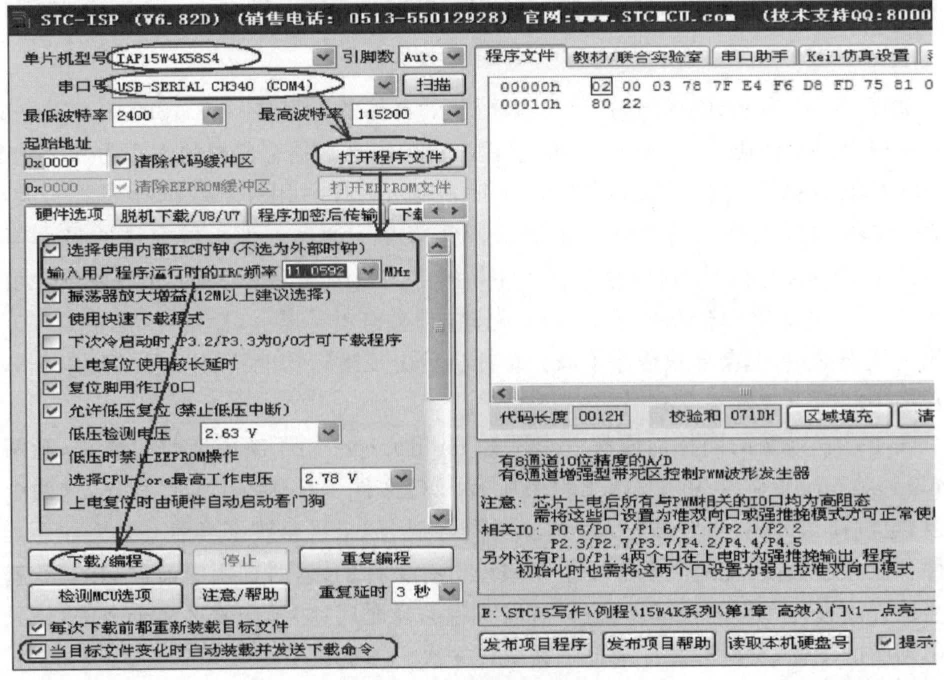

图 1-46　程序下载

“下载/编程”按钮,后给单片机电路板上电。本实验下载成功后应该能看到电路板上单片机引脚1连接的发光二极管被点亮了。

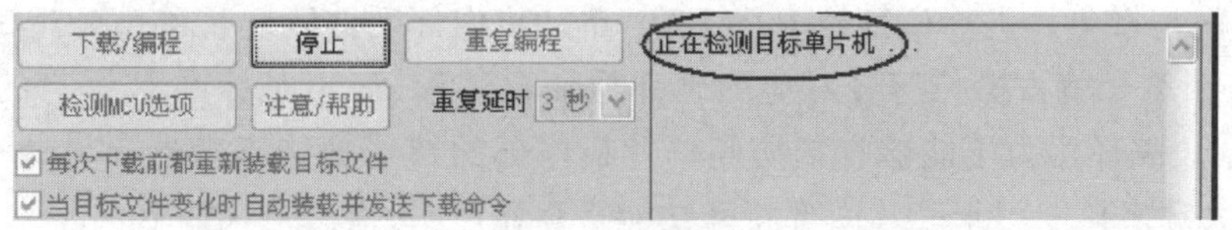

图1-47　下载软件等待单片机上电

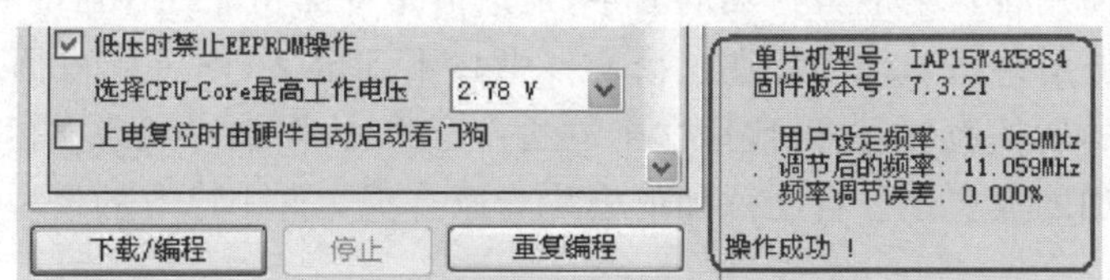

图1-48　下载成功

1.2.6　程序解释

例1.1　让接在IAP15W4K58S4的P0.0引脚的发光二极管发光。完整代码如下:

```
#include "STC15W4K.H"  //include称为文件包含命令,后面双引号中的内容称为头文件
sbit  P0_0 = P0^0;     //sbit是位定义," STC15W4K.H "中有 sfr P0 = 0x80 字节定义语句
void  main()
{
    P0_0 = 0;          //点亮 LED
}                      //实验证明:程序执行到这后面又执行 P0_0 = 0。
```

1. 解释“#include "STC15W4K.H"”

include后面的双引号("")表示让编译软件先到当前C文件所在目录中查找被包含的文件,若没找到,则到Keil\C51\INC目录查找被包含的文件;若使用尖括号<>(计算机键盘上的小于、大于符号)则表示先到Keil\C51\INC目录查找被包含的文件,若没找到再到当前C文件所在目录中查找被包含的文件。若使用Keil自带库函数对应的头文件(*.H文件),则应该使用尖括号<>;自己编写的头文件一般是放到当前C文件所在的目录,这时就应该使用双引号"",这样可减少程序编译时搜索文件的时间。“#include "STC15W4K.H"”语句称为文件包含,相当于把被引用文件中的所有内容复制一份到当前引用的位置。从表面上看,包含就是一行代码代替一大堆代码,在工程窗口展开STC15W4K.H可以看到一个内容较多的文件,先看下面8行代码。

```
sfr P0  =  0x80;        //声明单片机 P0 口所在地址为 0x80
sfr P1  =  0x90;        //声明单片机 P1 口所在地址为 0x90
sfr P2  =  0xA0;        //声明单片机 P2 口所在地址为 0xA0
sfr P3  =  0xB0;        //声明单片机 P3 口所在地址为 0xB0
sfr P4  =  0xC0;        //声明单片机 P4 口所在地址为 0xC0
sfr P5  =  0xC8;        //声明单片机 P5 口所在地址为 0xC8
sfr P6  =  0xE8;        //声明单片机 P6 口所在地址为 0xE8
sfr P7  =  0xF8;        //声明单片机 P7 口所在地址为 0xF8
```

P0～P7 是单片机的 8 组 I/O 口,如图 1-24 所示。但是在 C 语言中,P0～P7 只能被看成符号,要想让这个符号与单片机硬件产生联系,就要使用上面格式的代码。上面 8 条语句就是将单片机端口符号 P0～P7 与单片机内部硬件地址联系起来,程序运行时遇到这 8 个符号就去操作符号对应的硬件地址。注意 sfr 不是标准 C 语言的关键字,而是 Keil C 编译器为了能够直接访问单片机内部的特殊功能寄存器提供的一个关键字,且此关键字只能用于芯片内部特殊功能寄存器声明,语法格式如下:

sfr 符号　= 地址值;

符号一般使用特殊功能寄存器的名字,地址值是特殊功能寄存器的硬件地址。

如果单片机的某些功能模块在这个文件中找不到定义,则可以根据芯片手册找到功能模块对应的硬件地址,然后使用这个方法自己添加,添加完成后在代码中就可随心所欲地操作增加的模块了。自己添加的模块与原有头文件中已有的模块在使用上效果是完全一样的。

2. 解释"sbit P0_0 = P0^0;"

同样的道理,此语句将符号 P0_0 与 P0 口的第 0 位 P0.0 建立连接关系,如果同时操作一组 I/O 的所有硬件引脚,使用 sfr 定义的符号 P0～P2 等就可以了,但如果只想控制 8 个硬件引脚中的任意一个,就要使用这个命令。此命令称为特殊功能位声明,最常用的格式如下:

sbit　位变量名 = SFR 名称^变量位地址值;

sbit 用于定义单字节(一个字节含 8 个位)可位寻址对象的某位,"单字节可位寻址对象"包括可位寻址特殊功能寄存器(比如 P0～P2 等)和 RAM 中可位寻址区的 16 个字节。P0_0 是作者自己确定的符号,读者也可以写成 P00 或其他符号,只要能方便看出是指 P0 口的第 0 位就可以了。P0^0 的 P0 是 sfr 已定义好的符号,表示 P0 口,^是计算机键盘数字 6 上面对应的符号,是异或运算符,最后的 0 表示 P0 口的第 0 位。

3. 解释"void main ()"

每一个 C 语言程序有且只有这么一个主函数,函数后面一定有一对大括号"{}",在大括号里书写其他程序。

4. 解释"P0_0=0;"

让 P0 口的 0 位输出低电平,因为硬件上是发光二极管正端接+5 V,负端通过 1 kΩ 电阻连接单片机 P0_0 口,所以这条命令就可以点亮发光二极管。点亮之后程序又如何执行呢?实际上,这个程序是有问题的,但 C 编译器及时发现了这个错误,为了不让单片机死机,让单片机执行了一条复位命令,复位后再次执行语句"P0_0=0;"如此往复循环,所以我们看到 P0_0 连接的发光二极管一直是亮着的,严格的程序应该是这样的:

```
void  main ()
{
      P0_0 = 0;             //点亮 LED
      while(1);             //程序停在这里不再向下运行,也可用"for (;;)";代替,功能相同
}
```

1.3　Keil仿真

1.3.1　软件仿真

标准8051方式仿真，不能仿真单片机新增功能。

1. 输入代码

先在Keil文本编辑窗口输入例1.2所示的代码。

例1.2　让接在IAP15W4K58S4的P0.0引脚的发光二极管闪烁发光，R/C时钟：11.059 2 MHz。

```
#include  "STC15W4K.H"          // include称为文件包含命令，后面引号中内容称为头文件
sbit P0_0 = P0^0;
// sbit是位定义，"STC15W4K.H"中有sfr P0 = 0X80字节定义语句
void delay500ms(void)
{
    unsigned char i,j,k;
    for(i=41;i>0;i--)           //注意后面没分号
    for(j=133;j>0;j--)          //注意后面没分号
    for(k=252;k>0;k--);         //注意后面有分号
}
void  main ()
{
    for (;;)                    // for (;;)让for下面1对大括号内程序无限循环
    {
        P0_0 = !P0_0;           //取反P0_0引脚
        delay500ms();           //延时500 ms，高电平500 ms，低电平500 ms，周期1 s
    }
}
```

2. 进入调试环境

如图1-43所示，单击设置工程的图标进入设置工程窗口，弹出窗口选择C51选项卡，Code Optimization代码优化等级默认值为8，一般不要修改，若调试复杂程序出现不正常情况可将它设为0，程序调试完成后再改成8，提高程序执行效率并保证延时函数延时时间的准确性。Debug选项卡左边一半用于软件模拟调试，右边一半用于硬件仿真调试，软件调试当然要勾选Use Simulator。

然后编译工程，编译正常后选择Debug→Start/Stop Debug Session命令开始调试，等一两秒后光标会运行到main主程序中，可选择过程单步或单步执行程序。进入仿真窗口后若出现的不是前面的源代码窗口，而是夹有反汇编代码的窗口，则直接单击工具栏放大镜图标关闭该窗口；如果程序编译结果没有错误，下次就直接进入源代码窗口，进入调试窗口后工具栏的很多按钮都变得可操作了，如图1-49所示。

调试窗口工具栏从左到右依次是复位、全速运行、暂停、单步(进入函数内部)、过程

图 1-49 调试窗口工具栏

单步(一步执行完整个函数)、若在子程序或函数内部执行完当前函数、运行到当前光标所在行、下一状态、打开跟踪、观察跟踪、反汇编窗口、观察窗口、代码作用范围分析、1# 串行窗口、内存窗口、性能分析、模拟逻辑分析仪、工具按钮等命令。

3. 单步与过程单步

学习程序调试,必须明确两个重要的概念,即单步执行与全速执行。全速执行是指一行程序执行完以后紧接着执行下一行程序,中间不停止,这样程序执行的速度很快,并可以看到该段程序执行的总体效果,即最终结果是正确还是错误,但如果程序有错,则难以确认错误出现在哪行程序。单步执行是每次执行一行程序,执行完该行程序后立即停止,等待命令执行下一行程序,此时可以观察该行程序执行完以后得到的结果是否与我们写该行程序所想要得到的结果相同,借此可以找到程序中问题所在的位置。程序调试中,这两种运行方式都要用到。

选择 Debug→Step 命令或快捷键 F11 可以单步执行程序,选择 Debug→Step Over 命令或快捷键 F10 可以过程单步形式执行命令。所谓过程单步,是指将汇编语言中的子程序或高级语言中的函数作为一个语句来全速执行,图 1-50 是实际的调试窗口。

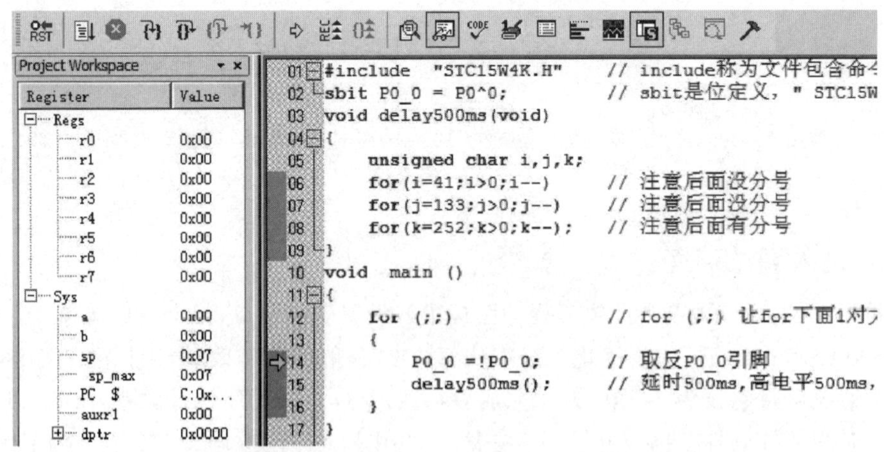

图 1-50 调试窗口

按下 F11 键,可以看到源程序窗口的左边出现了一个黄色调试箭头,指向程序中将要运行的一行,每按一次 F11 键,即执行该箭头所指程序行,然后箭头指向下一行,当箭头指向"delay500ms();"行时,再次按下 F11 键,会发现,箭头指向了延时函数 delay500ms()中的一行,不断按 F11 键,即可逐步执行延时函数。但有个问题,本例中的延时程序可能要按 F11 键上万次才能执行完延时函数,显然这种单步运行方式不合

适。为此,可以采取以下一些方法:第一,用鼠标在延时函数的最后一行"}"单击一下,把光标定位于该行,然后选择 Debug→Run to Cursor line(执行到光标所在行)命令,即可全速执行完黄色箭头与光标之间的程序行;第二,在进入该子程序后,选择 Debug→Step Out of Current Function(单步执行到该函数外)命令,使用该命令后,即全速执行完调试光标所在的函数并指向主程序中的下一行程序;第三,在调试开始,按 F10 键而非 F11 键,程序也将单步执行,不同的是,执行到"delay500ms();"行时,按下 F10 键,调试光标不进入函数内部,而是全速执行完该函数,然后直接指向主程序的下一行,灵活应用这几种方法,可以大大提高查错的效率。

4. 断点设置

程序调试时,一些程序行必须满足一定的条件才能被执行(如程序中某变量达到一定的值,按键被按下,串口接收到数据,有中断产生等),这些条件往往是异步发生或难以预先设定的,这类问题使用单步执行的方法是很难调试的,这时就要使用到程序调试中的另一种非常重要的方法——断点设置。断点设置的方法有多种,常用的是在某一程序行设置断点,设置好断点后可以全速运行程序,一旦执行到该程序行即停止,可在此观察有关变量值,以确定问题所在。在程序行设置/移除断点的方法是将光标定位于需要设置断点的程序行,选择 Debug→Insert/Remove Breakpoint 命令设置或移除断点(也可以用鼠标在该行双击实现同样的功能),Debug→Enable/Disable Breakpoint 命令是开启或暂停光标所在行的断点功能,Debug→Disable All Breakpoint 命令暂停所有断点,Debug→Kill All Breakpoint 命令清除所有的断点设置。这些功能也可以用工具条上的快捷按钮进行设置。

除了在某些程序行设置断点这一基本方法以外,Keil 软件还提供了多种设置断点的方法,选择 Debug→Breakpoints 命令即出现一个对话框,该对话框用于对断点进行详细的设置,如图 1-51 所示。

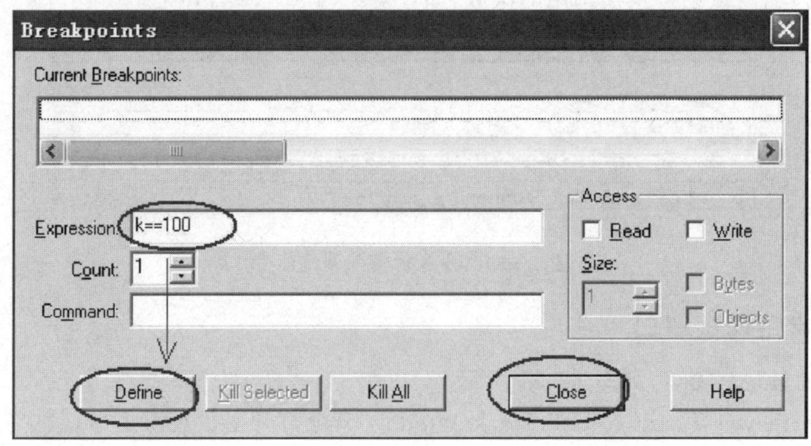

图 1-51　断点设置

在图 1-51 中 Expression 的编辑框用于输入表达式,该表达式用于确定程序停止运行的条件,举例说明如下:

① 假设当前的延时函数有问题,程序单步执行进入延时函数,此时在 Expression 的编辑框中键入 k==100,再单击 Define 按钮即定义了一个断点。如果还没进入延时函数就定义断点,由于变量 k 还没有分配内存空间,单击 Define 按钮时会出现变量没定义的错误提示,如图 1-52 所示,也就是说设置断点的变量只能是全局变量和调试箭头所指函数中的局部变量。

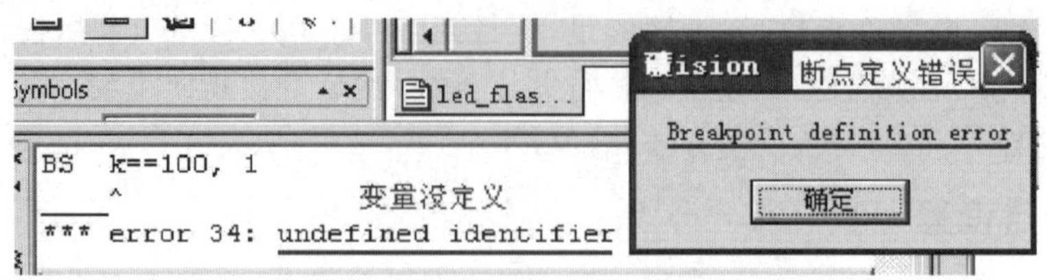

图 1-52 断点定义错误

另外,k 后有两个等号,意义即相等,该表达式的含义是:如果 k 的值到达 100 则停止程序运行,除了可以使用相等的符号之外,还可以使用>、>=、<、<=、!=(不等于)、&(两值按位与)、&&(两值相与)等运算符号。

② 在 Expression 编辑框中键入 k==100,接着按 Count 后的微调按钮,将值调到 3,其意义是当第三次执行到 k==100 时才停止程序运行。

③ 在 Expression 编辑框中键入 k==100,接着在 Command 编辑框中键入 printf("k==100\n"),主程序每次执行到 k==100 时并不停止运行,但会在输出窗口 Command 页输出一行字符,即 k==100。其中"\n"的用途是回车换行,使窗口输出的字符整齐。

④ 设置断点前先在输出窗口的 Command 页中键入"DEFINE int a",如图 1-53 所示,然后再设置断点方法同③。但是在 Command 编辑框中键入 printf("k==100 %d times\n",++a),主程序每次执行到 k==100 时并不停止运行,而会在 Command 窗口输出该字符及被调用的次数,如:"k==100 102 times"。

图 1-53 命令栏输入调试命令

5. 常用调试窗口

① 变量观察窗口,如图 1-54 所示。

选择 View→Watch & Call Stack Window 命令打开变量观察窗口,其中有一个标签页为 Locals,这一页会自动显示当前函数模块中的变量名及变量值。另外两个标签页 Watch #1 和 Watch #2 可以加入自定义的观察变量,单击 Watch #1 或 Watch #2 窗口中的<type F2 to edit>,然后再按 F2 键即可输入需要观察的变量。在程序较复

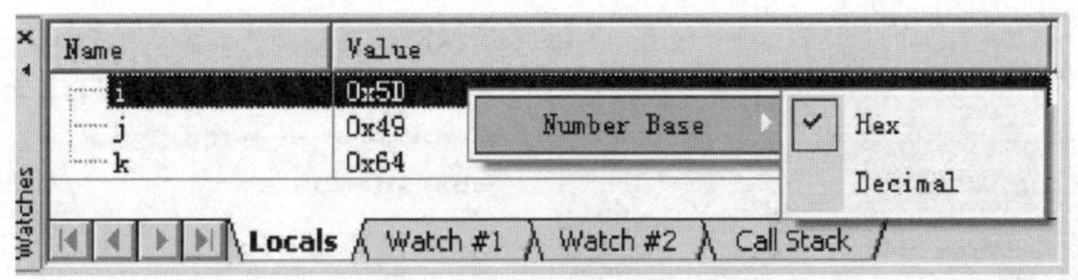

图 1-54　变量观察窗口

杂、变量很多的场合,这两个自定义观察窗口可以筛选出自己感兴趣的变量加以观察。观察窗口中变量的值不仅可以观察,还可以修改,单击变量后面的值,再按 F2 键,该值即可修改(也可单击 2 次该值然后修改)。该窗口显示的变量值可以十进制或十六进制形式显示,方法是在显示窗口右击,在快捷菜单中选择。

② 存储器窗口,如图 1-55 所示。

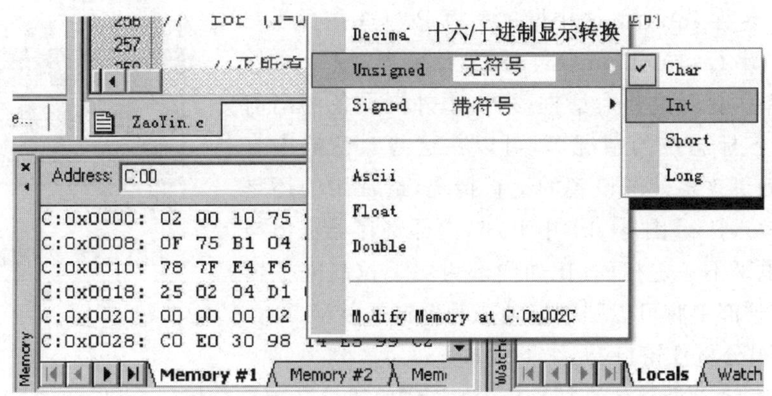

图 1-55　存储器数值显示方式

代码编译成功后执行 File→Open 命令打开与工程名对应的 *.m51 文件可找到自定义变量名与内存地址的对应关系,然后执行 View→Memory Window 命令打开存储器窗口,通过在 Address 后的编辑框内输入"字母:数字",然后回车即可显示相应内存值。其中字母可以是 C、D、I、X,分别代表代码存储空间、直接寻址的片内存储空间、间接寻址的片内存储空间、扩展的外部 RAM 空间,数字代表想要查看的地址。例如输入"D:0"即可观察到地址 0 开始的片内 RAM 单元值;键入"C:0"即可显示从 0 开始的 Flash 存储单元中的值,即查看程序的二进制代码。

③ 反汇编窗口,如图 1-56 所示。

选择 View→Disassembly Window 命令可以打开反汇编窗口,该窗口可以显示纯汇编代码,也可以 C 语言代码和汇编代码混合显示;可以在该窗口按汇编代码的方式单步执行程序。在反汇编窗口,右击,出现快捷菜单,其中 Mixed Mode 是以混合方式显示,Assembly Mode 是以纯汇编代码方式显示。

④ 外围窗口,如图 1-57 所示。

为了能够比较直观地了解单片机中定时器、中断、并行端口、串行端口等常用外设

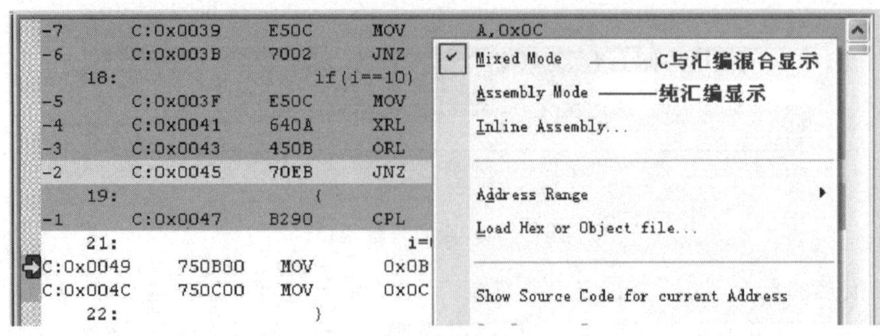

图 1-56　反汇编窗口

的使用情况，Keil 提供了一些外围接口对话框，通过 Peripherals 菜单选择，该菜单的下拉菜单内容与所建立项目时所选的 CPU 有关，如果是选择 89C52 这一类“标准”的 51 机，那么将会有 Interrupt（中断）、I/O Ports（并行 I/O 口）、Serial（串行口）、Timer（定时器/计数器）这 4 个外围设备菜单。打开这些对话框，列出了外围设备的当前使用情况、各标志位的情况等，可以在这些对话框中直观地观察和更改各外围设备的运行情况，最常用的还是 8 位并口 P0～P3。图 1-57 中 P0 口内部寄存器输出与外部引脚电平不一定相同，比如内部为弱上拉高电平输出状态，但外部引脚可以强制接地成为低电平 0 V。

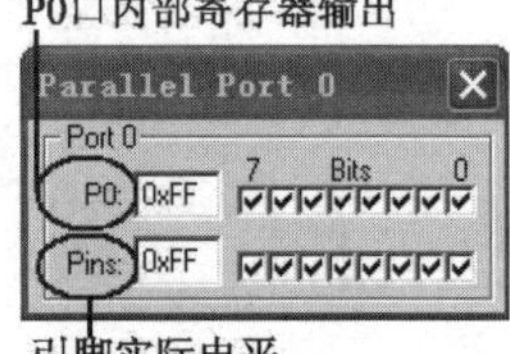

图 1-57　外围窗口

⑤ 逻辑分析仪窗口，操作步骤如下：

第一步，进入软件仿真环境后，单击按钮打开逻辑分析仪窗口，如图 1-58 所示。

第二步，单击 Setup 按钮，弹出如图 1-59 所示的界面。

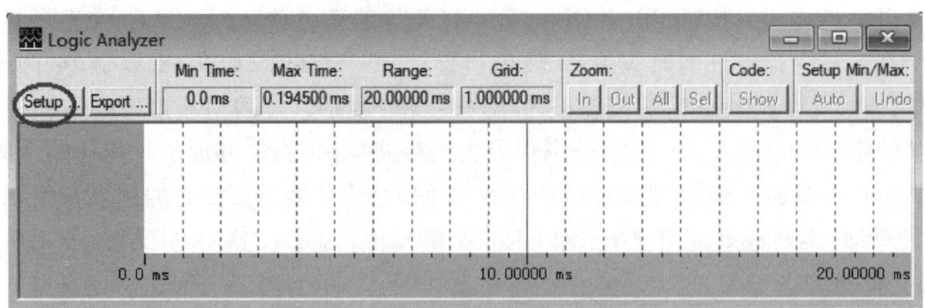

图 1-58　刚打开的逻辑分析仪窗口

第三步，单击按钮，新建 I/O 口通道，弹出如图 1-60 所示的界面。

第四步，按“端口名.位”格式输入（比如 STC15:P1.0，又比如 STM32:PORTF.4）。

第五步，输入完毕后按回车键，有时会出现如图 1-61 所示的错误提示，这时退出软件仿真环境重新进入即可恢复正常。

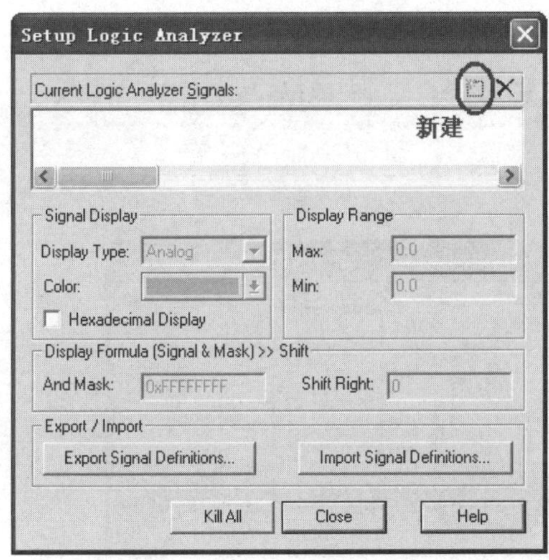

图1-59　新建I/O口通道

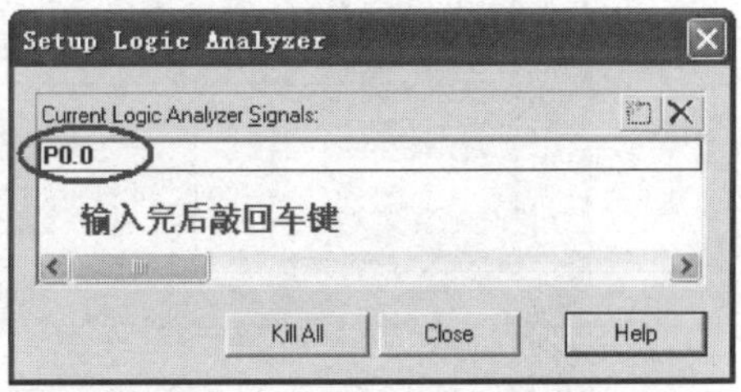

图1-60　输入"端口名.位"

在正常情况下弹出的界面如图1-62所示,在Display Type下拉列表框中选择Bit,然后直接单击Close按钮关闭窗口。

图1-61　错误提示

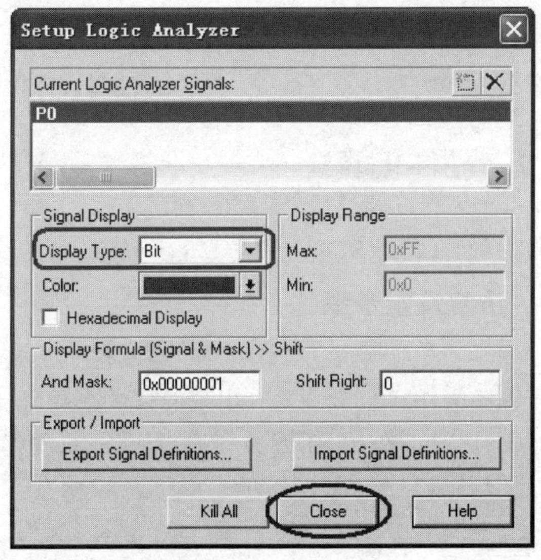

图1-62　端口建立正常

第六步,如图1-63所示,单击工具栏中的运行按钮运行程序,程序运行起来后即可看到波形变化。

第七步,如图1-64所示,单击Zoom下的ALL按钮可显示完整波形,单击Out按钮可缩小波形,单击In按钮可放大波形。程序运行后停止,能够看到运行过程中记录下的波形,此时也可单击ALL、Out或In按钮继续观察波形。

图 1-63　运行程序

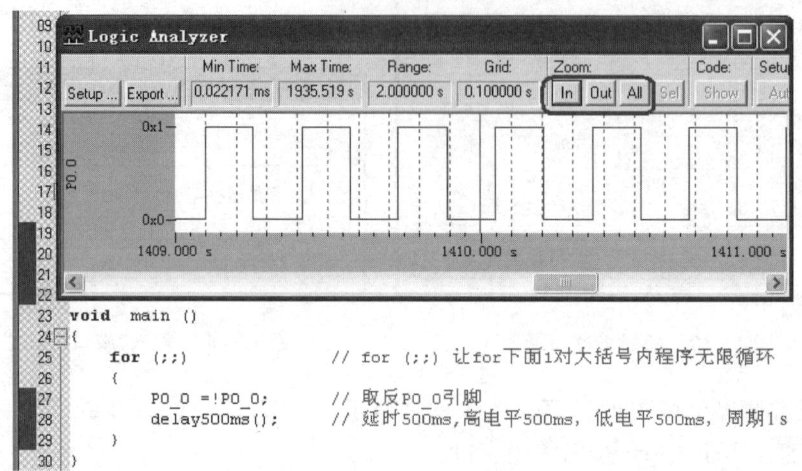

图 1-64　放大与缩小波形

提示:逻辑分析仪窗口只用于软件仿真,硬件仿真只能用外部真实的硬件逻辑分析仪。

1.3.2　硬件仿真

硬件仿真,利用 STC 专用仿真芯片仿真,可仿真所有功能。

1. 仿真设置步骤

如图 1-65 所示,在 STC 程序下载软件中首先选择“Keil 仿真设置”页面,单击“添加型号和头文件到 Keil 中”,在出现的目录选择窗口中,定位到 Keil 的安装目录(比如“C:\Keil818\”),单击“确定”按钮后出现“STC MCU 型号添加成功”的提示信息,再单击“确定”按钮。

图 1-65　安装 Keil 版本的仿真驱动

在 Keil 中新建项目,出现如图 1-66 所示的对话框,选择 STC MCU Database 选项,然后从列表中选择相应的 MCU 型号,在此选择 STC15W4K32S4,单击 OK 按钮完成选择。

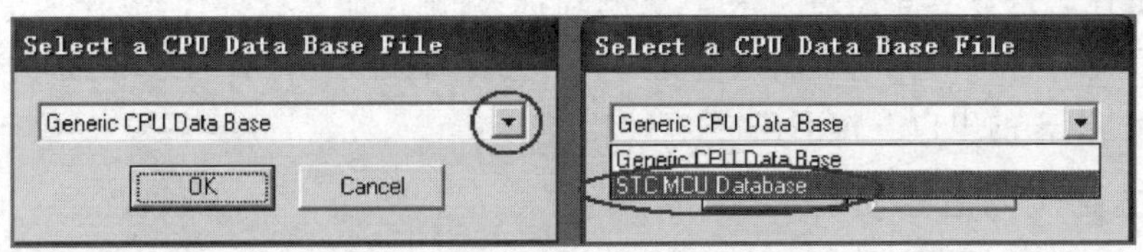

图 1－66　芯片种类选择

接着按通常的步骤编写代码，编译成功后，单击 Keil 工具栏图标 进入设置工程界面，选择 Debug 选项卡，如图 1－67 所示。选择右侧的硬件仿真单选按钮 Use，在仿真驱动下拉列表中选择 STC Monitor－51 Driver 项，然后单击 Settings 按钮，对串口的端口号和波特率进行设置，波特率一般选择 115 200 或者 57 600。然后勾选 Load Application at Startup 和 Run to main()复选框，最后单击 OK 按钮即可。

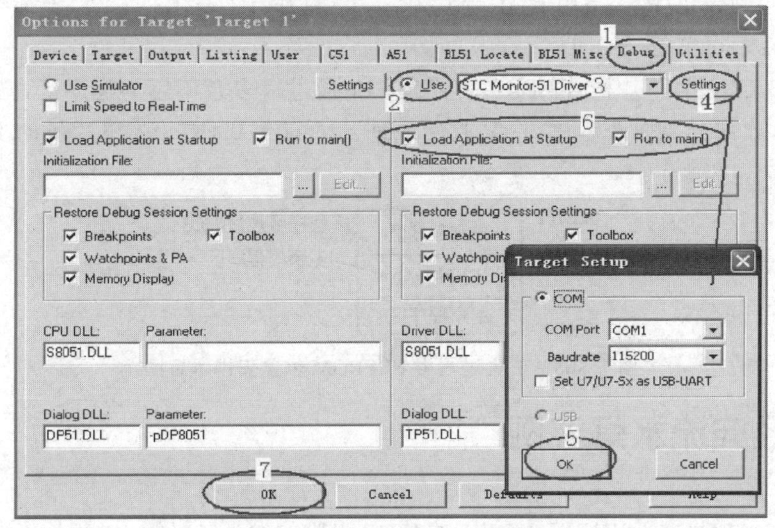

图 1－67　硬件仿真设置步骤

准备一颗 IAP15W4K58S4 芯片，按正确方向插入前面的实验电路板，实验电路板仍然与计算机串口相连，然后按图 1－65 所示操作。先选择仿真芯片运行时的 R/C 时钟频率或使用外部晶振，然后单击“将 IAP15W4K58S4 设置为仿真芯片”按钮，给电路板上电，此时就将会有程序向芯片中下载，下载时间最快需要 10 s。当程序下载完成后仿真器便制作完成了，IAP15W4K58S4 设置成仿真芯片后，要想再变成一般的单片机无需任何操作，直接将它当作单片机下载程序使用就可以了。

确认前面所创建的项目编译没有错误后，按 Ctrl＋F5 键或工具栏图标 开始调试。若硬件连接无误，则会进入与软件仿真类似的调试界面。现在可以一步一步执行程序并控制硬件动作了，断点设置的个数目前最多允许 20 个(理论上可设置任意个，但是断点设置得过多会影响调试的速度)。

有时进入调试环境可能会失败，这时可将整个程序代码注释掉，只写一个最简单的主函数,编译后再尝试进入调试环境,若顺利进入,则说明是软件代码(比如串口程序)占用了仿真调试接口;否则可能是仿真串口号选择有误或硬件有问题,比如仿真芯片问题或计算机出来的串口工作不正常。

2. 仿真代码占用资源

① 程序空间:仿真代码占用程序区最后 6 KB 的空间,比如用 IAP15W4K58S4 仿真,用户程序只能占 52 KB(0x0000~0xCFFF)空间,程序最大不能超过 52×1 024 字节=53 248 字节,用户程序不要使用从 0xD000~0xE7FF 的 6 KB 空间。

② 常规 RAM(data,idata): 0 KB

③ XRAM(xdata) :占用最后 768 字节 (0x0D00~0x0FFF,用户在程序中不要使用),对于 IAP15W4K58S4,只要程序占用 XRAM 不超过(4 096－256－768)字节＝3 072 字节即可。

④ I/O:P3. 0/P3. 1,用户在程序中不得操作 P3. 0/P3. 1,不要使用 INT4/T2CLKO/P3.0 和 T2/P3.1。

对于 IAP 型号单片机,EEPROM 的操作是通过对多余不用的程序区进行 IAP 模拟实现的,此部分要修改程序(IAP 起始地址)。IAP15W4K58S4 单片机的 EEPROM 位置如图 1－68 所示。

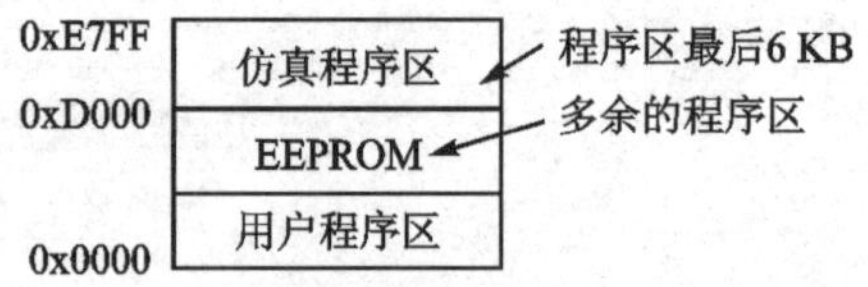

图 1－68 仿真过程中 EEPROM 位置安排示意图

1.4 经典流水灯实例

例 1.3 让接在 IAP15W4K58S4 的 P0.7 引脚的发光二极管 1 s 闪烁 1 次,R/C 时钟:11.059 2 MHz。

```
#include "STC15W4K.H"              //注意宏定义语句后面无分号
void delay500ms()
{
    unsigned char i,j,k;           // i,j,k 由软件计算出并验证正确
    for(i = 41;i>0;i--)            //注意后面没分号
    for(j = 133;j>0;j--)           //注意后面没分号
    for(k = 252;k>0;k--);          //注意后面有分号
}
void port_mode()                   //端口模式
{
    P0M1 = 0x00; P0M0 = 0x00;P1M1 = 0x00; P1M0 = 0x00;P2M1 = 0x00; P2M0 = 0x00;P3M1 = 0x00;
    P3M0 = 0x00;P4M1 = 0x00; P4M0 = 0x00;P5M1 = 0x00; P5M0 = 0x00;P6M1 = 0x00; P6M0 = 0x00;
    P7M1 = 0x00; P7M0 = 0x00;
}
void main()
```

```
{
    port_mode();                //将单片机所有端口配置为准双向弱上拉方式
while(1)
    {
        P0 &= ~(1<<7);          //将端口单独某位置 0(提示:C语言中很重要的技巧)
        delay500ms();           //延时 500 ms
        P0|= (1<<7);            //将端口单独某位置 1(提示:C语言中很重要的技巧)
        delay500ms();           //延时 500 ms
    }
}
```

例 1.4 利用异或运算符“^”实现 IAP15W4K58S4 的 P0.3 引脚的发光二极管 1 s 闪烁 1 次。

```
// 异或运算符“^”最重要的用途是对字节中的某位取反(提示:C语言中很重要的技巧)
#include "STC15W4K.H"               //注意宏定义语句后面无分号
void delay500ms()
{                                   //同例 1.3
}
void main()
{
    while(1)
    {
        P0 ^= (1<<3);               //等效于 P0 = P0 ^ (1<<3);
        delay500ms();
    }
}
```

例 1.5 最精简的流水灯实例 A。

```
//核心思想:左移位数不断改变,被移动的数值固定为 0000 0001(变位数,定数值),R/C时钟:
//11.059 2 MHz
#include "STC15W4K.H"               //注意宏定义语句后面无分号
void delay100ms()
{
    unsigned char i,j,k;            // i,j,k由软件计算出并验证正确
    for(i = 157;i>0;i--)            //注意后面没分号
    for(j = 9;j>0;j--)              //注意后面没分号
    for(k = 194;k>0;k--);           //注意后面有分号
}
void port_mode()                    //端口模式
{   ……                              //同例 1.3
}
void main()
{
    unsigned char a;
    port_mode();                    //将单片机所有端口配置为准双向弱上拉方式
    while(1)
    {
        P0 = ~(1<<a++);             //第一次运行时 0000 0001<< 0 = 0000 0001
        delay100ms();
        if (a == 0x08)              //允许左移 8 次
        {
```

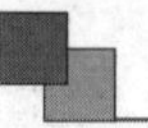


```
            a = 0;
        }
    }
}
```

例 1.6 最精简的流水灯实例 B。

```
//核心思想:左移位数固定为 1,被移动的数值是前一次移位的结果(定位数,变数值)
#include "STC15W4K.H"             //注意宏定义语句后面无分号
void delay100ms()
{                                 //同例 1.5
}
int main()
{
    unsigned char i;
    unsigned char k;              // k 用于保存移位后的值
    port_mode();                  //将单片机所有端口配置为准双向弱上拉方式
    while(1)
    {
        k = 0x01;                 //先给 k 一个初值 0000 0001 等待移位
        for(i = 8;i>0;i--)
        {
            P0 = ~k;
            delay100ms();
            k = k<<1;             //把 k 左移 1 位,左移时数值最低位填 0 补充
        }
    }
}
```

C 语言代码书写提示如下:

① C 语言中可以在一行写多个语句,每个语句用分号表示结束。比如上例也可这样写:

```
for(i = 8;i>0;i--)
{
    P0 = ~k;delay100ms();    k = k<<1;
                              //把 k 左移 1 位,左移时数值最低位填 0 补充
}
```

② C 语言中可以将一个语句写在多行,在 Visual Basic 中,前一行的结尾用空格和下画线表明后一行的内容与前一行作为一个语句,但 C 语言中不用任何标记,直接把一个语句的其他内容写在下一行即可,但注意单词(如变量名、关键字等)不能分成多行,否则编译不能通过。

1.5 单片机 C 语言延时程序详解

1.5.1 学会使用计算软件

在本章前面反复出现了一个延时函数,格式如下:

```
void delay500ms()                          //大范围精确延时函数
```

```
{
    unsigned char i,j,k;                    // i,j,k由软件计算出确定
    for(i = 41;i>0;i -- )                   //注意后面没分号
    for(j = 133;j>0;j -- )                  //注意后面没分号
    for(k = 252;k>0;k -- );                 //注意后面有分号
}
```

在本书后面还会出现一个延时函数,格式如下:

```
void delay (unsigned char t)                //小范围精确延时函数
{
    while( -- t);
}
```

读者需要使用延时程序时,直接将这里的延时函数复制到自己的程序中,然后修改函数中的变量值就可以得到精确的延时时间。假如延时时间较长,比如流水灯类程序时间大于100 μs,使用前一个延时函数;延时时间很短的18B20通信类程序要求小于100 μs,使用后一个延时函数。函数中的i、j、k和t的具体数值由作者编写好的软件计算,软件界面如图1-69所示。

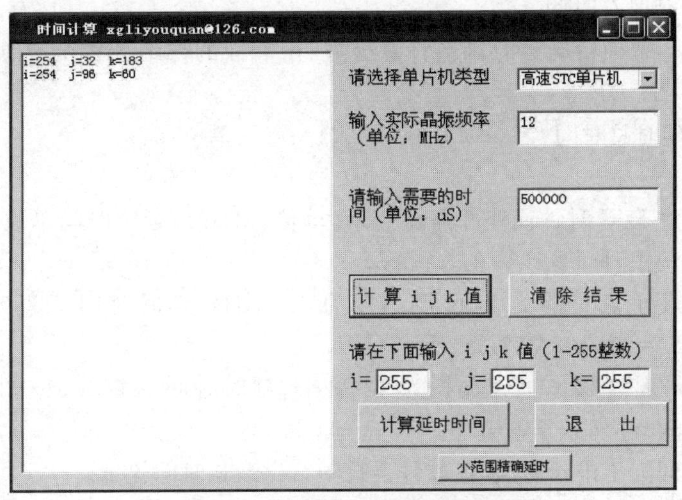

图1-69　单片机延时程序变量计算

从图1-69中可以看出,不但可以根据要求的延时时间计算i、j、k的值,也可由i、j、k的值计算出延时时间的值,使用非常方便。读者使用这个软件时可以把文件夹“安装程序”复制到C盘根目录下,在C盘根目录下运行安装程序,安装路径随意,默认路径为C:\Program Files\延时时间\,安装完毕后找到安装路径下的图标,如图1-70所示,然后右击选择“发送到”→“桌面快捷方式”命令方便随时使用。除使用这个软件外,读者也可以使用STC下载软件中附带的“软件延时计算器”。

重要提示:

① 由程序计算出来通常会有多组数据,随便选一组就可以。

② 为保证延时时间的准确性,需要确认工程设置中的代码优化等级为默认的8级或6级,当优化等级较低时延时时间可能会不准确(变长)。另外还要确定延时函数运

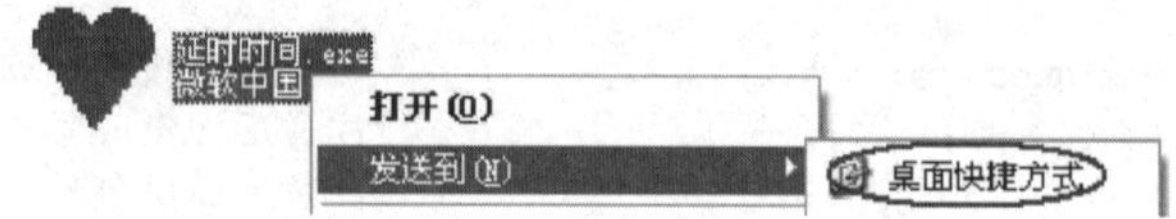

图 1-70 发送到桌面快捷方式

行过程中不应有中断函数打断,否则延时时间会变长。

③ 延时函数使用到单片机的 4 条汇编指令:"MOV Rn #data",需 2 个时钟;"DJNZ Rn rel",需 4 个时钟;"RET",需 4 个时钟;"LCALL",需 4 个时钟。对于 STC11、STC12 和 STC15 系列,这几条指令执行时间是一样的,因此在界面中选择"高速 STC 单片机"计算出的延时函数变量对这 3 个系列是通用的。

1.5.2 计算软件内部运算过程详解

固定格式大范围精确延时函数计算公式(由后面的详细分析步骤总结出的结果)如下:

STC 51:延时总时间 $= (4\,i \times j \times k + 6\,i \times j + 6\,i + 12) \times 1/f$ (单位:μs)。

固定格式小范围精确延时函数计算公式(由后面的详细分析步骤总结出的结果)如下:

STC 51:延时总时间 $= (t \times 4 + 10) \times 1/f$ (单位:μs)。

说明:

f 代表任意 R/C 时钟或外部晶振频率(单位:MHz),延时时间单位是 μs,延时时间连同主程序调用时间也计算在内。

i、j、k 的最小值只能为 1,假设晶振为 12 MHz,延时时间 AT89C51=13 μs,IAP15W4K58S4= 2.333 333 μs。

i、j、k 的最大值 255,假设晶振为 12 MHz,延时时间 AT89C51=33.358 595 s,IAP15W4K58S4=5.559 766 s。

当设定时间大于最长时间时,软件会自动给出最长时间提示。

1. 大范围精确延时详细分析

以下是在 WAVE 环境中调试通过的一个完整程序(WAVE 环境状态栏第 2 格显示指令执行时间)。

```
MAIN:   MOV     P1,#0FFH
        LCALL   DELAY          ;执行时间 10 070,LCALL 指令本身要占用 2 个机器周期(2 μs)
        MOV     P1,#00H
        CALL    DELAY
        LJMP    MAIN
DELAY:  MOV     R7,#5          ;执行时间 10 068
D1:     MOV     R6,#10
D2:     MOV     R5,#99
        DJNZ    R5,$
        DJNZ    R6,D2
```

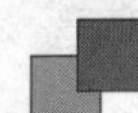

```
DJNZ   R7,D1
RET
END
```

延时程序代码分析过程如图1-71所示。

		89C51单片机	STC_1T单片机
	DELAY：MOV R7,#5	1 μs	1/6 μs
大循环	D1：MOV R6,#10	1 μs	1/6 μs
	D2：MOV R5,#99	1 μs	1/6 μs
	DJNZ R5,$	2×99 μs=198 μs	1/3 μs
	DJNZ R6,D2	2 μs	1/3 μs
	DJNZ R7,D1	2 μs	1/3 μs
	RET	2 μs	1/3 μs

图1-71　延时程序代码详细分析过程

不管多少层循环嵌套，只要按照以下步骤都能很容易地计算出精确的延时时间。(关键点：将最内层循环当作1条指令，求出此指令执行时间，再将中层循环当作1条指令，求出此指令执行时间，最后加上循环外的时间。)

第1步：先在代码行后面写出各行代码执行时间。

第2步：用方框从内到外框出逐层循环代码区域。

第3步：从内到外逐层计算时间如下：

- 最内层循环时间：算出单次循环总时间(1＋198＋2)μs，找出单次循环执行次数(单次循环最后一条指令的R6中)10。

最内层循环时间＝(1＋198＋2)×10＝2 010 μs　//(2×R5＋3)×R6

- 中层循环时间：算出单次循环总时间(1＋2 010＋2)μs，找出单次循环执行次数(单次循环最后一条指令的R7中)5。

中层循环时间＝(1＋2 010＋2)×5＝10 065　//[(2×R5＋3)×R6＋3]×R7

- 延时程序时间＝循环时间＋循环外时间。

DELAY＝1 μs＋10 065 μs＋2 μs＝10 068 μs＝10.068 ms

//[(2×R5＋3)×R6＋3]×R7＋3

若连主程序调用的2 μs计算在内，则总时间计算公式为

延时总时间＝[(2×R5＋3)×R6＋3]×R7＋5

(提示：此公式只对普通51_12M晶振有效)

在Keil中新建工程，输入延时程序，编译后进入调试环境，打开反汇编窗口如图1-72所示。

可以看出，反汇编代码与前面介绍的汇编语言编写的延时程序完全相同，程序共有三层循环，重新抄录如图1-73所示。

```
     10: void main()
     11: {
     12:  delay500ms();
C:0x001C    120003    LCALL    delay500ms(C:0003)
     13:  while(1);
C:0x001F    80FE      SJMP     C:001F
C:0x0021    00        NOP
C:0x002F    22        RET
      5:  void delay500ms()
      6: {
      7:  unsigned char i,j,k;
      8: for(i=15;i>0;i--)
C:0x0030    7F0F      MOV      R7,#0x0F
      9: for(j=202;j>0;j--)
C:0x0032    7ECA      MOV      R6,#0xCA
     10: for(k=81;k>0;k--);
C:0x0034    7D51      MOV      R5,#0x51
C:0x0036    DDFE      DJNZ     R5,C:0036
C:0x0038    DEFA      DJNZ     R6,C:0034
C:0x003A    DFF6      DJNZ     R7,C:0032
     11: }
C:0x003C    22        RET
```

图 1-72　大范围精确延时函数反汇编结果

以下T代表晶振时钟周期：	89C51	STC51
DELAY：MOV R7,#15	12T	2T
D1：MOV R6,#202	12T	2T
D2：MOV R5,#81	12T	2T
大循环　DJNZ R5,$	24T×R5	4T×R5
DJNZ R6,D2	24T	4T
DJNZ R7,D1	24T	4T
RET	24T	4T

图 1-73　反汇编后延时程序分析

- 最内层循环时间：算出单次循环总时间($12T + 24T\times R5 + 24T$)μs，找出单次循环执行次数(在单次循环最后一条指令的 R6 中)。

$$最内层循环时间=[(12T + 24T\times R5 + 24T)\times R6]\mu s$$
$$=[(24T\times R5 + 36T)\times R6]\mu s$$

- 中层循环时间：算出单次循环总时间$=[12T + (24T\times R5 + 36T)\times R6 + 24T]\mu s = [(24T\times R5 + 36T)\times R6 + 36]T\mu s$，找出单次循环执行次数(在单次循环最后一条指令的 R7 中)。

$$中层循环时间=[(24T\times R5 + 36T)\times R6 + 36T]\times R7$$

延时程序时间＝循环时间＋循环外时间

$$DELAY = 12T + [(24T\times R5 + 36T)\times R6 + 36T]\times R7 + 24T$$
$$= [(24T\times R5 + 36T)\times R6 + 36T]\times R7 + 36T$$

若连主程序调用的 $24T$ 计算在内,则总时间计算公式为

$$
\begin{aligned}
\text{延时总时间} &= [(24T\times R5 + 36T)\times R6 + 36T]\times R7 + 36T + 24T \\
&= [(24T\times R5 + 36T)\times R6 + 36T]\times R7 + 60T \\
&= (24\times R5\times R6\times T + 36\times R6\times T + 36T)\times R7 + 60T \\
&= 24\times R5\times R6\times R7\times T + 36\times R6\times R7\times T + 36\times R7\times T + 60T \\
&= (24\times R5\times R6\times R7 + 36\times R6\times R7 + 36\times R7 + 60)\times T \\
&= (24\times R5\times R6\times R7 + 36\times R6\times R7 + 36\times R7 + 60)\times 1/f
\end{aligned}
$$

由上面反汇编窗口可看出 $i=R7, j=R6, k=R5$。

延时总时间 $=(24i\times j\times k + 36i\times j + 36i + 60)\times 1/f$

对于 STC 高速单片机时间计算如下:

最内层循环时间 $=(2T + 4T\times R5 + 4T)\times R6 = (4T\times R5 + 6T)\times R6$

$$
\begin{aligned}
\text{中层循环时间} &= (2T + (4T\times R5 + 6T)\times R6 + 4T)\times R7 \\
&= [(4T\times R5 + 6T)\times R6 + 6T]\times R7
\end{aligned}
$$

$$
\begin{aligned}
\text{延时程序时间} &= 2T + ((4T\times R5 + 6T)\times R6 + 6T)\times R7 + 4T \\
&= [(4T\times R5 + 6T)\times R6 + 6T]\times R7 + 6T
\end{aligned}
$$

$$
\begin{aligned}
\text{主程序调用总时间} &= [(4T\times R5 + 6T)\times R6 + 6T]\times R7 + 6T + 6T \\
&= [(4T\times R5 + 6T)\times R6 + 6T]\times R7 + 12T \\
&= (4\times R5\times R6\times T + 6\times R6\times T + 6T)\times R7 + 12T \\
&= 4\times R5\times R6\times R7\times T + 6\times R6\times R7\times T + 6\times R7\times T + 12T \\
&= (4\times R5\times R6\times R7 + 6\times R6\times R7 + 6\times R7 + 12)\times T \\
&= (4\times R5\times R6\times R7 + 6\times R6\times R7 + 6\times R7 + 12)\times 1/f
\end{aligned}
$$

由上面反汇编窗口可看出 $i=R7, j=R6, k=R5$。

延时总时间 $=(4i\times j\times k + 6i\times j + 6i + 12)\times 1/f$

2. 小范围精确延时详细分析

在 Keil 中新建工程,输入小范围精确延时程序,编译后进入调试环境,打开反汇编窗口如图 1-74 所示。

```
     2: void delay (unsigned char t)
     3: {
     4:              while(--t);
C:0x0017    DFFE     DJNZ      R7,delay(C:0017)
     5: }
C:0x0019    22       RET
```

图 1-74 小范围精确延时函数反汇编结果

这里先假定单片机时钟频率为 12 MHz,则一个机器周期为 1 μs。可以看出,这时代码只有 1 句,共占用 24 个时钟周期,精度达到 2 μs,循环体耗时 $t\times24$ 个时钟周期,但这时应该注意 t 初始值不能为 0。执行 DJNZ 指令需要 24 个时钟周期,RET 指令同样需要 24 个时钟周期,根据输入的 t,在不计算调用 delay()所需时间的情况下,具体

延时时间计算如表 1-3 所列。

表 1-3　小范围精确延时时间规律

t	普通 51	STC 高速 51
1	$1\times24T+24T$	$1\times4T+4T$
2	$2\times24T+24T$	$2\times4T+4T$
N	$N\times24T+24T$	$N\times4T+4T$

当在 main 函数中调用 delay(200)时，进行反汇编的结果如图 1-75 所示。

```
     6: void main()
     7: {
     8:          P1=~P1;
C:0x000F    6390FF    XRL      P1(0x90),#0xFF
     9:          delay(200);
C:0x0012    7FC8      MOV      R7,#0xC8
C:0x0014    020017    LJMP     delay(C:0017)
     2: void delay (unsigned char t)
     3: {
     4:            while(--t);
C:0x0017    DFFE      DJNZ     R7,delay(C:0017)
     5: }
C:0x0019    22        RET
```

图 1-75　小范围延时函数反汇编窗口

调用 delay()时，多执行了两条指令，其中“MOV R7，#0xc8”需要 12(STC = 2)个时钟周期，LJMP 需要 24(STC = 4)个时钟周期，即调用 delay()需要 36 个时钟周期。

普通 51 延时总时间：$t\times24T+24T+36T=(t\times24+60)T=(t\times24+60)\times1/f$（单位：μs）

STC 高速 51 延时总时间：$t\times4T+4T+6T=(t\times4+10)T=(t\times4+10)\times1/f$（单位：μs）

对于 STC 高速 51/11.059 2 MHz 晶振，最小的时间延时为$(1\times4+10)/11.0592=$ 1.26 μs，最大的时间延时为$(255\times4+10)=93.1$ μs，延时函数的最小跳变为 0.36 μs，这个函数延时范围虽然比前面的多层循环小得多，但是可对时间作更细致的调整，例如 STC51 传入参数 t 从 100 变到 101 时，延时时间变化为 0.36 μs，多层循环 $i=100$、$j=100$、$k=100$，当 k 从 100 变到 101 时，延时时间变化 3 617 μs。为方便使用，根据上面理论分析获得的计算公式，在 Visual Basic 中编写计算程序，具体实现代码可参见配套资源的完整工程文件。

例 1.7　延时程序实验(STC 单片机，R/C 时钟：11.059 2 MHz)。

```
#include "STC15W4K.H"                    //注意宏定义语句后面无分号
sbit P0_0 = P0^0;
void delay1000ms(void)
{
```

```
    unsigned char i,j,k;
    for(i=93;i>0;i--)              //注意后面没分号
    for(j=235;j>0;j--)             //注意后面没分号
    for(k=125;k>0;k--);            //注意后面有分号
}
void delay (unsigned char t)
{
     while(--t);
}
void main()
{
     while(1)
     {
         P0_0=0;                   //点亮 LED
         delay1000ms();            //软件计算时间 1 s,逻辑分析仪实测 1.000 208 125 s
         P0_0=1;
         delay(219);               //软件计算时间 80.114 μs,逻辑分析仪实测 80.937 μs
     }
}
```

软件计算时间是非常精确的，晶振的频率误差对软件计算结果的影响也是极其微小的，读者使用 void delay (unsigned char t)函数实现很短时间的精确延时时，比如延时2 μs，通常通过 LED 灯输出来测量延时是否准确，如下所示，此时要注意测试方法是否正确。

```
void main()
{
   while(1)
   {
       P00=!P00;      //要占用时间          } 此为高或低电平时间,明显大于 2 μs(实测 2.6 μs)
       delay(3);       //精确计算时间 2 μs  }
       ……
       ……
       P00=!P00;      //要占用时间          } 此为高或低电平时间,明显大于 2 μs(实测 2.6 μs)
       delay(3);       //精确计算时间 2 μs  }
   }
}
```

注意：类似下面这样的函数就更不能通过测量 LED 高或低电平验证时间了。

```
void main()
{
     while(1)
     {
         P00=!P00;  //要占用时间          }
         delay(3);   //精确计算时间 2 μs  }  此为一个周期,LED 高或低电平时间实测 3 μs
     }               //要占用时间          }
}
```

1.5.3　利用库函数实现短暂精确延时

在 C 文件中可使用“_nop_( );”命令实现短暂精确延时，此“_nop_( )”与汇编语言中的 NOP 空操作命令效果完全相同,相当于是在 C 语言文件中插入汇编指令,但在使用此命令的 C 文件中必须加上"#include <intrins.h>"声明。对于 STC11、STC12 和 STC15 系列,NOP 指令的执行时间都是 1 个时钟周期,1 个时钟周期的时间 $T=1/f$,f 代表系统时钟频率,默认值与 R/C 时钟或外部晶振频率相同,假设 $f=11.059\ 2$ MHz,$T=90$ ns$=0.09$ μs,这个时间太快了,单个"_nop_( );"一般不够用,可以使用如下代码:

```
#define NOP _nop_();_nop_();_nop_();_nop_();_nop_();_nop_( );
```

用 1 个"NOP"代换 6 个"_nop_();",6×0.09 μs=0.54 μs,如果时间还不够,可继续增加"_nop_();"命令,使用时直接在代码行输入"NOP;"即可。

1.5.4 使用定时器/计数器实现精确延时

假设使用频率为 12 MHz 的 R/C 时钟或外部晶振,若定时器工作在方式 0,16 位自动重装方式,则可实现精确延时 0~65 536 μs;若工作在方式 1,普通 16 位计数方式,则可实现延时 0~65 536 μs;若工作在方式 2,8 位自动重装方式,则可实现精确延时 0~256 μs。如果延时时间大于 65 536 μs,则可使用普通 16 位计数方式 1,并在定时中断函数中使用软件计数器对中断次数计数,这样可获得几秒、几分或多小时的定时时间,但是每次进入中断函数时对软件计数器加 1 的操作、重装定时器初值的操作要占用时间。中断函数在进入与退出时编译器会自动加上"PUSH ACC""PUSH PSW""POP PSW""POP ACC"语句,这些语句都要占用时间,要想计算这些细微的时间是非常复杂的。在实际中如果要求非常精确,一般在中断函数退出时对一只发光二极管执行取反操作,然后运行程序,使用逻辑分析仪测量发光二极管上的高低电平时间,根据测量结果调整定时器初值直到满意为止,另外也可以使用定时器的 16 位自动重装方式 0 获得更精确的时间。

使用定时器/计数器延时一般是在定时器中断函数中占用 CPU 很少时间,前面软件计算方式与使用"_nop_();"命令都是以独占 CPU 的方式运行的。

1.6 main()、void main()和 int main()的区别

在 C 语言中 main()和 void main()的区别:一个有返回值(没声明类型的默认返回值是 int 型),一个无返回值,特别在单片机运用中由于主函数没有其他函数调用它,返回的值也就没什么用。所以一般都作 void main(),这时程序中不需要 return 语句,如果 main()函数前没有 void(默认为 int),或者写为 int main(),则程序中就必须有 return 语句,比如:

```
int main()
{
    return 0;                           //表示程序正常退出
}
```

在单片机程序中一般写 void main()最方便,但在其他一些 C 编译器中,写成 void

main()编译是不能通过的，需要写成 int main()，int main()是 C 语言的标准格式。

1.7　printf 格式化输出函数

前面已经学会了使用 LED 显示程序运行结果，也学会了软件与硬件仿真，其实仿真一般是在程序比较复杂或遇到一些奇怪的现象时才使用，简单的程序直接下载到单片机观察最终运行结果会更省事一点。目前我们只会使用 LED 显示，显示的信息太少。现在学习使用计算机显示器显示单片机运行过程中的更多信息。

例 1.8　使用计算机串口助手显示单片机内部简单信息。

```
#include "STC15W4K.H"
#include <stdio.h>                          //为使用 Keil 自带的库函数 printf 而加入的
void printstar()
{
    printf("***********************************\n");
}
void print_message()
{
    printf("hello world");                  //最简单的输出
    printf("How do you do! \n");            //输出换行符\n
    printf("欢迎学习 STC51 单片机\n");      //中文输出
}
void UART_init(void)
{
    //下面代码设置定时器 1
    TMOD = 0x20;            // 0010 0000 定时器 1 工作于方式 2(8 位自动重装方式)
    TH1  = 0xFD;            //波特率:9 600 /11.059 2 MHz
    TL1  = 0xFD;            //波特率:9 600 /11.059 2 MHz
    TR1  = 1;
    //下面代码设置串口
    AUXR = 0x00;        //很关键,使用定时器 1 作为波特率发生器,S1ST2 = 0
    SCON = 0x50;        // 0101 0000 SM0.SM1 = 01(最普遍的 10 位通信),REN = 1(允许接收)
    TI = 1;             //很关键,使用 printf 函数时必须有此命令
}
void main()
{
    UART_init();            //初始化串口
    printstar();            //输出 **************
    print_message();        //输出说明文字
    printstar();            //输出 **************
    while(1) ;              //停在这里
}
```

把例 1.8 程序下载到单片机中，打开程序下载软件的串口助手，接收缓冲区选择文本模式，波特率 9 600，打开串口，给实验板断电后上电，可以看到单片机发给计算机的信息如图 1-76 所示。如果显示的个别字符出现乱码或连续接收大量数据显示不正常，可更换其他串口助手软件，比如“丁丁串口调试助手 SSCOM 3.3”即可解决。

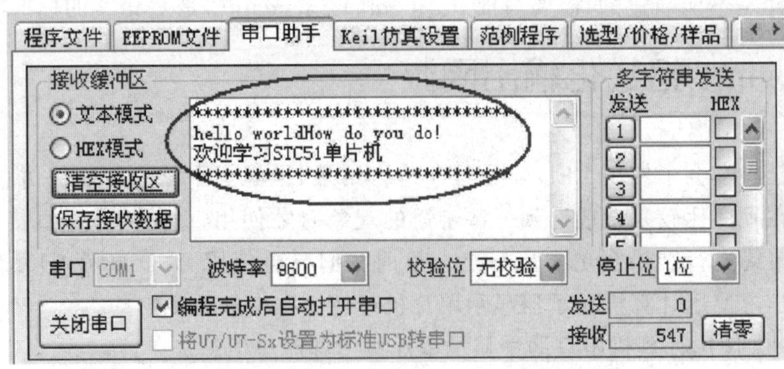

图 1-76 串口助手显示单片机信息

例 1.9 使用计算机串口助手显示单片机内部变量值。

```
#include "STC15W4K.H"
#include <stdio.h>                       //为使用 Keil 自带的库函数 printf 而加入的
void printf_char_int_long(void)
{
    char a = -100;
    int b = -2000;
    long c = 6553600;
    printf ("char %bd  int %d  long %ld\n",a,b,c);          //十进制输出
    //输出带符号十进制整数(正数不输出符号)
    //实际输出:char -100  int -2000 long 6553600
    printf ("char_0x%bx  int_0x%x  long_0x%lx\n",a,b,c);  //十六进制输出
    //输出无符号十六进制整数,x 表示按小写输出,X 表示按大写输出
    //实际输出:char_0x9c  int_0xf830 long_0x640000
    printf ("a_int %d\n",(int)(a));                          //不用宽度标识符
    //实际输出:a_int -100
    printf ("char %bd,int %d,long %ld\n",a,b,c);       //%bd 后也可以有其他普通字符
    //输出带符号十进制整数(正数不输出符号)
    //实际输出:char -100,int -2000,long 6553600
}
void printf_float(void)
{
    float a = 3.14159265798932;
    float  f = 10.0,g = 22.95;
    printf("Max is %f\n",a);                     //Max is 3.141 593,默认小数点后 6 位
    printf("%.4f\n",a);                          //3.141 6
    printf("%.12f\n",a);                         //3.140 593 000 000
    //%.4f 表示按小数点后 4 位数据输出,%.12f 表示按小数点后 12 位数据输出
    printf ("%f , %g\n", f, g);                  //输出:10.000 000 , 22.95
}
void printf_String(void)
{
    char buf [] = "Test String";
    char *p = buf;
    printf ("String %s is at address %p\n",buf,p);
   //输出:String Test String is at address i:0022
}
void UART_init(void)
```

```
{                                           //同例 1.8
}
void main()
{
    UART_init();                            //初始化串口
    printf_char_int_long();
    printf_float() ;
    printf_String() ;
    while(1) ;                              //停在这里
}
```

Keil C51 中的 printf 与标准 C 是有区别的，Keil 里扩展出了 b、h 和 l 来对输入字节宽度进行设置：b 表示 8 位，h 表示 16 位（默认值，可省略标识符），l 表示 32 位。如果没有宽度标识符，则除整型数据（int 或 unsigned int 型）外，其余类型都会出现错误；如果不用宽度标识符，也可使用强制类型转换的方法，将 char 或 unsigned char 的变量强制转换成 int 或 unsigned int，最终实现效果与使用宽度标识符 b、h、l 完全相同。

库函数 printf 基本格式如下，我们可以简单地认为“格式控制字符串”是要输出的字符串，内部包含的%d 与输出列表中的变量一一对应代换。

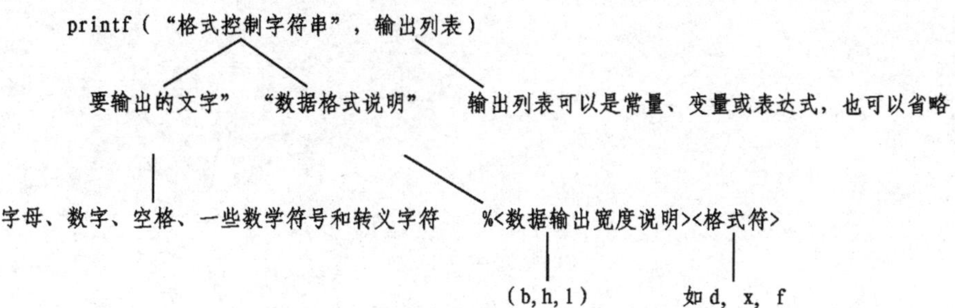

格式控制字符串：由“要输出的文字”和“数据格式说明”组成，“要输出的文字”可以使用字母、数字、空格、一些数学符号和转义字符，常用转义字符见表 1-4。“数据格式说明”由 %开头，一个%要对应一个输出列表元素；printf 的“数据格式说明”的完整格式：%＜b 或 h 或 l＞＜格式字符＞，格式字符见表 1-5。

提示一下，＜数据输出宽度说明＞＜格式符＞的＜＞表示此项内容可能实际不需要，本书后面部分的内容也遵从这个约定。

表 1-4　常用转义字符

转义字符	意　义
\n	回车换行符，光标移到下一行行首（用得最多）
\t	横向跳格（每 8 位为一格，光标跳到下一格起始位置，如 9 或 17 位等）
\\	用于输出反斜杠字符“\”
\’	用于输出单引号字符“’”
\”	用于输出双引号字符“””

表 1-5 格式字符

格式字符	意 义
d	输出带符号十进制整数(正数不输出符号)(用得最多)
x,X	输出无符号十六进制整数,x 表示按小写输出,X 表示按大写输出
c	输出单个字符
s	输出字符串
f	输出小数,并取到小数点以下 6 位,四舍五入
e,E	输出指数形式小数
g,G	在浮点格式和指数格式中自动选择一种格式较短的格式输出
p	输出地址。 例如:"char a=123;printf("%p",&a);"
%	输出 %。 例如:"printf("%%");" 输出结果:%

第 2 章

单片机开发必须掌握的C语言基础

2.1 简单数据类型与运算符

单片机中C语言数据类型总体结构如图2-1所示，本节主要讲解简单的基本类型，包括变量的声明与数据类型(char、int、long、float、bit)、变量存储空间(code、data、bdata、idata、xdata)、变量存储类型(auto、static)和变量作用域(由变量声明位置决定)。

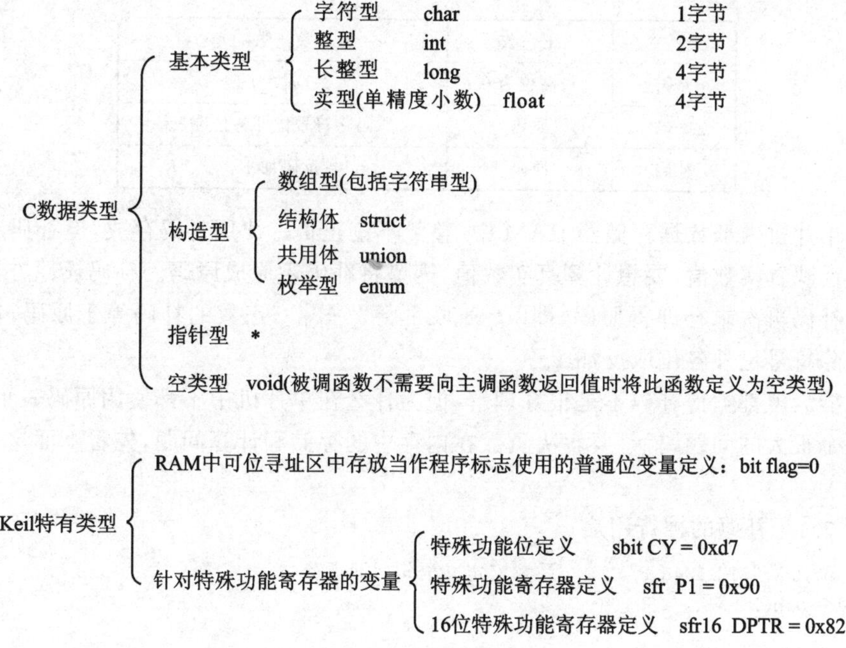

图2-1 单片机中C语言数据类型

2.1.1 原码、反码、补码、BCD 码和格雷码

1. 原码、反码和补码介绍

当数据运算结果与设想的结果不一致时，需要对单片机内部的数值进行分析，查找问题根源，这时就要懂得原码、反码和补码的概念；BCD 码是单片机内部数据输出到外部显示器件(比如数码管)显示时需要用到的知识；格雷码则通常用在检测角度用的绝对式光电编码器上(光电编码器是角度传感器的一种)。

用二进制数的最高位表示这个二进制数的正负符号，其余各位数表示其数值本身，称为原码表示法。比如，8 位二进制：$[+1] = [0000\ 0001]_{原}$，$[-1] = [1000\ 0001]_{原}$，因为第一位是符号位，所以 8 位二进制数的取值范围就是：[1111 1111～0111 1111]，即[－127 ～127]，原码是最好理解和计算的表示方式。

正数的反码等于原码，负数的反码是在原码的基础上，符号位不变，其余各位取反，比如$[+1] = [0000\ 0001]_{原} = [0000\ 0001]_{反}$，$[-1] = [1000\ 0001]_{原} = [1111\ 1110]_{反}$。

正数的补码等于原码，负数的补码是在原码的基础上，符号位不变，其余各位取反，最后＋1 (即在反码的基础上＋1)，$[+1] = [0000\ 0001]_{原} = [0000\ 0001]_{反} = [0000\ 0001]_{补}$，$[-1] = [1000\ 0001]_{原} = [1111\ 1110]_{反} = [1111\ 1111]_{补}$，规律如表 2－1 所列。

表 2－1 原码、反码和补码的区别

类 别	正 数	负 数
原码	最高位为 0	最高位为 1
反码	原码	原码除符号位外各位取反
补码	原码	反码加 1

在单片机内部数据存储器 RAM 中，整数不论正负一律用补码存放，但补码并不能直观地反映真实数值，要想计算真实数值，需要将补码还原成原码。补码还原方法是将现有的补码再次求补即得原码，即$[(x)_{补}]_{补} = [x]_{原}$，正数的补码等于原码，负数的补码是除符号位外各位取反加 1。

可能大家都觉得补码不是很好理解，但为什么在单片机中不都使用原码表示呢，这里有一个很大的问题，就是要解决负数在内存中的存储和计算问题，先看下面这个简单的例子。

例 2.1 补码的神奇用途。

```
#include "STC15W4K.H"      //注意宏定义语句后面无分号
void main()
{
    unsigned char  a = 0;  //a 定义为无符号字符型(0～255),
    char  b = 0;           //b 定义为带符号字符型( - 128 ～ 127)
    while(1)
    {
```

```
        a= -3;          //a= -3 是赋值语句,执行后 a=1111 1101,Keil 输出显示 253
                        //分析:[-3]=[1000 0011]原 =[1111 1100]反 =[1111 1101]补
                        //由于 a 定义为无符号字符型,[[1111 1101]补]补 = 1111 1101=253
        b= -3;          //执行后 b=1111 1101    Keil 输出显示 -3
        a = 127;        //执行后 a=0111 1111    Keil 输出显示 127
        b = 127;        //执行后 b=0111 1111    Keil 输出显示 127
        a = a + 3;      //执行后 a=1000 0010    Keil 输出显示 130
        b = b + 3;      //执行后 b=1000 0010    Keil 输出显示 -126
    }
}
```

在 Keil 中输入上面的代码,设置代码优化等级为 0(本章为了方便调试观察,几乎所有例子都是将代码优化等级设为 0),编译后进入软件调试环境,选择 View→ Watch & Call Stack Windows 命令打开变量观察窗口,然后就可以一步一步执行程序观察运行结果了。从这个例子可以看出,负数在计算机内存中的存储和计算完全是当正数在处理,只是输出显示时才根据这个数定义时的正负符号再次求补转为原码显示,这一技巧彻底解决了负数运算问题。下面对 2 个特殊补码 0 与−128 进行说明。

0 的补码:$[0]_{补}=[+0]_{补}=[-0]_{补}=0000\ 0000$。

−128 的补码分析如下:

请先看表 2-2。根据前面的讲解可以很容易地计算出 −1～−127 的原码、反码和补码,但是−128 的原码无法表示。没有原码,反码和补码都无法计算,这样求−128 的补码好像就成了个难题。

表 2-2 −128 补码分析

十进制值	原 码	反 码	补 码
−1	1000 0001	1111 1110	1111 1111
−2	1000 0010	1111 1101	1111 1110
⋮	⋮	⋮	⋮
−127	1111 1111	1000 0000	1000 0001
−128	无法表示	无法表示	1000 0000

现在我们留意表 2-2 中最右边一栏补码,是−1 大还是−128 大?当然是 −1 大,−1 是最大的负整数,−1 在内存中的补码值为 1111 1111,那么,1111 1111 − 1 是什么呢?根据二进制减法,1111 1111 − 1 = 1111 1110,而 1111 1110 就是−2 在内存中的补码值,这样一直减下去,当减到只剩最高位用于表示符号的 1 以外,其他低位全为 0 时,就是最小的负值了。在一个字节中,最小的负值是 1000 0000,也就是−128 的补码。

2. BCD 码介绍

BCD 码主要用在数码管显示程序中,用 4 位二进制数来表示 1 位十进制数中的 0～9 这 10 个数码,简称 BCD 码。BCD 码的数值范围是 0000～1001,4 位二进制数的数值范围是 0000～1111。数据 0001 0010 当作 BCD 码(2 位 BCD 码)则表示十进制数 12,当作二进制则表示十进制数 18。

例 2.2 最常用的 long 型变量转 BCD 码。

功能:将长整型变量 dat 转换成单字节 BCD 码并存入显示缓冲数组中。

```
#include "STC15W4K.H"                          //注意宏定义语句后面无分号
unsigned char Disp_Buff[10];                   //显示缓冲数组,存放函数输出的 BCD 码
void long_to_bcd(unsigned long dat)
{
    Disp_Buff[0] = dat % 10;                   //获得个位
    Disp_Buff[1] = dat / 10 % 10;              //获得十位
    Disp_Buff[2] = dat / 100 % 10;             //获得百位
    Disp_Buff[3] = dat / 1000 % 10;            //获得千位
    Disp_Buff[4] = dat / 10000 % 10;           //获得万位
    Disp_Buff[5] = dat / 100000 % 10;          //获得十万位
    Disp_Buff[6] = dat / 1000000 % 10;         //获得百万位
    Disp_Buff[7] = dat / 10000000 % 10;        //获得千万位
    Disp_Buff[8] = dat / 100000000 % 10;       //获得亿位
    Disp_Buff[9] = dat / 1000000000 % 10;      //获得十亿位
}
void main ()
{
   unsigned long dat;
   while(1)
   {
        dat = 4294967295;                      //长整数最大值 4 294 967 295
        long_to_bcd(dat);
   }
}
```

3. 格雷码介绍

绝对式光电编码器用于精密角度检测,内部数据使用格雷码方式进行输出。格雷码不是权码,每一位没有确定的大小,不能直接进行比较大小和算术运算,因此单片机接收到编码器输出的格雷码不能直接使用,需要经过一次码变换,变成自然二进制码,这里主要介绍二进制格雷码与自然二进制码的互换。

格雷码(又叫循环二进制码或反射二进制码),是一种无权码,采用绝对编码方式,属于可靠性编码,是一种错误最小化的编码方式。自然二进制码可靠性不如格雷码,例如从十进制的 3 转换成 4 时,二进制码的每一位都要变(0011→0100),使数字电路产生很大的尖峰电流脉冲;而格雷码却没有这一缺点,它的所有相邻整数只有一个数字不同,它在任意两个相邻的数之间转换时,只有一个数位发生变化。另外,由于最大数与最小数之间也仅有一个数不同,所以又叫格雷反射码或循环码。表 2-3 为自然二进制码与格雷码的对照表。

表 2-3 自然二进制码与格雷码对照表

十进制数	自然二进制码	格雷码	十进制数	自然二进制码	格雷码
0	0000	0000	8	1000	1100
1	0001	0001	9	1001	1101
2	0010	0011	10	1010	1111
3	0011	0010	11	1011	1110
4	0100	0110	12	1100	1010
5	0101	0111	13	1101	1011
6	0110	0101	14	1110	1001
7	0111	0100	15	1111	1000

例 2.3 格雷码与自然二进制码相互转换。

```
#include "STC15W4K.H"
#include <stdio.h>                              /*为使用printf函数而加入*/
unsigned long DecimaltoGray(unsigned long x)    //自然二进制码转换成格雷码
{
    return x^(x>>1);
}
unsigned long GraytoDecimal(unsigned long x)    //格雷码转换成自然二进制码
{
    unsigned long y = x;
    while(x>>=1)
    {
        y ^= x;
    }
    return y;
}
void main()
{
    unsigned long i,x,y;
    TI = 1;                                     //软件调试的串行窗口与波特率无关,只要TI=1即可
    for (i = 0;i<1000;i++)
    {
        x = DecimaltoGray(i) ;
        printf("雷格码: %ld    ",x);
        y = GraytoDecimal(x);
        printf("十进制: %ld\n",y);
    }
    while(1);
}
```

在 Keil 中输入以上代码,编译成功后进入软件调试界面,在"while(1);"行设置断点,全速运行程序直到断点位置,打开串行输出窗口,只要看到如图 2-2 所示的输出结果就表明格雷码与二进制码相互转换都是正确的。

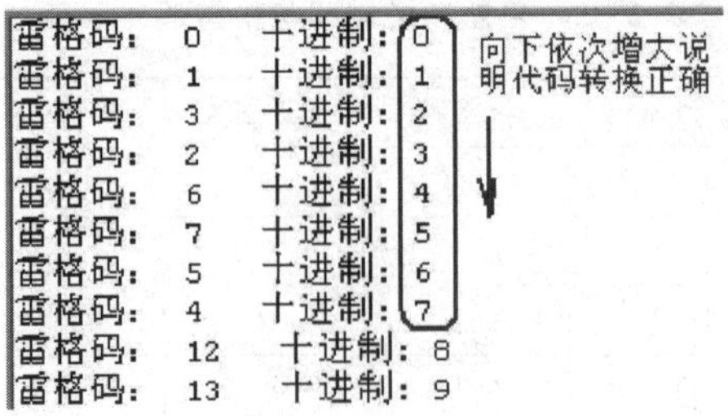

```
雷格码:  0   十进制: 0
雷格码:  1   十进制: 1
雷格码:  3   十进制: 2
雷格码:  2   十进制: 3
雷格码:  6   十进制: 4
雷格码:  7   十进制: 5
雷格码:  5   十进制: 6
雷格码:  4   十进制: 7
雷格码:  12  十进制: 8
雷格码:  13  十进制: 9
```

向下依次增大说明代码转换正确

图 2-2 格雷码与二进制码相互转换

2.1.2 常 量

在程序执行过程中,其值不能发生改变的量称为常量,其值可以改变的量称为变量。常量是被编译器放在单片机程序储存区 Flash 中的,程序运行过程中可以读出(单片机执行指令的过程),但无法修改它。变量是被编译器放在单片机数据储存区 RAM 中的,程序运行过程中可以读出和修改它的值。在变量定义语句前加上 const 关键字,可把变量变成“只读变量”,但没有实际用途。

常量可分为直接常量和符号常量。

① 直接常量:10、23.01、‘a’、"how are you"、转义字符‘\n’ 等,直接常量不需要定义,可直接使用。

② 符号常量:用标识符代表一个常量称为符号常量,例如:“#define PI 3.14 //”,这里 PI 为符号常量。

整型常量前缀:十进制无前缀,例如:100、-200、9;十六进制前缀 0x,例如:0x224、-0x23 等。

常量后缀:L(或 l)表示 long 长整数;U (或 u)表示 unsigned 无符号整数;UL(或 ul)表示 unsigned long 无符号长整数。

实型常量无前缀,后缀:F(或 f),例如:1.23f、1.23e2F(等价于 1.23×10^2)。

在没有使用任何后缀标志的情况下,整型常量的数据类型是最短的,但能完全容纳这个数据的类型。

2.1.3 变量的数据类型(bit、char、int、long、float)

变量定义包括 4 个方面:数据类型、存储空间、存储类型、作用域。

① 从变量的数据类型划分,基本数据类型有 bit、char、int、long、float,见表 2-4。

② 从变量的存储空间划分,有 code、data、bdata、idata、pdata、xdata。

③ 从存储类型(生命周期/时间)角度划分,可分为静态存储方式和动态存储方式。

④ 从作用域(空间)角度来划分,可分为全局变量和局部变量。

表 2－4　51 单片机变量数据类型表

数据类型	符　号	说　明	字节数	表示形式	数值范围
位　型	无		1/8	bit、sbit	0 或 1
字符型	有		1	char	－128～＋127
	无		1	unsigned char	0～255
整数型	有	整型	2	int	－32 768 ～ ＋32 767
		长整型	4	long	－2 147 483 648～ ＋2 147 483 647
	无	整型	2	unsigned int	0～65 535
		长整型	4	unsigned long	0～4 294 967 295
实　型	有	有效值 24 位	4	float	(±16 777 215)× $10^{\pm127}$

所有基本数据类型默认都是有符号的 signed，如果不想带符号，则使用 unsigned 前缀。在实际编程中，应尽可能采用 unsigned 型的数据，这样可以提高程序执行速度，变量定义格式如下：

<unsigned>数据类型　变量名 1，变量名 2，…，变量名 *n*；　//比如：unsigned int i，j；

< >表示可选项，变量名使用字母开头，后面部分可以包含数字与下画线，变量名长度不能大于 32 个字符。下面先对数据类型的难点进行分析，然后再对变量存储空间、存储类型和作用域进行讲解。

1. 整数型分析

前面说过，在单片机内存中，不论正负数一律用补码存放，但到底是不是这样的呢？我们还是用实例来验证一下吧。

例 2.4　Keil 中整型数据的输入/输出及溢出实验。

```
#include "STC15W4K.H"                          //注意宏定义语句后面无分号
void main ()
{
    char c;
    c = 1;
    c = 200;
    c = 500;
    c = - 1;
    c = - 200;
    c = - 500;
       while(1);                               //让程序停在这里
}
```

在 Keil 中输入以上代码，编译成功后，选择 File→Open 命令打开与本工程名称对应的 *.m51 文件，找到其中变量名 c 与内存对应关系，如下：

```
        VALUE              TYPE            NAME
----------------------------------------------------
        D:0007H            SYMBOL          c
```

关闭当前 *.m51 文件窗口，进入调试环境并打开存储器窗口，在存储器窗口地址栏输入 d:0x07,回车即可方便地看到从 0x07 开始存储的变量 c 的数据,同时也可从寄存器窗口看到 c 的输出显示值。运行过程中的实际内存值与变量窗口显示值见表 2-5 最右侧两栏。

表 2-5　单片机内存数据分析表

输入十进制	输入对应的二进制	输入对应的十六进制	实际内存值	变量窗口显示值(输出)
1	0000 0001	01	01	1
200	0 1100 1000	C8	C8	−56
500	01 1111 0100	1 F4	F4	−12
−1	1000 0001	81	FF	−1
−200	1 1100 1000	1 C8	38	56
−500	11 1111 0100	3 F4	0C	12

正数在内存中的值很直观,大家容易看明白,这里分析负数在内存中的实际值:

```
真值        -1              -200              -500
原码  1  000 0001       1  1100 1000      1  1 1111 0100

反码  1  111 1110       1  0011 0111      1  0 0000 1011
        +         1       +          1       +           1
-----------------     ----------------   ------------------
补码 1   111 1111       1  0011 1000      1  0 0000 1100
内存值       FF                38                 0C
```

结论:

① 数值在内存中确实是按补码形式存放的,数据长度超出最高有效位时,直接去掉最高有效位外的符号及数值。

② 输出显示是将内存中的补码再次求补(正数的补码等于原码,负数的补码是将符号位除外,其余位取反加 1),原码显示。

在运算表达式中,赋值号"＝"右边不同长度变量混合运算时,必须注意运算结果是否会发生溢出,如果可能发生溢出,应更换更长的数据类型解决。

例 2.5　数据类型长度不够导致运算错误测试。

```
void main()
{
    unsigned  long a;unsigned int  b = 10000;    unsigned  int c = 9;
    unsigned  char d = 9;    unsigned  long e = 9;
    while(1)
    {
        a = b * c;              //执行结果:a = 24464,错误
        a = b * d;              //执行结果:a = 24464,错误
        a = b * e;              //执行结果:a = 90000,正确
        a = d * 10000;          //执行结果:a = 24464,错误
        a = d * 10000L;         //执行结果:a = 90000,正确
```

```
        a = b * c + e;              //执行结果:a = 24473,错误
    }
}
```

2. 实数型(小数)分析

首先说明,单片机内部运算尽量不用小数,以免大幅度降低程序速度,处理小数的通常方法是将小数扩大 10、100、1 000 倍等使小数变成整数。在单片机内部按整数进行运算,输出显示时再将小数点考虑进去。

实数只能使用十进制表示,并且是带符号数,不能使用 unsigned 修饰,否则 Keil 编译时会报错。

实型变量声明如下:

数据类型　变量名;

示例:float f1,f2;

特别注意,单片机实数型在内存中是使用 23 位有效二进制数存储的,另有一位固定为 1 是不存储的,所以实际能表示 23+1=24 位有效数值。假设 24 位数值全是 1,float 能表示的十进制最大整数值是 16 777 215(不考虑指数情况),也就是说,纯整数在 7 位数以内是准确的,24 位全 1 若表示的是小于 1 的小数,经乘权求和计算得到的最大十进制小数值是 0.999 999 940 395…,在 Keil 中输入十进制 0.999 999 940 395 这个值,软件仿真调试或用 printf 函数 10 位小数点输出都可以看出,输出值是0.999 999 9,可见处理纯小数时,7 位数以内是准确的。还有就是整数部分与小数部分都有数值的情况,经反复测试,前 6 位数值都是准确的,比如 1.234 567 8 和 123.456 78 的前 6 位数都是准确的,这里测试使用的例子如下。

例 2.6　浮点数有效位数测试。

```
#include "STC15W4K.H"               //注意宏定义语句后面无分号
#include <stdio.h>                  //为使用 printf 函数而加入的
void main()
{
    unsigned long   a;
    union
    {
        float f1;
        unsigned char c1[4];
    }num1,num2,num3;
    TI = 1;                         //软件调试的串行窗口与波特率无关,只要 TI = 1 就行了
    num1.f1 = 16777213;             //Keil 输出显示 1.677 721e + 007
    num2.f1 = 0.9999998;            //Keil 输出显示 0.999 999 8
    num3.f1 = 1.2345678;            //Keil 输出显示 1.234 568
    a = num1.f1; //Keil 调试窗口只能显示 7 位整数 1 677 721,用变量 a 看真实值为 16 777 214
    for(;;)
    {
        a = num1.f1 + 1;                    //通过长整型变量 a 观察 float 变量溢出情况
        printf(" %.10f",num1.f1);           // %.10f 表示按小数点后 10 位数据输出
                                            // %.5f  表示按小数点后 5 位数据输出
```

```
    }
}
```

3. 空类型分析 (void)

在调用函数时，被调函数通常要向主调函数返回一个函数值，这个返回的函数值是具有一定的数据类型的，应在函数定义及函数声明中加以说明。例如 max 函数定义为“intmax(int a,int b);”其中 int 类型说明符即表示该函数的返回值为整型常量。又如库函数 sin，由于系统规定其函数返回值为浮点型，因此在赋值语句“s=sin (x);”中，s 也必须定义为浮点型，以便与 sin 函数的返回值一致，所以在声明部分把 s 声明为浮点型。但是，也有一些函数，调用后并不需要向调用者返回函数值，这些函数可以定义为“空类型”，其类型说明符为 void，空类型字节长度为 0，主要有以下两个用途：

① 明确地表示一个函数不返回任何值，例如自定义既不带参数也无返回值的函数“void MyFunc(void);”。

② 定义无类型通用指针“void *”，指向任何类型的数据。例如：

```
void *buffer; /*buffer 被定义为空类型指针*/
```

4. 指针型分析

对于指针类型，这里直接给出一个简单的例子学习。

例 2.7 指针的运用。

```
#include "STC15W4K.H"                    //注意宏定义语句后面无分号
unsigned char * p;                       //指针 p 指向 unsigned char 变量
void main()
{
      unsigned char c,d;
      c = 34;                            //普通变量赋值的方法
      p = &c;                            //& 是取地址运算符
      d = *p;                            //执行后 d = 34，* 是取内容运算符
      *p = 55;                           //执行后 c = 55 通过指针给变量赋值的方法
}
```

5. Keil 特有类型(位变量 bit 与 sbit)分析

bit 位型变量长度是 1 个位，取值范围是 0 和 1，用 bit 定义的变量存储在 RAM 中的可位寻址区，bit 位型变量通常用作程序中的标志位。

例 2.8 bit 位型变量测试。

```
bit a;
void main()
{
    a = 1;                               //a = 1
    a = 0;                               //a = 0
    a = 55;                              //a = 1，赋值非 0 值为 1
    a = -1;                              //a = 1，赋值非 0 值为 1
}
```

sbit 用于定义单字节可位寻址对象的某位,“单字节可位寻址对象”包括可位寻址特殊功能寄存器和 RAM 中可位寻址区的 16 个字节。例如:

```
char bdata bittest;          //“bdata”关键字将变量“bittest”定位到内部 RAM 的可位寻址区
sbit RIbit = bittest^0;
sbit TIbit = bittest^1;
sbit P1_0 = P1^0;
```

特别说明:sbit 只能用于函数外部定义,通常就是文件最上端,否则 Keil 会编译错误;另外,bit 与 sbit 不支持数组和指针操作,实际上 sbit 可用于定义多字节可位寻址对象的某位,但是要复杂一点,具体内容见第 4 章的 SSI 通信实例。

在 Keil 中,当编写的程序稍大时,一般会使用多个 *.C 文件。在一个 *.C 文件中定义的位变量往往也需要在另一个 *.C 文件中修改。特殊功能寄存器中的位变量在多个文件中使用时直接重复定义即可。bdata 区位变量作全局位变量的定义与使用方法,可按例 2.9 的步骤操作。

例 2.9　bdata 区全局位变量的定义与使用。

```
//////////////////////sbit_define.C   ////////////////////
// 1.变量定义在可位寻址区:
bit irflag = 0;                      //定义简单位变量
int bdata bdat;                      //可位寻址整型变量
char bdata bary [4];                 //可位寻址数组
// 2.在位字节的基础上定义位变量:
sbit mybit0 = bdat ^ 0;              //ibase 变量的 0 位
sbit mybit15 = bdat ^ 15;            //ibase 变量的 15 位
sbit Ary07 = bary[0] ^ 7;            //数组 bary[0]的第 7 位
sbit Ary37 = bary[3] ^ 7;            //数组 bary[3]的第 7 位
//////////////////////main.C   ////////////////////
// 3.其他的文件引用位变量:
extern bit irflag;                   //这里不能再次赋值
extern bit mybit0;                   //这里是 bit,不能用 sbit,否则编译报错
extern bit mybit15;                  //这里是 bit,不能用 sbit,否则编译报错
extern bit Ary07;                    //这里是 bit,不能用 sbit,否则编译报错
extern bit Ary37;                    //这里是 bit,不能用 sbit,否则编译报错
// 4.对位变量操作:
void main()
{
    irflag = 1;    mybit0 = 1;    mybit15 = 1;    Ary07 = 1;    Ary37 = 0;
    while(1);
}
```

6. 数据类型自动转换

在运算表达式中,赋值号“=”右边不同类型变量混合运算时,在 C 语言内部会将不同类型的变量值取出,取出的变量值先转换成同一类型,比如带符号 char 与无符号 char 运算会先转换成无符号 char,然后进行运算。转换方向是这样的:(char→unsigned　char)→(int→unsigned int)→(long→unsigned long)→float。

当赋值号“=”右边的类型与左边变量类型不一致时,右边的数据传递给左边变量

时也必定产生数据类型转换，转换规则如表 2-6 所列。这两种转换都是由 C 语言内部自动完成的。

表 2-6　数据传递时的类型转换

传递方向	根本原则
long、int ⟶ char	长送短，传递完整低字节
char ⟶ long、int	短送长，传递完整低字节，符号扩展
signed ⟷ unsigned	相同长度，原样传递
float ⟶ int	舍弃小数点后面部分，然后转为整数格式存放
int ⟶ float	数值不变，转为浮点数格式存放

长送短，传递完整低字节的原则除了在内存单元之间传递数据外，在 Keil 环境将常数赋值给一个有限长度的变量时也服从这个原则。常数先转换为二进制，高位舍弃，传递完整低字节，比如“unsigned char a;”a = 260，二进制码为 1 0000 0100，内存值为 0000 0100 即 4。

符号扩展：将一个负值的 char(带符号字符型)型变量赋给 int(带符号整数)型时，由于负值的 char 型变量最高位是 1，因此，整型数据的高 8 位必须全部为 1，这称为“符号扩展”，最终目的是保持了数值不发生变化。下面通过一个实例来加深对数据类型自动转换与 printf 的理解。

例 2.10　数据运算时类型的自动转换。

```
#include "STC15W4K.H"      //注意宏定义语句后面无分号
#include <stdio.h>         //为使用 printf 函数而加入
void main()
{
    int a = -3;            //-3 的内存值 1111 1111 1111 1101 即 FFFD(补码)
    unsigned int b = 2;    //2 的内存值 0000 0000 0000 0010 即 0002(补码)
    int c = a + b;         //执行后 c= -1，在内存中都是按补码进行加减运算，a+b 结果为
                           //1111 1111 1111 1111 即 FFFF，FFFF，此时若向外输出，会当作无
                           //符号数。当作无符号数则是正数 65 535
                           //c 定义为 int 有符号数，a+b 结果为 1111 1111 1111 1111
                           //相同长度，原样传递，因此 c= -1
    TI = 1;                //软件调试的串行窗口与波特率无关，只要 TI=1 就行了
    if (a + b>0)     //结果成立，错误。原因：a 是带符号数，b 是无符号数，先把 a 在内存中的数据取
    {                //出当作无符号数再运算，无符号数运算结果仍然看作无符号数
        printf("a + b>0\n");
    }
    else
    {
        printf("a + b<0\n");
    }
    printf("a + b= %d\n",a + b);
                     //输出结果：a + b = -1，原因：a+b 的结果本来是无符号正数 FFFF，
                     //但 printf 中的 %d 会把它当作带符号数并输出
    printf("a + b= %u\n",a + b);
```

```
        //输出结果:a + b = 65 535，%u 表示以无符号十进制形式输出
    printf("c = %d\n",c);             //输出结果:c = -1
    while(1);
}
```

在这个例子中可以看到 Keil 运算结果出错，对于实际运用，如果运算式"＝"的右边有正负数混合运算，则运算式"＝"的左边变量只要定义成带符号的，运算结果就不会出错。

7. 数据类型强制转换

强制类型转换是将某一数据类型的变量值或表达式的值取出转换为指定的另一种数据类型。强制类型转换对原运算对象的数据类型和数值不产生影响，强制转换是用强制转换运算符进行的。强制转换运算符为(类型名)，由强制转换运算符组成的运算表达式的一般形式为(类型名)表达式。比如：

```
(float)a;                   //将 a 在内存中的值取出转换成浮点数
(int)(x + y);               //将(x + y)在内存中的值取出转换成带符号整数
(float)x + y;               //将 x 在内存中的值取出转换成浮点数
```

例 2.11　数据传递时自动转换与强制转换。

```
#include "STC15W4K.H"           //注意宏定义语句后面无分号
void main()
{
    unsigned char a;
    unsigned long b;
    float c;
    for(;;)
    {
        b = 0x12345678;
        a = b;                  //执行后 a = 0x78,这里是数据类型自动转换
        a = (unsigned char)b;   //执行后 a = 0x78,这里是数据类型强制转换
        c = a;                  //执行后 c = 120.00(0x78 = 120),自动转换
        c = (float)a;           //执行后 c = 120.00(0x78 = 120),强制转换
    }
}
```

下例强制类型转换主要是让大家透彻理解指针的实际意义，可以在学完指针内容后再回来分析。

例 2.12　强制类型转换实用技巧。

```
//**************强制类型转换实用技巧(地址类型转换)******************
//(A)将 long 型变量 a(值:0x12345678)的第 3 个字节(值:0x56)赋给 char 型变量 b
//(B)将数组的 4 个字节拼成 1 个 long 型变量
//(C)将数组的 4 个字节转换成 2 个整数
//(D)将数组的 4 个字节转换成 1 个 float 小数
//(E)将 float 型变量各个字节取出
//(F)将 void 型指针强制转换成任意类型指针
#include "STC15W4K.H"     //注意宏定义语句后面无分号
unsigned long a;
unsigned char b;
```

```
int c,d;
unsigned char f1,f2;
float f;
void *p;      //定义指向类型不明确的数据的指针(指针就是数据存放的地址)
unsigned char array[] = {0x11,0x22,0x33,0x44};
struct stru
{
    int a;
    int b;
};
struct stru *pstru;              //定义指向结构体的指针变量
void main()
{
    // ********************* 长整型转字符型      ******************
    a = 0x12345678;
    b = ((unsigned char *)&a)[2];         //执行后 b = 0x56
    //解释:长整型地址转字符型地址,(地址)[2],()是括号运算符,即先计算括号里面的内
          容,地址[2],表示取出当前地址加 2 地址中的内容
    // ****************** 数组转长整型      ******************
    a = *((unsigned long *)array);
    //执行后 a = 0x11223344(数组的名字就代表数组首地址)
    //解释:数组型地址转长整型地址,*(地址),()是括号运算符,即先计算括号里面的内容,
    //     *是取内容运算符
    // ****************** 数组转结构体      ******************
    pstru = (struct stru *)array;
    //解释:数组型地址转结构体地址。pstru 本来就是已定义好的专门存放地址的变量,即指
    //针变量
    c = pstru->a;                         //执行后 c = 0x1122
    d = pstru->b;                         //执行后 d = 0x3344
    //解释:使用"结构体变量地址->成员名"或"结构体变量名->成员名"的方法都可以访
          问结构体中的数据
    // ****************** 数组转浮点型      ******************
    f = *((float *)array);
    //执行后 f = 0x11223344,对应小数是 1.279534e-028
    //解释:数组型地址转浮点型地址
    // ****************** 数组转字符型      ******************
    p = array;
    //解释:数组型地址转空类型地址
    b = ((unsigned char *)p)[0];              //执行后 b = 0x11
    // ****************** 浮点型转字符型  ******************
    f1 = ((unsigned char *)&f)[0];            //执行后 f1 = 0x11
    //解释:浮点型地址转字符型地址
    //或 f1 = *(((unsigned char *)&f) + 0);  //执行后 f1 = 0x11
    f2 = ((unsigned char *)&f)[1];            //执行后 f2 = 0x22
    ((unsigned char *)&f)[0] ^= 0x80;         //将 4 字节浮点数的符号位取反,注意^=书
                                              //写不要错误
    //************* void 型指针转任意类型指针*************
    p = array;
    f1 = ((unsigned char *)p)[0];         //执行后 f1 = 0x11,访问数组中第 1 个字节的内容
}
```

代码解释如下:

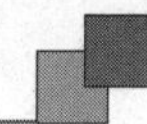

&a　表示取出变量 a 在内存中的首地址(注意是 long 型变量,只能 1 次 4 个字节访问)。

(unsigned char *)　表示强制转换成 char 型地址(地址也叫指针),1 次 1 个字节访问。

[2]　表示取出第 2 个字节中的内容。

a=array　取出数组首地址(数组的名字就是数组的首地址)。

(unsigned long *) array　将数组地址强制转换成 long 型地址(地址也叫指针)。

a= * ((unsigned long *) array)　取出 long 型地址中的内容。

void * p　指针指向类型不明确的变量类型。

2.1.4　变量的存储空间(code、data、bdata、idata、xdata)

为了强行固定自定义变量存放空间,C51 比标准 C 语言增加了如下几个关键字。

- code:变量存放在程序存储器空间。其最主要的用途是存放表格数据,特别是大量的固定数据必须用 code 命令,否则数据默认存储到 RAM 区导致 RAM 不够用。比如:

```
unsigned char code Table[] = {0x12,0x23,…,0x34};P0 = Table[i];
```

- data:变量存放在内部 RAM 的 0～127 字节地址范围,直接寻址,访问效率最高。
- bdata:变量存放在内部 RAM 的 0～127 字节地址范围的可位寻址区(20H～2FH)。比如:

```
char bdata bittest;          //bdata 将变量定位到内部 RAM 的可位寻址区
sbit RIbit = bittest^0;
sbit TIbit = bittest^1;
```

- idata:变量存放在内部 RAM 的 0～255 字节地址范围,间接寻址,访问效率一般。
- pdata:变量存放在外部程序存储器区的一页,访问效率低(一般不用)。
- xdata:变量存放在外部 RAM(地址范围:0x0000～0xFFFF),访问效率最低。

如果定义变量时没有说明存储空间,则此时变量存储空间由 Keil 环境确定,单击工具栏按钮 options for target ,选择 Target 选项卡,在 Memory Model 下拉列表框中可以选择变量默认存储空间,如图 2-3 所示。图中有 3 个选择项,Small 是默认情况下所有变量都在单片机内部的 RAM 地址空间 0～127(等价于关键字 data)中;Compact 是默认情况下所有变量都在单片机外部的一页扩展 RAM 中,一般不用;Large 是默认情况下所有变量都在单片机外部的扩展 RAM 中。

IAP15W4K58S4 单片机内部扩展有 3 840 字节外部 RAM(物理上是内部,逻辑上是外部),默认情况下使用“xdata unsigned char a=100;”或“unsigned char xdata a=100;”类似的命令即可将变量定义到外部 RAM,使用起来就像使用内部 RAM 一样方便,数据类型说明和存储空间说明前后位置可以交换。上面的变量定位都是宏观定位,

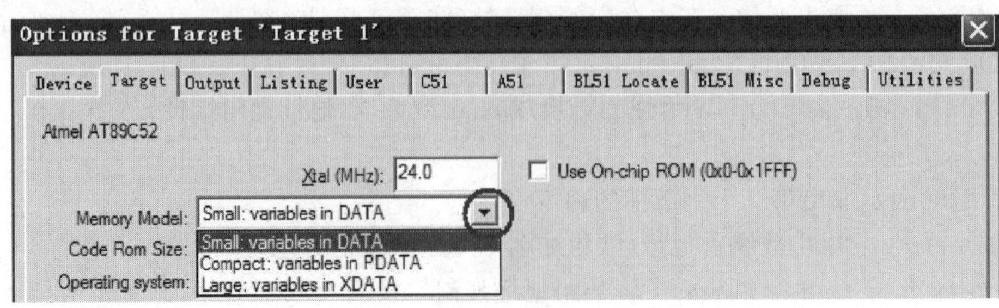

图 2-3　变量存储空间

Keil 还提供了变量绝对定位关键字_at_用于对变量微观精确定位，比如："unsigned int data a _at_ 0x28;"(a 固定在内部 0x28 地址)。注意_at_关键字只能定义全局变量，不能定义到函数内部，绝对定位可用于程序调试过程中对某个变量进行仔细分析，代码调试完成后一般不再使用绝对定位，而由 Keil 软件自动分配变量存放地址。

例 2.13　存储空间实验。

```
idata  unsigned char a = 100;            //变量强制定义在数据存储器 RAM 的 0～255 字节中
bdata  unsigned char b = 100;            //变量强制定义在数据存储器 RAM 的可位寻址字节中
bdata  bit    c = 1;                     //位变量有没有 bdata 关键字都存放在 bdata 区
xdata  unsigned char d = 100;            //变量强制定义在外部数据存储器 0～64K 字节中
unsigned char f;                         //选择默认存储空间
code   unsigned char   array[4] = {1,2,3,4};    //存储字库、音频、图像等时需要这种方式
void main()
{     while(1);
}
```

2.1.5　变量的存储类型(auto、static、extern)

变量的存储类型有以下 3 种：动态(auto)、静态(static)、外部(extern)。从变量值在内存的存在时间来分可分为静态存储方式和动态存储方式。静态存储方式在程序运行期间分配固定的存储地址，动态存储方式在程序运行期间根据需要动态分配存储地址，函数结束时释放这些地址。

1. auto 动态存储类型变量(函数内部变量存储类型默认为 auto 型)

auto 只用于函数内部变量定义，单片机在执行这个函数时为它分配内存地址，当函数执行完毕返回后，auto 变量就会被销毁，再次进入这个函数时，它的初值是不确定的，必须对它重新进行初始化。auto 变量是局部变量，只允许在定义它的函数内部使用，在函数外的其他任何地方都不能使用。由于 auto 变量在定义它的函数以外的任何地方都是不可见的，所以允许在这个函数外的其他地方或者是其他函数内部定义同名的变量，它们之间是不会发生冲突的，因为它们都有自己的区域性，auto 变量定义格式为

auto　数据类型　变量名；

由于函数内部变量默认存储类型就是动态型 auto，所以实际的代码中一般都省略

了这个关键字。另外,函数的形式参数存储类型默认也是 auto。

例 2.14 auto 变量实验。

```
#include "STC15W4K.H"                    //注意宏定义语句后面无分号
#include "stdio.h"
void  f(unsigned int x)                  //定义 f 函数,x 为形参
{
    auto unsigned int a;                 //定义整型变量 a 为自动变量,不论变量 a 的声明是
                                         //否包含关键字 auto,代码的执行效果都是一样的
    float  b;                            //定义 b,默认存储类型为自动变量
    a = 100;b = 100.11;
    TI = 1;
    printf(" %d, %d, %f",a,x,b);
}
main()
{
    f(1000);                             //输出结果:100,1000,100.110000
    while(1);
}
```

2. static 静态存储类型变量

static 可用于函数内部变量定义,也可用于函数外部变量定义。在函数内部,static 的基本用途是允许一个变量在重新进入这个函数时能够保持原来的值,static 静态变量在程序运行期间自始至终占用被分配的存储地址。在函数内部用 static 定义的变量在函数初次运行时进行初始化工作,且只操作一次,以后每次调用函数时不再重新赋初值而只引用上次函数调用结束时的值,如果程序代码没对 static 变量赋初值,编译器会自动赋初值 0 或空字符。在函数内部使用 static 定义的变量是局部变量,只能在定义该变量的函数内使用该变量,退出该函数后,尽管静态局部变量还继续存在,但不能使用它。

static 还有第二种含义,为了限制全局变量或函数的作用域,全局变量或函数前加 static 使得函数成为静态函数,但此处 static 的含义不是指存储类型,而是指对函数的作用域仅局限于本文件,其他文件不可使用,所以又称内部函数。使用内部函数的好处是不同的人编写不同的函数时,不用担心自己定义的函数是否会与其他文件中的函数产生同名冲突。使用 static 定义的静态全局变量和外部全局变量的差别在于,外部全局变量可以同时给多个文件使用,而静态全局变量则只能给定义此变量的文件使用。对于全局变量,不论是否有 static 限制(即全局变量和静态全局变量),它们都一直占用内存固定地址不释放。

把局部变量改变为静态局部变量后是改变了它的生存期;把全局变量改变为静态全局变量后是改变了它的作用域,限制了它的使用范围。静态变量定义格式为

static 数据类型　变量名;

例 2.15 static 变量实验。

```
#include "STC15W4K.H"                    //注意宏定义语句后面无分号
#include "stdio.h"
```

```
void stic()
{
    unsigned char x = 0;
//static unsigned char x  =  0;
    x ++ ;
    printf(" % bd   \t",x);          //\t 表示光标跳到下一个 Tab 位置
}
void  main( )
{
     TI = 1;
    stic();  stic();stic();
      while(1);
}
```

运行结果为:1　　　1　　　1

将程序中语句“unsigned char x=0;”改为“static unsigned char x = 0;”。

运行结果为:1　　　2　　　3

3. extern 外部变量

在所有函数之外定义的变量称为全局变量,全局变量可以在定义时赋初值,比如:“float array[5]={1,2,3,4,5};”若不赋初值,则系统自动定义它们的初值为 0。有 static 限制的全局变量称为内部全局变量,无 static 限制的全局变量称为外部全局变量。在代码量较大的程序中,一般会把代码分类放到多个 *.C 文件中,如果要在一个 C 文件中使用另一个 C 文件中已定义的全局变量,就需要使用 extern 关键字。

extern 是变量声明关键字,而非定义,是引入其他 C 文件中已定义的非 static 全局变量,比如:“extern int a;”这里声明了一个变量 a,并把这个变量的类型和变量名告诉编译系统使编译系统不再为它分配内存地址,这个 a 是在其他文件已中定义并且分配了内存地址的。外部变量声明语句的位置既可以在引用它的函数的内部,也可以在引用它的函数的外部。如果变量声明在函数外部,那么同一 C 文件内的所有函数都可以使用这个外部变量;反之,如果在函数内部,那么只有这一个函数可以使用该变量。

注意,extern 和 static 本身就是对立的关键字,使用 extern 是为了不同文件都可使用外部某个变量,外部变量声明格式为

extern　数据类型　变量名;

//将其他文件中变量定义语句整行复制过来并在前面添加 extern

例 2.16　extern 关键字在多文件程序中的使用。

```
///////////////////////////main.c  ///////////////////////////
# include "STC15W4K.H"          //注意宏定义语句后面无分号
# include "stdio.h"             //为使用 printf 函数而加入
void etern();                   //引入外部全局函数
void main()
{
    extern unsigned char i;     //引入外部全局变量
    etern();                    //调用外部全局函数
    TI = 1;                     //软件调试的串行窗口与波特率无关,只要 TI = 1 就行了
```

```
    printf(" % bd\n",i);      //执行结果:5
    while(1);
}
////////////////////////////extern.c //////////////////////
unsigned char i;              //定义外部全局变量
void etern()
{
    i = 5;
}
```

说明:main()函数中变量 i 是在另一个文件中定义的,因此,当编译器编译 main.c 时,无法确定该变量的地址,这时,外部存储类型声明告诉编译器,把所有对 i 的引用当作暂且无法确定的引用,等到所有编译好的目标代码连接成一个可执行程序模块时,再来处理对变量 i 的引用。

2.1.6 变量的作用域

作用域的定义是这样的,如果一个变量在某个文件或函数范围内是有效的,则称该文件或函数为该变量的作用域,在此作用域内可以使用该变量,所以又称变量在此作用域内"可见"。通常,变量的作用域都是通过它在程序中的位置隐式说明的。

变量只能在定义它或说明它的范围内使用,而在该范围之外是不可见的。变量按作用域的大小可分为程序级、文件级、函数级及复合语句级(块级)。其中,程序级的作用域最大,属于程序级作用域的只有全局变量,在构成程序的所有文件中都是可见的;属于文件级作用域的只有静态全局变量;属于函数级、复合语句级的变量称为局部变量。在下面的讨论中,会看到变量的作用域与变量的存储类型有关。

1. 局部变量

① 在一个函数内部定义的变量是局部变量,只能在函数内部使用(使用关键字 auto 和 static,默认值 auto 可省略),在主函数内部定义的变量也是局部变量,其他函数不能使用主函数中的变量。

② 局部变量在没有赋值以前的值是不确定的,是以前残留在内存里的随机值,所以在定义局部变量的时候一定要初始化。

③ 实际参数变量属于主调函数的局部变量。

④ 形式参数变量属于被调函数的局部变量,它的作用范围仅限于函数内部所用的语句块。

⑤ 在复合语句中定义的变量是局部作用于复合语句的变量,只能在复合语句块中使用。

⑥ 不同函数中可以使用同名变量,它们的作用域不同,因此不会发生冲突。

⑦ 局部变量在函数被调用的过程中动态占有存储单元,调用结束立即释放。

2. 全局变量

① 在函数外部定义的变量是全局变量,其作用域是变量定义位置开始至整个程序

文件结束,可使用前缀 auto 和 static,默认值 auto 可省略,实际中全局变量一般是在程序的开头位置定义。

② 全局变量在没有赋值以前系统默认为 0,全局变量初始化是在其定义时进行的,而其初始化仅执行一次,这种规则对于数组、结构体和联合体也同样适用。

③ 使用全局变量可增加函数间数据传递的渠道,全局变量可以将数据传入在作用域范围内的函数,也可以将数据传回到作用域范围内的其他函数。使用全局变量可让函数传回多个值,但一定要注意全局变量传递数据是数据传递的后门,全局变量在程序中任何地方都可以更新,使用全局变量会降低程序的安全性与移植性,因此,原则上尽量少用全局变量,能用局部变量的就不用全局变量,要避免局部变量全局化。

④ 使用其他文件的全局变量,可通过 extern 关键字引用,或用文件包含处理。

⑤ 局部变量若与全局变量同名,则在局部变量的作用域内,全局变量存在,但不可见,全局变量的作用被屏蔽。

⑥ 全局变量在程序运行过程中一直占用 RAM 存储单元。

例 2.17 局部变量与全局变量同名。

```
#include "STC15W4K.H"                  //注意宏定义语句后面无分号
#include "stdio.h"                     //为使用 printf 函数而加入
static unsigned char i;                //定义全局静态变量(作用域只在本文件)
static void add(unsigned char i)       //定义全局静态函数(作用域只在本文件)
{
    i++;                               //函数形式参数局部变量
    printf("%bd\n",i);                 //输出 6
}
void main()
{
    i=5;
    TI=1;                         //软件调试的串行窗口与波特率无关,只要 TI=1 就行了
    add (i);
    printf("%bd\n",i);                 //输出 5
    while(1);
}
```

上面的程序中全局变量 i 和函数 add(unsigned char i)在声明时采用了 static 存储类型修饰符,这使得它们具有文件作用域,仅在定义它们的文件内可见。局部变量 i 与全局变量 i 同名,则在局部变量的作用域内,全局变量存在,但不可见,外部全局变量的作用被屏蔽。

2.1.7 运算符

C 语言中的运算符可以归纳为下列 8 大类:

算术运算符 (+、-、*、/、%、++、--);

关系运算符 (<、>、<=、>=、==、!=)输入数值,输出 0 或 1;

逻辑运算符 (&&、||、!)输入数值,输出 0 或 1;

位操作运算符 (&、|、~、^、<<、>>)输入数值,输出数值;

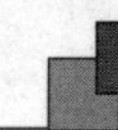

赋值运算符　(=)；

条件运算符　(?:)；

特殊运算符　(&、*、sizeof)；

分隔符主要包括这几个：[ ]、( )、{ }、,、:、;。

1. 算术运算符

算术运算符有 +、-、*、/、%、++、--，分别表示算术加、减、乘、除、取余、自增、自减。注意，两个整数相除的结果仍为整数，余数被舍弃，取余(%)运算符除外。这些运算符的运算对象可以是整型，也可以是实型，取余运算的运算对象只能是整型，取余运算的结果是两数相除后所得的余数。-除用作算术减外，还可放在任何数值前改变其符号。++和--运算符称为自增1运算符与自减1运算符，既可以放在运算对象之前(先自增1、自减1，后参与运算)，也可以放在运算对象之后(先参与运算，后自增1、自减1)。

例2.18　除法运算符"/"。

```
#include "STC15W4K.H"                //注意宏定义语句后面无分号
#include <stdio.h>                   //为使用 printf 函数而加入的
void main()
{
    unsigned char a;
    float b;
    TI = 1;
    a = 4/16;                        //结果是 0,在这里,C 语言没有四舍五入,一律舍
    b = 4.0/16;                      //结果是 0.25
    printf(" % d\n",4/16);           //结果是 0,两个整数相除的结果仍为整数,余数被舍弃
    printf(" % d\n",4.0/16);         //结果是 16 000,错误
    printf(" % f\n",4.0/16);         //结果是 0.250 000,因为 float 是精确到小数点后 6 位的
    while(1);
}
```

例2.19　++与--运算符测试，代码见配套资源例2.19。

2. 关系运算符

C语言提供6种关系运算符：<、>、<=、>=、==、!=。

用关系运算符可以将两个表达式(包括算术表达式、关系表达式、逻辑表达式、赋值表达式和字符表达式)连接起来构成关系表达式。

关系运算的结果是1或0，在C语言中用0代表假，用1代表真。比如：x = 3>2，结果 x = 1。

3. 逻辑运算符

C语言中还提供3种逻辑运算符：&&(逻辑与)、||(逻辑或)、!(逻辑非)，其中前两种需要2个运算对象，第三种只需要1个运算对象。C语言编译系统输入：0代表假，非0代表真；输出：0代表假，1代表真，比如：a = 10，!a = 0；a = -2，!a = 0；a = 10，b = 20，a&&b = 1；a||b = 1。

4. 赋值运算符

在 C 语言中,“=”称为赋值运算符,赋值符号的左边必须是一个代表某一存储单元的变量名,赋值号的右边必须是 C 语言中合法的表达式。赋值运算的功能是先计算右边表达式的值,然后再把此值赋给赋值号左边的变量,确切地说,是把数据放入以变量名为标识的存储单元中去。

5. 位操作运算符

先说明一下,所有位操作运算都把表示数值正负的符号位当作数值一起参与运算。

“&”2 个数按位与,比如:“a=0x4b;b=0xc8;c=a&b;”结果 c=0x48。

重要功能:

① 若要将某位置 0,将相应位与 0 进行按位与(&)运算,例如:“a=a&0xfe; ”将变量 a 的最低位清 0。

② 检测变量某位数值是 0 还是 1,例如:if((a & 0x04) = 0x04);0x04 = 0000 0100 判断 a 的第 3 位是否为 1,如果要测试一个字节的所有位,需将此字节分别与 0x01、0x02、0x04、0x08、0x10、0x20、0x40、0x80 相“与”即可。下面用一个循环实例实现,实际中可应用于数据串行移位输出。

例 2.20 按位与(&)在移位通信中的运用。

```
#include "STC15W4K.H"                  //注意宏定义语句后面无分号
sbit P1_0 = P1^0;
unsigned char * p;                     //指针 p 指向 unsigned char 变量
void main()
{
    unsigned char a = 0x55;            //假设 a 是一个需要发送出去的数
    unsigned char i; bit b;
    //方法 1:传统 51 单片机占用时间 149 μs(12 MHz)
    for(i = 0x01;i! = 0;i = i * 2)     //也可用 0000 0001 循环左移实现
    {                                  //i = 1,2,4,8,16,32,64,128,256(即 0)退出循环
            b = a & i;                 //检测变量 a 的各个位是 0 还是 1
            P1_0 = b;                  //串行输出一个字节的各个位
    }
    a = 0x55;
    //方法 2:传统 51 单片机占用时间 159 μs(12 MHz)
    for(i = 0;i<8;i++)
    {
            b = a & 0x01;
            P1_0 = b;
            a = a>>1;
    }
    while(1);
}
```

“|”2 个数按位或,例如:“a = 0x4b; b = 0xc8; c = a|b;”结果 c=0xcb。重要功能:若要将某位置 1,则需将相应位与 1 进行按位或(|)运算,例如:“a = a | 0x80;”,将变量 a 的最高位置 1。

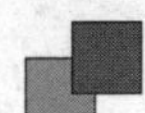

“～”1 个数所有位按位取反，例如：“a = 0x3b; b = ～a;”，结果 b=0xc4。

“^”2 个数按位异或，相异为 1，相同为 0，例如：“a = 0x4b; b = 0xc8; c = a^b;”，结果 c=0x83。

重要功能：若要将某位取反，将相应位与 1 进行按位异或(^)运算。例如：

```
(((unsigned char *)&f)[0] ^= 0x80;     //将 4 字节浮点数的符号位取反)
```

“<<” 位左移，格式：变量名 <<移动位数，例如：“a = 0x4b; a = a<<2;”，结果 a=0x2c。

“>>” 位右移，格式：变量名 >>移动位数，例如：“a = 0x4b; a = a>>2;”，结果 a=0x12。

说明：如果移出位没有二进制 1，左移 n 位相当于乘以 2^n 运算，左侧 n 位丢弃，右侧补 n 个 0；右移 n 位相当于除以 2^n 运算，右侧 n 位丢弃，左侧补 n 个 0(所有补进位和原符号位相同)。在速度要求特别严格的场合，可以考虑移位方式与乘除法互换，用乘法代替左移速度更快，用右移代替除法速度更快。

例 2.21　移位与乘除法比较(假设使用传统单片机，晶振 12 MHz)。

```
#include "STC15W4K.H" //注意宏定义语句后面无分号
void main()
{
    unsigned long a;
    a = 0x02;           //                          389 μs
    a = a<<14;          //执行结果：a = 0x8000;      397 μs    631 - 397 = 234 μs(移位慢)
    a = 0x02;           //                          631 μs
    a = a * 0x4000;     //执行结果：a = 0x8000;      639 μs    767 - 639 = 128 μs(乘法快)
    a = 0x8000;         //1000 0000 0000 0000       767 μs
    a = a>>14;          //0000 0000 0000 0010 = 2   775 μs    1 009 - 775 = 234 μs(移位快)
    a = 0x8000;;        //1000 0000 0000 0000       1 009 μs
    a = a/0x4000;       //0000 0000 0000 0010 = 2   1 017 μs  1 637 - 1 017 = 620 μs(除法慢)
    while(1);           //                          1 637 μs
}
```

6. 条件运算符

C 语言中把“?”称作条件运算符，它是 C 语言中唯一有 3 个运算对象的运算符，由条件运算符构成的表达式格式为

变量名 =表达式 1? 表达式 2:表达式 3;

当表达式 1 的值为非零时，取表达式 2 的值为此条件表达式的值；当表达式 1 的值为零时，取表达式 3 的值为此条件表达式的值，例如：

```
a = (3>4)? 5:7;
//执行后 a = 7,解释:“?”前的表达式成立返回“?”后的第 1 个值,不成立返回“:”后的值
a = (3>4)? fun1():fun2();
//“?”前的表达式成立返回“?”后的第 1 个函数值,不成立返回“:”后的函数的值
```

7. 特殊运算符

特殊运算符包括 &、* 、sizeof 和运算符缩写。

“&”取地址运算符,取地址格式:

指针变量 =& 目标变量

“ * ”取内容运算符,取内容格式:

普通变量 = * 指针变量

sizeof 用法:

sizeof (数据类型)或 sizeof (变量)

关键字 sizeof,用于在程序中测试某一数据类型或变量占用多少字节,例如:sizeof(char),结果= 1,也就是说 char 类型占用 1 个字节;sizeof(int),结果=2,也就是说 int 类型占用 2 个字节。

例 2.22 运算符 sizeof。

```
#include "STC15W4K.H"              //注意宏定义语句后面无分号
#include "stdio.h"                 //为使用 printf 函数而加入的
struct stru
{
    char a;
    int  b;
    long c;
};
void main()
{
    TI = 1;                        //软件调试的串行窗口与波特率无关,只要 TI = 1 就行了
    for(;;)
    {
        unsigned char a;
        a = sizeof(unsigned char);                  //执行后 a = 1
        a = sizeof(unsigned long);                  //执行后 a = 4
        a = sizeof(struct stru);                    //执行后 a = 7
        printf("sizeof(a) = % d\n",(unsigned int)(sizeof(a)));        //sizeof(a) = 1
        printf("sizeof(long) = % d\n",(unsigned int)(sizeof(long)));
                                                                       //sizeof(long) = 4
        printf("sizeof(void) = % d\n",(unsigned int)(sizeof(void)));
                                                                       //sizeof(void) = 0
    }
}
```

运算符缩写通常又称为复合运算符,采样复合运算符主要是为了提高指令执行速度,凡是具有 2 个运算对象的运算符,都可以与赋值运算符“=”一起组成复合赋值运算符,C 语言总共有 10 种复合运算符,即+=、-=、*=、/=、%=、<<=、>>=、&=、|=、^=。

例如:

“a+=b;”相当于“a=a+b;”,规律:左边变量保持不变,将左边变量连同符号复制到等号右边。

“a－＝b;”相当于“a＝a－b;”规律:左边变量保持不变,将左边变量连同符号复制到等号右边。

“P3|＝0xc3;”相当于“P3＝ P3|0xc3;”规律:左边变量保持不变,将左边变量连同符号复制到等号右边。

8. 分隔符

C语言中的分隔符主要包括[ ]、( )、{ }、,、:、;。

首先说明,中括号[ ]只用于数组下标,先看下面的例子再作分析。

例 2.23 中括号用法。

```
unsigned char a _at_ 0x0001;
//同时通过 Target 选项卡将默认变量存放到外部存储器
unsigned char b[] = {0,1,2,3,4,5,6,7,8,9};           //定义 1 维数组
unsigned char c[][2] = {{0,1},{2,3},{4,5}};          //定义 2 维数组,效果如表 2-7 所列。
```

在“unsigned char c[][2]＝{{0,1},{2,3},{4,5}};”语句中,第一个中括号表示行数,第二个中括号表示列数。

表 2-7 二维数组数据存放效果图

行 \ 列	0 列	1 列
0 行	0	1
1 行	2	3
2 行	4	5

```
void main()
{
        a = b[3];                   //执行后 a = 3
        b[2] = 100;                 //执行后 b = {0,1,100,3,4,5,6,7,8,9}
        *(b + 2) = 200;             //执行后 b = {0,1,200,3,4,5,6,7,8,9}
        b[-1] = 4;                  //执行后 a = 4
((unsigned char *)(((unsigned long *)b) + 1))[0] = 250;
                                    //执行后 b = {0,1,200,3,250,5,6,7,8,9}
while(1);                           //程序停在这里
}
```

_at_:表示将变量地址绝对定位到外部存储器 0x0001 地址上,注意需要在 Target 选项卡中选择 Large(XDATA)模式,否则编译会有内存溢出警告。

b[2]:中括号[]作下标的意义,中括号前面是一个指针变量,里面存放的是首地址(也称为基址),中括号里面是偏移量,合在一起就是取出“首地址＋偏移量”地址的内容。另外注意中括号里面的数为正,表示地址在首地址上增加;为负,表示地址在首地址上减少,如下:

char 型数据单位是 1 字节,int 型数据单位 2 字节,long 型数据单位是 4 字节,比如:

```
((unsigned long * )b) + 1              //向后偏移 4 个字节
```

(b+2):使用指针访问数组中的元素,数组的名字就代表数组的首地址,2 表示偏移量,b+2 表示首地址加上偏移量 2,(b+2)表示首地址后面第 2 个元素的地址, 是取内容运算符,又比如:

```
unsigned char SD_Write_Cmd(unsigned char * pcmd)      //pcmd 是命令字节序列的首地址
{
    SD_spi_write(pcmd[0]);SD_spi_write(pcmd[1]);SD_spi_write(pcmd[2]);
}
```

小括号( )可用于数据类型强制转换、数据运算顺序控制、函数调用、控制语句跳转条件。例:

```
unsigned char a;    unsigned long b;
a = (unsigned char)b;                                   //据类型强制转换
a = (1 + 3) * 2;                                        //数据运算顺序控制
delay(1000);                                            //函数调用
if(5>3);                                                //控制语句跳转条件
```

“,”可用于分隔变量定义、分隔函数中的参数等,例如:

```
int a,b,c;                                              //分隔变量定义
fun1(a,b,c);                                            //分隔函数中的参数
```

“{ }”功能是定义一个程序块,比如函数体,循环体。数据类型声明必须在某个块的开始,大块中可以再定义小块,在小块开始可再进行数据类型声明。当大括号中只有一条语句时,可将{ }省略,例如:“while(1) delay();”“;”可用来表示一个语句结束或用于 for 循环。例如:“for(a=0;a<10;a++);”,在 # include 命令、宏定义(如 # define)、函数定义行、带{}循环体的循环命令(如 for 和 while)语句后不能有分号。

“:”表示一个程序的标示号。例:

```
loop:
      ……;
      goto    loop;
```

2.1.8 运算符的优先级与结合性

优先级定义:优先级是指同一运算式中多个运算符被执行的先后顺序,在运算式求值时,先按运算符的优先级别由高到低的顺序执行,例如:1+2×3 的算术运算符中采用“先乘除后加减”的原则。

结合性定义:如果在一个运算对象两侧的运算符优先级别相同,则按规定的“结合方向”处理,规定的“结合方向”称为运算符的“结合性”,结合性分为“左结合”和“右结合”。

- 左结合:同一优先级中的运算符在前面的先做称为左结合,从左向右运算。
- 右结合:同一优先级中的运算符在后面的先做称为右结合,从右向左运算。

在实际运用中，优先级运用得比较多，结合性不便于理解和记忆，对于运算顺序不太明确的运算式，一般使用优先级最高的括号“( )”括起来，既保证执行结果的正确性，又便于理解程序。运算顺序只与运算符有关，而与运算对象无关，在表 2-8 优先级与结合性表格中特别指明“(数据类型名)”即强制类型转换运算符，它与单纯“()”不同，它的优先级为 2，与取负运算符“-”和逻辑运算符“!”同级，即低于括号，高于乘、除运算符。比如：“(float)(a/10)”，当 a 的值为 3 时，表达式结果为 0.0；“(float)a/10”，当 a 的值为 3 时，表达式结果为 0.3。

分析：“(float)(a/10)”的前一个括号不叫括号，叫强制类型转换运算符(因为括号中的内容是某种数据类型)，后一个括号才叫括号，括号运算的优先级高于强制类型转换运算符，所以先计算“(a/10)”。当“int a=3”的时候，“a/10”的值没有四舍五入，只有截取，保留整数部分(C 语言特性：整数除整数，结果也是整数)，答案是 0，然后强制成浮点，就是 0.0。“(float)a/10”中强制类型转换运算符优先级高于除法“/”运算符，所以先将整数 a 强制转换为 3.0，3.0/10 是浮点型除以整型，结果是浮点型，所以是 0.3。

表 2-8　运算符的优先级与结合性

优先级	运算符	解　释	结合性
1	( ) [ ] -> .	括号(函数等) 数组下标 指向结构体成员 结构体成员	→
2	! ~ ++ -- + - * & (数据类型名) sizeof	逻辑“非”(可对位操作) 按位取反(可对字节或位操作) 加一 减一 正号 负号 取内容 /间接 取地址 显示类型转换，例：(float)a 求变量类型长度	←
3	* / %	乘 除 取余	→
4	+ -	加 减	→
5	<< >>	左移 右移	→

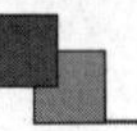

续表 2-8

优先级	运算符	解　释	结合性
6	< <= > >=	小于 小于或等于 大于 大于或等于	→
7	== !=	等于 不等于	→
8	&	按位与	→
9	^	按位异或	→
10	|	按位或	→
11	&&	逻辑与	→
12	||	逻辑或	→
13	?:	条件	←
14	= += -= *= /= %= &= ^= |= <<= >>=	赋值和复合运算符	←
15	,	逗号	→

2.2 C51 构造数据类型

2.2.1 数　组

数组:将相同类型数据组合在一起就构成数组(如数码管显示缓冲区)。

1. 声明一维数组

基本数据类型　数组名[数组长度]

示例 1:

```
int a[10];
```

示例 2:

```
unsigned char DispBuf[6];
```

说明:基本数据类型可以有其他修饰符,如:unsigned char,数组下标固定从 0 开始,同一数组中的数据是由编译软件保证它在存储器中是连续存放的。

使用数组元素的方法如下:

数组名[下标]

示例 1:

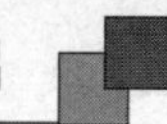

```
a[0]；　示例2：a[ i ]；                             //i是整型变量
```

一维数组赋值示例如下：

方法1：

```
int a[10] = {0,1,2,3,4,5,6,7,8,9};               //声明数组时就赋值
```

方法2：

```
int a[ ] = {0,1,2,3,4,5,6,7,8,9};      //对全部元素赋值时可以不指定数组长度
```

方法3：

```
int a[10] = {0,1,2,3,4};               //只给部分元素赋值,其余元素默认值为0
```

2. 声明二维数组

基本数据类型　数组名[行数][列数]

示例：

```
int a[2][5];                                      //声明2行5列数组
```

二维数组赋值示例如下：

方法1：

```
int a[3][4] = {{1,2,3,4},{5,6,7,8},{9,10,11,12}};    //结果如表2-9所列
//第1个大括号数据赋给第1行元素,第2个大括号数据赋给第2行元素
```

方法2：

```
int a[3][4] = {1,2,3,4,5,6,7,8,9,10,11,12};          //结果如表2-9所列
```

方法3：

```
int a[3][4] = {{1},{2},{3}};
//只给部分元素赋值,其余元素默认值为0,结果如表2-10所列
```

表2-9　数组全部元素赋值

1	2	3	4
5	6	7	8
9	10	11	12

表2-10　数组部分元素赋值

1	0	0	0
2	0	0	0
3	0	0	0

3. 声明一维字符串数组

示例如下：

```
char a[ ] ="中国";
```

说明：在字符串数组中1个数组元素存放一个字节长度的ASCII码(英文字符)，或者2个数组元素存放一个字符的DBCS码(中文字符)。

字符数组赋值示例如下：

方法1：

```
char a[ ] = {"ZhongGuo"};              //存放字符的ASCII码(属DBCS码的一部分)
```

方法 2：

```
char a[ ] =“ZhongGuo 中国”;           //存放字符的 ASCII 码与 DBCS 码
```

字符数组通常在定义时赋值，如果是先定义，再赋值就不方便了，因为定义时赋值是在编译阶段进行的，而随后的赋值是在运行期间，运行期间赋值通常使用下面的循环语句格式。

```
unsigned char i;
unsigned char buf[20];
for(i = 0;i<20;i ++ )
{
    buf[i] = "0123456789abcdefghij"[i];    //字符串就是地址
}
```

上面代码也可这样写：

```
char * s = "0123456789abcdefghij"
for(i = 0;i<20;i ++ )
{
    buf[i]= s[i];                      //字符串本来就是指针，这种方式多浪费了一个变量 s
}
```

2.2.2 结构体

结构体：将不同类型数据组合在一起就构成结构体(如年、月、日，2014 - 12 - 31)。

1. 声明结构体类型变量的 3 种方法

① 先声明类型，后定义变量，格式如下：

结构体关键字　结构名

典型示例如下：

```
struct date                          //自定义数据类型 date
{
    unsigned int year;               //year 年
    unsigned char month;             //month 月
    unsigned char day;               //day 日
};
struct date date1,date2;
//定义 2 个数据类型为自定义类型 date 的变量 date1 和 date2
```

说明：“struct date”，struct 对应格式中的结构体关键字，data 对应格式中的结构名。

② 声明类型的同时定义变量，典型示例如下：

```
struct date                          //自定义数据类型 date
{
    unsigned int year;               //year 年
    unsigned char month;             //month 月
    unsigned char day;               //day 日
}date1,date2;                        //定义结构体变量名 date1 和 date2
```

③ 不使用类型名,典型示例如下:

```
struct                          //不使用类型名
{
    unsigned int year;          //year 年
    unsigned char month;        //month 月
    unsigned char day;          //day 日
}date1,date2;                   //定义结构体变量名 date1 和 date2
```

说明:结构成员的数据类型可以是常用的基本型 char、int、long,也可以是数组、结构体、共用体、枚举、指针型,结构成员的名字可以与程序中的其他变量名相同,各自独立,互不影响。

"声明"与"定义"的区别:声明是告诉编译器有这么个数据类型,但并不给这个类型分配内存空间;定义就是确定一个变量的数据类型,并为此变量分配内存空间。

2. 结构类型变量的引用

① 结构类型变量最常用的引用格式"结构体变量名.成员名","结构体变量名.成员名"完全可当作一个变量看待,例如:"date1.year = 2014;"。

② 若声明的某个结构体变量成员本身又属于一个结构体变量,则要用若干个成员运算符"."一级一级地找到最低一级的成员,只有最低一级的成员才能参加运算。

例如:

```
struct date                         //生日
{
    unsigned int year;              //year 年
    unsigned char month;            //month 月
    unsigned char day;              //day 日
};
    struct student                  //学生
    {
    int num;                        //编号
    char name[20];                  //姓名
    struct date birthday;           //struct date 是另一个自定义结构体数据类型
    }student1, student2;
    student1.birthday.year = 2014;  //出生日期
```

③ 使用结构体指针变量引用。

一个普通指针变量是用于存放普通变量在存储器中的起始地址(首地址),结构体指针变量是用于存放结构体变量在存储器中的起始地址,结构体指针变量定义格式为

struct 结构名　*指针变量名;　　//比如:struct date *pstru;

结构指针变量赋值格式为

指针变量名 = &结构变量名;

//比如:pstru = &x;　　获取结构变量 x 在内存中的起始地址

使用指针变量访问结构体成员有 2 种方法。

方法 1,使用"点运算符",格式:

(*指针变量名).成员名;

例如:

```
(*pstru).year = 2014;                    //不方便,一般很少用
```

方法 2,使用“指向运算符”,格式:

指针变量名->成员名;

例如:

```
pstru ->year = 2014                      //用得很普遍
```

“->”专门用在结构指针变量名后面,称为“指向运算符”;“.”用在结构体变量名后面,称为“成员运算符”。注意两者不能混淆,也不能代换。

例 2.24 使用结构体变量名和指针访问结构体数据。

```
#include "STC15W4K.H"                //注意宏定义语句后面无分号
struct date                          //自定义数据类型 date
{
    unsigned int year;               //year 年
    unsigned char month;             //month 月
    unsigned char day;               //day 日
};
struct date * pstru;         //定义结构体指针变量,此变量专门用于存放结构体类型变量地址
void main()
{
    unsigned int a;                  //存放年
    unsigned char b,c;               //存放月、日
    struct date x;
    while(1)
    {
        x.year = 2014;               //使用"结构体变量名.成员名"的方法访问结构体中的数据
        x.month = 12;
        x.day = 31;
        pstru = &x;                  //获取变量 x 在内存中的起始地址
        a = pstru->year;
                                    //使用"指针变量名->成员名"的方法访问结构体中的数据
                                     //执行后 a = 2014
        b = pstru->month;            //执行后 b = 12
        c = pstru->day;              //执行后 c = 31
    }
}
```

3. 结构数组

先看下面的示例:

```
struct date
{
    unsigned int year;
    unsigned char month;
    unsigned char day;
};
struct date date1[10];               //date1[0]~ date1[9]共 10 个元素的结构数组
```

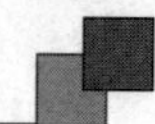

```
unsigned int a[10];                //a[0]～ a[9]共 10 个元素的变量数组
```

结构数组与变量数组的区别如下：

① 结构数组的每一个元素都是具有同一个结构类型的结构体变量。

② 变量数组的每一个元素都是具有同一个数据类型的普通变量。

在对结构数组进行初始化时，要将每个元素的数据分别用大括号括起来，比如：

```
struct date date1[3] = {{2014,2,15},{2015,3,20},{2016,11,28}};
```

如果赋初值的数据个数与数组元素数目相等，数组元素个数可以省略不写，比如：

```
struct date date1[] = {{2014,2,15},{2015,3,20},{2016,11,28}};
```

2.2.3　共用体

共用体：不同变量占用相同的内存地址就是共用体。将结构体声明的关键字 struct 改成 union 就变成了共用体声明。在共用体中各变量占用相同内存地址，共用体变量占用内存大小是共用体中占用空间最大的那个变量的长度。

声明共用体类型变量有 3 种方法(与结构体基本相同)。

① 先声明类型，后定义变量，格式如下：

共用体关键字　共用名

典型示例如下：

```
union DS18B20                      //自定义共用体数据类型 DS18B20
{
    unsigned int RecData;          //存放接收到的 DS18B20 的 16 位数据
    unsigned char tmp[2];          //2 次读取 DS18B20 的 8 位数据放在这里
};
union DS18B20 temp; //定义共用体变量 temp,变量 RecData 和 tmp 占用共同的 2 字节空间
```

说明："union DS18B20"中 union 对应格式中的共用体关键字，DS18B20 对应格式中的共用名。

② 声明类型的同时定义变量，典型示例如下：

```
union DS18B20
{
    float f1;
    unsigned char c1[4];
} temp;
```

③ 不使用类型名，典型示例如下：

```
unsigned  int Read18b20()
{
    union                          //不使用类型名
    {
        unsigned int RecData;  //存放接收到 DS18B20 的 16 位数据
        unsigned char tmp[2];  //2 次读取 DS18B20 的 8 位数据放这里
    }temp;
```

```
    temp.tmp[1] = Read18b20byte();
    temp.tmp[0] = Read18b20byte();
    return (temp.RecData);
}
```

共用体内的变量共用地址空间，对于这个程序，RecData 是一个 unsigned int 型数据，占用 2 字节空间，而 tmp 是 unsigned char 型的数据，2 个数组元素占用空间恰好与 RecData 变量相同，这样在读取温度值时，分 2 次读入单字节的温度值，自然就合成了一个 int 型变量的值。

2.2.4 指　针

指针：用于直接读取或修改内存值。

1. 指针变量定义

变量指针：一个变量在内存中的起始地址称为这个变量的指针，说白了，指针就是地址。

指针变量：专门用来存放其他变量起始地址的变量称为指针变量。(最常用)

指针变量定义的简洁格式(符合标准 C 语言)：

所指变量类型　＊指针变量名

完整格式(Keil 特有)：

所指变量类型 <所指变量存储器空间>＊ <指针变量存储器空间> 指针变量名

比如：

```
char * Point;                   //定义通用指针变量，跟标准 C 语言的定义方式一样
unsigned char *cp1, *cp2;       //同上，cp1,cp2 用于存放字符型变量在内存中的起始地址
char xdata *  Point;            //定义内存特殊指针，标准 C 语言不可以这样
unsigned char xdata * data Point1;
                                //unsigned char 变量存储在 xdata，指针变量本身存储在 data
```

说明：

① “＊”表示该变量是指针变量，“＊”与“指针变量名”之间一般不用空格，也可使用任意多个空格。

② “所指变量类型”要与实际定义的变量类型一致，同时有无前缀 unsigned 也要与实际变量一致，两者之一不满足编译时都会有警告：“warning C182: pointer to different objects”(报告指针使用不一致)。

③ <所指变量存储器空间>用于定义基于存储器的指针变量，也称为特殊指针变量，无此选项时，被定义为通用指针变量，这两种指针变量的区别在于它们的存储字节不同。通用指针变量与标准 C 语言兼容，在内存中固定占用 3 个字节，第一个字节存放指针变量所指变量的存储空间的编码(由编译时编译模式的值确定，如表 2-11 所列)，第二和第三字个节分别存放指针变量所指变量的高位和低位地址。

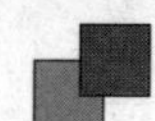

表 2－11　通用指针变量本身占用 3 字节空间

地　址	＋0	＋1	＋2
内　容	存储器类型编码： 0x00——data/bdata/idata 0x01——xdata 0xFE——pdata 0xFF——code	指针所指变量地址高 8 位	指针所指变量地址低 8 位

通用指针变量本身默认存储在内部数据存储器 data 里，如果想指定指针变量的存储位置，可以在 * 后加上指针变量存储空间说明，示例如下：

```
char * data  ptr;  //与 char * ptr;等价，即默认的定义方式，存放在片内 RAM(0～127 字节)
char * idata ptr;  //指针变量存储在 idata，内部 RAM(0～255 字节)
char * xdata ptr;  //指针变量存储在片外 RAM，64 KB 地址范围
```

定义的通用指针变量运行速度比特殊指针要稍微慢一点，但使用更简单，也方便程序移植。

由于已经人为地确定了普通变量的具体存储空间，因此内存特殊指针变量只需要占用 1 个或 2 个字节存放所指普通变量的精确地址。当普通变量存储空间为 data、bdata、idata 时，指针变量本身占 1 个字节（内部 RAM 地址范围 00H～FFH）；所指变量存储空间为 xdata、code 时，指针变量本身占 2 个字节（地址范围是 0000H～FFFFH）。比如："char xdata * Point;"这里定义的 Point 所指向的变量存储在 xdata 中，即外部变量，这样指针变量 Point 占 2 个字节。

定义内存特殊指针变量也可以指定指针变量的存储位置，比如："char xdata * data Point;"这个定义是说，定义了一个指向片外 xdata 变量的指针变量，这个指针变量本身存储在片内 data 中，使用特殊指针时通常要把指针变量定义到内部 RAM，这样访问速度才是最快的。

例 2.25　指针变量占用内存字节数测试。

```
#include "STC15W4K.H"                    //注意宏定义语句后面无分号
void main()
{
    unsigned char a,i;                   //临时变量，用于观察数据
    unsigned char xdata DispBuf[10] = {11,22,33,44,55,66,77,88,99,10};
    //在外部 RAM 区开辟 10 个字节的内存空间，地址是外部 RAM 的 0x0000～0x0009
    unsigned char   *   Point1;
    unsigned char data * data Point2;//声明指针变量存储空间和指向地址空间(最常用)
    unsigned char xdata * data Point3;
    a = sizeof(Point1);                  //执行后 a = 3，说明指针占用了 3 个字节
    a = sizeof(Point2);                  //执行后 a = 1，说明指针占用了 1 个字节
    a = sizeof(Point3);                  //执行后 a = 2，说明指针占用了 2 个字节
    Point3 = DispBuf;          //数组名可以代表数组首地址，即第一个元素 DispBuf[0]的地址
    for (i = 0;i< = 8;i ++ )             //循环用于观察数据
    {
        a = * Point3;          //* 表示将指针变量所指向的目标变量的值赋给左边的变量
```

```
        Point3 ++ ;                   //地址加 1
    }
    for(;;);                          //本行死循环
}
```

2. 指针运算符

2 个专门用于指针的重要运算符：&(取地址运算符)和 *(取内容运算符)。

取地址格式如下：

指针变量 =& 目标变量

取内容格式如下：

普通变量 = * 指针变量

取地址运算是将目标变量在内存中的首地址赋给左边的指针变量，取内容运算是将指针变量所指向的目标变量的值赋给左边的变量。要注意的是：指针变量中只能存放地址，一般情况下不要将其他的数据赋值给一个指针变量。

例 2.26 指针运算符 & 和 * 的简单实例。

```
#include "STC15W4K.H"                 //注意宏定义语句后面无分号
void main()
{
    unsigned int  DispBuff[2] = {0x1001,0x1002};
    unsigned int * Point1;
    unsigned int  a;
    Point1 = & DispBuff [0] ;         //获取 DispBuff[0]在内存中的地址
    a = * Point1;                     //获取变量 Point1 里面的地址所包含的内容:0x1001
    * Point1 = 0x5a5a;
    //更改指针变量 Point1 所指向的地址的内容,DispBuff[0] = 0x5a5a
    while(1);
}
```

3. 数组指针

数组指针：一个数组在内存中的起始地址称为这个数组的指针。

指向数组的指针变量：专门用来存放数组起始地址的变量称为指向数组的指针变量，示例如下：

```
int a[10];              //定义数组
int *p;                 //定义普通指针变量
p = a;  //指针赋值(法 1),C 语言规定,数组名可以代表数组首地址,即第一个元素 a[0]的地址
p = &a[0];              //指针赋值(法 2),效果与(法 1)相同,使用不如(法 1)简便
p[i] = 5;               //允许指向数组元素的指针变量带下标,p[i]与 * (p + i)等价
```

例 2.27 数组指针测试，设有一个数组 a，有 10 个元素，要求输出全部元素值。

```
#include "STC15W4K.H"       //注意宏定义语句后面无分号
#include <stdio.h>          //为使用 Keil 自带的库函数 printf 而加入的
void main()
{
    //******************变量定义 *******************
```

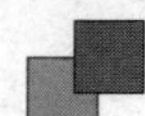

```
    char i;                              //循环变量
    char xdata  a[10] = {1,2,3,4,5,6,7,8,9,10};
    char   * p1;                         //定义通用指针
    char xdata * data p2;                //定义基于存储器指针中的最快速的方式
    TI = 1;
    //******************数组操作方式 ******************
    for(i = 0;i<10;i ++ )                //680 μs (8 级优化)
    printf(" % bd",a[i]);                //执行总时间 8 674 μs(传统单片机 12 MHz 计算)
    //******************通用指针操作方式 ******************
    for(p1 = a;p1<(a + 10);p1 ++ )       //9 354 μs (8 级优化)
    printf(" % bd", * p1);               //执行总时间 8 827 μs 这里使用指针还慢些
    //******************特殊指针操作方式 ******************
    for(p2 = a;p2<(a + 10);p2 ++ )       //18 181 μs(8 级优化)
    printf(" % bd", * p2);               //执行总时间 8 643μs 这里使用指针要快点
    while(1);                            //26 824 μs(8 级优化)
}
```

从这个例子中可以看出，完成相同的功能时，数组操作方式执行时间为 8 674 μs，通用指针操作方式执行时间为 8 827 μs，特殊指针操作方式执行时间为 8 643 μs，特殊指针确实比通用指针快一点，与数组方式几乎相同，经测试，在访问内部数据存储器时最快的特殊指针也比数组方式慢，因此在操作数组的时候，没有特殊需要也就没有必要使用指针了。

4. 自加、自减运算符在指针中的运用

指针的自加(++)、自减(− −)运算不同于普通变量的自加、自减运算，也就是说并非简单地加 1、减 1，指针都是按照它所指向的数据类型的长度进行加减。比如，一个浮点型数组，每个数组元素占用 4 个字节，则浮点型指针 P++或 P+1 就意味着使 P 的原值(地址)加 4，以使它指向下一个元素，其他的 char 型(字节数 = 1)、int 型(字节数 = 2)、long/float 型(字节数 = 4)，它们都是遵循这样的规律的。

例 2.28　自加(++)运算符在指针中的运用，此例也说明了定义指针变量时的“所指变量类型”的重要作用。

```
# include "STC15W4K.H"                //注意宏定义语句后面无分号
void main()
{
    int DispBuf[5] = {0x1001,0x1002,0x1003,0x1004,0x1005};
    int * Point1;
    char * Point2;
    int tmp1, tmp2;                   //定义一个临时变量以便于观察
    unsigned char i;                  //循环变量
    Point1 = &DispBuf[0];             //取得数组中第一个元素的地址
    Point2 = &DispBuf[0];
    //取得数组中第一个元素的地址,此行编译会有 C182 警告,忽略不管
    for(i = 0;i< = 5;i ++ )
    {
```

```
        Point1 ++ ;                 //每执行一次此语句,Point1 的值增加 2
        Point2 ++ ;                 //每执行一次此语句,Point2 的值增加 1
        tmp1 = * Point1;            // * Point1 表示 Point1 指针所指变量的内容
        tmp2 = * Point2;            // * Point2 表示 Point2 指针所指变量的内容
    }
}
```

5. 结构体指针

结构体指针:一个结构体变量在内存中的起始地址称为这个结构体变量的指针。

指向结构体的指针变量:专门用来存放结构体变量起始地址的变量称为指向结构体的指针变量。

结构体指针定义格式如下:

struct 结构类型名 * 指针变量名

结构体指针使用非常广泛,在前面 2.2.2 小节的结构体部分已作详细说明,这里不再重复。

2.2.5 #define 与 typedef 的区别

#define 是宏定义,有 3 种格式。

格式 1:

#define　标识符　真实字符串　//注意宏定义语句后面无分号

格式 2:

#define　标识符　　　　　　　//注意宏定义语句后面无分号

格式 3:

#define　标识符(参数表)字符串//注意宏定义语句后面无分号

格式 1 说明:真实字符串可包含分号或空格,是用得最多的格式,例如:

```
#define PI 3.1415926       float fl = 30 * PI/180          //用#define 定义的一个常量 PI
#define NOP _nop_();_nop_();_nop_();_nop_();_nop_();     //用 1 个"NOP"代换 5 个"_nop_();"
#define u8 unsigned char   #define u16 unsigned int        #define u32 unsigned long
#defines8 signed char      #define s16 signed int          #define s32 signed long
```

格式 2 说明:用在条件编译语句,比如:

```
#define DEBUG                     //定义一个标志,不需要编译后面语句块时注释掉此语句即可
void main()
{
    #ifdef DEBUG                                       //如果定义了标志,则执行以下语句块
    ……
    #endif
}
```

格式 3 说明:带参宏定义,建议不用。这种定义在编译预处理时,将源程序中所有标识符替换成字符串,并将字符串中的参数(形参)用实际使用的参数(实参,可以是常量、变量或表达式)替换,例如:

```
#define S(a,b) (a + b)/2
x = S(3,4);                                   //编译预处理时将 S(3,4)替换成(3 + 4)/2
```

使用宏定义的好处是增强程序的可读性，方便程序一改全改，在程序编译的过程中，编译软件会把代码中出现的标识符全部用真实字符串替换，这个过程有点像文字处理软件中的查找与替换。宏替换不占运行时间，只占编译时间，习惯上用大写字符作标识符，而且常放在程序开头，#define 定义的常量存放在单片机的程序存储区 Flash 中。

typedef 格式如下：

typedef　类型　别名；

这里 typedef 只用于给已有的数据类型起个别名而不是定义一种新的数据类型，已有的数据类型是指标准数据类型或自定义结构体等 C 语言中许可的任何一种数据类型。typedef 功能与#define 基本相同，但替换范围比#define 小得多，typedef 是语言编译过程的一部分，但它并不实际分配内存空间，typedef 行末尾带有分号(;)。

typedef 说明基本数据类型示例如下：

```
typedef unsigned char u8; typedef unsigned int u16; typedef unsigned long u32;
typedef signed char  s8; typedef signed ints16;   typedef signed long  s32;
u8 i;                          //与 unsigned char i 等效
s32 k;                         //与 signed long k 等效
```

typedef 说明一个结构的格式(在 STM32 上使用最普遍)如下：

```
typedef struct
{
    数据类型成员名;
    数据类型成员名;
    ……;
}标识符;
```

此时就可直接用标识符定义结构变量了。例如：

```
typedef struct
{
    char  name[8];            //姓名
    int  class;               //班级
} student;
student  ZhangSan;            //ZhangSan 被定义成一个结构变量，与定义基本变量一样方便
```

若不使用 typedef，实际代码如下：

```
struct  student               //意义是：struct  结构名
{
    char  name[8];            //姓名
    int  class;               //班级
};
struct student  ZhangSan;     //ZhangSan 被定义一个结构变量
```

可以看出，使用了 typedef 后就不需要 struct 了，从而使代码更加简洁明了。

2.3 流程与控制

2.3.1 分支结构

(1) if 语句格式(一)

```
if  (表达式)
{ 语句块;}
```

示例:

```
if  (a >= 3)
b = 0;
```

说明:

① 如果表达式的结果为真(0 代表“假”,用非 0 代表“真”),则执行语句块,否则执行 if 语句后面的语句(即语句块后面的语句)。

② 当语句块只有 1 条语句时,花括号可以省略,此时还可将此一条语句直接写到 if 语句同一行的后面,比如:“if (a >=3) b = 0; ”。

(2) if 语句格式(二)

```
if  (表达式)
{
    语句块 1;
}
else
{
    语句块 2;
}
```

示例:

```
if  (a >= 3)
{
    b = 0;
}
else
{
    b = 1000;
}
```

(3) if 语句格式(三)

```
if  (表达式 1)
 {
    语句块 1;
 }
```

```
 else   if (表达式 2)
 {
    语句块 2;
 }
    ⋮
 else                          //else 及语句块 n 可以不使用
 {
    语句块 n;
 }
```

(4) if 语句格式(四)

if 语句嵌套(一个 if 语句中还包含一个或多个 if 语句称为 if 语句嵌套)。

```
if   (表达式)
{
     if   (表达式)
        语句 1;
}
else
{
        语句 2;
}
```

(5) switch 语句格式

```
switch(变量表达式)
{
    case  常量表达式 1:
        {语句块 1;}
        break;                 //必须使用 break 跳出当前 switch 结构
    case  常量表达式 2:
        { 语句块 2;}
        break;                 //必须使用 break 跳出当前 switch 结构
    case  常量表达式 n:
        { 语句块 n;}
        break;                 //特别提示 default 前也必须有 break
    default:
            { 语句块 n+1;}
            break;             //必须使用 break 跳出当前 switch 结构
}
```

补充说明:

① “变量表达式”结果必须是字符型、整型或长整型,而不能是浮点型,否则编译错误。

② “常量表达式”一般是字符型、整型、长整型,若为浮点型,case 语句将忽略数值的小数部分而只取整数部分参与比较。

③ “break;”语句可放在{语句块}外,如上面格式所示,也可放在{语句块}内的最后一行。

④ 多个 case 语句可以共享一组执行语句,例如下面的语句 case 1 与 case 2 执行同一个语句块。

```
case  1:
case  2:{ 语句块;}
```

2.3.2 循环结构

(1) while 语句格式(一)

```
while (表达式)
{
    语句块;
}
```

说明:

① 如果表达式的结果为真(0 代表“假”,用非 0 代表“真”),则执行语句块;否则执行 while 语句后面的语句(即语句块后面的语句)。

② 当语句块只有 1 条语句时,花括号可以省略,此时还可将这条语句直接写到 while 语句同一行的后面。

③ 必须在 while 循环体中设置使循环趋向结束的语句,否则循环将无休止的继续下去。

④ while (1)构成 1 个无限循环过程。

(2) while 语句格式()

```
do
{
    语句块;
}
while (表达式); //当表达式的值为真(非 0 都算作真)时继续执行循环体
```

(3) for 语句格式

```
for (表达式 1;表达式 2;表达式 3)
{
    语句块;
}
```

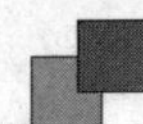

for循环的执行过程如图2-4所示，等效结构如下：

```
for(循环变量初值;循环条件;循环变量增值)
{
    语句块;
}
```

特殊的：

```
for(;;);                    //构成1个无限循环过程
```

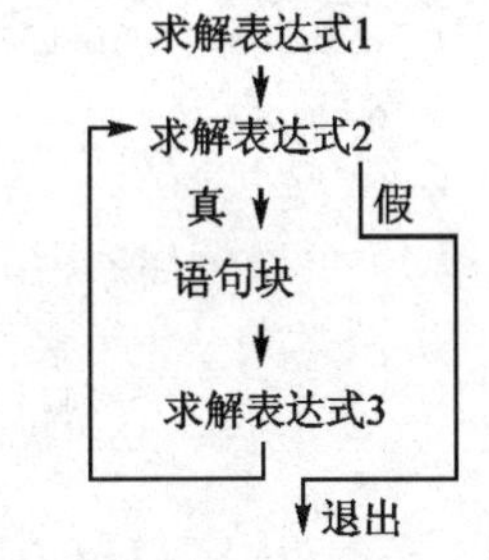

图2-4　for循环的执行过程

2.3.3　跳转结构

1. goto语句

goto　语句是无条件跳转语句，格式为

goto　标号；

标号由字母、数字和下画线组成，并且第一个字符必须是字母或下画线，不能是数字或其他字符。

比如："goto LOOP;"。当然，标号还要写到goto语句所在的同一个函数内某条可执行语句的最前面，并在标号末尾加上冒号"："，执行goto语句时，程序将跳转到该标号处并执行其后的语句。

说明：标号必须与goto语句处在同一个函数中，但可以不在一个循环层中，也就是说，goto语句可以在同一个函数内任意跳转。goto语句的这种特性破坏了程序的结构，在正常的程序结构中一般是看不到这个命令的，但对于某些循环语句如while、do while，可能在某些时候会长时间甚至永远达不到循环退出条件，这样就造成单片机死机的现象。可以使用单片机看门狗解决，但是大材小用了，最好的办法就是在循环中加入循环次数软件计算器，循环次数超过一定值时通过这里介绍的goto语句跳出当前循环。

2. break语句

break语句的格式如下：

break;

break语句的功能如下：

① 若在循环结构中执行到break命令，break将强制程序跳出当前循环结构，继续执行后面的代码。

② 若在switch分支结构中执行到break命令，break将强制程序跳出当前switch结构，继续执行后面的代码。

说明：break语句只允许在循环结构和switch分支结构中使用，其他任何地方都不能使用break语句。

例2.29　break语句的使用。

```
#include "STC15W4K.H"                //注意宏定义语句后面无分号
```

```
#include <stdio.h>                    //为使用 Keil 自带的库函数 printf 而加入的
void main()
{
    unsigned char i;
    TI = 1;                           //软件调试的串行窗口与波特率无关,只要 TI = 1 就行了
    for (i = 0;i<10;i ++ )
    {
        if (i == 5)
        {
            printf("break here\n");
            break;
        }
        printf(" %bd ",i);
    }
    while(1);                         //程序停在这里
}
```

输出结果:0 1 2 3 4 break here

3. continue 语句

continue 语句格式如下:

continue;

continue 语句功能:若在循环结构中执行到 continue 命令,则 continue 将强制程序跳过循环体中下面的语句,然后从最后一行(通常是右括号"}")开始继续下一次循环。

break 与 continue 的区别:break 不管循环条件是否成立都直接终止整个循环过程,continue 用于结束本次循环而不是终止整个循环。

例 2.30 continue 语句的使用。

```
#include "STC15W4K.H"                 //注意宏定义语句后面无分号
#include <stdio.h>                    //为使用 Keil 自带的库函数 printf 而加入的
void main()
{
    unsigned char i;
    TI = 1;                           //软件调试的串行窗口与波特率无关,只要 TI = 1 就行了
    for (i = 0;i<10;i ++ )
    {
        if (i == 5)
        {
            printf("continue here\n");
            continue;
        }
        printf(" %bd ",i);
    }
    while(1);
}
```

输出结果:0 1 2 3 4 continue here 6 7 8 9

2.4　函　数

2.4.1　函数定义

无参数函数定义格式如下：

```
返回值类型　函数名()
{
    变量声明;
    语句块 ;
    return （变量或表达式）;
}
```

示例：

```
void print_message()
{
    print ("How  do you do! \n" );
}
```

带参数函数定义格式如下：

```
返回值类型　函数名(类型 形参 1,类型 形参 2,…)
{
    变量声明;
    语句块 ;
    return （变量或表达式）;
}
```

示例：

```
int max (int x,int y)
{
    int z ;
    z = x > y ? x:y;
    return (z);
}
```

有些函数即将执行完毕时会返回一个变量或表达式的值，函数定义时的“返回值类型”应该与函数内部 return 语句行的那个变量数据类型相同，也就是说只要按变量类型来定义“返回值类型”就行了。若函数不需要返回值，则“返回值类型”要写作“void”，此时函数内部也不需要 return 语句。

return 语句的功能是立即从所在的函数中退出，返回到调用它的程序中去，同时还能返回一个值给调用它的函数。return 语句的变量类型与“返回值类型”应该是一致的，如果不一致，return 语句中的返回值则会自动转换为“返回值类型”并最终输出。另外，一个函数中可以有多个 return 语句（如分支结构），执行到哪个 return 语句则哪个

return 语句起作用。

形式参数是指调用函数时要传入到函数体内参与运算的变量,形式参数必须指定类型,它可以有任意多个或没有(由于单片机 RAM 存储空间有限,所以实际上达不到任意多个),当不需要形式参数时,括号内可为空或写入“void”表示,但括号不能少。

2.4.2 调用格式

调用格式一:

函数名(变量或常数 1,变量或常数 2,…);

示例:

```
Switch (x,y);print_message();
```

调用格式二:

V = 函数名(变量或常数 1,变量或常数 2,…);

示例:

```
z = max (5,9);
```

说明:当函数有多个参数时各参数要用逗号隔开。

传值调用方式:主调函数的实参可以是常数、变量、数组元素(比如 array[i])、结构体成员变量(比如 student.name),传递出去的是常数、变量、数组元素或结构体成员变量里面的值,不管被调函数里面内容如何,调用结束后主调函数参数都不会发生变化。

传地址调用方式:当用数组名作为函数实参时,是将数组所在内存单元首地址传递给函数,而不是将整个数组元素都复制到被调函数中去,被调函数直接操作数组内的元素,所以被调函数的操作会影响到主调函数的实参,这里是传地址调用。例如:

```
int array[] = {10,12,20,18,9,11,};
MaxNum = avrage(array,6);
```

注意:

① 函数定义行结尾不能有分号,函数调用语句结尾必须有分号。

② 主调函数的实参与被调函数的形参个数和类型必须一致,否则在传值的过程中会发生自动类型转换可能导致最终结果不正确。

③ 如果被调函数书写在主调函数之后,则应在文件的开头(即所有函数外的最上端)声明被调函数,声明方法是将函数定义的一整行复制到文件开头并在行尾添加分号即可。

2.4.3 传值调用与传地址调用的对比

例 2.31 传值调用与传地址调用。

```
#include "STC15W4K.H"                    //注意宏定义语句后面无分号
#include <stdio.h>                       //为使用 Keil 自带的库函数 printf 而加入的
void swap1(char x, char y)               //函数参数传递方式之一:值传递
{                                        //函数功能:交换 x,y 的值
    char tmp;                            //临时变量
    tmp = x;
```

```
    x = y;
    y = tmp;
    printf("x = %bd,y = %bd\n",x,y);
}
void swap2(char * px, char * py)              //函数参数传递方式之二:地址传递
{
    char tmp = * px;                          //相当于语句:tmp = a;
     * px = * py;                             //相当于语句:a = b;
     * py = tmp;                              //相当于语句: b = tmp;
    printf(" * px = %bd, * py = %bd\n", * px, * py);
}
void main()
{
    for(;;)
    {
        char a = 4,b = 6;
        char * pa, * pb;
        TI = 1;                 //软件调试的串行窗口与波特率无关,只要 TI = 1 就行了
        swap1(a,b) ;                                  //执行结果:x = 6,  y = 4
        printf("a = %bd,b = %bd\n",a,b);              //执行结果: a = 4,  b = 6
        a = 4; b = 6;
        swap2(&a,&b);
                                //执行结果: * px = 6, * py = 4,将地址传过去,交换了 a,b 的值
        printf("a = %bd,b = %bd\n", a, b);            //执行结果: a = 6,  b = 4
        a = 4; b = 6;
        pa  =  &a; pb  =  &b;
        swap2(pa, pb);          //执行结果: * px = 6, * py = 4 将指针变量传过去
        printf("a = %bd,b = %bd\n", a, b);            //执行结果: a = 6,  b = 4
    }
}
```

说明:传地址调用是指在调用时传递变量地址值的传值调用,传地址调用时要求调用函数的实参用地址值,而被调用函数的形参用指针变量。

2.4.4　数组作为函数参数

本实例中使用数组名(数组名代表数组首地址)作为函数实参,形参声明为类型相同的数组,这种调用方式是传地址调用,执行被调函数后主调函数的实参也会发生变化。

例 2.32　数组名作为函数实参。

```
# include "STC15W4K.H"               //注意宏定义语句后面无分号
# include <stdio.h>                  //为使用 Keil 自带的库函数 printf 而加入的
void add(unsigned int x[10])
{
    unsigned char i;
    for(i = 0;i<10;i ++ )
    {
        x[i] ++ ;
        printf(" %hd\n",x[i]);
    }
}
void main()
```

```
{
    unsigned int a[10] = {0,1000,2000,3000,4000,5000,6000,7000,8000,9000};
    TI = 1;
    add(a);         //输出:1,1001,2001,3001,4001,5001,6001,7001,8001,9001
    while(1);       //此时 a[10] = {1,1001,2001,3001,4001,5001,6001,7001,8001,9001};
}
```

此例可以不指定函数参数数组长度,函数定义行改为"void add(unsigned int x[])"即可,运行结果不变。

2.4.5 使用指针变量作为函数形式参数

将前面实例中的被调函数略做修改,运行结果不变。

例 2.33 使用指针变量作函数形式参数。

```
void add(unsigned int *px)
{
    unsigned char i;
    for(i = 0;i<10;i++)
    {
        px[i]++;
        printf("%hd\n",px[i]);
    }
}
```

2.4.6 使用结构体变量指针作为函数参数

使用结构体变量指针作为函数的实参时,采取的是传地址方式,因此如果被调函数修改了结构体成员数据,主调函数的实参也同时被改变。

例 2.34 使用结构体变量指针作为函数参数。

```
#include "STC15W4K.H"                    //注意宏定义语句后面无分号
#include <stdio.h>                       //为使用 Keil 自带的库函数 printf 而加入的
struct student                           //自定义数据类型
{
    unsigned char name[20];              //姓名
    float score[3];                      //3 个科目分数
};
void disp(struct student *stu)
{
    printf("name:%s\n",stu->name);              //姓名
    printf("chinese:%f\n",stu->score[0]);       //语文成绩
    printf("math:%f\n",stu->score[1]);          //数学成绩
    printf("english:%f\n",stu->score[2]);       //英语成绩
    stu->score[2] = stu->score[2] + 5;
}
void main()
{
    struct student stu1 = {"zhangsan",88.5,90,91.5};
    struct student *pstu1 = &stu1;
    TI = 1;
```

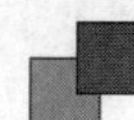

```
    disp(pstu1);
    printf("%f\n",stu1.score[2]);            //实参已被改变
    while(1);
}
```

2.4.7　函数作用域

C51 将所有函数都认为是全局性的，而且是外部的，可以被同一项目中的另一个文件中的任何一个函数调用，但是另一个文件调用该函数之前，应在文件的开头（即所有函数外的最上端）声明被调函数，否则会发生编译错误。声明方法是直接将函数定义的一整行复制到文件开头并在行尾添加分号，其实行首还应该有关键字 extern，但一般都省略不用，外部变量声明则不能省略关键字 extern。注意：引用的函数必须是外部函数，即没有 static 关键字限制的函数；另外还可以在一个 *.h 文件中声明函数，然后在 *.c 文件中用 #include "*.h"将头文件包含进来，之后就可以在 *.c 文件中调用被声明的函数了。

2.4.8　库函数

库函数是 Keil 软件自带的，看不到内部源码，但可以直接调用。对于一些复杂的运算处理，使用库函数既可节省程序编写的时间，又能保证代码运行的可靠性。Keil 的帮助文件中列出了各个库函数及使用例程，Keil 帮助文件路径随 Keil 安装路径不同略有差异，比如 C:\Keil818\C51\hlp，在此路径下能找到如图 2-5 所示的图标，库函数说明就在 c51 文件中，打开 c51 文件，从窗口左边的目录结构中就能找到头文件名称，如图 2-6 所示，Reference 目录下是所有库函数使用例程。

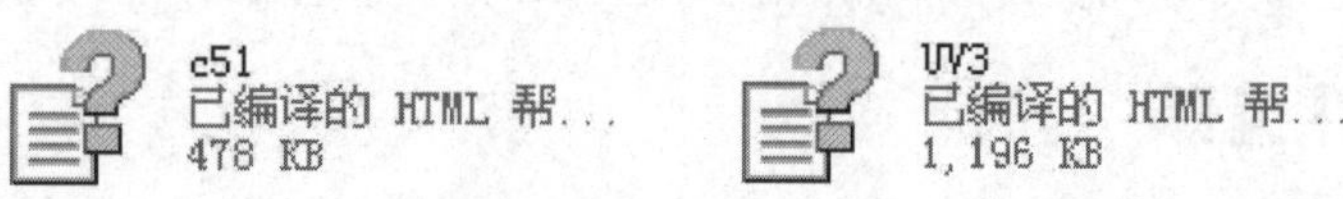

图 2-5　Keil 帮助文件

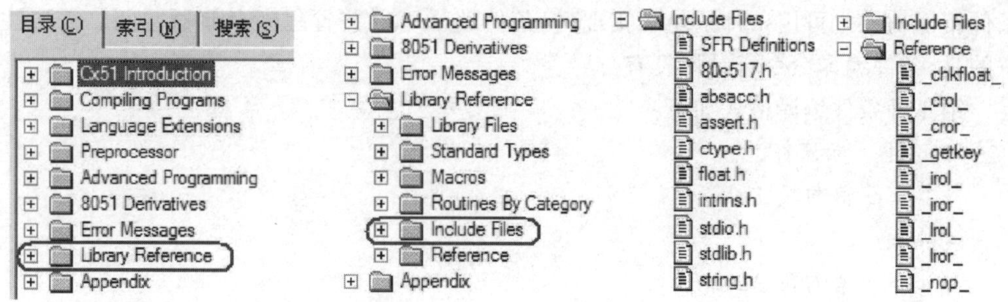

图 2-6　找到库函数头文件

库函数数量众多，经常用到的就是下面几个：

#include <stdio.h>　包含 printf 函数。

#include <intrins.h>包含_crol_、_cror_和_nop_()函数。

#include <string.h>包含 strlen 函数。

2.5 模块化编程

2.5.1 头文件的编写

选择 File→New 命令，新建一个空白文件，然后保存，保存路径选择当前工程所在文件夹。为方便阅读程序，文件名尽量与对应的 *.c 文件名相同，后缀名为 *.h，模块化编程通常是一个 *.c 文件对应一个 *.h 文件。头文件编写中首先要使用条件编译命令防止头文件中包含错误，例如：

```
#ifndef __STDIO_H__                          //__ 是 2 个短下画线
#define __STDIO_H__
……头文件代码块
#endif
```

一般格式如下：

```
#ifndef <标识>
#define <标识>
……头文件代码块
#endif
```

<标识>在理论上说是可以自由命名的，为便于理解程序，<标识>通常直接使用头文件名并且全部大写，前后各加 2 个短下画线，并把文件名中的“.”变成一个下画线。

2.5.2 条件编译

一般情况下，源程序中所有的行都参加编译，但是有时希望对其中一部分内容只在满足一定条件才进行编译，也就是对一部分内容指定编译的条件，这就是“条件编译”。条件编译功能也可用条件语句来实现，但条件编译可以节省程序存储器空间。需要注意的是，条件编译命令行结尾没有分号。

第 1 种条件编译格式如下：

```
#ifdef   标识符
         语句段 1;
#else
         语句段 2;
#endif
```

功能说明：如果标识符已被 #define 命令定义过，则编译语句段 1，否则编译语句段 2。

示例：

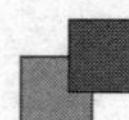

```
#define MASTER 1
    ⋮
#ifdef  MASTER
    SPCTL = 0xf0;
#else
    SPCTL = 0xe0;
#endif
```

第 2 种条件编译格式如下：

```
#ifndef   标识符
    语句段 1;
#else
    语句段 2;
#endif
```

功能说明：如果标识符未被 #define 命令定义过，则编译语句段 1；否则编译语句段 2。

第 3 种条件编译格式如下：

```
#if 常数表达式
    语句段 1;
#else
    语句段 2;
#endif
```

功能说明：若 #if 指令后的常数表达式为真(随便什么数字，只要不是 0)，则编译语句段 1，否则编译语句段 2。

例如：

```
#define MAX 200
#if MAX>999
    printf("compiled for bigger\n");
#else
    printf("compiled for small\n");
#endif
```

2.5.3　多文件程序(模块化编程)

本书第 1 章介绍的所有程序都很简单，只需要编写一个 *.c 文件，main()函数和普通函数都放在同一个 *.c 文件中，这就是单文件程序。当程序量比较大时，应该对代码进行分类，不同类型的代码放到不同的 *.c 文件中，这就是多文件程序，也就是模块化编程的方式。采用模块化编程可以使整个工程脉络清晰，代码规划合理，有利于代码积累，重复利用，快速建立大型工程。在这里，我们把一个 *.c 或 *.h 文件称为一个模块。模块化编程需要注意以下几点：

① 变量定义与初始化，函数体都放在 *.c 文件中，类型定义、宏、端口定义、SFR 声明、函数声明等都放在 *.h 文件中，若某个函数声明不放在.h 文件中，则其他程序

无法调用这个函数。

② 一个 *.c 文件配套一个 *.h 文件,由于 *.c 文件中用到的宏定义等可能都是在 *.h 文件中,所以 *.c 文件中要使用 #include "*.h"将自己对应的头文件包含进来,假设 a.c 文件需要调 b.c 文件中的函数,a.c 除了包含自己对应的头文件外还需要包含 b.c 对应的头文件。

③ *.h 中的所有内容都可以放在 *.c 中,但 *.c 中的变量定义初始化等不能放在 *.h 中。

④ 整个工程只能有一个 main()函数。

多文件程序能够实现的根本原理是 C51 将所有函数都认为是全局性的,而且是外部的,可以被另一个文件中的任何一个函数调用,但是另一个文件调用该函数之前,则应在文件的开头(即所有函数外的最上端)声明被调函数,又因为声明的被调函数可能会很多,所以有了包含头文件的需要。

接下来看一个流水灯程序采用模块化编程的例子。

例 2.35 完整的多文件程序。

```
//******************A 模块包含下面 2 个文件 ******************
//文件 a.h   声明定义
#include "STC15W4K.H"
#define PORT P0
#define DelayTime 50000
void fun1(void);
void fun2(void);
//文件 a.c          //具体实现
#include "b.h"      //因为要用到"b.c"中 delay(),所以必须有此命令
#include "a.h"      //因为要用到"a.h"中的符号 PORT 和 DelayTime,所以必须有此命令
void fun1(void)     //流水灯(从左到右)
{
    unsigned char i = 0,temp = 0x80;
    for (i = 0;i<8;i++)
    {
        PORT = ~temp;
        temp>>= 1;
        delay(DelayTime);
    }
}
void fun2(void)     //流水灯(从右到左)
{
    unsigned char i = 0,temp = 0x01;
    for (i = 0;i<8;i++)
    {
        PORT = ~temp;
```

```
        temp<<=1;
        delay(DelayTime);
    }
}
//******************B模块包含下面2个文件 *******************
//文件 b.h          //声明定义
void delay(unsigned int time);
//文件 b.c          //具体实现
void delay(unsigned int time)
{
    while(time--);
}
//****************** 主文件 main.c *******************
#include "a.h"     //因为要用到"a.c"中的 fun1()、fun2(),所以必须有此命令
#include "b.h"     //因为要用到"b.c"中的 delay(),所以必须有此命令
void main()
{
    while(1)
    {
        fun1();
        delay(10000);
        fun2();
        delay(10000);
    }
}
```

2.6　关键字 volatile 与代码调试小技巧

当 Keil 默认的代码优化功能导致某个变量或函数变得不正常，但又希望其他函数和程序段保持最高的简洁度时，此时避免局部优化就很重要了。在变量定义语句开头或函数定义语句开头加上 volatile 关键字，就可以避免变量和函数被编译器优化掉或者编译产生“warning:　#550－D”变量没使用的警告，使用方法如下所示：

```
volatile unsigned int a,b,c;
volatile void Delay(unsigned long count)
```

我们经常需要在 Watch 窗口观察变量的值，但对于动态局部变量，通常不能正常显示，可用 volatile 对变量进行声明，或者将变量声明位置调整到全局变量区(即声明为全局变量)，或者将 Keil 的优化等级降到最低。

第 3 章

定时器/计数器、中断系统

3.1 定时器/计数器

IAP15W4K58S4 单片机内部包含了下面与定时、中断功能有关的模块：

① 5 个 16 位的定时器/计数器(T0～T4)，不仅可方便地用于定时控制，而且还可用于对外部脉冲信号进行计数或分频。定时器/计数器 T0～T4 的区别：T0 不能用作串口波特率发生器，T1～T4 可用作串口波特率发生器；T0、T1 具有控制定时器启动的外部引脚，可用作 16 位计数器或 8 位计数器，可自动重装或手动重装计数器初值，T2～T4 没有外部启动定时器的引脚，固定为 16 位自动重装方式。

② 6 路可编程时钟输出功能(5 路定时器时钟 ＋ 1 路主时钟)，可给外部器件提供时钟，也可用作分频器。

③ 2 路可编程计数器阵列 PCA，可用作外部中断(2 通道)、定时器、可编程时钟输出和脉宽调制 PWM 输出。

④ 5 个外部中断输入口(INT0、INT1、$\overline{\text{INT2}}$、$\overline{\text{INT3}}$、$\overline{\text{INT4}}$)，INT0 与 INT1 既可上升沿触发也可下降沿触发，$\overline{\text{INT2}}$、$\overline{\text{INT3}}$ 和 $\overline{\text{INT4}}$ 只能下降沿触发。

3.1.1 单片机定时器/计数器工作原理概述

IAP15W4K58S4 单片机定时器/计数器结构示意图如图 3－1 所示。同一个模块当用于内部系统时钟计数时称为定时器，当用于外部输入脉冲计数时称为计数器。

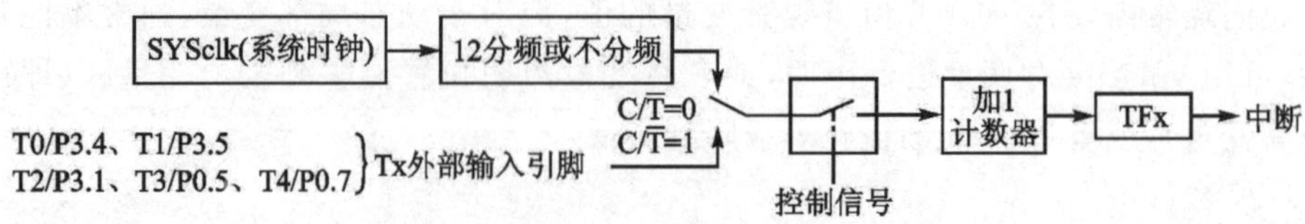

图 3－1 定时器/计数器原理示意图(x＝ 0～4)

定时器/计数器的核心是一个加1计数器。加1计数器的脉冲有两个来源,一个是单片机引脚输入的外部脉冲源,另一个是CPU实际运行的系统时钟SYSclk。当程序中没有对CPU的时钟分频器进行额外设置时,系统时钟SYSclk就等于外部晶体振荡器或内部R/C时钟频率。计数器对这两个脉冲源之一进行输入计数,每输入一个脉冲,计数值加1;当计数器计数到全为1时,再输入一个脉冲就使计数值回零,同时从最高位溢出一个脉冲,使特殊功能寄存器TCON的TFx位置1,作为计数器的溢出中断标志。当脉冲源选择内部系统时钟SYSclk时,在每个时钟周期计数器加1或12个时钟周期计数器加1,由于计数脉冲的周期是固定的,所以脉冲数乘以脉冲周期就是定时时间,此为定时器功能。当脉冲源选择引脚输入的外部脉冲时,就是对外部事件计数的计数器,当计数器在其对应的引脚上有一个从1到0的负跳变时计数值加1。由于系统每个时钟对外部计数器引脚采样1次,当前一次系统时钟采样到外部引脚为高电平,而后一次采样到低电平时,则形成一个负跳变,因此确认外部输入信号的一次负跳变至少需要2个系统时钟周期。实际上,引脚输入通道中还有一个同步采样与边沿检测电路,使外部输入信号的最高允许频率不能大于系统时钟频率SYSclk的1/4,比如CPU运行的系统时钟为22.118 4 MHz,那么其允许的外部最高输入信号频率为22.118 4 MHz/4=5.592 6 MHz,如果频率高于这个值,则输入信号的部分脉冲在检测过程中会被丢失,表现结果是测量得到的频率比真实频率低。

从定时器/计数器原理示意图中可以看到2个开关符号,后面介绍的详细结构图中会有更多的开关符号。我们使用单片机内部功能模块就是要把这些电路开关合上或断开,这些开关的合上或断开是直接由特殊功能寄存器控制的,因此要控制开关实际是控制特殊功能寄存器。这里简单说一下,单片机内部RAM地址00～1FH共32个单元称为工作寄存器,地址分布在80～FFH范围内,用于控制单片机重要功能的字节单元称为特殊功能寄存器,由于使用C语言编程,不会直接与工作寄存器打交道,因此后面把特殊功能寄存器简称为寄存器。

3.1.2 定时器/计数器的相关寄存器

1. 定时器/计数器方式寄存器

TMOD:定时器/计数器方式寄存器,各位定义如表3-1所列,电路如图3-2所示。先说明一下,凡是地址能被8整除的寄存器都可以进行位寻址,即直接对位进行操作,地址不能被8整除的寄存器只能对整个字节进行操作。

表3-1 定时器/计数器方式寄存器TMOD(地址89H,复位值为0000 0000B)

位	D7	D6	D5	D4	D3	D2	D1	D0
位名称	GATE	$C/\overline{T}$	M1	M0	GATE	$C/\overline{T}$	M1	M0
字节分段	T1				T0			

GATE:门控位,用于外部引脚控制定时器启动与停止。

- 0:当TR0/TR1置位时,就启动定时器工作。

● 1：外部引脚 INT0/INT1 为高电平且 TR0/TR1 置位时，启动定时器工作。

GATE 门控位在实际中一般不会使用，不管用于定时还是计数，都直接设为 0 即可，在定时器/计数器 T2～T4 中就直接去掉了 GATE 门控位。

C/$\overline{T}$：设为 0 用于内部定时，设为 1 用于外部计数。

M1M0：

00　16 位自动重装定时计数，当溢出时将 RL_TH 和 RL_TL 的值自动装入 TH 和 TL 中，推荐作为首选。

01　16 位定时计数，传统单片机使用得较普遍，在一些特殊应用场合比如后面章节介绍的断电存储定时器，就只能采用这种非自动重装方式。

10　8 位自动重装定时计数，当溢出时将 TH 的值自动装入 TL 中。

11　对于 T1，停止计数，等同于将 TR1 设置为 0；对于 T0，在运行过程中，中断一旦开启就无法关闭，称为不可屏蔽中断的 16 位自动重装定时器，可用于操作系统的节拍定时器。

2. 定时器控制寄存器

TCON：定时器/计数器控制寄存器，各位定义如表 3-2 所列，电路如图 3-2 所示。

表 3-2　定时器/计数器控制寄存器 TCON(地址 88H，复位值为 0000 0000B)

位	D7	D6	D5	D4	D3	D2	D1	D0
位名称	TF1	TR1	TF0	TR0	IE1	IT1	IE0	IT0
字节分段	定时/计数				中断			

● TF1：T1 溢出标志位，计数器溢出时此位自动置 1，进入相应中断函数后则由硬件清 0，若没编写中断函数则必须由软件清零。

● TF0：T0 溢出标志位，功能与 TF1 类似。

● TR1：T1 运行控制位，置 1 启动定时器，置 0 关闭定时器。

● TR0：T0 运行控制位，置 1 启动定时器，置 0 关闭定时器。

3. 辅助寄存器

辅助寄存器 AUXR 主要用来设置定时器 T0 与 T1 的速度和定时器 T2 的功能，以及串口 UART 的波特率控制。IAP15W4K58S4 单片机是 1T 的 8051 单片机，为了兼容传统 8051 单片机，定时器 0 和定时器 1 复位后是传统 8051 的速度，即 12 分频，但此时指令执行速度仍然是 1T 的速度，通过设置特殊功能寄存器 AUXR 中相关的位，定时器也可不进行 12 分频，实现 1T 速度，AUXR 各位定义如表 3-3 所列。

表 3-3　辅助寄存器 AUXR(地址 8EH，复位值为 0000 0001B)

位	D7	D6	D5	D4	D3	D2	D1	D0
位名称	T0x12	T1x12	UART_M0x6	T2R	T2_C/T	T2x12	EXTRAM	S1ST2

T0x12：定时器 0 速度控制位。

- 0:定时器 0 的速度是传统 8051 单片机定时器的速度,即 12 分频。
- 1:定时器 0 的速度是传统 8051 单片机定时器速度的 12 倍,即不分频。

T1x12:定时器 1 速度控制位。

- 0:定时器 1 的速度是传统 8051 单片机定时器的速度,即 12 分频。
- 1:定时器 1 的速度是传统 8051 单片机定时器速度的 12 倍,即不分频。

如果串口 1(UART1)用 T1 作为波特率发生器,T1x12 位决定串口 1 是 12T 还是 1T。

UART_M0x6:串口 1 模式 0 的通信速度设置位。

- 0:串口 1 模式 0 的速度是传统 8051 单片机串口的速度,即 12 分频。
- 1:串口 1 模式 0 的速度是传统 8051 单片机串口速度的 6 倍,即 2 分频。

T2R:定时器 2 运行控制位。置 1 启动定时器,置 0 关闭定时器。

T2_C/T:选择定时器 2 作为定时器或计数器。

- 0:用作定时器(计数脉冲从内部系统时钟输入)。
- 1:用作计数器(计数脉冲从 P3.1/T2 引脚输入)。

T2x12:定时器 2 速度控制位。

- 0:12 分频,定时器 T2 每 12 个时钟周期计数一次。
- 1:不分频,定时器 T2 每 1 个时钟周期计数一次。

如果串口(UART1～UART4)用 T2 作为波特率发生器,T2x12 位决定串口是 12T 还是 1T。

EXTRAM:用于设置是否允许使用内部 3 840 字节的扩展 RAM。0:允许,1:禁止。

S1ST2:串口 1(UART1)选择定时器 2 作为波特率发生器的控制位。

- 0:选择定时器 T1 作为串口 1(UART1)的波特率发生器
- 1:选择定时器 T2 作为串口 1(UART1)的波特率发生器,此时定时器 T1 得到释放,可作为独立定时器使用。

4. 定时器 T4 和 T3 控制寄存器

T4T3M:定时器 T4 和 T3 控制寄存器,各位定义如表 3-4 所列。

表 3-4 定时器 T4 和 T3 控制寄存器 T4T3M(地址 D1H,复位值为 0000 0000B)

位	D7	D6	D5	D4	D3	D2	D1	D0
位名称	T4R	T4_C/$\overline{T}$	T4x12	T4CLKO	T3R	T3_C/$\overline{T}$	T3x12	T3CLKO
字节分段	定时器/计数器T4				定时器/计数器T3			

T4R:定时器 4 运行控制位,置 1 启动定时器,置 0 关闭定时器。

T4_C/$\overline{T}$:选择定时器 4 用作定时器或计数器。设为 0 用于内部定时,设为 1 用于外部计数(引脚 T4/P0.7)。

T4x12:定时器 4 速度控制位。

- 0:定时器 4 速度是传统 8051 单片机定时器的速度,即 12 分频。

● 1:定时器 4 速度是传统 8051 单片机定时器速度的 12 倍,即不分频。

T4CLKO:是否允许将 P0.6 引脚配置为定时器 T4 的时钟输出 T4CLKO。1:允许时钟输出,0:禁止时钟输出。

T3R:定时器 3 运行控制位。置 1 启动定时器,置 0 关闭定时器。

T3_C/$\overline{\text{T}}$:选择定时器 3 用作定时器或计数器。设为 0 用于内部定时,设为 1 用于外部计数(引脚 T3/P0.5)。

T3x12:定时器 3 速度控制位。

● 0:定时器 3 速度是传统 8051 单片机定时器的速度,即 12 分频。

● 1:定时器 3 速度是传统 8051 单片机定时器速度的 12 倍,即不分频。

T3CLKO:是否允许将 P0.4 脚配置为定时器 T3 的时钟输出 T3CLKO。1:允许时钟输出,0:禁止时钟输出。

5. 16 位计数单元

T0H、T0L、T1H、T1L、T2H、T2L、T3H、T3L、T4H、T4L 分别是 T0~T4 的 16 位计数器的高字节与低字节,复位值都是 0x00。

3.1.3 定时器/计数器的工作方式

1. 定时器/计数器 T0 和 T1 的工作方式 0

定时器/计数器 T0 和 T1 的工作方式 0(16 位自动重装方式),电路原理如图 3-2 所示,这部分需要重点学习。

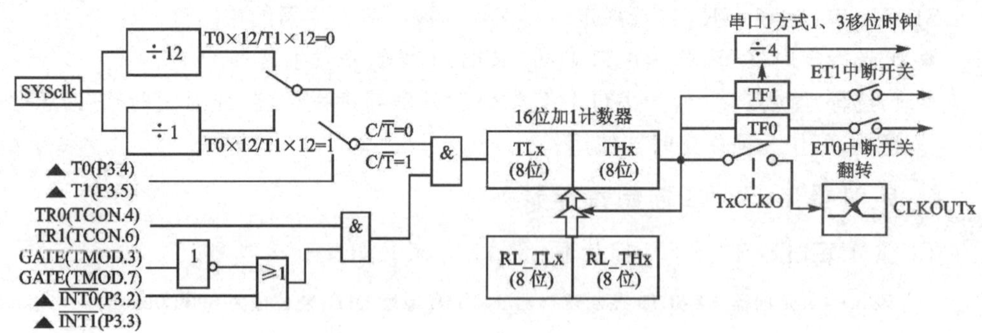

图 3-2 T0 和 T1 工作方式 0 的电路原理图

当 GATE=0 时,只要将 TRx(x=0,1)置 1,定时器立即开始运行;当 GATE=1 时,允许由外部输入 INTx(x=0,1)控制定时器运行,这样可以实现外部脉冲高电平宽度测量。

当 C/$\overline{\text{T}}$=0 时,多路开关连接到系统时钟的分频输出,定时器对内部系统时钟计数,为定时器工作方式;当 C/T=1 时,多路开关连接到外部脉冲输入引脚,16 位加 1 计数器对外部脉冲计数,此为计数器工作方式。计数器工作方式需要在运行过程中读取 16 位加 1 计数器的数值,由于不可能在同一时刻同时读取 TH 与 TL 中的计数值,

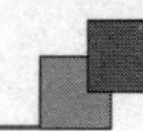

如果不加注意，则可能导致读取数据错误。比如先读 TL0 后读 TH0，因为计数器处于运行状态，在读 TL0 时尚未产生向 TH0 进位，而在读 TH0 前已产生进位，这时读到的 TH0 就不对。同样，先读 TH0 后读 TL0 也可能出错，解决的办法是先读 TH0，再读 TL0，再读 TH0，若前后 2 次读到的 TH0 数值相等，则读数过程中没有发生进位，读数正确，否则重新读取计数值，则第二次所读数据正确（因为前后 2 次发生进位至少需要 256 个机器周期，此时间远大于重新读取计数值的时间），示例代码如下：

```
CountH = TH0;                //读 TH0
CountL = TL0;                //读 TL0
if (CountH ! = TH0)          //判断读数区间是否发生过进位
{
    CountH = TH0;            //重新读取高 8 位
    CountL = TL0;            //重新读取低 8 位
}
```

另外一种办法是在读取时关闭计数器，读取结束再让计数器运行。

IAP15W4K58S4 单片机的定时器有两种计数速率：一种是 12T 模式，每 12 个时钟周期计数器加 1，与传统 8051 单片机相同；另一种是 1T 模式，每个时钟周期计数器加 1，速度是传统 8051 单片机的 12 倍。T0 和 T1 的速率分别由寄存器 AUXR 中的 T0x12 和 T1x12 决定，如果 T0x12＝0，T0 则工作在 12T 模式；如果 T0x12＝1，T0 则工作在 1T 模式；如果 T1x12＝0，T1 则工作在 12T 模式；如果 T1x12＝1，T1 则工作在 1T 模式。

定时器 0 和定时器 1 分别有两个隐藏的寄存器 RL_THx 和 RL_TLx，RL_THx 与 THx 共用同一个地址，RL_TLx 与 TLx 共用同一个地址。当 TRx＝0 即定时器处于停止状态时，程序中对 TLx 写入的内容会同时写入 RL_TLx，对 THx 写入的内容也会同时写入 RL_THx；当 TRx＝1 即定时器处于运行状态时，对 TLx 写入的内容实际上不是写入当前寄存器 TLx，而是写入隐藏寄存器 RL_TLx 中。对 THx 写入内容，实际上也不是写入当前寄存器 THx 中，而是写入隐藏寄存器 RL_THx 中。这样，可以巧妙地实现 16 位重装载定时器，当读 THx 和 TLx 的内容时，所读的内容就是 THx 和 TLx 的内容，而不是 RL_THx 和 RL_TLx 的内容。

T1 除可以当作定时器/计数器使用外，还可以作串口波特率发生器或可编程时钟输出使用；T0 除了可以当作定时器/计数器使用外，也可用作可编程时钟输出使用，但不能用作串口波特率发生器。

2. 定时器/计数器 T0 和 T1 的工作方式 1

定时器/计数器 T0 和 T1 的工作方式 1（16 位定时器/计数器方式），建议少用。T0 和 T1 工作方式 1 的电路原理如图 3-3 所示。

此模式下，定时器配置为 16 位的计数器，由 TLx 的 8 位和 THx 的 8 位构成，TLx 的 8 位溢出向 THx 进位，THx 计数溢出置位 TCON 中的溢出标志 TFx。

方式 1 与方式 0 的区别是，THx 计数溢出不能自动重装时间常数，此外，本模式也

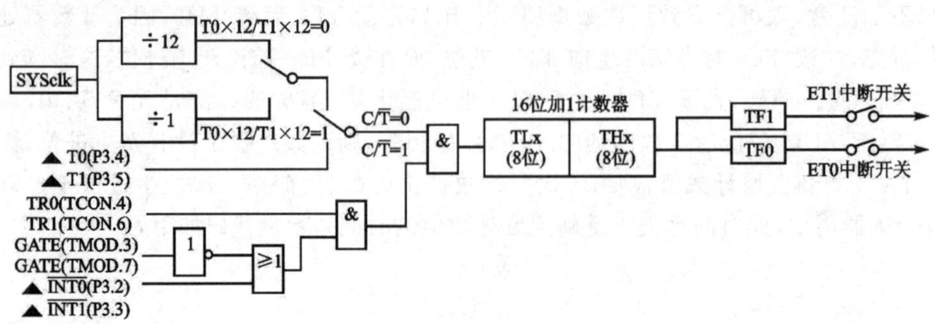

图 3-3 T0 和 T1 工作方式 1 的电路原理图

不能用于时钟输出功能。

3. 定时器/计数器 T0 和 T1 的工作方式 2

定时器/计数器 T0 和 T1 的工作方式 2(8 位自动重装方式),建议少用。T0 和 T1 工作方式 2 的电路原理如图 3-4 所示。

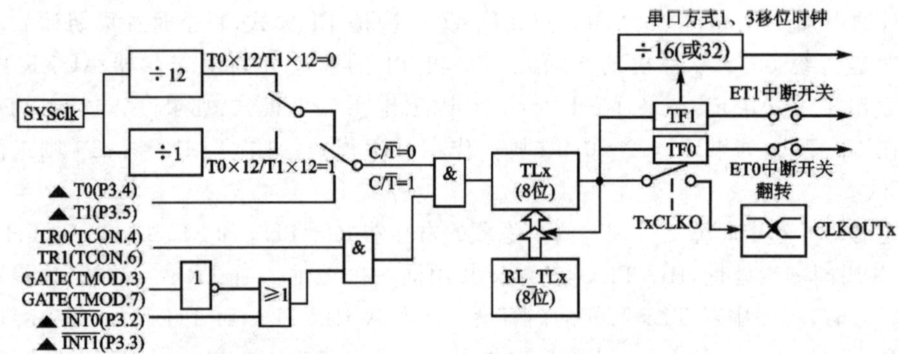

图 3-4 T0 和 T1 工作方式 2 的电路原理图

方式 2 是能自动重装初值的 8 位定时器/计数器,计数溢出后具有自动重装初值的功能,当 TL0/TL1 计数溢出时,不仅置位溢出标志 TF0/TF1,还自动将 TH0/TH1 的内容送入 TL0/TL1,使 TL0/TL1 从初值开始重新计数,用户需要在程序中把时间常数预置在 TH0/TH1 中,再装入后,TH0/TH1 的内容保持不变。

在自动装载时间常数的工作方式中,用户不需要在中断服务程序中重载定时常数,可产生高精度的定时时间,特别是工作方式 0(16 位自动重装方式),实际工程中应用最为方便,因此,建议读者尽量使用方式 0 进行定时器的应用设计。

4. 定时器/计数器 T2 固定为 16 位自动重装方式

定时器/计数器 T2 固定为 16 位自动重装方式,电路原理如图 3-5 所示,T2 除可以当作定时器/计数器使用外,还可以作串口 1～串口 4 的波特率发生器或可编程时钟输出。

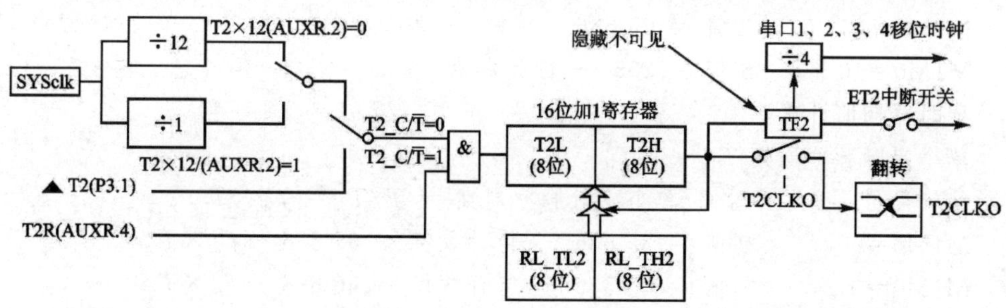

图 3-5 定时器/计数器 2 的工作模式固定为 16 位自动重装方式

5. 定时器/计数器 T3 固定为 16 位自动重装方式

定时器/计数器 T3 固定为 16 位自动重装方式，电路原理如图 3-6 所示，T3 除可以当作定时器/计数器使用外，还可以作串口 3 的波特率发生器或可编程时钟输出。

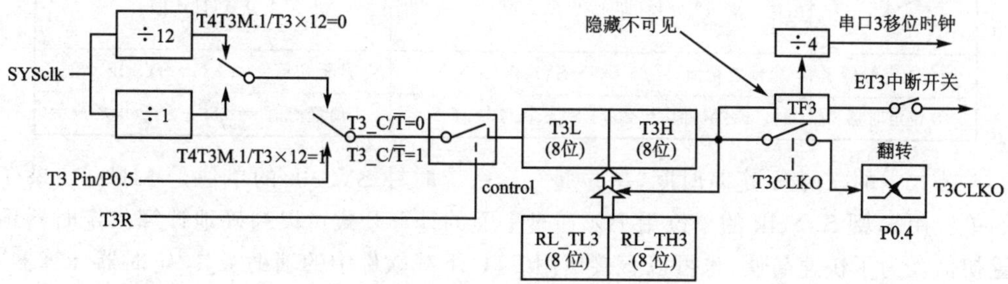

图 3-6 定时器/计数器 3 的工作模式固定为 16 位自动重装方式

6. 定时器/计数器 T4 固定为 16 位自动重装方式

定时器/计数器 T4 固定为 16 位自动重装方式，电路原理如图 3-7 所示，T4 除可以当作定时器/计数器使用外，还可以作串口 4 的波特率发生器或可编程时钟输出。

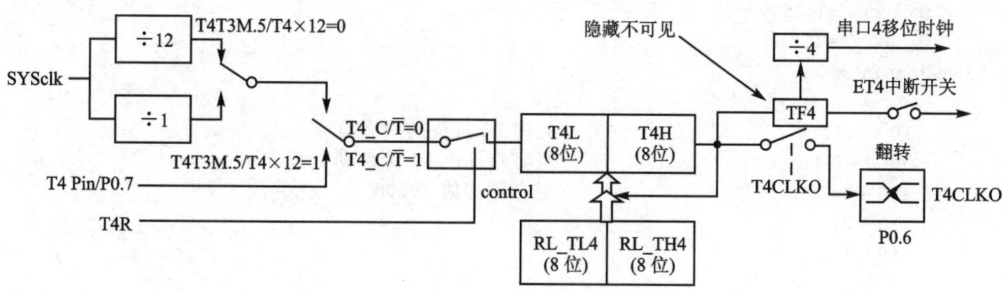

图 3-7 定时器/计数器 4 的工作模式固定为 16 位自动重装方式

3.1.4 初值计算

计数器初值计算：

M1M0＝00　　初值 ＝ 65 536 － 待计数值

M1M0=01　　初值 = 65 536 − 待计数值

M1M0=10　　初值 = 256 − 待计数值

定时器初值计算：

单个定时脉冲周期 $T_{in} = 1/f_{in}$

待计数值 = 定时时间/单个定时脉冲周期 = $T/T_{in} = f_{in} \times T$

M1M0=00　　初值 = 65 536 − 待计数值 = 65 536 $- f_{in} \times T$

M1M0=01　　初值 = 65 536 − 待计数值 = 65 536 $- f_{in} \times T$

M1M0=10　　初值 = 256 − 待计数值 = 256 $- f_{in} \times T$

再把 CPU 工作的系统时钟 SYSclk(注意：SYSclk 不等于内部 R/C 时钟或外部晶振频率 f_{OSC})是否为 12 分频考虑进去，得出计算初值的表格，如表 3-5 所列。

表 3-5　定时器初值计算公式表

分频方式 / 计数方式	12 分频(即 12T，默认值)	1 分频(即 1T)
16 位定时器	预置初值 = 65 536−SYSclk/12×T	预置初值=65 536−SYSclk×T
8 位定时器	预置初值 = 256−SYSclk/12×T	预置初值 = 256−SYSclk×T

公式中的 T 表示定时时间，单位是 μs，系统时钟 SYSclk 的单位是 MHz；如果 T 的单位用 s，则 SYSclk 的单位用 Hz，通过上面的计算公式可以精确地计算出定时器预置初值。为了快速简便，也可以直接使用 STC 下载软件中的辅助工具"定时器计算器"直接生成定时器初始化函数。

3.1.5　编程举例

例 3.1　用定时器 T0 实现 P0.0 引脚 LED 以亮 30 ms 灭 30 ms 方式闪烁(使用查询方式)，使用单片机内部 R/C 时钟，频率为 22.118 4 MHz。

```
#include "STC15W4K.H"
sbit  P0_0 = P0^0;
void main()
{
    P0 = 0xff;                  //关闭 P0 口接的所有灯
    TMOD = 0x00;                //定时器 0 的 16 位自动重装方式
    TH0 = 0x28;                 //定时器初值 2800H
    TL0 = 0;
    TR0 = 1;
    for(;;)
    {
        if(TF0)                 //如果 TF0 等于 1
        {
            TF0 = 0;            //清 TF0
            P0_0 = !P0_0;       //执行灯亮或灭的动作
        }
    }
}
```

例 3.2 用定时器 T0 实现 P0.0 引脚 LED 以亮 1 s 灭 1 s 方式闪烁(使用查询方式),R/C 时钟频率为 22.118 4 MHz。

```
#include "STC15W4K.H"
sbit LED = P0^0;
unsigned char counter;              //软件计数器
void main()
{
    TMOD = 0x01;                    //定时器使用 16 位计数方式
    TH0 = 0x70;                     //经计算定时 20 ms 初值是 0x7000
    TL0 = 0x00;
    TR0 = 1;                        //定时器开始运行
    while(1)
    {
        if(TF0 == 1)
        {
            TF0 = 0;                //没使用中断的情况下必定会用软件查询清零
            TH0 = 0x70;
            TL0 = 0x00;
            counter ++ ;
        }
        if(50 == counter)
        //20 ms×50 = 1 000 ms 即 1 s(重装定时常数占用时间忽略不计)
        {
            counter = 0;
            LED = ~LED;
        }
    }
}
```

程序下载时选择内部 R/C 时钟,结果如图 3-8 所示,T1－T0 为 0.999 109 s,误差 891 μs 是由内部 R/C 时钟的误差与程序指令占用了一些时间引起的,属正常现象。

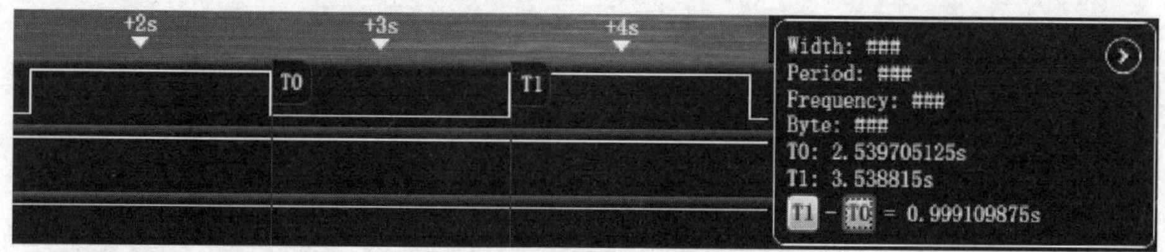

图 3-8 LED 亮 1 s 灭 1 s 实验结果(内部 R/C 时钟频率 22.118 4 MHz)

若使用工作方式 0,则上述程序中,除了将"TMOD＝0x00;"外,在 while(1)程序中不需要重装定时时间常数,即去掉"TH0＝0x70;TL0＝0x00;"语句。对于定时器 T2～T4,由于没有可供查询的溢出标志位,只能在中断函数中编写定时时间到操作代码。

例 3.3 使用 T0 作计数器对外部信号计数,计数值用 P0 口的 LED 显示出来。本例使用第 1 章介绍的二极管闪烁发光实例,将 1 号单片机 P5.4 输出的低频脉冲信号作为 2 号单片机 T0(P3.4)引脚计数脉冲输入,有脉冲信号输入后从 P0 口就可以看到 LED 按二进制递增规律进行亮灭变化。

```
#include "STC15W4K.H"          //include 称为文件包含命令,后面引号中的内容称为头文件
void port_mode()                      //端口模式
{                                     //同第 1 章流水灯程序
}
void main()
{
    unsigned char DispBuf;
    port_mode();                      //所有 I/O 口设为准双向弱上拉方式
    P0 = 0xff;                        //关闭 P0 口接的所有灯
    TMOD = 0x05;                      //确定计数工作模式为 T0_16 位计数,不需要重装
    TR0 = 1;                          //计数器 T0 开始运行
    for(;;)
    {
        DispBuf = TL0;
        P0 = ~DispBuf;
    }
}
```

例 3.4 使用 T1 作计数器对外部信号计数,计数值用 P0 口的 LED 显示出来。程序代码与例 3.3 相似。若使用配套实验板,则需要将跳线帽 P54～P34 取下,用杜邦线将 1 号单片机 P54 连接到 2 号单片机 P3.5/T1 引脚(26 引脚)上。

例 3.5 使用 T2 作计数器对外部信号计数,计数值用 P0 口的 LED 显示出来。若使用配套实验板,则需要用杜邦线将 1 号单片机 P54 连接到 2 号单片机 P3.1/T2 引脚(22 引脚)上。代码如下:

```
void main()
{
    unsigned char DispBuf;
    port_mode();                      //所有 I/O 口设为准双向弱上拉方式
    P0 = 0xff;                        //关闭 P0 口接的所有灯
    AUXR| = 0x18;                     //定时器 T2 工作于计数方式并开始运行
    for(;;)
    {
        DispBuf = T2L;
        P0 = ~DispBuf;
    }
}
```

例 3.6 使用 T3 作计数器对外部信号计数,计数值用 P0 口的 LED 显示出来,本实验需要用杜邦线将 1 号单片机 P54 连接到 2 号单片机 P0.5/ T3 引脚(6 引脚)上。主要代码如下:

```
T4T3M| = 0x0c;                        //定时器 T3 工作于计数方式并开始运行
for(;;)
{
        DispBuf = T3L;
        P0 = ~DispBuf;
}
```

例 3.7 使用 T4 作计数器对外部信号计数,计数值用 P0 口的 LED 显示出来,本实验需要用杜邦线将 1 号单片机 P54 连接到 2 号单片机 T4/P0.7 引脚(8 引脚)上。主

要代码如下：

```
T4T3M| = 0xc0;                    //定时器 T4 工作于计数方式并开始运行
for(;;)
{
        DispBuf = T4L;
        P0 = ～DispBuf;
}
```

3.2 可编程时钟输出

在含有单片机的电路板上，有些外围器件需要提供时钟控制，过去常用的方法是使用 NE555 集成电路与分立元件来完成，现在的 STC 单片机自带时钟输出功能，使用更加方便。IAP15W4K58S4 单片机提供了 6 路可编程时钟输出功能，分别是 MCLKO/P5.4(可切换到 P1.6)、T0CLKO/P3.5、T1CLKO/P3.4、T2CLKO/P3.0、T3CLKO/P0.4 和 T4CLKO/P0.6。需要注意的是，MCLKO/P5.4 的时钟输出频率设置不要大于 I/O 口最高允许频率 13.5 MHz，否则不能正常输出(笔者实测 15 MHz 还能输出，再高就不行了)。另外，若 I/O 口配置的是默认的弱上拉或推挽输出方式，时钟输出时 I/O 口都会切换到推挽输出状态，因此要注意 I/O 口输出时钟信号不能短路，如果信号频率要求不高，也可设置成开漏输出模式，外接上拉电阻。

1. 主时钟(f_{OSC})输出

主时钟(f_{OSC})可以是内部高精度 R/C 时钟，也可以是外部输入的时钟或外部晶体振荡器产生的时钟。MCLKO/P5.4 的时钟输出控制是由时钟分频寄存器 CLK_DIV 的 MCKO_S1 和 MCKO_S0 位控制，通过设置 MCKO_S1 和 MCKO_S0 可以将 MCLKO/P5.4 引脚配置为主时钟输出，同时，还可以设置输出频率及引脚位置切换。CLK_DIV 寄存器的各位定义如表 3-6 所列。

表 3-6　时钟分频寄存器 CLK_DIV(地址 97H，复位值为 0000 0000B)

位	D7	D6	D5	D4	D3	D2	D1	D0
位名称	MCKO_S1	MCKO_S0	ADRJ	TX_RX	MCLKO_2	CLKS2	CLKS1	CLKS0

MCKO_S1 和 MCKO_S0 的具体设置如表 3-7 所列。

表 3-7　主时钟输出频率控制

MCKO_S1	MCKO_S0	主时钟输出频率
0	0	无主时钟输出
0	1	主时钟输出频率 $= f_{osc}/1$
1	0	主时钟输出频率 $= f_{osc}/2$
1	1	主时钟输出频率 $= f_{osc}/4$

在表 3-7 中，f_{osc} 指内部 R/C 时钟频率或外部晶体振荡器的频率，要想输出主时钟，只需使用类似这样的一条语句即可：

```
CLK_DIV = 0x40;                  //从 P5.4 输出时钟信号，频率是 fosc
```

ADRJ：用于 A/D 转换结果存放格式调整。

- 0：ADC_RES[7:0]存放高 8 位 ADC 结果，ADC_RESL[1:0]存放低 2 位 ADC 结果。
- 1：ADC_RES[1:0]存放高 2 位 ADC 结果，ADC_RESL[7:0]存放低 8 位 ADC 结果。

TX_RX：串口 1 的中继广播方式。

- 0：串口 1 为正常工作方式。
- 1：串口 1 为中继广播方式，即将 RXD 端口输入的电平实时输出到 TXD 外部引脚上，TXD 外部引脚可以对 RXD 端口输入的信号进行整形放大输出。

MCLKO_2：主时钟对外输出位置选择。

- 0：在 MCLKO/P5.4 口对外输出主时钟(默认值)。
- 1：在 MCLKO_2/P1.6 口对外输出主时钟。

CLKS2、CLKS1 和 CLKS0 用于设置 R/C 时钟或外部晶振的分频系数，用于降低 CPU 的工作频率，如表 3-8 所列。IAP15W4K58S4 单片机时钟结构如图 3-9 所示。

表 3-8　分频系数选择

CLKS2	CLKS1	CLKS0	分频后 CPU 的实际工作时钟(称为系统时钟 SYSclk)
0	0	0	主时钟频率/1，不分频
0	0	1	主时钟频率/2
0	1	0	主时钟频率/4
0	1	1	主时钟频率/8
1	0	0	主时钟频率/16
1	0	1	主时钟频率/32
1	1	0	主时钟频率/64
1	1	1	主时钟频率/128

2. T0CLKO/P3.5、T1CLKO/P3.4、T2CLKO/P3.0、T3CLKO/P0.4、T4CLKO/P0.6 的时钟输出

T0CLKO/P3.5、T1CLKO/P3.4 和 T2CLKO/P3.0 的时钟输出分别由外部中断使能与时钟输出寄存器 INT_CLKO 的 T0CLKO、T1CLKO 和 T2CLKO 位控制。T0CLKO 的输出时钟频率由定时器 T0 控制，T1CLKO 的输出时钟频率由定时器 T1 控制，T2CLKO 的输出时钟频率由定时器 T2 控制，定时器需要工作在定时器方式 0(16 位自动重装模式)或方式 2(8 位自动重装载模式)，不允许定时器中断，以免 CPU 反复进中断。当然在特殊情况下也可以开启相应的定时器中断。外部中断使能与时钟

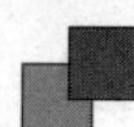

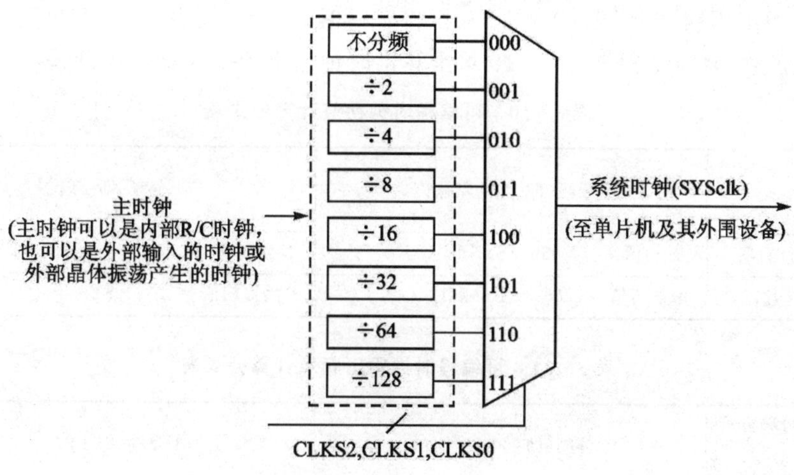

图 3-9 单片机时钟结构

输出寄存器 INT_CLKO 各位的定义如表 3-9 所列。

表 3-9 外部中断使能与时钟输出寄存器 INT_CLKO(地址 8FH,复位值为 x000 x000B)

位	D7	D6	D5	D4	D3	D2	D1	D0
位名称	—	EX4	EX3	EX2	—	T2CLKO	T1CLKO	T0CLKO

其中与时钟输出有关的位是 T2CLKO、T1CLKO 和 T0CLKO。

① T0CLKO:是否允许将 P3.5 引脚设置为定时器 T0 的时钟输出 T0CLKO。

当 T0CLKO=0 时,不允许将 P3.5 引脚设置为 T0 的时钟输出。

当 T0CLKO=1 时,将 P3.5 引脚设置为 T0 的时钟输出。输出频率=T0 溢出率/2,如果 T0 的 $C/\overline{T}=0$,则定时器/计数器 T0 对内部系统时钟 SYSclk 计数;如果 $C/\overline{T}=1$,则定时器/计数器 T0 对外部输入脉冲 (P3.4/T0)计数;$C/\overline{T}=1$ 输出时钟频率 $f_{out}=(f_{in}\div 2)/(65\,536-预置初值)$。下面详细分析预置初值和时钟输出频率的计算过程。

对于时钟输出功能,从最终效果上来说定时器内部的加 1 计数器除 0~15 位外还有 1 位 16 位,如图 3-10 所示。第 16 位用来存放溢出信号,并直接与输出引脚相连。顺便解释一下名词“溢出率”。溢出率也叫做溢出频率,指定时器每秒溢出的次数。注意,在图 3-10 中,溢出频率是输出时钟信号频率的 2 倍。

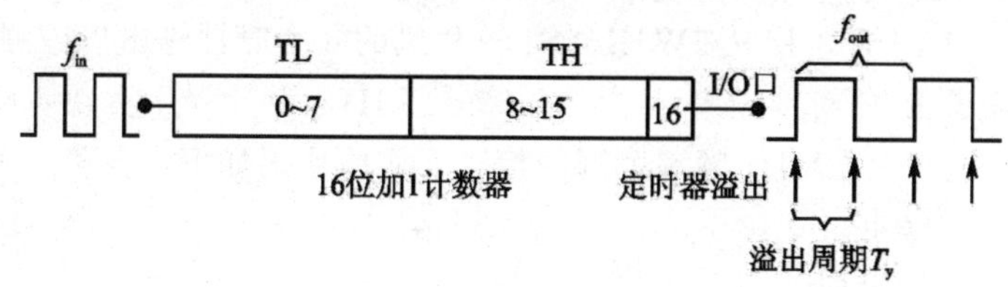

图 3-10 时钟输出频率分析图

这里需要根据输出时钟频率计算计数器预置初值,从图 3-10 可以看出,定时时间

$T(\mu s)$=溢出周期 $T_y = 1/(2\times f_{out})$,再将定时时间 T 代入表 3-5 可得到表 3-10。如果已知预置初值,则根据表 3-10 可推算出时钟输出频率计算公式,见表 3-11。

表 3-10　可编程时钟初值计算公式表

计数方式＼分频方式	12 分频(即 12T,默认值)	1 分频(即 1T)
16 位计数器	预置初值 = 65 536－SYSclk/12/(2×f_{out})	预置初值 = 65 536－SYSclk/(2×f_{out})
8 位计数器	预置初值 = 256－SYSclk/12/(2×f_{out})	预置初值 = 256－SYSclk/(2×f_{out})

表 3-11　可编程时钟输出频率计算公式表

计数方式＼分频方式	12 分频(即 12T,默认值)	1 分频(即 1T)
16 位计数器	f_{out}=SYSclk/12/2/(65 536－预置初值)	f_{out}=SYSclk/2/(65 536－预置初值)
8 位计数器	f_{out}=SYSclk/12/2/(256－预置初值)	f_{out}=SYSclk/2/(256－预置初值)

假设 R/C 时钟或外部晶振频率为 11.059 2 MHz,1T 方式计数,若预置初值=65 535,则 2 分频输出 f_{out}=5.529 6 MHz;若预置初值=65 534,则 4 分频输出 f_{out}=2.764 8 MHz;若预置初值=1,则 131 070 分频输出 f_{out}= 84.376 Hz;若预置初值=0,则 131 072 分频输出 f_{out}= 84.375 Hz。

② T1CLKO:是否允许将 P3.4 引脚配置为定时器 T1 的时钟输出 T1CLKO。

当 T1CLKO=0 时,不允许将 P3.4 引脚设置为 T1 的时钟输出。

当 T1CLKO=1 时,将 P3.4 引脚设置为 T1 的时钟输出,预置初值与输出时钟频率的计算公式与定时器 T0 完全相同。

③ T2CLKO:是否将 P3.0 引脚设置为定时器 T2 的时钟输出。

T2CLKO=0,不允许将 P3.0 引脚设置为 T2 的时钟输出。

T2CLKO=1,将 P3.0 引脚设置为 T2 的时钟输出,预置初值与输出时钟频率的计算公式可参考定时器 T0,只需要注意定时器 2 是固定的 16 位自动重装方式,其余完全相同。

T4 和 T3 的时钟输出与 T2 的时钟输出类似,只不过它是由寄存器 T4T3M 控制,T4T3M 各位定义见表 3-4。

下面通过一个例子对 IAP15W4K58S4 单片机的 6 个时钟输出口做测试。

例 3.8　假设 R/C 时钟频率 f_{osc}=11.059 2 MHz,设计程序实现 6 路时钟输出口输出 100 Hz～11.059 2 MHz 频率范围的信号。实验代码如下:

```
//功能:          输出 P5.4(MCLKO)——11.059 2 MHz
//               输出 P3.5(T0_CLKO)——5 MHz
//               输出 P3.4(T1_CLKO)——38.4 kHz
//               输出 P3.0(T2_CLKO)——500 Hz
//               输出 P0.4(T3_CLKO)——200 Hz
//               输出 P0.6(T4_CLKO)——100 Hz
```

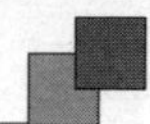

```
#include "STC15W4K.H"                          //包含 "STC15W4K.H"寄存器定义头文件
#define FOSC 11059200L                         //假设振荡时钟为 11.059 2 MHz
#define F5MHz (65536 - 11059200/2/5000000)     //5 MHz
#define F38_4KHz (65536 - 11059200/2/38400)    //38.4 kHz
#define F500Hz (65536 - 11059200/2/500)        //500 Hz
#define F200Hz (65536 - 11059200/2/200)        //200 Hz
#define F100Hz (65536 - 11059200/2/100)        //100 Hz
void main(void)
{
    port_mode();                    //所有 I/O 口设为准双向弱上拉方式
//****************** 设置主时钟输出,不分频 ******************
    CLK_DIV = 0x40;                 //当使用内部 R/C 时钟时,R/C 时钟频率要求不大于 12 MHz
//****************** 设置 T0 和 T1 时钟输出 *******************
    TMOD = 0x00;                    //T0 和 T1 工作在方式 0,16 位自动重装计数器
    AUXR = AUXR | 0x80;             //T0 工作在 1T 模式(建议使用 1T 模式,高低频率都方便输出)
    AUXR = AUXR | 0x40;             //T1 工作在 1T 模式(建议使用 1T 模式,高低频率都方便输出)
//设置 T0 的 16 位自动重装计数初值,输出时钟频率 = 11 059 200 ÷ 2 ÷ 1 = 5.529 6 MHz
    TL0 = F5MHz;
    TH0 = F5MHz>>8;
//设置 T1 的 16 位自动重装计数初值,输出时钟频率 18 432 000 ÷ 2 ÷ 240 = 38 400 Hz
    TL1 = F38_4KHz;
    TH1 = F38_4KHz>>8;
    TR0 = 1;                        //启动 T0 开始计数,对系统时钟进行分频输出
    TR1 = 1;                        //启动 T1 开始计数,对系统时钟进行分频输出
    INT_CLKO = INT_CLKO|0x03;       //允许 T0 与 T1 时钟输出
//****************** 设置 T2 时钟输出 ******************
    AUXR = AUXR | 0x04;             //T2 工作在 1T 模式(建议使用 1T 模式,高低频率都方便输出)
    T2L = F500Hz;                   //设置 T2 重装时间常数的低字节
    T2H = F500Hz>>8;                //设置 T2 重装时间常数的高字节
    AUXR = AUXR |0x10;              //启动定时器 T2
    INT_CLKO |= 0x04;               //允许 T2 时钟输出
//****************** 设置 T3、T4 时钟输出 *******************
    T3L = F200Hz;                   //设置 T3 重装时间常数的低字节
    T3H = F200Hz>>8;                //设置 T3 重装时间常数的高字节
    T4L = F100Hz;                   //设置 T4 重装时间常数的低字节
    T4H = F100Hz>>8;                //设置 T4 重装时间常数的高字节
    T4T3M = 0xbb;    //T3、T4 工作在 1T 模式并立即运行(建议使用 1T 模式,高低频率都方便输出)
    //至此时钟已经输出,用户可以通过示波器观看到输出的时钟频率
    while(1);
}
```

使用 VC97 万用表测量输出,结果如下:P5.4(MCLKO)=11.07 MHz, P3.5(T0_CLKO)=5.535 MHz,P3.4(T1_CLKO)=38.44 kHz,P3.0(T2_CLKO)=501 Hz,P0.4(T3_CLKO)=201 Hz,P0.6(T4_CLKO)=100.1 Hz。我们发现 P3.5=5.535 MHz 与标准值 5 MHz 相比误差较大,不过也是符合前面分析结果的。

例 3.9　主时钟输出位置切换到 MCLKO_2/P1.6 上。

```
void main(void)
{
    port_mode();                    //所有 I/O 口设为准双向弱上拉方式
    CLK_DIV = 0x48;                 //当使用内部 R/C 时钟时,R/C 时钟频率要求不大于 12 MHz
```

```
                                    //至此时钟已经输出,位置在 MCLKO_2/P1.6 上
    while(1);
}
```

3.3 中断系统

3.3.1 中断系统结构图

当单片机在处理当前的一段程序时,突然出现了另一个更重要的事件需要处理,单片机可以暂停当前的程序段去执行更重要的事件对应的程序代码,当重要的程序代码执行完毕后再返回到原暂停程序处继续执行原来的代码。单片机暂停当前程序去执行其他程序的过程就称为中断。当在执行重要程序代码的过程中出现了更为重要的事件时,单片机还可以暂停当前事件去执行更重要的事件的代码,称为中断嵌套。IAP15W4K58S4 单片机有 21 个中断源,如图 3-11 左边部分所示,其中包括 5 个外部中断、5 个片内定时器/计数器溢出中断、4 个片内串行口(UART)中断、1 个 ADC 中断、1 个 SPI 中断、1 个低电压检测中断、1 个 PCA 中断、1 个 PWM 中断、1 个 PWM 异常中断和 1 个比较器中断。

3.3.2 操作电路图中的开关(相关寄存器介绍)

1. 外部中断 INT0 与 INT1

外部中断 INT0 与 INT1 的中断触发方式,见表 3-2。

① IT0:INT0 引脚触发方式控制位,可由软件置 1 或清 0。

- 0:上升沿和下降沿都可以触发中断,当 INT0 引脚出现上升沿或下降沿时置位 IE0 标志。
- 1:下降沿触发方式,当 INT0 引脚出现下降沿时置位 IE0 标志。

② IE0:INT0 中断请求标志位,当 INT0 引脚产生中断信号后由硬件将 IE0 置 1(程序调试过程中也可以使用软件置 1),CPU 响应中断并进入中断程序入口地址后立即由硬件将 IE0 清 0。注意:在汇编语言中刚进入中断入口地址或 C 语言中刚进入中断函数时,IE0 即被清 0,所以无论是汇编还是 C 语言在中断程序调试过程中根本看不到 IE0=1 的情况,因此,IE0 和 IE1 只在查询编程的方式上用得上。

③ IT1:INT1 引脚触发方式控制位,与 IT0 类似。

④ IE1:INT1 中断请求标志位,与 IE0 类似。

⑤ TF0:定时器 T0 溢出中断标志,T0 溢出时由硬件将 TF0 置 1, CPU 响应中断并进入中断程序入口地址后立即由硬件将 TF0 清 0。注意:在汇编语言中刚进入中断入口地址或 C 语言中刚进入中断函数时,TF0 即被清 0,所以无论是汇编还是 C 语言在中断程序序调试过程中根本看不到 TF0=1 的情况,因此,TF0 和 TF1 只在查询编程的方式上用得上。

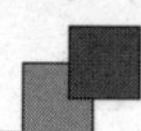

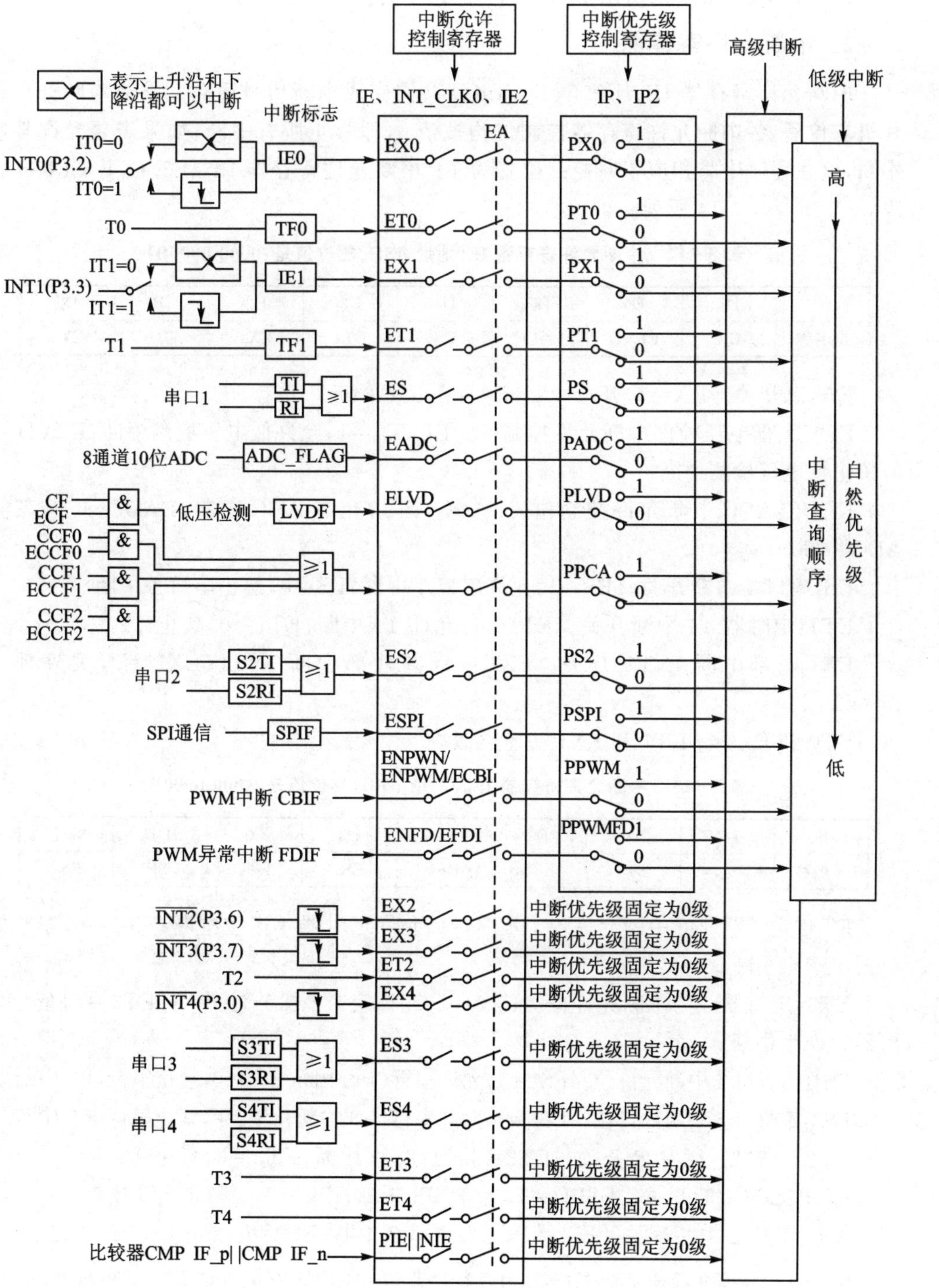

中断允许控制寄存器

中断优先级控制寄存器

高级中断

低级中断

表示上升沿和下降沿都可以中断

中断标志

IE、INT_CLK0、IE2

IP、IP2

EA

IT0=0
INT0(P3.2)
IT0=1
IE0　EX0　PX0
T0　TF0　ET0　PT0
IT1=0
INT1(P3.3)
IT1=1
IE1　EX1　PX1
T1　TF1　ET1　PT1
串口1　TI　RI　≥1　ES　PS
8通道10位ADC　ADC_FLAG　EADC　PADC
CF　ECF　&　低压检测　LVDF　ELVD　PLVD
CCF0　ECCF0　&
CCF1　ECCF1　&　≥1　PPCA
CCF2　ECCF2　&
串口2　S2TI　S2RI　≥1　ES2　PS2
SPI通信　SPIF　ESPI　PSPI
PWM中断 CBIF　ENPWN/ENPWM/ECBI　PPWM
PWM异常中断 FDIF　ENFD/EFDI　PPWMFD

高

中断查询顺序

自然优先级

低

$\overline{\text{INT2}}$(P3.6)　EX2　中断优先级固定为0级
$\overline{\text{INT3}}$(P3.7)　EX3　中断优先级固定为0级
T2　ET2　中断优先级固定为0级
$\overline{\text{INT4}}$(P3.0)　EX4　中断优先级固定为0级
串口3　S3TI　S3RI　≥1　ES3　中断优先级固定为0级
串口4　S4TI　S4RI　≥1　ES4　中断优先级固定为0级
T3　ET3　中断优先级固定为0级
T4　ET4　中断优先级固定为0级
比较器CMP IF_p| |CMP IF_n　PIE| |NIE　中断优先级固定为0级

图 3-11　IAP15W4K58S4 单片机中断结构图(各开关处于默认状态)

⑥ TF1,定时器 T1 溢出中断标志,与 TF0 类似。

2. 中断允许寄存器

中断允许寄存器 IE、IE2、INT_CLKO 共同完成中断信号通路的接通与断开。单片机复位后,各中断允许寄存器控制位均被清 0,即禁止所有中断,如果需要允许某些中断,可在程序中将相应中断控制位置为 1。中断允许寄存器 IE、IE2、INT_CLKO 如表 3-12~表 3-14 所列。

表 3-12 中断允许寄存器 IE(地址 A8H,复位值是:0000 0000B)

位	D7	D6	D5	D4	D3	D2	D1	D0
位名称	EA	ELVD	EADC	ES	ET1	EX1	ET0	EX0

EA:总开关。EA=1,开总中断;EA=0,关总中断。

ELVD:低电压检测中断允许控制位。ELVD =1,允许低电压检测中断;ELVD = 0,禁止低电压检测中断。

EADC:ADC 中断允许控制位。EADC = 1,允许 ADC 中断;EADC = 0,禁止 ADC 中断。

ES:串口 1 中断开关。ES=1,允许串口 1 中断;ES=0,禁止串口 1 中断。

ET1:定时器 T1 中断开关。ET1=1,允许 T1 中断;ET1=0,禁止 T1 中断。

EX1:外部中断 INT1 开关。EX1 = 1,开外部中断 INT1;EX1 = 0,关外部中断 INT1。

ET0 和 EX0 与 ET1 和 EX1 功能类似。

表 3-13 中断允许寄存器 IE2(地址 AFH,复位值是:x000 0000B)

位	D7	D6	D5	D4	D3	D2	D1	D0
位名称	—	ET4	ET3	ES4	ES3	ET2	ESPI	ES2

ET4:定时器 4 的中断允许位。ET4=1,允许定时器 4 产生中断;ET4=0,禁止定时器 4 产生中断。

ET3:定时器 3 的中断允许位。ET3=1,允许定时器 3 产生中断;ET3=0,禁止定时器 3 产生中断。

ES4:串行口 4 中断允许位。ES4=1,允许串行口 4 中断;ES4=0,禁止串行口 4 中断。

ES3:串行口 3 中断允许位。ES3=1,允许串行口 3 中断;ES3=0,禁止串行口 3 中断。

ET2:定时器 T2 中断开关。ET2=1,允许 T2 中断;ET2=0,禁止 T2 中断。

ESPI:SPI 中断开关。ESPI =1,允许 SPI 中断;ESPI =0,禁止 SPI 中断。

ES2:串口 2 中断开关。ES2=1,允许串口 2 中断;ES2=0,禁止串口 2 中断。

表 3-14 外部中断使能和时钟输出寄存器 INT_CLKO(地址 8FH,复位值是:x000 0000B)

位	D7	D6	D5	D4	D3	D2	D1	D0
位名称	—	EX4	EX3	EX2	MCKO_S2	T2CLKO	T1CLKO	T0CLKO

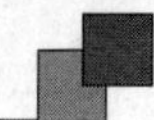

EX4:外部中断 INT4 开关。EX4 = 1,开外部中断 INT4,EX4 = 0,关外部中断 INT4。

EX3:外部中断 INT3 开关。EX3 = 1,开外部中断 INT3,EX3 = 0,关外部中断 INT3。

EX2:外部中断 INT2 开关。EX2 = 1,开外部中断 INT2,EX2 = 0,关外部中断 INT2。

3. 优先级控制

部分中断如外部中断 2、外部中断 3、定时器 T2 等优先级固定为 0 级,不能设置为高优先级,其他中断源通过特殊功能寄存器(IP 和 IP2)中的相应位,可设为高、低两级优先级,实现两级中断嵌套,其与传统 8051 单片机的两级中断优先级完全兼容。单片机对中断优先级的处理原则是低优先级中断可被高优先级中断所中断,反之不能。任何一种中断(不管是高优先级还是低优先级),一旦得到响应,就不会再被与它同级的中断所中断;同一优先级的中断源同时申请中断时,按照事先约定的硬件查询顺序响应中断,也就是说在每个优先级内,还同时存在一个自然优先级,自然优先级顺序见图 3-11 右边部分所示。中断优先级控制寄存器 IP、IP2 如表 3-15 和表 3-16 所列。

表 3-15 中断优先级控制寄存器 IP(地址为 D8H,复位值是:0000 0000B)

位	D7	D6	D5	D4	D3	D2	D1	D0
位名称	PPCA	PLVD	PADC	PS	PT1	PX1	PT0	PX0

PPCA:PCA 优先(设为 1 = 高级中断,设为 0 = 低级中断)。

PLVD:低压检测优先(设为 1 = 高级中断,设为 0 = 低级中断)。

PADC:ADC 优先(设为 1 = 高级中断,设为 0 = 低级中断)。

PS:串口 1 优先(设为 1 = 高级中断,设为 0 = 低级中断)。

PT1:定时器 T1 优先(设为 1 = 高级中断,设为 0 = 低级中断)。

PX1:外中断 INT1 优先(设为 1 = 高级中断,设为 0 = 低级中断)。

PT0:定时器 T0 优先(设为 1 = 高级中断,设为 0 = 低级中断)。

PX0:外中断 INT0 优先 (设为 1 = 高级中断,设为 0 = 低级中断)。

表 3-16 中断优先级控制寄存器 IP2(地址为 D5H,复位值是:xxx0 0000B)

位	D7	D6	D5	D4	D3	D2	D1	D0
位名称	—	—	—	PX4	PPWMFD	PPWM	PSPI	PS2

PX4:外部中断 4($\overline{INT4}$)优先级控制位(设为 1 = 高级中断,设为 0 = 低级中断)。

PPWMFD: PWM 异常检测中断优先级控制位(设为 1 = 高级中断,设为 0 = 低级中断)。

PPWM: PWM 中断优先级控制位(设为 1 = 高级中断,设为 0 = 低级中断)。

PSPI:SPI 优先级控制位(设为 1 = 高级中断,设为 0 = 低级中断)。

PS2：串口 2 优先级控制位(设为 1 = 高级中断,设为 0 = 低级中断)。

3.3.3 编写中断函数

1. 中断函数格式

void 函数名() interrupt m [using n]

void：返回值类型。由于中断函数是 CPU 响应中断时通过硬件自动调用的,因此中断函数的返回值和参数都只能是 void(不能返回函数值,也不能给中断函数传递参数)。

函数名:可以随便写,只要方便自己识别此函数对应哪个中断源即可。

interrupt:指明此函数为中断专用函数。

m:中断源编号(0～13,16～23)确定此函数对应哪一个硬件中断。

using n:确定此中断函数使用第几组 R0～R7 寄存器组(n = 0～3),通常不必去做工作寄存器组的设定,而由编译器自动选择,避免产生不必要的错误。

使用中断函数时应注意的事项如下：

① 只要程序中开启了中断,就必须编写对应的中断函数,哪怕是空函数也必须有(空函数执行 RETI 中断返回指令),否则中断产生时找不到可执行的中断函数,这样会引起程序功能错乱或死机。

② 任何函数都不能直接调用中断函数,另外中断函数可放在程序中任何位置而不需要声明,只要产生中断,程序就能自动跳入中断函数执行。

中断函数名称的典型书写格式如下：

```
void INT0(void) interrupt 0{}            //外部中断 0 中断函数
void Timer0(void) interrupt 1{}          //定时器 T0 中断函数
void INT1(void) interrupt 2{}            //外部中断 1 中断函数
void Timer1(void) interrupt 3{}          //定时器 T1 中断函数
void UART1(void) interrupt 4{}           //串行口 1 中断函数
void ADC(void) interrupt 5{}             //ADC 中断函数
void LVD(void) interrupt 6{}             //低电压检测 LVD 中断函数
void PCA(void) interrupt 7{}             //PCA 中断函数
void UART2(void) interrupt 8{}           //串行口 2 中断函数
void SPI(void) interrupt 9{}             //SPI 通信中断函数
void INT2(void) interrupt 10{}           //外部中断 2 中断函数
void INT3(void) interrupt 11{}           //外部中断 3 中断函数
void Timer2(void) interrupt 12{}         //定时器 T2 中断函数
void INT4(void) interrupt 16{}           //外部中断 4 中断函数
void UART3(void) interrupt 17{}          //串行口 3 中断函数
void UART4(void) interrupt 18{}          //串行口 4 中断函数
void Timer3(void) interrupt 19{}         //定时器 3 中断函数
void Timer4(void) interrupt 20{}         //定时器 4 中断函数
void Comparator(void) interrupt 21{}     //比较器中断函数
void PWM(void) interrupt 22{}            //PWM 中断函数
void PWMFD(void) interrupt 23{}          //PWM 异常中断函数
```

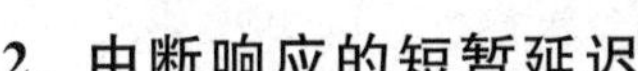

2. 中断响应的短暂延迟

单片机响应中断的条件是：中断源有请求，相应的中断允许位设置为1，总中断开关接通(EA=1)，无同级或高级中断正在处理。在每个指令周期的最后一个时钟周期，CPU对内部中断源采样，并设置相应的中断标志位，CPU在下一个指令周期的最后一个时钟周期按优先级顺序查询各中断标志，如查到某个中断标志为1，将在下一个指令周期按优先级的高低顺序响应中断并进行处理。CPU在响应中断时，将执行如下操作：当前正被执行的指令执行完毕，PC值被压入堆栈，现场保护，阻止同级别其他中断，将中断服务程序的入口地址装载到程序计数器PC，执行相应的中断服务程序。

对于外部中断，系统每个时钟对外部中断引脚采样1次，如果外部中断是下降沿触发，则要求必须在相应的引脚维持至少1个时钟的高电平，而且低电平也要至少持续一个时钟，才能确保该下降沿被检测到。同样，如果外部中断是上升沿、下降沿均可触发，则要求必须在相应的引脚维持至少1个时钟的低电平或高电平，这样才能确保能够检测到该上升沿或下降沿。

3. 使用中断的基本步骤

① 打开中断总开关EA和中断源对应的中断开关(操作IE与IE2寄存器)。

② 根据中断源确定中断函数名称与中断源编号(复制前面中断函数定义行即可)。

③ 单片机响应中断后，不会自动关闭中断系统。如果用户程序不希望出现中断嵌套，则必须在中断服务程序的开始处关闭中断，禁止更高优先级的中断请求中断当前的中断服务程序。

④ 中断源标志的清除，T0、T1、外部中断产生的标志在进入中断函数后立即被硬件清除，编程者通常可以不管，但在特殊情况下必须由编程者将其清除。当某个中断执行的时间很长时，可能中断程序还没执行完毕又产生了同一个中断，在这个中断程序最后一行代码执行完毕后又会从这个中断程序的开始执行，导致程序死机，因此在中断程序即将退出时必须清除相应的多次中断标志。其他中断产生的标志必须在中断程序中由软件清除，否则会不断重复引发中断，其现象也是死机。另外，定时器2、3、4和外部中断2、3、4的中断请求标志对用户不可见，CPU响应中断后，由硬件自动清除中断标志。

3.3.4　中断程序举例

例3.10　用定时器T0实现P0.0引脚的LED以亮30 ms、灭30 ms的方式闪烁(使用中断方式)，R/C时钟频率为22.118 4 MHz。

```
//预置初值 = 65536 - Fosc/12 * T = 65536 - 22.1184/12 × 30000 = 2800H
#include "STC15W4K.H"          //包含 "STC15W4K.H"寄存器定义头文件
sbit  P0_0 = P0^0;
void main()
{
    P0 = 0xff;                 //关闭 P1 口接的所有灯
```

```
    TMOD = 0x00;                //定时器 0 的 16 位自动重装方式
    TH0 = 0x28;                 //定时器初值 2800H
    TL0 = 0;
    TR0 = 1;
    ET0 = 1;                    //开定时器 0 中断开关
    EA = 1;                     //开总中断开关
    while(1);
}
void Timer0() interrupt 1
{
    P0_0 = !P0_0;               //执行灯亮或灭的动作
}
```

例 3.11 用定时器 T0 实现 P0.0 引脚的 LED 以亮 1 s、灭 1 s 的方式闪烁(使用中断方式),R/C 时钟频率为 22.118 4 MHz。

```
#include "STC15W4K.H"           //包含 "STC15W4K.H"寄存器定义头文件
sbit LED = P0^0;
unsigned char counter;          //软件计数器
void main()
{
    TMOD = 0x01;                //定时器 0 使用 16 位计数方式
    TH0 = 0x70;                 //经计算定时 20 ms 初值是 0x7000
    TL0 = 0x00;
    TR0 = 1;                    //定时器开始运行
    ET0 = 1;                    //开定时器 0 中断开关
    EA = 1;                     //开总中断开关
    while(1);
}
void Timer0() interrupt 1
{
    static     Count = 0;       //静态变量计数器,静态变量只在首次运行时赋值 1 次
    Count ++ ;                  //每次中断计数器加 1
    if(Count> = 50)             //如果计数器超过 50
    {
        LED = ! LED;            //取反 P0.0
        Count = 0;              //计数器清零
    }
    TH0 = 0x70;                 //重装定时初值
    TL0 = 0x00;
}
```

例 3.12 用定时中断长延时实现 P0 口 2 个 LED 的亮灭,要求接在 P0.0 引脚上的 LED 以亮 0.5 s、灭 0.5 s 方式闪烁,接在 P0.1 引脚上的 LED 以亮 1 s、灭 1 s 的方式闪烁,R/C 时钟频率为 22.118 4 MHz。

```
#include "STC15W4K.H"           //包含 "STC15W4K.H"寄存器定义头文件
sbit LED0 = P0^0;
sbit LED1 = P0^1;
void main()
{
     TMOD = 0x01;               //定时器 0 使用 16 位计数方式
```

```
    TH0 = 0x70;                  //经计算定时 20 ms 初值是 0x7000
    TL0 = 0x00;
    TR0 = 1;                     //定时器开始运行
    ET0 = 1;                     //开定时器 0 中断开关
    EA = 1;                      //开总中断开关
    while(1);
}
void Timer0() interrupt 1
{
    static    Count1 = 0;        //静态变量计数器,静态变量只在首次运行时赋值 1 次
    static  Count2 = 0;          //静态变量计数器
    Count1 ++ ;                  //每次中断计数器加 1
    Count2 ++ ;                  //每次中断计数器加 1
    if(Count1> = 25)             //如果计数器超过 25
    {
        LED0 = !LED0;            //取反 P0.0
        Count1 = 0;              //计数器清零
    }
    if(Count2> = 50)             //如果计数器超过 50
    {
        LED1 = !LED1;            //取反 P0.1
        Count2 = 0;              //计数器清零
    }
    TH0 = 0x70;                  //重装定时初值
    TL0 = 0x00;
}
```

例 3.13 用定时器 T2 实现 P0.0 引脚的 LED 以亮 30 ms、灭 30 ms 的方式闪烁(使用中断方式),R/C 时钟频率为 22.118 4 MHz。

```
#include "STC15W4K.H"            //包含 "STC15W4K.H"寄存器定义头文件
sbit  P0_0 = P0^0;
void main()
{
    P0 = 0xff;                   //关闭 P1 口接的所有灯
    AUXR  =  0x00;               //定时器 2 为 12T 模式
    T2L  =  0;                   //初始化计时值
    T2H  =  0x28;
    AUXR |=  0x10;               //定时器 2 开始计时
    IE2 |=  0x04;                //开定时器 2 中断
    EA  =  1;
    while(1);
}
void Timer2() interrupt 12
{
    P0_0 = !P0_0;                //执行灯亮或灭的动作
}
```

例 3.14 用定时器 T3 实现 P0.0 引脚的 LED 以亮 30 ms、灭 30 ms 的方式闪烁(使用中断方式),R/C 时钟频率为 22.118 4 MHz。

```
#include "STC15W4K.H"            //包含 "STC15W4K.H"寄存器定义头文件
```

```
sbit  P0_0 = P0^0;
void main()
{
    P0 = 0xff;                  //关闭 P0 口接的所有灯
    T4T3M &=  0xFD;             //定时器 3 为 12T 模式
    T3L  =  0;                  //初始化计时值
    T3H  =  0x28;
    T4T3M |=  0x08;             //定时器 3 开始计时
    IE2 |=  0x20;               //开定时器 3 中断
    EA  =  1;
    while(1);
}
void Timer3() interrupt 19
{
    P0_0 = !P0_0;               //执行灯亮或灭的动作
}
```

例 3.15 用定时器 T4 实现 P0.0 引脚的 LED 以亮 30 ms、灭 30 ms 的方式闪烁(使用中断方式),R/C 时钟频率为 22.118 4 MHz。

此例与例 3.14 代码基本相同,因此不再列出。

例 3.16 对外部信号计数,每 6 次计数中断使 P0.0 取反一次,当使用配套实验板时,由 1 号单片机的 P5.4 向 2 号单片机的 T0(P3.4)送入计数脉冲。

```
#include "STC15W4K.H"           //包含 "STC15W4K.H"寄存器定义的头文件
sbit   P0_0 = P0^0;
void main()
{
    P1 = 0xff;                  //关闭 P0 口接的所有灯
    TMOD = 0x04;                //确定计数工作模式为 T0_16 位自动重装计数
    TH0 = 0xff;
    TL0 = 0xfa;                 //定时初值为 65 530
    EA = 1;
    ET0 = 1;
    TR0 = 1;                    //计数器 T0 开始运行
    while(1);
}
void Timer0() interrupt 1
{
    P0_0 = ~P0_0;               //执行灯亮或灭的动作
}
```

例 3.17 外部中断 INT0 实例。INT0/P3.2 外部引脚中断使 P0.0 亮、灭变换,在配套实验板上,可通过操作与 P3.2 连接的独立按键 K1 完成本实验。

```
#include "STC15W4K.H"           //包含 "STC15W4K.H"寄存器定义头文件
sbit   P0_0 = P0^0;
void main()
{
    IT0 = 1;                    //设置为下降沿触发
    EX0 = 1;                    //开外部中断 0
    EA = 1;                     //开总中断
```

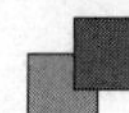

```
    while(1);
}
void EXT0(void) interrupt 0
{
    P0_0 = ~P0_0;                //取反 P0.0
}
```

例 3.18 外部中断 INT3 实例。INT3/P3.7 外部引脚中断使 P0.0 亮、灭变换。用杜邦线一端接 2 号单片机的 20 引脚 GND,另一端触碰 P3.7 的方式完成本实验。

```
#include "STC15W4K.H"            //包含 "STC15W4K.H"寄存器定义头文件
sbit    P0_0 = P0^0;
void main()
{
    port_mode();                 //所有 I/O 口设为准双向弱上拉方式
    INT_CLKO = 0x20;             //开外部中断 3(EX3 = 1)
    EA = 1;                      //开总中断
    while(1);
}
void EXT3(void) interrupt 11
{
    P0_0 = ~P0_0;                //取反 P0.0
}
```

例 3.19 外部中断 INT4 实例。INT4/P3.0 外部引脚中断使 P0.0 亮、灭变换。代码与例 3.18 基本相同,详见配套资源。

3.3.5 外部中断代码调试(按键的防抖技术)

多数键盘的按键使用机械式弹性开关,一个电信号通过机械触点的断开、闭合过程完成高低电平的切换。由于机械触点的弹性作用,一个按键开关在闭合及断开的瞬间必然伴随着一连串的抖动,其波形如图 3-12 所示。

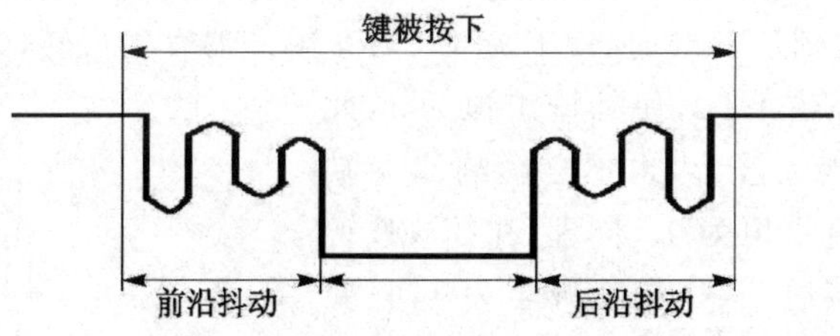

图 3-12 按键抖动波形示意图

抖动过程时间的长短是由按键的机械特性决定的,一般是 10～20 ms,可通过逻辑分析仪或数字存储示波器观察确定。

为了使 CPU 对一次按键动作只确认一次,必须消除抖动的影响,可从硬件及软件两个方面着手。一般的键盘程序都是采用软件防抖,当第一次检测到有键按下时,先用软件延时(10～20 ms),而后再确认键电平是否依旧维持闭合状态的电平,若保持闭合状态电平,则确认此键已按下,从而消除抖动影响,具体代码请参见键盘程序章节。

但对于外部中断实验，在调试中断函数程序时一般会使用机械开关模拟外部中断。为什么不用脉冲信号作外部中断调试的原因是脉冲信号的脉冲个数无法控制，一串脉冲将引发多次中断。使用机械开关调试就要面临按键抖动问题，若抖动问题没处理好，一次按键操作仍会引发多次中断，表现的现象是单步执行中断程序时在中断程序即将结束时又回到中断函数开始执行，因此必须采用下面的双稳态硬件防抖电路。

用两个与非门构成一个 RS 触发器，即可构成双稳态防抖电路，其电路原理与引脚排列如图 3-13 所示。

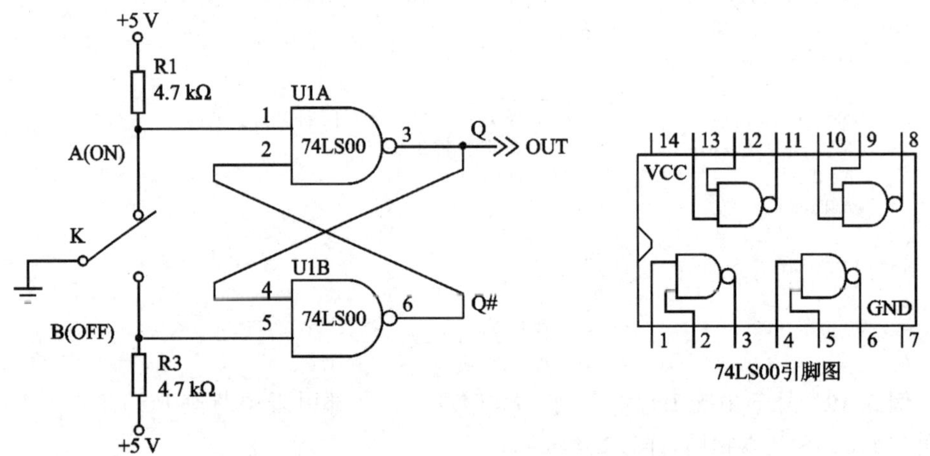

图 3-13　与非门构成按键防抖电路

设按键 K 未按下时，键 K 与 A 端(ON)接通，此时，RS 触发器的 Q 端为高电平 1，致使 Q# 端为低电平 0。此信号引至 U1A 与非门的输入端，将其锁住，使其固定输出为 1。每当开关 K 被按动时，由于机械开关具有弹性，在 A 端形成一连串的抖动波形，而 Q# 端在开关 K 到达 B 之前始终为 0，这时，无论 A 处出现什么样的电压(0 或 1)，Q 端恒为 1，只有当 K 到达 B 端时，使 B 端为 0，RS 触发器发生反转，Q# 变为高电平，导致 Q 降低为 0，并锁住 U1B，使其输出恒为 1，此时，即使 B 处出现抖动波形，也不会影响 Q# 端的输出，从而保证 Q 端恒为 0。同理，在释放按键的过程中，只要一接通 A，Q 端就升至为 1，只要开关 K 不再与 B 端接触，双稳态电路的输出将维持不变。

上面的电路功能没任何问题，但制作烦琐，图 3-14 所示的电路更加简单，开关闭合立即产生下降沿引发单片机中断，开关断开后由电阻 R1 向电容 C1 充电，由于电阻值和电容值都比较大，充电很缓慢，所以只要充电时间大于开关抖动时间，就可有效避免开关抖动的问题。

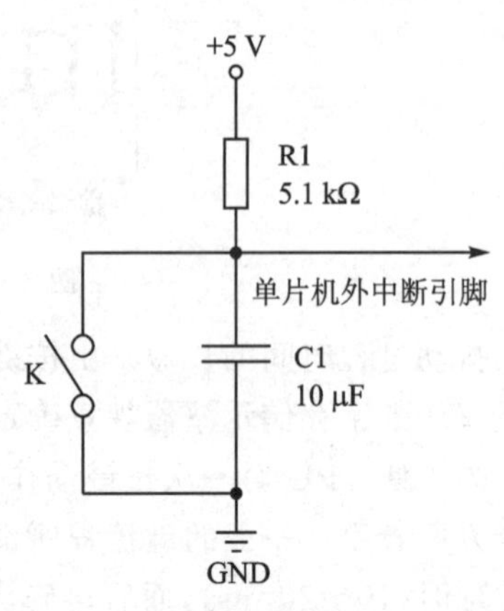

图 3-14　简易按键防抖电路

第 4 章 串口通信

单片机与计算机或与同一板卡上的其他外围芯片传输数据的过程称为通信，单片机与计算机最常用的通信方式是 RS232 串口（以后简称串口）通信及 USB 通信，单片机与外围芯片最常用的通信方式是 SPI 及 I^2C 通信。RS232 串口通信使用 3 条线：数据发送 TXD、数据接收 RXD 和公共地线 GND。USB 通信使用 4 条线：数据 D+、数据 D−、电源正 VCC 和公共地线 GND。SPI 通信使用 4 条线：串行时钟 SCLK、串行数据输出 MOSI、串行数据输入 MISO 和公共地线 GND。对于 SPI 通信，当在同一传输线上挂接有多个器件时，可通过增加片选线的方式选择指定的目标器件进行数据传输。I^2C 通信使用 3 条线：时钟 CLK、串行数据 SDA 和公共地线 GND。由于传输的数据中有目标器件的地址信息，因此没有片选线。学习通信的步骤是先学习通信的硬件电路，然后是数据传输格式，最后是代码的编写过程。本章先详细介绍串口通信。

4.1 最基本的串口通信

单片机与计算机通信的硬件电路见图 1－27，使用到单片机的数据发送输出引脚 TXD/P3.1 与数据接收输入引脚 RXD/P3.0。由于计算机主板出来的是标准的 RS232 接口，信号电平是±9 V，而单片机中 5 V 电平需要通过 SP3232 或 MAX232 芯片转换成标准的 RS232 接口的±9 V 电平才能与计算机通信，使用±9 V 电平可增加抗干扰能力和数据传输距离。由于 RS232 接口数据发送线与接收线并存，在传输过程中容易产生相互干扰，因此要求 2 条信号线平行排列。尽管如此，它的理论通信距离也只能在 20 000 波特率的条件下传输 15 m 左右；若误用绞合线，信号可能完全无法传送。电路中发送与接收芯片 SP3232 或 MAX232 的区别是，SP3232 电源电压范围更宽，为 3.0～5.5 V，可使用的波特率更高，为 250 kbps；MAX232 电源电压的范围为 4.5～5.5 V，最高允许波特率为 120 kbps，但它们的零售价都是一样的。

4.1.1 串口数据发送格式

串口数据发送格式如图 4-1 所示,注意这里的格式是对于单片机串口 TXD 引脚而言的,信号经过 SP3232 或 MAX232 芯片后会被倒相,即+5 V(逻辑 1)变-9 V(逻辑 0,典型值是-9 V。RS232 标准范围:-3~-15 V),0 V(逻辑 0)变+9 V(逻辑 1,典型值是+9 V,RS232 标准范围:+3~+15 V)。

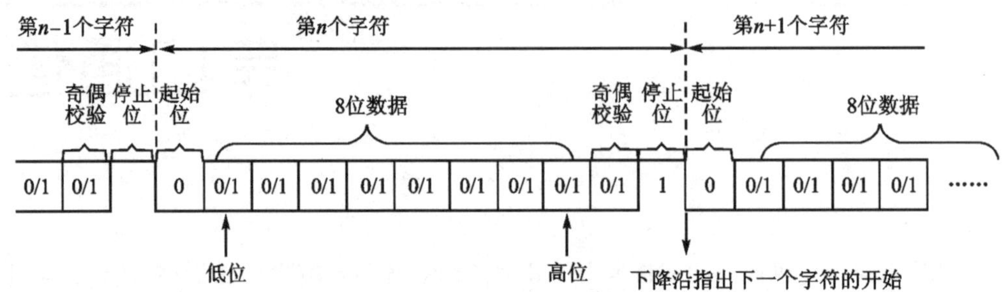

图 4-1 串口数据发送格式

当单片机执行一条写 SBUF 的指令时,就启动串行通信的发送,数据由串行发送端 TXD 输出。发送时,先发送一个起始位(低电平),用来表示数据传输开始;接着将 1 个字节的 8 个位按低位在前、高位在后的顺序发送输出,第 9 位通常作为奇偶校验位;最后发送停止位(高电平),用来表示数据传送结束。这样的数据格式通常作为一个串行帧,如无奇偶校验位,即是最为常见的 N.8.1 帧格式(无奇偶校验、8 位数据位、1 位停止位)。接收时,只要单片机允许接收(REN=1),单片机硬件就会不断地以 16 倍波特率的采样速率采样 RXD 引脚电压,一旦检测到 RXD 引脚上出现一个从 1 到 0 的负跳变(即起始位)时,就启动接收。串行通信中,每秒传送二进制码的位数称为波特率,单位是 bps,即"位/秒",比如数据传送的波特率为 9 600 比特,采用 N.8.1 帧格式(10 位),则每秒传送字节为 9 600/10=960(个),而字节中每一位传送时间即为波特率的倒数:$T = (1/9\ 600)\text{s} = 104\ \mu\text{s}$。根据字节中每一位的传送时间,除了可以使用单片机自带的硬件串口实现图 4-1 的通信时序外,也可以通过程序控制普通 I/O 口实现图 4-1 的通信时序。图 4-1 的数据格式进一步说明如下:

① 起始位:发送线 TXD 上没有发送数据时呈高电平 1 状态,当需要发送一帧数据时,首先发送一位 0(低电平),称起始位。

② 数据位:紧接起始位后是 8 位数据位(51 单片机格式固定 8 位,不能修改),发送时从数据的最低位开始,顺序发送和接收(无论 SCON 寄存器将串口设置为用于扩展 I/O 口的移位寄存器方式还是真正的串口通信方式,都是从数据的最低位开始发送输出)。

③ 奇偶校验位:紧接数据位之后的是 1 位奇偶校验位(SCON 寄存器设为方式 0 和方式 1 没有这一位)。

④ 停止位:在校验位之后的是停止位 1,用于表示一帧数据结束(51 单片机停止位

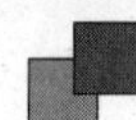

固定 1 位，不能修改）。

⑤ 帧与帧之间间隙不固定，间隙处用空闲位 1(高电平)填补。

4.1.2　串口相关的寄存器

串口通信必须使用定时器，串口通信占用的定时器一般要将中断关闭，特殊情况下也可开启定时器中断，但应将中断优先级设置得比串口优先级低，以免干扰串口数据接收。IAP15W4K58S4 内部有 5 个定时器与 4 个相互独立的串口，使用非常方便，与串口通信有关的定时器寄存器和中断寄存器知识在第 3 章已做过完整的介绍，这里只介绍与串口关系更紧密的寄存器。

1. 串口 1 控制寄存器

串口 1 控制寄存器 SCON，各位定义如表 4-1 所列。

表 4-1　串口 1 控制寄存器 SCON(地址 98H，复位值为 0000 0000B)

位	D7	D6	D5	D4	D3	D2	D1	D0
位名称	SM0	SM1	SM2	REN	TB8	RB8	TI	RI

① SM0 和 SM1：串口工作方式选择位，如表 4-2 所列。

表 4-2　串口工作方式

SM0	SM1	方　式	功能说明
0	0	0	移位寄存器方式，用于普通电路的串并转换(一般不用)
0	1	1	格式固定的 10 位串口通信(最常用)
1	0	2	格式固定的 11 位串口通信(用于奇偶校验或多机通信，一般不用)
1	1	3	格式固定的 11 位串口通信(用于奇偶校验或多机通信，一般不用)

- 00：可用于串并转换，如用多个 74HC595 控制数码管显示和多个 74LS165 实现并行数据输入。由于这种方式占用很重要的用于通信的串口，所以扩展并行口一般是使用普通 I/O 引脚模拟此传输格式，I/O 引脚模拟扩展并行口方式在“数码管静态显示”部分有详细分析与实例代码。
- 01：格式固定的 10 位串口通信，1 位起始位 0(低电平)，8 位数据位，1 位停止位 1(高电平)。无论发送与接收，都必须先设定好所占用的定时器输出波特率并启动相应的定时器，一般还需设置串口中断，如“ES=1；EA=1；”。在中断处理程序中，必须清除中断标志 TI 或 RI，否则导致中断函数死循环而不能发送或接收下一组数据，具体步骤请参照后面例子学习。
- 10：格式固定的 11 位串口通信，1 位起始位 0(低电平)，8 位数据位，1 位奇偶校验位(或用作多机通信的控制位)，1 位停止位 1(高电平)。注意：此方式通常被方式 1 代替。
- 11：格式固定的 11 位串口通信，除波特率可变外，其余与方式 2 完全相同。注

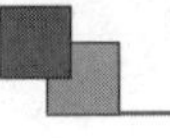

意:此方式通常也被方式 1 代替,由方式 1 完成多机通信,多机通信完整实例请参阅第 19 章。

② SM2:多机通信(方式 2、3)控制位,对于方式 0,无论发送与接收,SM2 都必须设为 0;对于方式 1 的发送与接收,SM2 一般都直接设为 0。理由:在方式 1 时,SM2=0,接收到的停止位不管是 0 还是 1,都会将接收到的 8 位数据从移位寄存器装入 SBUF,即能正常接收,此时停止位装入 RB8。若 SM2=1,则只有停止位是 1 的情况下才把 8 位数据从移位寄存器装入 SBUF,否则接收到的此帧数据直接丢失。

③ REN:确定是否允许串口接收数据,REN=1 允许接收,REN=0 禁止接收。双向通信要设为 1。

④ TB8:方式 2、3 发送数据前通过编写程序将待发送的第 9 位(奇偶校验位)放到这里来;对于方式 0 和方式 1,直接将 TB8 设为 0。由于奇偶校验过于简单,不具备真正的数据传输错误检测能力,因此被实际应用中的"校验和"与"CRC 校验"所取代,在本章的后面将对"校验和"与"CRC 校验"进行详细的介绍。

⑤ RB8:方式 2、3 接收到的第 9 位数据即奇偶校验位放在这里,对于方式 1,通常 SM2=0,RB8 则是接收到的停止位;对于方式 0 和方式 1,在代码中直接将 RB8 设为 0 即可。

⑥ TI:一帧数据发送结束后由硬件产生的中断请求标志,只能通过软件清 0;对于方式 0 和方式 1,在代码中直接将 TI 设为 0 即可。

⑦ RI:接收中断标志,串口接收电路自动接收完一帧数据后由硬件置 1,只能通过软件清 0;对于方式 0 和方式 1,在代码中直接将 RI 设为 0 即可。

2. 串口 1 相关的电源控制寄存器

串口 1 相关的电源控制寄存器 PCON,用于控制串口 1 波特率是否加倍,各位定义如表 4-3 所列。

表 4-3 电源控制寄存器 PCON(地址 87H,复位值为 0011 0000B)

位	D7	D6	D5	D4	D3	D2	D1	D0
位名称	SMOD	SMOD0	LVDF	POF	GF1	GF0	PD	IDL

SMOD 用于设置串口 1 的方式 1～方式 3 的波特率是否加倍,其他串口波特率与此寄存器无关。

- 1:串口 1 的方式 1～方式 3 的波特率加倍。
- 0:各工作方式的波特率不加倍。

SMOD0 用于帧错误检测,无实用价值,PCON 其他各位与串口通信无关,在此不作介绍。

3. 串口 1 数据缓冲区寄存器

串口 1 数据缓冲区寄存器 SBUF,复位值是 xxxx xxxxB,即不确定的数据。

数据缓冲区分为发送缓冲区与接收缓冲区,发送缓冲区用于存放即将发送输出的

数据,接收缓冲区存放串口自动接收到的外部数据,它们在硬件上是相互独立的,如图4-2所示。由于发送缓冲区只能写入而不能读出,接收缓冲区只能读出而不能写入,因而两个缓冲区可以共用一个地址,串口1缓冲区SBUF的地址为99H。注意:发送缓冲区只能写入不能读出,意思是只要把数据送进了SBUF(写入),就永远不可能再用读SBUF的方法得到这个数,虽然可以读SBUF,但读出来的是接收SBUF中的数,而不是发送SBUF中的数。

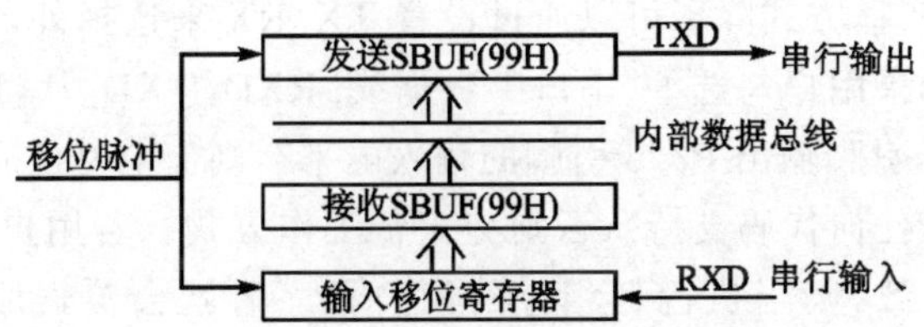

图4-2 串口内部缓冲区SBUF结构示意图

由于接收通道内有输入移位寄存器和数据缓冲区SBUF同时存在,从而能使一帧数据由移位寄存器接收完毕装入数据缓冲区后,RI被置1产生中断请求,同时移位寄存器可以立即开始接收下一帧数据,CPU应该在下一帧数据由移位寄存器接收完毕之前将SBUF中的数据取走,否则下一帧数据将会覆盖前一帧数据。假设数据传送的波特率为115 200 bps,采用N.8.1帧格式(10位),则每秒传送字节数为115 200/10=11 520,1个字节需要的时间为(1/11 520) s=86.8 μs,就是说移位寄存器接收1字节需要的时间是86.8 μs,这就要求CPU接收到串口中断申请(RI=1)后的86.8 μs内取走SBUF中的数据,否则前一帧数据将被覆盖。

4. 串口1相关的辅助寄存器AUXR

辅助寄存器AUXR主要用来设置定时器T0与T1的速度和定时器T2的功能以及串口UART1的波特率控制,由于表3-3已做过完整的介绍,这里只对重点做说明。

UART_M0x6:AUXR的第5位,串口1方式0的通信速度控制位。

- 0:串口1方式0的通信速度是传统8051单片机的速度,即系统时钟SYSclk的12分频。
- 1:串口1方式0的通信速度是传统8051单片机速度的6倍,即系统时钟SYSclk的2分频。

S1ST2:AUXR的第0位,串口1(UART1)选择定时器2作为波特率发生器的控制位。

- 0:选择定时器T1作为串口1(UART1)的波特率发生器。
- 1:默认值,选择定时器T2作为串口1(UART1)的波特率发生器,此时定时器T1得到释放,可作为独立定时器使用。

5. 串口1控制寄存器

串口1中继广播方式由时钟分频寄存器CLK_DIV(地址97H,复位值为0000

0000B)控制，表 3-6 已做过完整的讲解，与串口 1 相关的位是 CLK_DIV.4，即 TX_RX，如下：

TX_RX：串口 1 的中继广播方式。

- 0：串口 1 为正常工作方式。
- 1：串口 1 为中继广播方式，即将 RXD 端口输入的电平实时输出到 TXD 外部引脚上，TXD 外部引脚可以对 RXD 端口输入的信号进行整形放大输出。

串口 1 的中继广播方式除了可以通过设置 TX_RX 来选择外，还可以在 STC_ISP 下载软件中设置，如果用户勾选了"串口 1 数据线[RXD，TXD]从[P3.0，P3.1]切换到[P3.6，P3.7]，P3.7 引脚输出 P3.6 引脚的输入电平"，则上电复位后[P3.6，P3.7]成为中继广播方式(无需任何代码支持)，否则为正常工作方式。若用户在程序中的设置与 STC_ISP 设置不一致，则当执行到相应的用户程序时就会覆盖原来 STC_ISP 中的设置。

6. 串口 2 控制寄存器

串口 2 控制寄存器 S2CON，各位定义如表 4-4 所列。S2SM0 用于指定串口 2 工作方式，如表 4-5 所列。S2CON 的其他各位定义与串口 1 的寄存器 SCON 类似，读者参照学习即可。

表 4-4 串口 2 控制寄存器 S2CON(地址 9AH，复位值为 0000 0000B)

位	D7	D6	D5	D4	D3	D2	D1	D0
位名称	S2SM0	—	S2SM2	S2REN	S2TB8	S2RB8	S2TI	S2RI

表 4-5 串口 2 工作方式

S2SM0	工作方式	功能说明	波特率
0	方式 0	格式固定的 10 位串口通信(最常用)	定时器 2 的溢出率/4
1	方式 1	格式固定的 11 位串口通信 (用于奇偶校验或多机通信，一般不用)	

7. 串口 3 控制寄存器

串口 3 控制寄存器 S3CON，各位定义如表 4-6 所列。S3SM0 用于指定串口 3 工作方式，如表 4-7 所列。S3CON 的其他各位定义与串口 1 的寄存器 SCON 类似，读者参照学习即可。

表 4-6 串口 3 控制寄存器 S3CON(地址 ACH，复位值为 0000 0000B)

位	D7	D6	D5	D4	D3	D2	D1	D0
位名称	S3SM0	S3ST3	S3SM2	S3REN	S3TB8	S3RB8	S3TI	S3RI

表4-7　串口3工作方式

S3SM0	工作方式	功能说明	波特率
0	方式0	格式固定的10位串口通信(最常用)	定时器2的溢出率/4或定时器3的溢出率/4
1	方式1	格式固定的11位串口通信(用于奇偶校验或多机通信,一般不用)	

S3ST3:串口3(UART3)选择定时器3作为波特率发生器的控制位。0:串行口3选择定时器2作为其波特率发生器;1:串行口3选择定时器3作为其波特率发生器。

8. 串口4控制寄存器

串口4控制寄存器S4CON,各位定义如表4-8所列。S4SM0用于指定串口4工作方式,如表4-9所列。S4CON的其他各位定义与串口1的寄存器SCON类似,读者参照学习即可。

表4-8　串口4控制寄存器S4CON(地址84H,复位值为0000 0000B)

位	D7	D6	D5	D4	D3	D2	D1	D0
位名称	S4SM0	S4ST4	S4SM2	S4REN	S4TB8	S4RB8	S4TI	S4RI

表4-9　串口4工作方式

S4SM0	工作方式	功能说明	波特率
0	方式0	格式固定的10位串口通信(最常用)	定时器2的溢出率/4或定时器4的溢出率/4
1	方式1	格式固定的11位串口通信(用于奇偶校验或多机通信,一般不用)	

S4ST4:串口4(UART4)选择定时器4作为波特率发生器的控制位。0:串行口4选择定时器2作为其波特率发生器;1:串行口4选择定时器4作为其波特率发生器。

9. 辅助寄存器

辅助寄存器AUXR1与外围设备功能切换控制寄存器P_SW2用于串口硬件引脚位置切换,各位定义如表4-10与表4-11所列。

表4-10　辅助寄存器AUXR1(地址A2H,复位值为0000 00x0B)

位	D7	D6	D5	D4	D3	D2	D1	D0
位名称	S1_S1	S1_S0	CCP_S1	CCP_S0	SPI_S1	SPI_S0	0	DPS

表4-11　外围设备功能切换控制寄存器P_SW2(地址BAH,复位值为xxxx xxx0B)

位	D7	D6	D5	D4	D3	D2	D1	D0
位名称	—	—	—	—	—	S4_S	S3_S	S2_S

表 4-10 中 S1_S1 和 S1_S0 用于切换串口 1 的引脚,CCP_S1 与 CCP_S0 用于切换 PCA 模块的引脚,SPI_S1 与 SPI_S0 用于切换 SPI 模块的引脚;表 4-11 中 S2_S、S3_S、S4_S 分别用于切换串口 2、串口 3 与串口 4 的引脚,具体切换位置如表 4-12 与表 4-13 所列。

表 4-12　串口 1 与串口 2 的引脚切换

串口 1				串口 2		
S1_S1	S1_S0	TXD	RXD	S2_S	TXD2	RXD2
0	0	P3.1	P3.0	0	P1.1	P1.0
0	1	P3.7(TXD_2)	P3.6(RXD_2)	1	P4.7(TXD2_2)	P4.6(RXD2_2)
1	0	P1.7(TXD_3)	P1.6(RXD_3)			
1	1	无效				

表 4-13　串口 3 与串口 4 的引脚切换

串口 3			串口 4		
S3_S	TXD3	RXD3	S4_S	TXD4	RXD4
0	P0.1	P0.0	0	P0.3	P0.2
1	P5.1(TXD3_2)	P5.0(RXD3_2)	1	P5.3(TXD4_2)	P5.2(RXD4_2)

4.1.3　波特率的计算步骤

波特率定义:每秒传送二进制码的位数称为波特率,单位是"位/秒",也可用 bps 表示。比如,57 600 的波特率是 57 600 位/秒,1 位的时间是 17.36 μs。

① 串口 1 方式 0 的波特率就是移位脉冲频率,UART_M0x6=0 时为 SYSclk /12,UART_M0x6=1 时为 SYSclk/2,且与 PCON 中的 SMOD 无关。

② 串口 1 方式 2 的波特率=SYSclk×(2^{SMOD}/64)。

注意:SYSclk 是 CPU 运行频率,不一定与 R/C 时钟或外部晶振频率 f_{osc} 相同。

③ 串口 1 方式 1 与方式 3 的波特率是由定时器 T1 或定时器 T2 的溢出率决定的,溢出率也叫做溢出频率,指每秒定时器溢出的次数。需要注意的是 IAP15W4K58S4 单片机虽然有 5 个定时器 T0～T4,但只有 T1～T4 可用作串口波特率发生器,并且串口 1 只能选择 T1 或 T2 作串口波特率发生器,T0 不能用作串口波特率发生器。另外,5 个定时器中只有 T0 可用于操作系统的节拍定时器。串口波特率产生电路如图 4-3 所示。

④ 串口 2～串口 4 方式 0 与方式 1 的波特率等于所占用定时器溢出率的 1/4。

现在重点分析串口 1 方式 1 与方式 3 的波特率,定时器定时时间 T(μs)=定时器溢出周期 $T_y = 1/f_y$。f_y 表示定时器溢出频率,将 $T = 1/f_y$ 代入表 3-5 可得表 4-14 定时器溢出率公式表。

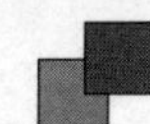

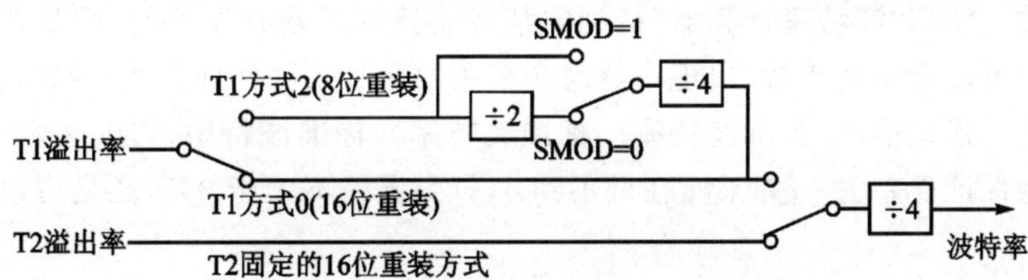

图 4-3 串口波特率产生电路框图

表 4-14 定时器溢出率计算公式表

定时方式 \ 分频方式	12 分频(即 12T,默认值)	1 分频(即 1T)
16 位定时器	f_y= SYSclk/12/(65 536－预置初值)	f_y= SYSclk/(65 536－预置初值)
8 位定时器	f_y= SYSclk/12/(256－预置初值)	f_y= SYSclk/(256－预置初值)

根据表 4-14 与图 4-3 可得波特率计算公式如表 4-15 所列,根据表 4-15 可得表 4-16 定时器初值表。

表 4-15 波特率计算公式表

定时方式 \ 分频方式	12 分频(即 12T,默认值)	1 分频(即 1T)
T1 16 位定时器	波特率＝SYSclk/12/ (65 536－预置初值)/4	波特率＝SYSclk/ (65 536－预置初值)/4
T1 8 位定时器	波特率＝SYSclk/12/ (256－预置初值)×2^{SMOD}/32	波特率 ＝SYSclk/ (256－预置初值)×2^{SMOD}/32
T2 16 位定时器	波特率＝SYSclk/12/ (65 536－预置初值)/4	波特率＝SYSclk/ (65 536－预置初值)/4

表 4-16 根据波特率计算定时器初值表

定时方式 \ 分频方式	12 分频(即 12T,默认值)	1 分频(即 1T)
T1 16 位定时器	$预置初值 = 65\,536 - \frac{SYSclk}{48×波特率}$	$预置初值 = 65\,536 - \frac{SYSclk}{4×波特率}$
T1 8 位定时器	$预置初值 = 256 - \frac{SYSclk×2^{SMOD}}{384×波特率}$	$预置初值 = 256 - \frac{SYSclk×2^{SMOD}}{32×波特率}$
T2 16 位定时器	$预置初值 = 65\,536 - \frac{SYSclk}{48×波特率}$	$预置初值 = 65\,536 - \frac{SYSclk}{4×波特率}$

有了表 4-16 就可以根据给定的波特率快速计算出定时器预置初值,如表 4-17 所列,为了方便,也可以直接使用 STC 下载软件中的辅助工具“波特率计算器”直接生成串口

初始化函数。使用“波特率计算器”得到的某些波特率还是有误差的，因为在计算预置初值过程中可能会出现小数，出现小数时会采用四舍五入的处理方式，导致与实际波特率产生误差。误差值=(实际波特率－标准波特率)/标准波特率×100%，应尽量调整各设置选项保证误差为 0；如果实在调不到 0，只要误差不大于 3%，还是可以保证正常通信的。

表 4-17 常用波特率与定时器初值对应表(T1 定时器 8 位自动重装方式)

时钟频率/Hz	定时器分频模式	波特率/bps	预置初值(SMOD=0)	预置初值(SMOD=1)
11.059 2	1T	9 600	DCH	B8H
		57 600	FAH	F4H
		115 200	FDH	FAH
	12T	9 600	FDH	FAH
		57 600	不能实现	FFH
		115 200	不能实现	不能实现
22.118 4	1T	9 600	B8H	70H
		57 600	F4H	E8H
		115 200	FAH	F4H
	12T	9 600	FAH	F4H
		57 600	FFH	FEH
		115 200	不能实现	FFH

对于表 4-17 中“不能实现”的波特率，一般可以通过换用 16 位定时器的方式解决，通过图 4-3 可以看出，16 位定时器出来的溢出信号传输速度更快，适用于波特率要求很高的场合。

注意：对于 STC15 系列单片机，串口 1 可以选择定时器 1 作为其波特率发生器，也可以选择定时器 2 作为其波特率发生器(默认值)；串口 2 只能使用定时器 2 作为波特率发生器；串口 3 可以选择定时器 3 作为其波特率发生器，也可选择定时器 2 作为其波特率发生器(默认值)；串口 4 可以选择定时器 4 作为其波特率发生器，也可以选择定时器 2 作为其波特率发生器(默认值)。当各个串口的波特率都相同时，各串口可以共享定时器 2 作为其波特率发生器，实际使用中建议各串口都优先选择定时器 T2 作波特率发生器。

4.1.4 单片机与计算机通信的简单例子

例 4.1 单片机向计算机发送 0～255 范围内不断增大的数据，使用串口 1，定时器 T1 作为波特率发生器，波特率为 9 600，频率为 22.118 4 MHz。单片机串口 1 接收引脚是 RXD/P3.0，串口 1 发送引脚是 TXD/P3.1，也就是默认的程序下载引脚。程序下载完毕即可通过串口助手进行测试。

```
#include "STC15W4K.H"        //包含 "STC15W4K.H"寄存器定义头文件
void delay500ms(void)
{   //由第 1 章介绍的软件计算得出
}
void UART_init(void)
{
    //下面的代码设置定时器 1
    TMOD = 0x20;             //0010 0000  定时器 1 工作于方式 2(8 位自动重装方式)
    TH1  = 0xFA;             //波特率为 9 600,频率为 22.118 4 MHz
    TL1  = 0xFA;             //波特率为 9 600,频率为 22.118 4 MHz
    TR1  = 1;
    //下面的代码设置串口
    AUXR = 0x00;             //很关键,使用定时器 1 作为波特率发生器,S1ST2 = 0
    SCON = 0x50;         //0101 0000 SM0.SM1 = 01(最普遍的 10 位通信),REN = 1(允许接收)
}
void UART_send_byte(unsigned  char dat)
{
    SBUF = dat;
    while(!TI);
     TI = 0;         //此句可以不要,不影响后面数据的发送,只供代码查询数据是否发送完成
}
void main()
{
    unsigned  char num = 0;
    UART_init();
    while(1)
    {
        UART_send_byte(num ++ );
        delay500ms();
    }
}
```

运行结果如图 4-4 所示。

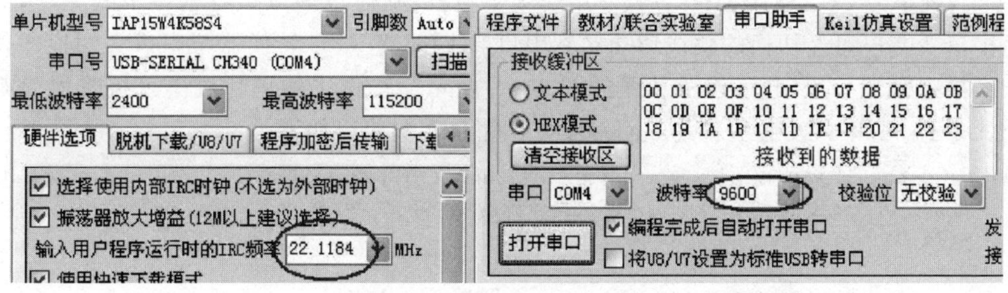

图 4-4 单片机向计算机发送数据 0~255 实验结果

例 4.2 单片机接收计算机数据,加 1 后发回计算机,使用串口 1,定时器 T2 作为波特率发生器,波特率为 9 600,频率为 22.118 4 MHz。

```
#include "STC15W4K.H"        //包含 "STC15W4K.H"寄存器定义头文件
unsigned  char num = 0;      //存放接收到的 1 个字节数据
void UART_init(void)
```

```
{
    //下面的代码设置定时器 2
    T2H   = 0xFD;             //波特率为 9 600,频率为 22.118 4 MHz,1T
    T2L   = 0xC0;             //波特率为 9 600,频率为 22.118 4 MHz,1T
    AUXR  = 0x15;
    //0001 0101,T2R = 1 启动 T2 运行,T2x12 = 1,定时器 2 按 1T 计数,S1ST2 = 1
    //下面的代码设置串口 1
    SCON = 0x50;        //0101 0000 SM0.SM1 = 01(最普遍的 10 位通信),REN = 1(允许接收)
    //下面的代码设置中断
    ES    = 1;                //开串口 1 中断
    EA    = 1;                //开总中断
}
void main()
{
    UART_init();
    while(1);
}
void UART1(void) interrupt 4 //串行口 1 中断函数
{
    if(TI)
    {
        TI = 0;
    }
    if(RI)
    {
        RI = 0;
        num = SBUF;
        num ++ ;
        SBUF = num;           //启动数据发送过程
    }
}
```

例 4.3 单片机接收计算机数据,加 1 后发回计算机,使用串口 2,波特率为 9 600,频率为 22.118 4 MHz。若使用配套实验板,则通过串口 1 将程序下载完毕,需将串口 1 与串口 2 切换的跳线帽插接到串口 2,同时将 A/D 转换器与串口 2 切换的跳线帽插接到串口 2,电路连接关系如图 1-8 所示。本例中的单片机串口接收引脚是 RXD2/P1.0,串口发送引脚是 TXD2/P1.1,完整实验代码如下:

```
#include "STC15W4K.H"         //包含 "STC15W4K.H"寄存器定义头文件
unsigned  char num = 0;       //存放接收到的 1 个字节的数据
void UART_init(void)
{
    //下面的代码设置定时器 2
    T2H   = 0xFD;             //波特率为 9 600,频率为 22.118 4 MHz,1T
    T2L   = 0xC0;             //波特率为 9 600,频率为 22.118 4 MHz,1T
    AUXR = 0x14;
                              //0001 0100,T2R = 1 启动 T2 运行,T2x12 = 1,定时器 2 按 1T 计数
    //下面的代码设置串口 2
    S2CON  = 0x10;            //0001 0000 S2M0 = 0(最普遍的 10 位通信),REN = 1(允许接收)
    //下面的代码设置中断
    IE2   = 0x01;             //开串口 2 中断
```

```
    EA    = 1;           //开总中断
}
void main()
{
    UART_init();
    while(1);
}
void UART2(void) interrupt 8 //串口 2 中断函数
{
    P00 = !P00;
    if(S2CON&0x02)         //0x02 = 0000 0010,发送中断标志 S2TI = 1
    {
        S2CON& = 0xFD;     //0xFD = 1111 1101,清零发送中断标志 S2TI = 0
    }
    if(S2CON&0x01)         //0x01 = 0000 0001,接收中断标志 S2RI = 1
    {
        S2CON& = 0xFE;     //0xFE = 1111 1110,清零接收中断标志 S2RI = 0
        num = S2BUF;
        num++;
        S2BUF = num;       //启动数据发送过程
    }
}
```

例 4.4 单片机接收计算机数据，加 1 后发回计算机，使用串口 3，波特率为 9 600，频率为 22.118 4 MHz。若使用配套实验板，则通过串口 1 将程序下载完毕后，需将串口 1 与串口 2 切换的跳线帽拔出，使用杜邦线将跳线帽中间位置左侧（USB 转串口输出的 TXD）插接到 P0.0（RXD3），跳线帽中间位置右侧（USB 转串口输出的 RXD）插接到 P0.1（TXD3），完整实验代码如下：

```
#include "STC15W4K.H"            //包含 "STC15W4K.H"寄存器定义头文件
unsigned  char num = 0;          //存放接收到的 1 个字节的数据
void UART_init(void)
{
    //下面的代码设置定时器 3
    T3H   = 0xFD;                //波特率为 9 600,频率为 22.118 4 MHz,1T
    T3L   = 0xC0;                //波特率为 9 600,频率为 22.118 4 MHz,1T
    T4T3M = 0x0A;          //0000 1010,T3R = 1 启动 T3 运行,T3x12 = 1 定时器 3 按 1T 计数
    //下面的代码设置串口 3
    S3CON = 0x50;       //0101 0000 S3M0 = 0(最普遍的 10 位通信), S3REN = 1(允许接收)
    //下面的代码设置中断
    IE2   = 0x08;                //开串口 3 中断
    EA    = 1;                   //开总中断
}
void main()
{
    UART_init();
    while(1);
}
void UART3(void) interrupt 17    //串口 3 中断函数
{
    P07 = !P07;
```

```
    if(S3CON&0x02)              //0x02 = 0000 0010,发送中断标志 S3TI = 1
    {
        S3CON& = 0xFD;          //0xFD = 1111 1101,清零发送中断标志 S3TI = 0
    }
    if(S3CON&0x01)              //0x01 = 0000 0001,接收中断标志 S3RI = 1
    {
        S3CON& = 0xFE;          //0xFE = 1111 1110,清零接收中断标志 S3RI = 0
        num = S3BUF;
        num ++ ;
        S3BUF = num;            //启动数据发送过程
    }
}
```

例 4.5 单片机接收计算机数据,加 1 后发回计算机,使用串口 4,波特率为 9 600,频率为 22.118 4 MHz。若使用配套实验板,则通过串口 1 将程序下载完毕后,需将串口 1 与串口 2 切换的跳线帽拔出,使用杜邦线将跳线帽中间位置左侧(USB 转串口输出的 TXD)插接到 P0.2(RXD4),跳线帽中间位置右侧(USB 转串口输出的 RXD)插接到 P0.3(TXD4),程序代码与例 4.4 差异不大,参照学习即可。

4.2 彻底理解串口通信协议

前面说过,通过编写程序控制单片机普通 I/O 口也能实现串口通信,一般称为模拟串口,通过对模拟串口的学习可以彻底理解图 4-1 的串口通信协议。对于没有串口的廉价型单片机,通过使用模拟串口也能实现最基本的串口通信功能。模拟串口程序其实比较简单,不足之处在于数据的发送与接收不能同时进行,不过对于绝大部分的应用还是能够满足要求的。

这里使用 1 号单片机 IAP15W4K58S4 的 P3.2 模拟发送端和 P3.3 模拟接收端。计算机串口先与单片机下载接口连接下载程序,下载结束后再将计算机串口与单片机模拟串口连接,测试本节的模拟串口程序工作是否正常(跳线帽位置:T340 连 P33,R340 连 P32)。为方便实验,也可将单片机下载接口引脚 P3.1 模拟为发送端,P3.0 模拟为接收端,这样程序下载完毕即可进行模拟串口测试。

软件设计中,其接口程序主要由 SendByte()发送函数和 RecvByte()接收函数组成,使用 22.118 4 MHz 内部 R/C 时钟,通信速率为 9 600 bps,帧格式为 N.8.1。发送时,先发送一个起始位(低电平),接着按低位在前的顺序发送 8 位数据,最后发送停止位。接收时,先判断 P3.3 接收端口是否有起始低电平出现,如有则按低位在前的顺序接收 8 位数据;最后判断 P3.3 口是否有停止位高电平出现,如有则完成一个字节的接收,否则继续等待。其中软件编写要严格按照异步通信的时序进行,每位传送时间按通信速率 9 600 bps 计算为(1/9 600) s=104.2 μs。

例 4.6 任意 I/O 口模拟串口,22.118 4 MHz 内部 R/C 时钟,波特率为 9 600 bps。

```
#include "STC15W4K.H"                //包含 "STC15W4K.H"寄存器定义头文件
#define RECEIVE_MAX_BYTES    1       //最大接收字节数
```

```
unsigned char RecvBuf[16];              //接收数据缓冲区
unsigned char RecvCount = 0;            //接收数据计数器
sbit T_TXD = P3^2;                      //发送数据的引脚
sbit R_RXD = P3^3;                      //接收数据的引脚
bit RXD_OK;                             //数据接收完成标志,1(接收正确),0(接收错误)
//******************************************/
void delay104uS()
{    //由第1章介绍的软件计算得出
}
void delay52uS()                        //起始位结束后52 μs采样数据
{//由第1章介绍的软件计算得出
}
void SendByte(unsigned char Dat)
{
    unsigned char i = 8;                //发送8位数据
    T_TXD = 0;                          //发送起始位
    delay104uS();
    while(i--)
    {
        if(Dat&1) T_TXD = 1;
        else T_TXD = 0;
        delay104uS();
        Dat>> = 1;
    }
    T_TXD = 1;                          //发送停止位
    delay104uS();                       //延时
}
unsigned char RecvByte()
{
    unsigned char i;
    unsigned char Dat = 0;              //接收到的数据
    RXD_OK = 0;                         //字节数据接收正常标志,0:错误,1:正常
    delay52uS();                        //数据位中心位置读数据
    if(R_RXD == 0)                      //确认起始位正常
    {
        delay104uS();                   //起始位宽度
        for(i = 0;i<8;i++)
        {
            if(R_RXD) Dat| = (1<<i);
            delay104uS();
        }
        if(R_RXD == 1)                  //确认停止位正常
        {
            RXD_OK = 1;
        }
    }
    return Dat;
}
void PrintfStr(char * pstr)             //串口打印字符串
{
    while( * pstr)
```

```
    {
        SendByte( * pstr ++ );
    }
}
void main(void)
{
    unsigned char i;
    PrintfStr("模拟串口:STC15\r\n");
    while(1)
    {
        if(R_RXD == 0)              //死循环不断检测 R_RXD 是否有起始位出现
        {
            RecvBuf[RecvCount] = RecvByte();
            if (RXD_OK == 1)        //一个字节接收正常
            {
                RecvCount ++ ;
                if(RecvCount> = RECEIVE_MAX_BYTES)
                {
                    RecvCount = 0;
                    for(i = 0;i<RECEIVE_MAX_BYTES;i ++ )
                    {
                        SendByte(RecvBuf[i] + 1);       //接收到的数据 + 1 后发回
                    }
                }
            }
        }
    }
}
```

实验结果:使用 STC_ISP 软件自带的串口助手,设置波特率为 9 600,N. 8. 1 格式,文本模式显示,然后给单片机上电,可看到串口助手显示“模拟串口:STC15”。修改串口助手为 HEX 模式显示,然后在串口助手发送区发送一个字节数据,则单片机加 1 后发回到串口助手。计算机串口助手发给单片机 0x55(0101 0101)时,单片机接收端 P3.3 引脚波形如图 4-5 所示,注意是低位在前,高位在后;单片机发给计算机串口助手 0x55(0101 0101)时,单片机发送端 P3.2 波形如图 4-6 所示,同样是低位在前,高位在后。

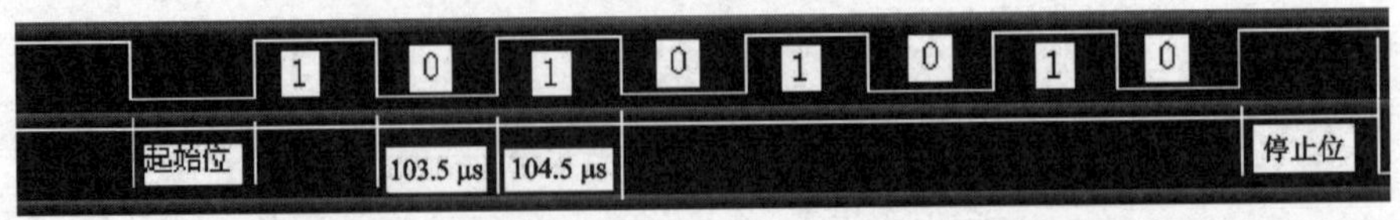

图 4-5 计算机串口助手发送到单片机接收端的波形

现在对以上程序做必要说明。以上实验结果使用的是 STC 高速单片机,若使用传统单片机(如 AT89C51),则有可能出现收发数据不正确的现象,原因就在于 104 μs 与 52 μs 的延时程序。或许很多人会疑惑,按道理来说,使用 104 μs 与 52 μs 的延时是没有错的,但是在 SendByte 和 RecvByte 函数当中,执行每一行代码都要消耗一定的时

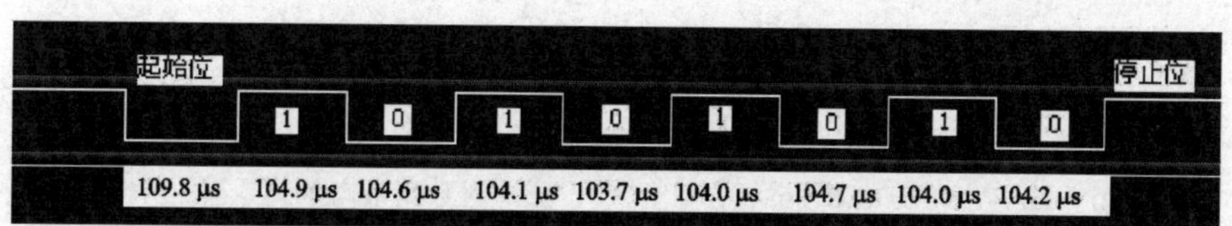

图 4-6　单片机发给计算机串口助手时单片机发送端的波形

间,这就延长了实际的时间,导致收发数据出现问题。但使用STC高速单片机,由于指令执行速度非常快(比AT89C51快12倍),对波特率几乎没影响,并且实际波特率允许有3%的误差,从图4-6与图4-7可以看出波特率已经非常准确,不需再做调整。而对其他低速单片机,必须通过逻辑分析仪实际测试发送数据的每一位时间并不断调整延时函数时间(通常可先发一个字节如:0x55=0101 0101进行观察),使其达到最佳值,因此延时程序延时时间值不能按照常规计算得到,实际值一般会比计算值偏小一点。例4.6的程序中包含了信号接收过程的抗干扰处理,所以程序可靠性很高。

例 4.7　最容易理解的模拟串口程序,时钟与波特率与例4.6相同,适用于要求不高的场合,具体代码请参见配套资源。

例 4.8　任意I/O口模拟串口,内部R/C时钟频率为22.118 4 MHz,波特率为115 200 bps,每位传送时间按通信速率115 200 bps计算为(1/115 200)s=8.68 μs。

```
#include "STC15W4K.H"                 //包含 "STC15W4K.H"寄存器定义头文件
#define RECEIVE_MAX_BYTES   1         //最大接收字节数
unsigned char RecvBuf[16];            //接收数据缓冲区
unsigned char RecvCount = 0;          //接收数据计数器
sbit T_TXD = P3^2;                    //发送数据的引脚
sbit R_RXD = P3^3;                    //接收数据的引脚
unsigned char bdata dat;              //dat 是可位寻址的变量
sbit dat7 = dat^7;sbit dat6 = dat^6;sbit dat5 = dat^5;sbit dat4 = dat^4;
sbit dat3 = dat^3;sbit dat2 = dat^2;sbit dat1 = dat^1;sbit dat0 = dat^0;
                                      //取出 dat 的各个位
void delay8_6uS()                     //8.6 μs 延时函数
{
    unsigned char t = 46;
    while( -- t);
}
void delay2_6uS()
//理论计算值 4.3 μs 实际出现数据出错现象,根据调试结果确定为 2.6 μs
{
      unsigned char t = 12;
    while( -- t);
}
void SendByte(unsigned char Dat)
{
    dat =  Dat;
    T_TXD = 0;  delay8_6uS();                         //发送起始位
    T_TXD = dat0;      delay8_6uS();                  //数据最低位
    T_TXD = dat1;      delay8_6uS();
    T_TXD = dat2;      delay8_6uS();
```

```
    T_TXD = dat3;     delay8_6uS();
    T_TXD = dat4;     delay8_6uS();
    T_TXD = dat5;     delay8_6uS();
    T_TXD = dat6;     delay8_6uS();
    T_TXD = dat7;     delay8_6uS();                    //数据最高位
    T_TXD = 1;        delay8_6uS();                    //发送停止位
}
unsigned char RecvByte()
{
    unsigned char RXD_OK = 0;                          //数据接收完成标志
    delay2_6uS();                                      //起始位中心位置
    if(R_RXD == 0)                                     //确认起始位正常
    {
        delay8_6uS();dat0 = R_RXD;                     //数据最低位,数据位中心位置读数据
        delay8_6uS();dat1 = R_RXD;
        delay8_6uS();dat2 = R_RXD;
        delay8_6uS();dat3 = R_RXD;
        delay8_6uS();dat4 = R_RXD;
        delay8_6uS();dat5 = R_RXD;
        delay8_6uS();dat6 = R_RXD;
        delay8_6uS();dat7 = R_RXD;                     //数据最高位
        delay8_6uS();                                  //停止位
        if(R_RXD == 1)                                 //确认停止位正常
        {
            RXD_OK = 1;
        }
    }
    return    RXD_OK;
}
void PrintfStr(char * pstr)                            //串口打印字符串
{
    while( * pstr)
    {
        SendByte( * pstr ++ );
    }
}
void main(void)
{
    unsigned char i;
    PrintfStr("模拟串口:STC15\r\n");
    while(1)
    {
        if(R_RXD == 0)                                 //死循环不断检测 R_RXD 是否有起始位出现
        {
            if (RecvByte()! = 0)                       //一个字节接收正常
            {
                RecvBuf[RecvCount ++ ] = dat;
                if(RecvCount> = RECEIVE_MAX_BYTES)
                {
                    RecvCount = 0;
                    for(i = 0;i<RECEIVE_MAX_BYTES;i ++ )
```

```
                {
                    SendByte(RecvBuf[i] + 1);              //接收到的数据 + 1 后发回
                }
            }
        }
    }
}
```

实验结果:在串口助手中除波特率设置为115 200外,其余结果与上例相同。

例4.6~例4.8的代码通用性很强,但对于数据的接收,主程序是通过不停地检测接收端是否出现低电平的方式实现的。在检测过程中,主程序几乎没有机会去完成别的任务,这在某些程序中可能是不能满足要求的。为解决这个问题,可以使用外部中断,一旦产生下降沿立即触发中断函数,在中断函数中完成一个字节的接收任务。

例4.9 接收端使用外部中断INT1模拟串口,内部R/C时钟频率为22.118 4 MHz,波特率为9 600 bps。

本例由例4.6演变而来,软件大部分与例4.6相同,这里只给出不同部分的代码。

```
void main(void)
{
    IT1 = 1;                                  //外部中断1设置为下降沿触发
    EX1 = 1;                                  //开外部中断1
    EA = 1;                                   //开总中断
    PrintfStr("模拟串口:STC15\r\n");
    while(1);
}
void INT0(void) interrupt 2                   //外部中断1中断函数
{
    unsigned char i;
    RecvBuf[RecvCount] = RecvByte();
    if (RXD_OK == 1)                          //一个字节接收正常
    {
        RecvCount ++ ;
        if(RecvCount> = RECEIVE_MAX_BYTES)
        {
            RecvCount = 0;
            for(i = 0;i<RECEIVE_MAX_BYTES;i ++ )
            {
                SendByte(RecvBuf[i] + 1);     //接收到的数据 + 1 后发回
            }
        }
    }
    IE1 = 0;            //清除接收过程中多个脉冲下降沿产生的中断标志,否则退出本中断后
                        //又会再次进入本中断而错误
}
```

4.3 串口隔离电路

在热插拔、电路板带电焊接调试的过程中,若电路板与计算机串口连接在一起,很

可能损坏计算机串口;当计算机串口外接电路系统时,在雷电等电磁波的冲击下,计算机串口更容易损坏;另外,与计算机通过 3 线制连接的设备往往会出现外壳带电的现象,不一定是设备本身电源隔离不好,而可能是由 3 芯串口线将计算机上的电压引了过来,在这些情况下都需要使用串口隔离电路。

作者设计的串口隔离电路如图 4-7 所示,输入、输出都是 3 线制,不需要外接供电电源;最高波特率可达 57 600 bps;使用 STC-ISP 软件稳定下载代码的速度是 38 400 bps,对于大部分情况已经够用了。如果需要更高的传输速率,就必须用通信速度更高的光隔离器件,如 6N136、6N137,其零售价为 3 元,内部结构无明显差异,但都必须提供工作电源(4.5~5.5 V),这与 4N35 不同。4N35 不需供电电源。所以 3 线制工作方式不能满足要求,必须采用独立的供电电源。另外,6N136 工作波特率是 1 Mbps,6N137 工作波特率是 10 Mbps。电路中另一重要元件是 MAX860,MAX860 用于将输入的负电源转为正电源输出。

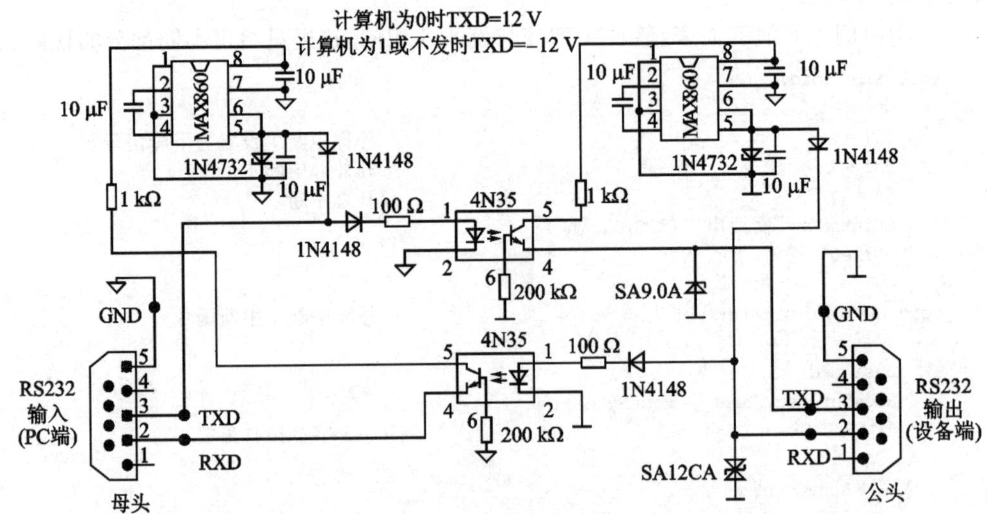

图 4-7 串口隔离电路原理图

电路中除浪涌吸收用的瞬态二极管 SA12CA 与 SA9.0A 使用直插元件外,其他元件全部采用贴片封装,组装好的电路板装入 DB9 转 DB9 外壳,最终外观如图 4-8 所示。使用时,将此隔离模块母头一端直接插入计算机上的 RS232 接口,外部设备接头再插接到隔离模块公头输出端即可。

图 4-8 串口隔离模块外形图

4.4 计算机扩展串口(USB 转串口芯片 CH340G)

计算机扩展串口的常用方法有两种：

① 使用 PCI 转串口的板卡，以这个方式扩展的串口使用过程中稳定性很好，与主板自带的 RS232 串口稳定性没有明显差异；缺点是这种板卡容易出现 PCI 插槽接触不良的问题。笔者早期设计的计算机检测系统使用这种方式较多。

② 使用 USB 转串口芯片，本节主要介绍这种方式。

1. 电路讲解

CH340G 是南京沁恒公司生产的 USB 转串口芯片，零售价为 4.3 元，使用方法可参考 CH340 中文手册。CH340 有两种封装对应两个不同的型号：CH340G 是 SOP－16 封装，引脚间距为 1.27 mm；CH340T 是 SSOP－20 封装，引脚间距为 0.65 mm。为方便焊接，一般使用 CH340G。CH340G 的基本运用电路如图 4－9 所示。

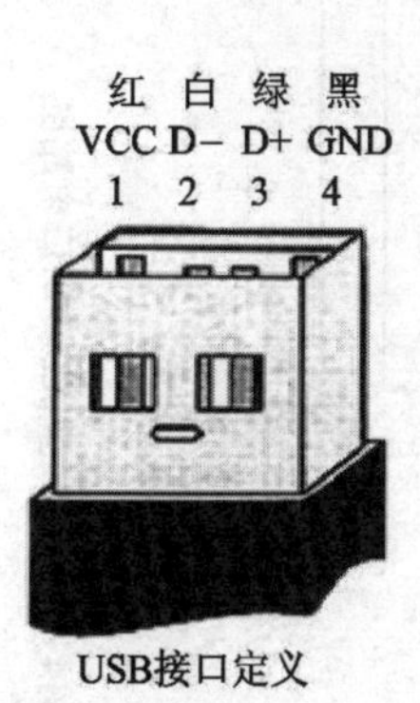

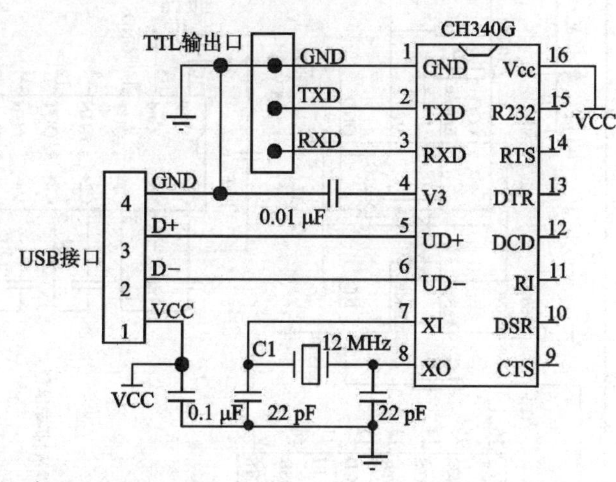

图 4－9 CH340G 基本运用电路

振荡部分：一个 12 MHz 的晶体，两个 15～30 pF 的振荡电容，引线尽量短。

电源退耦：一个 0.1 μF 的电源退耦电容，接于 VCC 与 GND 之间，非常必要。

内部电源：一个 0.01 μF 或 0.1 μF 的电容，接于 V3 引脚与 GND 之间，必须有，否则串口不能正常收发数据。

CH340 可使用 3.3 V 工作电压，此时 V3 引脚应该与 VCC 引脚相连接，同时输入外部 3.3 V 电源，并且与 CH340 芯片相连接的其他电路的工作电压不能超过 3.3 V。

为了实现光电隔离，在图 4－9 的基础上设计了图 4－10 所示的电路。图 4－10 电路使用 STC－ISP 软件的各个版本都能高速、稳定地下载程序，也能很好地实现电气隔离。首先说明，图 4－10 电路非常稳定、可靠，如果出现 STC 单片机不能下载程序的问

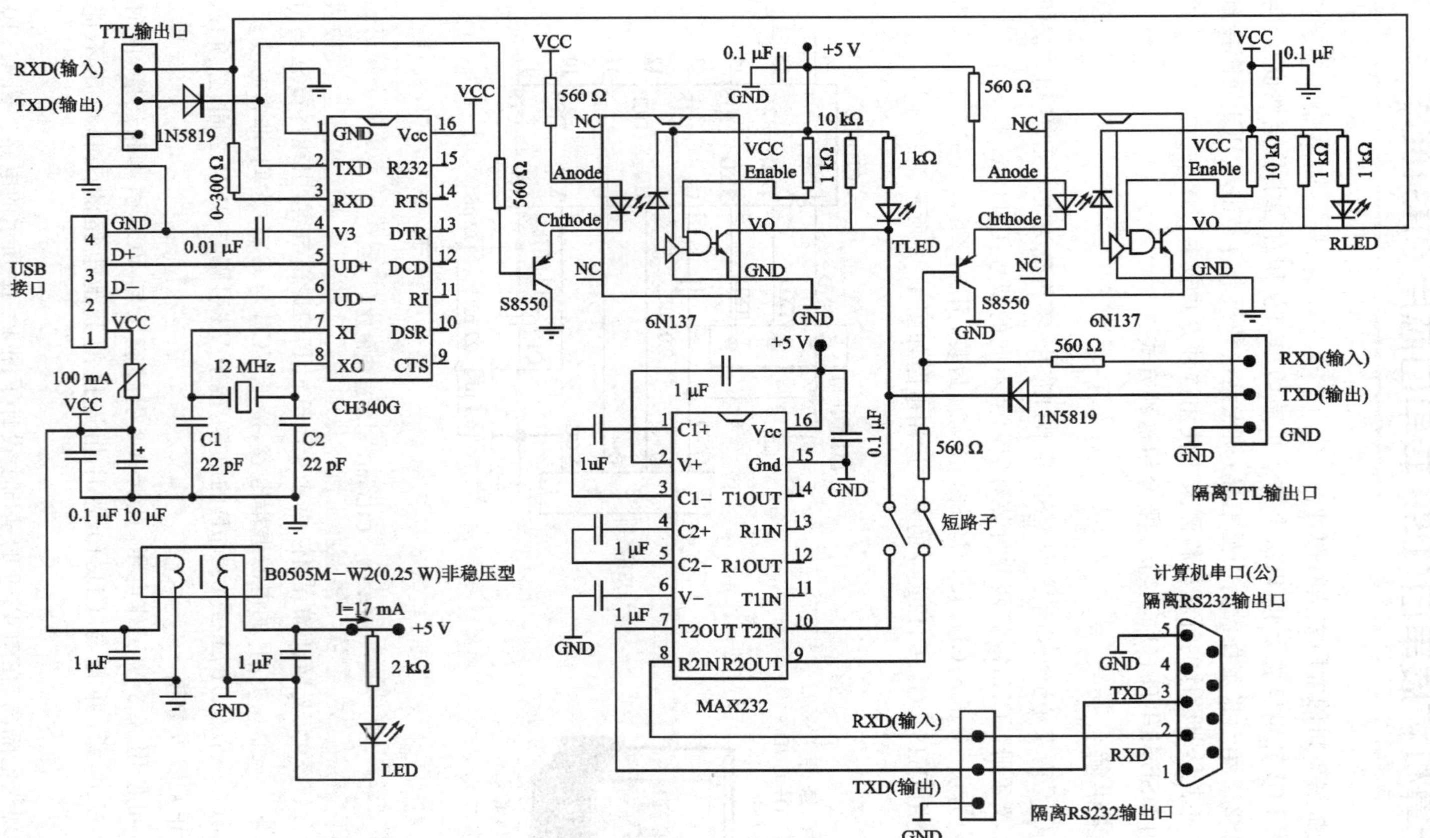

图4-10 隔离型USB转串口电路图

题，则可先将输出端 TXD 与 RXD 短接，通过串口助手自发自收的方式检测模块本身是否存在问题。如果自发自收正常，STC 单片机下载时出现 CH340G 死机不稳定现象，则是由于单片机系统上电瞬间对 220 V 交流供电产生干扰，干扰传输到同一交流供电的计算机上，导致计算机 USB 接口输出 5 V 电压瞬间波动，波动时间通常在 100 ns 左右。这 100 ns 的纹波波谷可能低于 4.5 V(CH340G 供电要求是 4.5～5.3 V)，从而导致 CH340G 死机，重新插拔才能恢复。100 ns 的纹波滤波非常困难，一般的高频电容滤波、LC 滤波、共模电感滤波方式都是无效的。要解决这个问题，最方便的做法是保证单片机系统 220 V 供电回路长时间接通，单片机下载程序时只控制低压侧电压的通断。因此，为了顺利下载程序，通常只控制变压器次级低压的通断。

电路中 CH340G 的 TXD 端通过反向连接的肖特基二极管 1N5819 连接单片机的 RXD 端，目的是防止 CH340G 的 TXD 端电流流入单片机端口，保证单片机下载程序在上电前处于彻底断电状态。STC 单片机 RXD 端口本身是弱上拉的，所以不需要向其提供高电平。电路中的 B0505M－W2(0.25 W)是非稳压型 DC/DC 微功率隔离变换电源模块，输入 5 V，输出在 4.9～5.1 V，因为负载电流在 20 mA 左右，所以 0.25 W 输出电流 $I=P/U=0.25\ \text{W}/5\ \text{V}=50\ \text{mA}$ 已经足够。隔离变换电源模块的特点是不能轻载，否则寿命很短，完全空载会直接损坏。若功率选用过大，比如 1 W，则输出端需要增加假负载，导致输入电流增加，输入电压下降，影响 CH340G 的工作电压，所以功率不能选用过大。B0505M－W2 的零售价为 12 元一个。

6N137 内部结构与真值表如图 4－11 所示。6N137 工作波特率是 10 Mbps(频率相当于 5 MHz)，用于串口通信简直就是大马拉小车。不过 MAX232 芯片速率就差多了，只能达到 120 kbps(频率相当于 60 kHz)，所以可靠传输波特率为 115 200 bps。速度过高，MAX232 输出波形的上升沿和下降沿会变得非常缓慢。

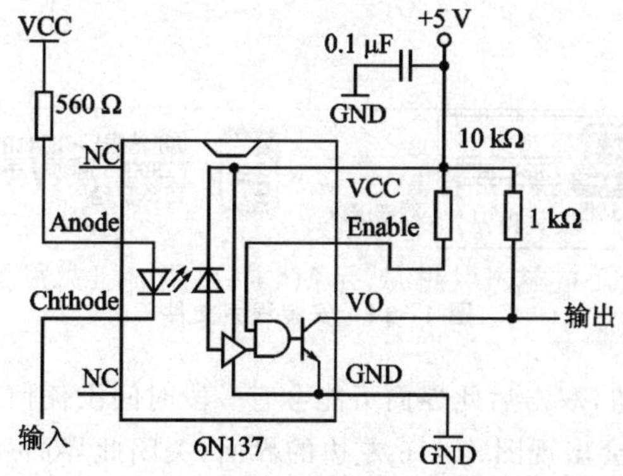

6N37真值表

LED	Enable	VO
ON	H	L
OFF	H	H
ON	L	H
OFF	L	H
ON	NC	L
OFF	NC	H

图 4－11　6N137 内部结构与真值表

组装好的实物外形如图 4－12 所示，为节省用户电路板空间，模块通常不是使用 DB9 标准接头输出，而是使用两端都是 3 芯插件的 3 芯连接线，其一端插接到模块隔离 TTL 输出，另一端插接到用户电路板上与单片机程序下载调试引脚直接相连的 3 芯插座即可。在用户电路板上不再使用 USB 转串口芯片 CH340G 或 RS232 电平转换芯片

SP3232/MAX232。

图 4-12　隔离型 USB 转串口模块外形图

2. 驱动程序安装方法

按图 4-9 或图 4-10 完成电路连接后,使用 USB 延长线将电路板连接到计算机 USB 接口,选中计算机桌面上“我的计算机”图标,右击,选择“属性”,然后选择“硬件”选项卡,单击设备管理器,出现如图 4-13 所示界面,界面中的问号表示还没安装驱动程序,至此说明我们的 USB 转串口芯片与计算机连接基本正常。

找到驱动程序文件夹,如图 4-14 所示,注意 CH340 与 CH341 是同一个驱动程序,双击安装图标进入图 4-15 所示安装界面。

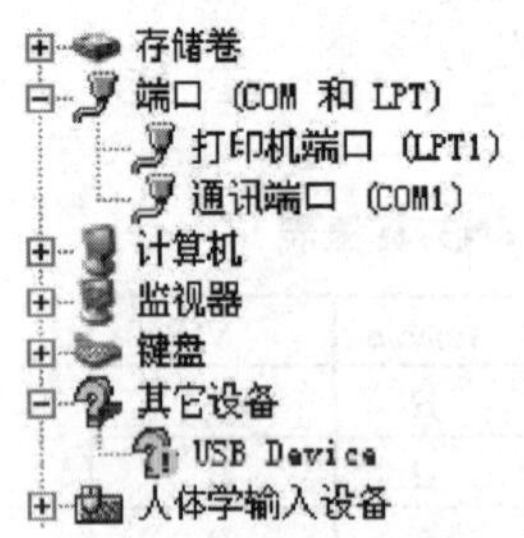

图 4-13　检测到未知 USB 设备

图 4-14　安装程序文件

在图 4-15 中双击 INSTALL 按钮,双击后此界面可能会有一段时间没任何反应,需要多等一会(不会超过 1 min),然后会出现图 4-16 左边的界面,关闭此界面后再次打开设备管理器会看到多了一个 COM3,此时就说明驱动安装成功了,至此我们就可以像使用计算机主板自带的串口一样使用扩展串口了。

另外提示一下,USB 转串口芯片 CH340G 采用 5 V 供电时转出来的是 5 V 的 TTL 电平,适用于与 5 V 单片机 I/O 口相连;采用 3.3 V 供电时转出来的是 3.3 V 的 TTL 电平,适用于与 3.3 V 单片机 I/O 口相连。

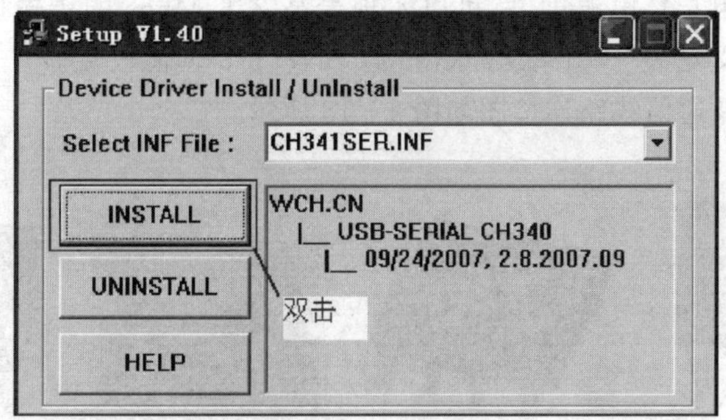

图 4-15　安装界面

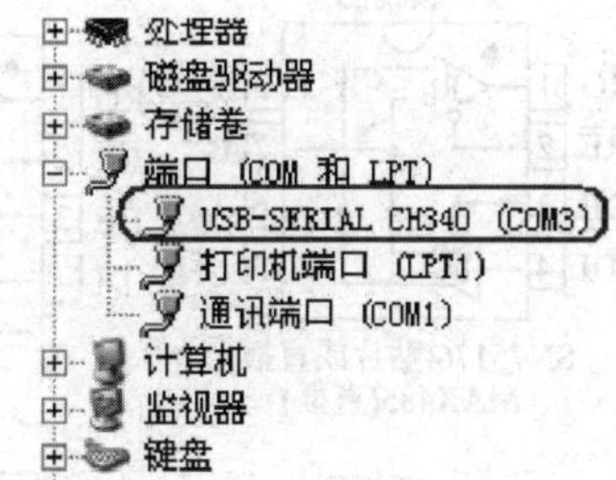

图 4-16　驱动安装成功

4.5　RS485 串行通信

为了提高信号线传输过程中的抗干扰能力和实现长距离通信，可将 RS232 单端传输方式转换为 RS485 双端差分传输方式。RS232 最远通信距离是 15 m，RS485 在 1 km 以上的距离也能稳定传输，为了防止信号反射产生不稳定现象，按手册说明要加 120 Ω 接收终端匹配电阻，作者在实践中发现，此阻值太小，对信号衰减严重，在距离较远时出现数据收发连接不上的情况，改用 1 kΩ 以上的电阻或直接取消反而工作稳定，所以这个匹配电阻接与不接要视实际情况而定。另外，RS485 通信线路通常暴露在室外，在雷电强烈电磁波的干扰下很容易损坏 MAX485 芯片和后级电路，所以通常会加入光电隔离器件如 4N35、6N137 等。

若同一时刻信号只是单向传输(半双工通信)，则可使用器件 SN75176 或 MAX485，如图 4-17 所示。SN75176 与 MAX485 引脚完全兼容，可相互直接替换，推荐使用 SN75176，因为 SN75176 价格更低，使用稳定性更好。若信号发送和接收可能同时产生(全双工通信)，则需要使用 MAX488 或 SN75179 双向收发芯片，双向收发芯片还有 3.3 V 供电的 SP3490(电压范围：3.0～3.6 V)。

MAX485 使用 5 V 电源供电，可以实现最高 2.5 Mbps 的传输速率，MAX485 与 MAX488 引脚定义见表 4-18，MAX485 与 SN75176 真值表见表 4-19，MAX485 与 MAX488 引脚图及通信线路连接图如图 4-18 所示。

图 4-17　485 接口芯片外形图

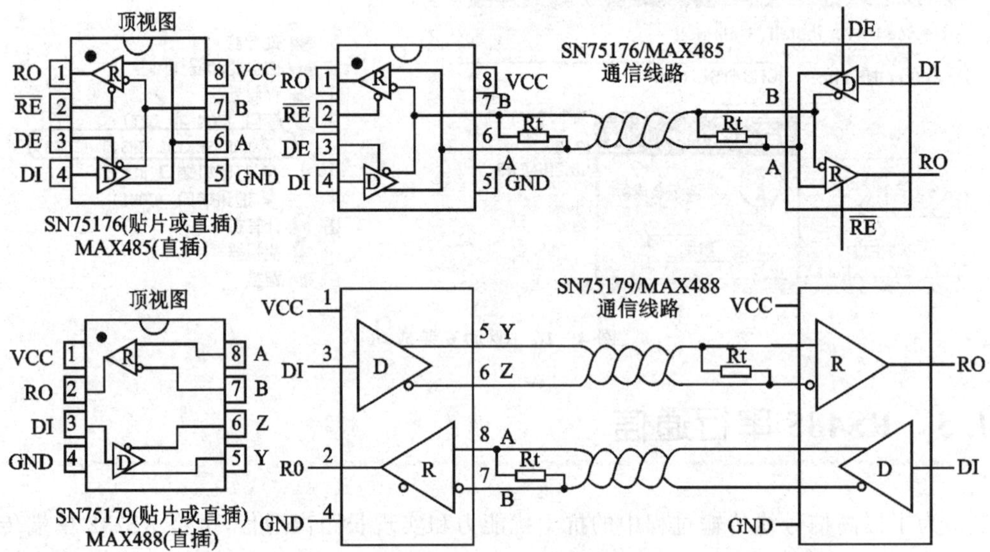

图 4-18　MAX485 与 MAX488 引脚图及通信线路连接图

表 4-18　MAX485 与 MAX488 引脚定义

引脚		名　称	功　能
MAX485、SN75176	MAX488、SN75179、SP3490		
1	2	RO	接收器输出。若 $A>B$ 200 mV，则 RO 为高电平；若 $A<B$ 200 mV，则 RO 为低电平
2		$\overline{RE}$	接收器输出使能。当 $\overline{RE}$ 为低电平时 RO 有效；当 $\overline{RE}$ 为高电平时 RO 为高阻状态

续表 4-18

引脚		名 称	功 能
MAX485、SN75176	MAX488、SN75179、SP3490		
3		DE	驱动器输出使能。DE变为高电平时,驱动器输出A与B有效;当DE为低电平时,驱动器输出为高阻状态。 当驱动器输出有效时,器件被用作线驱动器。而高阻状态下,若RE为低电平,则器件被用作线接收器
4	3	DI	驱动器输入。DI上的低电平强制输出A_MAX485(Y_MAX488)为低电平,而输出B_MAX485(Z_MAX488)为高电平。同理,DI上的高电平强制输出A_MAX485(Y_MAX488)为高电平,而输出B_MAX485(Z_MAX488)为低电平
5	4	GND	地
	5	Y	驱动器同相输出端
	6	Z	驱动器反相输出端
6		A	接收器同相输入端和驱动器同相输出端
	7		接收器反相输入端
7		B	接收器反相输入端和驱动器反相输出端
	8		接收器同相输入端
8	1	VCC	正电源:4.75 V≤VCC≤5.25 V

表 4-19　MAX485 与 SN75176 真值表

驱动输出				接收输入		
输入 DI	使能控制 DE	输　出		差动输入 $A-B$	使能控制 $\overline{DE}$	输出 RO
		A	B	$(A-B)>0.2$ V	L	H
H	H	H	L	$-0.2\text{ V}<(A-B)<0.2$ V	L	不确定
L	H	L	H	$(A-B)<-0.2$ V	L	L
任意值	L	高阻	高阻	任意值	H	高阻
				开路	L	H

图4-19是单片机控制MAX485的运用电路,可使用硬件串口或模拟串口发送与接收数据,A、B端并接的元件起防雷保护作用,使用光耦隔离的方式在下一节进行介绍。

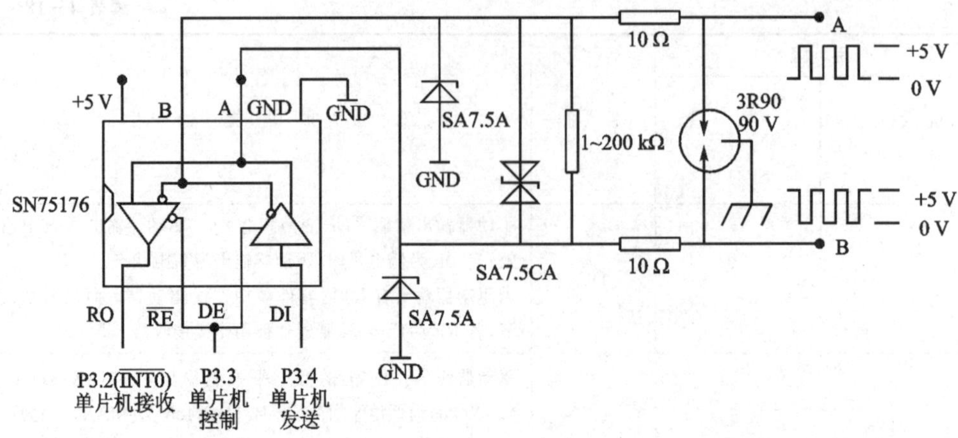

图 4-19　MAX485 运用电路图

4.6　SSI 通信

SSI 通信主要用在测量角度的绝对式编码器上，绝对式编码器外形如图 4-20 所示。

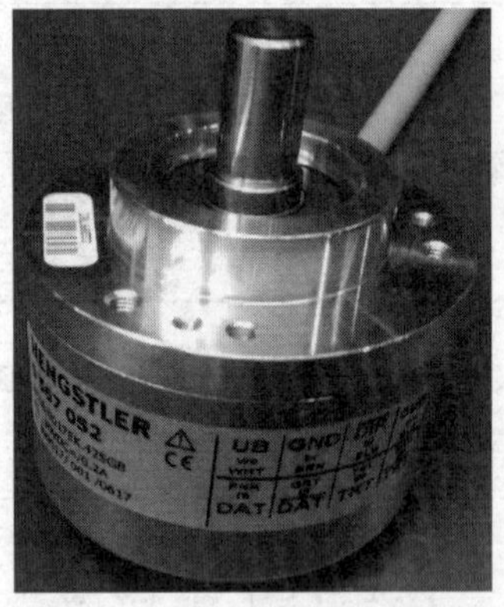

图 4-20　绝对式编码器外形

4.6.1　SSI 数据通信格式

SSI 采用 6 线制方式，两线电源，两路 RS485(4 线)，其中一路为时钟输出，另一路为数据输入，单片机向从机发送移位时钟的过程中完成从机返回数据的接收，数据通信格式如图 4-21 所示。

图 4-21 中的脉冲宽度是有要求的，从机使用说明书一般会给出这个指标，几款德国进口编码器典型值：$T = 0.9 \sim 11\ \mu s$，$t_1 > 0.45\ \mu s$，$t_2 \leqslant 0.4\ \mu s$；$t_3 = 12 \sim 35\ \mu s$。

数据传输格式说明：当没有传输时，与单片机引脚连接的时钟线和数据线都是高电平状态，在时钟信号的第一个下降沿，编码器的当前位置值被储存，在随后的时钟上升

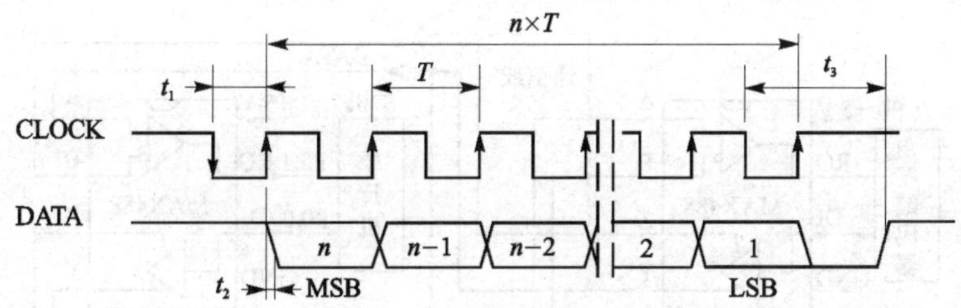

图 4-21　SSI 通信时序图

沿，编码器的数据从最高有效位(MSB)开始依次送出。一个完整的数据字传送完成后，数据线保持一段时间(t_3)的低电平，直到编码器准备好下一个值，如果在 t_3 期间接收到时钟的下降沿，相同的值被再次发送。如果时钟线保持高电平的时间长于 t_3 周期，数据输出将会中断，这种情况下，在下一个时钟信号的下降沿，新的位置值被储存，并在随后的时钟上升沿被送出，从这里可以看出，时钟频率是有一个范围要求的，不能过高也不能过低。

4.6.2　SSI 硬件电路

SSI 通信为了延长传输距离需要使用类似图 4-22 或图 4-23 所示的硬件电路。

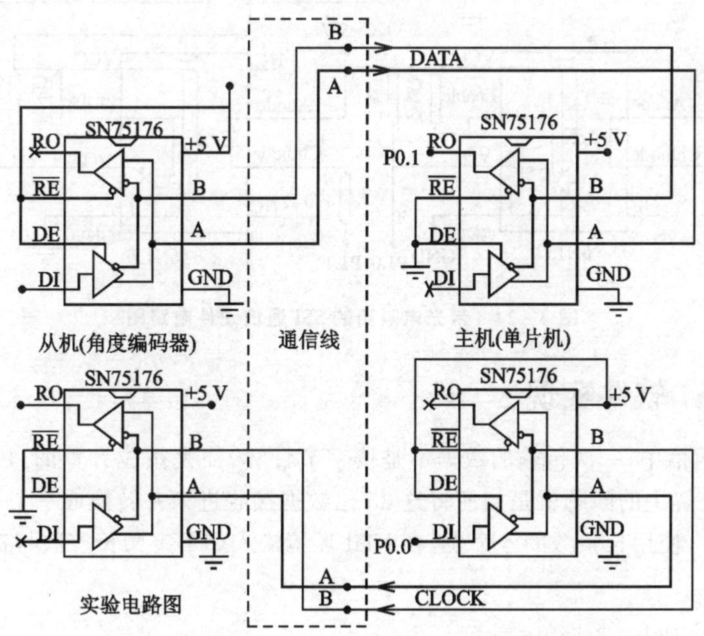

图 4-22　使用 SN75176 构成的 SSI 通信硬件电路图

在实际运用中，通信线路可能很长，在雷雨季节容易出现雷电感应而损坏设备，图 4-24 是加入了光电隔离的线路图(主机部分)。

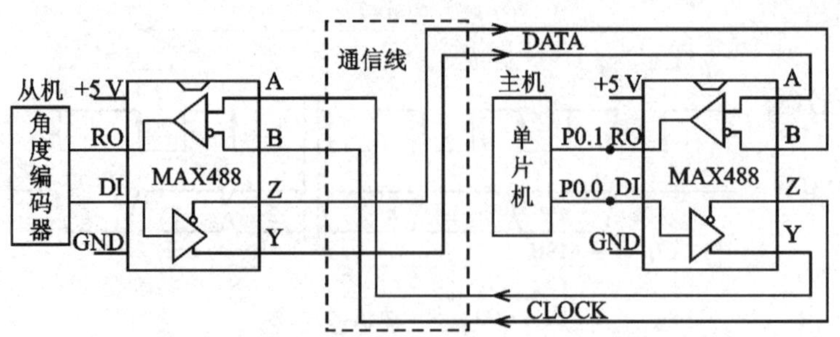

图 4-23　使用 MAX488 构成的 SSI 通信硬件电路图

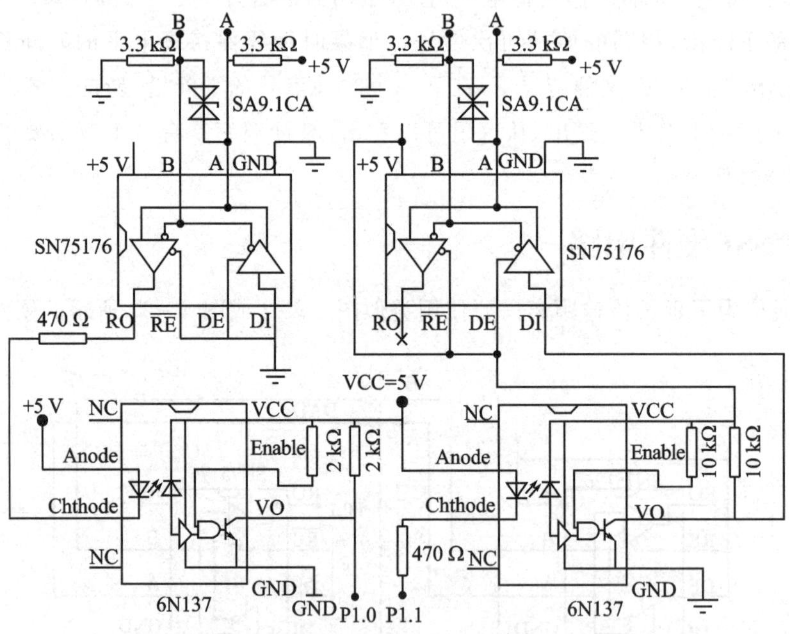

图 4-24　带光电隔离的 SSI 通信硬件电路图

4.6.3　SSI 软件实现

在 SSI 通信中,一次传输的数据不是按字节计算,而是按位计算的,比如一次传输 25 位数据,要解决的问题就是如何将这 25 位数据接收进来并转换成一个长整数。

例 4.10　使用长整数的各个位,在 Keil 环境输入如下定义长整数与各个位变量的语句。

```
unsigned long bdata JSData = 0;
sbit JSD0 = JSData^0;                              //最低位
sbit JSD1 = JSData^1;
sbit JSD2 = JSData^2;
 ⋮
sbit JSD30 = JSData^30;
```

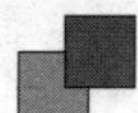

```
sbit JSD31 = JSData^31;                              //最高位
```

编译后打开对应的 *.m51 文件,可找到如下重要信息。

```
0020H                    JSData
                                   //JSDat 占用 20H(高位字节),21H,22H,23H(低位字节)
0020H.0                  JSD0
0020H.7                  JSD7
0021H.0                  JSD8
0021H.7                  JSD15
0022H.0                  JSD16
0022H.7                  JSD23
0023H.0                  JSD24
0023H.7                  JSD31
```

将上面的信息整理成表格形式如下(使用 sbit 关键字找的字节位顺序):

7 6 5 4 3 2 1 0	15 14 13 12 11 10 9 8	23 22 21 20 19 18 17 16	31 30 29 28 27 26 25 24
20H.7～20H.0	21H.7～21H.0	22H.7～22H.0	23H.7～23H.0

4 字节长整数各位在内存中的存放顺序如下:

最高位字节　　　　　　　　　　　　　　　　　　　最低位字节

31 30 29 28 27 26 25 24	23 22 21 20 19 18 17 16	15 14 13 12 11 10 9 8	7 6 5 4 3 2 1 0
20H.7～20H.0	21H.7～21H.0	22H.7～20H.0	23H.7～23H.0

由于两者排列顺序不一致,因此,使用 sbit 关键字定义多个字节位时必须按下面示例操作,其实就是输入上面 2 个表格间的上下对应关系。

```
sbit JSD31 = JSData^7; sbit JSD30 = JSData^6;……;sbit JSD24 = JSData^0;
sbit JSD23 = JSData^15; sbit JSD22 = JSData^14; ……;sbit JSD16 = JSData^8;
sbit JSD15 = JSData^23; sbit JSD14 = JSData^22;……;sbit JSD8 = JSData^16;
sbit JSD7 = JSData^31; sbit JSD6 = JSData^30;……;sbit JSD0 = JSData^24;
```

例 4.11　读取 SSI 接口 25 位编码器角度数据。

```
#include "STC15W4K.H"              //包含 "STC15W4K.H"寄存器定义头文件
#include <intrins.h>
sbit CLK = P0^0;sbit DAT = P0^1;
unsigned long bdata JSData;
sbit JSD24 = JSData^0;             //最高位
sbit JSD23 = JSData^15;sbit JSD22 = JSData^14;sbit JSD21 = JSData^13;sbit JSD20 = JSData^12;
sbit JSD19 = JSData^11;sbit JSD18 = JSData^10;sbit JSD17 = JSData^9;sbit JSD16 = JSData^8;
sbit JSD15 = JSData^23;sbit JSD14 = JSData^22;sbit JSD13 = JSData^21;sbit JSD12 = JSData^20;
sbit JSD11 = JSData^19;sbit JSD10 = JSData^18;sbit JSD9 = JSData^17;sbit JSD8 = JSData^16;
sbit JSD7 = JSData^31;sbit JSD6 = JSData^30;sbit JSD5 = JSData^29;sbit JSD4 = JSData^28;
sbit JSD3 = JSData^27;sbit JSD2 = JSData^26;sbit JSD1 = JSData^25;sbit JSD0 = JSData^24;
//最低位
void delay()
{    _nop_();_nop_();_nop_();
}
void delay10ms()
{  //由第 1 章介绍的软件计算得出
```

```
}
unsigned long JieShou()
{
    CLK = 1;
    delay();                          //防止进入此子程序时 CLK = 0,无效状态
    CLK = 0;                          //时钟信号的第一个下降沿,编码器的当前位置值被储存
    delay();
    CLK = 1;                          //第 1 个脉冲上升沿
    delay();
    JSD24 = DAT;
    CLK = 0;
    delay();
    CLK = 1;                          //第 2 个脉冲上升沿
    delay();
    JSD23 = DAT;
    CLK = 0;
    delay();
    ⋮
    CLK = 1;                          //第 24 个脉冲上升沿
    delay();
    JSD1 = DAT;
    CLK = 0;
    delay();
    CLK = 1;                          //第 25 个脉冲上升沿
    delay();
    JSD0 = DAT;
    CLK = 0;
    delay();
    CLK = 1;
    return(JSData);
}
unsigned int GraytoDecimal(unsigned long x)     //格雷码转换成自然二进制码
{    …… 同例 2.3 格雷码与二进制相互转换
}
void main()
{
    unsigned long a;
    while(1)
    {
        EA = 0;                       //SSI 通信过程中禁止所有中断
        a = JieShou();
        a = GraytoDecimal(a);
        EA = 1;
        delay10ms();
    }
}
```

单片机时钟输出和数据输入引脚波形如图 4 - 25 所示。

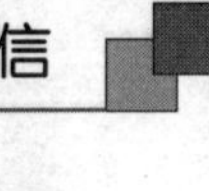

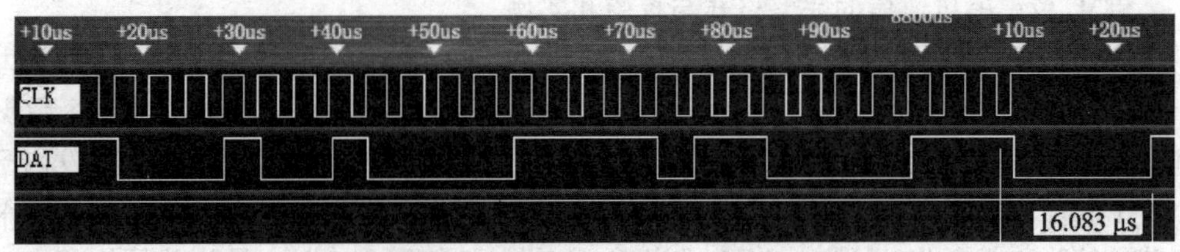

图 4-25 SSI 通信的时钟与数据信号

4.7 数据通信中的错误校验

数据通信难免发生错误，为了让接收端判断数据传输过程是否发生错误，需要在发送的数据中传送额外的附加数据，附加数据常用的是校验和与 CRC。CRC 的计算很占用时间，适用于对数据准确性要求很苛刻的场合；校验和对数据准确性的判断能力低于 CRC，但占用时间极少，为了缩短程序执行时间和简化程序编写，建议优先选用校验和作为数据校验方式。

4.7.1 校验和(CheckSum)与重要的串口通信实例

校验和的方法就是把需要发送或接收的一组数据(或字符的 ASCII 码)进行相加计算，计算其总和后将此数据与某一数字(通常是 256)相除，取其余数，将此余数组合成发送数据的一部分发送出去。同样，接收数据的一方也以相同的方式将所发送过来的数据进行相加计算，并与发送方所发过来的计算值比较，若其值相同，则代表所发送的数据是正确的，反之则是错误的。检查错误时，接收方可能要求发送方重新发送，以确保数据的正确性。

例如，被发送的数值为 0xAB 0xCD 0xEF 0x01 0x02 0x03，将它们的数值相加结果是 0x026D，以十进制表示为 621，与 256 相除后取余数，其值为 109，再转换成十六进制为 0x6D，发送数据时在数据的尾端再加上一个字节 0x6D，因此实际发送出去的数据成为 0xAB 0xCD 0xEF 0x01 0x02 0x03 0x6D，对方收到所发送的数据后会根据以上方式再进行一次计算，如果计算出来的结果是 0x6D，则表示此次发送的数据是正确的。

在单片机中，一般是定义一个无符号整型变量，用这个无符号整型变量存储多个二进制数值相加的结果，然后将这个整型变量对 256 求余数(C 语言中的运算符为%)，求余后的数值不会大于 255，是整数，所以还需要强制转换成无符号 char 型才能发送出去，这里的强制转换实际上就是把整数的低字节保留，高字节舍弃。

校验和一般用于环境干扰不大或对数据准确性要求不算太高的场合，最大的优点是计算过程简单，占用单片机时间极少，缺点是有少数错误检查不出来，比如发送 2 个数据，100 与 200，校验和(100+200)%256=44，若数据发送过程中受到干扰，100 变成了 110，200 变成了 190，接收方对数据校验(110+190)%256=44，与发送方计算的校验和相同，这时就把错误的数据当作正确的数据处理了。

例 4.12 串口通信的完整格式与校验和实例。

通信协议:每次计算机串口助手向单片机发送 5 个字节的数据,第一个字节为 0x7E,数据开始标志(即帧头),后面 3 个字节为任意数据,最后一个字节为前 4 个数据和的低字节(高字节忽略),即校验和,单片机接收到 5 个字节后,如果校验正确,发回第 1 字节 0x7E 作为帧头,2、3、4 字节为接收的 2、3、4 字节加 1 后的数据,第 5 字节为前 4 个字节的校验和。使用 22.118 4 MHz 内部 R/C 时钟,波特率为 9 600,最为常见的 N.8.1 帧格式(无奇偶校验、8 位数据位、1 位停止位)。

测试方法:在 STC 串口助手发送区输入数据:7E 12 34 56 1A,选择 HEX 发送,HEX 显示,单击发送后接收窗口立即显示 7E 13 35 57 1D,则测试成功。如果串口助手向单片机发送数据后接收不到单片机返回数据,重点检查波特率设置是否正确,单片机部分完整代码如下:

```
//51 单片机串口接收和发送校验和测试程序:接收采用中断方式,发送采用查询方式,T1 作串
//口波特率发生器
#include "STC15W4K.H"                //包含 "STC15W4K.H"寄存器定义头文件
#define FMBEGIN 0x7e                 //帧头标志
unsigned char RecCount;              //串口接收计数器,全局变量在没有赋值以前系统默认为 0
unsigned char RecBuf[5];             //接收缓冲区(数据长度:帧头 + 3 字节数据 + 校验和)
unsigned char SendBuf[5];            //发送缓冲区(数据长度:帧头 + 3 字节数据 + 校验和)
void UART_init(void)             //串口初始化函数,使用 T1 方式 2 自重载方式作波特率发生器
{
    //下面的代码设置定时器 1
    TMOD = 0x20;                     //0010 0000  定时器 1 工作于方式 2(8 位自动重装方式)
    TH1  = 0xFA;                     //波特率为 9 600,频率为 22.118 4 MHz
    TL1  = 0xFA;                     //波特率为 9 600,频率为 22.118 4 MHz
    TR1  = 1;
    //下面的代码设置串口
    AUXR = 0x00;                     //很关键,使用定时器 1 作为波特率发生器,S1ST2 = 0
    SCON = 0x50;     //01010 0000 SM0.SM1 = 01(最普遍的 10 位通信),REN = 1(允许接受)
    //下面的代码设置中断
    ES = 1;           //关键:开启了中断就必须编写相应的中断函数,哪怕中断是空函数,
                //但必须有,否则程序进入中断入口地址后(这里是 0023H)不能跳出,必然出错
    EA = 1;
}
void sendcombytes(unsigned char * ptr, unsigned char len)    //发送一帧完整数据
{
    unsigned char i;
    for(i = 0;i<len;i++)
    {
        SBUF = *(ptr + i);
        while(TI == 0);
        TI = 0;
    }
}
void UART1(void) interrupt 4                         //串口,中断服务程序
{
    if(RI)                                           //只处理接收中断
    {
```

```
        if(RecCount == 5) RecCount = 0;//如果已经接收了 5 个字符,主程序还没来得及处理
        //又发来下一帧数据,则 RecCount 清零,覆盖上一帧数据,保证数据接收不错位
        RecBuf[RecCount] = SBUF;
        RI = 0;
        if (RecCount == 0)                          //判断帧头是否正确
        {
            if(RecBuf[RecCount] == FMBEGIN)
            {
                RecCount ++ ;
            }
            else
            {
                RecCount = 0;
            }
        }
        else
        {
            RecCount ++ ;
        }
    }
}
unsigned char CheckSum(unsigned char * ptr, unsigned char len)
{
    unsigned char i;
    unsigned char a;
    unsigned int Value = 0;
    for(i = 0;i<len;i ++ )                          //len 结束后第一个字节为接收到的校验和
    {
        Value  =  Value  +  ptr[i];
    }
    a = Value;                                      //长送短,传送完整低字节
    return(a);
}
void main(void)
{
    unsigned char i;
    unsigned char CheckValue;                       //校验结果
    UART_init();                                    //串口初始化
    while(1)
    {
        if(RecCount == 5)                       //RecCount 是全局变量,表示串口已收到的字节数
        {
            RecCount = 0;
            CheckValue = CheckSum(RecBuf,4); //接收缓冲区 4 字节校验(第 5 字节例外)
            if(CheckValue == RecBuf[4])         //如果校验正确,数据加 1 后发回
            {
                P00 = !P00;
                SendBuf[0] = FMBEGIN;
                for(i = 1;i<4;i ++ )            //1~5 字节中 2~4 为数据
                {
                    SendBuf[i] = RecBuf[i] + 1;
```

```
                }
                CheckValue = CheckSum(SendBuf,4);  //1～4 字节参与校验
                SendBuf[4] = CheckValue;
                sendcombytes(SendBuf,5);
            }
            else                               //接收校验错误,发回帧头 + 4 个 aa
            {
                SendBuf[0] = FMBEGIN;
                for(i = 1;i<5;i ++ )           //1～5 字节中 2～5 为数据
                {
                    SendBuf[i] = 0xaa;
                }
                sendcombytes(SendBuf,5);
            }
        }
    }
}
```

4.7.2 CRC 校验

CRC 校验的全称是循环冗余码校验。CRC 与校验和在使用方法上是相同的,发送装置先计算出 CRC 值并随数据一同发送给接收装置,接收装置对收到的数据重新计算 CRC 并与收到的 CRC 相比较,若两个 CRC 值不同,则说明数据通信出现错误。常用的 CRC 有 CRC8 与 CRC16,CRC8 在传送数据末尾附加 1 个字节的 CRC 码,CRC16 在传送数据末尾附加 2 个字节的 CRC 码,CRC 是利用除法及余数的原理来计算的,在这里不对原理深入分析,只给出完整的实例代码,使用实例代码步骤如下:

① 根据发送方的 CRC 码采用的是 CRC8 还是 CRC16 确定一帧数据结尾的附加字节数。

② 确定发送方的 CRC 码采用的生成多项式,如下:

名称	生成多项式	简记式	反转简记式
CRC-8(最常用)	$x^8+x^5+x^4+1$	0x31	0x8c
CRC-8	$x^8+x^2+x^1+1$	0x07	0xe0
CRC-8	$x^8+x^6+x^4+x^3+x^2+x$	0x5E	0x7a
CRC-16	$x^{16}+x^{15}+x^2+1$	8005	0xa001
CRC16-CCITT(最常用)	$x^{16}+x^{12}+x^5+1$	1021	0x8408

生成的多项式按乘权求和计算得到的结果转为二进制后,去掉最高位即得简记式,比如多项式 $x^8+x^5+x^4+1=2^8+2^5+2^4+1=305=100110001B$,舍弃最高位得 00110001B = 0x31(简记式),00110001B 从后向前看得 10001100B=0x8c(反转简记式),其余以此类推即可。

③ 根据发送方的 CRC 码采用的是正序校验还是反序校验确认生成多项式对应的

简记式(正序校验)或反转简记式(反序校验)。

④ 根据以上几点要求选择实例代码中对应的函数,并根据需要更换简记式或反转简记式常数。

现在以 CRC8 查表法和计算法在 18B20 中的运用为例进行讲解。18B20 中用的 CRC 是 8 位,正好是 1 个字节,采用的多项式是最常用的 $x^8+x^5+x^4+1$,反序校验,校验码可用实例代码中的计算法获得,为了提高运算速度,可以先用计算法将 1 个字节从 00~FF 的 CRC8 校验码计算出来并填入 CRC 表格数组(见下面完整的实验代码),然后就可以使用这个表来查询和计算多个字节数据的 CRC 校验码了。在读 18B20 的 ID 时,返回 8 个字节,第一个是厂家代码 28H,中间 6 个字节是 18B20 的 ID 号,最后一个就是 CRC。同 RS232 串口通信一样,也是按低位在前高位在后的顺序向外输出一个字节的各个位,这个时候判断 CRC 是否正确有两个方法,一个是算前 7 个字节的 CRC,算出来后应该和最后一个字节的值相等,不等就是出错了;另一个方法是算 8 个字节的 CRC,算出来应该是 0。

下面的实例代码包括查表法和计算法,查表法只列举了实际用于 18B20 反序校验的子函数与反序表格,计算法包括了反序校验和正序校验,由于 18B20 内部采用的是反序校验,所以这里的正序校验程序不能用于 18B20,而是供读者在其他需要正序校验的地方选用。

例 4.13 CRC8 查表法和计算法在 18B20 中运用的完整实例。

```
unsigned char code CrcTable [256] = {                    //CRC8 反序表
0, 94, 188, 226, 97, 63, 221, 131, 194, 156, 126, 32, 163, 253, 31, 65,
157, 195, 33, 127, 252, 162, 64, 30, 95, 1, 227, 189, 62, 96, 130, 220,
35, 125, 159, 193, 66, 28, 254, 160, 225, 191, 93, 3, 128, 222, 60, 98,
190, 224, 2, 92, 223, 129, 99, 61, 124, 34, 192, 158, 29, 67, 161, 255,
70, 24, 250, 164, 39, 121, 155, 197, 132, 218, 56, 102, 229, 187, 89, 7,
219, 133, 103, 57, 186, 228, 6, 88, 25, 71, 165, 251, 120, 38, 196, 154,
101, 59, 217, 135, 4, 90, 184, 230, 167, 249, 27, 69, 198, 152, 122, 36,
248, 166, 68, 26, 153, 199, 37, 123, 58, 100, 134, 216, 91, 5, 231, 185,
140, 210, 48, 110, 237, 179, 81, 15, 78, 16, 242, 172, 47, 113, 147, 205,
17, 79, 173, 243, 112, 46, 204, 146, 211, 141, 111, 49, 178, 236, 14, 80,
175, 241, 19, 77, 206, 144, 114, 44, 109, 51, 209, 143, 12, 82, 176, 238,
50, 108, 142, 208, 83, 13, 239, 177, 240, 174, 76, 18, 145, 207, 45, 115,
202, 148, 118, 40, 171, 245, 23, 73, 8, 86, 180, 234, 105, 55, 213, 139,
87, 9, 235, 181, 54, 104, 138, 212, 149, 203, 41, 119, 244, 170, 72, 22,
233, 183, 85, 11, 136, 214, 52, 106, 43, 117, 151, 201, 74, 20, 246, 168,
116, 42, 200, 150, 21, 75, 169, 247, 182, 232, 10, 84, 215, 137, 107, 53};
/********** 查表法计算 CRC  (*ptr 是指针,指向第一个字节,len 是字节数) *******/
unsigned char crc8_f_table (unsigned char *ptr, unsigned char len)
{
    unsigned char i;
    unsigned char crc = 0;
    for(i = 0;i<len;i++)                          //查表校验
    {
        crc = CrcTable[crc^ptr[i]];               //"^"是按位异或运算符
    }
```

```
    return(crc);
}
//下面是多种计算法计算 CRC
/****************crc8_z 正序校验(方法 1:快速)       ******************/
unsigned char  crc8_z1(unsigned char * ptr, unsigned char len)
{
    unsigned char i;
    unsigned char crc = 0;
    while(len -- )
    {
        crc^ = * ptr ++ ;                          //"^"是按位异或运算符
        for(i = 0;i<8;i ++ )
        {
            if(crc&0x80)
            {
                crc<< = 1;
                crc^ = 0x31;           //生成多项式 x^8 + x^5 + x^4 + 1 对应的简记式是 0x31
            }
            else
            {
                crc<< = 1;
            }
        }
    }
    return(crc);
}
/****************  crc8_z 正序校验(方法 2:慢速)      ******************/
unsigned char  crc8_z2(unsigned char * ptr, unsigned char len)
{
    unsigned char i;
    unsigned char crc = 0;
    while(len -- ! = 0)
    {
        for(i = 0x80;i! = 0;i >> = 1)
        {
            if(crc&0x80)
            {
                crc << = 1;
                crc ^=  0x31;
            }
            else
            {
                crc << = 1;
            }
            if(( * ptr&i)! = 0)
            {
                crc ^=  0x31;
                                    //生成多项式 x^8 + x^5 + x^4 + 1 对应的简记式是 0x31
            }
        }
        ptr ++ ;
```

```
    }
    return(crc);
}
/******************  crc8_f 反序校验(方法 1:快速)    ******************/
unsigned char  crc8_f1(unsigned char * ptr, unsigned char len)
{
    unsigned char i;
    unsigned char crc = 0;
    while(len--)
    {
        crc^= * ptr++;
        for(i = 0;i<8;i++)
        {
            if(crc&0x01)
            {
                crc>>= 1;
                crc^= 0x8c;         //生成多项式 x8 + x5 + x4 + 1 对应的反转简记式是 0x8c
            }
            else
            {
                crc>>= 1;
            }
        }
    }
    return(crc);
}
/******************  crc8_f 反序校验(方法 2:慢速)    ******************/
unsigned char  crc8_f2(unsigned char * ptr, unsigned char len)
{
    unsigned char i;
    unsigned char crc = 0;
    while(len--!= 0)
    {
        for(i = 0x01;i!= 0;i <<= 1)
        {
            if((crc&0x01)!= 0)
            {
                crc >>= 1;
                crc ^= 0x8c;
            }
            else
            {
                crc >>= 1;
            }
            if(( * ptr&i)!= 0)
            {
                crc ^= 0x8c;      //生成多项式 x8 + x5 + x4 + 1 对应的反转简记式是 0x8c
            }
        }
        ptr++;
    }
```

```
    return(crc);
}
void main()
{
        unsigned char buff[] = {0x01,0x02,0x03,0x04,0x05,0x06,0x07,0x08,0x83};
        unsigned int a,b,c,d,e;
        while(1)
        {
              a = crc8_z1(buff,8);
              b = crc8_z2(buff,8);
              c = crc8_f_table(buff,8);  //查表法获取 CRC 值,软件仿真(12 MHz)占用 313 μs
              d = crc8_f1(buff,8);       //计算法获取 CRC 值,软件仿真(12 MHz)占用 1 358 μs
              e = crc8_f2(buff,8);       //计算法获取 CRC 值,软件仿真(12 MHz)占用 2 002 μs
        }
}
```

由软件仿真结果可以看出,查表法的确比计算法快得多,上面是按传统 51 单片机软件仿真的结果,若使用 STC15 系列 1T 单片机,则速度大约快 12 倍,计算法占用时间也就只有 113～167 μs 了,大部分情况下也都是可以用的。

例 4.14 CRC16 完整测试代码,CRC16 与 CRC8 原理相同,所以代码也很相似,需要的读者请查看配套资源。

4.8 单片机向计算机发送多种格式的数据

第 1 章介绍了 Printf 库函数实现串口输出数据的知识,由于 Printf 占用资源较大,使用格式复杂,所以这里介绍更为精简好用的自定义函数,实现单片机串口向计算机串口发送二进制、十六进制、数值与字符串并由计算机串口助手显示,要求串口助手统一用“文本模式”显示。

例 4.15 单片机串口向计算机串口发送二进制、十六进制、数值与字符串。

```
////////////////////////////////main.c  ///////////////////////////////
#include "uart_debug.h"
void main()
{
      unsigned char a = 0x55;
      unsigned int b = 0xAB98;
      unsigned long c = 1234567890;
      unsigned char Buf[] = "欢迎使用 STC15 单片机! \n";
      //字符串在内存结尾必然有一个附加字符:\0
      UART_init();                          //波特率为 9 600,频率为 22.118 4 MHz
      UART_Send_Str("串口设置完毕:123ABC\n");  //发送字符串
      UART_Send_Str(Buf);
      UART_Send_Num(b);                     //发送数值
      UART_Send_StrNum("数值 = :",c);        //发送字符串 + 数值
      UART_Send_Hex(b) ;                    //发送十六进制
      UART_Send_binary(a);                  //发送二进制
      while(1);
}
```

```
///////////////////////////////usart_debug.h  /////////////////////////////
void UART_init(void);                //串口 1 初始化:波特率为 9 600,频率为 22.118 4 MHz
void UART_Send_Str(char * s);                    //发送字符串
void UART_Send_Num(unsigned long dat);           //发送数值
void UART_Send_StrNum(char * inf,unsigned long dat);  //发送字符串 + 数值
void UART_Send_Hex(unsigned int hex);            //发送十六进制(整数范围)
void UART_Send_binary(unsigned char dat);        //发送二进制
//////////////////////////////////usart_debug.c  //////////////////////////////
#include "STC15W4K.H"              //包含"STC15W4K.H"寄存器定义头文件
#include <string.h>
/*******************************************
功能:将一个 32 位长整型变量 dat 转为字符串,比如把 1234 转为"1234"
参数:dat 为待转的 long 型变量,str 为指向字符数组的指针,转换后的字符串放在其中
返回:转换后的字符串长度
 *******************************************/
unsigned char Long_Str(long dat,unsigned char * str)
{
    signed char i = 0;
    unsigned char len = 0;
    unsigned char buf[11];
    //长整数最大值 4 294 967 295,转 ASCII 码后占用 10 + 1 = 11 字节
    if (dat < 0)                           //如果为负数,首先取绝对值,并添加负号
    {
        dat = -dat;
        *str++ = '-';
        len++;
    }
    do
    {                                      //低位在前高位在后顺序排列
        buf[i++] = dat % 10 + 0x30;        //C 语言中数组下标固定从 0 开始
        dat /= 10;
    } while (dat > 0);
    len += i;                              //i 最后的值就是有效字符的个数
    while (i-- > 0)                        //高位在前低位在后顺序排列
    {
        *str++ = buf[i];
    }
    *str = 0;              //添加字符串结束符方便使用 Keil 自带的字符串处理函数处理
    return len;                            //返回字符串长度
}
/*******************************************
    功能:将一个字符串转为 32 位长整型变量,比如"1234"转为 1234,
    参数:str 为指向待转换的字符串
    返回:转换后的数值
*******************************************/
unsigned long Str_Long(char * str)
{
     unsigned long temp = 0;
     unsigned long fact = 1;
     unsigned char len = strlen(str);     //<string.h>头文件包含 strlen()函数
     unsigned char i;
                          //strlen()函数计算的字符串长度不包含最后一个空字符(值 0)
```

```
    for(i = len;i>0;i -- )
    {
        temp + = ((str[i-1] - 0x30) * fact);  //数组下标从 0 开始
        fact * = 10;
    }
    return temp;
}
/****************************************************
    功能:STC15 单片机串口 1 初始化,使用 T1 方式 2 自动重载方式作为波特率发生器
 ****************************************************/
void UART_init(void)
{    //同例 4.12
}
/****************************************************
    功能:STC15 单片机的串口发送字节的函数
    参数:dat 为要发送的一个字节
 ****************************************************/
void UART_Send_Byte(unsigned char dat)
{
    ES = 0;                                //使用查询方式,禁止中断干预
    SBUF = dat;
    while(!TI);
    TI = 0;        //此句可以不要,不影响后面数据的发送,只供代码查询数据是否发送完成
    ES = 1;
}
/****************************************************
    功能:STC15 单片机的串口发送 0d 0a,即回车换行
    注:此函数就是发送 0d 0a 这两个字节,在"串口助手"上会有回车换行的效果
 ****************************************************/
void UART_Send_Enter()
{
    UART_Send_Byte(0x0d);  //转义字符常量\r,ASCII 码值(十进制) = 13,光标移到本行行首
    UART_Send_Byte(0x0a);  //转义字符常量\n,ASCII 码值(十进制) = 10,光标移到下行行首
}
/****************************************************
    功能:51 单片机的串口发送字符串
    参数:s 为指向字符串的指针
    注:如果在字符串中有 '\n',则会发送一个回车换行
 ****************************************************/
void UART_Send_Str(char * s)
{
    unsigned int i;
    unsigned int len = strlen(s) - 1;     //最后一个字符单独处理
    for(i = 0;i<len;i ++ )
        UART_Send_Byte(s[i]);
    if(s[i] == '\n')
    {
        UART_Send_Enter();
    }
    else
    {
```

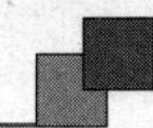

```
        UART_Send_Byte(s[i]);           //普通字符正常发送
    }
}
/****************************************
    功能:51 单片机的串口发送数值
    参数:dat 为要发送的数值(长整数)
    注:函数中会将数值转为相应的字符串,发送出去。比如 4567 转为 "4567"
 ****************************************/
void UART_Send_Num(unsigned long dat)
{
    unsigned char temp[11];      //长整数最大值 4 294 967 295,转 ASCII 码后占用 10 字节
    //由于后面程序要使用 strlen()库函数计算长度,需增加 1 个字节存放结束符 0
    Long_Str(dat,temp);
    UART_Send_Str(temp);
    UART_Send_Enter();                  //发送回车
}
/****************************************
    功能:51 单片机的串口发送字符串 + 数值
    参数:inf 为指向提示信息字符串的指针,dat 为一个数值,前面的提示信息就是在说明这
        个数值的意义
 ****************************************/
void UART_Send_StrNum(char * inf,unsigned long dat)
{
    UART_Send_Str(inf);
    UART_Send_Num(dat);
}
/****************************************
    功能:十六进制转 ASCII 码函数
 ****************************************/
unsigned char Hex_ASCII(unsigned int hex,char * str)
{
    unsigned char temp = 0;
    temp = ((hex&0xf000)>>12);          //4 位 1 表示范围 0_9_A_F
    str[0] = (temp> = 10)? (temp - 10 + 'A'):(temp + 0x30);
        //0_9 的 ASCII 码是 0_9 + 0x30,
        //A_F 的 ASCII 码: A 代表数值 10,A 的 ASCII 码是 65,因此数值 + 55 = ASCII
        //因此算式(temp - 10 + 'A') = (temp - 10 + 65) = (temp + 55)
        //分析依据:ASCII 码表
    temp = ((hex&0x0f00)>>8);
    str[1] = (temp> = 10)? (temp - 10 + 'A'):(temp + 0x30);
    temp = ((hex&0x00f0)>>4);
    str[2] = (temp> = 10)? (temp - 10 + 'A'):(temp + 0x30);
    temp = ((hex&0x000f)>>0);
    str[3] = (temp> = 10)? (temp - 10 + 'A'):(temp + 0x30);
    str[4] = 0;                     //由于要使用 Keil 自带的字符串处理函数,必须有结束标记
    return 0;
}
/****************************************
    功能:51 单片机的串口输出 ASCII 码函数(接收端按字符形式接收则显示为 HEX 格式)
 ****************************************/
void UART_Send_Hex(unsigned int hex)
```

```
{
    unsigned char temp[11];
    Hex_ASCII(hex,temp);
    UART_Send_Str(temp);
    UART_Send_Enter();                    //发送回车
}
/****************************************
    功能:51 单片机的串口发送二进制数据
    参数:dat 为需要按二进制形式显示变量
 ****************************************/
void UART_Send_binary(unsigned char dat)
{
    unsigned char i;
    unsigned char a[17];
    for(i = 0;i<8;i ++ )
    {
        a[i] = ((dat<<i)&0x80)? '1':'0';
    }
    a[i] = 0;
    for(i = 0;i<strlen(a);i ++ )
    {
        UART_Send_Byte(a[i]);
        UART_Send_Byte(' ');
    }
    UART_Send_Enter();                    //发送回车
}
void UART1(void) interrupt 4              //串行口 1 中断函数
{;}
```

选用 22.118 4 MHz 内部 R/C 时钟,将以上程序下载到单片机后,单片机上电时发给计算机串口助手的数据如图 4 - 26 所示,注意:接收缓冲区选择“文本模式”,波特率为 9 600。

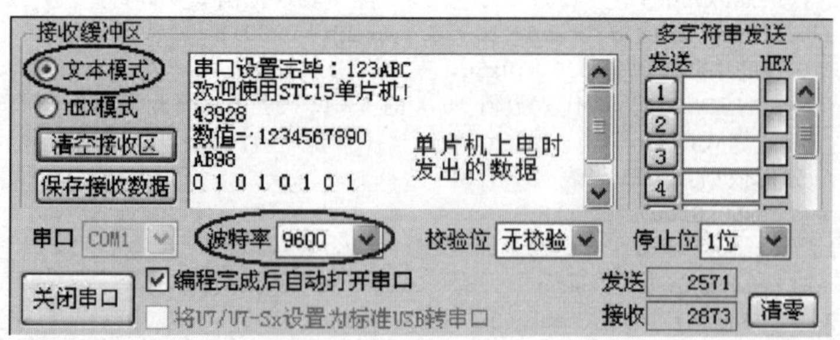

图 4 - 26 单片机串口向计算机串口发送二进制、十六进制、数值与字符串

第5章

SPI通信

5.1 SPI总线数据传输格式

5.1.1 接口定义

SPI是高速、全双向、同步、四线或三线制串行外围设备接口，采用主从模式结构，支持多从机模式应用，一般仅支持单主机。在主机的移位时钟脉冲下，数据按位传输，可以是高位在前（MSB first），低位在后；也可以低位在前，高位在后。目前应用中的数据传输速率可达5 Mbps以上的水平。SPI接口唯一的一个缺点是没有应答机制确认是否接收到数据，但一般的SPI从器件设计都很完善，只要按照器件说明书要求读/写数据都不会有任何问题。

SPI接口共有4根信号线，分别是：设备选择线（片选）、时钟线、串行数据输出线、串行数据输入线，如图5-1所示。

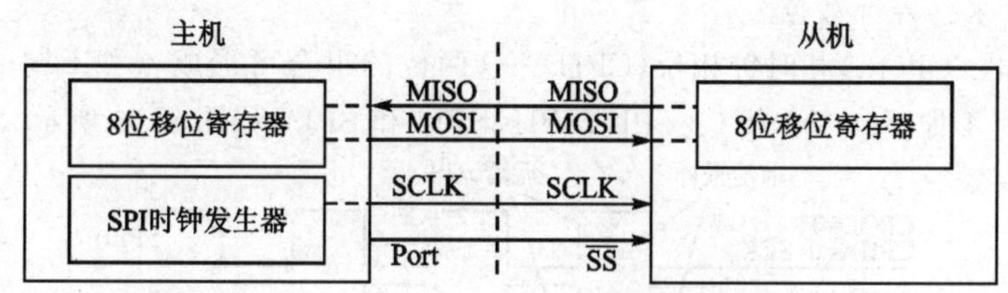

图5-1 SPI单主机、单从机通信方式硬件连接图

① MOSI（Master Out Slave In）：主器件数据输出，从器件数据输入，用于主器件到从器件的数据传输。

② MISO（Master In Slave Out）：主器件数据输入，从器件数据输出，用于从器件到主器件的数据传输。

③ SCLK（SPI Clock）：时钟信号，只能由主器件产生。

④ $\overline{SS}$:设备选择线(片选),由主器件控制,当从器件片选信号输入低电平时为选中状态。$\overline{SS}$ 是针对从器件而言的,作为主器件,不需要使用 $\overline{SS}$。

SPI 总线上的数据没有最低传输速度限制,甚至允许暂停,因为 SCLK 时钟线由主机控制,当没有时钟跳变时,从设备不采集或传送数据。由于 SPI 的数据输入和输出线独立,所以可以同时完成数据的输入和输出。

5.1.2 传输格式

SPI 通信本质上是一个串行移位过程,原理非常简单,如图 5-2 所示。SPI 主从器件构成一个环形总线结构,在主机输出的 SCLK 时钟控制下,两个移位寄存器进行数据交换。

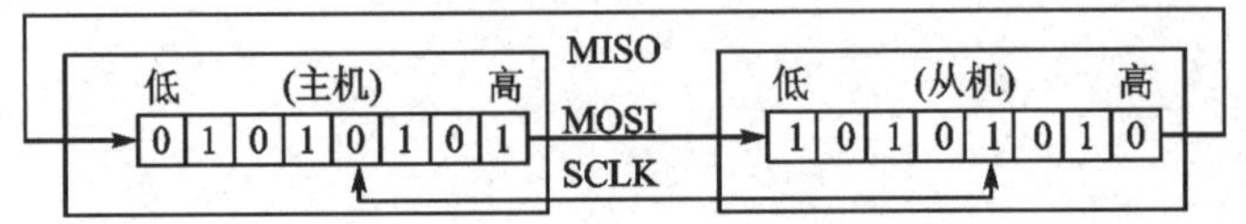

图 5-2 SPI 通信原理

单片机内部 SPI 模块为了和外设进行数据交换,根据外设工作要求,其输出同步时钟极性和相位可以进行配置,SPI 主模块和与之通信的外设在时钟极性和相位上应该严格保持一致。下面还是以 STC15 系列单片机为例进行讲解,时钟极性(CPOL)与时钟相位(CPHA)是特殊功能寄存器中的 2 个最重要的位,这里先对这 2 个位进行分析。

时钟极性(CPOL)定义了时钟空闲状态的电平。

- CPOL=0:时钟空闲状态为低电平。
- CPOL=1:时钟空闲状态为高电平。

时钟相位(CPHA)定义了数据的采样时刻,时钟相位(CPHA)最为重要。

- CPHA=0:在每个时钟周期的第一个跳变沿(上升或下降)采样外部数据,第二个跳变沿输出数据。
- CPHA=1:在每个时钟周期的第一个跳变沿(上升或下降) 输出数据,第二个跳变沿采样外部数据。

时钟极性(CPOL)和时钟相位(CPHA)这两位的组合可形成 4 种不同的数据传输时序,也称为 4 种不同工作模式:SPI0、SPI1、SPI2 和 SPI3,如图 5-3 所示。

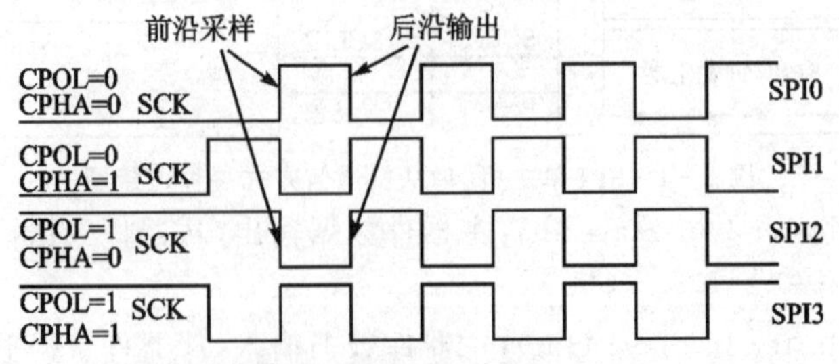

图 5-3 SPI 总线的 4 种工作方式

图 5-4～图 5-6 是 4 种工作模式的理论输出波形,由于主机与从机输出口一一对接,所以不需要区分检测点在主机还是从机,此波形需要与后面的讲解内容及实例配合

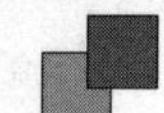

阅读才更容易完全看明白。

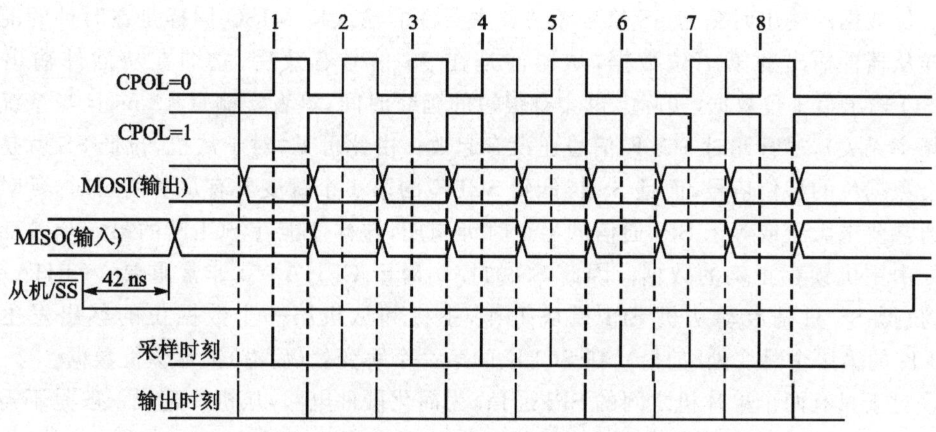

图 5-4　使用$\overline{SS}$、CPHA＝0 时的通信波形图

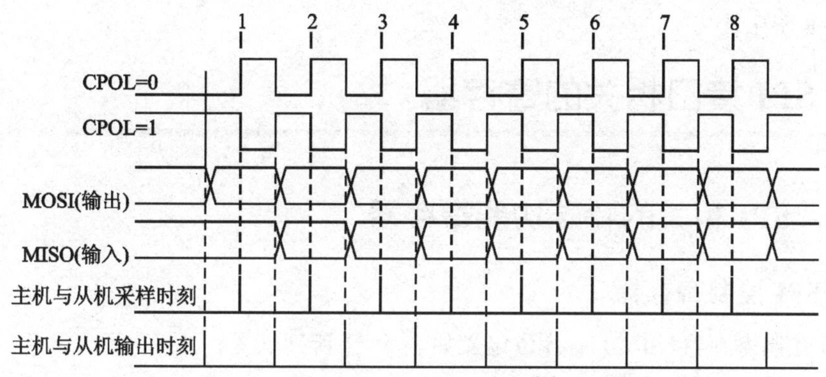

图 5-5　不用$\overline{SS}$、CPHA＝0 时的通信波形图

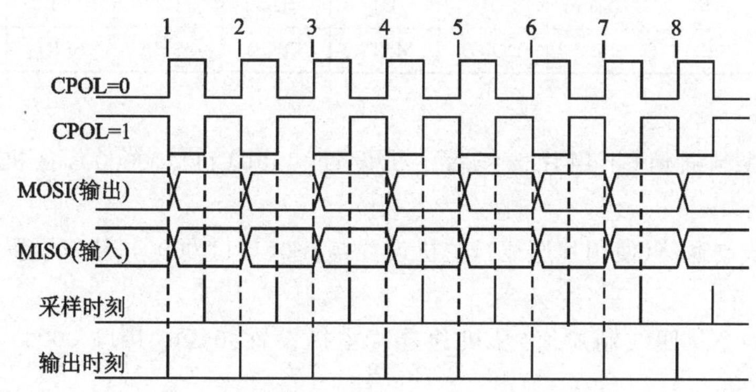

图 5-6　不用$\overline{SS}$、CPHA＝1 时的通信波形图

对于图 5-4,我们最关心的是 SCLK 的第一个时钟周期,因为 CPHA＝0,所以它是在时钟的前沿采样数据,在时钟的后沿输出数据。首先来看主器件,主器件在 SCLK 信号有效以前,比 SCLK 的第一个前沿还要早半个时钟周期的时刻从主器件的输出口

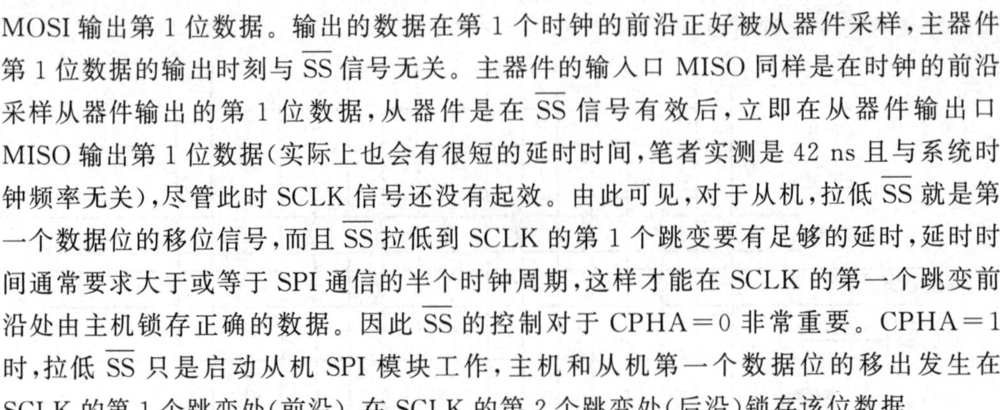

MOSI 输出第 1 位数据。输出的数据在第 1 个时钟的前沿正好被从器件采样，主器件第 1 位数据的输出时刻与 $\overline{SS}$ 信号无关。主器件的输入口 MISO 同样是在时钟的前沿采样从器件输出的第 1 位数据，从器件是在 $\overline{SS}$ 信号有效后，立即在从器件输出口 MISO 输出第 1 位数据(实际上也会有很短的延时时间，笔者实测是 42 ns 且与系统时钟频率无关)，尽管此时 SCLK 信号还没有起效。由此可见，对于从机，拉低 $\overline{SS}$ 就是第一个数据位的移位信号，而且 $\overline{SS}$ 拉低到 SCLK 的第 1 个跳变要有足够的延时，延时时间通常要求大于或等于 SPI 通信的半个时钟周期，这样才能在 SCLK 的第一个跳变前沿处由主机锁存正确的数据。因此 $\overline{SS}$ 的控制对于 CPHA＝0 非常重要。CPHA＝1 时，拉低 $\overline{SS}$ 只是启动从机 SPI 模块工作，主机和从机第一个数据位的移出发生在 SCLK 的第 1 个跳变处(前沿)，在 SCLK 的第 2 个跳变处(后沿)锁存该位数据。

对于只有两个单片机之间的 SPI 通信，为简化硬件电路，从机片选线一般是不需要的。当 CPHA＝0 时，从机在静态(非 SPI 通信区间)时就在输出口输出第一位数据，第一个时钟移位输出的是内部移位寄存器的第 2 位数据。不用 $\overline{SS}$ 的理论波形如图 5-5 和图 5-6 所示。

5.2 SPI 接口相关的寄存器

5.2.1 SPI 相关的特殊功能寄存器

1. SPI 控制寄存器

SPI 控制寄存器(SPCTL)各位定义如表 5-1 所列。

表 5-1 SPCTL 控制寄存器(地址 CEH，复位值为 0000 0100B)

位	D7	D6	D5	D4	D3	D2	D1	D0
位名称	SSIG	SPEN	DORD	MSTR	CPOL	CPHA	SPR1	SPR0

例如：

双机三线制通信(不用片选线)，主机设置：0xF0(1111 0000)，从机设置：0xE0(1110 0000)。

双机四线制通信(使用片选线)，主机设置：0xF0(1111 0000)，从机设置：0x60(0110 0000)。

双机互为主从四线制通信(从机片选)，主机设置：0xF0(1111 0000)，从机设置：0x60(0110 0000)。

SSIG：$\overline{SS}$ 引脚忽略控制位。

- 1：忽略 $\overline{SS}$ 引脚，由 D4(MSTR)位确定器件为主机还是从机，MSTR＝1(主机)，MSTR＝0(从机)。
- 0：作为从机且使用片选线时设为 0，同时将 D4(MSTR)位设 0 成为从机。当片

选线 $\overline{\text{SS}}$ 为低时芯片选中,可正常通信。空闲状态可以不把 $\overline{\text{SS}}$ 拉高,因为它不检测 $\overline{\text{SS}}$ 由高到低的电平变化。当片选线 $\overline{\text{SS}}$ 为高时芯片没选中,不参与通信,此时 SPI 相关引脚保持默认的弱上拉输出状态,这种状态的片选与一般通用芯片的片选引脚功能完全一致。

SPEN:SPI 使能位。1:使能 SPI;0:禁止 SPI,所有 SPI 引脚都作为普通 I/O 口使用。

DORD:设定数据发送和接收的位顺序。1:低位在前,高位在后;0:高位在前,低位在后。

MSTR:MSTR=1(主机),MSTR=0(从机)。

CPOL:时钟极性。1:SPI 空闲时,时钟线为高电平;0:SPI 空闲时,时钟线为低电平。

CPHA:时钟相位选择。1:时钟前沿输出,后沿采样;0:时钟前沿采样,后沿输出。

SPR1 与 SPR0:主机输出时钟速率选择,如表 5-2 所列。

表 5-2 SPI 时钟速率选择

SPR1	SPR0	时钟 SCLK(STC15F2K60S2 系列和以前的 STC12 系列)	时钟 SCLK(STC15W 系列)
0	0	SYS_clk/4	SYS_clk/4
0	1	SYS_clk/16	SYS_clk/8
1	0	SYS_clk/64	SYS_clk/16
1	1	SYS_clk/128	SYS_clk/32

说明:SYS_clk 表示 CPU 运行时钟,若没进行分频设置(默认值),则 SYS_clk 就是 R/C 时钟或外部晶振频率。作为主机方式,上面 4 种配置方式都可以稳定工作,但建议时钟频率一般不要超过 3 MHz,这样既可增强 SPI 传输稳定性,又能减小高频信号对电路板上其他器件产生干扰。对于从机,时钟速率设置无效,它完全是由主机时钟频率控制,从机能接受的时钟控制频率要求在 SYS_clk/4 以内,比如主机和从机都使用内部 R/C 时钟 33.177 6 MHz,主机和从机最高允许时钟频率为(33.177 6/4) MHz≈8.3 MHz。

2. SPI 状态寄存器

SPI 状态寄存器 SPSTAT 各位定义如表 5-3 所列。

表 5-3 SPSTAT 状态寄存器(地址 CDH,复位值为 00xx xxxxB)

位	D7	D6	D5	D4	D3	D2	D1	D0
位名称	SPIF	WOCL	—	—	—	—	—	—

SPIF:SPI 传输完成标志。当一次传输完成时,SPIF 被置 1,此时,如果 SPI 中断被打开(ESPI=1,EA=1),则产生中断,SPIF 标志通过软件向其写入 1 而清 0,比如:"SPSTAT=0xC0;"执行后 SPSTAT=0x00。

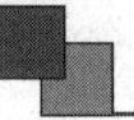

WOCL:SPI 写冲突标志。当一个数据还在传输,又向数据寄存器 SPDAT 写入数据时,WOCL 被置 1,WOCL 标志通过软件向其写入 1 而清 0。

3. SPI 数据寄存器

SPI 数据寄存器 SPDAT,各位定义如表 5-4 所列。

表 5-4 SPDAT 数据寄存器(地址 CFH,复位值为 0000 0000B)

位	D7	D6	D5	D4	D3	D2	D1	D0
位名称	MSB	—	—	—	—	—	—	LSB

位 7~0:保存 SPI 通信数据字节。MSB 为最高位,LSB 为最低位。

例如,主机发送数据代码如下:

```
SPDAT = tmpdata;                 //将 tmpdata 变量中的数据发送出去,执行此命令后硬
                                 //件电路自动输出 tmpdata 变量数据并接收从机数据
```

重点说明:

① 如图 5-7 所示,SPDAT 是 SPI 接口内部移位寄存器配备的一个数据缓冲寄存器,其物理地址与移位寄存器一样,当对 SPDAT 进行读操作时,读取的是缓冲寄存器中的内容;当对 SPDAT 进行写操作时,数据将被直接写入移位寄存器并启动发送过程。缓冲寄存器中的数据在一次传输完成后(8 位数据)被更新,因此在 SPI 连续传输的过程中,读取接收字节的操作应该在下一字节传输完成之前进行,否则新到来的数据将更新缓冲寄存器,造成前一个收到的字节丢失,如果在 SPI 传输过程中读取 SPDAT,则可以正确获得上次收到的数据。

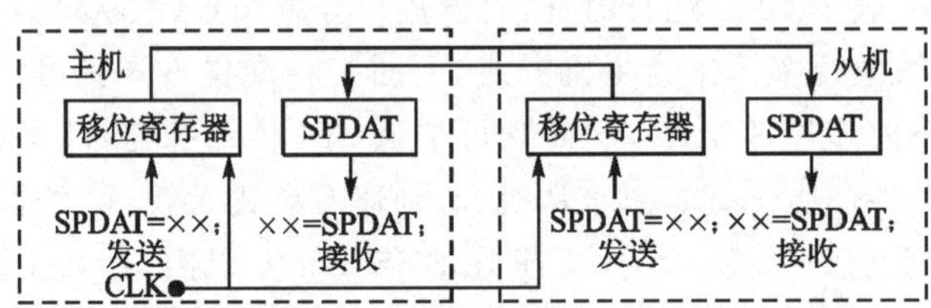

图 5-7 实际的主、从机结构

② 虽然主机 SPI 口与从机 SPI 口构成环形移位寄存器,但不论是主机还是从机,一次传输完成后接收到的数据都是保存在 SPDAT 缓冲寄存器中,移位寄存器的数据只能通过类似 SPDAT=tmpdata 的命令更新。举个简单的例子,假设从机只开启了 SPI 口功能,数据传输过程中不执行任何读/写 SPDAT 命令,主机发送一次 0x55,返回 0x00;主机再发送一次 0x55,返回 0x00;发无数次,返回无数次 0x00。这种情况是由于从机复位后 SPDAT(移位寄存器)为 0 的缘故,若主机连续发送的过程中,从机执行一次“SPDAT=0xAB;”以后每次主机发送时返回的数据都是 0xAB,要想让从机接收到的数据在下一次通信时发回主机,则必须在从机 SPI 接收中断程序中使用 SPDAT=SPDAT 命令。

5.2.2 SPI 接口引脚切换

通过对特殊功能寄存器 AUXR1 中的 SPI_S1(Bit3)与 SPI_S0(Bit2)的设置可以切换 SPI 模块引脚位置。AUXR1 寄存器说明见表 4-10,AUXR1 不能位寻址,只能按字节操作方式对其进行设置,具体切换位置如表 5-5 所列。

表 5-5 SPI 接口引脚切换位置

SPI_S1	SPI_S0	SPI 接口引脚位置			
		$\overline{SS}$	MOSI	MISO	SCLK
0	0	P1.2	P1.3	P1.4	P1.5
0	1	P2.4(SS_2)	P2.3(MOSI_2)	P2.2(MISO_2)	P2.1(SCLK_2)
1	0	P5.4(SS_3)	P4.0(MOSI_3)	P4.1(MISO_3)	P4.3(SCLK_3)
1	1	无效			

5.3 SPI 接口运用举例

例 5.1 单主机-单从机通信方式(忽略片选,22.118 4 MHz 内部 R/C 时钟)。

硬件电路如图 5-8 所示,这里的单片机型号使用 IAP15W4K58S4,也可直接使用 STC15W408S 完成本章所有实验,它们的引脚排列是相同的。

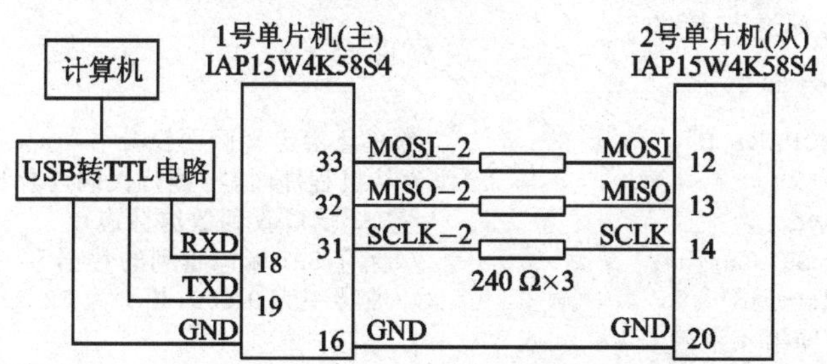

图 5-8 单片机 SPI 主-从通信电路(忽略片选)

引脚说明:

MOSI、MISO、SCLK 共 3 个引脚,当软件设置为 SPI 口使用且作为输出端口时,都是强推挽方式,作为输入端口时,都是弱上拉方式。比如 SPI 主机的 MOSI 和 SCLK 是输出口,强推挽方式;MISO 是输入口,弱上拉方式;SPI 从机的 MISO 是输出口,强推挽方式;MOSI 和 SCLK 是输入口,弱上拉方式。假设用户配置从机 SCLK 的时钟极性 CPOL=0,即空闲时低电平,实际输出仍为弱上拉,不会与主机推挽输出的 SCLK 冲突,因此用户在这里不需要配置 I/O 口,也不需要外加上拉电阻。

这种推挽方式用于单片机与外围 SPI 器件通信显得很方便,但对于单片机与单片机的通信,若使用不当可能会出现 I/O 口短路损坏单片机的情况。比如,硬件电路已连接正确了,新的未下载过程序的单片机内部的预装测试程序可能会在某些 I/O 口输出低电平,一旦另一个单片机程序中开启了 SPI 接口,下载完毕就造成两个单片机 I/O 口短路。还有就是程序代码出错也可能造成芯片损坏的情况,比如两个单片机都设置成了主机并向外发送数据,必然造成 I/O 口短路冲突,所以在使用 2 个或 2 个以上单片机作多机通信时一定要注意程序的下载过程与代码的准确性。为了防止误操作,在图 5－8 电路的 3 条 SPI 传输线上串接 240 Ω 电阻将可能出现的短路电流限制到单片机 I/O 口允许的 20 mA 电流范围内,若使用软件模拟 SPI,可以使用强推挽方式(要求速度特别高的情况)或采用弱上拉方式,输出外加上拉电阻,输入只能采用弱上拉方式。

另外,MOSI、MISO 在空闲时的电平与传输的数据有关,可能是高电平,也可能是低电平,总的来说不是固定的,

程序功能说明:

计算机向主单片机发送一个字节数据,主单片机的串口每次收到一个字节数据后就立刻将这个字节通过 SPI 口发送到从单片机中,同时,主单片机收到从单片机发回的一个字节,并把收到的这个字节通过串口发送到计算机,可使用串口助手观察实验结果。

从单片机 SPI 口收到数据后,把收到的数据(SPDAT 中读出的内容)放到自己的移位寄存器中(对 SPDAT 写入数据),当下一次主单片机发送一个字节过来时把数据发回到主单片机,R/C 时钟频率为 22.118 4 MHz,计算机串口的波特率设置为 9 600,N.8.1,十六进制发送与接收。

完整实验代码如下:

```
#include "STC15W4K.H"                        //注意宏定义后面没分号
#define MASTER 1                             //作为从机程序时,将该行代码注释掉,其余都不用修改
bit SPI_Receive;                             //SPI 端口收到数据标志位
unsigned char SPI_buffer;                    //保存 SPI 端口收到的数据
void UART_init(void)                         //波特率为 9 600,频率为 22.118 4 MHz
{    …… //同第 4 章例 4.1
         //STC15 单片机串口 1 初始化,使用 T1 方式 2 自重载方式作为波特率发生器
}
void Switch_port()                           //根据硬件切换端口
{
    AUXR1& = 0XF3;                           //1111 0011
    AUXR1| = 0X04;                           //0000 0100
}
void main(void)
{
    unsigned char tmpdata,SPI_status;
    port_mode();                             //所有 I/O 口设为准双向弱上拉方式
#ifdef MASTER
        UART_init();                         //初始化串口,波特率为 9 600,频率为 22.118 4 MHz
        SPCTL = 0xF0;                        //主机(或 SPCTL = 0xFC;)
        Switch_port();                       //端口切换
    #else
```

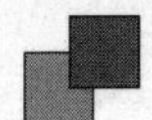

```
        SPCTL = 0xE0;                   //从机(或 SPCTL = 0xEC;)
#endif
    SPSTAT = 0xc0;                      //清零标志位 SPIF 和 WCOL
    IE2 = IE2|0x02;                     //ESPI(IE2.1) = 1,允许 SPIF 产生中断
    EA = 1;                             //开总中断
    SPI_Receive = 0;                    //清标志字
    while(1)                            //主循环
    {
#ifdef MASTER
        if(RI)                          //判断串口是否收到数据
        {
            tmpdata = SBUF;             //读取串口中收到的数据
            RI = 0;
            P35 = !P35;                 //串口接收数据指示灯,调试时观察串口工作是否
                                        //正常将数据发送到从机 SPI
            IE2& = 0xfd;                //ESPI(IE2.1) = 0,禁止 SPIF 产生中断
            SPDAT = tmpdata;            //SPI 发送数据
            SPI_status = 0;
            while(SPI_status == 0)
            {
                SPI_status = SPSTAT;    //等待 SPIF = 1 即等待 SPI 发送完毕
                SPI_status = SPI_status&0x80;
            }
            IE2| = 0x02;                //ESPI(IE2.1) = 1,允许 SPIF 产生中断
            continue;                   //跳转到循环体最后结尾"}" 处执行程序
        }
        if (SPI_Receive)                //判断是否接收到从 SPI 发回数据
        {
            SPI_Receive = 0;            //清零主单片机 SPI 端口收到从机数据标志位
            TI = 0;                     //清零串口发送中断标志
            SBUF = SPI_buffer;          //将接收到的数据从串口发送到计算机
            while(TI == 0);             //等待发送完毕
            TI = 0;                     //清零串口发送中断标志
        }
#else
        if (SPI_Receive)                //判断是否收到主机 SPI 发来的数据
        {
            SPI_Receive = 0;            //清零主单片机 SPI 端口收到数据标志位
            SPDAT = SPI_buffer;         //将收到数据送 SPDAT,准备下一次通信时发回
        }
#endif
    }
}
void SPI(void) interrupt 9
{
    SPSTAT = 0xC0;                      //清零标志位 SPIF 和 WCOL
    SPI_buffer = SPDAT;                 //保存收到的数据
    SPI_Receive = 1;                    //设置 SPI 端口收到数据标志
}
```

在 STC－ISP 计算机串口助手中发送几次 0x55,直到接收窗口接收到 0x55 为止,

目的是检测通信是否正常并让从单片机完成数据 0x55 的接收并准备移位输出，然后让逻辑分析仪开始采样，再次让串口助手发送 0x55，测量波形如图 5-9 所示。使用同样的方法发送 0xAA，测量得到的波形如图 5-10 所示，注意图 5-9 和图 5-10 波形中的数据都是低位在前，高位在后。由于软件中设置的主、从机都是时钟前沿采样，从图 5-9 和图 5-10 可以看出，主机完全符合时钟前沿采样，后沿输出的理论分析，从机采样主机数据点正好位于主机输出数据的中心位置上，也符合常规的理论分析。但是主机采样从机输出数据的时刻不在从机数据的中心位置，从机数据的输出并不是理论上的时钟后沿，而是在时钟前沿后大约 100 ns 时刻(与通信速率无关)输出从机数据，这是由 STC15 系列单片机高速 SPI 内部结构特性决定的。笔者经过多种方式测试验证这种特殊的 SPI 传输是稳定可靠的，从图 5-9 和图 5-10 还可以看出，从机采样到的主机第 1 位数据在最后一个时钟上升沿后 100 ns 时刻输出到端口上，这样在下一次通信时主机在第 1 个时钟脉冲前沿就能采样到从机的第 1 位数据。

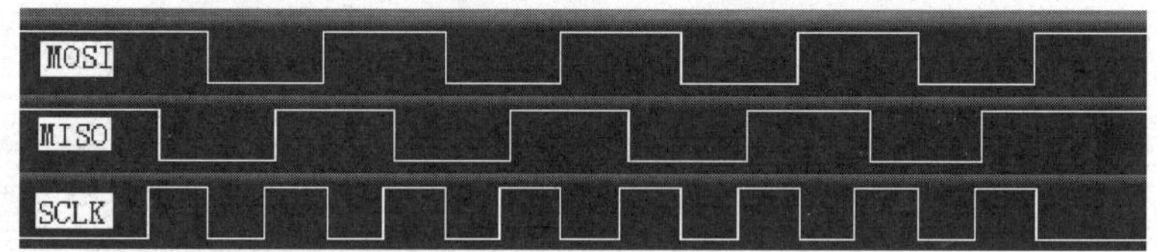

图 5-9　CPOL=0 与 CPHA=0 的波形图(主机发送与接收 0x55:0101 0101B)

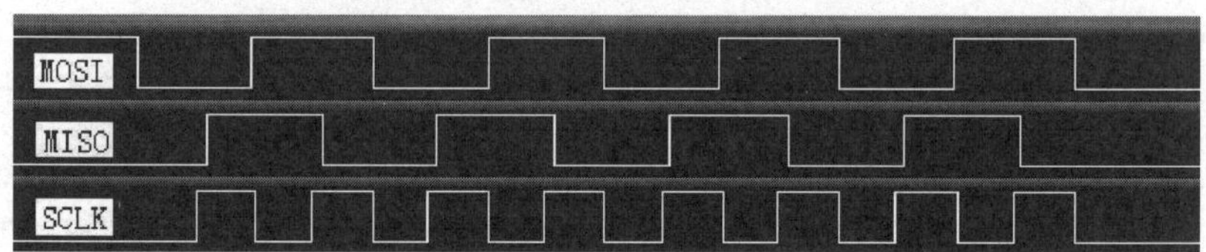

图 5-10　CPOL=0 与 CPHA=0 的波形图(主机发送与接收 0xAA:1010 1010B)

难点分析：对于从机，只要设置为忽略片选的方式，内部移位寄存器输出的第 1 位数据在静态时就在输出口上，所以第 1 个移位时钟移出的是内部 8 位数据的第 2 位，正因为如此，主机在第 1 个时钟前沿就能采集到正确数据。对于主机略有不同(主机代码中必定有 SPDAT=0xXX 命令，从机没有)，主机的第 1 位在静态时并不出现在数据线上，要在第 1 个移位脉冲的前半个脉冲周期才输出(见图 5-10)。接下来改变主从单片机时钟极性与时钟相位(主从单片机时钟极性与时钟相位应严格保持一致)，比如主单片机设置："SPCTL=0xFC;"，从单片机设置："SPCTL=0xEC;"，可以发现数据传输结果都是正常的，实际波形如图 5-11 所示。

例 5.2　单主机-单从机通信方式(忽略片选，33.177 6 MHz 内部 R/C 时钟)。

为了验证 STC 的 SPI 是否能达到 8.3 MHz 的通信频率，将例 5.1 程序中串口波特率参数稍作修改并在 STC 下载软件中选择内部 R/C 时钟频率为 33.177 6 MHz，其余部分保持与上例相同。测试方法和结果与上例是相同的。

例 5.3　STC-SPI 硬接口(单主单从，从机片选)，硬件电路如图 5-12 所示。

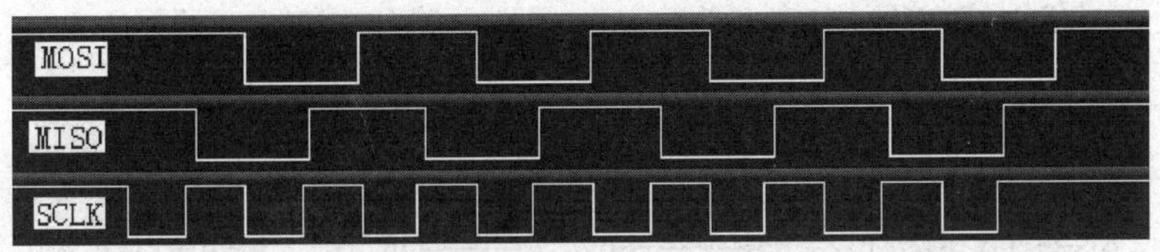

图 5－11　CPOL＝1 与 CPHA＝1 的波形图(主机发送与接收 0x55)

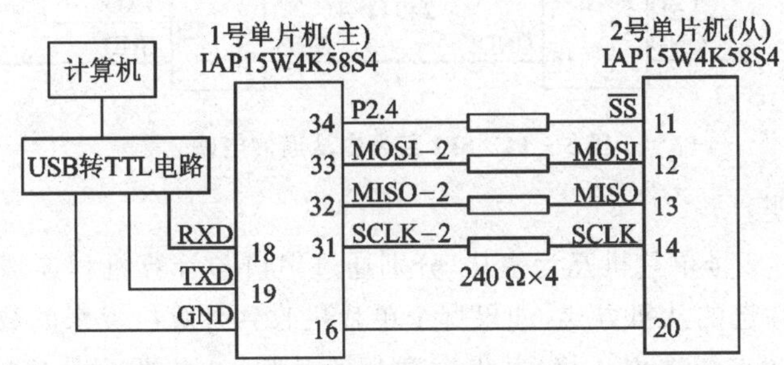

图 5－12　单片机 SPI 主－从通信电路(使用片选)

我们使用片选的目的是要实现多机选择，如果只有一个从机就没有必要多使用一条片选线了，因此程序中在 SPI 传输前打开片选(拉低从机 SS)，SPI 传输完成后关闭片选(拉高从机 SS)，当然也可以不关闭。

只有很少一点代码与例 5.1 不同，如下：

```
sbit P2_4 = P2^4;
#ifdef MASTER
        SPCTL = 0xf0;           //1111 0000
    #else
        SPCTL = 0x60;           //0110 0000
#endif
……
P2_4 = 0;                       //打开从机片选
SPDAT = tmpdata;                //SPI 发送数据
……                              //等待 SPI 发送完毕
P2_4 = 1;                       //关闭从机片选
```

测试波形如图 5－13 所示，从机片选被拉低后延迟 40 ns 输出第 1 位数据，延迟时间与系统时钟和 SPI 频率无关，从机片选结束后输出的数据继续维持大约 1 μs 不变，与系统时钟有关，1 μs 延迟结束后从机 SPI 相关引脚恢复默认的弱上拉输出状态。

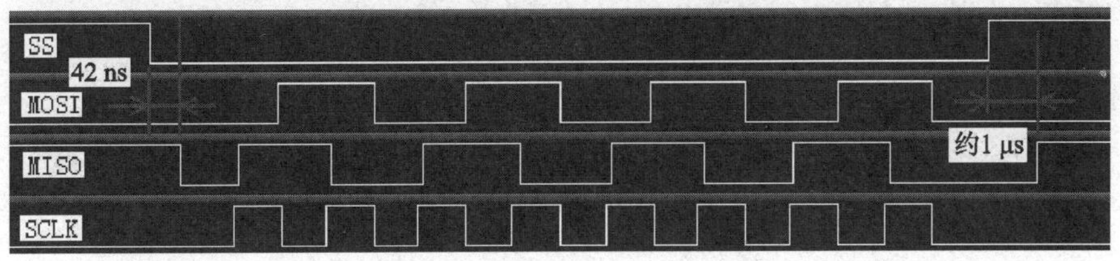

图 5－13　从机使用片选波形图(主机发送与接收 0xAA:1010 1010B)

例 5.4 STC-SPI 硬接口(互为主从),硬件电路如图 5-14 所示。

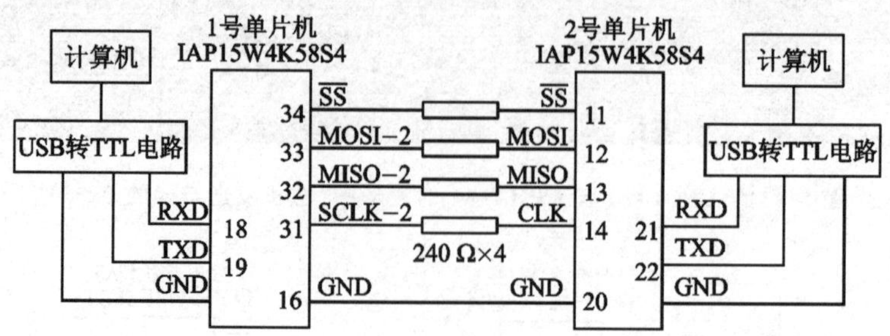

图 5-14 SPI 互为主从通信电路

程序功能说明:

1 号单片机与 2 号单片机互为主从,分别通过串口与计算机相连,静态时 2 个单片机都设置为需要片选的从机方式,如果哪个单片机收到计算机发来的数据,就设置为主机方式,拉低 $\overline{SS}$ 片选线选中从机,并发送数据给从机,主机收到从机的数据发送给计算机,从机收到主机的数据也发送给计算机,总体效果是 2 个计算机串口可以对传数据。本实验在硬件上需要 2 个计算机串口,串口助手可用 STC_ISP 打开 2 个串口助手窗口,R/C 时钟频率为 22.118 4 MHz,波特率为 9 600,N.8.1。

完整代码如下:

```
//2 个单片机互为主从
#include "STC15W4K.H"                    //包含 "STC15W4K.H"寄存器定义头文件
#define ConfigMaster 0xF0                //1111 0000  忽略 SS 的主机模式
#define ConfigSlave 0x60                 //0110 0000 (带片选)从机模式
bit    MasterFlag;                       //当前为主机状态时标志 = 1
//sbit SS  = P2^4;              //SS 输出控制(################1 号单片机需要本行语句)
sbit SS  = P1^2;               //SS 输出控制(################2 号单片机需要本行语句)
unsigned char   SPI_buffer ;             //保存 SPI 端口收到的数据
unsigned char uart_buffer;               //保存串口收到的数据
void InitSPI()
{
    SPCTL = ConfigSlave;                 //静态从机模式
    SPSTAT = 0xc0;                       //清零传输完成标志 SPIF 和写冲突标志 WCOL
    SPDAT = 0;                           //默认值就是 0,可以不用此命令
    IE2| = 0x02;                         //开 SPI 中断
    EA = 1;                              //开总中断
}
void SendUartByte(unsigned char dat)  //串口发送一个字节
{
    TI = 0;                              //清零串口发送中断标志
    SBUF = dat;
    while(TI == 0);                      //等待发送完毕
    TI = 0;                              //清零串口发送中断标志
}
unsigned char ReceiveUartByte()          //串口接收一个字节
{
    RI = 0;
```

```
    return SBUF;
}
void UART_init(void)                    //波特率为9 600,频率为22.118 4 MHz
{                                       //同例5.1
}
void Switch_port()                      //根据硬件切换端口
{                                       //同例5.1
}
void main(void)
{
    UART_init();
    //Switch_port();                    //################1号单片机需要本行语句
    InitSPI();
    while(1)                            //主循环
    {
        if(RI)                          //判断串口是否收到数据
        {
            uart_buffer = ReceiveUartByte();    //读取串口中收到的数据
            SPCTL = ConfigMaster;               //主机模式
            MasterFlag = 1;                     //设主机标志
            SS = 0;                             //拉低从机SS
            SPDAT = uart_buffer;                //SPI发送数据
        }
    }
}
void SPI(void) interrupt 9
{
    SPSTAT = 0xc0;                              //清零标志位SPIF和WCOL
    SPI_buffer = SPDAT;                         //保存收到的数据
    if(MasterFlag)
    {
        MasterFlag = 0;
        SS = 1;
        SPCTL = ConfigSlave;                    //静态从机模式
    }
    else
    {
        SPDAT = SPI_buffer;             //从机,将接收到的数据放到移位寄存器下次输出
    }
    SendUartByte(SPI_buffer);
}
```

例5.5 STC-SPI硬接口(单主、多从),硬件电路如图5-15所示。

程序功能说明:

主单片机用P0.0和P0.1选择从机,每一时刻只有一个从单片机被选中,计算机向主单片机发送一串数据,主单片机的串口每收到一个字节就立刻将收到的字节通过SPI口发送到当前选中的从单片机中。1号从单片机将SPI口收到的数据再放到自己的SPDAT寄存器中,当下一次主单片机发送一个字节时把数据发回到主单片机。2号从单片机将SPI口收到的数据加1后再放到自己的SPDAT寄存器中,当下一次主单

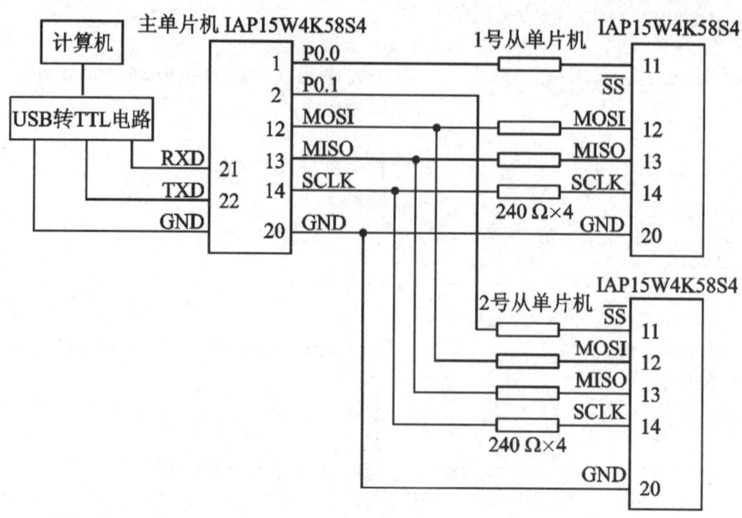

图 5-15 SPI 单主机、多从机通信电路

片机发送一个字节时把数据发回到主单片机。1 号从单片机和 2 号从单片机由定时器每隔 2 s 轮换选通，主单片机把收到的从单片机字节通过串口发送到计算机。可使用串口助手观察实验结果，R/C 时钟频率为 22.118 4 MHz，计算机串口波特率设置为 9 600，N.8.1。实验代码如下：

```
#include "STC15W4K.H"                //包含 IAP15W4K58S4 寄存器定义文件
//#define MASTER_SLAVE 0             //编译后的代码下载到主单片机
//#define MASTER_SLAVE 1             //编译后的代码下载到 1 号从单片机
#define MASTER_SLAVE 2               //编译后的代码下载到 2 号从单片机
bit SPI_Receive;                     //SPI 口接收到数据的标志
unsigned char T0_10ms_Counter;       //定时器 0,10 ms 中断次数计数器
unsigned char SPI_buffer ;           //保存 SPI 端口收到的数据
unsigned char uart_buffer;           //保存串口收到的数据
sbit Slave1_SS = P0^0;               //从机 1 片选控制
sbit Slave2_SS = P0^1;               //从机 2 片选控制
void UART_init(void)                 //波特率为 9 600,频率为 22.118 4 MHz
{……//同例 4.1
}
void T0 (void) interrupt 1
{
    TH0 = 0xb8;
    TL0 = 0x00;
    T0_10ms_Counter -- ;
    if(T0_10ms_Counter == 0)
    {
        T0_10ms_Counter = 200;       //恢复 T0 中断计数值
        Slave1_SS = !Slave1_SS;
        Slave2_SS = !Slave2_SS;
    }
}
void SPI(void) interrupt 9
```

```
{
    SPSTAT = 0xc0;                          //清零标志位 SPIF 和 WCOL
    SPI_buffer = SPDAT;                     //保存收到的数据
    SPI_Receive = 1;                        //设置 SPI 端口收到数据标志
}
void InitTimer0()                           //初始化定时器 0 每 10 ms 中断一次,22.118 4 MHz
{
    TMOD = 0x01;                            //T0_16 位计数
    TH0 = 0xb8;
    TL0 = 0x00;
    TR0 = 1;
    ET0 = 1;
}
unsigned char ReceiveUartByte()             //串口接收一个字节
{ ……//同例 6.4
}
void SendUartByte(unsigned char dat)        //串口发送一个字节
{ ……//同例 6.4
}
void main(void)
{
    port_mode();                            //所有 I/O 口设为准双向弱上拉方式
#if (MASTER_SLAVE == 0)
    InitTimer0();                           //初始化定时器 0 每 10 ms 中断一次 22.118 4 MHz
    UART_init();                            //初始化串口波特率为 9 600,频率为 22.118 4 MHz
    SPCTL = 0xf0;                           //初始化 SPI,1111 0000
    Slave1_SS = 0;                          //选择从单片机#1 为当前从单片机
#else
    SPCTL = 0x60;                           //0110 0000
#endif
    SPSTAT = 0xc0;                          //清零标志位 SPIF 和 WCOL
    IE2 = IE2|0x02;                         //ESPI(IE2.1) = 1,允许 SPIF 产生中断
    SPI_Receive = 0;                        //清 SPI 接收标志
    EA = 1;                                 //开总中断
    T0_10ms_Counter = 200;                  //T0 中断计数(10 ms × 200 = 2 s)
    while(1)                                //主循环
    {
#if (MASTER_SLAVE == 0)
        if(RI)                              //判断串口是否收到数据
        {
            uart_buffer = ReceiveUartByte();    //读取串口中收到的数据
            SPDAT = uart_buffer;            //将数据发送到从机 SPI
            continue;
        }
        if (SPI_Receive)                    //判断是否收到从 SPI 发回数据
        {
            SPI_Receive = 0;                //清零主单片机 SPI 端口收到数据标志位
            SendUartByte(SPI_buffer);       //将接收到的数据由串口发送到计算机
        }
#else
        if (SPI_Receive)                    //判断是否收到主机 SPI 发来的数据
```

```
        {
            SPI_Receive = 0;                    //清零主单片机 SPI 端口收到数据标志位
            if     (MASTER_SLAVE == 2)
            {
                SPI_buffer = SPI_buffer + 1;
            }
            SPDAT = SPI_buffer;             //将收到数据送 SPDAT,准备下一次通信时发回
        }
#endif
    }
}
```

计算机串口接到主单片机上,串口助手使用自动发送方式,实验结果如图 5-16 所示。

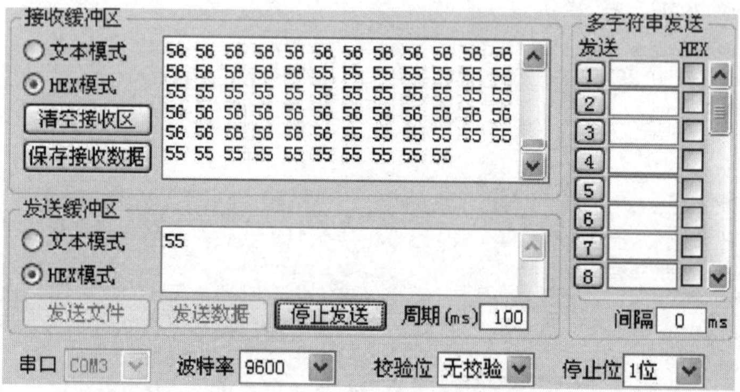

图 5-16　多机 SPI 通信实验结果

第 6 章

I^2C 通信

6.1 I^2C 总线数据传输格式

6.1.1 各位传输要求

I^2C 总线是两线式串行总线(连同 GND 为 3 线),仅需时钟和数据两根线就可以进行数据传输,需要占用单片机的 2 个 I/O 引脚,使用时十分方便。I^2C 总线可以在同一总线上挂接多个器件,每个器件都有自己的器件地址(作为对比:SPI 总线没有器件地址,通过 CPU 提供片选线确定是否选中芯片);读/写操作时需要先发送器件地址,与该地址相符的器件得到确认后便执行相应的操作,而在同一总线上的其他器件不做响应,称之为器件寻址。这个原理与打电话的原理相当。I^2C 总线长度最长可达 25 ft (1 ft=0.304 8 m,一般电路板尺寸不超过 1 ft),并且能以 100 kbps 的最大传送速率支持 40 个器件。单片机外围使用 I^2C 接口的器件比较多,最常见的是 EEPROM 存储器(如:24C02)与 ADC 转换芯片(如:MCP3421)。

I^2C 总线接口的 EEPROM 器件是以 24C 来开头命名芯片型号的,EEPROM 作为存储器使用具有掉电数据不丢失、方便对内部存储区任何一个字节进行修改,且价格低廉的优点。型号范围从 24C01 到 24C512,C 后面的数字乘以 128 的结果即是芯片存储容量的字节数,比如 24C01=128 字节,24C02=256 字节,24C64=8 192 字节,24C256=32 768 字节,24C512=65 536 字节。以 24C 开头的器件型号,有的厂家还附加前缀,比如 AT 代表 Atmel 公司;有的无前缀,比如 Microchip 公司无前缀,它们一般都是可以互换使用的。以 AT24C02A(PI27)为例,工作电压范围为 2.7~5.5 V(注意型号后面的 18、25、27 字样表示最低工作电压,最高工作电压都是 5.5 V),时钟可以达到 400 kHz。写入的数据可保存 40 年,并且有直插和贴片等多种封装可供选择。24C01 到 24C64 的引脚排列都是一样的,直插 DIP 与贴片 SOIC 封装引脚排列顺序相同,如图 6-1 所示。

引脚 A0~A2 用于设置芯片的器件地址,在同一总线上有多个器件时,可以通过设置 A0～A2 引脚来确定器件地址；SDA 是串行数据引脚，用于在芯片读/写时输入或输出数据、地址等，这个引脚是双向引脚，它是漏极开路的，使用时需要加上一个上拉电阻；SCL 引脚是器件的串行同步时钟信号输入端，由单片机 I/O 口提供；WP 是写保护引脚，当这个引脚接入高电平时，芯片内的数据均处于禁止写入状态(所禁止的地址段要看各芯片的详细资料，有的甚至无保护)。当把 WP 引脚接到地线时，芯片处于正常的读/写状态。

当在单片机系统中应用 I²C 总线接口的 EEPROM 作存储设备时，要先了解 I²C 总线的基本驱动方法，时序如图 6－2 所示。在 I²C 总线空闲时，SDA 和 SCL 应为高电平，也只有在这个条件下，单片机才可以控制总线进行数据传输。在数据传输刚开始时，总线要求有一个 START(开始位)位作为数据传输开始的标识，它要求 SCL 为高时，SDA 有一个从高到低的电平跳变动作，完成这个动作后才可以进行数据传输，如图 6－2 中"开始"所示。传输数据时，只有在 SCL 为高电平时，SDA 上的电平才为有效数据(从器件在 SCL 为高电平时才采样 SDA 线上的数据)。编写单片机向总线传送数据程序时则可以在 SCL 还在低电平时，把数据电平送到 SDA，然后拉高 SCL，这时 SDA 不应有电平跳变，延时后拉低 SCL，再进行下一位的数据传送直到完成。在总线上读数据时也是只有在 SCL 为高时，SDA 为有效数据，时序见图 6－2 中的"保持"。数据传送完成后，总线要有一个 STOP 位(停止位)来通知总线本次传输已结束，它的要求是 SCL 为高时，SDA 有一个从低电平到高电平的跳变动作，正好和 START 位相反，起始信号与停止信号时间要求如图 6－3 所示。

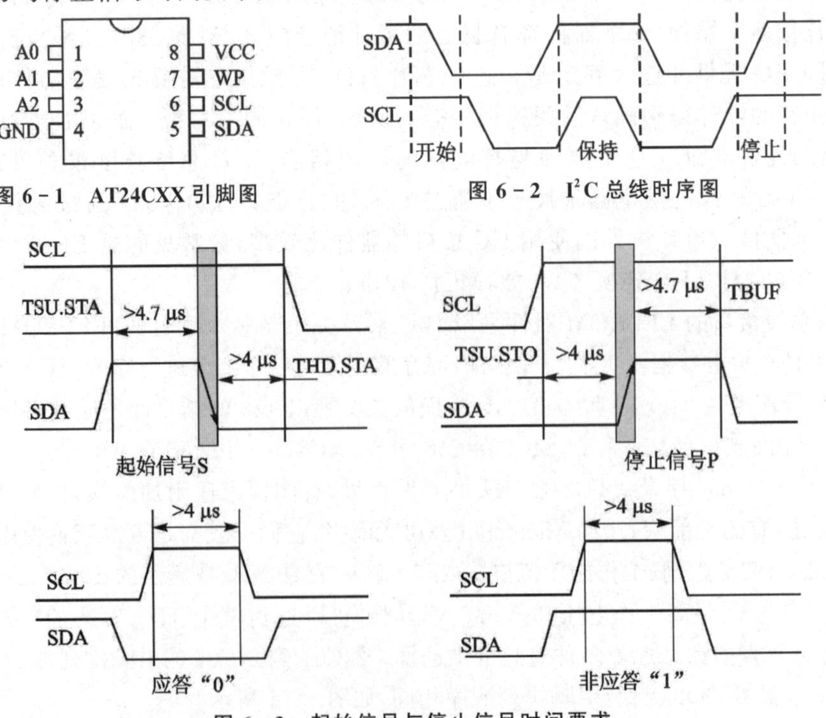

图 6－1　AT24CXX 引脚图

图 6－2　I²C 总线时序图

图 6－3　起始信号与停止信号时间要求

AT24C02 英文手册中的参数如下：

TSU. STA(起始信号建立时间最小值)：

4.7 μs(VCC=2.7 V)，　0.6 μs(VCC=5.0 V)

THD. STA(起始信号保持时间最小值)：

4.0 μs(VCC=2.7 V)，　0.6 μs(VCC=5.0 V)

TSU. STO(停止信号建立时间最小值)：

4.0 μs(VCC=2.7 V)，　0.6 μs(VCC=5.0 V)

TBUF(总线空闲时间最小值)：

4.7 μs(VCC=2.7 V)，　1.2 μs(VCC=5.0 V)

数据输入时间要求和数据输出时间延迟如图 6-4 所示，每一位的写入是用时钟上升沿同步数据，也就是说时钟上升沿后从器件(指 24C02)开始检测输入的数据；每一位的读取是用时钟下降沿同步数据，也就是说时钟下降沿后从器件开始输出数据。

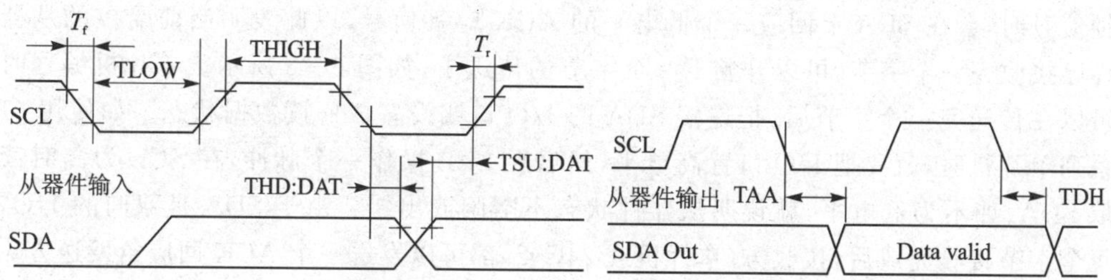

图 6-4　从器件 24C02 脉冲输入要求与数据输出时间延迟

T_f(SDA 及 SCL 下降时间允许最大值)：

300 ns(VCC=2.7 V)，　300 ns(VCC=5.0 V)

T_r(SDA 及 SCL 上升时间允许最大值)：

1 μs(VCC=2.7 V)，　0.3 μs (VCC=5.0 V)

时钟频率允许最大值：

100 kHz(VCC=2.7 V)，　400 kHz(VCC=5.0 V)

TLOW(时钟低电平时间允许最小值)：

4.7 μs(VCC=2.7 V)，　1.2 μs(VCC=5.0 V)

THIGH(时钟高电平时间允许最小值)：

4.0 μs(VCC=2.7 V)，　0.6 μs(VCC=5.0 V)

THD. DAT(时钟下降沿结束到输入信号电平变化允许最短时间)：0(无限制)

TSU. DAT(输入信号电平稳定到输入时钟上升沿允许最短时间)：

200 ns(VCC=2.7 V)，　100 ns(VCC=5.0 V)

TAA(时钟下降沿结束到数据及应答信号输出时间最大值)：

4.5 μs(VCC=2.7V)，　0.9 μs(VCC=5.0 V)

TDH(时钟下降沿结束后数据输出保持时间最小值)：

100 ns(VCC=2.7 V)，　50 ns(VCC=5.0 V)

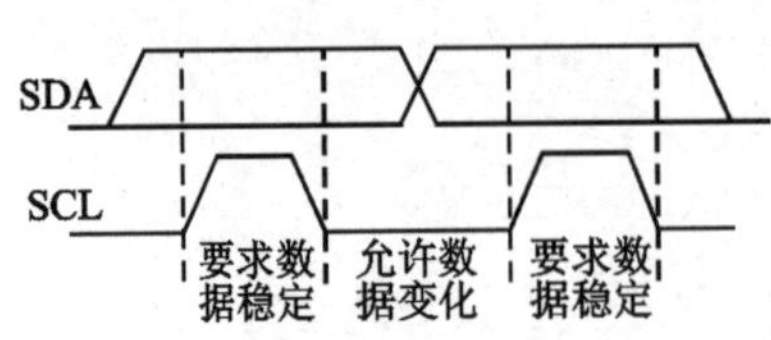

图 6-5　时钟高电平期间要求数据线电平必须保持稳定

综上所述：在 I^2C 总线上传送的每一位数据都有一个时钟脉冲相对应，即在 SCL 串行时钟的配合下，在 SDA 上逐位地串行传送每一位数据，进行数据传送时，在 SCL 呈现高电平期间，SDA 上的电平必须保持稳定，低电平为数据 0，高电平为数据 1，只有在 SCL 为低电平期间，才允许 SDA 上的电平改变状态，如图 6-5 所示。

两线制串行数据线 SDA 和串行时钟线 SCL 传递信息，每个从器件都有一个唯一的识别地址。主机是产生起始信号、停止信号并输出时钟信号的器件，此时任何被寻址的器件都被认为是从机。在 I^2C 总线上，无论主机是接收数据还是发送数据，时钟信号永远是主机控制。

连接在 I^2C 总线上的从器件在每接收完一个字节(8 个二进制位)后，在第 9 个时钟信号时，会在 SDA 上回应一个低电平的 ACK 应答信号，以此表明当前受控的从器件已接收完一个字节，可以开始下一个字节的传送了，如图 6-6 所示。单片机编程时可以在传送完一个字节后，把连接 SDA 的 I/O 口线设置成回读数据状态。如使用 51 系列单片机时，就要把 I/O 口置高电平，然后在 SCL 操作一个脉冲，在 SCL 为高时读取 SDA；如不为低电平，就说明从器件状态不空闲或出错。由于 SDA 是双向的 I/O，每个字节接收完成后，接收方(单片机或 24C02)都可以发送一个 ACK 回应给发送方。

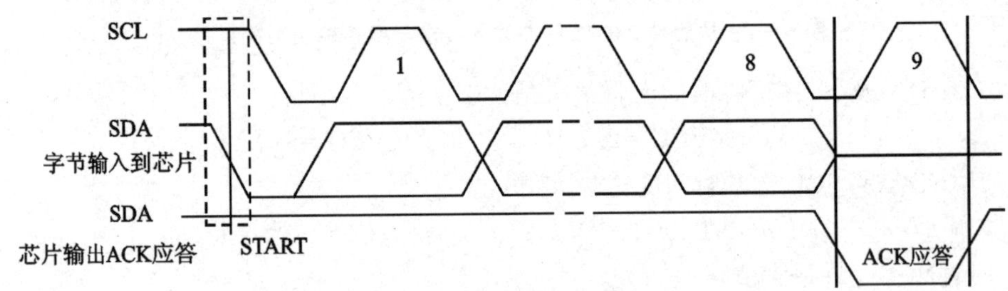

图 6-6　主机或从机作为接收方时 ACK 应答信号

6.1.2　多字节传输格式

1. 器件地址

I^2C 总线在操作受控器件时，需要先发送一个字节作为器件地址，24 系列的 EEPROM 也不例外。在每次通信时先发送一个字节的器件地址和读/写标识，称为器件寻址。表 6-1 列出了 24C 系列器件寻址命令字节中每个位所代表的意义，高 4 位是不同 I^2C 类型器件固有的编码，芯片出厂时就已给定；低 4 位中 A0～A2 位是器件地址，它是对应于芯片的 A0～A2 引脚。比如芯片 A0 引脚被设置成高电平时，在发送器件地址命令时字节中的 A0 位要设置为 1，A0 引脚为低电平时 A0 位设置为 0。以 24C64 为例，可以看出在同一总线可以挂接 8 个 24C64。注意，在发送地址时必须将固

有编码与器件地址一起同时发送。

24C 系列芯片中 24C32 及以上的型号在数据传输中发送 2 个字节表示存储单元地址；24C32 之前的型号因为在数据传输中只发送 1 个字节表示存储单元地址，所以在存储单元地址超过 FF 的型号中会占用到 A0～A2 位作存储单元页地址，每页有 256 字节，以此解决地址位不足的问题，这样，不同型号器件的地址位定义就有所不同。24C01/02 是没有器件页地址的；此外，24C16 的 A0～A2 已被页地址占用完，也就是说这个型号的芯片只能在同一总线上挂接一个，所以在设计电路选择器件时要注意这个问题。

器件地址字节中的 $R/\overline{W}$ 位是用于标识当前操作是读器件还是写器件，写器件时 $R/\overline{W}$ 位设置 0，读器件时 $R/\overline{W}$ 位设置 1。

表 6-1 EEPROM 芯片地址

型号	固定地址				可变地址			读/写
	D7(MSB)	D6	D5	D4	D3	D2	D1	D0(LSB)
24C01/02	1	0	1	0	A2	A1	A0	$R/\overline{W}$
24C04	1	0	1	0	A2	A1	P0	$R/\overline{W}$
24C08	1	0	1	0	A2	P1	P0	$R/\overline{W}$
24C16	1	0	1	0	P2	P1	P0	$R/\overline{W}$
24C32/64	1	0	1	0	A2	A1	A0	$R/\overline{W}$
24C128/256/512	1	0	1	0	0	A1	A0	$R/\overline{W}$

2. 写入单个字节

24C 系列芯片既然作为存储器使用，那我们最关心的就是如何将数据写入芯片及写入成功的数据如何读取出来，最简单的是写入单个字节。首先，发送开始位来通知芯片开始进行数据传输；然后，传送设置好的器件地址字节，$R/\overline{W}$ 位应置 0；接着，是分开传送十六位存储单元地址的高、低字节（24C64 为例），再传送要写入的数据；最后，发送停止位表示本次通信结束，如图 6-7 所示。传送的每一个字节都是按高位在前低位在后的顺序发送，这与第 4 章介绍的串口通信恰恰相反。图 6-8 是 24C01～24C16 单字节写入时序，相比 24C64 少传送一个存储单元地址字节。注意图 6-8 有阴影部分表示数据由主机向从机传送，无阴影部分则表示数据由从机向主机传送，A 表示应答（低电平），S 表示起始信号，P 表示终止信号。写入字节指令每次只能向芯片中的一个存储单元地址写入一个字节的数据，

3. 页写入

24C64 支持 32 字节的页写入模式，它的操作基本和字节写入模式一样，不同的是它需要在发送完第一个存储单元地址后一次性发送 32 字节的写入数据，再发送停止位。写入过程中其余的地址增量由芯片内部自动完成，而且必须在当前页内，无法跨入下一页。24C01/02 一页有 8 个字节，页面地址范围是 00～07，08～0F，20～27 等；24C04/08/16 一页有 16 个字节，页面地址范围是 00～0F，10～1F，20～2F 等；24C32/

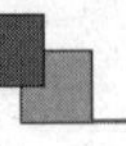

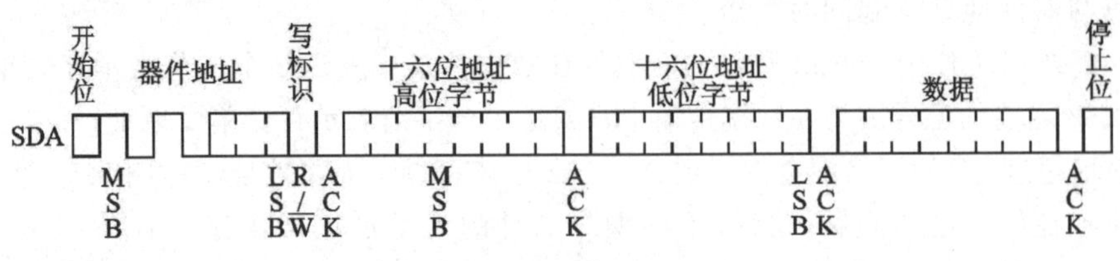

图 6-7　单字节写入时序图(24C32/24C64)

图 6-8　单字节写入时序图(24C01～24C16)

64 一页有 32 个字节,页面地址范围是 00～1F,20～3F,40～5F 等。

图 6-9 是页写入时序图,无论字节写入还是页写入方式,指令发送完成后(发送停止位后),芯片内部才开始写入,这时 SDA 会被芯片拉高。正在执行写入的从器件此时不会响应主器件的任何请求,即不会返回低电平的应答信号 ACK。最长写入时间是 10 ms。在编写单片机程序时,可以在从器件接收完命令后写入数据时不停地发送伪指令(写入或读取命令)并查询是否有 ACK 返回,如果有 ACK 返回,则表明从器件已处于空闲状态并可进行下一步操作。

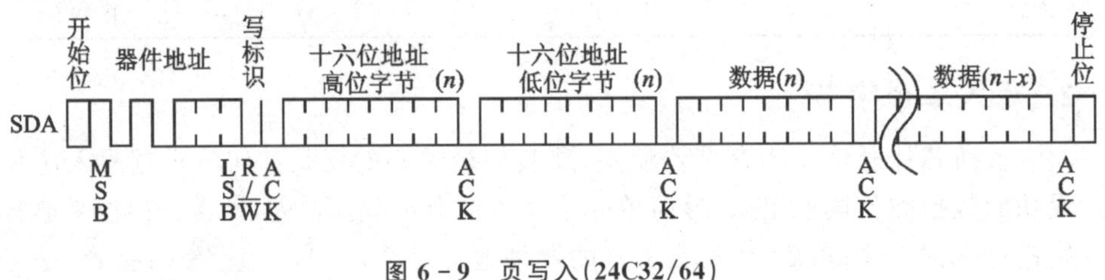

图 6-9　页写入(24C32/64)

4. 读当前地址数据

这种读取模式是读取当前芯片内部地址指针指向的数据,每次读/写操作后,芯片都会把最后一次操作过的地址作为当前的地址。这里要注意的是,在单片机接收完芯片传送的数据后,不必发送给低电平的 ACK 给芯片,而应直接拉高 SDA 并等待一个时钟后发送停止位。图 6-10 是读当前地址中数据的时序图。

5. 读任意地址数据

读当前地址可以说是读的基本指令,读任意地址时只是在这个基本指令之前加一个伪操作,这个伪操作传送一个写指令,但这个写指令在地址传送完成后就要结束,这时芯片内部的地址指针指到这个地址上,再用读当前地址指令就可以读出该地址的数据。图 6-11 是 24C32/64 读任意地址中数据的时序图,图 6-12 是 24C01～24C16 读任意地址中数据的时序图,在传送过程中,由于要改变传送方向,起始信号和从机地址都被重复传送一次,但两次读/写方向位正好相反,图中的 $\overline{A}$ 表示非应答(高电平)。

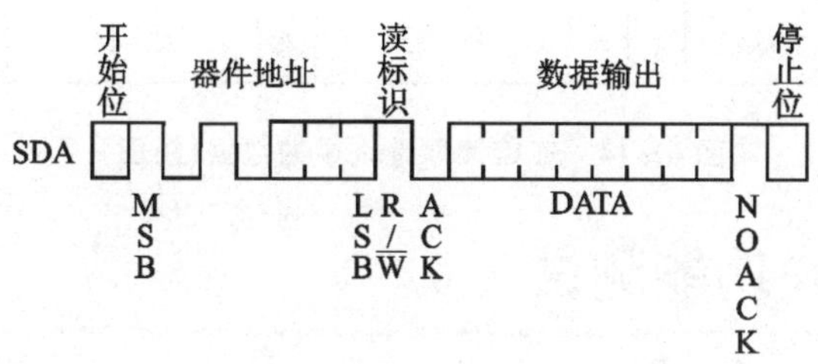

图 6-10 读当前地址中的数据

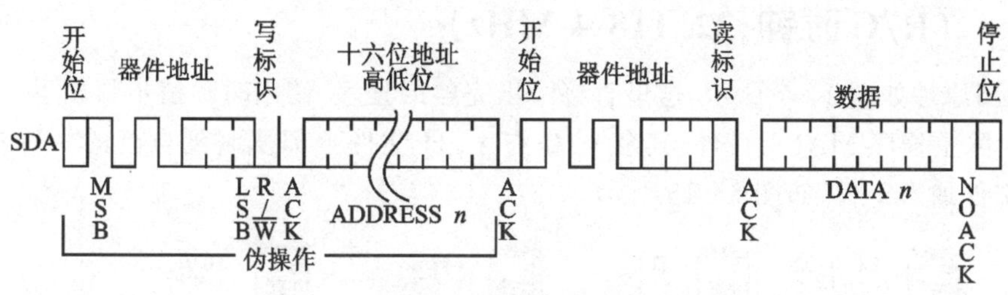

图 6-11 读任意地址中的数据(24C32/64)

S	从机地址	0	A	存储单元地址	A	S	从机地址	1	A	数 据	$\overline{A}$	P

图 6-12 读任意地址中的数据(24C01～24C16)

6. 连续读取

连续读取操作只需在上面两种读取方式的时序上略作修改，芯片每传送完一个字节数据后，单片机回应给芯片一个低电平的 ACK 应答，那么芯片地址指针自动加 1 并继续传送数据，直到单片机不再回应并停止操作。读操作时地址计数器在整个芯片地址内增加，这样整个存储器区域可在一个读操作内全部读出，连续读取时序见图 6-13 与图 6-14。ATMEL 公司 24C 系列的其他型号以及其他公司 24 系列的 EEPROM 芯片的读/写操作方式和上面介绍的基本相同。

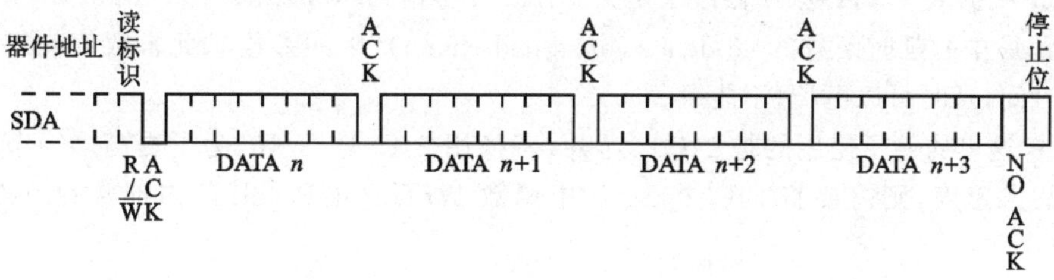

图 6-13 连续读取地址中的数据(详图)

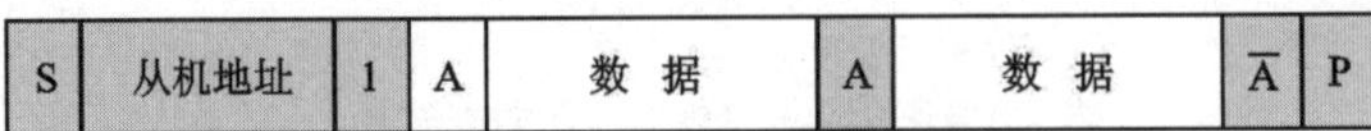

图 6-14 连续读取地址中的数据(简图)

6.2 程序模块功能测试

6.2.1 硬件仿真观察24C02读/写结果(R/C时钟:22.118 4 MHz)

电路原理如图1-7所示,这里直接给出完整的程序,使用时移植步骤如下:

① 除主程序MAIN.C外,其余*.C与*.H文件全部复制到自己的文件夹并将*.C文件加入工程,如图6-15所示。

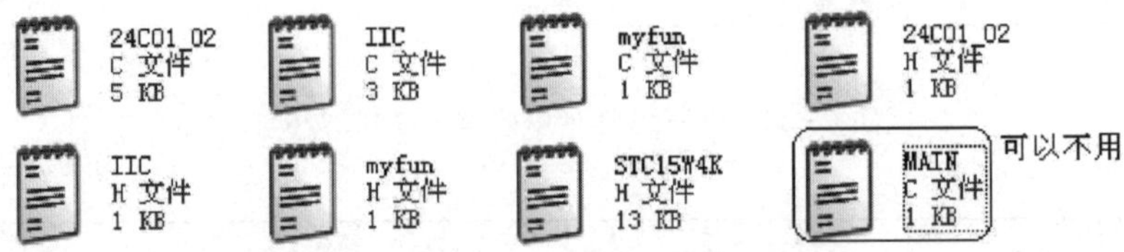

图 6-15 I²C测试工程中的重要文件

② 根据硬件修改引脚定义。在IIC.H中有如下语句,可根据自己的实际硬件设置为任意I/O口,注意上拉。

```
sbit    SCL = P3^7;              //串行时钟(代码包必须)
sbit    SDA = P4^1;              //串行数据(代码包必须)
```

③ 根据硬件修改从机地址。在24C01_02.H中修改如下:

```
#define SlaveADDR   0xA0          //从机地址,格式:1010 * * * 0
```

④ 在要求严格的情况下,根据R/C时钟频率修改延时函数参数。myfun.C中的延时函数delay1ms()和delay10ms()延时参数由第1章介绍的软件计算得出。

⑤ 根据R/C时钟频率修改宏定义。IIC.H中语句“#define tt 26”的常数26对应myfun.C中的延时函数“void delay (unsigned char t)”中的参数t,此常数值确定5 μs延时时间,延时可以更长,不能短。

⑥ 这里的例子使用的是24C02芯片,若换用24C04/08/16,为了提高多字节数据跨页写入速度,则需要将24C01_02.C中函数WrToRomPageB的内部常数0x07改为0x0f。

例6.1 硬件仿真观察24C02芯片(也可用24C01/04/08/16)读/写结果。本例无页面限制,慢速,适合连续读/写多个字节,写入时间$T \approx$写入字节数$n \times 10$ ms,通用性强,在不能理解程序时可作应急选用。本程序先向芯片写入一组数据,然后读出,若读出的数据与写入的数据相同则表明实验结果是正确的。代码如下:

```
//////////////////////////////////// MAIN.C ////////////////////////////////////
#include "STC15W4K.H"               //注意宏定义后面没分号
#include "24C01_02.H"
#include "myfun.h"
void port_mode()                    //端口模式
{     //同第 1 章例 1.3
}
void main()
{
     u8 i;
     u8    test_data[20] = {0x10,0x20,0x30,0x40,0x50,0x60,0x70,0x80,0x90,0xa0,
                             0x11,0x21,0x31,0x41,0x51,0x61,0x71,0x81,0x91,0xa1};
     port_mode();                            //所有 I/O 口设为准双向弱上拉方式
     WrToRomA(SlaveADDR, 5,test_data,20);
    //器件地址、存储单元地址、数据指针、写入字节数
    //delay10ms(); WrToRomA()函数结束处已延时,这里不需要延时
     for(i = 0;i<20;i ++ )
     {
         test_data[i] = 0;
     }
     RdFromROM(SlaveADDR, 5,test_data,20); //连续读取 20 个字节数据
     while(1);
}
//////////////////////////////////// myfun.H ////////////////////////////////////
#ifndef __MYFUN_H__
    #define __MYFUN_H__
    void delay (unsigned char t);
    void delay1ms(void)     ;
    void delay10ms(void);
#endif
//////////////////////////////////// myfun.C ////////////////////////////////////
void delay (unsigned char t)        //I²C 传输延时函数,很重要不能改
{
    while( -- t);
}
void delay1ms(void)                 //22.118 4 MHz,R/C 时钟,多字节写间歇查询用
{                                   //由第 1 章介绍的软件计算得出
}
void delay10ms(void)                //22.118 4 MHz,R/C 时钟,多字节跨页写需要
{                                   //由第 1 章介绍的软件计算得出
}
/////////////////////////////////// 24C01_02.H ///////////////////////////////////
#ifndef __24C01_H__
    #define __24C01_H__
    #include "IIC.H"
    #define u8 unsigned char
    #define u16   unsigned int
    #define SlaveADDR    0xA0                          //从机地址,格式:1010 * * * 0
    bit WrToRomA(u8 SlaveAddress, u8 DataAddress,u8 * pbuf,u8 Len);    //慢写
    bit WrToRomB(u8 SlaveAddress, u8 DataAddress,u8 * pbuf,u8 Len);    //快写
    bit RdFromROM(u8 SlaveAddress, u8 DataAddress,u8 * pbuf,u8 Len);   //快读
```

```
#endif
////////////////////////////////// 24C01_02.C ///////////////////////////////////
#include "24C01_02.H"
#include "myfun.H"
//****************************************
//功能描述:内部函数,页写,不能跨页,也可只写单个字节
//        向指定的首地址 DataAddress 写入一个或多个(24C01/02 最多 8 个)字节
//参数说明:SlaveAddress   要写入的从器件硬件地址 1010 A2 A1 A0 R/W [A2:A0]是 AT24C01
//                        的芯片硬件地址。R/W 是读/写选择位,0 为写操作,1 为读操作。这里
//                        函数内部已对 R/W 做了处理,外部固定为 0 或 1 即可
//        DataAddress    要写入的存储单元开始地址
//        pbuf           指向数据缓冲区的指针
//        Len            写入数据长度
//返回说明:0->成功    1->失败
//****************************************
bit WrToRomPageA(u8 SlaveAddress, u8 DataAddress,u8 *pbuf,u8 Len)
{
    u8 i = 0;
    IIC_Start();                                          //启动总线
    if(IIC_SendByte(SlaveAddress&0xfe) == 1) return 1;    //写命令,已包含有应答函数
    if(IIC_SendByte(DataAddress) == 1) return 1;          //已包含有应答函数
    for(i = 0;i<Len;i++)
    {
        if(IIC_SendByte(*pbuf++) == 1) return 1;          //单片机向从机发送 1 个字节数据
    }
    IIC_Stop();                                           //结束总线
    return 0;                                             //写入多字节成功
}
//****************************************
//多字节写入,完全不考虑芯片分页问题,速度慢(写入时间大约是字节数 n×10 ms)
//****************************************
bit WrToRomA(u8 SlaveAddress, u8 DataAddress,u8 *pbuf,u8 Len)
{
    unsigned char i;
    while (Len--)
    {
        if (WrToRomPageA(SlaveAddress,DataAddress++,pbuf++,0x01)) //写入一个字节
            return 1;                       //单字节写失败,程序返回
        SDA = 1;                            //判忙处理
        //以下循环可用一句 delay10ms()代替,为了不让总线不停地发数据产生干扰
        //所以每延时 1 ms 再检测芯片是否写入完毕
        for (i = 0;i<10;i++)                //写入最长时间不超过 10 ms
        {
            delay1ms();
            IIC_Start();                    //启动总线
            if(IIC_SendByte(SlaveAddress&0xfe) == 0) break;
        }
    }
    return 0;                                             //成功返回 0
}
//****************************************
```

```
//内部函数,页写,为跨页编写
//****************************************
u8 WrToRomPageB(u8 SlaveAddress, u8 DataAddress,u8 * pbuf,u8 Len)
{
    u8 i = 0;
    IIC_Start();                                    //启动总线
    if(IIC_SendByte(SlaveAddress&0xfe) == 1) return 0xff; //失败返回 0xff
    if(IIC_SendByte(DataAddress) == 1) return 0xff;       //失败返回 0xff
    for(i = 0;i<Len;)
    {
        if(IIC_SendByte( * pbuf ++ ) == 1) return 0xff;   //失败返回 0xff
        i ++ ;                          //如果 i ++ 放到 for 循环语句行,一旦 break
        DataAddress ++ ;                //退出当前循环,i 就不能完成本次加 1 而出错
        if ((DataAddress&0x07) == 0) break;     //页越界。24C01/02 每页 8 字节,
    }                                   //每页起始地址低 3 位都是 000
                                        //24C04/08/16 每页 16 字节,0x07 应改为 0x0f
    IIC_Stop();                         //结束总线
    return (Len - i);                   //还有(Len - i)个字节没能写入
}
//****************************************
//多字节写入,不受页面大小限制,速度快,若不是 24C01/02 芯片
//而是 24C04/08/16,则需要根据芯片分页修改被调函数的一个常数 0x07 为 0x0f
//****************************************
bit WrToRomB(u8 SlaveAddress, u8 DataAddress,u8 * pbuf,u8 Len)
{
    u8 temp = Len;
    do
    {
        temp = WrToRomPageB(SlaveAddress,DataAddress + (Len - temp),pbuf + (Len - temp),
temp);
        if    (temp == 0xff) return 1; //失败返回 1
        delay10ms();
    }while(temp);
    return 0;                           //成功返回 0
}
//****************************************
//功能描述:连续读操作,从 DataAddress 地址连续读取 Len 个字节到 pbuf 中
//参数说明:SlaveAddress   要读取的从器件硬件地址 1010 A2 A1 A0 R/W [A2:A0]是 AT24C01
//                        的芯片硬件地址。R/W 是读/写选择位,0 为写操作,1 为读操作。
//                        这里函数内部已对 R/W 做了处理,外部固定为 0 或 1 即可
//          DataAddress   要读取的存储单元开始地址
//          pbuf          指向数据缓冲区的指针
//          Len           读取数据长度
//返回说明:0 - >成功      1 - >失败
//****************************************
bit RdFromROM(u8 SlaveAddress, u8 DataAddress,u8 * pbuf,u8 Len)
{
    u8 i = 0;                                       //伪写开始
    IIC_Start();                                    //启动总线
    if(IIC_SendByte(SlaveAddress&0xfe) == 1) return 1; //写命令,已包含有应答函数
    if(IIC_SendByte(DataAddress) == 1) return 1;       //已包含有应答函数
```

```
                                                          //伪写结束
    IIC_Start();                                          //重新启动总线
    if(IIC_SendByte(SlaveAddress|0x01) == 1) return 1;    //读命令
    for(i = 0;i<Len - 1;i ++ )
    {
        * pbuf ++ = IIC_RecByte();                        //接收 1 个字节数据
        IIC_Ack();                                  //应答 0,告诉器件还要读下一字节数据
    }
    * pbuf = IIC_RecByte();                               //接收最后 1 个字节数据
    IIC_NoAck();                                          //应答 1,告诉器件不再读取数据
    IIC_Stop();                                           //结束总线
    return 0;                                             //读取多字节成功
}
////////////////////////////////// IIC.H    //////////////////////////////////
# ifndef __IIC_H__
    # define __IIC_H__
    # define tt   26                          //延时 5 μs 时间常数保证 1.8 V 工作电压正常读/写
    # include " STC15W4K.H"
    sbit     SCL = P3^7;                                  //串行时钟(代码包必须)
    sbit     SDA = P4^1;                                  //串行数据(代码包必须)
    void delay (unsigned char t);
    void IIC_Start(void);
    void IIC_Stop(void);
    void IIC_Ack(void);
    void  IIC_NoAck(void);
    bit IIC_GetACK() ;
    unsigned char IIC_SendByte(unsigned char Data);
    unsigned char IIC_RecByte(void) ;
# endif
////////////////////////////////// IIC.C //////////////////////////////////
# include "myfun.h"                   // 延时函数声明
# include "IIC.H"                     // 引脚定义等
void IIC_Start(void)                  // 起始位
{
    SCL = 0;                          // 数据线的变化必须在时钟低电平区间
    delay(tt);
    SDA = 1;                          // 数据线的变化必须在时钟低电平区间
    SCL = 1;
    delay(tt);                        // 保持 4.7 μs 以上(TSU.STA)
    SDA = 0;
    delay(tt);                        // 保持 4 μs 以上(THD.STA)
    SCL  =  0;                        // 方便下一次时钟从低到高变化的操作。
}
void IIC_Stop(void)                   // 停止位
{
    SCL = 0;                          // 数据线的变化必须在时钟低电平区间
    delay(tt);
    SDA = 0;                          // 数据线的变化必须在时钟低电平区间
    SCL = 1;
    delay(tt);                        // 保持 4.0 μs 以上(TSU.STO)
    SDA = 1;
```

```
    delay(tt);                          //保持 4.7 μs 以上(TBUF)
}
void IIC_Ack(void)                      // 主机应答位
{
    SCL = 0;                            // 数据线的变化必须在时钟低电平区间
    delay(tt);
    SDA = 0;                            // 数据线的变化必须在时钟低电平区间
    delay(tt);                          // 保持 0.2 μs 以上(TSU.DAT)
    SCL = 1;
    delay(tt);                          // 保持 4.0 μs 以上(THIGH)
    SCL = 0;
    delay(tt);                          // 保持 4.7 μs 以上(TLOW),此语句可以不要
}
void IIC_NoAck(void)                    // 主机反向应答位
{
    SCL = 0;                            // 数据线的变化必须在时钟低电平区间
    delay(tt);
    SDA = 1;                            // 数据线的变化必须在时钟低电平区间
    delay(tt);                          // 保持 0.2 μs 以上(TSU.DAT)
    SCL = 1;
    delay(tt);                          // 保持 4.0 μs 以上(THIGH)
    SCL = 0;
    delay(tt);
}
bit IIC_GetACK()              // 获取从机应答信号,返回为 0 时收到 ACK,返回为 1 时没收到 ACK
{
    bit ErrorBit;
    SCL = 0;                            // 数据线的变化必须在时钟低电平区间
    delay(tt);
    SDA  =  1;                          // 数据线的变化必须在时钟低电平区间
    delay(tt);                          // 保持 0.2 μs 以上(TSU.DAT)
    SCL  =  1;
    delay(tt);                          // 保持 4.0 μs 以上(THIGH)
    ErrorBit = SDA;
    SCL  =  0;
    delay(tt);                          // 保持 4.7 μs 以上(TLOW),此语句可以不要
    return ErrorBit;
}
//*******************************************
// 功能描述:主设备向从设备发送个一字节
// 返回值:0->成功,  1->失败
//*******************************************/
unsigned char IIC_SendByte(unsigned char Data)
{
    unsigned char i;                    // 位数控制
    SCL = 0;                            // 数据线的变化必须在时钟低电平区间
    delay(tt);
    for (i = 0;i<8;i ++ )               // 写入时是用时钟上升沿同步数据
{
        if (Data & 0x80)                // 数据线的变化必须在时钟低电平区间
            SDA  =  1;
```

```
        else
            SDA = 0;
        delay(tt);                    // 保持 0.2 μs 以上(TSU.DAT)
        SCL = 1;
        delay(tt);                    // 保持 4.0 μs 以上(THIGH)
        SCL = 0;
        delay(tt);                    // 保持 4.7 μs 以上(TLOW)
        Data <<= 1;
}
return IIC_GetACK();
}

//*********************************************
// 功能描述:主设备向从设备读取一个字节
// 返回值:  读到的字节
// *********************************************/
unsigned char IIC_RecByte(void)      // 接收单字节的数据,并返回该字节值
{
    unsigned char i,rbyte = 0;
    SCL = 0;                          // 数据线的变化必须在时钟低电平区间
    delay(tt);
    SDA = 1;                          // 数据线的变化必须在时钟低电平区间
    for(i = 0;i<8;i ++ )              // 读出时是用时钟下降沿同步数据
    {
        SCL = 0;
        delay(tt);                    // 保持 4.7 μs 以上(TLOW)
        SCL = 1;
        delay(tt);                    // 保持 4.0 μs 以上(THIGH)
        if(SDA) rbyte| = (0x80>>i);
    }
    SCL = 0;
    return rbyte;
}
```

例 6.2 硬件仿真观察 24C02 读/写结果。本例无页面限制、快速,建议优先选用,适合连续读/写多个字节,这里使用的是 24C02 芯片,若换用 24C04/08/16,只需要将 24C01_02.C 中函数 WrToRomPageB 的内部常数 0x07 改为 0x0f 即可,本例代码与上例相比除 MAIN.C 不同外(MAIN 函数调用的子函数不同),其余完全相同,测试方法也相同。代码如下:

```
#include "STC15W4K.H"                //注意宏定义后面没分号
#include "24C01_02.H"
#include "myfun.h"
void main()
{
    u8 i;
    u8    test_data[20] = {0x10,0x20,0x30,0x40,0x50,0x60,0x70,0x80,0x90,0xa0,
                           0x11,0x21,0x31,0x41,0x51,0x61,0x71,0x81,0x91,0xa1};
    port_mode();                                       //所有 I/O 口设为准双向弱上拉方式
    WrToRomB(SlaveADDR, 5,test_data,20);
                                      //器件地址、存储单元地址、数据指针、写入字节数
```

```
                                  //delay10ms(); WrToRomB()函数结束处已延时,这里不需要延时
    for(i = 0;i<20;i ++ )
    {
        test_data[i] = 0;
    }
    RdFromROM(SlaveADDR, 5,test_data,20);  //连续读取 20 个字节数据
    while(1);
}
```

6.2.2　硬件仿真观察 24C32/64 读/写结果（R/C 时钟:22.118 4 MHz）

24C32/64 与 24C01/02 在通信格式上的唯一区别是每次发送存储单元地址时 24C32/64 是 2 个字节，而 24C01/02 是 1 个字节，因此只需将 24C01_02.C 与 24C01_02.H 的代码略作修改即可用于 24C32/64。

例 6.3　硬件仿真观察 24C64 读/写结果，无页面限制，慢速。详见配套资源程序代码。

例 6.4　硬件仿真观察 24C64 读/写结果，无页面限制，快速。主要程序代码如下：

```
/////////////////////////////////// 24C32_64.C ///////////////////////////////////
#include "24C32_64.H"
#include "myfun.h"
//*******************************************
//功能描述:内部函数,页写,不能跨页,也可只写单个字节
//          向指定的首地址 DataAddress 写入一个或多个(24C32\64 最多 32 个)字节
//参数说明:SlaveAddress   要写入的从器件硬件地址 1010 A2 A1 A0 R/W [A2:A0]是 AT24C32/64
//                        芯片的硬件地址。R/W 是读/写选择位,0 为写操作,1 为读操作。这里
//                        函数内部已对 R/W 做了处理,外部固定为 0 或 1 即可
//          DataAddress   要写入的存储单元开始地址
//          pbuf          指向数据缓冲区的指针
//          Len           写入数据长度
//返回说明:0 ->成功    1 ->失败
//*******************************************
bit  WrToRomPageA(u8 SlaveAddress, u16 DataAddress,u8 * pbuf,u8 Len)
{
    u8 i = 0;
    u8 DataAddressH,DataAddressL;
    DataAddressL = DataAddress;
    DataAddressH = DataAddress>>8;
    IIC_Start();                                        //启动总线
    if(IIC_SendByte(SlaveAddress&0xfe) == 1) return 1;  //写命令,已包含有应答函数
    if(IIC_SendByte(DataAddressH) == 1) return 1;       //已包含有应答函数
    if(IIC_SendByte(DataAddressL) == 1) return 1;       //已包含有应答函数
    for(i = 0;i<Len;i ++ )
    {
        if(IIC_SendByte( * pbuf ++ ) == 1) return 1;    //单片机向从机发送 1 个字节数据
    }
    IIC_Stop();                                         //结束总线
    return 0;                                           //写入多字节成功
```

```
}
//****************************************
//多字节写入,完全不考虑芯片分页问题,速度慢(写入时间大约是字节数 n×10 ms)
//****************************************
bit WrToRomA(u8 SlaveAddress, u16 DataAddress,u8 *pbuf,u16 Len)
{
    u16 i;
    while (Len--)
    {
        if (WrToRomPageA(SlaveAddress,DataAddress++,pbuf++,0x01))   //写入一个字节
            return 1;                                   //单字节写失败,程序返回
        SDA = 1;                                        //判忙处理
        //以下循环可用一句 delay10ms()代替,为了不让总线不停地发数据产生干扰
        //所以每延时 1 ms 再检测芯片是否写入完毕
        for (i = 0;i<10;i++)                            //写入最长时间不超过 10 ms
        {
            delay1ms();
            IIC_Start();                                //启动总线
            if(IIC_SendByte(SlaveAddress&0xfe) == 0) break;
        }
    }
    return 0;                                           //成功返回 0
}
//****************************************
//内部函数,页写,为跨页编写
//****************************************
u8 WrToRomPageB(u8 SlaveAddress, u16 DataAddress,u8 *pbuf,u16 Len)
{
    u16 i = 0;
    u8 DataAddressH,DataAddressL;
    DataAddressL = DataAddress;
    DataAddressH = DataAddress>>8;
    IIC_Start();                                            //启动总线
    if(IIC_SendByte(SlaveAddress&0xfe) == 1) return 0xff;   //失败返回 0xff
    if(IIC_SendByte(DataAddressH) == 1) return 1;           //已包含有应答函数
    if(IIC_SendByte(DataAddressL) == 1) return 1;           //已包含有应答函数
    for(i = 0;i<Len;)
    {
        if(IIC_SendByte(*pbuf++) == 1) return 0xff;         //失败返回 0xff
        i++;                                     //如果 i++ 放到 for 循环语句行,一旦 break
        DataAddress++;                         //退出当前循环,i 就不能完成本次加 1 而出错
        if ((DataAddress&0x1f) == 0) break;              //页越界。24C32\64 每页 32 字节,
    }                                                     //每页起始地址低 3 位都是 00000
    IIC_Stop();                                             //结束总线
    return (Len-i);                                          //还有(Len-i)个字节没能写入
}
//****************************************
//多字节写入,不受页面大小限制,速度快
//****************************************
bit WrToRomB(u8 SlaveAddress, u16 DataAddress,u8 *pbuf,u16 Len)
{
```

```
    u16 temp = Len;
    do
    {
        temp = WrToRomPageB(SlaveAddress,DataAddress + (Len - temp),pbuf + (Len - temp),
temp);
        if     (temp == 0xff) return 1;                                    //失败返回 1
        delay10ms();
    }while(temp);
    return 0;                                                              //成功返回 0
}
//*********************************************
//功能描述:连续读操作,从 DataAddress 地址连续读取 Len 个字节到 pbuf 中
//参数说明:SlaveAddress   要读取的从器件硬件地址 1010 A2 A1 A0 R/W [A2:A0]是 AT24C32/64
//                        的芯片硬件地址。R/W 是读/写选择位,0 为写操作,1 为读操作。
//                        这里函数内部已对 R/W 做了处理,外部固定为 0 或 1 即可
//        DataAddress     要读取的存储单元开始地址
//        pbuf            指向数据缓冲区的指针
//        Len             读取数据长度
//返回说明:0->成功    1->失败
/*********************************************
bit RdFromROM(u8 SlaveAddress, u16 DataAddress,u8 * pbuf,u16 Len)
{
    u16 i = 0;                                                             //伪写开始
    u8 DataAddressH,DataAddressL;
    DataAddressL = DataAddress;
    DataAddressH = DataAddress>>8;
    IIC_Start();                                                           //启动总线
    if(IIC_SendByte(SlaveAddress&0xfe) == 1) return 1;      //写命令,已包含有应答函数
    if(IIC_SendByte(DataAddressH) == 1) return 1;                          //已包含有应答函数
    if(IIC_SendByte(DataAddressL) == 1) return 1;                          //已包含有应答函数
                                                                           //伪写结束
    IIC_Start();                                                           //重新启动总线
    if(IIC_SendByte(SlaveAddress|0x01) == 1) return 1;                     //读命令
    for(i = 0;i<Len - 1;i ++ )
    {
        * pbuf ++ = IIC_RecByte();                                         //接收 1 个字节数据
        IIC_Ack();                                         //应答 0,告诉器件还要读下一字节数据
    }
    * pbuf = IIC_RecByte();                                                //接收最后 1 个字节数据
    IIC_NoAck();                                               //应答 1,告诉器件不再读取数据
    IIC_Stop();                                                            //结束总线
    return 0;                                                              //读取多字节成功
}
/////////////////////////////////// MAIN.C ///////////////////////////////////
#include "STC15W4K.H"                                                      //注意宏定义后面没分号
#include "24C32_64.H"
#include "myfun.h"
void main()
{
    u8 i;
    u8    test_data[20] = {0x10,0x20,0x30,0x40,0x50,0x60,0x70,0x80,0x90,0xa0,
```

```
                        0x11,0x21,0x31,0x41,0x51,0x61,0x71,0x81,0x91,0xa1};
    port_mode();                                          //所有 I/O 口设为准双向弱上拉方式
    WrToRomB(SlaveADDR, 25,test_data,20);                  //连续写入 20 字节数据(快速)
   //delay10ms(); WrToRomB()函数结束处已延时,这里不需要延时
    for(i = 0;i<20;i++)
    {
        test_data[i] = 0;
    }
    RdFromROM(SlaveADDR, 25,test_data,20);                         //连续读取 20 个字节数据
    while(1);
}
```

6.2.3 硬件仿真观察 24C512 读/写结果（R/C 时钟:22.118 4 MHz）

例 6.5 硬件仿真观察 24C512 读/写结果,无页面限制,快速,相关代码详见配套资源中的程序代码。

6.3 24C02 运用实例(断电瞬间存储整数或浮点数)

例 6.6 利用 24C02 记录单片机上电次数(使用工作组方式)。

由于本工程代码量较大,具有很多不同类型的 *.C 与 *.H 文件,常规的模块化编程方式难以使文件条理清晰,为此在 Keil 中使用工作组的方式管理不同类型的文件,其实就是将不同类型的文件分别放到不同的文件夹中。步骤如下:

① 新建文件夹。新建一个文件夹"利用 24C02 记录单片机上电次数",在此文件夹中建立文件夹"IIC""UART""USER",然后将前面介绍过的 IIC 模块(例 6.1)中的 *.C 与 *.H 文件除 MAIN 函数对应的文件外全部复制到 IIC 文件夹,将 UART 输出多种格式模块(例 4.15)中的 *.C 与 *.H 文件除 MAIN 函数对应的文件外全部复制到 UART 文件夹。

② 新建工作组。新建一个工程并保存到 USER 文件夹,然后在这个新建工程窗口左边的 Target 1 上右击,在弹出的下拉菜单中选择 Manage Components 选项,如图 6-16 所示,选择 Manage Components 选项后弹出如图 6-17 所示对话框。

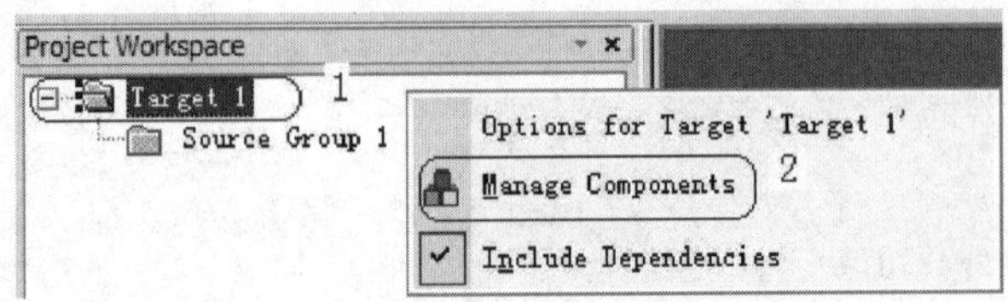

图 6-16 调出 Manage Components

在图 6-17 对话框的中间栏,单击新建(用圈标出)按钮(也可以通过双击下面的空白处实现),新建 IIC 、UART 和 USER 共 3 个组,工作组的名字可以随意输入,但为了

方便识别还是最好与前面建立的文件夹名字相同。然后选中相应的组后单击 Add Files 按钮，把相关的 C 文件加入到对应的组中，此时 USER 组下还是没有任何文件的，单击 OK 按钮退出该界面后，发现在 Target 1 树下多了 3 个组名，就是我们刚刚新建的 3 个组，如图 6－18 所示。

接着，新建一个 PowerUP. C 和 PowerUP. H 文件，并保存到 USER 文件夹中，然后双击 USER 组，会弹出加载文件的对话框，此时在 USER 文件夹下选择 PowerUP. C 文件，加入到 USER 组下，得到如图 6－19 所示的界面。

图 6－17　新建工作组并为工作组添加文件

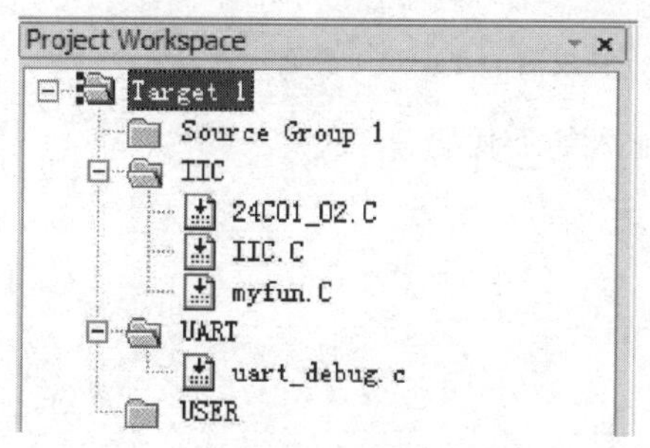

图 6－18　新建立的组及组内的文件

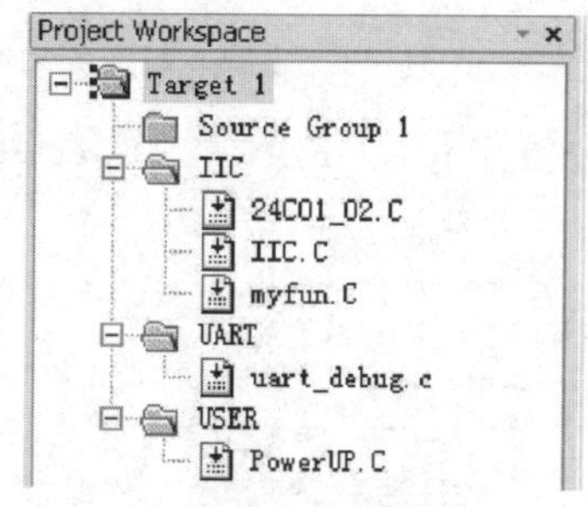

图 6－19　已有组添加文件

③ 设置头文件包含路径。单击 图标（Options for Target），弹出 Options for Target 'Target 1'对话框，选择 C51 选项卡，在 Include Paths 栏，单击右边的按钮，弹出对话框如图 6－20 所示，在对话框中加入“利用 24C02 记录单片机上电次数”文件夹下的 3 个文件夹名字，就是说把这几个文件夹路径都加进去，头文件路径加入完成的效

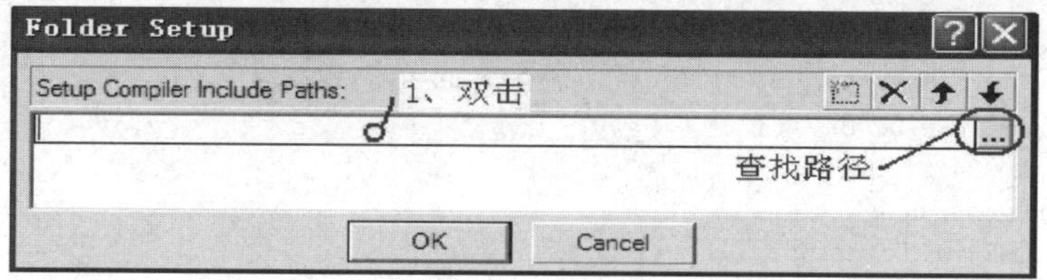

图 6－20　开始加入头文件路径

果如图 6－21 所示,确定后得到如图 6－22 所示界面。

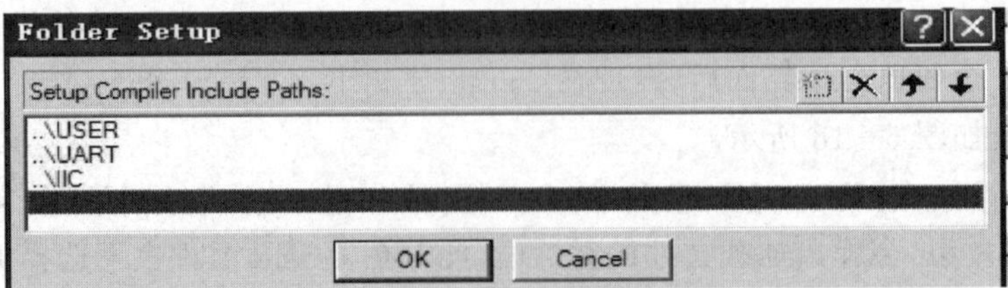

图 6－21　头文件路径加入完成

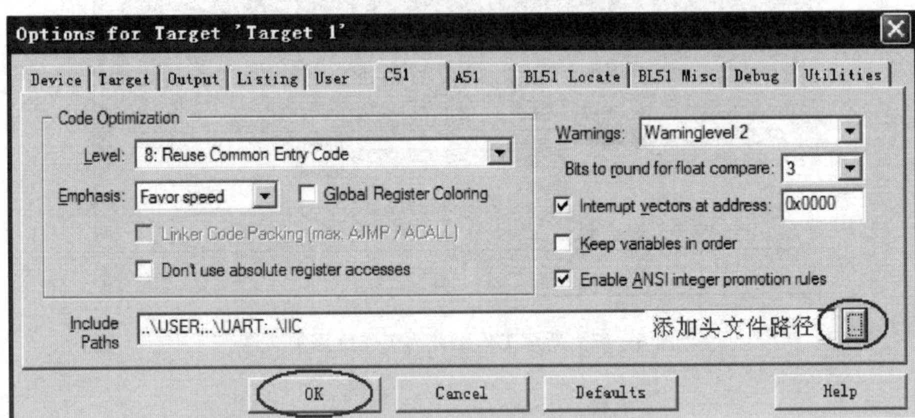

图 6－22　头文件路径加入完成后的 Target 1 界面

④ 在 PowerUP. H 与 PowerUP. C 中输入如下代码。

```
//////////////////////////////////PowerUP.H //////////////////////////////////
#ifndef _PowerUP_H_
#define _PowerUP_H_
    #include "STC15W4K.H"
    #include "uart_debug.H"
    #define u8 unsigned char
    #define u16 unsigned int
    #define u32 unsigned long
    #define E2P_RECORD_ADDR    0x00
    #define POWER_UP_MARK      0xAB
    struct POWER_UP
    {
        u32 times;
        u8 flag;
    };
#endif
////////////////////////////////////////PowerUP.C ////////////////////////////////////
#include "PowerUP.H"
#include "24C01_02.H"
#include "myfun.h"
struct POWER_UP Power_up;
void main()
{
```

```
    port_mode();                              //所有 I/O 口均设为准双向弱上拉方式
    RdFromROM(SlaveADDR,E2P_RECORD_ADDR,(u8 * )&Power_up,sizeof(struct POWER_UP));
    //芯片硬件地址、存储单元地址、数据组、写入字节数
    if (Power_up.flag != POWER_UP_MARK)
    {
        Power_up.flag = POWER_UP_MARK;
        Power_up.times = 1;
    }
    else
    {
        Power_up.times ++ ;
    }
     WrToRomB(SlaveADDR, E2P_RECORD_ADDR,(u8 * )&Power_up,sizeof(struct POWER_UP));
    //芯片硬件地址、存储单元地址、数据组、写入字节数
      UART_init();
    UART_Send_StrNum("上电次数:",Power_up.times);
    //串口输出上电次数,波特率为 9 600,频率为 22.118 4 MHz
    while(1);
}
```

编译完成后将程序下载到单片机,每次单片机系统上电时单片机就将上电次数通过出口发送到计算机,结果如图 6-23 所示。

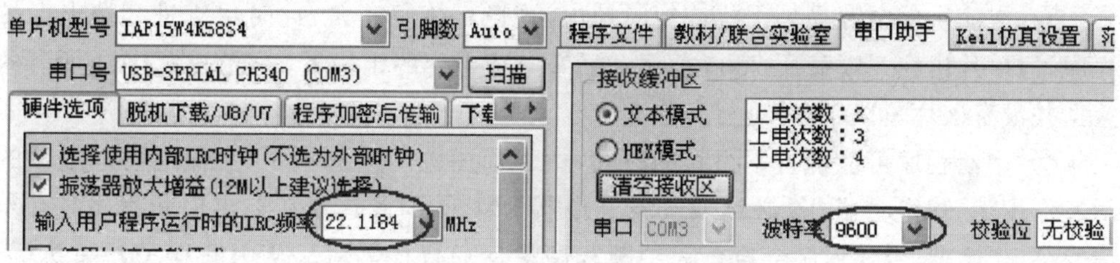

图 6-23 利用 24C02 记录单片机上电次数

例 6.7 利用 24C02 断电瞬间存储数据(使用工作组方式)。断电存储就是在系统断电瞬间保存 RAM 中的重要数据到 EEPROM,在下次系统上电时再读出 EEPROM 中的数据并运行,断电检测电路原理如图 1-4 所示,也可使用图 6-24 所示的断电检测电路。

利用单片机外部中断检测交流电源的有无,对于图 1-4,交流供电正常时 INT2 每 10 ms 进入一次中断,对于图 6-24,交流供电正常时 INT2 每 20 ms 进入一次中断,在中断程序中重装定时器 T1 初值让定时器一直不产生溢出中断。交流断电时,定时器计数值不断增加直到溢出,溢出中断程序中单片机立即保存数据。对于图 1-4,定时时间要求大于 10 ms 即可,比如取 12 ms 或 15 ms;对于图 6-24,定时时间要求大于 20 ms 即可,比如取 25 ms 或 30 ms 都可以。另外特别注意单片机外中断引脚必须外接上拉电阻。在 T1 掉电保护中断服务程序中,应按以下的步骤和过程处理:

① 紧急处理,关闭总中断防止其他中断干扰本紧急程序,关闭马达、开关等,保证系统不出事故。

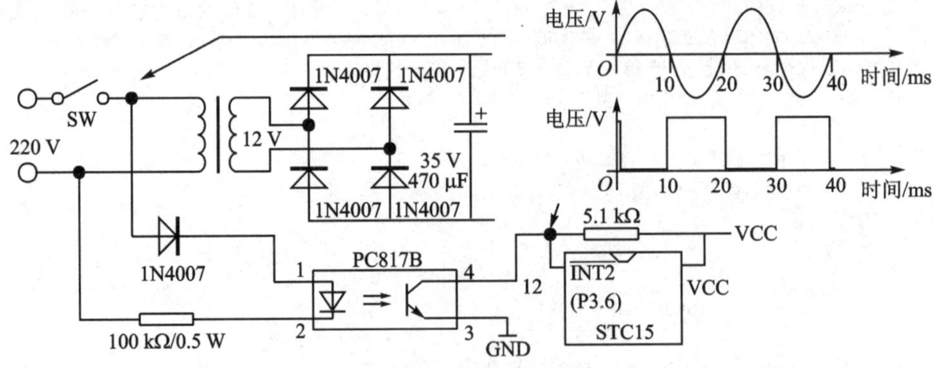

图 6-24 断电检测电路

② 关闭耗电量大的单片机 I/O 口或 I/O 口外接部件，最大程度减少芯片和外围部件对电源的消耗。

③ 将重要数据写入到 EEPROM 中。

④ 延时一段时间，典型值 1 s。

⑤ 循环检测 INT2 引脚是否恢复低电平脉冲，若有低电平则退出死循环转到下一步执行，如果 INT2 电平一直为高，程序在此循环，直到完全停止运行。

⑥ 交流供电电源受到干扰或短时掉电，现已经恢复正常，此时尽管进入掉电保护程序，但单片机在三端稳压 7805 前级和后级电解电容的维持下，一直正常工作，所有的数据并没有破坏，可以继续进行工作。

⑦ 中断程序可能执行了很长的时间，由于前面关闭了总中断，交流电对外中断的触发作用无效，定时器 T0 必然多次溢出并申请中断，因此这里在退出中断程序时必须清除 TF0 标志，否则程序会执行完中断程序最后一行代码后又从中断程序开头执行，一直循环导致单片机死机。

为了程序的通用性，这里的程序选择 25 ms 定时时间，对电路图 1-4 和图 6-24 都适用。为了方便程序调试，使用 2 个 LED 指示灯，分别提示交流供电是否正常和程序进入断电存储过程状态，主程序将一个长整型变量值按 1 s 加 1 的方式不断循环加 1，并将数值发送到计算机，波特率为 9 600，N.8.1 格式，文本模式显示，当外部断电时立即存储当前长整型变量的值，程序重新上电时接着断电前的值继续运行，结果如图 6-25 所示。这里只给出主程序代码，完整工程文件请查看配套资源。

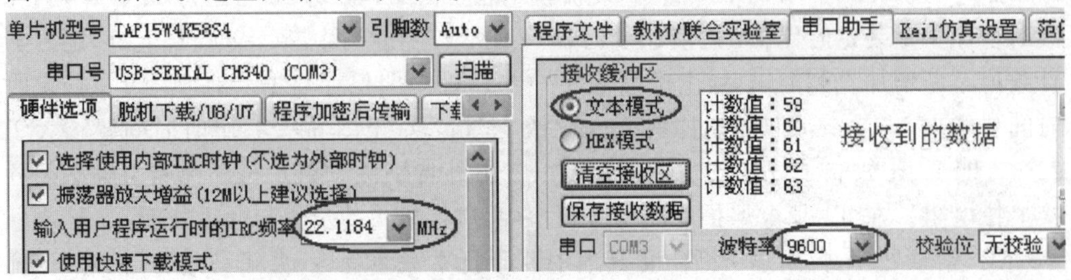

图 6-25 断电瞬间存储测试结果

```
#include "PowerDown_save.H"
#include "24C01_02.H"
#include "myfun.h"
struct POWER_UP Power_up;
void InitEX2()                      //初始化外部中断 2
{
    INT_CLKO = 0x10;                //开启外部中断 2，0001 0000
    EA = 1;
}
void INT2 (void) interrupt 10       //外部中断 2(INT2)交流供电检测
{
    TL0 = 0X00;                     //重装 25 ms 定时时间常数:4C00H,25 ms/22.118 4 MHz
    TH0 = 0X4C;
    LED1 = 0;                       //由主程序循环关闭,LED1 亮表明交流供电正常
}
void InitTimer0()                   //初始定时器 0。T1 作串口波特率发生器
{
    TMOD| = 0x01; //定时器 0 的 16 位计数方式,不能使用自动重装方式,否则运行中赋值无效
    TH0 = 0x4C;                     //定时器初值 4C00H,25 ms/22.118 4 MHz
    TL0 = 0;
    ET0 = 1;                        //开 T0 中断
    EA = 1;                         //开总中断
    TR0 = 1;
}
void Timer0() interrupt 1           //定时器 T0 的中断处理代码(断电存储)
{
    EA = 0;                         //防止更高级的中断打断
    LED0 = 0;
    P2 = 0XFF;                      //关闭耗电量大的显示器
    WrToRomB(SlaveADDR, EEPROM_ADDR,(u8 *)&Power_up,sizeof(struct POWER_UP));
                                    //芯片硬件地址、存储单元地址、数据组、写入字节数
    delay1S();                      //延时 1 s 后确认真的断电还是瞬间电源干扰
    while(1)
    {
        if (P3_6 == 0)          //供电正常,单片机程序没任何问题,退出循环继续按原程序运行
        {                       //真正掉电,等待程序停止运行
            TF0 = 0;            //定时器 0 标志,清除可能多次产生的中断标志,防止中断死机
            IE0 = 0;            //本行可以不要,使用这句后退出本中断不再去重装定时器初值
            TL0 = 0X00;         //重装 25 ms 定时时间常数:4C00H,25 ms/22.118 4 MHz
            TH0 = 0X4C;
            EA = 1;
            break;
        }
    }
}
void main()
{
    UART_init();                    //占用定时器 1,波特率为 9 600,频率为 22.118 4 MHz
    InitEX2() ;                     //初始化外中断 2
    InitTimer0();                   //初始化定时器 0
```

```
    EA = 0;             //防止刚上电读 ROM 时就产生断电存储操作,可能造成函数重入问题
    RdFromROM(SlaveADDR, EEPROM_ADDR,(u8 *)&Power_up,sizeof(struct POWER_UP));
    //芯片硬件地址、存储单元地址、数据组、写入字节数
    EA = 1;                     //进入正常工作时打开总中断
    UART_Send_StrNum("计数值:",Power_up.times);
    //串口输计数值,波特率为 9 600,频率为 22.118 4 MHz
    for(;;)
    {
        LED0 = 1;     LED1 = 1; //熄灭调试指示灯
        delay1S();
        Power_up.times ++ ;    //秒计时器加 1
        UART_Send_StrNum("计数值:",Power_up.times);
        //串口输计数值,波特率为 9 600,频率为 22.118 4 MHz
    }
}
```

例 6.8 利用 24C02 断电瞬间存储浮点数。

由于浮点数在内存中占用 4 个连续的存储单元,处理方法与长整数相同,只需把前面例子中结构体中的长整型变量定义成浮点数变量即可。

第 7 章

单片机内部比较器与 DataFlash 存储器

7.1 STC15W 系列单片机内部比较器

7.1.1 比较器结构图

STC15W 系列比较器结构如图 7-1 所示。

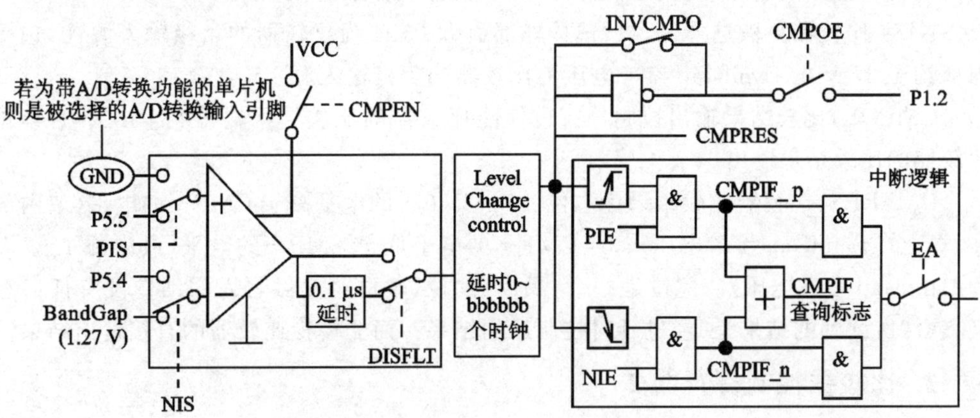

图 7-1　STC15W 系列比较器结构图

7.1.2 寄存器说明

1. 比较器控制寄存器 1

比较器控制寄存器 1：CMPCR1，如表 7-1 所列。

表 7-1　比较控制寄存器 1：CMPCR1(地址为 E6H，复位值是：0000 0000B)

位	D7	D6	D5	D4	D3	D2	D1	D0
位名称	CMPEN	CMPIF	PIE	NIE	PIS	NIS	CMPOE	CMPRES

CMPEN：比较器模块使能位。1：使能比较器模块；0：禁用比较器模块，比较器的电源关闭。

CMPIF：比较器中断标志位。当比较器的比较结果由 LOW 变成 HIGH 时，若是 PIE 被设置成 1，那么内部的一个叫做 CMPIF_p 的位会被设置成 1；当比较器的比较结果由 HIGH 变成 LOW 时，若是 NIE 被设置成 1，那么内部的一个叫做 CMPIF_n 的位会被设置成 1。当 CPU 去读此中断标志位 CMPIF 时，会读到(CMPIF_p || CMPIF_n)，当 CPU 对此中断标志位 CMPIF 写 0 后，CMPIF_p 以及 CMPIF_n 都会被清除为 0，而中断产生的条件是[(EA==1)&&(((PIE=1)&&(CMPIF_p==1)) || ((NIE==1)&&(CMPIF_n==1)))]，CPU 进入中断函数后，并不会自动清除此 CMPIF 标志，用户必须用软件写 0 去清除它。

PIE：比较器上升沿中断使能位。1：使能比较器由 LOW 变 HIGH 的事件引发 CMPIF_p = 1 产生中断；0：禁止比较器由 LOW 变 HIGH 的事件引发 CMPIF_p = 1 产生中断。

NIE：比较器下降沿中断使能位。1：使能比较器由 HIGH 变 LOW 的事件引发 CMPIF_n = 1 产生中断；0：禁止比较器由 HIGH 变 LOW 的事件引发 CMPIF_n = 1 产生中断。

PIS：比较器正极选择位。1：选择 ADC_CONTR[2:0]所选择到的 ADC 输入引脚作为比较器的正极输入源；0：选择外部 P5.5 为比较器的正极输入源。

NIS：比较器负极选择位。1：选择外部引脚 P5.4 为比较器的负极输入源；0：选择内部约 1.27 V 的 BandGap 参考电压为比较器的负极输入源。

CMPOE：比较结果输出控制位。1：使能比较器的比较结果输出到 P1.2；0：禁止比较器的比较结果输出。

CMPRES：比较器比较结果标志位。1：CMP+的电平高于 CMP−的电平(或内部 1.27 V 的 BandGap 参考电压)；0：CMP+的电平低于 CMP−的电平(或内部 1.27 V 的 BandGap 参考电压)。此位是一个“只读”的位，软件对它做写入的动作没有任何意义，软件所读到的结果是“经过延时控制后的结果”，而非模拟比较器的直接输出结果。

2. 比较器控制寄存器 2

比较器控制寄存器 2：CMPCR2，如表 7-2 所列。

表 7-2 比较控制寄存器 2：CMPCR2(地址为 E7H，复位值是：0000 1001B)

位	D7	D6	D5	D4	D3	D2	D1	D0
位名称	INVCMPO	DISFLT	LCDTY[5:0]					

INVCMPO：比较器输出取反控制位。1：比较器取反后再输出到 P1.2；0：比较器正常输出。比较器的输出是经过延时控制后的结果，而非模拟比较器的直接输出结果。

DISFLT：去除比较器输出的 0.1 μs 延时控制。1：去除比较器输出的 0.1 μs 延时控制(可以让比较器速度有少许提升)；0：比较器的输出有 0.1 μs 延时控制。

LCDTY[5:0]:比较器输出端 Level-Change Control 的延时时钟选择。假设设置值为 bbbbbb,当比较器由 LOW 变 HIGH 后,必须侦测到 HIGH 至少持续 bbbbbb 个时钟,此芯片线路才认定比较器的输出是由 LOW 转成 HIGH。如果在 bbbbbb 个时钟内,模拟比较器的输出又回复到 LOW,则此线路认为什么都没发生,视同比较器的输出一直维持在 LOW。当比较器由 HIGH 变 LOW 后,也必须侦测到 LOW 持续至少 bbbbbb 个时钟,此线路才认定比较器的输出是由 HIGH 转成 LOW。如果在 bbbbbb 个时钟内,比较器的输出又恢复到 HIGH,则此线路认为什么都没发生,视同比较器的输出一直维持在 HIGH。若是设定成 000000,则代表没有 Level-Change Control。

7.1.3　电路讲解与程序实例

图 7-2 是 STC15W 系列典型掉电检测电路,不论电源电压使用的是 5 V 还是 3.3 V 都适用。为了简化电路连接,这里的实验电路如图 7-3 所示。VCC 正常供电使用 5 V 电压,当 VCC 从 5 V 下降到 4.3 V 时进入掉电保存处理程序。P5.5 用作比较器的信号输入正端,比较器的信号输入负端在程序中设置为 1.27 V 基准电压。

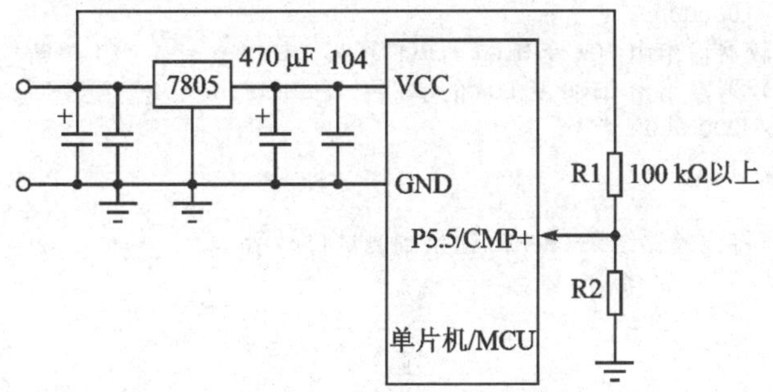

图 7-2　STC15W 系列典型掉电检测电路

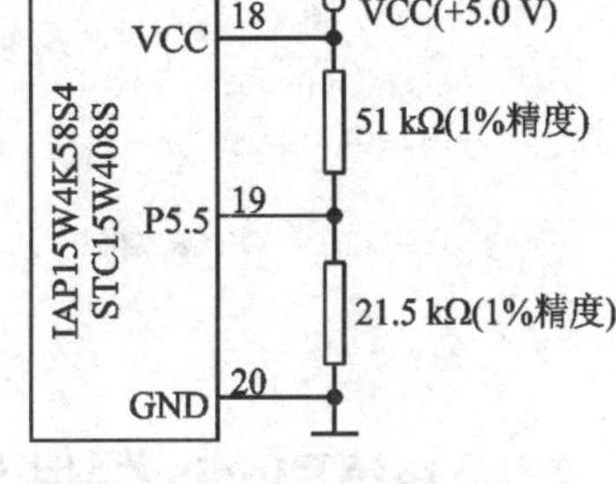

图 7-3　STC15W408S 实验电路

例 7.1　利用 IAP15W4K58S4 比较器实现掉电检测功能(中断方式),要求当 VCC 低于大约 4.3 V 时点亮一个 LED,高于大约 4.3 V 时熄灭 LED。本实验可手工连接图 7-3 电路测试,且 VCC 供电需要使用 0～5 V 直流可调电源(最大不要超过 5.5 V),也可使用第 14 章的精密电压表模块直接下载这里的代码测试。代码如下:

```
#include "STC15W4K.H"              //注意宏定义后面没分号
sbit LED = P4^1;
void main()
{
    CMPCR1 = 0xB0;                 //10110000
                                   //D7(CMPEN) = 1;     开启比较器功能
        //D6(CMPIF) = 0;     清除中断申请标志
        //D5(PIE) = 1;   开启比较器输出由 LOW 变 HIGH 的事件引发 CMPIF_p = 1 产生中断
        //D4(NIE) = 1;   开启比较器输出由 HIGH 变 LOW 的事件引发 CMPIF_n = 1 产生中断
        //D3(PIS) = 0;   选择 P5.5 作比较器正端输入信号
        //D2(NIS) = 0;   选择内部约 1.27 V 参考电压作比较器负端输入信号
        //D1(CMPOE) = 0;     不允许比较器的比较结果输出到 P1.2
```

```
        //D0(CMPRES) = 0;    比较器比较结果标志位
    CMPCR2 = 0x00;          //0000 0000
        //D7(INVCMPO) = 0;    比较器输出不取反
        //D6(DISFLT) = 0;     比较器的输出有 0.1 μs 延时控制
        //D5～D0(LCDTY) = 0;  比较器结果不去抖动,直接输出
    EA = 1;
    while(1);
}
void cmp()interrupt 21
{
    CMPCR1 &= 0xBF;              //清除中断标志,1011 1111
    LED = CMPCR1&0x01;           //将比较器结果 CMPRES 输出到测试口显示
}
```

实验结果:当 VCC<4.20 V 时 LED 点亮,当 VCC > 4.20 V 时 LED 熄灭。对程序稍作修改,不使用中断也能达到相同的实验结果。

例 7.2 利用 IAP15W4K58S4 的比较器实现掉电检测功能(查询方式)。

```
void main()
{
    CMPCR1 = 0x80;              //10000000
        //D5(PIE) = 0; 关闭比较器输出由 LOW 变 HIGH 的事件引发 CMPIF_p = 1 产生中断
        //D4(NIE) = 0; 关闭比较器输出由 HIGH 变 LOW 的事件引发 CMPIF_n = 1 产生中断
    CMPCR2 = 0x00;              //0000 0000
    while(1)
    {
        LED = CMPCR1&0x01;   //将比较器结果 CMPRES 输出到测试口显示
    }
}
```

7.2 DataFlash 存储器

STC15F2K60S2 单片机内部集成了 1 KB 的数据 Flash 存储器(也称做 DataFlash)可当作 EEPROM 使用,地址范围是 0000H～03FFH,与程序 Flash 存储器空间是分开的。这 1 KB 的数据 Flash 存储器分为 2 个扇区,每个扇区包含 512 B,对应的地址范围分别为:第一扇区:0000H～01FFH,第二扇区:0200H～03FFH。数据 Flash 存储器的擦除操作是按扇区进行的,数据 Flash 存储器擦写次数在 10 万次以上,可用于保存一些需要在应用过程中修改并且断电不丢失的一些参数数据。STC15W4K32S 系列单片机原理与 STC15F2K60S2 系列完全相同。

对于 IAP15W4K58S4 芯片,内部没有 Flash 数据,是将程序存储器 Flash 的剩余空间当作 EEPROM 使用。IAP 的意思是“在应用编程”,即在程序运行时“程序存储器 Flash”可由程序自身进行擦写,正是因为有了 IAP,从而可以将数据写入到程序存储器 Flash 中,使得数据如同烧入的程序一样,掉电不丢失。IAP 可将所有程序存储器 Flash 空间当作 EEPROM 修改,因此要注意不要把自己的有效程序擦除掉了,型号不是 IAP 开头的芯片无法对“程序存储器 Flash”进行任何操作。

7.2.1 与 DataFlash 操作有关的寄存器介绍

相关的特殊功能寄存器如表 7-3 所列，不论是操作内部数据 Flash 还是程序存储器 Flash，使用的寄存器都是完全一样的。

表 7-3 与 Flash 操作有关的寄存器

寄存器名	地址	D7	D6	D5	D4	D3	D2	D1	D0	复位值
IAP_DATA	C2H									1111 1111B
IAP_ADDRH	C3H									0000 0000B
IAP_ADDRL	C4H									0000 0000B
IAP_CMD	C5H	—	—	—	—	—	—	MS1	MS0	xxxx x000B
IAP_TRIG	C6H									xxxx xxxxB
IAP_CONTR	C7H	IAPEN	SWBS	SWRST	CMD_FAIL	—	WT2	WT1	WT0	0000 x0000B

各寄存器功能描述如下：

1. 数据寄存器 IAP_DATA

IAP_DATA 是对 Flash 进行操作时的数据寄存器，从 Flash 读出的数据放在该寄存器中，向 Flash 写入的数据也需放在该寄存器中。

2. 地址寄存器 IAP_ADDRH 和 IAP_ADDRL

IAP_ADDRH 用于指定将要操作的 Flash 存储单元地址高 8 位，IAP_ADDRL 用于指定存储单元地址低 8 位。

3. ISP/IAP 命令寄存器 IAP_CMD

其中，D7～D2 未使用，MS1 和 MS0 用于设置要执行的命令，如表 7-4 所列，命令准备好后需要等待命令触发寄存器触发才能生效。

表 7-4 MS1 与 MS0 命令功能

MS1	MS0	命令功能
0	0	待机模式，无 ISP 读/写操作
0	1	对"Flash 区"进行字节读
1	0	对"Flash 区"进行字节写入
1	1	对"Flash 区"进行扇区擦除

4. 命令触发寄存器 IAP_TRIG

在 IAPEN(IAP_CONTR.7)＝1 时，对 IAP_TRIG 先写入 5AH，再写入 A5H，在程序中对 IAP_TRIG 写入 A5H 后命令寄存器 IAP_CMD 的功能立即生效，此时程序代码停止运行，会延时一段时间才能继续向下执行后面的代码。延时时间的长短由 IAP_CONTR 寄存器的低 3 位确定，程序设置的延时时间应大于或等于内部 Flash 操作需要的最长时间。命令执行完成后,地址寄存器 IAP_ADDRH 与 IAP_ADDRL 和命令寄存器 IAP_CMD 的内容不变,如果接下来要对下一个地址的数据进行操作,需手动将该地址的高 8 位和低 8 位分别写入 IAP_ADDRH 和 IAP_ADDRL 寄存器。每次操作时,都要对 IAP_TRIG 先写入 5AH,再写入 A5H,命令才会生效。

5. 控制寄存器 IAP_CONTR

① ISPEN:功能允许位。0:禁止对 Flash 进行读/写/擦除操作;1:允许对 Flash 进行读/写/擦除操作。

② SWBS:软件控制单片机复位,具体内容见第 11 章。

③ SWRST:软件控制单片机复位,具体内容见第 11 章。

④ CMD_FAIL:ISP/IAP 命令是否触发成功标志。

如果 IAP 地址(IAP_ADDRH 和 IAP_ADDRL)指向了非法地址或无效地址,且送 ISP/IAP 命令,并对 IAP_TRIG 送 5 AH/A5H 触发失败,则 CMD_FAIL 为 1,需由软件清 0。

⑤ WT2、WT1 和 WT0 用于设置等待时间,相当于执行一段延时程序,只有当内部 Flash 操作完成后 CPU 才接着执行后面的程序。对 Flash 进行字节读取只需要2 个系统时钟,对 Flash 进行字节写需要 55 μs 时间,扇区擦除需要 21 ms 时间。如果确定了 R/C 时钟频率,55 μs 与 21 ms 对应的时钟个数也就确定了,WT2、WT1 和 WT0 直接确定时钟个数,间接确定程序延时等待时间,具体设置见表 7-5。

表 7-5 Flash 操作等待时间设置表

WT2	WT1	WTO	CPU 等待时间(CPU 工作时钟)			
			字节读(2 个时钟)	字节写(55 μs)	扇区擦除(21 ms)	与等待参数对应的推荐系统时钟 SYSclk/MHz
1	1	1	2 个时钟	55 个时钟	21 012 个时钟	<1
1	1	0	2 个时钟	110 个时钟	42 024 个时钟	<2
1	0	1	2 个时钟	165 个时钟	63 036 个时钟	<3
1	0	0	2 个时钟	330 个时钟	12 6072 个时钟	<6
0	1	1	2 个时钟	660 个时钟	25 2144 个时钟	<12
0	1	0	2 个时钟	1 100 个时钟	42 0240 个时钟	<20
0	0	1	2 个时钟	1 320 个时钟	50 4288 个时钟	<24
0	0	0	2 个时钟	1 760 个时钟	67 2384 个时钟	<30

单片机对内部 Flash 操作的时间较长,且操作过程中会暂停其他所有程序不执行,但这并不影响实际运用,因为实际运用中不可能也不允许对 Flash 进行频繁操作(Flash 擦写次数有限),一般只在上电与断电时刻操作,这种时候其他程序都不重要,可以让 CPU 以独占的方式去读/写或擦除 Flash。

Flash 存储器的操作提示如下:

① 对 Flash 存储器进行字节编程时，只能将 1 改为 0，或 1 保持为 1，0 保持为 0。如果该字节是 11111111B，则可将其中的 1 编程为 0，如果该字节中有的位为 0，要将其改为 1，则需先将整个扇区擦除，因为只有“扇区擦除”才可以将 0 变为 1。

② 如果在一个扇区中存放了大量的数据，若某次只需要修改其中的一个字节或一部分字节时，则另外不需要修改的数据需先读出放在单片机的 RAM 中，然后擦除整个扇区，再将需要保留的数据和需修改的数据一并写回该扇区中，这时，每个扇区使用的字节数越少越方便(不需读出一大堆需保留的数据)。

③ 同一次修改的数据放在同一扇区中，不是同一次修改的数据放在另外的扇区，扇区不一定用满，这样，可以不需要读出保护。

7.2.2 DataFlash 操作实例(断电瞬间存储数据)

例 7.3 STC15F2K60S2 单片机内部 DataFlash 读/写测试。

本程序上电时先擦除 DataFlash 的第 1 个扇区，然后将前半扇区与后半扇区分别写入数据 0～255，然后读出数据并判断与写入的数据是否一致，并通过串口助手显示程序运行过程中的数据与最终结果是否正常，R/C 时钟频率 22.118 4 MHz，串口通信波特率 9 600。

程序主要使用到 2 个模块文件 FLASH.H 与 FLASH.C，在程序移植过程中，FLASH.H 里需要定义 R/C 时钟频率和 Flash 存储单元地址，FLASH.C 无需作任何更改。

```
/////////////////////////////// FLASH.H ///////////////////////////////
#ifndef __FLASH_H__
#define __FLASH_H__
#include "STC15W4K.H "          //Flash 操作要控制中断开关 EA
#include <intrins.h>            //Flash 读/写要用到 _nop_();
//Flash 读/写擦除延时等待时间需要用到 R/C 时钟频率
#define SYSclk          22118400L           //定义 CPU 实际运行的系统时钟
#define     EEP_address     0x0000          //主程序从 0000 地址开始读/写数据
/****************** 写 N 个字节函数 最多 255 字节一次 ******************/
void EEPROM_write_n(unsigned int EE_address,unsigned char * DataAddress,unsigned char
lenth);
/****************** 读 N 个字节函数 最多 255 字节一次 ******************/
void EEPROM_read_n(unsigned int EE_address,unsigned char * DataAddress,unsigned char
lenth);
/******************** 扇区擦除函数 ********************/
void EEPROM_SectorErase(unsigned int EE_address);
#endif
////////////////////////////////// FLASH.C //////////////////////////////////
//                        此文件直接复制使用,用户无需任何更改
#include "FLASH.H"
//寄存器定义,虽然头文件已有定义,但不会冲突,这里列出来方便理解程序
sfr ISP_DATA   = 0xC2;
sfr ISP_ADDRH = 0xC3;
sfr ISP_ADDRL = 0xC4;
sfr ISP_CMD    = 0xC5;
```

```
sfr ISP_TRIG   = 0xC6;
sfr ISP_CONTR = 0xC7;
/////////////////////////Flash 操作延时等待参数 ////////////////////////
#if (SYSclk >= 24000000L)
    #define         ISP_WAIT_FREQUENCY    0
#elif (SYSclk >= 20000000L)
    #define         ISP_WAIT_FREQUENCY    1
#elif (SYSclk >= 12000000L)
    #define         ISP_WAIT_FREQUENCY    2
#elif (SYSclk >= 6000000L)
    #define         ISP_WAIT_FREQUENCY    3
#elif (SYSclk >= 3000000L)
    #define         ISP_WAIT_FREQUENCY    4
#elif (SYSclk >= 2000000L)
    #define         ISP_WAIT_FREQUENCY    5
#elif (SYSclk >= 1000000L)
    #define         ISP_WAIT_FREQUENCY    6
#else
    #define         ISP_WAIT_FREQUENCY    7
#endif
/********************禁止操作 Flash( 固定不变 )********************/
void DisableEEPROM(void)          //以下语句可以不用,只是出于安全考虑而已
{
    ISP_CONTR = 0;                //禁止 ISP/IAP 操作
    ISP_CMD   = 0;                //去除 ISP/IAP 命令
    ISP_TRIG  = 0;                //防止 ISP/IAP 命令误触发
    ISP_ADDRH = 0xff;             //指向非 EEPROM 区,防止误操作
    ISP_ADDRL = 0xff;             //指向非 EEPROM 区,防止误操作
}
/************** 写 N 个字节函数 最多 255 字节一次( 固定不变 )**************/
void EEPROM_write_n(unsigned int EE_address,unsigned char * DataAddress,unsigned char
lenth)
{
    EA = 0;                       //禁止中断
    ISP_CONTR = 0x80 + ISP_WAIT_FREQUENCY;
    //允许操作 Flash + 延时等待时间,送一次就够
    ISP_CMD = 2    ;              //字节写命令,命令不需改变时,不需重新发送命令
    do
    {
        ISP_ADDRH = EE_address / 256;
    //送地址高字节(地址需要改变时才需重新发送地址)
        ISP_ADDRL = EE_address % 256;        //送地址低字节
        ISP_DATA  = * DataAddress;
    //送数据到 ISP_DATA,只有数据改变时才需重新发送
        ISP_TRIG = 0x5A;
    //ISP 触发命令,先送 5AH,再送 A5H 到 ISP/IAP 触发寄存器,每次都需要如此
        ISP_TRIG = 0xA5;
    //ISP 触发命令,写字节最长需要 55 μs,因此本行语句会暂停 55 μs 以上的时间
        _nop_();
        EE_address++;                        //下一个地址
        DataAddress++;                       //下一个数据
```

```
    }while( -- lenth);                              //直到结束
    DisableEEPROM();
    EA = 1;                                         //重新允许中断
}
/************** 读 N 个字节函数 最多 255 字节一次（ 固定不变 ）**************/
void EEPROM_read_n(unsigned int EE_address,unsigned char * DataAddress,unsigned char 
lenth)
{
    EA = 0;                                         //禁止中断
    ISP_CONTR = 0x80 + ISP_WAIT_FREQUENCY;
    //允许操作 Flash +  延时等待时间,送一次就够
    ISP_CMD = 1     ;                   //字节读命令,命令不需改变时,不需重新发送命令
    do
    {
        ISP_ADDRH = EE_address / 256;
        //送地址高字节(地址需要改变时才需重新发送地址)
        ISP_ADDRL = EE_address % 256;               //送地址低字节
        ISP_TRIG = 0x5A;                            //ISP 触发命令
        ISP_TRIG = 0xA5;
    //ISP 触发命令,读一个字节最长需要 2 个时钟,因此本行语句会暂停 2 个时钟以上的时间
        _nop_();
        * DataAddress = ISP_DATA;                   //读出的数据送往外部变量地址
        EE_address ++ ;
        DataAddress ++ ;
    }while( -- lenth);
    DisableEEPROM();
    EA = 1;                                         //重新允许中断
}
/********************* 扇区擦除函数( 固定不变 )  *********************/
void EEPROM_SectorErase(unsigned int EE_address)
{
    EA = 0;                                         //禁止中断
    //只有扇区擦除,没有字节擦除,512 字节/扇区。扇区中任意一个字节地址都是扇区地址
    ISP_ADDRH = EE_address / 256;
    //送扇区地址高字节(地址需要改变时才需重新发送地址)
    ISP_ADDRL = EE_address % 256;
    //送扇区地址低字节
    ISP_CONTR = 0x80 + ISP_WAIT_FREQUENCY;
    //允许操作 Flash +  延时等待时间,送一次就够
    ISP_CMD = 3;
    //送扇区擦除命令,命令不需改变时,不需重新送命令
    ISP_TRIG = 0x5A;                                //ISP 触发命令
    ISP_TRIG = 0xA5;
    //ISP 触发命令,擦除最长需要 21 ms,因此本行语句会暂停 21 ms 以上的时间
    _nop_();
    DisableEEPROM();                                //禁止命令
    EA = 1;                                         //重新允许中断
}
/////////////////////////////主程序:Flash_Test.C /////////////////////////////
#include "FLASH.H"
#include "uart_debug.h"
```

```
void main()
{
    unsigned char a;
    unsigned int i;
    UART_init();                          //占用定时器 1,波特率为 9 600,频率为 22.118 4 MHz
    UART_Send_Str("开始擦除\n");
    EEPROM_SectorErase(EEP_address);              //扇区擦除
    UART_Send_Str("擦除完毕\n");
    for (i = 0; i<512; i ++ )                    //检测是否擦除成功(全 FF 检测)
    {
        EEPROM_read_n(EEP_address + i,&a,1);   //地址、数据、长度
        UART_Send_StrNum("擦除值:",a)      ;
        if (a! = 0xff)  goto Error;             //如果校验错误,则退出
    }
    UART_Send_Str("开始写入\n");
    for (i = 0; i<512; i ++ )                    //编程 512 字节
    {
          a = i;
        EEPROM_write_n(EEP_address + i,&a,1);  //地址、数据、长度
    }
    UART_Send_Str("写入完毕\n");
    for (i = 0; i<512; i ++ )                    //校验 512 字节
    {
        EEPROM_read_n(EEP_address + i,&a,1);   //地址、数据、长度
        UART_Send_StrNum("数据:",a);
        if (a! = i % 256)  goto Error;          //如果校验错误,则退出
    }
    UART_Send_Str("读出结束,测试正常");
    while (1);
Error:
    UART_Send_Str("数据错误");                   //IAP 操作失败
    while (1);
}
```

本程序使用“丁丁版本的串口调试助手”在计算机上显示接收到的数据,文本模式,9 600 波特率,测试结果正常,由于接收的数据量较大,其他串口助手可能会出现乱码或开始接收到的数据被后来的数据覆盖掉而不能完整显示的问题。

例 7.4 使用 STC15F2K60S2 单片机内部 DataFlash 实现断电瞬间存储数据,大部分代码与例 7.3 相同,这里只列出存在差异的部分,请读者前后对照学习。由于 STC15F2K60S2 内部没有比较器功能,断电检测必须使用外部中断与定时器。代码如下:

```
/////////////////////////////主程序:PowerDown_save.c  ////////////////////////////
void main()
{
    ……                      //同例 6.6“利用 24C02 断电瞬间存储数据”
    EA = 0;                 //防止刚上电读 ROM 时就产生断电存储操作,可能造成函数重入问题
    EEPROM_read_n(EEP_address,(u8 * )&Power_up,sizeof(struct POWER_UP)); //读出保存值
    EA = 1;                 //进入正常工作时打开总中断
```

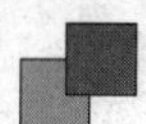

```
    EEPROM_SectorErase(EEP_address);         //当掉电后电压降落比较快时,在这里先擦除
    UART_Send_StrNum("计数值:",Power_up.times);
                                             //串口输计数值,波特率为 9 600,频率为 22.118 4 MHz
    for(;;)
    {        ……                              //同例 6.6“利用 24C02 断电瞬间存储数据”
    }
}
void Timer0() interrupt 1                    //定时器 T0 的中断处理代码(断电存储)
{
    ……                                       //同例 6.6“利用 24C02 断电瞬间存储数据”
    EEPROM_write_n(EEP_address,(u8 *)&Power_up,sizeof(struct POWER_UP));
                                             //掉电保存值
    delay1S();                               //延时 1 s 后确认真的断电还是瞬间电源干扰
    while(1)
    {        ……                              //同例 6.6“利用 24C02 断电瞬间存储数据”
    }
}
```

例 7.5　使用 IAP15W4K58S4 单片机内部比较器与 Flash ROM 实现断电瞬间存储数据。

说明:IAP15W4K58S4 与 STC15F2K60S2 作断电存储唯一不同的只有存储器地址值不一样,由于 IAP15W4K58S4 内部有比较器功能,因此掉电检测电路更加简单(见图 7-3)。为了防止误写有效程序区,程序编译完成后进入软件调试环境,打开存储器窗口,会看到有效的程序代码都存放在存储单元地址的低端。从原则上来说,凡是地址高端的 Flash 空白区域都可以当作 EEPROM 使用,对于 IAP15W4K58S4 芯片,具有 58 KB 的 Flash 存储空间,由于 1 KB=1 024 B,所以 58 KB 为 58×1 024 B=59 392 B。存储单元地址从 0 开始算起,地址范围是 0～59 391,用十六进制表示为 0000H～E7FFH,因为每个扇区包含 512 B,59 392/512=116 个扇区,最后 3 个扇区地址范围如表 7-6 所列。一般使用最后 3 个扇区地址已经够用了,比如本例,我们使用最后一个扇区,程序中使用代码“#define EEP_address 0xE600”即可。

表 7-6　IAP15W4K58S4 单片机内部 EEPROM 地址末尾 3 个扇区的地址

第 114 扇区		第 115 扇区		第 116 扇区	
起始地址	结束地址	起始地址	结束地址	起始地址	结束地址
E200H	E3FFH	E400H	E5FFH	E600H	E7FFH

主要程序代码如下:

```
#include "PowerDown_save.H"
#include "FLASH.H"
#include "myfun.h"
struct POWER_UP Power_up;
void cmp_init()                              //掉电检测比较器初始化
{
    CMPCR1 = 0xB0;                           //1011 0000
    CMPCR2 = 0x00;                           //0000 0000
```

```
    EA = 1;
}
void cmp()interrupt 21
{
     CMPCR1 &= 0xBF;                    //清除中断标志，1011 1111
     LED0  =  CMPCR1&0x01;             //将比较器结果 CMPRES 输出到测试口显示
     if (LED0 == 0)                     //掉电
     {
        EA = 0;                        //防止更高级的中断打断
        EEPROM_write_n(EEP_address,(u8 *)&Power_up,sizeof(struct POWER_UP));
                                       //掉电保存值
        delay1S();                     //延时 1 s 后确认真的断电还是瞬间电源干扰
        while(1)
        {
            if (CMPCR1&0x01 == 1)
                        //供电正常,单片机程序没任何问题,退出循环继续按原程序运行
            {                          //真正掉电,等待程序停止运行
                 CMPCR1 &= 0xBF;
                //清除中断标志，1011 1111,清除可能多次产生的中断标志,防止中断死机
               EA = 1;
               break;
            }
        }
     }
}
void main()
{
    UART_init();                       //占用定时器 1,波特率为 9 600,频率为 22.118 4 MHz
    cmp_init();                        //掉电检测比较器初始化
    EA = 0;
    //防止刚上电读 ROM 时就产生断电存储操作,可能造成函数重入问题
    EEPROM_read_n(EEP_address,(u8 *)&Power_up,sizeof(struct POWER_UP)); //读出保存值
    EA = 1;                            //进入正常工作时打开总中断
    EEPROM_SectorErase(EEP_address);
    //当掉电后电压降落比较快时,在这里先擦除
    UART_Send_StrNum("计数值:",Power_up.times);
                                       //串口输出计数值,波特率为 9 600,频率为 22.118 4 MHz
    for(;;)
    {
        LED0 = 1;      LED1 = 1;       //熄灭调试指示灯
        delay1S();
        Power_up.times++;              //秒计时器加 1
        UART_Send_StrNum("计数值:",Power_up.times);
        //串口输计数值,波特率为 9 600,频率为 22.118 4 MHz
    }
}
```

第 8 章

可编程计数阵列 CCP/PCA/PWM 模块(可用作 DAC)

IAP15W4K58S4 单片机集成了二通道(P1.0 和 P1.1)可编程计数器阵列 PCA,IAP15F2K61S2 集成了三通道 PCA(P1.0、P1.1 和 P3.7)。PCA 可用作外部中断(有几个通道即可实现几个外部中断)、定时器(只能一个)、可编程时钟输出(几个通道可以同时输出,但只能输出相同频率信号)和脉宽调制 PWM 输出(几个通道可以同时输出,频率相同,占空比可分别设置)。

8.1 PCA 模块总体结构图

PCA 模块含有一个特殊的 16 位加 1 计数器,它作为 3 个模块(模块 0、模块 1、模块 2)的公共时间基准,如图 8-1 所示。每个模块可编程工作在 4 种模式:上升/下降沿捕获、软件定时器、高速时钟输出和脉宽调制 PWM 输出。

16 位 PCA 计数器的时钟源有以下几种:1/12 系统频率、1/8 系统频率、1/6 系统频率、1/4 系统频率、1/2 系统频率、系统频率、定时器 0 溢出和 ECI 引脚的输入(P1.2),通过设置特殊功能寄存器 CMOD 的 CPS2、CPS1 和 CPS0 位选择其中的一种。

默认情况下,模块 0 连接到 P1.1/CCP0,模块 1 连接到 P1.0/CCP1,模块 2 连接到 P3.7/CCP2,也可以通过辅助寄存器 AUXR1 中的 CCP_S0 和 CCP_S1 切换到其他引脚。辅助寄存器 AUXR1 各位定义见表 8-1,具体切换引脚见表 8-2。

表 8-1 辅助寄存器 AUXR1(地址 A2H,复位值为 0000 0000B)

位	D7	D6	D5	D4	D3	D2	D1	D0
位名称	S1_S1	S1_S0	CCP_S1	CCP_S0	SPI_S1	SPI_S0	0	DPS

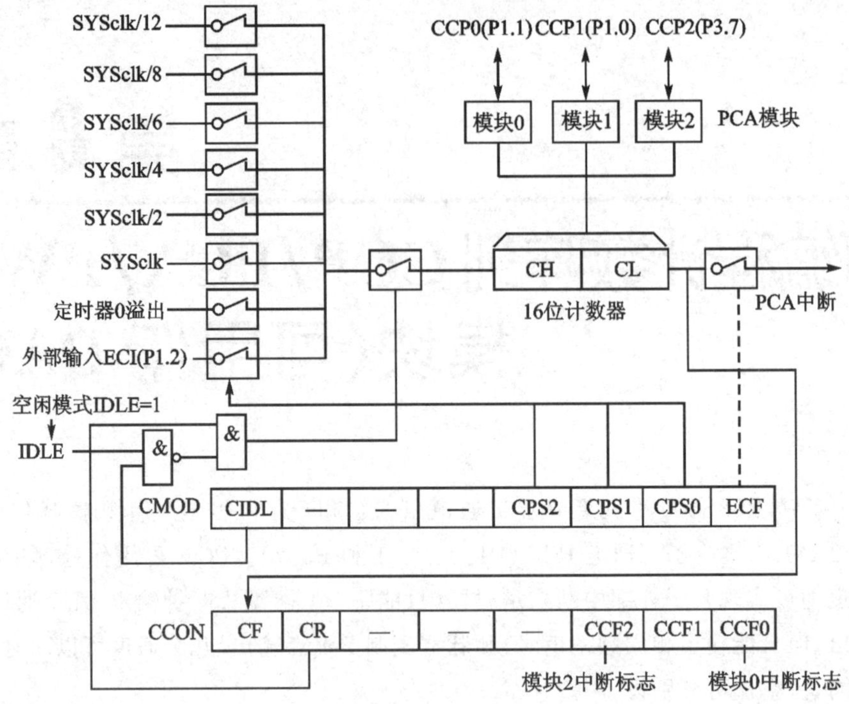

图 8-1　PCA 模块结构图

表 8-2　CCP/PCA/PWM 通道切换

CCP_S1	CCP_S0	PCA 模块功能引脚			
		ECI	CCP0	CCP1	CCP2
0	0	P1.2	P1.1	P1.0	P3.7
0	1	P3.4/ECI_2	P3.5/CCP0_2	P3.6/CCP1_2	P3.7/CCP2_2
1	0	P2.4/ECI_3	P2.5/CCP0_3	P2.6/CCP1_3	P2.7/CCP2_3
1	1	无效			

8.2　PCA 模块的特殊功能寄存器

1. PCA 工作模式寄存器

PCA 工作模式寄存器 CMOD,各位的定义如表 8-3 所列。

表 8-3　PCA 工作模式寄存器 CMOD(地址 D9H,复位值为 0xxx 0000B)

位	D7	D6	D5	D4	D3	D2	D1	D0
位名称	CIDL	—	—	—	CPS2	CPS1	CPS0	ECF

① CIDL:空闲模式下是否停止 PCA 计数的控制位。CIDL=0 时,空闲模式下 PCA 计数器继续计数;CIDL=1 时,空闲模式下 PCA 计数器停止计数。

② CPS2、CPS1 和 CPS0:PCA 计数脉冲源选择控制位,如表 8-4 所列。

表 8-4 PCA 计数脉冲源选择

CPS2	CPS1	CPS0	PCA 时钟源输入选择
0	0	0	SYSclk/12
0	0	1	SYSclk/2
0	1	0	定时器 0 溢出脉冲。由于定时器 0 可以工作在 1T 方式,所以可以达到计一个时钟就溢出,从而达到与 CPU 工作时钟 SYSclk 相同的最高频率,通过改变定时器 0 的溢出率,可以实现可调频率的 PWM 输出
0	1	1	ECI/P1.2(或 P2.4、P3.4)引脚输入的外部时钟(最大速率= CPU 工作时钟 SYSclk/2)
1	0	0	SYSclk
1	0	1	SYSclk/4
1	1	0	SYSclk/6
1	1	1	SYSclk/8

例如,CPS2/CPS1/CPS0=110B 时,PCA 计数器的时钟源是 SYSclk/6,如果没对时钟分频寄存器 CLK_DIV 做设置,则 SYSclk=f_{OSC}(R/C 时钟或外部晶振频率),如果要使用 SYSclk/3 作为 PCA 的时钟源,应让 T0 工作在 1T 模式,计数 3 个脉冲即产生溢出,用 T0 的溢出可对系统时钟进行 1~65 536 级分频(T0 工作在 16 位自动重装模式)。

③ ECF:PCA 计数器溢出中断使能位。

ECF = 1 时,允许寄存器 CCON 中 CF 位中断;ECF = 0 时,禁止 CF 位中断。

2. PCA 控制寄存器

PCA 控制寄存器 CCON,各位的定义如表 8-5 所列。

表 8-5 PCA 控制寄存器 CCON(地址 D8H,复位值为 00xx x000B)

位	D7	D6	D5	D4	D3	D2	D1	D0
位名称	CF	CR	—	—	—	CCF2	CCF1	CCF0

① CF:PCA 计数器溢出标志位。当 PCA 计数器溢出时,CF 位由硬件置位,如果 CMOD 寄存器的 ECF 位置位,则 CF 标志可用来产生中断。CF 位可通过硬件或软件置位,但只能通过软件清 0。

② CR:PCA 计数器的运行控制位。CR=1 时,启动 PCA 计数器;CR=0 时,关闭 PCA 计数器。

③ CCF2/CCF1/CCF0:PCA 模块的中断标志。CCF0 对应模块 0,CCF1 对应模

块 1，CCF2 对应模块 2，当发生匹配(匹配通常指的就是相等)或捕获时由硬件置位，这些标志位只能通过软件清 0，所有模块共用一个中断入口地址，可以在中断服务程序中判断 CCF0、CCF1 和 CCF2，以确定到底是哪个模块产生了中断。

3. PCA 比较/捕获寄存器

PCA 比较/捕获寄存器 CCAPMn(n=0～2)，各位的定义如表 8-6 所列。

表 8-6 PCA 比较/捕获寄存器 CCAPMn(地址 DAH、DBH、DCH，复位值为 x000 0000B，n=0～2)

位	D7	D6	D5	D4	D3	D2	D1	D0
位名称	—	ECOMn	CAPPn	CAPNn	MATn	TOGn	PWMn	ECCFn

① ECOMn：允许比较器功能控制位。ECOMn=1，允许比较器功能。详见图 8-3、图 8-5、图 8-6。

② CAPPn：正捕获控制位。CAPPn=1，允许上升沿捕获。详见图 8-2。

③ CAPNn：负捕获控制位。CAPNn=1，允许下降沿捕获。如果 CAPPn=1，同时 CAPNn=1，则允许上升沿和下降沿都捕获。详见图 8-2。

④ MATn：匹配控制位。如果 MATn=1，则 PCA 计数值与模块的捕捉/比较寄存器的值匹配时(匹配通常指的就是相等)，将置位 CCON 寄存器的中断标志位 CCFn。详见图 8-3 与图 8-5。

⑤ TOGn：翻转控制位。当 TOGn=1 时，PCA 工作于高速输出模式，PCA 计数器的值与模块的比较基准寄存器的值匹配，将使 CCPn(CCP0/P1.1，CCP1/P1.0，CCP2/P3.7)引脚翻转。详见图 8-5。

⑥ PWMn：脉宽调制模式。当 PWMn=1 时，CCPn 引脚用作脉宽调制 PWM 输出。详见图 8-6。

⑦ ECCFn：使能模块标志 CCFn 中断。ECCFn=1 允许中断，ECCFn=0 禁止中断。详见图 8-2、图 8-3 和图 8-5。

4. PCA 捕捉/比较寄存器

PCA 捕捉/比较寄存器——CCAPnH(高字节)和 CCAPnL(低字节)，复位值都是 0000 0000B。其中，n=0～2，分别对应模块 0、模块 1 和模块 2。当 PCA 模块用于捕获或比较时，它们保存各个模块的 16 位捕捉计数值；当 PCA 模块用于 PWM 模式时，它们用来控制输出占空比。

5. PCA 模块 PWM 寄存器

PCA 模块 PWM 寄存器 PCA_PWMn(n=0～2)，各位的定义如表 8-7 所列。

表 8-7 PWM 寄存器 PCA_PWMn(地址 F2H、F3H、F4H，复位值为 00xx xx00B，n=0～2)

位	D7	D6	D5	D4	D3	D2	D1	D0
位名称	EBSn_1	EBSn_0	—	—	—	—	EPCnH	EPCnL

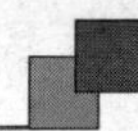

① EBSn_1 和 EBSn_0:用于选择 PWM 的位数,见表 8-8。

表 8-8　PWM 位数选择

EBSn_1	EBSn_0	PWM 的位数	EBSn_1	EBSn_0	PWM 的位数
0	0	8	1	0	6
0	1	7	1	1	无效,仍为 8 位

② EPCnH:在 PWM 模式下与 CCAPnH 组成 9 位数,详见图 8-6。

③ EPCnL:在 PWM 模式下与 CCAPnL 组成 9 位数,详见图 8-6。

6. PCA 的 16 位计数器

PCA 的 16 位计数器——高 8 位 CH 和低 8 位 CL,如图 8-2、图 8-3 等,复位值都是 0000 0000B。

8.3　PCA 模块的工作模式与应用举例

1. 捕获模式(用于扩展外部中断)

PCA 模块工作于捕获模式的结构如图 8-2 所示。

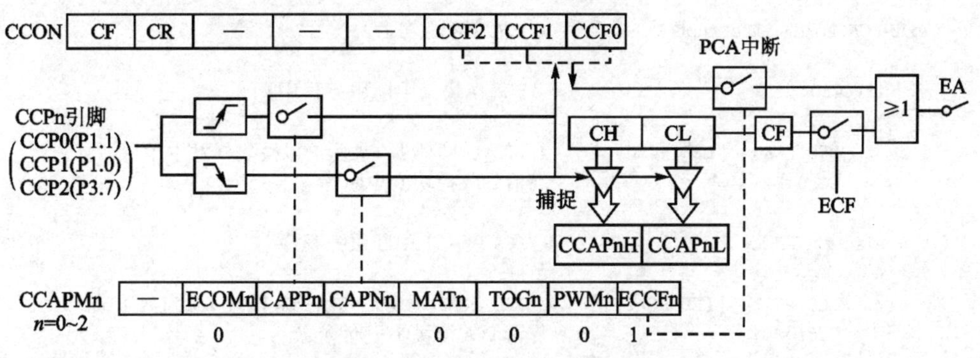

图 8-2　PCA 模块捕获模式结构图

要使 PCA 模块工作在捕获模式,寄存器 CCAPMn 的两位 CAPPn 和 CAPNn 中至少有一位必须置 1。PCA 模块工作于捕获模式时,对外部输入 CCPn 引脚的跳变进行采样,当采样到有效跳变时,PCA 硬件将 PCA 计数器(CH 和 CL)的值装载到模块的捕捉/比较寄存器(CCAPnH 和 CCAPnL)中,同时置位 CCON 中的 CCFn,如果 CCAPMn 中的 ECCFn 位为 1,将产生中断,可在中断服务程序中根据标志 CCF2、CCF1、CCF0 和 CF 判断是哪一个模块产生了中断或是定时器溢出中断,并注意中断标志位的软件清 0 问题。

例 8.1　利用 PCA 模块扩展 3 路外部中断。

说明:将 P1.0(PCA 模块 1 的外部输入)扩展为上升沿/下降沿都可触发的外部中断。当中断产生时对 P0.0 取反,将 P1.1(PCA 模块 0 的外部输入)扩展为下降沿触发的外部中断；当中断产生时对 P0.1 取反，将 P3.7(PCA 模块 2 的外部输入)扩展为上升沿/下降沿都可触发的外部中断；当中断产生时对 P0.3 取反，P0.0、P0.1 和 P0.2 连接 LED 灯指示状态。

```
#include "STC15W4K.H"                //包含 STC15W4K 寄存器定义头文件
sbit LED_PCA0 = P0^1;                //PCA0 对应 P1.1 引脚
sbit LED_PCA1 = P0^0;                //PCA1 对应 P1.0 引脚
sbit LED_PCA2 = P0^2;                //PCA2 对应 P3.7 引脚
void main (void)
{
    port_mode();                     //所有 I/O 口设为准双向弱上拉方式
    CMOD = 0x80;                     //空闲模式下停止 PCA 计数器工作
                     //PCA 时钟源为 SYSclk/12,禁止 PCA 计数器溢出时中断
    CCON = 0;                        //清零,PCA 计数器溢出中断请求标志位 CF
                    //CR = 0,不允许 PCA 计数器计数;PCA 各模块中断请求标志位 CCFn 清零
    CL = 0;                          //PCA 计数器清零
    CH = 0;
    CCAPM0 = 0x11;                   //设置 PCA 模块 0 下降沿触发捕捉功能
    CCAPM1 = 0x31;                   //设置 PCA 模块 1 上升/下降沿均可触发捕捉功能
    CCAPM2 = 0x31;                   //设置 PCA 模块 2 上升/下降沿均可触发捕捉功能
    EA = 1;                          //开整个单片机所有中断共享的总中断控制位
    CR = 1;                          //启动 PCA 计数器(CH,CL)计数
    while(1);                        //等待中断
}
void PCA(void) interrupt 7           //PCA 中断服务程序
{
    if(CCF0)                         //PCA 模块 0 中断服务程序
    {
        LED_PCA0 = !LED_PCA0;        //LED_PCA0 取反,表示 PCA 模块 0 发生了中断
        CCF0 = 0;                    //清 PCA 模块 0 中断标志
    }
    else if(CCF1)                    //PCA 模块 1 中断服务程序
    {
        LED_PCA1 = !LED_PCA1;        //LED_PCA1 取反, 表示 PCA 模块 1 发生了中断
        CCF1 = 0;                    //清 PCA 模块 1 中断标志
    }
    else if(CCF2)                    //PCA 模块 2 中断服务程序
    {
        LED_PCA2 = !LED_PCA2;        //LED_PCA2 取反, 表示 PCA 模块 2 发生了中断
        CCF2 = 0;                    //清 PCA 模块 2 中断标志
    }
}
```

将程序下载到单片机后，拔出实验板上与 P1.1 有其他连接的跳线帽(标识:A/D 转换串口 2)，将杜邦线的一端插接到 2 号单片机 20 引脚 GND 插针上，将杜邦线的另一端分别触碰 P1.0、P1.1 和 P3.7 对应的插针，让 P1.0、P1.1 和 P3.7 得到上升沿或下降沿的触发脉冲。对于 P1.0，由于程序中设置的是上升沿/下降沿都可触发的外部中断，触碰动作应该能控制 P0.0 的 LED 状态的翻转，但由于触碰使用机械开关控制存在抖动问题，这里操作起来显得不怎么灵敏，P1.1 和 P3.7 也存在同样的问题，机械去抖

动问题在第3章中断系统部分已进行过分析。另外需要注意的是,IAP15W4K58S4只有2个PCA通道(P1.0和P1.1),IAP15F2K61S2才是3个PCA通道(P1.0、P1.1和P3.7)。

2. 16位定时器模式

16位定时器模式的结构如图8-3所示,定时精度与16位自动重装的通用定时器相同,但为了得到需要的输出频率,通常要在中断函数中修改CCAPnH、CCAPnL递增步长值,并且必须让CPU反复中断,使用不如通用定时器方便。

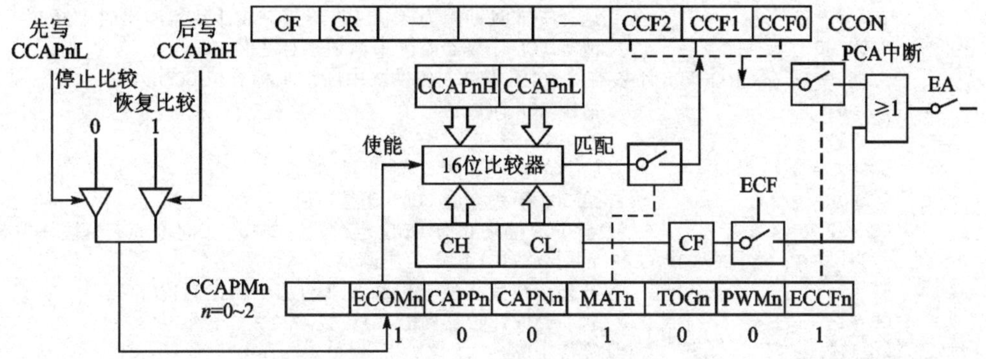

图8-3 PCA的16位定时器模式结构图

通过置位寄存器CCAPMn的ECOMn和MATn位,可使PCA模块用作定时器,为了得到需要的输出频率,通常要在中断函数中修改CCAPnH、CCAPnL递增步长值,因此需要置位ECCFn打开中断。PCA计数器[CH,CL]每隔一定时间自动加1,时间间隔取决于选择的时钟源。例如,当选择的时钟源为SYSclk/12时,每12个时钟周期[CH,CL]加1,当[CH,CL]增加到等于捕捉/比较寄存器[CCAPnH,CCAPnL]的值时,CCFn=1,产生中断请求,如果每次PCA模块中断后,在中断服务程序中给[CCAPnH,CCAPnL]增加一个相同的数值,那么下一次中断来临的间隔时间T也是相同的,从而实现了定时功能。PCA计数器计数值与定时时间的计算公式如下:

PCA计数器计数值(CCAPnH、CCAPnL设置值或递增步长值)

=定时时间/计数脉冲周期

=定时时间×计数脉冲频率

假设,系统时钟频率SYSclk = 22.118 4 MHz,选择的时钟源为SYSclk/12,定时时间T为5 ms,则PCA计数器计数值为T×(SYSclk/12)= 0.005×22 118 400/12=9 216=2400H,也就是说,PCA计数器计数2400H次,定时时间就是5 ms,这也就是每次给[CCAPnH,CCAPnL]增加的数值(步长)。

例8.2 利用PCA模块扩展1个定时器。

说明:利用PCA模块的定时功能,实现在P0.0输出脉冲宽度为1 s的方波,假设R/C时钟频率f_{OSC}= 22.118 4 MHz,在此选择PCA模块0实现定时功能。本例中,选择PCA模块的时钟源为SYSclk /12,基本定时时间5 ms,对5 ms计数200次以后,即可实现 1 s 的定时,PCA 计数器计数值为 2400H,可在中断服务程序中,将该值赋给[CCAP0H,CCAP0L],程序代码如下:

```
#include "STC15W4K.H"          //包含 STC15W4K 寄存器定义头文件
sbit LED_1s = P0^0;
unsigned char Count;           //中断次数变量
void main (void)
{
    port_mode();               //所有 I/O 口设为准双向弱上拉方式
    Count = 200;               //设置 Count 计数器初值
    CMOD = 0x80;               //#10000000B 空闲模式下停止 PCA 计数器工作
                               //选择 PCA 时钟源为 fosc/12,禁止 PCA 计数器溢出时中断
    CCON = 0;                  //清零 PCA 计数器溢出中断请求标志位 CF
    //CR = 0, 不允许 PCA 计数器计数,清零 PCA 各模块中断请求标志位 CCFn
    CL = 0;                    //清零 PCA 计数器
    CH = 0;
    CCAP0L = 0;                //给 PCA 模块 0 的 CCAP0L 置初值
    CCAP0H = 0x24;             //给 PCA 模块 0 的 CCAP0H 置初值
    CCAPM0 = 0x49;            //设置 PCA 模块 0 为 16 位定时器,ECCF0 = 1 允许 PCA 模块 0 中断
    //当[CH,CL] = [CCAP0H,CCAP0L]时,CCF0 = 1,产生中断请求
    EA = 1;                    //开整个单片机所有中断共享的总中断控制位
    CR = 1;                    //启动 PCA 计数器(CH,CL)计数
    while(1);                  //等待中断
}
void PCA(void) interrupt 7     //PCA 每 5 ms 中断一次
{
    union                      //定义一个联合,以进行 16 位加法
    {
        unsigned int num;
        struct                 //在联合中定义一个结构
        {
            unsigned char Hi,Lo;
        }Result;
    }temp;
    temp.num = (unsigned int)(CCAP0H<<8) + CCAP0L + 0x2400;
    CCAP0L = temp.Result.Lo;   //取计算结果的低 8 位
    CCAP0H - temp.Result.Hi;   //取计算结果的高 8 位
    CCF0 = 0;                  //清 PCA 模块 0 中断标志
    Count -- ;                 //修改中断计数
    if (Count == 0)
    {
        Count = 200;           //恢复中断计数初值
        LED_1s = !LED_1s;      //在 P0.0 输出脉冲宽度为 1 s 钟的方波(0.5 Hz)
    }
}
```

实验结果:用逻辑分析仪测量 P0.0 口输出波形如图 8-4 所示,逻辑分析仪显示的频率是 0.500 676 Hz。

例 8.3 利用定时器 T0 溢出作 PCA 模块定时器的时钟源。R/C 时钟频率 f_{OSC} = 22.118 4 MHz,完成的最终效果与上例相同。过程分析,使用 R/C 时钟频率 f_{OSC} =

图 8-4　PCA 定时器控制任意 I/O 口输出秒信号

22.118 4 MHz,默认 12 分频后提供给 T0 计数,假设 T0 用 8 位自动重装方式,计 10 个脉冲就溢出,溢出信号送 PCA 计数器,PCA 计数器基本定时时间 5 ms,对 5 ms 计数 200 次以后,即可实现 1 s 的定时。定时器 T0 初值计算在前面定时器部分已做详细介绍:M1M0=02,初值 = 256−待计数值,这里要求计 10 个脉冲就溢出,初值 =256−10=246。PCA 计数器步进值=定时时间×计数脉冲频率=0.005×(22 118 400÷12÷10)=921.6=0x399。需要注意的是,定时器 T0 每一次溢出,PCA 计数器就会有一个完整的计数脉冲信号输入,脉冲信号频率等于 T0 的溢出率,是 T0 作为时钟输出时频率的 2 倍。将上例代码略做修改并加入定时器 T0 初始化代码即可完成本例功能,完整代码可参见配套资源。

3. 高速输出模式

高速输出模式的结构如图 8-5 所示,原理与 16 位定时器模式几乎完全相同,同样需要 CPU 反复中断,使用不如通用时钟输出功能方便。

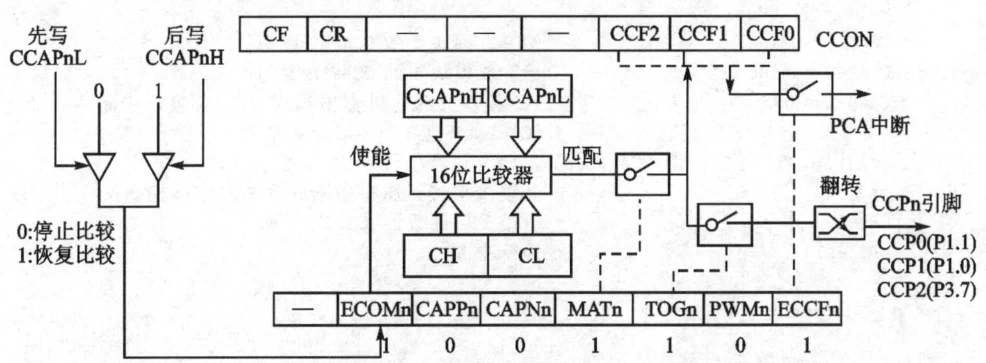

图 8-5　PCA 模块的高速输出模式结构图

当 PCA 计数器 CH、CL 的值与模块捕捉/比较寄存器 CCAPnH、CCAPnL 的值相等时,PCA 模块的输出引脚 CCPn 将发生翻转。要激活高速输出模式,CCAPMn 寄存器的 ECOMn、MATn、TOGn 位必须都置位,为了得到需要的输出频率,需要在中断函数中修改 CCAPnH、CCAPnL 递增步长值,因此需要置位 ECCFn 打开中断。

PCA 计数器计数值(CCAPnH、CCAPnL 设置值或递增步长值)

=定时时间/计数脉冲周期

=定时时间×计数脉冲频率

=[(1/f_{OUT})/2]×计数脉冲频率

=计数脉冲频率/(2×f_{OUT})

式中，f_{OUT} 表示 PCA 模块 n 输出的时钟频率。比如系统时钟频率 SYSclk＝22.118 4 MHz，选择的时钟源是 SYSclk/2 时，要求在 CCPn 引脚输出 100 kHz 的方波，CCAPnH_CCAPnL 递增步长值＝(22 118 400/2)/(2×100 000)＝55.296，四舍五入取整得 55，即十六进制 37H。

例 8.4 利用 PCA 模块扩展时钟输出口。

说明：利用 PCA 模块 1 实现在 P1.0 输出 100 kHz 方波，设 R/C 时钟振频率 f_{OSC}＝22.118 4 MHz。

```
#include "STC15W4K.H"                //包含 STC15W4K 寄存器定义头文件
#define SYSclk    22118400L
#define T100KHz ((SYSclk/2)/2/100000)
unsigned int value;                  //临时存放比较寄存器增加的数值
sbit PCA_LED = P0^0;                 //PCA 测试 LED
void main()
{
    port_mode();                     //所有 I/O 口设为准双向弱上拉方式
    CMOD = 0x82;              //CIDL = 1,空闲模式下停止 PCA 计数器工作,PCA 时钟源为 fosc/2
                                     //ECF = 0,禁止 PCA 定时器溢出中断
    CCON = 0;                        //清零 PCA 计数器溢出中断请求标志位 CF
    //CR = 0,不允许 PCA 计数器计数,清零 PCA 各模块中断请求标志位 CCFn
    CL = 0;                          //清零 PCA 计数器
    CH = 0;
    value = T100KHz;
    CCAP1L = value;                  //给 PCA 模块 1 的 CCAP1L 置初值
    CCAP1H = value >> 8;             //给 PCA 模块 1 的 CCAP1H 置初值
    CCAPM1 = 0x4D;                   //PCA 模块 1 为时钟输出模式,且必须使用中断
                                     //ECCF1 = 1 允许 PCA 模块 1 中断
    //当[CH,CL] = [CCAP1H,CCAP1L]时,CCF1 = 1,产生中断请求,重装比较值
    EA = 1;                          //开整个单片机所有中断共享的总中断控制位
    CR = 1;                          //启动 PCA 计数器(CH,CL)计数
    while(1);                        //等待中断
}
void PCA() interrupt 7
{
    CCF1 = 0;                        //清中断标志
    value + = T100KHz;
    CCAP1L = value;
    CCAP1H = value >> 8;             //更新比较值
}
```

实验结果：使用 VC97 万用表测量 P1.0 输出信号频率为 100.6 kHz。

4. 脉宽调节模式

PWM 为脉冲宽度调制，可用于调整输出直流平均电压，对于矩形波而言，输出平均压等于峰值电压×占空比。占空比是一个脉冲周期内高电平时间与周期的比值，例如，峰值电压等于 5 V，占空比等于 50％的方波信号平均电压等于 2.5 V，也就是万用表直流挡测量得到的电压值，8 位 PWM 模式结构如图 8-6 所示，PWM 输出不需要使用中断。

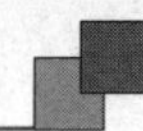

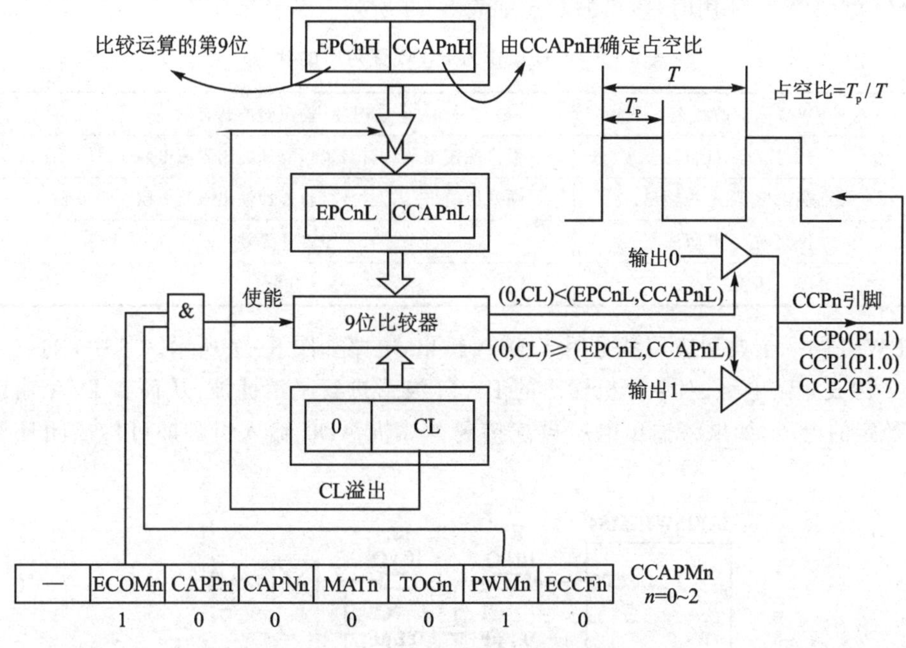

图 8-6　8 位 PWM 模式结构图

通过程序设定寄存器 PCA_PWMn(n=0～2,下同)中的位 EBSn_1 及 EBSn_0,使其工作于8位PWM、7位PWM或6位PWM模式。当[EBSn_1,EBSn_0]=[0,0](默认值)或[1,1]时,PCA 模块 n 工作于 8 位 PWM 模式,此时将{0,CL[7:0]}与[EPCnL,CCAPnL[7:0]]进行比较,当{0,CL[7:0]}中的值小于{EPCnL,CCAPnL[7:0]}时,输出为低,当{0,CL[7:0]}中的值大于或等于{EPCnL,CCAPnL[7:0]}时,输出为高,当 EPCnL=0 且 CCAPnL=00H 时,PWM 固定输出高,当 EPCnL=1 且 CCAPnL=FFH 时,PWM 固定输出低。当 CL 的值由 FF 变为 00 溢出时,{EPCnH,CCAPnH[7:0]}的内容自动装载到{EPCnL,CCAPnL[7:0]}中,这样可实现无干扰地更新 PWM 占空比。要使能 PWM 模式,模块 CCAPMn 寄存器的 ECOMn 和 PWMn 位必须置位。

PCA 时钟输入源可以从以下 8 种中选择一种:SYSclk/12、SYSclk/8、SYSclk/6、SYSclk/4、SYSclk/2、SYSclk、定时器 0 的溢出、ECI/P1.2 输入,PWM 输出占空比由{EPCnL,CCAPnL[7:0]}确定。

8 位 PWM 的周期 =计数脉冲周期×256

8 位 PWM 的频率 =计数脉冲频率/256

8 位 PWM 的脉宽时间(高电平时间)=计数脉冲周期×(256−CCAPnL)

8 位 PWM 的占空比 =脉宽时间/PWM 周期 = (1−CCAPnL/256)×100%

如果要实现给定频率的 PWM 输出,可选择定时器 0 溢出或者 ECI(P1.2)引脚输入作为 PCA 的时钟输入源。所有 PCA 模块都可用作 PWM 输出,由于所有模块共用 PCA 定时器,所以它们的输出频率相同,各个模块的输出占空比是独立变化的,当某个

I/O 口作为 PWM 使用时，该口的状态如表 8-9 所列。

表 8-9 I/O 口作为 PWM 使用时的状态

PWM 之前的状态	PWM 输出时的状态
弱上拉/准双向口	强推挽输出/强上拉输出，要加输出限流电阻 1～10 kΩ
强推挽输出/强上拉输出	强推挽输出/强上拉输出，要加输出限流电阻 1～10 kΩ
仅为输入/高阻	PWM 无效
开漏	开漏

PWM 的一个典型应用就是用于 D/A 输出，电路如图 8-7 所示。其中，R1、C1 和 R2、C2 构成滤波电路，对单片机输出的 PWM 波形进行平滑滤波，从而在 D/A 输出端得到稳定的电压，如果将输出电压再连接到单片机 ADC 输入引脚即可构成闭环调节回路。

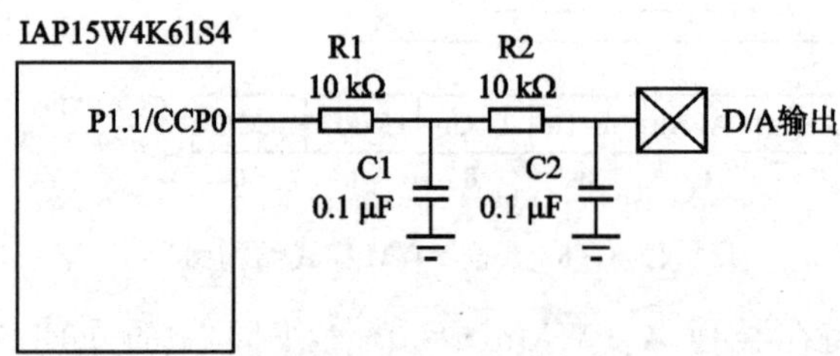

图 8-7 PWM 用于 D/A 转换时的典型电路

例 8.5 利用 PCA 模块实现占空比固定的 PWM 输出。

说明：利用 PCA 模块 0 实现在 P1.1 输出占空比固定的 PWM 信号，假设 R/C 时钟频率 f_{OSC} = 22.118 4 MHz。

```
#include "STC15W4K.H"     //包含 STC15W4K 寄存器定义头文件
void initPWM()
{
    CMOD = 0x80;           //#10000000B 空闲模式下停止 PCA 计数器工作
                           //选择 PCA 时钟源为 fosc/12,禁止 PCA 计数器溢出时中断
    CCAPM0 = 0x42;         //设置 PCA 模块为 PWM 输出方式
    CR = 1;                //PCA 计数器开始运行
}
void main()
{
    initPWM();
    CCAP0H = 0x20;         //脉宽控制
    while(1);              //让程序停在这里
}
```

实验结果：用万用表测量 P1.1 输出频率为 7.210 kHz，占空比为 87.5%。理论计算 P1.1 频率＝计数脉冲频率/256 ＝ 22 118 400÷12÷256＝7.2 kHz，占空比＝(1－CCAPnL/256)×100%＝(1－32/256)×100%＝87.5%。可见理论计算与实际结果是一致的。

例 8.6　PWM 实现亮度渐变的小灯，R/C 时钟频率为 22.118 4 MHz。

说明：利用 PCA 模块 0 实现在 P1.1 输出 PWM 信号，控制 LED 由从最亮到最暗，再从最暗到最亮循环变化。

```
#include "STC15W4K.H"                //包含 STC15W4K 寄存器定义头文件
#define pulse_width_MAX 0xfa         //PWM 脉宽最大值，占空比 2.3%
#define pulse_width_MIN 0x05         //PWM 脉宽最小值，占空比 98%
#define STEP 0x02;                   //PWM 脉宽变化步长
unsigned char  pulse_width;          //PWM 脉宽变量，即存入 CCAP0H 中的值
void delay(void)
{                                    //由第 1 章介绍的软件计算得出
}
void initPWM()
{
    CMOD = 0x80;                     //#10000000B 空闲模式下停止 PCA 计数器工作
                                     //选择 PCA 时钟源为 fosc/12，禁止 PCA 计数器溢出时中断
    CCON = 0;                        //清零 PCA 计数器溢出中断请求标志位 CF
    //CR = 0，不允许 PCA 计数器计数，清零 PCA 各模块中断请求标志位 CCFn
    CL = 0;                          //清零 PCA 计数器
    CH = 0;
    CCAPM0 = 0x42;                   //设置 PCA 模块 0 为 PWM 输出方式
    CR = 1;                          //PCA 计数器开始运行
}
void PWM_OUT()
{
    //占空比从最小到最大
    pulse_width = pulse_width_MIN;
    while(1)
    {
            if (pulse_width>pulse_width_MAX)      break;
            CCAP0H = pulse_width;
            pulse_width + = STEP;
            delay();
    }
    //占空比从最大到最小
    pulse_width = pulse_width_MAX;
    while(1)
    {
            if(pulse_width<pulse_width_MIN) break;
            CCAP0H = pulse_width;
            pulse_width - = STEP;
            delay();
    }
}
void main()
{
    port_mode();                     //所有 I/O 口设为准双向弱上拉方式
    initPWM();
    while(1)
    {
            PWM_OUT();               //脉宽输出
```

```
    }
}
```

若使用配套实验板,用杜邦线一端插接到 P1.1 对应的插针上,另一端插接到接有一组 LED 的 P0 口任意一个插针引脚上,则程序下载完毕后就可以看到 P1.1 连接的小灯从最亮到最暗,再从最暗到最亮循环变化。

例 8.7 利用定时器 0 的溢出作为 PCA 模块的时钟输入源,使用 PCA 模块 1 的 PWM 功能实现可调频率的 PWM 输出(P1.0 引脚)。假设 R/C 时钟频率 $f_{OSC}=22.1184$ MHz,可通过逻辑分析仪测量输出波形,也可将 P1.0 引脚输出的变频 PWM 信号通过杜邦线连接到 P0 口任意一个引脚插针,通过 P0 口的 LED 观察工作状态。

分析:当 PCA 模块选用定时器 0 的溢出作为时钟源时,CMOD 寄存器中的 CPS2、CPS1 和 CPS0 应设置为 010B。当 T0 计 10 个脉冲溢出时,8 位 PWM 的频率 =计数脉冲频率/256=(22 118 400 Hz/12/10)/256=720 Hz,周期为 1.388 8 ms;当 T0 计 20 个脉冲溢出时,8 位 PWM 的频率 =计数脉冲频率/256=(22 118 400 Hz/12/20)/256=360 Hz,周期为 2.777 7 ms,程序代码如下:

```
#include "STC15W4K.H"                //包含 "STC15W4K.H"寄存器定义头文件
#define T0_1 246                     //定时器 T0 重装值(10 个脉冲溢出)
#define T0_2 236                     //定时器 T0 重装值(20 个脉冲溢出)
#define PWM_PluseWidth 255           //PWM 脉冲宽度,数字越大,脉宽越窄,占空比越小
void delay20ms(void)
{                                    //由第 1 章介绍的软件计算得出
}
void initPCA()
{
    //初始化定时器 T0 为 8 位自动重装方式,其溢出脉冲作为 PCA 计数器的时钟源
    TMOD = 0x02;                     //设置 T0 为 8 位自动重装方式
    TH0 = T0_1;                      //来 256 - 246 = 10 个脉冲就中断
    TL0 = T0_1;                      //来 256 - 246 = 10 个脉冲就中断
    TR0 = 1;                         //启动定时器 0
    //初始化 PCA 模块 1 为 8 位 PWM 输出方式
    CMOD = 0x84;       //#10000100B 空闲模式下停止 PCA 计数器工作
                       //PCA 时钟源选择 T0 溢出信号,禁止 PCA 计数器溢出时中断
    CCON = 0;          //清零 PCA 计数器溢出中断请求标志位 CF
                       //CR = 0,不允许 PCA 计数器计数,清零 PCA 各模块中断请求标志位 CCFn
    CL = 0;                          //清零 PCA 计数器
    CH = 0;
    CCAPM1 = 0x42;
    //设置 PCA 模块 1 为 8 位 PWM 输出方式。脉冲在 P1.0 引脚输出,PWM 无需中断支持
    PCA_PWM1 = 0;                    //清零 PWM 模式下的第 9 位
    CCAP1H = PWM_PluseWidth;         //设置脉冲宽度
    EA = 1;                          //开整个单片机所有中断共享的总中断控制位
    CR = 1;                          //启动 PCA 计数器(CH,CL)计数
}
void main (void)
{
    port_mode();                     //所有 I/O 口设为准双向弱上拉方式
    initPCA();
```

```
    while(1)                                    //等待中断
    {

                                                //P1.0 输出高频 PWM 极窄脉冲
        TH0 = T0_1;                             //来 256 - 246 = 10 个脉冲就中断
        TL0 = T0_1;                             //来 256 - 246 = 10 个脉冲就中断
        CCAP1H = PWM_PluseWidth;                //设置脉冲宽度
        delay20ms();

                                                //P1.0 输出低频 PWM 极窄脉冲
        TH0 = T0_2;                             //来 256 - 236 = 20 个脉冲就中断
        TL0 = T0_2;                             //来 256 - 236 = 20 个脉冲就中断
        delay20ms();

                                                //P1.0 输出高频 PWM 窄脉冲
        TH0 = T0_1;                             //来 256 - 246 = 10 个脉冲就中断
        TL0 = T0_1;                             //来 256 - 246 = 10 个脉冲就中断
        CCAP1H = PWM_PluseWidth>>2;             //设置脉冲宽度
        delay20ms();

                                                //P1.0 输出低频 PWM 窄脉冲
        TH0 = T0_2;                             //来 256 - 236 = 20 个脉冲就中断
        TL0 = T0_2;                             //来 256 - 236 = 20 个脉冲就中断
        delay20ms();

                                                //P1.0 输出高频 PWM 宽脉冲
        TH0 = T0_1;                             //来 256 - 246 = 10 个脉冲就中断
        TL0 = T0_1;                             //来 256 - 246 = 10 个脉冲就中断
        CCAP1H = PWM_PluseWidth>>4;
        delay20ms();

                                                //P1.0 输出低频 PWM 宽脉冲
        TH0 = T0_2;                             //来 256 - 236 = 20 个脉冲就中断
        TL0 = T0_2;                             //来 256 - 236 = 20 个脉冲就中断
        delay20ms();
    }
}
```

第 9 章 模/数转换器 ADC

9.1 ADC 的主要技术指标

模/数转换就是将电路中连续变化的模拟电压信号转换为单片机可以识别的数字信号,简称为 A/D 转换;实现模拟信号转换成数字信号的器件称为模/数转换器(Analog to Digital Converter),简称 ADC。ADC 有专用的集成电路芯片,现在的新型单片机内部一般都集成有 ADC 模块,专用的集成电路芯片精度通常都很高,ADC 主要的技术指标如下。

1. ADC 输出位数

分辨率是 ADC 能够分辨最小信号的能力,表示数字量变化一个相邻数码所需输入模拟电压的变化量,分辨率越高,转换时对输入模拟信号变化的反应就越灵敏。ADC 的分辨率 =基准电压/(2^n −1),其中 n 代表 ADC 输出的二进制位数。假设使用 5 V 基准电压,则满刻度输入电压就是 5 V,10 位 ADC 能够分辨出输入电压变化的最小值为 5 000 mV/(2^{10} −1)= 5 000 mV/1 023≈4.888 mV。再比如使用 2.048 V 基准电压,则满刻度输入电压就是 2.048 V,17 位 ADC 能够分辨出输入电压变化的最小值为 2 048 mV/(2^{17} −1)=2 048 mV/131 071≈0.02 mV。由此可见分辨率与 ADC 输出的二进制位数直接相关,常用的 ADC 输出位数有 10 位、12 位、17 位和 24 位等。ADC 转换输出位数是选择 ADC 芯片的最重要的技术指标,也是在单片机程序编写中的核心计算标准,比如:

10 位 ADC 输出的数字量 ADValue=(模拟量/基准电压)×1 023

12 位 ADC 输出的数字量 ADValue=(模拟量/基准电压)×4 095

17 位 ADC 输出的数字量 ADValue=(模拟量/基准电压)×131 071

2. 精　度

精度是指转换结果相对于实际值的偏差,精度有两种表示方法:绝对精度和相对

精度。

(1) 绝对精度

绝对精度用二进制最低位(LSB)的倍数来表示,比如±2 LSB。绝对精度由失调误差、增益误差和积分非线性误差(INL)共同确定。绝对误差等于三者之和,比如MCP3202-B的失调误差 =±1.25 LSB,增益误差 =±1.25 LSB,积分非线性误差 = ±0.75 LSB,三者之和等于±3.25 LSB。如果使用5 V基准电压,分辨率为5 000 mV/4 095=1.22 mV,±3.25 LSB即代表±3.25×1.22 mV=±3.96 mV,即在没通过软件补偿的条件下,在整个测量范围内最大绝对误差为±3.96 mV,失调误差与增益误差可通过软件进行补偿而消除,积分非线性误差无法补偿,通过软件补偿是一个比较烦琐的过程。在高精密的ADC中一般都集成有硬件补偿电路,最终的误差只由基准误差与积分非线性误差(INL)确定。

(2) 相对精度

用绝对精度除以满量程值的百分数来表示,常见的数字万用表的精度就是使用相对精度来表示的,但参考标准不是满量程,如表9-1所列的万用表直流电压技术指标。

表9-1 4位半数字万用表VC86E精度示例(条件:(23±5) ℃,相对湿度<75%)

量 程	准确度	分辨率/mV
220 mV	±(0.05% + 10d)	0.01
2.2 V		0.1
22 V		1
220 V		10
1 000 V	±(0.1% + 10d)	100

±(0.05% +10d)表示误差是"读数×0.05%+尾数10",也就是的"读数×0.05%+10个数的分辨率",比如用2.2 V挡测量读数是2.000 0V,实际电压可能是1.998~2.002 V,误差是±0.002 V。

应当指出,分辨率与精度是两个不同的概念,精度与ADC的设计有关,而分辨率只与位数有关。同样分辨率的ADC,其精度可能不同,因此,分辨率高但精度不一定高,而精度高则分辨率必然也高。

3. 转换速率

ADC从启动转换到转换结束,输出稳定的数字量,需要一定的转换时间。转换时间与转换器工作原理及其位数有关,相同工作原理的转换器,通常位数越多,其转换时间越长。转换时间的倒数就是每秒能完成的转换次数,称为转换速率,转换速率经常使用SPS作单位,SPS(Sample Per Second)即采样次数每秒,等价于频率单位Hz,比如IAP15W4K58S4单片机内部集成的ADC速率可达到300 kHz(30万次/s),即3.33 μs/次。

4. 输入阻抗

以常用的 18 位 ADC 器件 MCP3421 为例,输入阻抗典型值 2.25 MΩ,这个阻抗值看似很大,但当信号源内阻也达到 MΩ 级时,测量误差将会很大,并且随电源电压波动,ADC 器件的输入阻抗值也会发生变化。相比之下,数字万用表上使用的 ADC 芯片阻抗通常都在 1 000 MΩ 以上,一般可以忽略信号源内阻对检测结果的影响。

9.2 使用单片机内部的 10 位 ADC

IAP15W4K58S4 单片机集成有 8 路 10 位高速电压输入型 ADC,输入通道与 P1 口复用,上电复位后 P1 口为弱上拉型 I/O 口,用户可以通过软件将 8 路中的任何一路或多路设置为 ADC 输入功能,不作为 ADC 使用的口可继续作为普通 I/O 口使用(建议只作为输入),IAP15W4K58S4 单片机不需要对 ADC 输入口单独作开漏或高阻配置。

IAP15W4K58S4 单片机 ADC 模块的参考电压源是输入工作电压 VCC,一般不用外接参考电压源。如果 VCC 不稳定(例如电池供电的系统中,电池电压常常在 5.3~4.2 V 之间漂移),则可在 8 路 ADC 转换的一个通道外接一个稳定的参考电压源,计算出此时的工作电压 VCC,再计算出其他几路 ADC 转换通道的电压。

9.2.1 与 ADC 相关的特殊功能寄存器

1. P1 口模拟功能控制寄存器 P1ASF

P1 口模拟功能控制寄存器 P1ASF,各位定义如表 9-2 所列,如果要使用相应口的 ADC 输入功能,则需将 P1ASF 特殊功能寄存器中的相应位置为 1,比如:“P1ASF |= 0x02; //开启 P1.1 口的 ADC 输入功能”。

表 9-2 P1ASF(地址 9DH,复位值为 0000 0000B)

位	D7	D6	D5	D4	D3	D2	D1	D0
位名称	P17ASF	P16ASF	P15ASF	P14ASF	P13ASF	P12ASF	P11ASF	P10ASF

2. ADC 控制寄存器 ADC_CONTR

ADC 控制寄存器 ADC_CONTR,各位定义如表 9-3 所列。

表 9-3 ADC_CONTR(地址 BCH,复位值为 0000 0000B)

位	D7	D6	D5	D4	D3	D2	D1	D0
位名称	ADC_POWER	SPEED1	SPEED0	ADC_FLAG	ADC_START	CHS2	CHS1	CHS0

① ADC_POWER:ADC 电源控制位。0:关闭 ADC 电源;1:打开 ADC 电源。

说明:启动 A/D 转换前一定要确认 ADC 电源已打开,A/D 转换结束后关闭 ADC

电源可降低功耗，也可不关闭。初次打开 ADC 电源后需要适当延时（一般延时 1 ms 即可），等内部模拟电源稳定后，再启动 A/D 转换。建议启动 A/D 转换后，在 A/D 转换结束之前，不改变任何 I/O 口的状态，有利于提高 A/D 转换的精度。

② SPEED1、SPEED0：A/D 转换速度控制位，如表 9-4 所列。当被采样信号变化频率较高时应使用高的转换频率（比如用 ADC 采样电路波形实现简易的示波器），当对功耗限制严格时应使用低的转换频率。

表 9-4　A/D 转换速度控制

SPEED1	SPEED0	A/D 转换所需时间
1	1	90 个时钟周期转换一次，CPU 工作频率 27 MHz 时，A/D 转换速度约 300 kHz
1	0	180 个时钟周期转换一次
0	1	360 个时钟周期转换一次
0	0	540 个时钟周期转换一次

IAP15W4K58S4 单片机 A/D 转换模块的时钟直接来自于外部晶体振荡器产生的时钟或内部 R/C 时钟所产生的时钟。需要特别注意设置 SPEED1 与 SPEED0 的值，一定要保证 ADC 最高频率不超过 300 kHz。另外，设置 ADC_CONTR 控制寄存器的语句执行后，要经过 4 个 CPU 时钟的延时，其值才能够保证被设置进 ADC_CONTR 控制寄存器。

③ ADC_FLAG：A/D 转换结束标志位。A/D 转换完成后，ADC_FLAG = 1，可由该位申请产生中断，或者由软件查询该标志位判断 A/D 转换是否结束，此标志只能由软件清 0。

④ ADC_START：A/D 转换启动控制位，ADC_START＝1，启动转换，转换结束后为 0。

⑤ CHS2、CHS1、CHS0：模拟输入通道选择，如表 9-5 所列。

表 9-5　ADC 输入通道选择

CHS2	CHS1	CHS0	ADC 输入通道选择	CHS2	CHS1	CHS0	ADC 输入通道选择
0	0	0	ADC0(P1.0)	1	0	0	ADC4(P1.4)
0	0	1	ADC1(P1.1)	1	0	1	ADC5(P1.5)
0	1	0	ADC2(P1.2)	1	1	0	ADC6(P1.6)
0	1	1	ADC3(P1.3)	1	1	1	ADC7(P1.7)

3. A/D 转换结果寄存器 ADC_RES、ADC_RESL

特殊功能寄存器 ADC_RES（地址为 BDH，复位值为 00H）和 ADC_RESL（地址为 BEH，复位值为 00H）用于保存 A/D 转换结果，时钟分频寄存器 CLK_DIV 中的 ADRJ 位（CLK_DIV.5）用于设置 A/D 转换结果的存放格式。

ADRJ＝0 时（默认值），ADC_RES[7:0]存放高 8 位 ADC 结果，ADC_RESL[1:0]

存放低 2 位 ADC 结果。

ADRJ=1 时,ADC_RES[1:0]存放高 2 位 ADC 结果,ADC_RESL[7:0]存放低 8 位 ADC 结果。

ADC 转换结果计算公式如下(Vin 为模拟输入电压,Vcc 为单片机实际供电电压):

ADRJ=0 时,Vin = Vcc×(ADC_RES[7:0],ADC_RESL[1:0])/1 023

ADRJ=1 时,Vin = Vcc×(ADC_RES[1:0],ADC_RESL[7:0])/1 023

4. 与 A/D 转换中断有关的寄存器

中断允许控制寄存器 IE 中的 EADC 位(D5 位)用于开放 ADC 中断,EA 位(D7 位)用于开放总中断,中断优先级寄存器 IP 中的 PADC 位(D5 位)用于设置 ADC 中断的优先级,在中断服务程序中,要使用软件将 ADC 中断标志位 ADC_FLAG(也是 A/D 转换结束标志位)清 0。

9.2.2 实例代码

例 9.1 IAP15W4K58S4 单片机 A/D 转换程序,查询方式,测量结果电压值发送到计算机串口助手显示,波特率为 9 600,频率为 22.118 4 MHz,电路如图 1-12 所示。当使用配套实验板时,需要将跳线帽"A/D/串口 2"插接到 A/D 处。

```
#include "UART.H"                    //包含 IAP15W4K58S4 寄存器定义头文件
#define VCC 4.970                    //存放用万用表实测的单片机供电电压
unsigned int ADC_P11()
{
    unsigned int i;                  //用于软件延时程序
    unsigned char status;            //用于判断 A/D 转换结束的标志
    unsigned int AD_Dat = 0;         //10 位 A/D 转换值
    unsigned char Tmp;               //临时变量用于将 A/D 转换出来的 2 个字节合成 1 个字节
    ADC_CONTR| = 0x80;               //开 ADC 电源,第 1 次使用时要打开内部模拟电源
    for (i = 0;i<10000;i++);         //适当延时等待 A/D 转换供电稳定,一般延时 1 ms 以内即
                                     //可,为了缩短 A/D 转换调用时间,可把这 2 行剪切到主
                                     //程序中去
    P1ASF| = 0x02;                   //选择 P1.1 作为 ADC 转换通道,0x02 = 0000 0010
    ADC_CONTR = 0xE1;         //选择 P1.1 作为 ADC 转换通道,最高转换速度,清转换完成标志
    for (i = 0;i<1000;i++);
    //如果是多通道模拟量进行 A/D 转换,则更换 A/D 转换通道后要适当延时,
    //使输入电压稳定,延时取 20～200 μs 即可,这与输入电压源的内阻有关,如果输入电压信
    //号源的内阻在 10 kΩ 以下,可不加延时;如果是单通道模拟量转换,则不需要更换 A/D 转
    //换通道,也不需要加延时
    ADC_CONTR| = 0x08;               //启动 A/D 转换,ADC_START = 1
    status = 0;
    while(status == 0)               //等待 A/D 转换结束
    {
        status = ADC_CONTR&0x10;  //判断 ADC_FLAG 是否等于 1,0x10 = 0001 0000B
    }
    ADC_CONTR& = 0xE7;     //将 ADC_FLAG 清零, 0xE7 = 1110 0111B,ADC_FLAG = 0,ADC_START = 0
    AD_Dat  =  ADC_RES;              //默认高字节高 8 位
```

```
    AD_Dat <<= 2;
    Tmp = ADC_RESL;                 //默认低字节低 2 位
    Tmp &= 0x03;                    //屏蔽无关位
    AD_Dat |= Tmp;                  //高低字节拼接成 1 个 10 位数
    return AD_Dat;
}
void main(void)
{
    float Vin;                      //存放计算出来的外部输入电压
    unsigned int ADvalue;           //存放 A/D 转换返回的结果
    UART_init();                    //串口初始化波特率为 9 600,频率为 22.118 4 MHz
    printf("串口初始化完毕");
    while(1)
    {
        ADvalue = ADC_P11();        //采样 P1.1 口模拟输入电压
        Vin = VCC * ADvalue/1023;   //注意是 1 023 才正确
        printf(" %.3f      ",Vin);
        delay500ms();
    }                               //若不用串口显示,此行可设置断点仿真观察结果
}
```

实验测试数据如表 9-6 所列,表中的参考基准电压和输入电压(V)是使用四位半数字万用表 VC86E 测量获得的结果,ADC 的输入信号是来自 10 kΩ 的可调电位器。

表 9-6 单片机内部 ADC 实验结果数据表

参考基准电压	输入电压/V	串口助手显示电压/V	相对误差
4.970	0.000	0.005	0.005/4.970×100% = 0.1%
	1.000	1.011	0.011/4.970×100% = 0.2%
	2.000	2.011	0.011/4.970×100% = 0.2%
	3.000	3.032	0.032/4.970×100% = 0.6%
	4.000	4.018	0.018/4.970×100% = 0.4%
	4.970	4.970	0.000/4.970×100% = 0.0%

例 9.2 IAP15W4K58S4 单片机 A/D 转换程序,中断方式,测量结果电压值发送到计算机串口助手显示,波特率为 9 600,频率为 22.118 4 MHz。

```
#include "UART.H"                   //包含 IAP15W4K58S4 寄存器定义头文件
#define VCC 4.970                   //存放用万用表实测的单片机供电电压
unsigned int ADvalue;               //存放 A/D 转换返回的结果
void  ADC_P11_init()
{
    unsigned int i;                 //用于软件延时程序
    ADC_CONTR| = 0x80;              //开 ADC 电源,第一次使用时要打开内部模拟电源
    for (i = 0;i<10000;i++);
    //适当延时等待 A/D 转换供电稳定,一般延时 1 ms 以内即可,为了缩短 A/D 转换调用时间,
                                    //可把这 2 行剪切到主程序中去
    P1ASF| = 0x02;                  //选择 P1.1 作为 A/D 转换通道,0x02 = 0000 0010
    ADC_CONTR = 0xE1;          //选择 P1.1 作为 A/D 转换通道,最高转换速度,清转换完成标志
```

```
    for (i = 0;i<1000;i ++ );
    //如果是多通道模拟量进行 A/D 转换,则更换 A/D 转换通道后要适当延时,使输入电压
    //稳定,延时取 20～200 μs 即可,这与输入电压源的内阻有关,如果输入电压信号源的内
    //阻在 10 kΩ 以下,可不加延时;如果是单通道模拟量转换,则不需要更换 A/D 转换通道,
    //也不需要加延时
    ADC_CONTR| = 0x08;           //启动 A/D 转换,ADC_START = 1
    EADC = 1;
    EA = 1;
}
void ADC(void) interrupt 5
{
    unsigned int AD_Dat = 0;       //10 位 A/D 转换值
    unsigned char Tmp = 0;         //临时变量用于将 A/D 转换出来的 2 个字节合成 1 个字节
    ADC_CONTR& = 0xE7;   //将 ADC_FLAG 清零, 0xE7 = 1110 0111B,ADC_FLAG = 0,ADC_START = 0
    AD_Dat  =  ADC_RES;            //默认高字节高 8 位
    AD_Dat <<=  2;
    Tmp  =  ADC_RESL;              //默认低字节低 2 位
    Tmp &=  0x03;                  //屏蔽无关位
    AD_Dat| =  Tmp;                //高、低字节拼接成一个 10 位数
    ADvalue = AD_Dat;
    ADC_CONTR| = 0x08;             //重新启动 A/D 转换,ADC_START = 1
}
void main(void)
{
    float Vin;                     //存放计算出来的外部输入电压
    UART_init();                   //串口初始化,波特率为 9 600,频率为 22.118 4 MHz
    printf("串口初始化完毕");
    ADC_P11_init();
    while(1)
    {
        Vin = VCC * ADvalue/1023; //注意是 1 023 才正确
        printf(" %.3f      ",Vin);
        delay500ms();
    }                              //若不用串口显示,此行可设置断点仿真观察结果
}
```

实验结果与例 9.1 完全相同。

9.3 12 位 ADC 转换芯片 MCP3202 - B

MCP3202 有 2 个后缀,“- B”和“- C”,MCP3202 - B 的精度略高于 MCP3202 - C,其余完全相同。MCP3202 - B 的特点:① 12 位分辨率,零售价为 12 元。② 模拟输入可使用单端输入或伪差分输入。③ 片上采样保持电路。④ SPI 串行接口。⑤ 单电源供电的电压范围为 2.7～5.5 V,5 V 时工作电流最大值为 550 μA,待机电流最大值为 5 μA。⑥ 在 VDD = 5 V 时的最大采样速率为 100 ksps,在 VDD = 2.7 V 时的最大采样速率为 50 ksps,采样时钟脉冲结束后允许的时钟频率范围为 10 kHz～1.8 MHz。引脚排列与实物外观如图 9 - 1 所示。

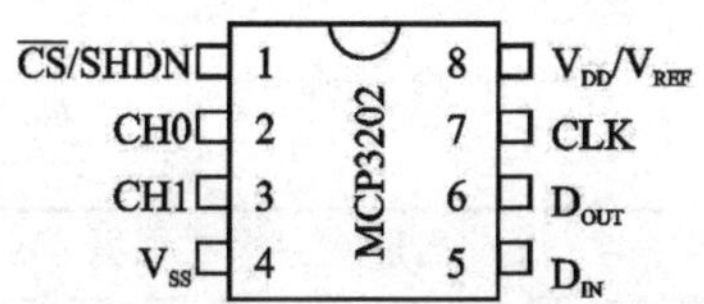

图 9-1 MCP3202-B 引脚与实物照片

引脚说明如下：

1 引脚(CS/SHDN)：片选/关断输入。

2 引脚(CH0)：通道 0 模拟输入。

3 引脚(CH1)：通道 1 模拟输入。

4 引脚(VSS)：电源负。

5 引脚(DIN)：串行数据输入，在 A/D 转换通信过程中由单片机向 MCP3202 输入数据，用于选择输入通道。

6 引脚(DOUT)：串行数据输出，A/D 转换输出的数字信号，由单片机接收。

7 引脚(CLK)：串行时钟输入。

8 引脚(VDD/VREF)：2.7～5.5 V 电源和参考电压输入，也就是说此芯片固定使用电源电压作为参考电压。

实验电路如图 9-2 所示，TL431A 是一个有良好的热稳定性能的三端可调基准源，它的输出电压用 2 个电阻就可以任意地设置到 2.5～36 V 范围内的任何值，图 9-2 的元件参数限制了 TL431A 输出电压只能在 5.000 V 附近微调。

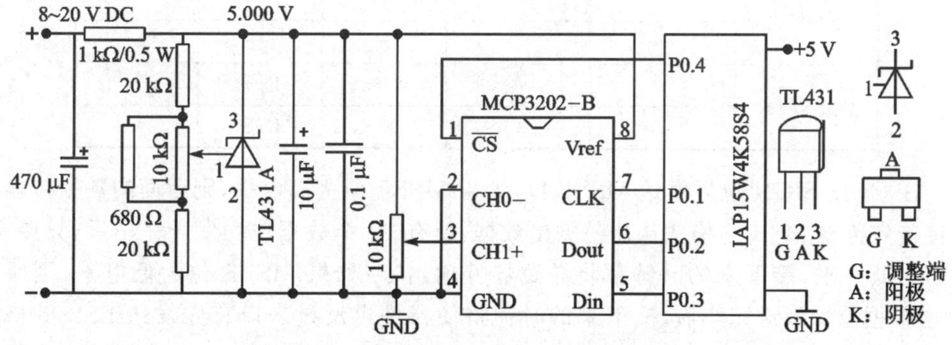

图 9-2 MCP3202-B 与单片机的接口电路

可使用标准的 SPI 硬接口与 MCP3202 进行通信，也可使用软件模拟 SPI 方式与其通信，硬件方式可提高通信速度，软件模拟方式方便程序移植，这里重点介绍软件模拟 SPI 方式，MCP3202 通信时序如图 9-3 所示。

将 CS 线拉为低电平来启动与器件之间的通信，如果在引脚 CS 为低电平时给器件上电，则必须首先将此引脚拉高，然后再拉低才能启动通信。在 CS 为低电平且 DIN 为

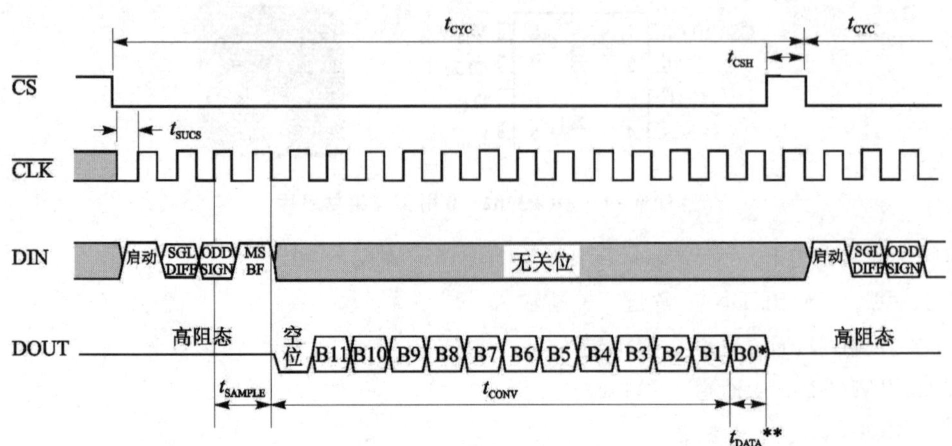

图 9-3　MCP3202 通信时序图

高电平时,接收到的第一个时钟构成启动位,启动位后面的 SGL/DIFF 位和 ODD/SIGN 位用于选择输入通道,如表 9-7 所列。SGL/DIFF 位用于选择单端或伪差分输入模式,ODD/SIGN 位在单端模式下,用于选择使用的通道,在伪差分模式下,用于确定通道的极性。

表 9-7　MCP3202 的配置位

模　式	配置位		通道选择		地
	SGL/DIFF	ODD/SIGN	0	1	
单端模式	1	0	+	—	—
	1	1	—	+	—
伪差分模式	0	0	IN+	IN-	
	0	1	IN-	IN+	

在 ODD/SIGN 位后发送 MSBF 位,如果 MSBF 位为高电平,则后面的数据传输格式将首先传输 MSB 的格式从器件输出数据,所有 12 个数据位均发送完毕后,只要 CS 引脚为低电平,接下来的时钟都将导致器件输出零;如果 MSBF 位为低电平,则所有 12 个数据位均发送完毕后,接下来的时钟将使器件再反过来以首先发送 LSB 的格式输出数据。这种方式可实现数据传输错误的校验功能,器件在接收到启动位后,在时钟的第二个上升沿开始对模拟输入信号进行采样,采样周期在启动位后的第三个时钟的下降沿结束。在与 MSBF 位对应的时钟脉冲的下降沿处,器件将输出一个低电平空位,随后的 12 个连续时钟脉冲将首先发送 MSB 的格式输出转换结果,器件总是在时钟的下降沿输出数据。

MCP3202 等效模拟输入电路如图 9-4 所示,MCP3202 启动采样后,就会将电荷存储到采样电容中,1.5 个时钟采样周期结束后,器件每接收到一个时钟脉冲就转换一位,用户必须注意的是,如果采用较慢的时钟速率,则采样电容将在转换过程中释放电荷。在 85 ℃(最差条件)下,器件能保持采样电容在采样周期结束后至少 1.2 ms 内不会释放电荷。也就是说,从采样周期结束到所有 12 个数据位输出结束之间的时间不能超出 1.2 ms,这就限制了采样结束后时钟频率最低不能低于 10 kHz(时钟脉冲周期 100 μs),最高不能超过时钟频率的最高限制 1.8 MHz (时钟脉冲周期 0.56 μs,时钟高电平时间最小值 250 ns,时钟低电平时间最小值 250 ns),若此条件得不到满足就可能会导致转换的线性误差超出额定规范值。在整个转换周期内,只要满足所有的时序规范,并不要求为 A/D 转换器提供恒定的时钟速率或占空比。

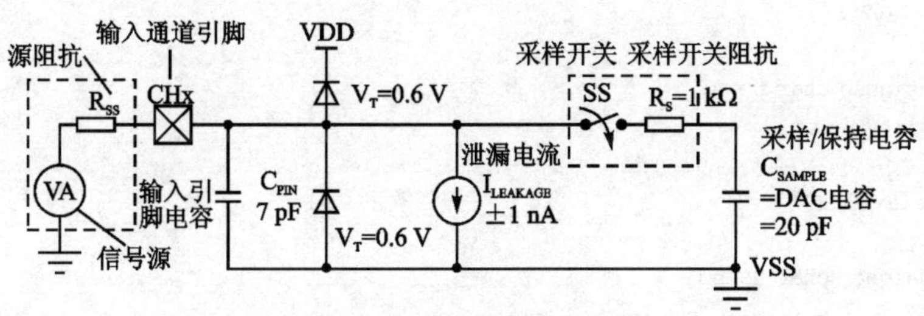

图 9-4　等效模拟输入电路

从图 9-4 可以看出信号源阻抗(R_{SS})和内部采样开关阻抗(R_S)直接影响给电容 C_{SAMPLE} 充电所需的时间。因此,较大的信号源阻抗会增加转换的失调误差、增益误差和积分线性误差,信号源阻抗允许值与时钟频率有关,如图 9-5 所示。使用 10 kΩ 信号源内阻时允许最高时钟频率只能达到 600 kHz,在一些信号源内阻大于 10 kΩ 的情况下,可以将 A/D 采样区间的时钟频率降低,给内部采样电容提供足够的充电时间,采样充电结束后再提高时钟频率,这样即使上兆欧的信号源内阻也能保持很高的转换精度,这也是使用软件模拟 SPI 通信的好处所在,硬件 SPI 无法完成这样的要求。后面将要介绍的 18 位 A/D 转换器 MCP3421 使用 I^2C 通信,在芯片空闲时自动完成 A/D 转换,转换速率只有几个可选值且与 I^2C 通信频率无关,因此无法适应信号源内阻上兆欧的情况。

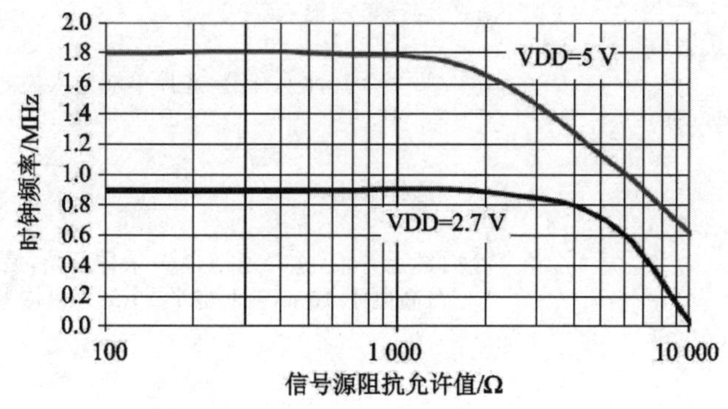

图 9-5　最大时钟频率与信号源阻抗关系曲线图

例 9.3 12 位 MCP3202-B 测试程序,测量结果电压值发送到计算机串口助手显示,波特率为 9 600,频率为 22.118 4 MHz。

```
#include "UART.H"                  //包含 STC15W4K 单片机寄存器定义头文件
float VCC = 5.000;                 //精密 5.000 V 供电电压
sbit clk = P0^1;                   //MCP3202 时钟
sbit dout = P0^2;                  //MCP3202 输出端
sbit din = P0^3;                   //MCP3202 输入端
sbit cs = P0^4;                    //MCP3202 片选
/////////////////////////////////////////////////////////////////
void delay2uS()
{
    unsigned char t = 9;
    while(--t);
}
void delay10uS()
{
    unsigned char t = 53;
    while(--t);
}
//*********************高效稳定的 A/D 转换程序*********************
int AD_MCP3202()
{
    unsigned char i;
    unsigned int AD3202 = 0;
    //EA = 0;                      //转换过程中禁止中断,有时需要本行
    cs = 1;
        delay2uS();                //CS 高电平保持时间允许最小极限值 Tcsh = 0.5 μs
    cs = 0;
    din = 1;                       //启动位是高电平
    clk = 0;                       //为产生脉冲上升沿做准备
      delay2uS();  //CS 下降到 CLK 出现第一个上升沿时间允许最小极限值 Tsucs = 0.1 μs
    clk = 1;                       //第 1 个时钟上升沿,启动通信
        delay2uS();
    clk = 0;
    din = 1;                       //选择单端输入模式
        delay2uS();
    clk = 1;                       //第 2 个时钟上升沿,选择单端输入模式
        delay2uS();
    clk = 0;
    din = 1;                       //选择通道 1
        delay2uS();
    clk = 1;              //第 3 个时钟上升沿,选择通道,A/D 采样开始,使用时钟频率 50 kHz
                                   //(高电平 10 μs + 低电平 10 μs),极限频率:100 kHz/5 V
        delay10uS();
    clk = 0;
    din = 1;
        delay10uS();
    clk = 1;                       //第 4 个时钟上升沿,选择无校验输出方式
        delay10uS();
```

```
    clk = 0;                        //A/D 转换采样结束
        delay2uS();
    clk = 1;                        //第 5 个时钟上升沿,无效位
        delay2uS();
    clk = 0;
        delay2uS();
    for(i = 0;i<12;i ++ )           //高位在前、低位在后的格式输出 12 位数据
    {
        clk = 1;
        delay2uS();
        AD3202 = (AD3202<<1)|dout;
        clk = 0;
        delay2uS();
    }
    clk = 1;
    cs = 1;
    //EA = 1;                       //转换过程中禁止中断,有时需要本行
    return AD3202;
}
//////////////////////////////////////////////////////////////////////////////
void main(void)
{
    unsigned int ADvalue;           //存放 A/D 转换返回的结果
    float Vin;                      //存放计算出来的外部输入电压
    UART_init();                    //串口初始化,波特率为 9 600,频率为 22.118 4 MHz
    printf("串口初始化完毕");
    while(1)
    {
        ADvalue = AD_MCP3202();     //调用 A/D 转换程序
        Vin = VCC * ADvalue/4095;   //注意是 4 095 才正确
        printf(" %.3f       ",Vin);
        delay500ms();
    }                               //若不用串口显示,此行可设置断点仿真观察结果
}
```

实验波形如图 9-6 所示。

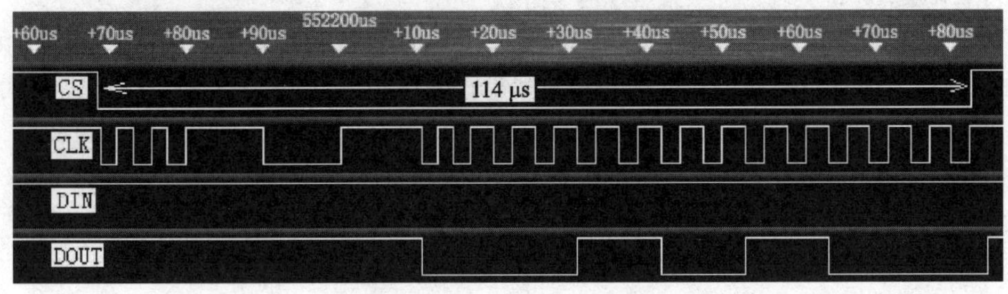

图 9-6　MCP3202-B 实测波形

实验测试数据如表 9-8 所列,ADC 的输入信号是来自 10 kΩ 的可调电位器。

表 9-8 MCP3202-B 实验结果数据表

参考基准电压/V	输入电压/V	串口助手显示电压/V	相对误差
5.000	0.000	0.000	0.00/5.000×100% = 0.00%
	1.003	1.000	0.003/5.000×100% = 0.06%
	2.003	2.000	0.003/5.000×100% = 0.06%
	3.002	3.000	0.002/5.000×100% = 0.04%
	4.002	4.000	0.002/5.000×100% = 0.04%
	5.000	4.999	0.001/5.000×100% = 0.02%

9.4 单通道 16 位 ADC 转换芯片 ADS1110A0

ADS1110 可单端或差分输入，16 位分辨率(除最高位符号位外，真正有效的是 15 位分辨率)，小型 SOT23-6 贴片封装，零售价为 13 元。ADS1110 的 I^2C 地址是 1001aaaX，其中 X 是读/写选择位(1 读，0 写)，aaa 是器件地址，例如 ADS1110A0 的器件地址为 1001000X，由于 ADS1110 的价格高，精度比 18 位的 MCP3421 低，它的原理和程序与后面介绍的 MCP3421 几乎完全相同。

例 9.4 ADS1110 测试程序详见配套资源。

9.5 单通道 18 位 ADC 转换芯片 MCP3421A0T-E/CH

MCP3421 的特点：

① 可单端或差分输入，18 位分辨率(除最高位符号位外，真正有效的是 17 位分辨率)，小型 SOT23-6 贴片封装，零售价为 7.8 元。

② 片内基准精度 2.048+2.048×0.05%，温度漂移 1.5×10^{-5}/℃。

③ 片内可编程增益放大器可提供 1、2、4、8 倍的增益，可对微弱信号放大后再进行 A/D 转换，每秒可采样 3.75、15、60 或 240 次。

④ 连续的自校准功能可将最终的失调误差与增益误差限制在可以忽略不计的范围内，最终的误差只由基准误差与积分非线性误差(INL)确定。

⑤ I^2C 接口 8 个有效地址，可一次并接 8 片不同后缀的 MCP3421 芯片。

⑥ 电源电压 2.7～5.5 V，电流消耗典型值 145 μA，当设置为掉电工作模式时，在一次转换之后自动掉电，在空闲期间极大地减少了电流消耗。

⑦ 高输入阻抗，典型值 2.25 MΩ。

下面先来计算一下 MCP3421 最大误差，片内参考电压精度：2.048×(1± 0.05%) V，漂移：1.5×10^{-5}/℃，INL：满量程 FSR 的 3.5×10^{-5}，(FSR = 4.096 V)，假设测量的外部电压是标准的 2.048 V，工作 温度在 0～40 ℃，在 25 ℃时参考电压 = 2.048±2.048×0.000 5=2.048±0.001 024，即 2.046 976～2.049 024，在 0 ℃时参考电压=

2.046 976×(1－1.5×10^{-5}/℃×25℃)＝2.046 208 V，在40℃时参考电压＝2.049 024 V(1＋1.5×10^{-5}/℃×15℃)＝2.049 485 V，积分非线性度 INL ＝ 4.096×3.5×10^{-5}，基准误差＋INL 得测量结果：2.046 208 V－0.000 143 V＝2.046 0 V，2.049 485 V＋0.000 143 V＝2.049 6 V，最终测量误差范围：－2～＋2 mV，假设用4位半数字万用表测量2.048 V标准电压，误差±(2.048×10^3 mV×0.000 5＋1 mV)＝±2 mV，可见两者误差一致，MCP3421测试电路如图9-7所示，图中的二极管1N4007和3.6 V稳压管用于保护ADC输入端口电压不超过ADC的5 V极限值。

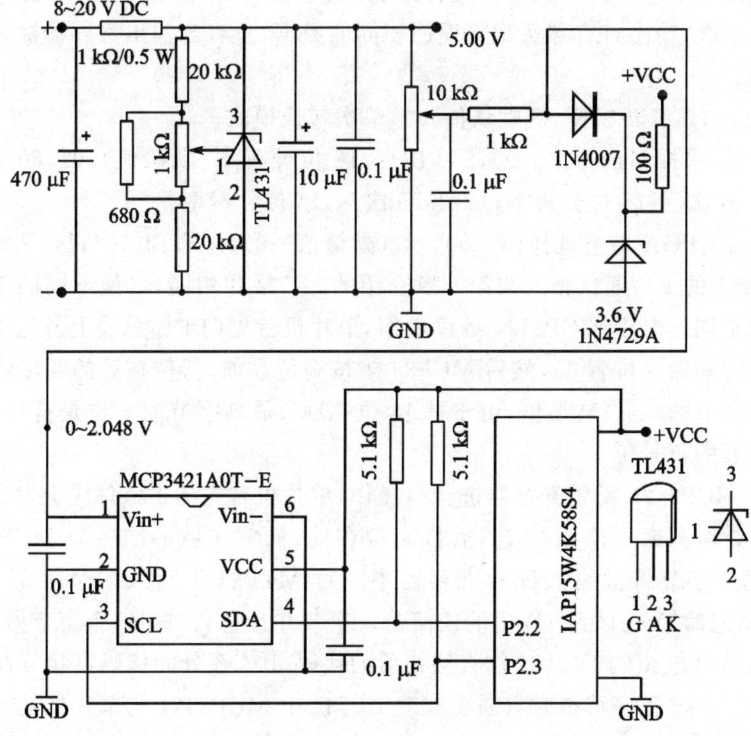

图9-7 MCP3421测试电路原理图

MCP3421与单片机通过串行I²C接口进行通信，I²C的地址是1001aaaX，其中X是读/写选择位(1读，0写)，aaa是器件地址，MCP3421有8种不同后缀的型号，每种型号都有一个不同的器件地址，例如最常用的MCP3421A0T-E/CH的地址为1001000X。

用户可从MCP3421中读出输出寄存器(存放A/D转换值的寄存器)和配置寄存器的内容。为做到这一点要对MCP3421寻址并从器件中读出4个字节，前面的3个字节是A/D转换结果，第4个字节是配置寄存器的内容。不要求一定要读出配置寄存器字节，在读操作中允许读出的字节个数少于4个，从MCP3421中读取多于4个字节的值是配置寄存器的重复内容，MCP3421配置寄存器各位定义如表9-9所列。

表 9-9 MCP3421 配置寄存器各位定义

位	D7	D6	D5	D4	D3	D2	D1	D0
名　称	ST/DRDY	—	—	O/C	S1	S0	G1	G0
默认值	1	0	0	1	0	0	0	0

① ST/DRDY:1,输出寄存器未更新(默认值);0,输出寄存器被最新转换结果更新,可以忽略配置寄存器的 ST/DRDY 位并且可在任何时候从 MCP3421 的输出寄存器中读取数据。不管一次新的转换是否完成,如果在一个转换周期内对输出寄存器的读操作不止一次,输出寄存器每次将返回相同的数据,只有当输出寄存器被更新时才会返回新数据。

② O/C:1,连续转换模式(默认值);0,单次转换模式。

③ S1、S0:采样率选择位。00,240 次/s,12 位分辨率(默认值);01,60 次/s,14 位分辨率;10,16 次/s,16 位分辨率;11,3.75 次/s,18 位分辨率。

④ G1、G0:PGA 增益选择位。00,×1(默认值);01,×2;10,×4;11,×8。

MCP3421 的 I^2C 通信格式与第 6 章介绍的 I^2C 格式相同,只是不同的 I^2C 器件传输的字节数不同。对于 MCP3421 的读操作,单片机首先向 I^2C 总线上发送 1 个字节的器件地址(读/写命令位置 1),然后 MCP3421 按高位在前、低位在后的顺序依次向单片机传送 3 个字节的 A/D 转换值,由于是 18 位 ADC,最高字节前 6 位是符号位扩展,可以不使用扩展的符号位。

为了对 MCP3421 配置寄存器进行写操作,单片机首先向 I^2C 总线上发送 1 个字节的器件地址(读/写命令位置 0),然后按高位在前、低位在后的顺序向 MCP3421 传送 1 个字节,这个字节将被写入配置寄存器中。对 MCP3421 写入多个字节是无效的,MCP3421 将忽略第一个字节以后的任何输入字节并且它只对第一个字节做出应答。

这里只给出与 MCP3421 操作直接相关的代码,I^2C 部分的代码直接复制第 6 章的代码就可以了。本程序移植时只需要修改 IIC.H 中 MCP3421 与单片机连接的硬件引脚定义即可。

例 9.5 18 位 MCP3421A0T-E/CH 测试程序,测量结果电压值发送到计算机串口助手显示,波特率为 9 600,频率为 22.118 4 MHz。

```
//********************** main.c *********************
#include "myfun.h"
#include "UART.H"                      //包含 STC15W4K 单片机寄存器定义的文件
void main()
{
    bit  flag = 0;
    unsigned char     test_data[3] = {0x00,0x00,0x00};
    long aa;                           //带符号长整数
    float VIN3421;
    port_mode();                       //所有 I/O 口设为准双向弱上拉方式
    UART_init();                       //串口初始化,波特率为 9 600,频率为 22.118 4 MHz
    printf("串口初始化完毕");
```

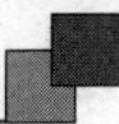

```
    WrToMCP3421(SlaveADDR, 0x9C);  //1001 1100
    delay300ms();
    while(1)
    {
        RdFromMCP3421(SlaveADDR, test_data,3);  //连续读取 3 个字节数据
        aa = test_data[0]<<8;
        aa = aa + test_data[1];
        aa = aa<<8;
        aa = aa +     test_data[2];
        printf("aa = 0x%lx     ",aa);
        VIN3421 = 2.048 * aa/131071;
        printf("%.5f      ",VIN3421);
        delay300ms();
    }
}
//******************** MCP3421.C ********************
#include "MCP3421.H"
#include "myfun.h"
//****************************************
//功能描述:向 MCP3421 写入一个字节数据,用于修改 MCP3421 内部配置
//参数说明:SlaveAddress   要写入的从器件硬件地址
//           1101 A2 A1 A0 R/W [A2:A0]是 MCP3421 的芯片内部地址(1101 000* = 0xD0)
//           R/W 是读/写选择位,0 为写操作,1 为读操作
//           这里函数内部已对 R/W 做了处理,外部固定为 0 或 1 都可以
//           Len  写入数据长度
//返回说明:0->成功,    1->失败
//****************************************
bit  WrToMCP3421(unsigned char SlaveAddress, unsigned char aa)
{
    unsigned char i = 0;
    IIC_Start();                        //启动总线
    if(IIC_SendByte(SlaveAddress&0xfe) == 1) return 1;      //写命令,已包含有应答函数
    if(IIC_SendByte(aa) == 1) return 1;   //接收 1 个字节数据
    IIC_Stop();                         //结束总线
    return 0;                           //写入单字节成功
}
//****************************************
//功能描述:连续读操作,连续读取 Len 个字节到 pbuf 中
//参数说明:SlaveAddress   要读取的从器件硬件地址
//           1101 A2 A1 A0 R/W [A2:A0]是 MCP3421 的芯片内部地址(1101 000* = 0xD0)
//           R/W 是读/写选择位,0 为写操作,1 为读操作
//           这里函数内部已对 R/W 做了处理,外部固定为 0 或 1 都可以
//           pbuf  指向数据缓冲区的指针
//           Len   读取数据长度
//返回说明:0->成功,    1->失败
//****************************************
bit  RdFromMCP3421(unsigned char SlaveAddress, unsigned char *pbuf,unsigned char Len)
{
    unsigned char i = 0;
    IIC_Start();                                        //重新启动总线
    if(IIC_SendByte(SlaveAddress|0x01) == 1) return 1;  //读命令
```

```
    for(i = 0;i<Len - 1;i ++ )
    {
        * pbuf ++ = IIC_RecByte();              //接收 1 个字节数据
        IIC_Ack();                              //应答 0,告诉器件还要读下一字节数据
    }
    * pbuf = IIC_RecByte();                     //接收最后 1 个字节数据
    IIC_NoAck();                                //应答 1,告诉器件不再读取数据
    IIC_Stop();                                 //结束总线
    return 0;                                   //读取多字节成功
}
```

程序说明:虽然可以在器件工作过程中的任意时刻改写配置字节,但修改配置寄存器数据后立即读 ADC 数据还是默认的 12 位值,器件要在下一次 A/D 转换结束才会输出设定的分辨率数据,表现的现象就是刚上电时读出的数据不准确。为了解决这个问题,程序在上电时先设置分辨率 18 位,然后延时 300 ms 再读 A/D 转换值,这样就不会出现数据不准确的现象了。18 位分辨率时采样速率是 3.75 sps,即 3.75 Hz,根据 $T=1/f$ 得 $T=1/3.75\ \text{Hz}=0.27\ \text{s}$,说明 0.3 s 至少转换一次,所以延时 300 ms 就足够了,MCP3421 实验结果如表 9-10 所列。

表 9-10　MCP3421 实验结果数据表

参考基准电压/V	输入电压/V	串口助手显示电压/V	绝对误差/mV
内部 2.048	0.000 00	−0.000 02	0
	0.500 0	0.499 57	0.4
	1.000 0	0.999 18	0.8
	1.500 0	1.498 92	1.1
	2.026 9	2.025 39	1.5

第 10 章

数/模转换器 DAC

数/模转换就是将单片机输出的数字信号转换为模拟信号，简称为 D/A，实现数字信号转换为模拟信号的器件称为数/模转换器(Digital to Analog Converter)，简称 DAC。DAC 一般是由专用集成电路完成的。

10.1 TLC5615 数/模转换电路与基本测试程序

常用的 10 位 DAC 芯片型号是 TLC5615，有双列直插封装(TCL5615CP)与贴片封装(TCL5615CD)，引脚排列顺序是相同的，零售价每个 13 元。TLC5615 特性：① 采用三线 SPI 串行接口与单片机进行通信。② 基准电压输入阻抗 10 MΩ，最大输出电压可达基准电压的 2 倍，输出模拟电压 $X=2\times REF\times(DATA/1\ 023)$，REF 为基准电压，DATA 为待转换的数值，范围是 0～1 023。③ 转换时间 12.5 μs，即从 TLC5615 获得数字量到最终模拟量输出所需要的时间，因此对 TLC5615 进行操作时，两次操作的时间间隔必须大于 12.5 μs。④ 内部上电复位，也就是说芯片在上电之后内部数据寄存器都会复位为 0，因此输出模拟信号也为 0 V。⑤低功耗，最大 1.75 mW。

TLC5615 引脚排列如图 10－1 所示，内部结构如图 10－2 所示。

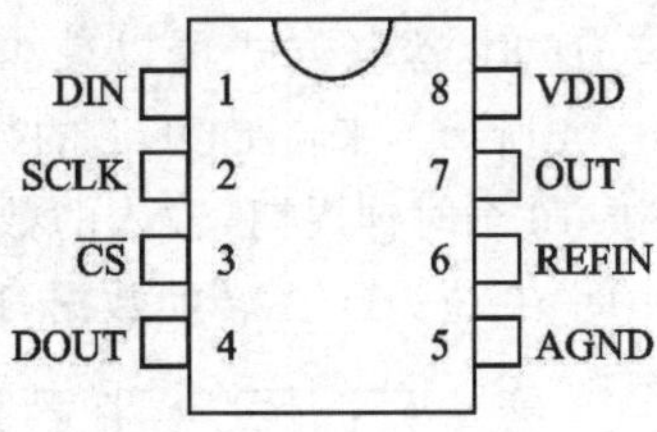

图 10－1 TLC5615 引脚定义

引脚说明：

1 引脚(DIN)：同步串行数据输入。

2 引脚(SCLK)：同步串行时钟输入。

3 引脚($\overline{CS}$)：片选信号。

4 引脚(DOUT)：数据输出信号，用于多片级联的运用场合。

5 引脚(AGND)：模拟地，用作 5 V 供电电源负端。

6 引脚(REFIN)：参考电压输入。

7 引脚(OUT)：转换出来的模拟电压输出。

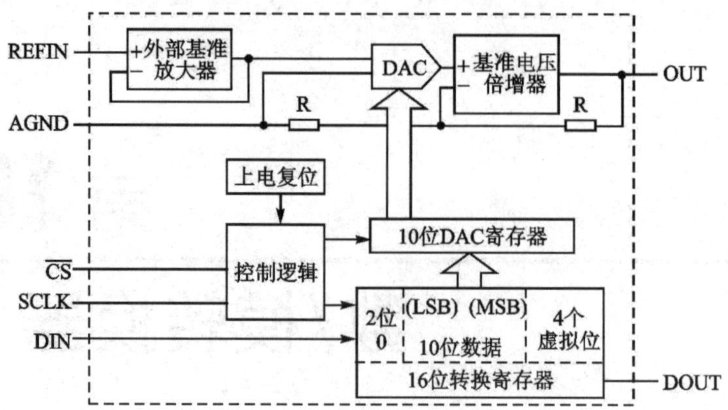

图 10－2　TLC5615 内部结构图

8 引脚(VDD)：5 V 供电电源正端(允许范围：4.5～5.5 V)。

电路连接如图 1－16 所示，图 1－16 中的 MC1403 是一个廉价的电压基准芯片，简单地说就是一个稳压精度比 LM7805 之类更高的稳压块，只是带负载能力不强罢了。MC1403 输入电压范围：4.5 ～40 V，输出电压：(2.5±0.025) V ，输出最大电流：10 mA。

TLC5615 的 SPI 通信格式说明：当片选 CS 为低电平时，输入数据 DIN 由时钟 SCLK 同步输入或输出，而且最高有效位在前，最低有效位在后。输入时 SCLK 的上升沿把串行输入数据 DIN 移入内部的 16 位移位寄存器，SCLK 的下降沿在 DOUT 引脚输出串行数据，片选 CS 的上升沿把数据传送至 DAC 寄存器。当片选 CS 为高电平时，输入时钟 SCLK 应当为低电平。

TLC5615 有两种使用方式：非级联方式和级联方式。当使用非级联方式时，TLC5615 第 4 引脚级联串行输出端直接悬空不用即可，通信格式如图 10－3 所示。DIN 只需输入 12 位数据。在 DIN 输入的 12 位数据中，前 10 位为 TLC5615 输入的 D/A 转换数据，且输入时高位在前，低位在后，后两位必须写入数值为零的低于最低有效数据(LSB)的位，因为 TLC5615 的 DAC 输入锁存器为 12 位宽。当使用多个 TLC5615 时，级联方式可以减少单片机 I/O 口占用，使用级联方式时，通信格式如图 10－4 所示。来自 DOUT 的数据需要输入 16 位时钟下降沿，因此完成一次数据输入需要 16 个时钟周期，输入的数据也应为 16 位。在输入的数据中，前 4 位为高虚拟位，中间 10 位为D/A 转换数据，最后 2 位为低于 LSB 的值为零的位。

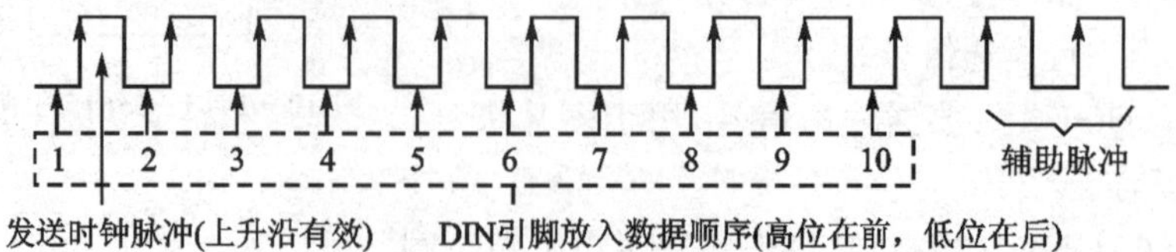

图 10－3　非级联方式通信格式

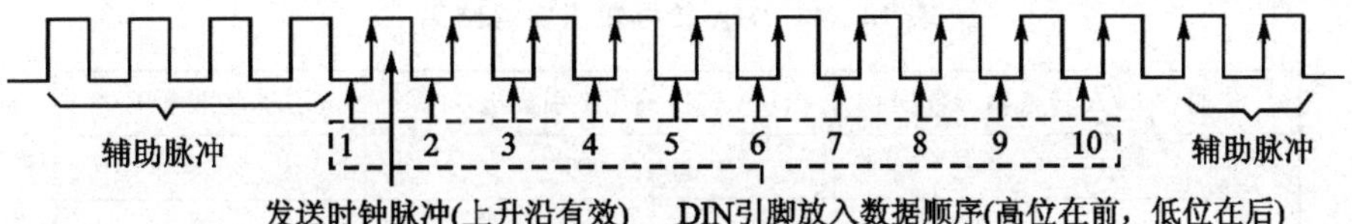

图 10-4　级联方式通信格式

例 10.1　TLC5615 基本测试程序(非级联方式,推荐使用),电路如图 1-16 所示。代码如下:

```
//使用 22.118 4 MHz 内部 R/C 时钟,指令执行最短时间(1/22.118 400) s = 46 ns
#include "STC15W4K.H"              //注意宏定义后面没分号
#include <intrins.h>
sbit CS = P5^5;
sbit CLK = P4^0;
sbit DIN = P3^4;
void DaConv(unsigned int  value)
{
    unsigned char i = 0;
    CLK = 0;                         //th(CSH0)时钟下降沿到片选下降沿 1 ns
    CS = 1;                          //Tw(CS)保持至少 20 ns
    _nop_();
    CS = 0;
    for(i = 0;i<12;i++)
    {
        value = value<<1;
        if((value&0x400)! = 0)      //0x400 即 100 0000 0000
            DIN = 1;
        else
            DIN = 0;
        _nop_();                     //Tsu(DS),放入数据到时钟上升沿的最短时间 45 ns
        CLK = 1;                     //Tw(CH),时钟高电平时间 25 ns
        _nop_();
        CLK = 0;                     //Tw(CL),时钟低电平时间 25 ns
        _nop_();
    }
    CS = 1;
                       //CS = 1 后要等待最长 12.5 μs 才能完成最终的 D/A 模拟信号输出
}
void main()
{
    unsigned int  value;             //待转换的数据
    while(1)
    {
        value = 511;                 //这里输入 0~1 023 的数据观察 D/A 转换输出电压
        DaConv(value);               //执行 D/A 转换,无任何返回值
    }
}
```

实验结果如表 10-1 所列,输出电压 $X = 2 \times \mathrm{Vref} \times \mathrm{Value} / 1\,023$。

表 10-1　D/A 转换输出实验结果

代码中 D/A 转换输入数据	D/A 转换输出 7 引脚电压/V	6 引脚基准电压/V
0	0.001	2.000
255	0.998	2.000
511	1.998	2.000
766	2.995	2.000
1 023	3.999	2.000

例 10.2　TLC5615 基本测试程序(级联方式),本例只有 DaConv 函数与上例不同。代码如下:

```
void DaConv(unsigned int value)
{
    unsigned char i = 0;
    CLK = 0;                         //th(CSH0)时钟下降沿到片选下降沿 1 ns
    CS = 1;                          //Tw(CS)保持至少 20 ns
    _nop_();
    CS = 0;
    for(i = 0;i<16;i ++ )
    {
        if(i<4)  DIN = 0;
        else
        {
            value = value<<1;
            if((value&0x400)! = 0)   //0x400 即 100 0000 0000
                DIN = 1;
            else
                DIN = 0;
        }
        _nop_();                     //Tsu(DS),放入数据到时钟上升沿的最短时间 45 ns
        CLK = 1;                     //Tw(CH),时钟高电平时间 25 ns
        _nop_();
        CLK = 0;                     //Tw(CL),时钟低电平时间 25 ns
        _nop_();
    }
    CS = 1;
                     //CS = 1 后要等待最长 12.5 μs 才能完成最终的 D/A 模拟信号输出
}
```

实验结果与例 10.1 完全相同。

10.2　TLC5615 产生锯齿波、正弦波、三角波

锯齿波波形如图 10-5 所示,我们先利用 TLC5615 产生图 10-5 所示的 125 Hz 锯齿波。

例 10.3　TLC5615 产生 125 Hz 锯齿波程序,R/C 时钟为 22.118 4 MHz,非级联

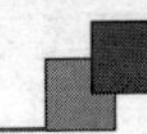

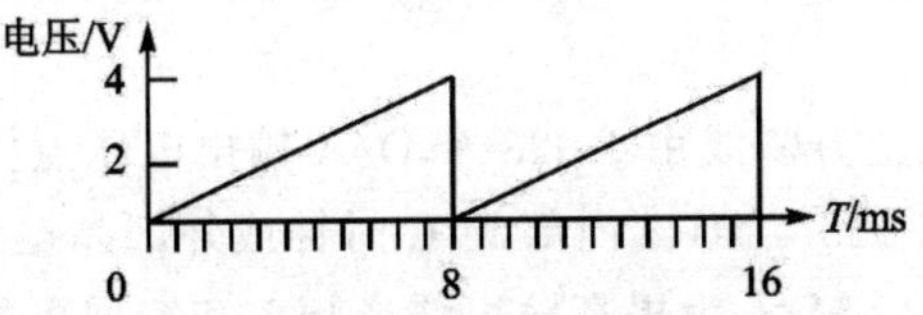

图 10-5 锯齿波波形示意图

方式,完整程序代码如下:

```
//使用 22.118 4 MHz 内部 R/C 时钟,指令执行最短时间 1/22.118 400 MHz = 46 ns
#include "STC15W4K.H"                    //包含 STC15W4K 单片机寄存器定义头文件
#include <intrins.h>                     //_nop_();需要
sbit CS = P5^5; sbit CLK = P4^0; sbit DIN = P3^4;      //硬件引脚定义
unsigned char bdata datH;                //datH 是可位寻址的变量,这里用来存放高 2 位数据
unsigned char bdata datL;                //datL 是可位寻址的变量,这里用来存放低 8 位数据
sbit datH1 = datH^1; sbit datH0 = datH^0;
sbit datL7 = datL^7;  sbit datL6 = datL^6;  sbit datL5 = datL^5;  sbit datL4 = datL^4;
sbit datL3 = datL^3;  sbit datL2 = datL^2;  sbit datL1 = datL^1;  sbit datL0 = datL^0;
//很多情况下,SPI 是需要高速度的,如果使用循环结构如 for(;;) while 等会占用较多的时间
//去对循环因子作比较运算,这里的 DaConv 函数使用位寻址方式可以大大提高 SPI 速度
void DaConv(unsigned int  value)
{
    CLK = 0;                             //th(CSH0)时钟下降沿到片选下降沿 1 ns
    CS = 1;                              //Tw(CS)保持至少 20 ns
    _nop_();
    CS = 0;
        datH = value>>8;     datL = value;     //高速 SPI 数据传输过程开始
        DIN = datH1;       //Tsu(DS),放入数据到时钟上升沿的最短时间 45 ns,传第 10 位
        CLK = 0;                         //Tw(CL),时钟低电平时间 25 ns
        CLK = 1;                         //Tw(CH),时钟高电平时间 25 ns
        DIN = datH0;    CLK = 0;    CLK = 1;                //传第 9 位
        DIN = datL7;    CLK = 0;    CLK = 1;                //传第 8 位
        DIN = datL6;    CLK = 0;    CLK = 1;                //传第 7 位
        DIN = datL5;    CLK = 0;    CLK = 1;                //传第 6 位
        DIN = datL4;    CLK = 0;    CLK = 1;                //传第 5 位
        DIN = datL3;    CLK = 0;    CLK = 1;                //传第 4 位
        DIN = datL2;    CLK = 0;    CLK = 1;                //传第 3 位
        DIN = datL1;    CLK = 0;    CLK = 1;                //传第 2 位
        DIN = datL0;    CLK = 0;    CLK = 1;                //传第 1 位
        DIN = 0;        CLK = 0;    CLK = 1;  CLK = 0;    CLK = 1;  //发 2 个辅助脉冲
        CLK = 0;                      //Tw(CH),时钟高电平时间 25 ns
    CS = 1;       //CS = 1 后要等待最长 12.5 μs 才能完成最终的 D/A 转换模拟信号输出
}
void main()
{
    unsigned int  value = 0;        //待转换的数据
    while(1)
    {
        DaConv(value++);            //执行 D/A 转换,无任何返回值。
        value% = 1024;              //对 value 取余,使其在 0~1 023 之间循环变化
    //    delay(50);                //延时可降低频率
```

```
    }
}
```

本实例由于每一条上升斜线由1 023个D/A输出电压点构成,D/A处理的数据量比较大,所以在设置22.118 4 MHz内部R/C时钟或外部晶振频率时D/A输出的锯齿波频率最高只能达到125 Hz。为提高输出波形频率和实现更复杂的波形输出,我们需要采用查表方式完成锯齿波、三角波和正弦波输出。查表方式的关键是要建立数据表,图10-6是3种波形示意图,抽取0～1 023范围内一定数量的数据作为表格的数据来实现需要的波形,抽取的数据量应根据实际需求而定,数据量越大,D/A输出波形精度越高,但会降低最高输出波形频率;然后就是输出波形频率的确定,用定时器定时读取表格数据送TLC5615进行D/A输出,定时时间越短,输出频率越高,但定时器最短时间必须大于一次D/A转换所需时间,典型值是12.5 μs。

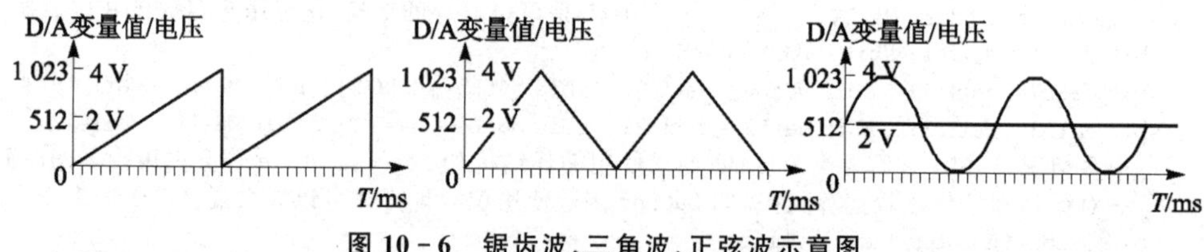

图10-6 锯齿波、三角波、正弦波示意图

例10.4 TLC5615产生1 000 Hz锯齿波、三角波、正弦波,R/C时钟22.118 4 MHz,非级联方式。

将正弦函数从0°～360°范围内按10°一个步进值进行等分,可得0、10、20、30、…、340、350,共36个点,这就确定了表格数组大小为36个整数,如下:

```
第1点输出电压值:511×sin(0)+512=512        //512用于波形向上平移
第2点输出电压值:511×sin(10)+512=601       //512用于波形向上平移
第3点输出电压值:511×sin(20)+512=687       //512用于波形向上平移
                    ⋮
第32点输出电压值:511×sin(350)+512=423     //512用于波形向上平移
```

可确定出正弦波表格如下:

```
unsigned int code SinTable[] =                  //正弦波表格
{
    512,601,687,768,840,903,955,992,1015,1023,1015,992,955,903,840,768,687,601,
    512,423,337,257,183,121,69,32,9,1,9,32,69,121,183,257,337,423,
};
```

再看锯齿波,也采用36个点的方式,锯齿波输出电压值从0变到最大值为1个信号周期,占用36/1=36个点,1 023/36=28.4,即每个D/A转换变量值跳变大小为28.4,从而可确定出锯齿波表格如下:

```
unsigned int code SawtoothTable[] =             //锯齿波表格
{
    0,28,57,85,114,142,170,199,227,256,284,313,341,369,398,426,455,483,511,
    540,568,597,625,654,682,710,739,767,796,824,852,881,909,938,966,995,
};
```

再看三角波,采用36个点的方式,三角波输出电压值从0变到最大值为半个信号

周期，占用 36/2＝18 个点，1 023/18＝56.8，即每个 D/A 转换变量值跳变大小为 56.8，从而可确定出三角波表格如下：

```
unsigned int code TriangleTable [] =              //三角波表格
{
    0,57,114,170,226,284,340,398,454,511,568,625,682,738,795,852,909,966,1022,
    966,909,852,795,738,682,625,568,511,454,398,340,284,226,170,114,57,
};
```

输出信号周期 T＝1/1 000 Hz＝1 ms，每个 D/A 点输出电压保持时间即定时器时间＝1 ms/36＝27.77 μs，定时器初值＝65 536－22.118 4/12×27.77＝0x FFCD。

本例程序可以在例 10.3 的基础上进行演化，主要程序代码如下：

```
void Timer0_Init()
{
    TMOD = 0x01;         //设置定时器 0 为模式 1(16 位计数)
    TH0 = 0xff;          //这里设置其初值为 0x ffcd,使定时器 0 的中断触发周期约 27.77 μs
    TL0 = 0xCD;
    ET0 = 1;
    EA = 1;
    TR0 = 1;
}
void Timer0()   interrupt 1
{
    static unsigned char counter = 0;
    P35 = !P35;          //观察定时器定时时间用的
    TH0 = 0xff;          //TH0 = 0xff;
    TL0 = 0xCD;          //TL0 = 0x2c;
    DaConv(SinTable[counter]);      //D/A 输出
    counter ++ ;
    counter % = 36;      //counter 在 0～36 之间循环变化使波形循环输出
}
void main()
{
    Timer0_Init();       //初始化并启动定时器 0
    while(1);            //通过定时器 0 来控制产生电压的时间间隔
}
```

当需要更换输出波形时，只需要修改“DaConv(SinTable[counter]);”语句中的表格名称即可。实测 D/A 输出波形如图 10－7 所示。

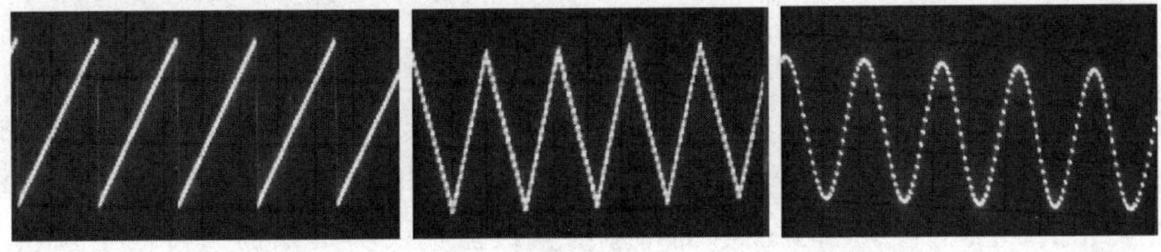

图 10－7　D/A 输出的锯齿波、三角波、正弦波

10.3 TLC5615 的高级运用(播放歌曲)

按一定的频率对声波进行采样所得到的数据,再加上信息头就是最简单的 WAV 文件,比如对一路声波信号以 4 kHz 的频率采样,采样数值保存为 8 位即一个字节(这是录音设备的 ADC 部分),则最终的 WAV 文件就是单声道 4 kHz 8 位 PCM 格式的 WAV 文件,其位速为 32 kbps。单片机实现播放歌曲步骤如下:

① 将要播放的任何格式的音频文件(如 MP3 文件)通过软件 Cool Edit V2.0 转换为易于处理的较低位速的 PCM 格式文件。进入 Cool Edit V2.0,选择菜单 File→Open 命令打开将要转换的音频文件,单击工具栏格式转换按钮 Convert Sample Type,如图 10-8 与图 10-9 所示,在 Sample Rate 栏输入 4 000(采样频率),Channels 栏点选 Mono(即单声道单选按钮),Resolution 栏选择 8(8 位数据精度),其余保持默认,然后单击 OK 按钮,等待自动转换结束。然后选择菜单 File→Save As 命令,格式为 Windows PCM (*.WAV),保存即可。

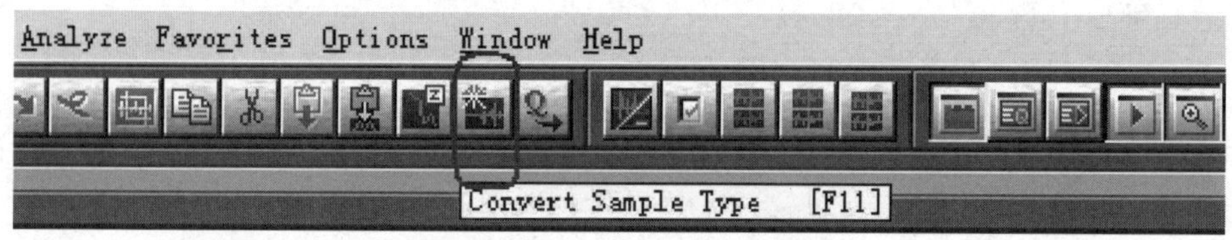

图 10-8 进入格式转换

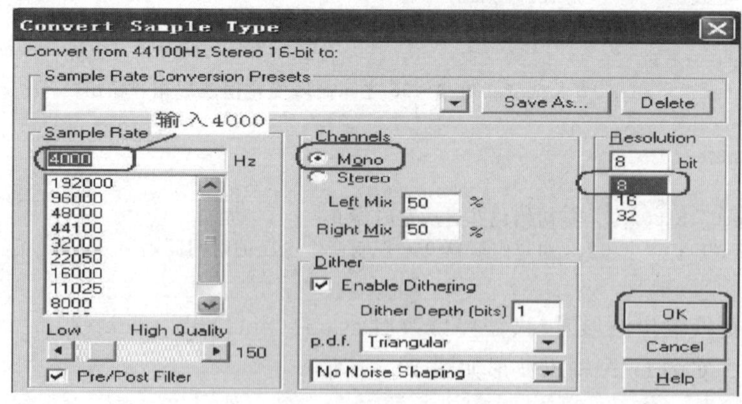

图 10-9 格式设置

如果想使用音频文件中最美的一段声音,可以先将不需要的部分删除,保留有用部分。按图 10-10 所示进入音频文件编辑状态,然后可拖动选中需要删除的一段波形,选择菜单 Edit→Delete Silence 命令即可删除某段波形。为了确保通过 Cool Edit 处理完成的文件是符合要求的文件,可通过查看文件属性的方式,如果看到类似图 10-11 所示结果则表明 Cool Edit 处理结果是正确的。

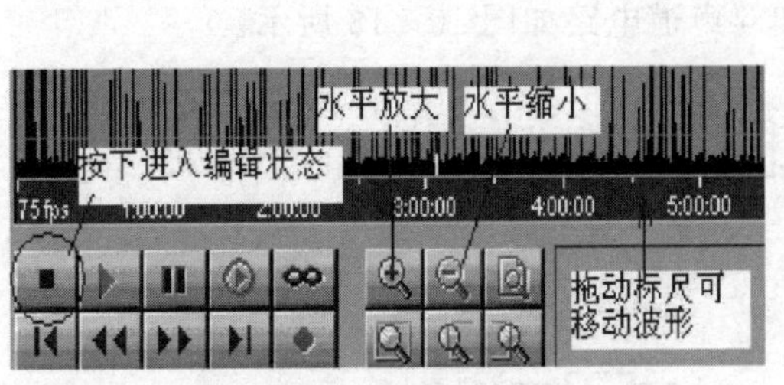

图 10-10　进入编辑状态

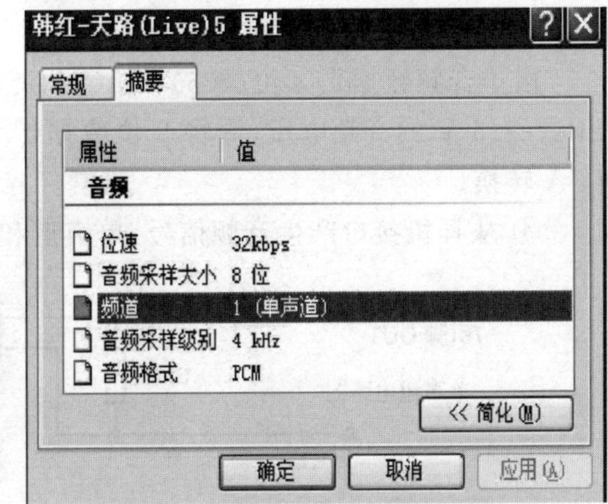

图 10-11　Cool Edit 处理成功的文件

② 将较低位速的 PCM 格式文件通过 DataToHex 软件去掉信息头(文件的前 44 个字节)获得音频数据,按图 10-12 操作即可,DataToHex 软件可将某个文件(txt 文件、MP3 文件等)的某一段数据转换为 C 语言中的数组,从而直接添加到程序中去,使用要点如下:

- 打开文件,用于打开需要获取数组的源文件,文件类型不限,但通常还是 MP3 文件。
- 存储路径,用于选择数组文件存放路径。
- 截取段,从源文件中截取一段数据,如果不是从文件开始位置截取,就需要填写偏移量,如果不是到文件结束,就需要填写截取长度。
- 生成数组,单击此按钮开始进行数据处理并输出 txt 文件到指定路径。
- 为了确保 DataToHex 软件执行正确,当要打开一个新的文件时应尽量退出并重新启动该软件。

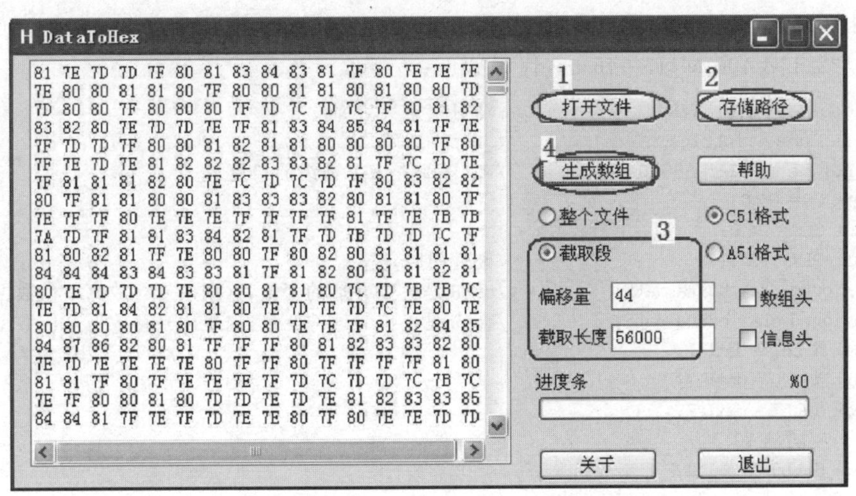

图 10-12　使用 DataToHex 软件获取单片机需要的数组

③ 将音频数据逐个按一定频率(4 kHz)送给 DAC 即 TLC5615。

由于音频数据是 8 位(255),TLC5615 是 10 位 DAC(1 023),为使 TLC5615 能输出 0～2.5 V 的音频电压,需将 8 位数据扩大 2 倍(511)后再送给 TLC5615 输入端作 D/A 转换。

④ 从耳机接口产生音频信号,单声道和双声道电路如图 10-13 所示。

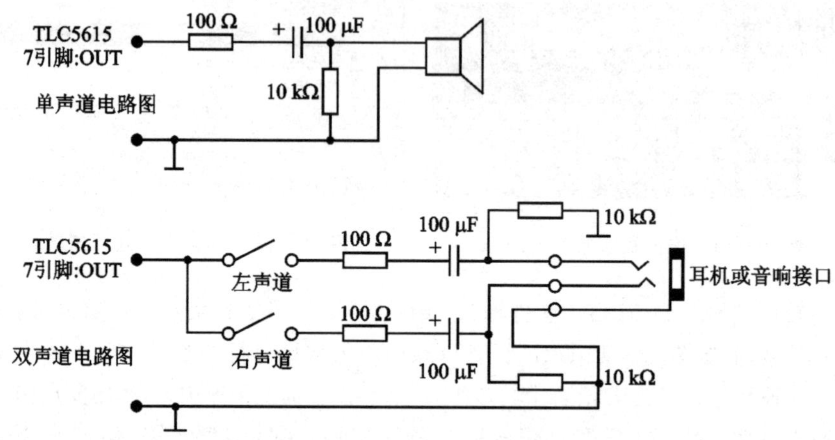

图 10-13 耳机音频接口电路

由于输出信号频率是 4 kHz,周期 T=1/4 000 Hz=250 μs,每个 D/A 点输出电压保持时间即定时器时间为 250 μs,定时器初值=65 536－22.118 4/12×250=0xFE33。

程序说明:此程序将 WAV 数组(取至 WAV 文件,限单声道 8 位 PCM 格式)中的数据按一定频率(此频率由定时器来控制)依次送给 TLC5615,产生连续的电压,对声波进行合成。在耳机接口中接入耳机或音响就可听到声音(单声道,4 kHz,8 位,PCM 格式)。

例 10.5 TLC5615 播放歌曲,使用 22.118 4 MHz 内部 R/C 时钟,指令执行最短时间 1/22.118 400 MHz=46 ns,代码如下:

```
#include "STC15W4K.H"                //注意宏定义后面没分号
#include <intrins.h>                 //_nop_();需要
#define WAV_LEN 58000                //WAV_LEN 是 WAV 数组的长度
sbit CS = P5^5;
sbit CLK = P4^0;
sbit DIN = P3^4;                     //硬件引脚定义
unsigned char bdata datH;            //datH 是可位寻址的变量,这里用来存放高 2 位数据
unsigned char bdata datL;            //datL 是可位寻址的变量,这里用来存放低 8 位数据
sbit datH1 = datH^1;
sbit datH0 = datH^0;
sbit datL7 = datL^7;
……//同例 10.3
sbit datL0 = datL^0;
unsigned char code wav[WAV_LEN] =
                                     //数组中的数据是由 DataToHex 软件从 *.wav 文件中提取的
{……//大数组
```

```
}
void DaConv(unsigned int  value)
{…… //同例 10.3
}
void Timer0_Init()
{
    TMOD = 0x01;        //设置定时器 0 为模式 1(16 位计数)
    TH0 = 0xFE;         //这里设置其初值 0x FE33,使定时器 0 的中断触发周期约 250 μs.
    TL0 = 0x33;         //T = 1/F = 1/4 000 s = 250 μs
    ET0 = 1;
    EA = 1;
    TR0 = 1;
}
void Timer0()  interrupt 1
{
    static unsigned int counter = 0;
    TH0 = 0xFE;
    TL0 = 0x33;
    DaConv(((unsigned int)wav[counter])<<1);
                                        //将 WAV 数组中的数据扩大 2 倍后写入 TLC5615
    counter ++ ;          //扩大 2 倍是为了使 TLC5615 的音频输出电压范围在 0～2.5 V 之间
    counter % = WAV_LEN;        //counter 在 0 到 WAV_LEN - 1 之间循环变化使声音循环播放
}
void main()
{
    Timer0_Init();      //初始化并启动定时器 0
    while(1);           //通过定时器 0 来控制产生电压的时间间隔
}
```

第 11 章

单片机实用小知识

11.1 复 位

复位就是单片机的初始化工作,复位后单片机内核及其他功能部件都处在一个确定的初始状态,并从这个状态开始工作。复位分为冷启动复位和热启动复位两大类,它们的区别如表 11-1 所列。

表 11-1 冷启动复位与热启动复位对照表

复位种类	复位源	上电复位标志(POF)	复位后程序启动区域
冷启动复位	系统停电后再上电引起的硬复位	1	从系统 ISP 监控程序区开始执行程序,如果检测不到合法的 ISP 下载命令流,则将软复位到用户程序区执行用户程序
热启动复位	通过 RST 引脚产生的硬复位	不变	
	内部看门狗复位	不变	复位前若(SWBS) =1,则复位到系统 ISP 监控程序区;复位前若(SWBS)=0 (默认值),则复位到用户程序区 0000H 处
	内部低压检测复位	不变	
	通过对 IAP_CONTR 寄存器操作的软复位	不变	

11.1.1 外部 RST 引脚复位

外部 RST 引脚复位就是从外部向 RST 引脚施加一定宽度的复位脉冲,从而实现单片机的复位。P5.4/RST 引脚出厂时被配置为 I/O 口,要将其配置为复位功能,可在 ISP 下载程序时设置。如果 P5.4/RST 引脚已在 ISP 烧录程序时被设置为复位引脚,则 P5.4/RST 就是芯片复位的输入引脚。将 RST 复位引脚拉高并维持至少 24 个时钟加 20 μs 后,单片机就会进入复位状态,将 RST 复位引脚拉回低电平后,单片机结束复位状

态并从系统 ISP 程序下载监控区启动，因此可以使用 P5.4/RST 引脚外接常开按键到 VCC 的方式实现不断电下载程序。这样可以提高程序下载速度。需要注意的是，在 ISP 软件中改变了 P5.4 口的设置后，程序下载到单片机并不立即生效，需要给单片机断电重启后才生效。ISP 软件中的很多设置都是这样的，测试过程注意断电重启才生效的问题。

例 11.1 RST 引脚复位功能测试详见配套资源。

11.1.2 软件复位

在系统运行过程中，有时会根据特殊需求实现单片机系统软复位(热启动之一)，用户只需简单地控制寄存器 IAP_CONTR 中的两位 SWBS/SWRST 就可以实现系统复位了。复位后所有特殊功能寄存器都会恢复到初始值，I/O 口也会初始化。寄存器 IAP_CONTR 的各位见表 7-3。

① SWBS(IAP_CONTR.6)：软件选择复位后是从用户程序区启动，还是从 ISP 监控程序区启动。0：从用户程序区启动(默认值)；1：从 ISP 监控程序区启动，要与 SWRST 配合才可以实现。

② SWRST(IAP_CONTR.5)：是否产生软件复位控制位。0：不操作(默认值)；1：产生系统软件复位，硬件自动清 0。

下面的描述中，用户应用程序区简称 AP 区，系统 ISP 监控程序区简称 ISP 区。使用举例：

从 AP 区软件复位并切换到 AP 区开始执行程序的 IAP_CONTR，设置代码如下：

```
IAP_CONTR = 0x20;        //0x20 = 00100 000B,SWBS = 0,SWRST = 1(选择 AP 区软复位)
```

从 AP 区软件复位并切换到 ISP 区开始执行程序的 IAP_CONTR，设置代码如下：

```
IAP_CONTR = 0x60;        //0x60 = 0110 0000B,SWBS = 1,SWRST = 1(选择 ISP 区软复位)
```

例 11.2 软件复位功能测试详见配套资源。

11.1.3 内部低压检测复位

为防止电源接通与断开瞬间系统供电不稳定状态引起程序功能混乱(部分外围器件供电不在要求范围内)，在要求比较严格的应用中建议使用低压检测复位。当电源电压 VCC 低于内部低电压检测门槛电压时，单片机产生复位；当 VCC 高于内部低电压检测门槛电压时，单片机解除复位状态并恢复正常工作。要使用此功能，前提是在 STC-ISP 软件下载程序时，允许低电压检测复位，即将低压检测门槛电压设置为复位门槛电压。IAP15W4K58S4 单片机内置了 8 级可选的内部低压检测门槛电压：3.14 V、3.28 V、3.43 V、3.61 V、3.82 V、4.05 V、4.32 V 和 4.64 V。如果在 STC-ISP 下载程序时，不将低电压检测设置为低压检测复位，则在用户程序中用户可将低电压检测设置为低压检测中断，当电源电压 VCC 低于内部低电压检测门槛电压时，低电压检测中断请求标志位 LVDF/PCON.5 就会被硬件置位。如果 ELVD/IE.6(低电压检测中断允许位)设置为 1，低电压检测中断请求标志位就能产生一个低压检测中断。建议在电压偏低时，不要操作内部 EEPROM/IAP，可在 ISP 软件下载程序时直接选择“低压时禁止 EEPROM 操作”。

例 11.3 低压检测复位详见配套资源。

11.1.4 看门狗定时器复位

在工业控制、汽车电子、航空航天等需要高可靠性的系统中，为了防止系统在异常情况下受到干扰，CPU 程序跑飞，导致系统长时间工作异常，往往需要在系统中使用看门狗(Watch Dog)电路。看门狗电路的基本作用就是监视 CPU 的工作，正常工作时，单片机可以在规定的时间内访问看门狗(即喂狗)，时间只要不超出看门狗电路的溢出时间即可。当系统进入死循环或者执行到无程序代码区造成死机时，单片机就会停止喂狗，超过一定时间后，看门狗电路就会强制系统复位，使系统重新开始运行，通过设置表 11-2 所列的特殊功能寄存器 WDT_CONTR 就可以使用看门狗了。

表 11-2 WDT_CONTR 看门狗寄存器(地址为 C1H，复位值为 xx00 0000B)

位	D7	D6	D5	D4	D3	D2	D1	D0
位名称	WDT_FLAG	—	EN_WDT	CLR_WDT	IDLE_WDT	PS2	PS1	PS0

① WDT_FLAG：看门狗溢出标志位，溢出时该位由硬件置 1，可用软件将其清 0。

② EN_WDT：看门狗允许位，当该位设置为 1 时，看门狗启动，看门狗一旦启动，单片机执行任何指令都无法关闭看门狗，必须断电才能关闭。

③ CLR_WDT：看门狗清 0 位，当设为 1 时，看门狗将重新计数，同时硬件立即将此位清 0。

④ IDLE_WDT：看门狗 IDLE 空闲模式位，当设置为 1 时，WDT 在空闲模式计数，当清 0 该位时，WDT 在空闲模式时不计数，空闲模式将在后面介绍。

⑤ PS2、PS1、PS0：看门狗定时器(缩写为 WDT)分频系数。

WDT 溢出时间的计算方法：WDT 溢出时间 =(12×分频系数× 32 768) /时钟频率。

常见的分频系数设置和 WDT 溢出时间如表 11-3 所列，它们都可由上面的公式直接计算出来。

表 11-3 WDT 的分频系数与溢出时间

PS2	PS1	PS0	分频系数	WDT 溢出时间 (11.059 2 MHz)	WDT 溢出时间 (12 MHz)	WDT 溢出时间 (22.118 4 MHz)
0	0	0	2	71.1 ms	65.5 ms	35.6 ms
0	0	1	4	142.2 ms	131.0 ms	71.1 ms
0	1	0	8	284.4 ms	262.1 ms	142.2 ms
0	1	1	16	568.8 ms	524.2 ms	284.4 ms
1	0	0	32	1.137 7 s	1.048 5 s	568.8 ms
1	0	1	64	2.275 5 s	2.097 1 s	1.137 7 s
1	1	0	128	4.551 1 s	4.194 3 s	2.275 5 s
1	1	1	256	9.102 2 s	8.388 6 s	4.551 1 s

使用 STC-ISP 软件下载程序时，可以直接启动看门狗并对看门狗分频系数进行设置，这样就免去了代码开启看门狗的麻烦，但在程序中的喂狗操作是必须的，喂狗的方法是重写 WDT_CONTR 寄存器的内容，代码如下：

```
#include "STC15W4K.H"
void main(void)
{
    ……                          //其他初始化代码
    WDT_CONTR = 0x3c;           //EN_WDT = 1,CLR_WDT = 1,IDLE_WDT = 1,PS2 = 1,PS1 = 0,PS0 = 0
    while(1)
    {
        display();              //显示程序
        keyboard();             //键盘程序
        ……                      //其他代码
        WDT_CONTR = 0x3c;       //喂狗信号,复位 WDT
    }
}
```

11.2　单片机的低功耗设计

STC15 系列单片机可以运行 3 种省电模式以降低功耗：低速模式、空闲模式和掉电模式。正常工作模式下，STC15 系列单片机的典型工作电流是 2.7～7 mA，而掉电模式下的典型电流 $<0.1\ \mu$A，空闲模式下的典型电流是 1.8 mA。

11.2.1　相关寄存器说明

当用户系统对速度要求不高时，可选用较低频率的外部晶振或内部 R/C 时钟，同时还可对系统时钟进行分频，IAP15W4K58S4 单片机可在正常工作时分频，也可在空闲模式下分频工作，降低 CPU 内核及片内外设的工作频率就能降低系统功耗。系统时钟分频是由特殊功能寄存器 CLK_DIV 进行设置的，这在第 3 章可编程时钟部分已做介绍，这里就不再重复。

空闲模式和掉电模式由电源控制寄存器 PCON 的相应位进行设置，各位定义如表 11-4 所列。

表 11-4　电源控制寄存器 PCON(地址 87H，复位值为 0011 0000B)

位	D7	D6	D5	D4	D3	D2	D1	D0
位名称	SMOD	SMOD0	LVDF	POF	GF1	GF0	PD	IDL

① IDL：将其置 1 时(PCON＝0x01)，单片机将进入空闲模式(即 IDLE 模式)。在空闲模式下，除 CPU 无时钟停止工作外，其余模块仍正常运行，而看门狗在空闲模式下是否工作取决于其自身的“IDLE”模式位(请对照看门狗部分的内容)。在空闲模式下，内部数据存储器 RAM 与 I/O 口保持进入空闲模式前那一刻的状态不变，当任何一个中断产生时都会引起 PCON.0 被硬件清 0，从而将单片机唤醒，唤醒后 CPU 将继续

执行进入空闲模式语句的下一条指令,空闲模式使用示例如下:

```
#include"intrins.h"
void main()
{
while(1)
{
    PCON| = 0x01;              //进入空闲模式
    _nop_();                   //此时 CPU 无时钟,不执行指令,等待外中断唤醒
    _nop_();
    _nop_();
    _nop_();
}
}
```

② PD:将其置 1 时(PCON=0x02),单片机将进入掉电模式。掉电模式也叫停机模式,进入掉电模式后,内部时钟停振,CPU、定时器等全部停止工作,只有外部中断继续工作。如果低电压检测电路被允许产生中断,则低电压检测电路可继续工作,也可停止工作,进入掉电模式后,所有的 I/O 口、特殊功能寄存器维持进入掉电模式前那一刻的状态不变。可将 CPU 从掉电模式唤醒的资源有:INT0/P3.2 和 INT1/P3.3 上升沿与下降沿均可,INT2/P3.6、INT3/P3.7 和 INT4/P3.0 仅可下降沿中断,引脚 CCP0/P1.1、CCP1/P1.0、CCP2/P3.7 及其切换引脚,T0~T4 的外部引脚和内部低功耗掉电唤醒专用定时器,外部中断将单片机唤醒后 CPU 先执行进入掉电模式语句的下一条语句(建议在进入掉电模式语句后多加几个_nop_()空操作),然后进入相应的中断服务程序。定时器(T0~T4)中断在进入掉电模式前被允许,则进入掉电模式后定时器外部引脚产生的下降沿可将单片机唤醒,唤醒后并不进入定时器中断程序。

掉电唤醒专用定时器适用于单片机周期性工作的场合,掉电唤醒专用定时器由特殊功能寄存器 WKTCH 和 WKTCL 进行控制,各位定义如表 11-5 所列。

表 11-5 掉电唤醒专用比较器

寄存器名	地　址	D7	D6	D5	D4	D3	D2	D1	D0	复位值
WKTCL	AAH									1111 1111B
WKTCH	ABH	WKTEN								0111 1111B

除 WKTCL 和 WKTCH 外,还有 2 个隐藏的寄存器 WKTCL_CNT 和 WKTCH_CNT 来控制内部掉电唤醒专用定时器。WKTCL_CNT 与 WKTCL 共用同一个地址,WKTCH_CNT 与 WKTCH 共用同一个地址,WKTCL_CNT 和 WKTCH _CNT 对用户不可见,实际上是作计数器使用,而 WKTCL 和 WKTCH 实际上是作比较器使用。当用户对 WKTCL 和 WKTCH 写入内容时,该内容只写入 WKTCL 和 WKTCH 中,而不会写入 WKTCL_CNT 和 WKTCH_CNT 中;当用户读 WKTCL 和 WKTCH 中的内容时,实际上是读 WKTCL_CNT 和 WKTCH_CNT 中的内容,而不是 WKTCL 和 WKTCH 中的内容。

掉电唤醒专用定时器是一个 15 位定时器,(WKTCH[6:0],WKTCL[7:0])构成

最长 15 位从 0x 7FFF 开始计数的计数器,最大计数值是 32 768,计数一个脉冲的时间约为 488 μs。由于是内部专用定时器,因此与系统时钟频率无关,定时时间 $T=$ 488 μs× [(WKTCH[6:0],WKTCL[7:0])+1],因此,最小定时时间约为 488 μs,最长定时时间约为 488 μs×32 768=15.99 s.

根据上面公式可推导出计数值(WKTCH[6:0],WKTCL[7:0])= T/488 μs−1。利用掉电唤醒专用定时器唤醒单片机时,只需在程序的初始化部分设置 WKTCL 和 WKTCH 即可。在(WKTCH[6:0],WKTCL[7:0])设置计数值,注意 WKTCH 的最高位是使能控制位,1:允许,0:禁止,因此要置 1,置 1 后,当 CPU 一旦进入掉电模式,掉电唤醒专用定时器就开始计数,直到计数到与(WKTCH[6:0],WKTCL[7:0])寄存器所设定的计数值相等后就启动系统振荡器。如果主时钟使用的是内部 R/C 时钟(由用户在 ISP 烧录程序时自行设置),CPU 等待 64 个时钟后就认为此时系统时钟从开始起振的不稳定状态已经过渡到稳定状态,就将时钟供给 CPU、定时器、看门狗、ADC 等模块工作;如果主时钟使用的是外部晶振,CPU 等待 1 024 个时钟后就将时钟供给 CPU 及外围模块,CPU 获得时钟后,程序从上次掉电的地方继续往下执行。

掉电唤醒后,WKTCL_CNT 和 WKTCH_CNT 中的内容保持不变,可以通过读 WKTCL 和 WKTCH (实际是读 WKTCL_CNT 和 WKTCH_CNT 中的内容)读出单片机在停机模式/掉电模式等待的时间,掉电唤醒定时器使用示例如下:

```
void main()
{
    WKTCH = 0x83;                //0x83FF 对应 500 ms 唤醒时间
    WKTCL = 0xFF;
    ⋮
}
```

③ POF:上电复位标志位,单片机停电后,上电复位标志位为 1,只能由软件清 0。

在实际应用中,该位可用来判断单片机复位是上电复位(冷启动),还是其他复位,用户可以在初始化程序中判断 POF 位是否为 1,并对不同情况进行不同的处理,判断方法如图 11-1 所示。

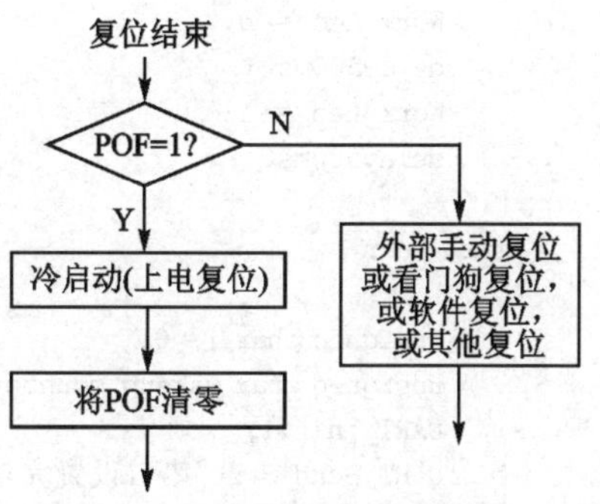

图 11-1 判断复位种类流程图

例 11.4 POF 上电标志测试详见配套资源。

④ LVDF:低电压检测标志位,同时也是低电压检测中断请求标志位,在正常工作和空闲工作状态时,如果内部工作电压 VCC 低于低压检测门槛电压(在 ISP 下载软件中设置门槛电压),该位自动置 1,该位只能由软件清 0,清 0 后,如果内部工作电压 VCC 继续低于低压检测门槛电压,该位又被自动设置为 1。在进入掉电工作状态前,如果低压检测中断被关闭,则在进入掉电模式后,低压检测电路不工作以降低功耗;如果低压检测中断被开启,则在进入掉电模式后,该低压检测电路继续工作。在内部工作电压 VCC 低于低压检测门槛电压后,产生低压检测中断,如果外部

中断使能和时钟输出寄存器 INT_CLKO 的 LVD_WAKE(INT_CLKO.3)位为 1,可将 CPU 从掉电状态唤醒。

⑤ GF1 和 GF0 是通用用户标志 1 和 0,用户可以任意使用。

11.2.2 应用举例

省电方式的应用主要涉及省电方式的进入(设置 PCON)和省电方式的退出(唤醒)两个方面,下面以掉电模式为例说明程序的设计方法。

例 11.5 利用外部中断实现单片机从掉电模式唤醒。

```
#include "STC15W4K.H"
#include "uart_debug.h"
#include "intrins.h"
sbit Begin_Led = P0^0;                      //系统开始工作指示灯
bit Power_Down = 0;                         //判断是否进入掉电模式标志
sbit  Work_Led = P0^1;                      //正常工作状态指示灯
void delay500ms(void)                       //22.118 4 MHz
{                                           //由第 1 章介绍的软件计算得出
}
void INT_System_init()                      //中断系统初始化
{
    IT0 = 0;                                //外部中断 0,上升沿和下降沿都可触发中断
    EX0 = 1;                                //允许外部中断 0 中断
    IT1 = 1;                                //外部中断 1,下降沿触发中断
    EX1 = 1;                                //允许外部中断 1 中断
    EA  = 1;                                //开总中断控制位
}
void LED_Flashing()
{
    Work_Led = 0;
    delay500ms();
    Work_Led = 1;
    delay500ms();
}
void main()
{
    unsigned char i = 0;
    unsigned char wakeup_counter = 0;       //中断唤醒次数变量初始化为 0
    UART_init();                            //波特率为 9 600,频率为 22.118 4 MHz
    UART_Send_Str("串口设置完毕:\n");       //发送字符串
    INT_System_init();                      //中断系统初始化
    Begin_Led = 0;                          //系统开始工作指示灯
    while(1)
    {
        UART_Send_StrNum("中断唤醒次数 = :",wakeup_counter);  //发送字符串 + 数值
        wakeup_counter ++ ;                 //中断唤醒次数修正
        for(i = 0;i<2;i ++ )
        {
            LED_Flashing();                 //系统正常工作指示灯
        }
```

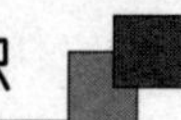

```
        Power_Down = 1;                 //进入掉电模式之前,将其置 1,以供中断函数判断
        PCON = 0x02;                    //执行完此句,单片机进入掉电模式,外部时钟停止振荡
        _nop_();
                                        //外部中断唤醒后,先执行该语句,然后进入中断服务程序
        _nop_();                        //一定要加几个(2~4)空操作语句
    }
}
void INT0() interrupt 0                 //外部中断 0 服务程序
{
    if(Power_Down)                      //掉电模式下的外中断处理
    {
        Power_Down = 0;
        UART_Send_Str("INT0 掉电唤醒的中断服务:\n");     //发送字符串
    }
    else                                //正常模式下的外中断处理
    {
        UART_Send_Str("INT0 正常运行的中断服务:\n");     //发送字符串
    }
}
void INT1(void) interrupt 2             //外部中断 1 服务程序
{
    if(Power_Down)                      //判断掉电唤醒标志
    {
        Power_Down = 0;
        UART_Send_Str("INT1 掉电唤醒的中断服务:\n");     //发送字符串
    }
    else
    {
        UART_Send_Str("INT1 正常运行的中断服务:\n");     //发送字符串
    }
}
```

说明:本程序共有 4 个编译警告,WARNING L16 提示有串口函数没被调用,串口函数占用程序存储器 Flash 空间很小,可以不处理这个警告。WARNING L15 提示 UART_Send_Str 函数可能会产生主函数与中断函数同时调用产生冲突问题(称为函数重入),可以把 UART_Send_Str 函数内部代码复制一份后重命名一个函数分开给主函数与中断函数调用,这样就不会有警告了,但那样也不太方便,通过对程序结构的分析,这里实际上是不会发生同一函数被同时调用的问题,因此我们可以不处理提示的 4 个警告。

11.3　单片机扩展 32 KB 外部数据存储器 62C256

在某些实际的运用系统中,程序可能会占用很大的数据存储空间,尽管 IAP15W4K58S4 支持 4 KB 的 RAM,但也可能无法满足要求,这时就需要扩展外部数据存储器,扩展外部数据存储器的最常用芯片是 IS62C256AL,它是 32 KB 数据存储器(32 768 字节),5 V 工作电源,零售价为 8 元(工业级:IS62C256AL－45ULI)。

11.3.1 电路讲解

实际连接电路与实物外形如图 11-2 所示。

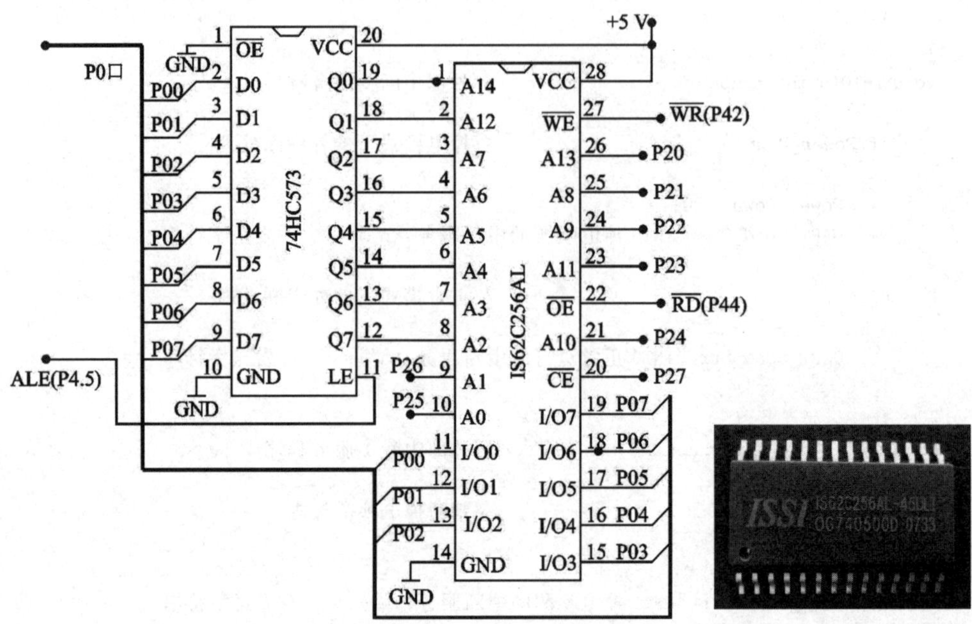

图 11-2 单片机扩展 32 KB 外部数据存储器 62C256

74HC573 是 8D 锁存器,用于扩展 8 位并口输出,当控制端 LE(11 脚)是高电平时,输出端(Q0～Q7)和输入端(D0～D7)相连。因此,输出端的状态与输入端相同,当控制端 LE(11 引脚)是低电平时,输出端(Q0～Q7)和输入端(D0～D7)断开连接,并且保持原来的状态不变,真值表如图 11-3 所示。实际使用时通常是多个 74HC573 输入口并接到总线,输出口分别接其他被驱动的器件(比如多个数码管),此时 $\overline{OE}$ 固定接到 GND,LE 由单片机某个 I/O 口单独控制。74HC573 贴片窄体封装零售价为 2 元,它的功能与 74HC373 完全相同,但引脚排列不同,74HC573 更方便印制板布线。

20 VCC, 19 Q0, 18 Q1, 17 Q2, 16 Q3, 15 Q4, 14 Q5, 13 Q6, 12 Q7, 11 LE
74HC573
1 $\overline{OE}$, 2 D0, 3 D1, 4 D2, 5 D3, 6 D4, 7 D5, 8 D6, 9 D7, 10 GND

输入			输出
$\overline{OE}$	LE	D	Q
0	1	1	1
0	1	0	0
0	0	×	Q0(保持不变)
1	×	×	高阻

图 11-3 74HC573 引脚图与真值表

IS62C256AL 引脚功能说明见表 11-6,真值表见表 11-7。

表 11-6　引脚功能表

A0～A14	地址输入
I/O0～I/O7	数据输入输出
VCC	+5 V (±10%)
GND	0 V(电源负)
$\overline{\text{CE}}$	片选输入
$\overline{\text{WE}}$	写入允许(输入端)
$\overline{\text{OE}}$	读出允许(输入端)

表 11-7　逻辑真值表

方　式	$\overline{\text{CE}}$	$\overline{\text{WE}}$	$\overline{\text{OE}}$	I/O 状态
未选中(掉电)	1	×	×	高阻
输出禁止	0	1	1	高阻
读	0	1	0	数据输出
写	0	0	×	数据输入

在画电路板的时候,我们常常希望那些引脚多的器件能像 FPGA 一样,I/O 引脚布线时能随便连接,能任意调换,单片机外扩的数据存储器就是这样,数据线和地址线可以分别打乱(其他一些存储器也具有这样的特性),见图 11-2。

第 1 章已对单片机引脚有如下说明:

30 引脚($\overline{\text{WR}}$):扩展片外数据存储器时的写控制端。

31 引脚($\overline{\text{RD}}$):扩展片外数据存储器时的读控制端。

40 引脚(ALE):在扩展外部数据存储器时利用此引脚锁存低 8 位地址,使 P0 口分时作地址总线低 8 位和 8 位数据总线,P2 口作地址总线高 8 位。

51 单片机最高地址输出线 P2.7 一般用来连接 IS62C256AL 的片选 $\overline{\text{CE}}$,当单片机访问外部 32 KB 以内的 RAM 时,输出地址最高位 P2.7 为 0 正好用作片选。当单片机访问外部 32 KB 以上的 RAM 时,输出地址最高位 P2.7 为 1 正好使 IS62C256AL 处于非选择状态,此时 62C256 的 I/O 口呈高阻态,外部 16 位地址总线和 8 位数据总线可供其他芯片使用。

11.3.2　软件测试实例

例 11.6　单片机扩展外部 32 KB 数据存储器测试程序,为方便测试,本例使用内部 RAM 略小的 IAP15F2K61S2 进行实验。

```
#include "STC15W4K.H"                    //注意宏定义后面没分号
#include "uart_debug.h"
unsigned char xdata a1[256];unsigned char xdata b1[256];unsigned char xdata c1[256];
unsigned char xdata d1[256];unsigned char xdata e1[256];unsigned char xdata f1[256];
unsigned char xdata g1[256];unsigned char xdata h1[256];unsigned char xdata i1[256];
unsigned char xdata j1[256];
unsigned int i;
unsigned long dat;
void delay500ms(void)                    //R/C 时钟频率为 22.118 4 MHz
{   //由第 1 章介绍的软件计算得出
}
void  main ()
{
    i = 0;
```

```
        dat = 0;
        UART_init();                        //波特率为 9 600,频率为 22.118 4 MHz
        UART_Send_Str("串口设置完毕\r\n");
        for (i = 0;i< = 255;i ++ )
        {
            a1[i] = 100;b1[i] = 100;c1[i] = 100;d1[i] = 100;e1[i] = 100;
            f1[i] = 100;g1[i] = 100; h1[i] = 100;i1[i] = 100;j1[i] = 100;
        }
        P00  = 0;                           //点亮 P0_0 引脚 LED,提示开始进入运算过程
        for (i = 0;i< = 255;i ++ )
        {
            dat = dat + a1[i] + b1[i] + c1[i] + d1[i] + e1[i] + f1[i] + g1[i] + h1[i] + i1[i] +
                  j1[i];
        }
        //软件调试 dat = 256000
        UART_Send_Num(dat);
        for (;;)                            //for (;;)让 for 下面 1 对大括号内程序无限循环
        {
            P01  = !P01;                    //
            delay500ms();                   //延时 500 ms 即 1 s 时间
        }
}
```

程序中可以添加“AUXR|=0X02;”语句禁止访问内部扩展 1 792 字节的 XRAM,完全使用外部扩展 RAM。如果没此语句(单片机默认状态),当 RAM 地址小于 1 792 字节时,使用内部 XRAM 提高运行速度,超出这个地址时自动选择使用外部扩展 RAM,因此对于只扩展一片 62C256 的情况,是不需要添加“AUXR|=0X02;”命令的。

程序编译后占用空间“Program Size: data=68.0 xdata=2560 code=1273”,程序运行结果如图 11-4 所示。

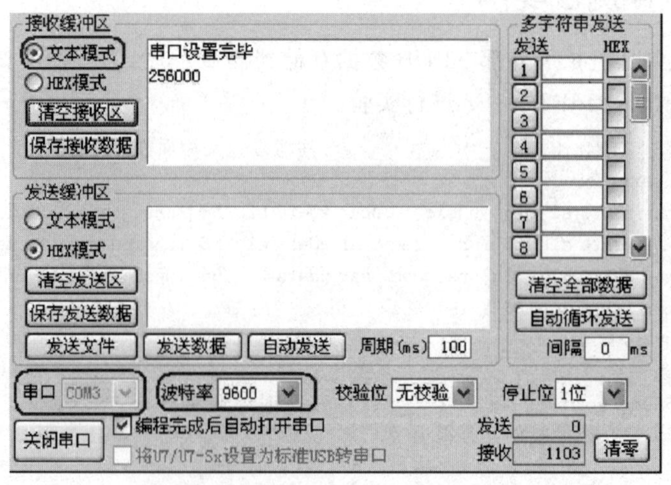

图 11-4　单片机扩展外部 RAM 时程序运算的结果

如果把程序写入外部没有 62C256 芯片的单片机系统，则单片机系统上电时计算机串口接收到的信息与上图不一致，如图 11－5 所示，原因是 IAP15F2K61S2 单片机内部 XRAM 只有 1 792 字节，无法满足此程序运算占用 RAM 2 560 字节的要求，从而导致运算出错。

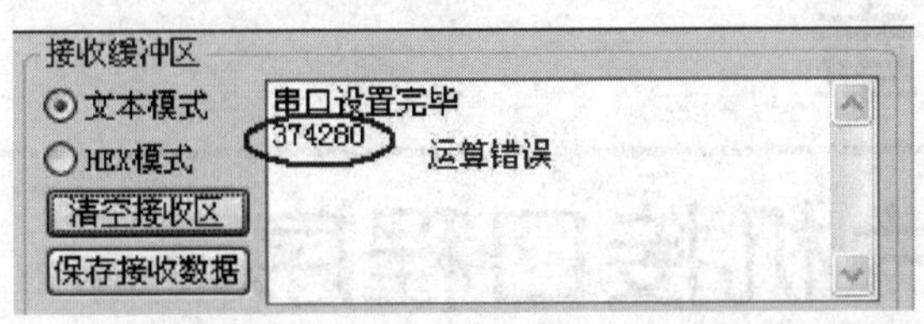

图 11－5　单片机没有扩展外部 RAM 时程序运算的错误结果

第 12 章

常用单片机接口程序

12.1 数码管静态显示

数码管具有显示清晰、亮度高的特点，因此广泛应用于电子仪器的输出显示器件中。常见数码管引脚排列如图 12-1 所示。

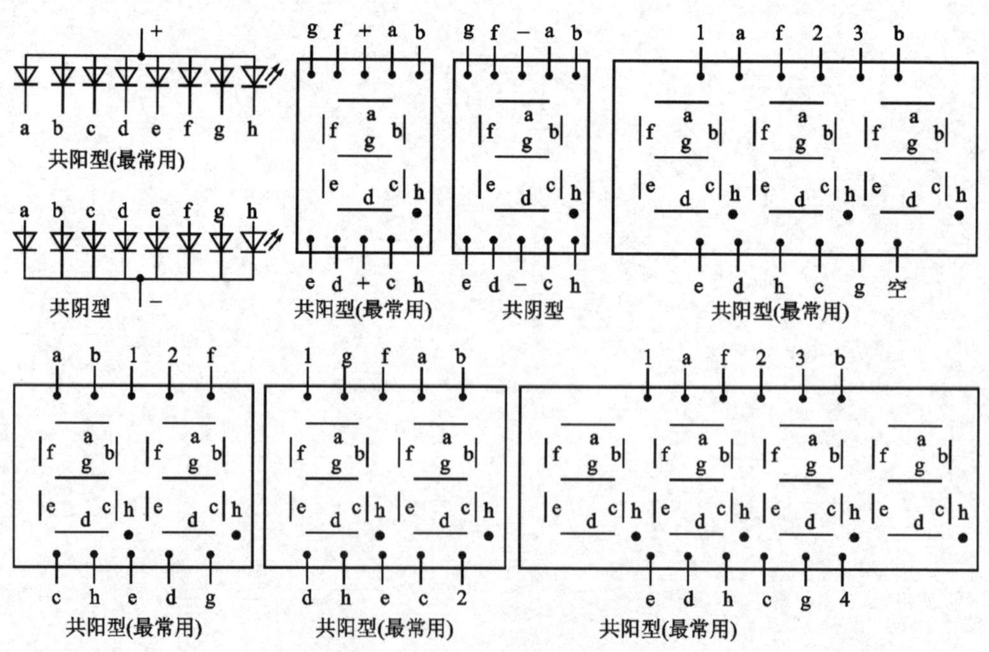

图 12-1　常见数码管引脚定义

对于静态显示程序，可使用图 12-1 中的独立数码管。为节省 I/O 口并增大输出电流，单片机需要先通过驱动芯片后间接地与数码管相连，最常用的数码管驱动芯片是 74HC595，引脚排列如图 12-2 所示。

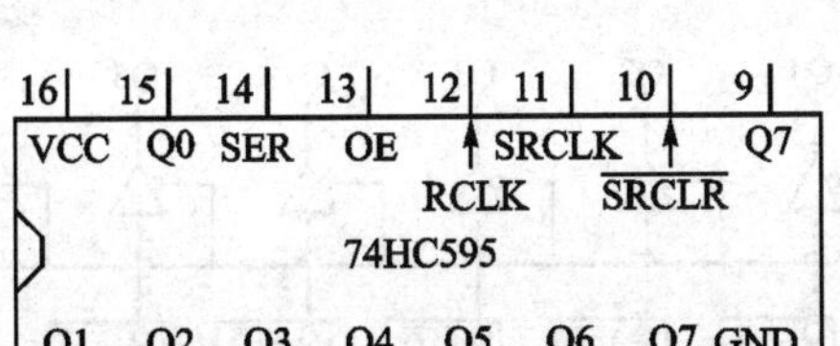

图 12-2　74HC595 与引脚排列图

74HC595 引脚说明如下：

SER：串行数据输入端。

SRCLK：时钟脉冲输入端，上升沿移位。

RCLK：锁存端，上升沿更新输出数据，固定低电平或高电平时，串行移位过程中数据不会出现在外部引脚。

Q0～Q7：并行输出端，在串行时钟脉冲的上升沿移位，移位顺序是由 Q0→ Q7，即由 15 引脚→1 引脚→7 引脚，输出口驱动电流可达±35 mA。

$\overline{\text{OE}}$：并行输出使能端，低电平允许并行输出。

$\overline{\text{SRCLR}}$：异步清除端，低电平清除内部移位寄存器，与时钟无关。

Q7′：串行输出端，用于多个芯片级联。

VCC、GND：电源端，2～6 V，一般使用＋5 V，电源正端或接地端最大允许电流 70 mA。5 V 供电时输入低电平最大值：1.5 V，输入高电平最小值：3.5 V。

74HC595 逻辑真值表如表 12-1 所列，内部原理如图 12-3 所示。

表 12-1　74HC595 真值表

输　入					功　能
SER(输入)	SRCLK(时钟)	$\overline{\text{SRCLR}}$	RCLK(锁存)	$\overline{\text{OE}}$	
×	×	×	×	H	Q0～Q7 输出端呈高阻态
×	×	×	×	L	允许 Q0～Q7 输出
×	×	L	×	×	清除内部移位寄存器
L	↑	H	×	×	移位寄存器首位变低，其余各位依次前移
H	↑	H	×	×	移位寄存器首位变高，其余各位依次前移
×	↓	H	×	×	移位寄存器内容不发生变化
×	×	×	↑	×	将内部数据并行输出
×	×	×	↓	×	并行输出保持不变

图 12-4 是 74HC595 连接数码管的完整电路图(实验中，时钟端和数据端利用 I/O 口 200 μA 的弱上拉就能完全正常工作，为了提高可靠性与数据传送速度，建议接上 5.1 kΩ 左右的上拉电阻。提示一下，TTL 门的集成电路输入引脚可以悬空，悬空输入的是高电平，CMOS 集成电路输入不用的引脚应接高电平或 0，两种电路没用的输出引脚都应该悬空。

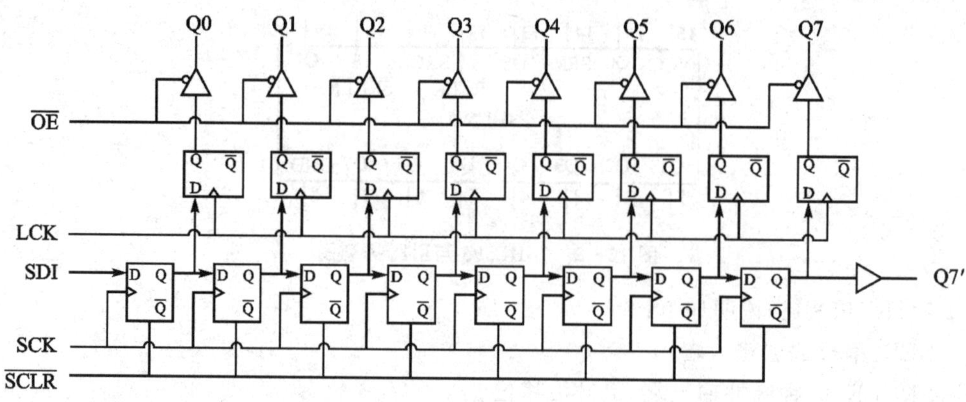

图 12-3　74HC595 内部原理图

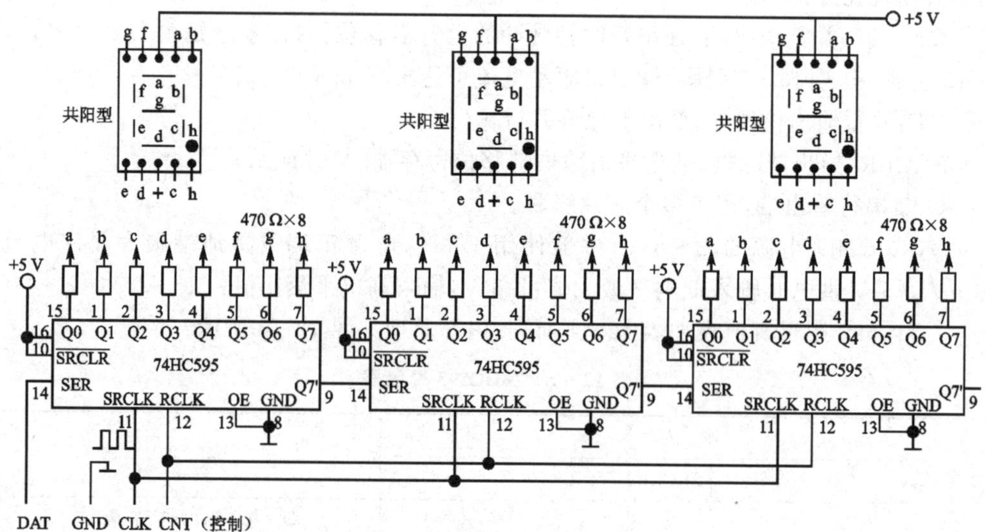

图 12-4　74HC595 连接数码管的完整电路图

74HC595 输出口电阻计算：数码管正常工作的平均电流一般要控制在 3～10 mA 范围，数码管压降大约是 1.7 V，限流电阻电压为 5 V−1.7 V=3.3 V，最大 $R=U/I=$ 3.3 V/0.003 A=1.1 kΩ，最小 $R=U/I=$3.3 V/0.01 A=330 Ω。

为了实验方便或者在产品要求不高的场合，对数码管供电也可采用如图 12-5 所示的简化电路，从而可将 74HC595 输出口直接与数码管相连。

由于数码管和 74HC595 输出引脚较多，为方便连线，74HC595 输出与数码管引脚的对应关系是可以任意调换的，但各位数码管之间应该保持一致。不同的连接关系对应不同的单片机输出字形码。编写字形码关键步骤如下：

① 数码管要显示某个数字或字符，首先根据图 12-1 中的单只数码管引脚图，确定需要点亮数码管的哪几段，从而确定数码管 8 个引脚电平的高低。

② 根据数码管 8 个引脚与 74HC595 的 8 个引脚的对应关系，确定 74HC595 输出

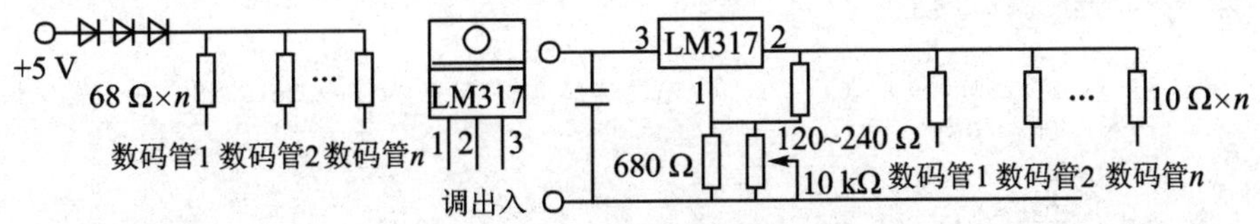

图 12-5　74HC595 简易供电电路

的 8 个引脚电平的高低。

③ 特别需要牢记芯片内部移位顺序，74HC595 是由 Q0→ Q7，即由 15 引脚→1 引脚→7 引脚。也就是说，串行移位进来的第 1 个数据首先出现在 Q0，然后在串行时钟脉冲作用下，第 1 个数据依次出现在 Q1、Q2、Q3、Q4、Q5、Q6、Q7，这样最先到达的数据送到了 Q7，最后到达的数据送到了 Q0。

④ 确定程序中发送数据是低位在前还是高位在前。本程序使用低位在前，高位在后的顺序发送，最终单片机内部数据 D0 位会被送到 74HC595 的 Q7 端。使用低位在前，高位在后的顺序能与串口通信方式 0 保持一致，便于理解程序。

根据以上 4 条原则和上面的硬件电路图即可写出字形码表格(1)如表 12-2 所列。

表 12-2　字形码表格(1)

单片机内部数据位	D7	D6	D5	D4	D3	D2	D1	D0	字形码	第 4 步(根据程序确定本行 D7～D0 首尾顺序)
595 引脚	Q0	Q1	Q2	Q3	Q4	Q5	Q6	Q7		第 1 步(本行固定不变)
笔画段	a	b	c	d	e	f	g	h		第 2 步(根据硬件修改，注意硬件电路各个 595 与数码管连接关系必须一致)
0	0	0	0	0	0	0	1	1	0x03	第 3 步(填写左边表格)
1	1	0	0	1	1	1	1	1	0x9f	
…	…	…	…	…	…	…	…	…	…	
E	0	1	1	0	0	0	0	1	0x61	
F	0	1	1	1	0	0	0	1	0x71	

例 12.1　74HC595 移位显示程序，上电后数码管固定显示 123456。

```
#include "STC15W4K.H"                        //注意宏定义后面没分号
#include "intrins.h"                         //库函数_nop_()对应的头文件
sbit    Dat = P3^2;                          //定义串行数据输入端
sbit    Clk = P3^3;                          //定义时钟端
sbit    CNT = P3^4;                          //定义控制端
unsigned char DispBuf[6];
unsigned char code DispTab[] = {0x03,0x9F,0x25,0x0D,0x99,0x49,0x41,0x1F,0x01,0x09,
0x11,0xC1,0x63,0x85,0x61,0x71,0xFF};         //定义字形码表
void SendData(unsigned char SDat)            //74HC595 传送一个字节的数据
{
    unsigned char i;
```

```
        for(i = 0;i<8;i ++ )
        {
            if((SDat&0x01) == 0)        //先发送最低位,若改为(SendDat&0x80)则先发送最高位
                Dat = 0;
            else
                Dat = 1;
            _nop_();
            Clk = 0;
            _nop_();
            Clk = 1;                            //时钟上升沿有效
            SDat = SDat>>1;                     //若改为 SendDat<<1 则先发送最高位
        }
    }
    void Disp()
    {
        unsigned char c = 0;
        unsigned char i = 0;
        CNT = 0;                                //为产生脉冲上升沿做准备
        for(i = 0;i<6;i ++ )                    //显示位数需要根据硬件修改
        {
            c = DispBuf[i];                     //取出待显示字符
            SendData(DispTab[c]);               //送出字形码数据
        }
        CNT = 1;                                //产生脉冲上升沿,并行输出数据
    }
    void main()
    {
        unsigned long i = 123456;               //123456
        DispBuf[0] = i % 10;                    //个位
        DispBuf[1] = i/10 % 10;                 //十位
        DispBuf[2] = i/100 % 10;                //百位
        DispBuf[3] = i/1000 % 10;               //千位
        DispBuf[4] = i/10000 % 10;              //万位
        DispBuf[5] = i/100000 % 10;             //十万位
        Disp();
        for(;;)
        {       ;
        }
    }
```

12.2 数码管动态显示

动态显示的基本原理是利用人眼的“视觉暂留”效应,分时点亮各位数码管,当同一个数码管点亮的时间间隔小于 25 ms 时,人眼就分辨不出数码管轮流点亮,而认为各数码管是在同时发光。动态显示可由单片机直接驱动数码管,这样比静态显示程序使用的外围硬件更少,但占用 I/O 口增多(数码管位数 + 8),并且必须使用定时器、中断,程序的编写与理解难度要比静态显示程序大。单片机直接驱动数码管的动态显示程序的详细介绍请参见第 14 章“精密电压表/电流表/通用显示器/计数器的制作”。

这里介绍的动态显示电路如图 1-9 所示，看起来有点像静态显示电路，但比静态显示电路占用的硬件要少，比单片机直接驱动数码管占用的 I/O 口也要少。

图 1-9 的 74HC595 输出口电阻计算：对于低亮度数码管，动态扫描方式数码管平均电流应该控制到静态方式的一半左右。我们选取 2～5 mA，峰值电流应该是 2～5 mA 的 n 倍（n 表示数码管的位数），但峰值电流最大不要超过数码管最大允许电流峰值 100 mA，以 6 位数码管为例，(2～5 mA)×6 = 12～30 mA，限流电阻最大值 $R=U/I=3.3\ \text{V}/0.012\ \text{A}=275\ \Omega$，最小 $R=U/I=3.3\ \text{V}/0.03\ \text{A}=110\ \Omega$。为了降低功耗，可选用高亮度数码管，电阻值取低亮度数码管计算值的 3 倍左右较为合适，根据表 12-2 的方法可得到表 12-3 字形码表格(2)。

表 12-3　字形码表格(2)

单片机内部数据位	D7	D6	D5	D4	D3	D2	D1	D0	字形码	第 4 步（根据程序确定本行 D7～D0 首尾顺序）
595 引脚	Q0	Q1	Q2	Q3	Q4	Q5	Q6	Q7		第 1 步（本行固定不变）
笔画段	b	f	a	g	c	h	d	e		第 2 步（根据硬件修改，注意硬件电路各个 595 与数码管连接关系必须一致）
0	0	0	0	1	0	1	0	0	0x14	第 3 步（填写左边表格）
1	0	1	1	1	0	1	1	1	0x77	
⋮	⋮	⋮	⋮	⋮	⋮	⋮	⋮	⋮	⋮	
E	1	0	0	0	1	1	0	0	0x8C	
F	1	0	0	0	1	1	1	0	0x8E	

将表 12-3 中的字形码按从小到大的顺序依次填入数组，代码如下所示。

```
code unsigned char DispTab[] = {0x14,0x77,0x4c,0x45,0x27,0x85,0x84,0x57,      //字形码
                                0x04,0x05,0x06,0xa4,0x9c,0x64,0x8c,0x8e};     //字形码
```

熟悉了字形码表格计算方法后，结合电路图，控制某一位数码管电源通断的位选码就简单多了，如表 12-4 所列。

表 12-4　控制数码管某一位点亮的位码表格

单片机内部数据位	D7	D6	D5	D4	D3	D2	D1	D0	位　码
595 引脚	Q0	Q1	Q2	Q3	Q4	Q5	Q6	Q7	
十万位	1	1	0	1	1	1	1	1	0xDF
万位	1	0	1	1	1	1	1	1	0xBF
千位	0	1	1	1	1	1	1	1	0x7F
百位	1	1	1	1	1	0	1	1	0xFB
十位	1	1	1	1	1	1	0	1	0xFD
个位	1	1	1	1	1	1	1	0	0xFE

将表 12-4 中的位码填入数组"unsigned char code BitTab[]={0xFE,0xFD,0xFB,0x7F,0xBF,0xDF,};"位码在数组中的排列顺序是根据显示程序具体需要确定的。在进行正式介绍数码管动态扫描程序前,先检测数码管是否完好,让所有数码管所有段全部点亮即可,在实际的产品中,数码管也有上电好坏检测程序。

例 12.2 数码管好坏的检测。

```
#include "STC15W4K.H"                          //注意宏定义后面没分号
#include "intrins.h"                           //循环左移右移函数对应的头文件
sbit    Dat = P4^2;                            //定义串行数据输入端
sbit    Clk = P4^4;                            //定义时钟端
sbit    CNT = P4^5;                            //定义控制端
void SendData(unsigned char SendDat)           //74HC595 传送一个字节的数据
{    ;                                         //同例 12.1
}
void main()
{
    port_mode();                               //所有 I/O 口设为准双向弱上拉方式
    CNT = 0;                                   //为产生脉冲上升沿做准备
    SendData(0x00);  SendData(0x00);           //数码管所有位全亮,显示:8.8.8.8.8.8.
    //    SendData(0xFF);  SendData(0xFF);     //关闭数码管,所有位全灭
    CNT = 1;                                   //产生脉冲上升沿,并行输出数据
    while(1);
}
```

实验说明:在本书的很多实验中其实用不到数码管显示,但是在实验板上电瞬间由于电压与信号的不稳定状态可能导致数码管显示一些乱码,因此在实验板上对数码管供电线增加了跳线帽连接方式,做这部分实验时必须把跳线帽插上。

例 12.3 单片机上电后数码管显示 123456。

```
//R/C 时钟频率为 22.118 4 MHz
#include "STC15W4K.H"                          //注意宏定义后面没分号
#include "intrins.h"                           //库函数_nop_()对应的头文件
sbit    Dat = P4^2;                            //定义串行数据输入端
sbit    Clk = P4^4;                            //定义时钟端
sbit    CNT = P4^5;                            //定义控制端
//BitTab[]用于确定接通 6 位数码管中某一位的电源,即位选,0xFE 对应数码管最低位
unsigned char code BitTab[] = {0xFE,0xFD,0xFB,0x7F,0xBF,0xDF,};
//DispTab[]是输出的数据(字形码),即段选
code unsigned char DispTab[] = {0x14,0x77,0x4c,0x45,0x27,0x85,0x84,0x57,     //字形码
                                0x04,0x05,0x06,0xa4,0x9c,0x64,0x8c,0x8e};
                                                                             //字形码
unsigned char DispBuf[6];                      //6 字节的显示缓冲区,DispBuf[0]是最低位;
void SendData(unsigned char SendDat)           //74HC595 传送一个字节的数据
{    ;                                         //同例 12.1
}
void timer0_init()                             //定时器初始化
{
    TMOD = 0x01;                               //定时器 0 的 16 位非自动重装方式
    TH0 = 0xf1;
    TL0 = 0x99;                                //定时时间为 2 ms,22.118 4 MHz
```

```
    TR0 = 1;                          //T0 开始运行
    ET0 = 1;                          //T0 中断允许
    EA = 1;                           //总中断允许
}
void Timer0() interrupt 1
{
    unsigned char tmp;                //临时变量
    static unsigned char Count = 0;   //显示程序通过它得知现正显示哪个数码管
    //********************* 重装定时常数 ********************
    TH0 = 0xf1;
    TL0 = 0x99;                       //定时时间为 2 ms,22.118 4 MHz
    //*********************点亮某位数码管 ********************
    CNT = 0;                          //为产生脉冲上升沿做准备
    SendData(BitTab[Count]);          //最先点亮最右边的个位
    //*********************输出待显示数据 ********************
    tmp = DispBuf[Count];             //根据当前的计数值取显示缓冲待显示值
    tmp = DispTab[tmp];               //取字形码
    SendData(tmp);
    CNT = 1;                          //产生脉冲上升沿,并行输出数据
    //***************************************************
    Count ++ ;                        //计数值加 1
    if(Count == 6)                    //如果计数值等于 6,则让其回 0
        Count = 0;
        //C 语言中可以将一个语句写在多行,前一行结尾不用任何标记
        //直接把一个语句的其他内容写在下一行即可
    //***************************************************
}
void main()
{
    timer0_init();
    DispBuf[0] = 6; DispBuf[1] = 5; DispBuf[2] = 4; DispBuf[3] = 3;
    DispBuf[4] = 2; DispBuf[5] = 1;
    for(;;)
    {
        ;
    }
}
```

例 12.4　动态显示的秒计数器。

在例 12.2 的 2 ms 中断函数中加入如下代码即可实现精确的秒计数器,完整工程文件请参见配套资源。

```
static unsigned long sec  =  0;          //秒计数器,32 位无符号数最大值 4 294 967 295
static unsigned int counter  =  0;       //毫秒计数器,最大计数值 1 000 ms
counter ++ ;                             //2 ms 计数器
if(counter  ==  500)
{
        sec ++ ;                         //秒计数器
        counter  =  0;
        DispBuf[0]  =  sec % 10;         //十六进制转 BCD 码(个位)
        DispBuf[1]  =  sec/10 % 10;      //十六进制转 BCD 码(十位)
```

```
        DispBuf[2] = sec/100 % 10;      //十六进制转 BCD 码(百位)
        DispBuf[3] = sec/1000 % 10;     //十六进制转 BCD 码(千位)
        DispBuf[4] = sec/10000 % 10;    //十六进制转 BCD 码(万位)
        DispBuf[5] = sec/100000 % 10;   //十六进制转 BCD 码(十万位)
}
```

例 12.5 动态显示的秒计数器(整数有效数值前面的 0 消隐)。

在例 12.4 的数据显示过程中,整数有效数值前面的 0 都会被点亮,通常是不符合实际使用要求的。本例中判断整数有效位前数值是否为 0,若为 0 则让段码输出口输出 0xFF,使对应位数码管不显示,本例只能对整数有效数值前面的 0 消隐。小数有效数值前面的 0 消隐将在第 14 章进行介绍并展示完整产品的实例,本例在上例的基础上主要增加了如下代码:

```
#define     Hidden      16          //高位消隐码在数据表中的位置,DispTab[15] = 0xff
void DataProcessing()                           //数据处理函数
{
    unsigned char tmp[6];                       //最高位 tmp[5],最低位 tmp[0]
    tmp[0] = sec % 10;                          //十六进制转 BCD 码(个位)
    tmp[1] = sec/10 % 10;                       //十六进制转 BCD 码(十位)
    tmp[2] = sec/100 % 10;                      //十六进制转 BCD 码(百位)
    tmp[3] = sec/1000 % 10;                     //十六进制转 BCD 码(千位)
    tmp[4] = sec/10000 % 10;                    //十六进制转 BCD 码(万位)
    tmp[5] = sec/100000 % 10;                   //十六进制转 BCD 码(十万位)
    if (tmp[5] == 0)    DispBuf[5] = Hidden;    //十万位消隐
        else    DispBuf[5] = tmp[5];
    if ((tmp[5] == 0)&&(tmp[4] == 0)) DispBuf[4]= Hidden;               //万位消隐
        else    DispBuf[4] = tmp[4];
    if ((tmp[5] == 0)&&(tmp[4] == 0)&&(tmp[3] == 0)) DispBuf[3]= Hidden;//千位消隐
        else    DispBuf[3] = tmp[3];
    if ((tmp[5] == 0)&&(tmp[4] == 0)&&(tmp[3] == 0)&&(tmp[2] == 0)) DispBuf[2]= Hidden;
                                                                        //百位消隐
        else    DispBuf[2] = tmp[2];
    if ((tmp[5] == 0)&&(tmp[4] == 0)&&(tmp[3] == 0)&&(tmp[2] == 0)&&(tmp[1] == 0))
        DispBuf[1]= Hidden;                                             //十位消隐
        else    DispBuf[1] = tmp[1];
    DispBuf[0] = tmp[0];                                                //最低位显示
}
```

12.3 独立键盘

电路如图 1-10 左边所示,将每个按键的一端接单片机的 I/O 口,另一端接地,这是最简单、常用的一种方法。单片机引脚作为输入使用,软件首先将接有按键的 I/O 口置 1,当键没有被按下时,单片机引脚为高电平;而当键被按下后,引脚接地,单片机引脚为低电平,通过编程即可获知是否有键按下及按键的位置。由于机械按键按下和松开瞬间都会产生抖动,所以为了不让一次按键动作过程中程序产生多次响应,就需要软件去抖动处理，它的思路是：在单片机获得某按键 I/O 口为低的信息后，不是立即认定该键被按下，而是延时一段时间，通常选择 10 ms 或更长一些时间，再次检测 I/O 口，如果仍为低，则说明该键的确被按下，这避开了按键的前沿抖动，而在检测到按键释放后（该 I/O 口为高），再延时 5～10 ms，消除释放时的后沿抖动，然后再对键值进行处理。在实际的程序中其实一般都是不需要后沿抖动处理的，在后沿抖动的过程中，程序可能误判为键按下，在键按下后程序会执行前沿延时 10 ms，所以前沿的 10 ms 延时也就同时用作了后沿去抖动的 10 ms。

例 12.6　独立按键控制的流水灯（查询方式），R/C 时钟频率为 22.118 4 MHz。若使用配套实验板，为防止 1 号单片机输出口对按键 K3、K4 产生干扰，则需将 1、2 号单片机互联的跳线帽 P17～P35、P54～P34 取下。

程序功能描述如下：

K1 键（P3.2）：开始，按此键则灯开始流动，P0.0→P0.7，只有 K1 键可以启动灯运行。

K2 键（P3.3）：停止，按此键则灯停止流动，所有灯灭，停止后不响应 K3、K4 键。

K3 键（P3.4）：流动方向，P0.0←P0.7。

K4 键（P3.5）：流动方向，P0.0→P0.7。

```
#include "STC15W4K.H"                  //注意宏定义后面没分号
#include "intrins.h"                  //程序中循环左移右移函数和_nop_()函数对应的头文件
sbit    Dat = P4^2;                    //定义串行数据输入端
sbit    Clk = P4^4;                    //定义时钟端
sbit    CNT = P4^5;                    //定义控制端
bit    LeftRight = 0;                 //左右流动标志,0:左移(P0 口从低位向高位流动),1:右移
bit    StartEnd = 0;                   //启动及停止标志,0:停止,1:运行
void delay10ms(void)                   //@22.118 4 MHz
{;                                     //使用第 1 章介绍的软件计算获得
}
void delay2500ms(void)                 //@22.118 4 MHz
{;                                     //使用第 1 章介绍的软件计算获得
}
void SendData(unsigned char SendDat)   //74HC595 传送一个字节的数据
{   ;                                  //同例 12.1
}
void KProce(unsigned char KValue)      //键值处理
{
    if((KValue&0x04) == 0)  //0x04 = 0000 0100,P3.2 按下后此处 KValue = 1111 1011
        StartEnd = 1;
    if((KValue&0x08) == 0)  //0x08 = 0000 0100,P3.3 按下后此处 KValue = 1111 0111
        StartEnd = 0;
    if((KValue&0x10) == 0)  //0x10 = 0000 0100,P3.4 按下后此处 KValue = 1110 1111
        LeftRight = 1;
    if((KValue&0x20) == 0)  //0x20 = 0000 0100,P3.5 按下后此处 KValue = 1101 1111
        LeftRight = 0;
}
unsigned char Key()
{
```

```
    unsigned char KValue;               //存放键值
    unsigned char tmp;                  //临时变量
    P3| = 0x3c;                         //0x3c = 0011 1100,将 P3 口接键盘的中间 4 位置 1
    _nop_();_nop_();                    //STC 指令太快,加上此条语句更可靠
    KValue = P3;
    KValue| = 0xc3;                     //0xc3 = 1100 0011,将未接键的 4 位置 1
    if(KValue == 0xff)                  //中间 4 位均为 1,无键按下
        return(0);                      //返回
    delay10ms();                        //延时 10 ms,去键抖
    KValue = P3;                        //与下一行一起做最终返回键值
    KValue| = 0xc3;                     //0xc3 = 1100 0011,将未接键的 4 位置 1,最终返回键值
    if(KValue == 0xff)                  //中间 4 位均为 1,无键按下
        return(0);                      //返回,如尚未返回,说明一定有 1 或更多位被按下
    for(;;)
    {
        tmp = P3;                                   //等待按键释放
        if((tmp|0xc3) == 0xff)
            break;
    }
    return(KValue);
}
void main()
{
    unsigned char KValue;                           //存放键值
    port_mode();                                    //所有 I/O 口设为准双向弱上拉方式
    unsigned char LampCode = 0xfe;                  //存放流动的数据代码
    //**************关闭数码管可能存在的任何显示*****************
    CNT = 0;                                        //为产生脉冲上升沿做准备
    SendData(0xff) ;SendData(0xff) ;                //关闭数码管显示的所有数据
    CNT = 1;                                        //产生脉冲上升沿,并行输出数据
    //*******************************************
    P0 = 0xff;                                      //关闭所有灯
    for(;;)
    {
        KValue = Key();                             //调用键盘程序并获得键值
        if(KValue)                                  //如果该值不等于 0,表示有键按下
        {
            KProce(KValue);                         //调用键盘处理程序
        }
        if(StartEnd)                                //要求流动显示
        {
            P0 = LampCode;
            delay200ms();                           //延时
            if(LeftRight)                           //0:左移,1:右移
            {
                LampCode = _cror_(LampCode,1);//循环右移 1 位(P0 口从高位向低位流动)
            }
            else
            {
                LampCode = _crol_(LampCode,1);//循环左移 1 位 (P0 口从低位向高位流动)
```

```
            }
        }
        else                                        //关闭所有显示
        {
            P0 = 0xff;
        }
    }
}
```

例 12.7　独立按键控制的流水灯(中断方式)。

```
#include "STC15W4K.H"               //注意宏定义后面没分号
#include "intrins.h"                //循环左移右移函数对应的头文件
sbit    Dat = P4^2;                 //定义串行数据输入端
sbit    Clk = P4^4;                 //定义时钟端
sbit    CNT = P4^5;                 //定义控制端
bit     LeftRight = 0;              //左右流动标志,0:左移(P0 口从低位向高位流动),1:右移
bit     StartEnd = 0;               //起动及停止标志,0:停止,1:运行
void delay200ms(void)               //@22.118 4 MHz
{;                                  //使用第 1 章介绍的软件计算获得
}
void InitTimer0()                   //初始化定时器 0 每 2 ms 中断一次,22.118 4 MHz
{
    TMOD = 0x01;                    //T0_16 位计数
    TH0 = 0xf1;
    TL0 = 0x99;                     //定时时间为 2 ms,22.118 4 MHz
    ET0 = 1;                        //开 T0 中断
    EA = 1;                         //开总中断
    TR0 = 1;                        //定时器 0 开始运行
}
void SendData(unsigned char SendDat)      //74HC595 传送一个字节的数据
{;  //同例 12.1
}
void T0() interrupt 1
{
    unsigned char tmp;                    //临时变量
    static unsigned char    KCount;       //用于键盘的计数器,控制按键去抖延时
    static      bit         KMark;        //有键按下,立即置 1,按键松开,立即清零
    static      bit         KFlag;        //防止长时间按键按下时多次检测键值
    TH0 = 0xf1;
    TL0 = 0x99;                           //定时时间为 2 ms,22.118 4 MHz
    //********************* 按键扫描开始 *********************
    P3| = 0x3c;                           //0x3c = 0011 1100,将 P3 口接键盘的中间 4 位置 1
    _nop_();_nop_();                      //STC 指令太快,加上更可靠
    tmp = P3;                             //假设 P3.2 按下,    tmp = * * 11 10 * *
    tmp| = 0xc3;                          //未接键的各位置 1,0xc3 = 1100 0011
    if(tmp == 0xFF)                       //无键按下,退出程序
    {
        KMark = 0;                        //有键按下,立即置 1,按键松开,立即清零
        KCount = 0;
        return;
    }
```

```
    if(KMark == 0)                      //第一次检测到有键按下
    {
        KMark = 1;                      //有键按下,立即置 1,按键松开,立即清零
        KCount = 5;                     //按键去抖时间控制 5×2 ms = 10 ms
        KFlag = 0;                      //表示按键已按下
        return;
    }
    if(KCount>0)
    {
        KCount -- ;
    }
    if(KCount! = 0)
        return;
    //*************** 前沿抖动等待结束,正式执行按键功能 *************
    if (KFlag == 0)
    {
        if(tmp == 0xfb)                 //P3.2 被按下     1111 1011
        {
            StartEnd = 1;
        }
        else if(tmp == 0xf7)            //P3.3 被按下     1111 0111
        {
            StartEnd = 0;
        }
        else if(tmp == 0xef)            //P3.4 被按下     1110 1111
        {
            LeftRight = 1;
        }
        else if(tmp == 0xdf)            //P3.5 被按下     1101 1111
        {
            LeftRight = 0;
        }
        else                            //无键按下(出错处理)
        {
            KMark = 0;
            KCount = 0;
        }
        KFlag = 1;                      //KFlag = 1 表示按键还没松开
    }
}
void main()
{
    unsigned char LampCode = 0xfe;      //存放流动的数据代码
    port_mode();                        //所有 I/O 口设为准双向弱上拉方式
    InitTimer0();                       //初始化定时器 0 每 2 ms 中断一次@22.118 4 MHz
    //**************关闭数码管可能存在的任何显示 ********************
    CNT = 0;                            //关闭存储寄存器的输入
    SendData(0xff) ;SendData(0xff) ;    //关闭数码管显示的所有数据
    CNT = 1;                            //开启存储寄存器的输入
    //*****************************************
    for(;;)
```

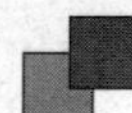

```
    {
        if(StartEnd)                        //要求流动显示
        {
            P0 = LampCode;
            delay200ms();                   //延时
            if(LeftRight)
    //0:左移(P0 口从低位向高位流动),1:右移(P0 口从高位向低位流动)
            {
                LampCode = _cror_(LampCode,1);    //循环右移 1 位
            }
            else
            {
                LampCode = _crol_(LampCode,1);    //循环左移 1 位
            }
        }
        else                                      //关闭所有显示
        {
            P0 = 0xff;
        }
    }
}
```

例 12.8　独立按键,具有连加连减功能,数码管显示程序执行结果。

功能说明如下:

K1(P3.2 键):按一次 K1 键,将一个变量十位数加 1,如果按住不放,过一段时间后,十位数快速连加,超过 255 后向高位(更高的位不显示)进位,十位继续从 0～9 循环。

K2(P3.3 键):按一次 K2 键,个位数加 1,如果按住不放,过一段时间后,个位数快速连加,超过 9 后向十位进位,个位继续从 0～9 循环。

K3(P3.4 键):按一次 K3 键,十位数减 1,如果按住不放,过一段时间后,十位数快速连减,小于 0 后向高位借位,从 9～0 循环。

K4(P3.5 键):按一次 K4 键,个位数减 1,如果按住不放,过一段时间后,个位数快速连减,小于 0 后向高位借位,从 9～0 循环。

```
#include "STC15W4K.H"                               //注意宏定义后面没分号
#include "intrins.h"                                //库函数_nop_()对应的头文件
//BitTab[]用于确定接通 6 位数码管中某一位的电源,即位选,0xFE 对应数码管最低位
unsigned char code BitTab[] = {0xFE,0xFD,0xFB,0x7F,0xBF,0xDF,};
//DispTab[]是输出的数据(字形码),即段选
code unsigned char DispTab[] = {0x14,0x77,0x4c,0x45,0x27,0x85,0x84,0x57,0x04,   //字形码
                               0x05,0x06,0xa4,0x9c,0x64,0x8c,0x8e,0xFF};  //字形码
#define Hidden 16;                          //消隐字符在字形码表中的位置
sbit     Dat = P4^2;                        //定义串行数据输入端
sbit     Clk = P4^4;                        //定义时钟端
sbit     CNT = P4^5;                        //定义控制端
unsigned char DispBuf[6];                   //6 字节的显示缓冲区,DispBuf[0]是最低位
unsigned char TestData = 0;                 //用于显示的实验数据
void SendData(unsigned char SendDat) //74HC595 传送一个字节的数据
```

```
{;  //    同例 12.1
}
//以下是定时器 0 中断程序，实现动态显示 +键盘扫描功能
void Timer0() interrupt 1
{
    unsigned char tmp;                //临时变量
    static unsigned int KCount;       //延时去抖和连加延时
    static unsigned char Count = 0;   //显示程序通过它得知现正显示哪个数码管
    static    bit       KMark;        //有键按下,立即置 1,按键松开,立即清零
    static    bit       KFirst;       //有键按下,立即置 1,按键松开,立即清零
    //********************重装定时常数 ********************
    TH0 = 0xF1;                       //定时 2 ms,22.1184 MHz
    TL0 = 0x99;                       //定时 2 ms,22.1184 MHz
    //********************动态显示程序 ********************
    //***点亮某位数码管 ***
    CNT = 0;                          //为产生脉冲上升沿做准备
    SendData(BitTab[Count]);          //最先点亮最右边的个位
    //***输出待显数据***
    tmp = DispBuf[Count];             //根据当前的计数值取显示缓冲待显示值
    tmp = DispTab[tmp];               //取字形码
    SendData(tmp) ;
    CNT = 1;                          //产生脉冲上升沿,并行输出数据
    //****************************************
    Count++;                          //计数值加 1
    if(Count == 6)                    //如果计数值等于 6,则让其回 0
        Count = 0;
        //C 语言中可以将一个语句写在多行,前一行结尾不用任何标记
        //直接把一个语句的其他内容写在下一行即可
    //********************按键扫描开始 ********************
    P3| = 0x3c;                       //0x3c = 0011 1100,将 P3 口接键盘的中间 4 位置 1
    _nop_();_nop_();                  //STC 指令太快,加上更可靠
    tmp = P3;                         //假设 P3.2 按下,tmp = * *11 10* *
    tmp| = 0xc3;                      //未接键的各位置 1,0xc3 = 1100 0011
    if(tmp == 0xFF)                   //无键按下,退出程序
    {
        KMark = 0;                    //有键按下,立即置 1,按键松开,立即清零
        KCount = 0;
        KFirst = 0;
        return;
    }
    if(KMark == 0)                    //第一次检测到有健按下
    {
        KMark = 1;                    //有键按下,立即置 1,按键松开,立即清零
        KCount = 5;                   //按键去抖时间控制 5×2 ms = 10 ms
        return;
    }
    if (KCount>0)
    {
        KCount--;
    }
    if(KCount! = 0)
```

```
        return;
    //**************前沿抖动等待结束,正式执行按键功能*************
    if(tmp == 0xFB)                    //P3.2 被按下 tmp = 1111 1011
    {
        TestData = TestData + 10;
    }
    else if(tmp == 0xF7)               //P3.3 被按下 tmp = 1111 0111
    {
        TestData = TestData + 1;
    }
    else if(tmp == 0xEF)               //P3.4 被按下  tmp = 1110 1111
    {
        TestData = TestData - 10;
    }
    else if(tmp == 0xDF)               //P3.5 被按下 tmp = 1101 1111
    {
        TestData = TestData - 1;
    }
    else                               //无键按下(出错处理)
    {
        KMark = 0;
        KCount = 0;
        KFirst = 0;
    }
    //********连加连减处理,若不需要此功能,可直接删除下面代码 *******
    if (KFirst)
    {
        KCount = 60;                   //连加速度 60×2 ms = 0.12 s
    }
    else
    {
            KFirst = 1;
        KCount = 600;                  //连加等待时间 600 * 2 ms = 1.2 s
    }
}
void timer0_init()                     //定时器初始化
{
    TMOD = 0x01;                       //定时器 0 的 16 位非自动重装方式
    TH0 = 0xf1;
    TL0 = 0x99;                        //定时时间为 2 ms,22.118 4 MHz
    TR0 = 1;                           //T0 开始运行
    ET0 = 1;                           //T0 中断允许
    EA = 1;                            //总中断允许
}
void dataProcessing(unsigned char Dat)
{
    unsigned char tmp[6];                        //最高位 tmp[5],最低位 tmp[0]
    tmp[0]  =  Dat % 10;                         //十六进制转 BCD 码(个位)
    tmp[1]  =  Dat/10 % 10;                      //十六进制转 BCD 码(十位)
    tmp[2]  =  Dat/100 % 10;                     //十六进制转 BCD 码(百位)
    tmp[3]  =  Dat/1000 % 10;                    //十六进制转 BCD 码(千位)
```

```
    tmp[4] = Dat/10000 % 10;                 //十六进制转 BCD 码(万位)
    tmp[5] = Dat/100000 % 10;                //十六进制转 BCD 码(十万位)
    //整数有效数值前面的 0 消隐
    if(tmp[5] == 0) {DispBuf[5] = Hidden;}   //十万位消隐
        else {DispBuf[5] = tmp[5];}
    if ((tmp[5] == 0)&&(tmp[4] == 0)) {DispBuf[4] = Hidden;}                //万位消隐
        else{DispBuf[4] = tmp[4];}
    if ((tmp[5] == 0)&&(tmp[4] == 0)&&(tmp[3] == 0)) {DispBuf[3] = Hidden;}
                                                                            //千位消隐
        else    DispBuf[3] = tmp[3];
    if ((tmp[5] == 0)&&(tmp[4] == 0)&&(tmp[3] == 0)&&(tmp[2] == 0)) {DispBuf[2] = Hidden;}
                                                                            //百位消隐
        else    DispBuf[2] = tmp[2];
    if ((tmp[5] == 0)&&(tmp[4] == 0)&&(tmp[3] == 0)&&(tmp[2] == 0)&&(tmp[1] == 0)) {Dis-
        pBuf[1] = Hidden;}                                            //十位消隐
        else    DispBuf[1] = tmp[1];
    DispBuf[0] = tmp[0];                                              //最低位显示
}
void main()
{
    port_mode();                         //所有 I/O 口设为准双向弱上拉方式
    timer0_init();                       //初始化定时器 0 每 2 ms 中断一次@22.118 4 MHz
    for(;;)
    {
            dataProcessing(TestData);
    }
}
```

12.4 矩阵键盘

电路如图 1-10 右半部分所示,编写矩阵键盘程序的重点是获取按键值,获取按键值首先要确定按键与单片机的连接电路图,具体哪个按键代表哪个键值是由程序根据需要设置的。

例 12.9 6 位数码管的最低位显示键值(说明:本程序最容易理解,超级简单,推荐使用),主要代码如下:

```
//********************* key.h *********************
#ifndef _KYE_H_
#define _KYE_H_
    sbit KeyOut1 = P2^7;
    sbit KeyOut2 = P2^6;
    sbit KeyOut3 = P2^5;
    sbit KeyOut4 = P2^4;
    sbit KeyIn1  = P2^3;
    sbit KeyIn2  = P2^2;
    sbit KeyIn3  = P2^1;
    sbit KeyIn4  = P2^0;
    unsigned char  KeyScan();                      //键扫描函数
```

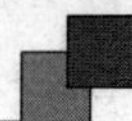

```
    void KeyHandle(unsigned char KeyValue);      //键处理函数
#endif
//********************  key.c  ********************
#include "STC15W4K.H"                              //注意宏定义后面没分号
#include "KEY.H"
#include "Dynamic_Display.H"                       //动态显示相关
extern      unsigned char DispBuf[6];            //6 字节的显示缓冲区,DispBuf[0]是最低位
#define     Hidden      16              //高位消隐码在数据表中的位置,DispTab[15] = 0xff
void delay10ms(void)                               //22.118 4 MHz
{   ;//使用第 1 章介绍的软件计算获得
}
unsigned char   KeyScan()
{
    unsigned char key = 0xff;                                    //临时变量
    KeyOut1 = 1; KeyOut2 = 1; KeyOut3 = 1; KeyOut4 = 0;         //扫描第 1 列
    if(KeyIn1 == 0)
    {
        delay10ms();
        if(KeyIn1 == 0)      key = 0x00;
    }
    if(KeyIn2 == 0)
    {
        delay10ms();
        if(KeyIn2 == 0)      key = 0x04;
    }
    if(KeyIn3 == 0)
    {
        delay10ms();
        if(KeyIn3 == 0)      key = 0x08;
    }
    if(KeyIn4 == 0)
    {
        delay10ms();
        if(KeyIn4 == 0)      key = 0x0c;
    }
    KeyOut1 = 1;KeyOut2 = 1; KeyOut3 = 0; KeyOut4 = 1;          //扫描第 2 列
    if(KeyIn1 == 0)
    {
        delay10ms();
        if(KeyIn1 == 0)       key = 0x01;
    }
    if(KeyIn2 == 0)
    {
        delay10ms();
        if(KeyIn2 == 0)       key = 0x05;
    }
    if(KeyIn3 == 0)
    {
        delay10ms();
        if(KeyIn3 == 0)       key = 0x09;
    }
    if(KeyIn4 == 0)
```

```
    {
        delay10ms();
        if(KeyIn4 == 0)        key = 0x0d;
    }
    KeyOut1 = 1;KeyOut2 = 0; KeyOut3 = 1; KeyOut4 = 1;      //扫描第 3 列
    if(KeyIn1 == 0)
    {
        delay10ms();
        if(KeyIn1 == 0)        key = 0x02;
    }
    if(KeyIn2 == 0)
    {
        delay10ms();
        if(KeyIn2 == 0)        key = 0x06;
    }
    if(KeyIn3 == 0)
    {
        delay10ms();
        if(KeyIn3 == 0)        key = 0x0a;
    }
    if(KeyIn4 == 0)
    {
        delay10ms();
        if(KeyIn4 == 0)        key = 0x0e;
    }
    KeyOut1 = 0;KeyOut2 = 1; KeyOut3 = 1; KeyOut4 = 1;      //扫描第 4 列
    if(KeyIn1 == 0)
    {
        delay10ms();
        if(KeyIn1 == 0)        key = 0x03;
    }
    if(KeyIn2 == 0)
    {
        delay10ms();
        if(KeyIn2 == 0)        key = 0x07;
    }
    if(KeyIn3 == 0)
    {
        delay10ms();
        if(KeyIn3 == 0)         key = 0x0b;
    }
    if(KeyIn4 == 0)
    {
        delay10ms();
        if(KeyIn4 == 0)         key = 0x0f;
    }
    while((KeyIn1 == 0)||(KeyIn2 == 0)||(KeyIn3 == 0)||(KeyIn4 == 0));
    //等待按键释放
    return key ;
}
void KeyHandle(unsigned char KeyValue)
{
```

```
    DispBuf[0] = KeyValue;                      //个位显示按键值
    DispBuf[5] = Hidden;                        //十万位消隐
    DispBuf[4] = Hidden;                        //万位消隐
    DispBuf[3] = Hidden;                        //千位消隐
    DispBuf[2] = Hidden;                        //百位消隐
    DispBuf[1] = Hidden;                        //十位消隐
}
//******************** main.c ********************
#include "STC15W4K.H"                           //注意宏定义后面没分号
#include "KEY.H"
#include "Dynamic_Display.H"                    //动态显示头文件
void main()
{
    unsigned char KeyValue;
    port_mode();                                //所有 I/O 口设为准双向弱上拉方式
    Dynamic_Display_init();                     //动态显示程序初始化
    while (1)
    {
        KeyValue = KeyScan();                   //键扫描
        if  (KeyValue! = 0xff)
        {
            KeyHandle(KeyValue);                //键处理
        }
    }
}
```

例 12.10　功能同例 12.9，程序中只是键盘扫描函数稍有不同（说明：本程序代码更少，也较容易理解）。

```
unsigned char  KeyScan()
{
    unsigned char key = 0xff;                   //无键按下时,key = 0xff;
    P2 = 0x0f;
                                    //在 I/O 口由输出方式变为输入方式时要延迟一个时钟周期
    P2 = 0x0f;                                  //采取写 2 次的方法延时
    if (P2! = 0x0f)
    {
        delay10ms();                            //键盘消抖,延时 10 ms
        if (P2! = 0x0f)                         //有键按下
        {
            P2 = 0xef;                          //扫描第 1 列(逐列扫描开始)
            P2 = 0xef;
            switch (P2)
            {
                case 0xe7:key = 0x00;break;
                case 0xeb:key = 0x04;break;
                case 0xed:key = 0x08;break;
                case 0xee:key = 0x0c;break;
            }
//说明:本 switch 语句执行结束后会接着执行下面的语句,但由于 P2 口输出的扫描码
//      发生变化,程序不会进入后面的 switch 语句,也就不会多次修改 key 值
```

```
        P2 = 0xdf;                          //扫描第 2 列(逐列扫描开始)
        P2 = 0xdf;
        switch (P2)
        {
            case 0xd7:key = 0x01;break;
            case 0xdb:key = 0x05;break;
            case 0xdd:key = 0x09;break;
            case 0xde:key = 0x0d;break;
        }
        P2 = 0xbf;                          //扫描第 3 列(逐列扫描开始)
        P2 = 0xbf;
        switch (P2)
        {
            case 0xb7:key = 0x02;break;
            case 0xbb:key = 0x06;break;
            case 0xbd:key = 0x0a;break;
            case 0xbe:key = 0x0e;break;
        }
        P2 = 0x7f;                          //扫描第 4 列(逐列扫描开始)
        P2 = 0x7f;
        switch (P2)
        {
            case 0x77:key = 0x03;break;
            case 0x7b:key = 0x07;break;
            case 0x7d:key = 0x0b;break;
            case 0x7e:key = 0x0f;break;
        }
        P2 = 0x0f;              //在 I/O 口由输出方式变为输入方式时要延迟一个时钟周期
        P2 = 0x0f;                          //采取写 2 次的方法延时
        while(P2! = 0x0f);                  //等待按键释放
    }
  }
  return(key);
}
```

例 12.11 功能同例 12.9(说明:本程序代码少,但不好理解,建议少用)。

```
unsigned char   KeyScan()
{
     unsigned char key = 0xff;                     //无键按下时,key = 0xff;
    unsigned char scancode,recode,tmp;             //scancode:扫描码,recode:接收码
    P2 = 0x0f;                                     //发全 0 扫描码判断有无任意键按下
    P2 = 0x0f;                                     //延时
    if(P2! = 0x0f)                                 //有键按下
    {
        delay10ms();                               //延时去抖动
        if(P2! = 0x0f)                             //再次判断确认是否有键按下
        {
            scancode = 0xef;                       //逐列扫描初值
            while((scancode&0xf0)! = 0xf0)
                                                    //扫描码 1110 1111 最多左移 3 次就够用了
            {
```

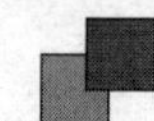

```
                P2 = scancode;                //输出扫描码,逐列扫描
              if((P2&0x0f)! = 0x0f)           //本列有键按下
              {
                  recode = P2|0xf0;           //高 4 位无效,保留低 4 位
                while((P2&0x0f)! = 0x0f);     //等待按键松开
                tmp = (~scancode) + (~recode);
                                      //按位取反的目的是让按键码从小到大规律变化
                break;                 //返回键码 = 扫描码(高 4 位) + 接收码(低 4 位)
              }
              else
              scancode = (scancode<<1)|0x01;    //行扫描码左移 1 位
          }
      }
  }
  switch (tmp)
  {
      case 0x18:key = 0x00;break;                     //第 1 列
      case 0x14:key = 0x04;break;
      case 0x12:key = 0x08;break;
      case 0x11:key = 0x0c;break;
      case 0x28:key = 0x01;break;                     //第 2 列
      case 0x24:key = 0x05;break;
      case 0x22:key = 0x09;break;
      case 0x21:key = 0x0d;break;
      case 0x48:key = 0x02;break;                     //第 3 列
      case 0x44:key = 0x06;break;
      case 0x42:key = 0x0a;break;
      case 0x41:key = 0x0e;break;
      case 0x88:key = 0x03;break;                     //第 4 列
      case 0x84:key = 0x07;break;
      case 0x82:key = 0x0b;break;
      case 0x81:key = 0x0f;break;
  }
  return(key);
}
```

键码获取难点分析:列扫描码 scancode 由 1110 1111→1101 1111→1011 1111→0111 1111 变化,行扫描码很简单,直接读取 P2 口的值,取低 4 位即可,然后半字节高 4 位列值与半字节低 4 位行值相或(与相加结果相同),结果作为输出码,输出码经过进一步处理才得到最终的键值。注意:在电路图中,若不接 4 只 5.1 kΩ 上拉电阻,行与列是看不出有任何区别的,行列的区分是由内部软件确定的。

例 12.9～例 12.11 的程序虽然简单、简练,但键盘消抖必须调用 10 ms 软件延时程序,这在一般情况下是没有问题的,但在一些时间要求严格的情况下,比如需要不断连续进行 A/D 转换的程序,每次键盘扫描一旦有键按下就要占用 CPU 10 ms 时间,这时上面的程序就不适用了,解决的办法就是利用定时器每 10 ms 扫描 1 次键盘的方式获取按键值,主程序只需处理由定时器自动更新的最新键值即可。

例 12.12　使用定时器中断扫描键盘,功能同例 12.9。

```
//说明:本程序采用 2 ms 定时中断,2 ms×5 = 10 ms 扫描一次键盘
//*********************  main.c  ********************
#include "STC15W4K.H"            //注意宏定义后面没分号
#include "KEY.H"
#include "Dynamic_Display.H"     //动态显示头文件
extern unsigned char KeyValue;
void main()
{
    port_mode();                 //所有 I/O 口设为准双向弱上拉方式
    Dynamic_Display_init();      //动态显示程序初始化,包含 2 ms 定时中断初始化
    while (1)
    {
        KeyHandle(KeyValue);     //键处理
    }
}
//*********************key.c  ********************
#include "STC15W4K.H"                         //注意宏定义后面没分号
#include "KEY.H"
#include "Dynamic_Display.H"                  //与动态显示相关
extern unsigned char DispBuf[6];              //6 字节的显示缓冲区,DispBuf[0]是最低位
#define  Hidden     16                       //高位消隐码在数据表中的位置,DispTab[15] = 0xff
unsigned char key_state = 0;                  //当前按键状态
unsigned char KeyValue;
unsigned char  KeyScan()
{
    static unsigned char scancode,recode; //scancode:扫描码,recode:接收码
    static unsigned char key = 0xff;
    unsigned char i,tmp;
    switch (key_state)                        //key_state 是全局变量
    {
        case 0:                              //主要是扫描是否有键按下,另需保存数值 recode
            scancode = 0xef;                  //先扫描第 1 列
            for (i = 1; i<= 4; i++)           //扫描键盘
            {
                P2 = scancode;                //输出行线电平
                P2 = scancode;                //延时
                recode = P2|0xf0;             //高 4 位无效,保留低 4 位
                if(recode == 0xff)            //无键按下,继续扫描
                  scancode = (scancode<<1)|0x01;//必须保证输入口 4 位全为高电平状态
                else
                {
                    key_state++;              //有键按下,停止扫描
                    break;                    //转消抖确认状态
                }
            }
            break;
        case 1:
            if (recode == (P2|0xf0))          //再次读输入口电平与上次相同确认按键按下
                                              //recode:上次值,(P2&0x0f):现在值
            {
                tmp = (~scancode) + (~recode);                //列与行共同确定按键位置
```

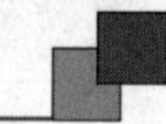

```
            switch (tmp)                //key_value 字节高 4 位确定按下的列
            {                           //sccode 字节低 4 位确定按下的行
                case 0x18:key = 0x00;break;         //第 1 列
                case 0x14:key = 0x04;break;
                case 0x12:key = 0x08;break;
                case 0x11:key = 0x0c;break;
                case 0x28:key = 0x01;break;         //第 2 列
                case 0x24:key = 0x05;break;
                case 0x22:key = 0x09;break;
                case 0x21:key = 0x0d;break;
                case 0x48:key = 0x02;break;         //第 3 列
                case 0x44:key = 0x06;break;
                case 0x42:key = 0x0a;break;
                case 0x41:key = 0x0e;break;
                case 0x88:key = 0x03;break;         //第 4 列
                case 0x84:key = 0x07;break;
                case 0x82:key = 0x0b;break;
                case 0x81:key = 0x0f;break;
            }
            key_state++;                            //转入等待按键释放状态
        }
        else
            key_state = 0;                  //两次行电平不同返回状态 0,下次重新开始
            break;
      case 2:                                       //等待按键释放状态
        P2 = 0x0f;                                  //列线全部输出低电平
        P2 = 0x0f;                                  //延时
        if (P2 == 0x0f)                             //按键已释放
            key_state = 0;                          //列线全部为高电平返回状态 0
        break;
    }
    return key;          //第 1、2 次返回值无效(主程序不使用),第 3 次返回值主程序使用
}
void Timer0() interrupt 1
{
    static unsigned char counter_2ms = 0;
    Dynamic_Display();                              //动态显示程序
    if ( ++counter_2ms> = 5)
    {
        counter_2ms = 0;
        if    ((key_state == 2))                    //这里获取键值
        {
            KeyValue = KeyScan();
        }
        if    ((key_state == 0)|(key_state == 1))   //这里只允许调用 2 次键盘程序
        {
            KeyScan();                              //不接收无效键值
        }
    }
}
```

第 13 章

1602 液晶

13.1 1602 液晶外形与电路图

1602 液晶外形如图 13－1 所示，零售价 16 元，可显示 2 行字符，每行最多显示 16 个字符。市面上的 1602 液晶一般是可以直接互换使用的，其与数码管显示的最大区别在于 1602 液晶显示字符更多，但亮度比不上数码管显示。1602 液晶显示器引脚定义如表 13－1 所列，单片机与 1602 液晶显示器的连接电路如图 1－14 所示。

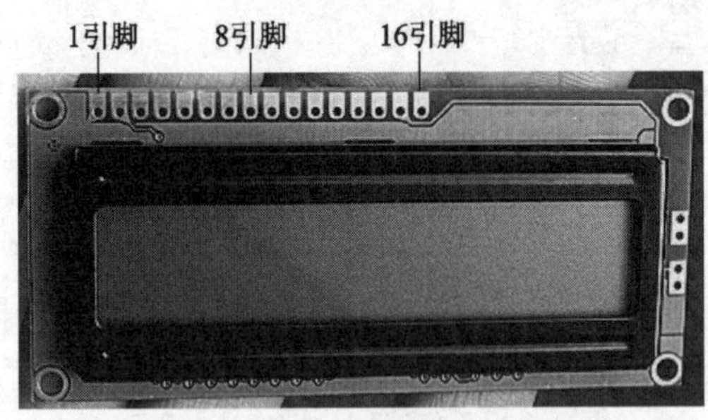

图 13－1　1602 液晶显示器实物图

表 13－1　1602 液晶显示器引脚定义

引　脚	符　号	说　明	引　脚	符　号	说　明
1	VSS	电源地(GND)	9	D2	数据线 2
2	VCC	电源正(＋4.5～5.5 V)	10	D3	数据线 3
3	VL	对比度调节，接 GND 对比度最高	11	D4	数据线 4
4	RS	数据/命令选择端(H/L)	12	D5	数据线 5
5	R/W	读/写选择端(H/L)	13	D6	数据线 6
6	E	使能信号，高电平工作	14	D7	数据线 7
7	D0	数据线 0	15	BLA	背光源正极
8	D1	数据线 1	16	BLK	背光源负极

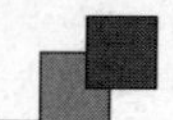

1602 接收的都是 ASCII 码，因此单片机中的数据都必须转换为 ASCII 码供 1602 显示，1602 能够直接显示常见的数字与英文大小写字母、标点符号等。

13.2　1602 液晶应用举例

例 13.1　LCD1602 显示字符串与整数，要求 1602 上电立即在第一行显示字符串"LCD1602 - TEST - OK"，在第二行显示一个字符串与一个固定不变的整数"Data = 123456789"。

说明：本例是最简单的字符串与整数显示程序，程序移植时只需要根据实际硬件连接调整 LCD1602.H 中定义的引脚即可。

```
//********************main.c********************
#include "LCD1602.H"
#include "myfun.H"
void main()
{
    unsigned char xPos,yPos;                    //X 坐标、Y 坐标
    unsigned char * s = "Data = ";
    unsigned char DispBuf[9];                   //存放 9 个待发送的 ASCII 码
    unsigned long TestDat = 123456789;          //临时变量
    port_mode();                                //所有 I/O 口设为准双向弱上拉方式
    delay100ms();                               //等待 LCD1602 上电时内部复位
    LCD1602_Init();
    SetCur(CurFlash);                   //开光标显示、闪烁，NoCur：有显示无光标，NoDisp：无显示，
                                        //CurNoFlash：有光标但不闪烁，CurFlash：有光标且闪烁
    xPos = 0;                                   //xPos 表示水平右移字符数(0～15)
    yPos = 1;                                   //yPos 表示垂直下移字符数(0～1)
    WriteString(0,0,"LCD1602 - TEST - OK");
    //X 坐标、Y 坐标、字符串，屏幕左上角为坐标原点，水平：0～15，垂直：0～1
    Long_Str(TestDat,DispBuf);
    //同第 4 章 8 节"单片机向计算机发送多种格式的数据"
    WriteString(xPos,yPos,s);
    //X 坐标、Y 坐标、字符串，屏幕左上角为坐标原点
    xPos = 5;
    yPos = 1;
    WriteString(xPos,yPos,DispBuf);
    while(1);
}
//********************LCD1602.H ********************
#include "STC15W4K.H"
#include "intrins.h"                             //库函数_nop_()对应的头文件
sbit    RS    =    P1^3;                         //根据实际硬件连接修改
sbit    RW    =    P1^2;                         //根据实际硬件连接修改
sbit    E     =    P4^7;                         //根据实际硬件连接修改
#define DPORT    P0                              //根据实际硬件连接修改
#define NoDisp 0                                 //无显示
#define NoCur 1                                  //有显示无光标
#define CurNoFlash 2                             //有光标但不闪烁
```

```
#define CurFlash 3                        //有光标且闪烁
void LCD1602_Init();                      //初始化
void ClrLcd();                            //清屏命令
void SetCur(unsigned char Para);          //设置光标
void WriteChar(unsigned char xPos,unsigned char yPos,unsigned char Dat);  //写 1 个字符
void WriteString(unsigned char xPos,unsigned char yPos,unsigned char * s);//写字符串
//******************LCD1602.C ********************
#include "LCD1602.H"
void delay2uS ()               //22.118 4 MHz
{
    unsigned char t = 9;
    while( -- t);
}
//正常读/写操作之前检测 LCD 控制器状态
//读状态时序:RS = 0,RW = 1,E = 1,判断忙完毕后释放总线
void WaitIdle()
{
    unsigned char tmp;
    RS = 0;                    //命令
    RW = 1;                    //读取
    DPORT = 0xff;              //为接收数据做准备
    _nop_();                   //短暂延时
    E = 1;                     //使能 LCD1602
    delay2uS();                //LCD1602 在 E 为高电平区间输出数据到端口
    for(;;)
    {
        tmp = DPORT;           //将数据端口上的值赋给 tmp
        tmp& = 0x80;           //最高位为 1 时表示液晶模块正忙,不能对其进行操作
        if(     tmp == 0)      //其余 6 位表示内部当前显示地址,无实际用途
            break;
    }
    E = 0;                     //释放总线
}
//向 LCD1602 液晶写入一字节数据,dat:待写入数据值
//写数据时序:RS = 1,RW = 0,D7～D0 = 数据,E = 正脉冲,液晶在脉冲下降沿采样数据
void LcdWriteDat(unsigned char dat)
{
    WaitIdle();                //等待 LCD1602 空闲
    RS = 1;                    //数据
    RW = 0;                    //写
    DPORT = dat;               //将待写数据送到数据端口
    _nop_();                   //短暂延时
    E = 1;                     //使能 LCD1602
    delay2uS();                //LCD1602 在 E 为高电平区间读取数据端口上的值
    E = 0;                     //关闭 LCD1602 使能,释放总线
}
//向 LCD1602 液晶写入一字节命令,cmd:待写入命令值
//写命令时序:RS = 0,RW = 0,D7～D0 = 数据,E = 正脉冲,液晶在脉冲下降沿采样数据
void LcdWriteCmd(unsigned char cmd)
{
    WaitIdle();                //等待 LCD1602 空闲
```

```
    RS = 0;                     //命令
    RW = 0;                     //写
    DPORT = cmd;                //将命令码输出在数据端口上
    _nop_();                    //短暂延时
    E = 1;                      //使能 LCD1602
    delay2uS();                 //LCD1602 在 E 为高电平区间读取数据端口上的值
    E = 0;                      //关闭 LCD1602 使能,释放总线
}
//清屏命令:清除显示内容,将 1602 内部 RAM 全部填入空白的 ASCII 码 20H
//          光标归位,将光标撤回到屏幕左上角的坐标原点
//          将 1602 内部显示地址设为 0
void ClrLcd()
{
    LcdWriteCmd(0x01);
}
//内部函数用于设置显示字符起始坐标
void LcdPos(unsigned char xPos,unsigned char yPos)
{
    unsigned char tmp;
    xPos& = 0x0f;               //x 位置范围是 0～15
    yPos& = 0x01;               //y 位置范围是 0～1
    if(yPos == 0)               //显示第一行
        tmp = xPos;             //第一行字符地址从 0x00  开始
    else
        tmp = xPos + 0x40;      //第二行字符地址从 0x40 开始
    tmp| = 0x80;                //设置 RAM 地址
    LcdWriteCmd(tmp);
}
void SetCur(unsigned char Para)                 //设置光标
{
    switch(Para)
    {
        case 0:
        {
            LcdWriteCmd(0x08);    break;       //关显示
        }
        case 1:
        {
            LcdWriteCmd(0x0c);    break;       //开显示但无光标
        }
        case 2:
        {
            LcdWriteCmd(0x0e);    break;       //开显示有光标但不闪烁
        }
        case 3:
        {
            LcdWriteCmd(0x0f);    break;       //开显示有光标且闪烁
        }
        default:
            break;
    }
```

```
}
//在指定的行与列显示指定的字符,xpos:行,ypos:列,c:待显示字符
void WriteChar(unsigned char xPos,unsigned char yPos,unsigned char Dat)
{
    LcdPos(xPos,yPos);
    LcdWriteDat(Dat);
}
//在液晶上显示字符串,xpos:行坐标,ypos:列坐标,str:字符串指针
void WriteString(unsigned char xPos,unsigned char yPos,unsigned char * s)
{
    unsigned char i = 0;
    LcdPos(xPos,yPos);                         //起始坐标
    while(s[i])
    {
        LcdWriteDat(s[i]);
        i++;
        if (i> = 16)  break;                   //超出 16 个字符外的数据丢弃
    }
}
//LCD 1602 初始化
void LCD1602_Init()
{
    LcdWriteCmd(0x38);          //显示模式设置,设置 16×2 显示,5×7 点阵,8 位数据接口
    LcdWriteCmd(0x08);                         //显示关闭,不显示光标、光标不闪烁
    LcdWriteCmd(0x01);                         //显示清屏
    LcdWriteCmd(0x06);                         //显示光标移动位置
    LcdWriteCmd(0x0c);                         //显示开及光标设置
}
```

例 13.2 1602 显示小数(小数点位置不确定的浮点小数)。

对于小数点位置固定的小数,其处理的方法通常是将小数扩大 10、100、1 000 倍等使小数变成整数。在单片机内部按整数进行运算,输出显示时再将小数点考虑进去,这在"单总线通信 DS18B20"章节会有完整实例,这里只介绍用 float 定义的小数点位置不能事先确定的浮点小数在 LCD1602 上的显示方法。再次提示,由于 float 数据类型的长度限制,对于同时包含整数部分与小数部分的数据只有数值的高 6 位是准确的,另外程序中还用到了库函数 strlen 与 sprintf,sprintf 与 printf 函数很相似,参照学习即可。主程序代码如下:

```
#include "string.h"                    //需用的 strlen 函数
#include <stdio.h>                     //需用的 sprintf 函数
#include "LCD1602.H"
#include "myfun.H"
void main()
{
    unsigned char xPos,yPos;           //X 坐标、Y 坐标
    unsigned char a;                   //临时变量
    unsigned char * s = "Data = ";
    unsigned char DispBuf[9];          //存放 9 个待发送的 ASCII 码
    float x = 123.45678;               //临时变量
    port_mode();                       //所有 I/O 口设为准双向弱上拉方式
```

```
    delay100ms();                          //等待 LCD1602 上电时内部复位
    LCD1602_Init();
    SetCur(CurFlash);                  //开光标显示、闪烁,NoCur:有显示无光标,NoDisp:无显示,
                                         //CurNoFlash:有光标但不闪烁,CurFlash:有光标且闪烁
    xPos = 0;                              //xPos 表示水平右移字符数(0~15)
    yPos = 0;                              //yPos 表示垂直下移字符数(0~1)
    WriteString(xPos,yPos,s);              //X 坐标、Y 坐标、字符串,屏幕左上角为坐标原点
    a = strlen(s);                         //利用库函数计算字符串长度
    sprintf(DispBuf," % 0.6f",x);          //保留 6 位小数
    WriteString(a,yPos,DispBuf);
    while(1);
}
```

13.3　1602 液晶显示汉字与特殊符号

1602 液晶显示汉字与特殊符号需要使用自定义字符的方式实现,实际非常简单,在前面例子的基础上添加很少的代码就可以实现。下面先看一个最简单的基本实例。

例 13.3　1602 第 1 行显示"一二三四五六日℃"。

```
//********************  main.C  ********************
#include "LCD1602.H"
#include "myfun.H"
void main()
{
     port_mode();                          //所有 I/O 口设为准双向弱上拉方式
    delay100ms();                          //等待 LCD1602 上电时内部复位
    LCD1602_Init();
    WriteROM();                            //将自定义字形码写入 LCD1602 内部存储器
    WriteChar(0,0,0);                      //显示"一",x 坐标、y 坐标,ASCII 码
    WriteChar(1,0,1);                      //显示"二"
    WriteChar(2,0,2);                      //显示"三"
    WriteChar(3,0,3);                      //显示"四"
    WriteChar(4,0,4);                      //显示"五"
    WriteChar(5,0,5);                      //显示"六"
    WriteChar(6,0,6);                      //显示"日"
    WriteChar(7,0,7);                      //显示"℃"
    while(1);
}
//********************  LCD1602.C  ********************
unsigned char code table[] =
{
    0x00,0x00,0x00,0x00,0xff,0x00,0x00,0x00,          //一,显示时的 ASCII 码 0x00
    0x00,0x00,0x00,0x0e,0x00,0xff,0x00,0x00,          //二,显示时的 ASCII 码 0x01
    0x00,0x00,0xff,0x00,0x0e,0x00,0xff,0x00,          //三,显示时的 ASCII 码 0x02
    0x00,0x00,0xff,0xf5,0xfb,0xf1,0xff,0x00,          //四,显示时的 ASCII 码 0x03
    0x00,0xfe,0x08,0xfe,0x0a,0x0a,0xff,0x00,          //五,显示时的 ASCII 码 0x04
    0x00,0x04,0x00,0xff,0x00,0x0a,0x11,0x00,          //六,显示时的 ASCII 码 0x05
    0x00,0x1f,0x11,0x1f,0x11,0x11,0x1f,0x00,          //日,显示时的 ASCII 码 0x06
    0x18,0x18,0x07,0x08,0x08,0x08,0x07,0x00,          //℃,显示时的 ASCII 码 0x07
```

```
};
//将自定义字形码写入 1602 内部存储器
void WriteROM()
{
    unsigned char i;
    LcdWriteCmd(0x40);                              //操作 CGRAM 的命令码
    for(i = 0;i<64;i ++ )                           //写入数组中的数据
    {
        LcdWriteDat(table[i]);
    }
}
```

对于 LCD1602.C 中字形码数组的获取,可以采用手工方式,也可以采用字模软件实现。由于 1602 液晶每个字符显示位置是一个 5×8 点阵(5 列 8 行),如图 13-2 所示,将点阵的某一行中要显示的点用 1 表示,不显示的点用 0 表示,采用一个字节存放一行的方式,字节高 3 位是无关的,8 个字节表示一个字形码,允许最多自定义 8 个字形码。

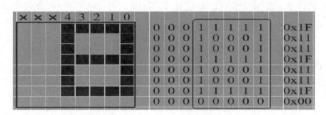

×	×	×	4	3	2	1	0	
0	0	0	1	1	1	1	1	0x1F
0	0	0	1	0	0	0	1	0x11
0	0	0	1	0	0	0	1	0x11
0	0	0	1	1	1	1	1	0x1F
0	0	0	1	0	0	0	1	0x11
0	0	0	1	0	0	0	1	0x11
0	0	0	1	1	1	1	1	0x1F
0	0	0	0	0	0	0	0	0x00

图 13-2　手工获取字形码

当处理字形码较多时,采用字模软件来操作会更加方便,以“字模提取 V2.2”为例,进入软件后的界面如图 13-3 所示,在左边“基本操作”下单击“新建图像”,然后按提示进行操作。虽然可以选取宽度 5,但等效于 8,所得到的是 8×8 点阵。

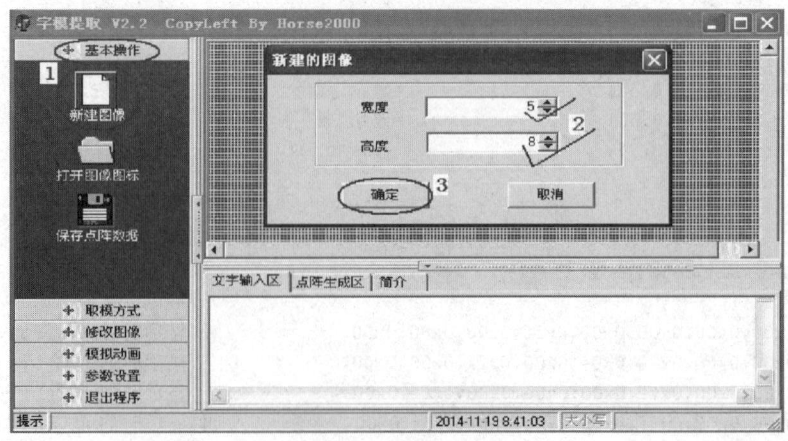

图 13-3　新建图像

单击左侧的“模拟动画”，选择“放大格点”选项，一直放大到最大，然后就可以在8×8点阵图形中用鼠标单击填充黑点。注意前三列空着不填充，字模软件是把黑色取为1，白色取为0，与手工取模方式正好相同；图形画好后，单击“参数设置”→“其他选项”，选择“横向取模”；然后单击“取模方式”，选择“C51格式”后，在“点阵生成区”自动产生了8个字节的数据，这8个字节的数据就是对应取出来的“模”，对于复杂一点的汉字，可以使用紧挨着的2个或4个5×8点阵图形进行拼接显示。

例13.4　1602第1行显示“2014年11月30日”，主程序代码如下：

```
#include "LCD1602.H"
#include "myfun.H"
unsigned char str[16];                  //最长字符16字节
void main()
{
    unsigned char str[] = {'2','0','1','4',0x00,'1','1',0x01,'3','0',0x02};
                                        //显示"2014年11月30日"
    port_mode();                        //所有I/O口设为准双向弱上拉方式
    delay100ms();                       //等待LCD1602上电时内部复位
    LCD1602_Init();
    WriteROM();                         //将自定义的字形码写入LCD1602内部存储器
    WriteStringCN(0,0,str,11);
    while(1);
}
```

程序运行结果如图13-4所示。

图13-4　1602显示中文

13.4　使用中文液晶屏

使用1602液晶实现中文显示的优点是成本较低，缺点是有点烦琐，如果不在乎成本，可以直接使用中文液晶屏。金鹏OCMJ2X8C-5从外形上看与1602液晶非常相似，可使用并口或串口方式输入数据，但通常是使用3线串口方式，这样减少了对单片机I/O口的占用。OCMJ2X8C-5的工作温度范围为－20～70 ℃，外形如图13-5和图13-6所示。OCMJ2X8C-5引脚说明如表13-2所列。

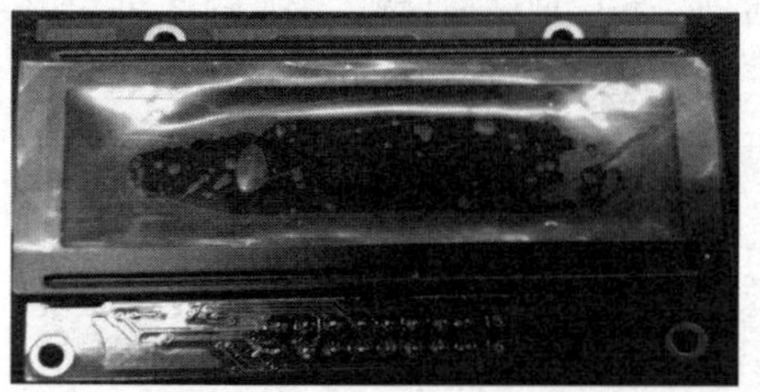

图 13-5　OCMJ2X8C-5 正面

图 13-6　OCMJ2X8C-5 背面

表 13-2　OCMJ2X8C-5 引脚说明

引脚序号	引脚名	引脚与外电路的连接
1	VSS	GND
2	VDD	供电输入(2.7～5.5 V,常用 3.3 V 或 5 V),引脚逻辑电压也由此确定
4	CS	P3.0
5	STD	P3.1
6	SCLK	P3.2
15	LED+	背光正,接 0～4.3 V,典型值 4.1 V;最大允许电流 200 mA,典型值 100 mA;此引脚可悬空不用
16	LED−	背光负,接 GND 或悬空

此外,若采用串行模式,则背面 R8 位置应焊上 470 Ω 的电阻。

例 13.5　金鹏 OCMJ2X8C-5 液晶显示"51 单片机 轻松入门",主要程序代码如下:

```
#include "STC15W4K.H"              // 注意宏定义语句后面无分号
#include "LCD.h"
#include "delay.h"
u8 tab[] = {"  51 单片机     轻松入门 "};
void port_mode()                   // 端口模式
    {
//  ……;
}
int main()
{
    delay_ms(1000);
    port_mode();                   // 将单片机所有端口配置为准双向弱上拉方式
    init_lcd();                    // 初始化 LCD 液晶屏(液晶屏厂家会提供此函数)
    clrram();                      // 进行清屏动作
    chn_disp (tab);                // 显示"51 单片机     轻松入门"
    while(1)
        {
            ;
        }
}
```

总结:由于液晶屏品种型号较多,对于不熟悉的型号,建议与液晶屏厂家沟通获取完整资料和示例代码。

第14章

精密电压表/电流表/通用显示器/计数器的制作

14.1 功能说明与电路原理分析

模块实物外形如图14－1所示。

图14－1 模块实物外形

同一个模块,通过硬件上的简单设置可实现4种不同的功能,如表14－1所列。

表14－1 模块功能选择

K3(P4.2)	K4(P4.3)	模块功能	K1(P3.6)	K2(P3.7)	电压表挡位/V	输入阻抗/MΩ
0	0	电流表	0	0	2.048 0	2
0	1	计数器	0	1	20.480	1
1	0	显示器	1	0	204.80	
1	1	电压表(默认)	1	1	20.480(默认)	

1. 电压表说明

使用18位MCP3421A0T－E/CH芯片作ADC,通过软件校准的方式可使整个模块电压测量误差最大值不大于量程的±0.05%。在电路上,2 V 挡由外部信号直接输入 ADC,其他挡位使用 1 MΩ 电阻降压,然后使用 MCP6V01T - E/SN 轨到轨自动调零运放作 ADC 输入电压跟随器,由于精度要求高,普通运放无法满足要求。

2. 电流表说明

使用 0.1 Ω/0.5 W 的电流取样电阻,可测量 0~2 A 范围内的电流,取样出来的电压信号不经过电压跟随器,直接送入 ADC 芯片。

3. 通用显示器说明

外部单片机通过 CLK 与 DAT 两条信号线向模块送入数据,模块能显示 0~99 999 范围内的整数或小数值。外部单片机需要一次向模块发送 5 个字节的数据,第 1 字节表示模块地址,默认值为 0,在多个模块 CLK 与 DAT 并接在一起的情况下,只有与发送地址相符的模块才接收与处理总线上的数据;第 2、3、4 字节是需要显示的数据,第 2 字节是数据高字节,第 3 字节是数据中间字节,第 4 字节是数据低字节;第 5 字节确定需要显示的小数位数。所有字节都是按高位在前,低位在后的顺序发送。每一位的发送是外部单片机先把数据位放到 DAT 线上,然后拉低 CLK 线,模块内部是在 CLK 下降沿后读取 DAT 线上的状态。经测试,模块在 22.118 4 MHz 工作频率下,外部单片机在数据发送时钟脉冲高电平 1 μs、低电平 5 μs 条件下工作正常,也就是说发送一组数据的最短时间大约需要(1 μs+ 5 μs)×8×5 = 240 μs。为了提高稳定性,可以适当降低通信时钟频率(主要是延长脉冲低电平时间),但也不能过低,要求一组数据必须在 0.2 s 内传送完成,超过 0.2 s,模块自动清除前面已收到的不完整的数据,这样保证了数据传送的可靠性。

4. 计数器说明

外部脉冲信号通过 DAT 线送入模块,每产生一个脉冲下降沿,计数器数值加 1,超过最大值 99 999 后从 0 开始循环,要求外部脉冲信号低电平不能大于 0.6 V,高电平不能小于 2 V,但也不能超过 40 V。模块具有断电自动存储数据的功能,可通过开关将 CLK 线接 GND,上电瞬间即可将显示的计数值清 0。

精密电压表/电流表/通用显示器/计数器模块电路原理如图 14 - 2 所示,通过本模块的学习,可以进一步熟悉高精度 ADC 的运用,单片机内部 DataFlash 的读/写、动态显示程序的编写(包括小数的显示)以及自定义的 SPI 主从机数据通信原理。测试中,本模块可以直接插接到第 1 章介绍的单片机实验板通用计数器/显示器接口上使用。

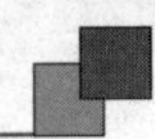

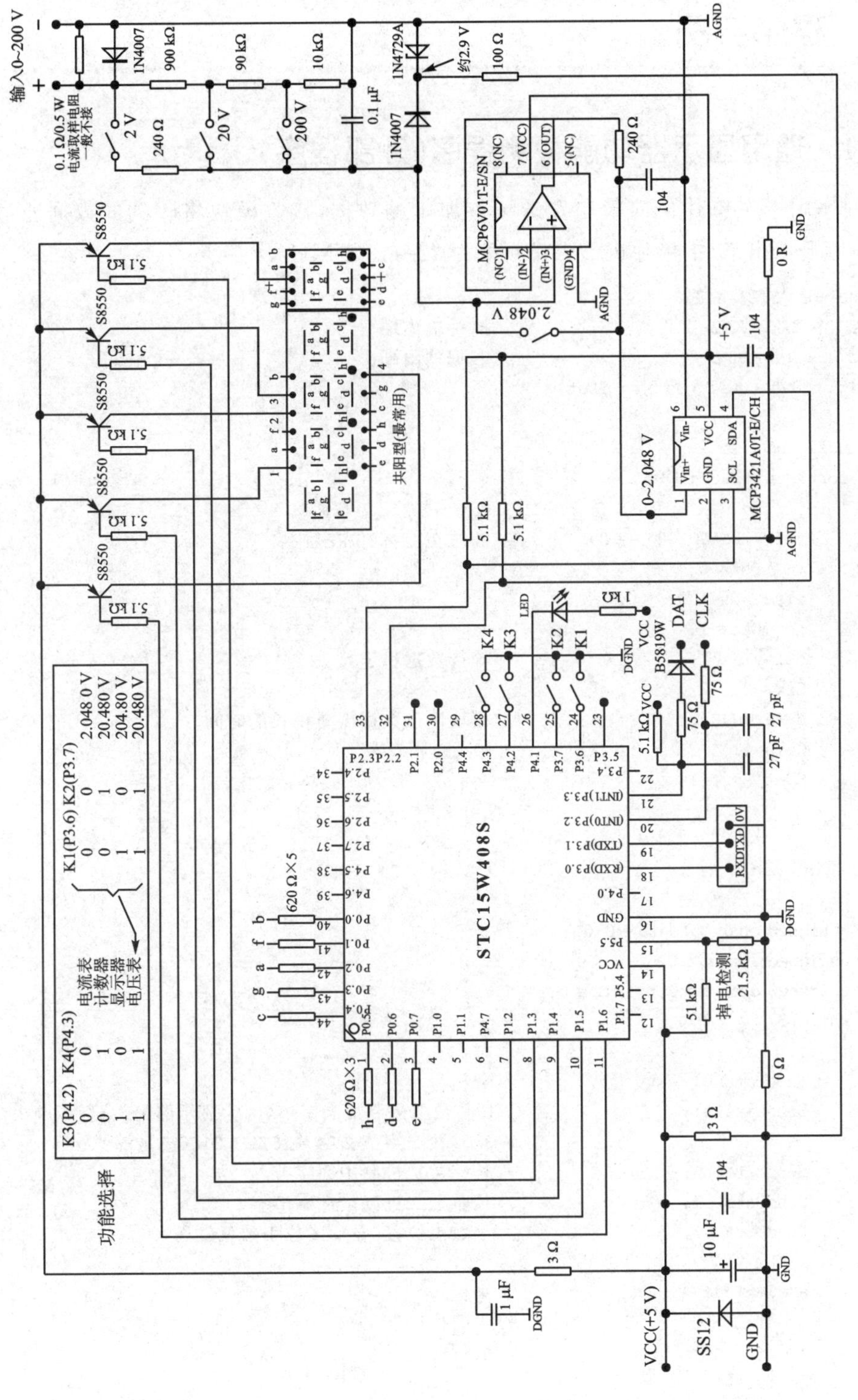

图14-2　精密电压表/电流表/通用显示器/计数器模块电路原理图

14.2 程序实例

14.2.1 通用显示器功能检测程序(外部程序)

此程序用于主单片机向模块发送按秒加 1 的数据，接收模块将收到的数据通过 5 位数码管显示出来，主单片机的工作频率为 22.118 4 MHz。

```
#include "STC15W4K.H "
sbit    Clk = P3^2;                 //时钟输出端
sbit    Dat = P3^3;                 //数据输出端
void SendData(unsigned char SDat)
{
    unsigned char i;
    for(i = 0;i<8;i ++ )
    {
         if((SDat&0x80) == 0)       //高位在前,低位在后
            Dat = 0;
        else
            Dat = 1;
        delay1us();                 //等待数据稳定
        Clk = 0;
        delay8us();                 //模块读取数据需要稍长的时间
        Clk = 1;
        SDat<< = 1;
    }
}
void main(void)
{
    unsigned char outdata = 0x01;
    unsigned long i = 0;
    unsigned char a = 0,b = 0,c = 0;
    while(1)
    {
        SendData(0);                //分机号
        SendData(a);                //长整数二进制最高字节,因为显示器最大显示 99 999
                                    //长整数 3 字节 2^24 = 16 777 216,已足够
        SendData(b);                //长整数二进制中间字节
        SendData(c);                //长整数二进制最低字节
        SendData(0);                //小数点位置(显示 X 位小数就发送 X)
        i ++ ;
        a = i>>16;;                 //高位
        b = i>>8;                   //中间位
        c = i;                      //低位
        delay1s();
    }
}
```

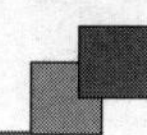

14.2.2　计数器功能检测程序(外部程序)

计数器功能检测程序用于主单片机向模块发送计数脉冲,主单片机可以使用任意一个 I/O 口产生高低变化的脉冲,模块对每一个输入脉冲的下降沿进行加 1 计数,测试程序可参考配套资源。

14.2.3　模块程序

由于整个工程代码较多,这里只给出关键性的代码,代码如下:

```
////////////////////////////////////main.c ///////////////////////////////////////
#define    Hidden    16            //数码管消隐码位置
#define    Address   0             //本机地址,不同显示模块修改此数值即可
#define TimeOver 100
//定义一个超时值(5 字节通信),100×2 ms = 0.2 s,允许最慢 0.2 s 传送完一组数据
sbit    CLK = P3^2;                //外部输入的时钟端
sbit    DAT = P3^3;                //外部输入的数据端
unsigned char code DispCode[] = {0x28,0xee,0x32,0xa2,0xe4,0xa1,0x21,0xea,0x20,0xa0,
                           0x60,0x25,0x39,0x26,0x31,0x71,0xff};   //字形码
unsigned char code DispBit[] = {0xdf,0xef,0xf7,0xbf,0xfb};
//位码表 (左边最高位)11011111(P1)
//11101111(P1)  11110111(P1)  10111111(P1) 11111011(P1)(右边最低位)
//SPI 接收程序,中断用于完成 5 字节数据接收(1 字节地址、3 字节长整数、1 字节小数位数说明)
void ReciveData() interrupt 0              //外部中断 0(int0)中断处理程序
{
    if(StartOverCount == 0)  StartOverCount = 1;     //开启溢出计时器
    RecDatCount ++ ;                       //中断次数(0~40)
    RecDat = RecDat<<1;                    //主机是先发送高位,后发送低位
    if(DAT)
        RecDat0 = 1;
    else
        RecDat0 = 0;
    if(RecDatCount == 8)                   //接收完第 1 个字节
    {
        InAddress = RecDat;                //保存外部输入的地址
    }
    else if(RecDatCount == 16)             //第 2 个字节,长整数最高字节
    {
        if(InAddress == Address)           //地址相符才处理数据,方便多模块并联使用
            DispData = RecDat * 65536;
    }
    else if(RecDatCount == 24)             //第 3 个字节,长整数中间字节
    {
        if(InAddress == Address)           //地址相符才处理数据,方便多模块并联使用
            DispData = DispData + RecDat * 256;
    }
    else if(RecDatCount == 32)             //第 4 个字节,长整数最低字节
    {
        if(InAddress == Address)           //地址相符才处理数据,方便多模块并联使用
            DispData + = RecDat;
```

```
        }
        else if(RecDatCount == 40)              //否则就是第 5 个字节,即小数点显示位数
        {
            if(InAddress == Address)            //地址相符才处理数据,方便多模块并联使用
                DotCnt = RecDat;
            ReciveOK = 1;                       //要求刷新显示器
            RecDatCount = 0;                    //中断次数(0~40)
            StartOverCount = 0;                 //接收到 40 个字符,清标志
            OverCount = 0;                      //清超时计数器
            RecDat = 0;
        }
}
//动态显示程序,定时器 T0 用于完成 5 位数码管轮流点亮
void Timer0() interrupt 1                       //定时器 T0 的中断处理代码
{
    unsigned char temp;                         //动态显示中间变量
    static unsigned char Count;                 //用于统计当前正显示哪一位(先显示左边最高位)
    //********* SPI 数据接收过程时间限制 ************
    if(StartOverCount)                          //如果要求计数的标志是 1
        OverCount ++ ;                          //计数器加 1
    //************正式动态显示程序************
    P1| = 0x7c;                                 //关断前次显示 0111 1100
    temp = DispBit[Count];
    P1& = temp;                                 //开启 P1 位控制
    temp = DispBuf[Count];                      //5 位显示缓冲器 BCD 码
    P0 = DispCode[temp];                        //查字形码表格(0~16)
    if(Count<4)                                 //显示小数点(最右端小数点不显示)
    {
        if(DotCnt == (4 - Count))
        {
            P0& = 0xDF;                         //点亮小数点 h 位置 1101 1111
        }
    }
    Count ++ ;
    if(Count == 5) Count = 0;
    TH0 = (65536 - 4000)/256 ;
                                    //计数脉冲周期 T = 1/F = 1/(22.118 4/12) = 0.542 5 μs
    TL0 = (65536 - 4000) % 256 ;                //4 000 × 0.542 5 μs = 2.17 ms
}
void long_to_bcd(unsigned long temp)
{
    unsigned char temp0,temp1,temp2,temp3,temp4;
    //最高位 temp0,最低位 temp4,5 位最大显示 99 999,函数参数 3 字节,显示缓冲 5 字节
    temp % = 100000;                        //如果收到的数超过 100 000 则仅取小于 100 000 的值
    temp4 = temp % 10;                          //获得个位
    temp3 = temp / 10 % 10;                     //获得十位
    temp2 = temp / 100 % 10;                    //获得百位
    temp1 = temp / 1000 % 10;                   //获得千位
    temp0 = temp / 10000 % 10;                  //获得万位
    if((temp0 == 0)&&(DotCnt<4))                //如果最高位等于 0,而显示的小数位数小于 4 位
        DispBuf[0] = Hidden;                    //那么最高位应该消隐
```

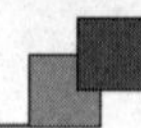

```
    else
        DispBuf[0] = temp0;                   //否则将这个数送入最高位
    if((temp0 == 0)&&(temp1 == 0)&&(DotCnt<3))
    //最高位、次高位同时为 0,且小数位数小于 3 位
        DispBuf[1] = Hidden;
    else
        DispBuf[1] = temp1;
    if((temp0 == 0)&&(temp1 == 0)&&(temp2 == 0)&&(DotCnt<2))
    //最高位、次高位、第三位均为 0,且小数位数小于 2 位时消隐
        DispBuf[2] = Hidden;
    else
        DispBuf[2] = temp2;
    if((temp0 == 0)&&(temp1 == 0)&&(temp2 == 0)&&(temp3 == 0)&&(DotCnt<1))
    //最高位、次高位、第三位、第四位均为 0,且小数位数小于 1 位(无)时消隐
        DispBuf[3] = Hidden;
    else
        DispBuf[3] = temp3;
        DispBuf[4] = temp4;                   //最低位直接显示
}
void main(void)
{
     port_mode();            //若使用 IAP15W4K58S4,应将所有 I/O 口设为准双向弱上拉方式
                             //本模块使用 STC15W408S,不能使用此语句,否则芯片不能正常工作
    UART_init();                              //串口初始化(占用定时器 1)9 600/22.118 4 MHz
    printf("串口初始化完毕");
    Timer0_Init();                            //初始化定时器 0 用于动态显示程序
    if ((P42 == 0)&&(P43 == 1))
    //计数器,DAT 为计数脉冲输入端,上电瞬间如果 CLK = 0 则清除计数值
    {
        DotCnt = 0;                           //计数器不显示小数
        ReadFLASH();                  //读取单片机内部 Flash 中保存的重要数据,只需 2 个时钟
        Clear = CLK;                          //上电瞬间如果 CLK = 0,则清除数据
        if (Clear == 0)
        {
            Power_up.times = 0;
        }
        comparator_init();                    //比较器掉电中断初始化
        EraseFLASH();                         //扇区擦除需要 21 ms
        EX1_Init();                           //外部计数端口初始化
        while(1);
    }
    if ((P42 == 1)&&(P43 == 0))               //5 位通用显示器
    {
        DotCnt  = 4;                          //默认显示 4 位小数,8.888 8
        EX0_Init();                           //外中断 0 用于数据接收时钟输入端口
        while(1)
        {
            if(ReciveOK)           //如果收到了 40 位数据,则将数值转 BCD 码放入显示缓冲器
            {
                long_to_bcd(DispData);
                ReciveOK = 0;
```

```
            }
            if(OverCount> = TimeOver)    //出现了超时错误
            {
                RecDatCount = 0;          //将接收计数器清零
                StartOverCount = 0;       //接收到 40 个字符,清除计数标志
                OverCount = 0;            //清超时计数器
            }
        }
    }
    if ((P42 == 1)&&(P43 == 1))           //18 位分辨率电压表
    {
        WrToMCP3421(SlaveADDR, 0x9C);     //1001 1100,18 位分辨率
        delay300ms();
        while(1)
        {
            RdFromMCP3421(SlaveADDR, test_data,3);  //连续读取 3 个字节数据
            aa = test_data[0]<<8;
            aa = aa + test_data[1];
            aa = aa<<8;
            aa = aa +    test_data[2];
            VIN3421 = 2.048 * aa/131071;
            if ((P36 == 0)&&(P37 == 0))          //2 V 挡
            {
                VIN3421 = VIN3421 * 1.00;        //2 V 挡,无衰减,精密校准
                printf("2V  :%.5f      ",VIN3421);
                V3421 = VIN3421 * 10000;         //2 V 挡,保留 4 位小数,2.048 0
                DotCnt = 4;                      //小数点位置控制,显示 4 位小数
            }
            if (((P36 == 0)&&(P37 == 1))|((P36 == 1)&&(P37 == 1)))     //20 V 挡
            {
                VIN3421 = VIN3421 * 10.0098;      //20 V 挡,10 倍衰减 + 衰减电阻误差补偿
                VIN3421 = VIN3421 - 0.0044;       //要求零输入、零输出
                if   (VIN3421<0 ) VIN3421 = 0;
                //数码管没编写显示负数的功能,计算机能直接显示负数
                printf("20V  :%.4f      ",VIN3421);
                V3421 = VIN3421 * 1000;           //20 V 挡,保留 3 位小数,20.480
                DotCnt = 3;                       //小数点位置控制,显示 3 位小数
            }
            if ((P36 == 1)&&(P37 == 0))           //200 V 挡
            {
                VIN3421 = VIN3421 * 100.00;
                                                 //200 V 挡,100 倍衰减 + 衰减电阻误差补偿
                VIN3421 = VIN3421 - 0.00;         //要求零输入、零输出
                if   (VIN3421<0 ) VIN3421 = 0;
                //数码管没编写显示负数的功能,计算机能直接显示负数
                printf("200V  :%.3f      ",VIN3421);
                V3421 = VIN3421 * 100;            //200 V 挡,保留 2 位小数,204.80
                DotCnt = 2;                       //小数点位置控制,显示 2 位小数
            }
            long_to_bcd(V3421);
            delay300ms();                         //延时避免硬件频繁操作
        }
    }
```

```
}
void X1(void) interrupt 2                              //外部中断1中断函数实现计数功能
{
    Power_up.times ++ ;
    long_to_bcd(Power_up.times);
}
void comparator_init()                                 //掉电检测比较器初始化
{
    CMPCR1 = 0x90;                                     //1001 0000
    CMPCR2 = 0x00;                                     //0000 0000
    EA = 1;
}
void cmp()interrupt 21                                 //比较器掉电中断
{
    CMPCR1 &= 0xBF;                                    //清除中断标志, 1011 1111
    LED = CMPCR1&0x01;                                //将比较器结果 CMPRES 输出到测试口显示
    if (LED == 0)                                      //掉电
    {
        EA = 0;                                        //防止更高级的中断打断
        P0 = 0XFF;                                     //关闭耗电量大的显示器
        EEPROM_write_n(EEP_address,(u8 * )&Power_up,sizeof(struct POWER_UP));
                                                       //掉电保存值
        delay1S();                                 //延时1 s后确认真的断电还是瞬间电源干扰
        while(1)
        {
            if (CMPCR1&0x01 == 1)
            //供电正常,单片机程序没任何问题,退出循环继续按原程序运行
            {                                          //真正掉电,等待程序停止运行
                CMPCR1 &= 0xBF;                        //清除中断标志, 1011 1111,清除可能
                                                       //多次产生的中断标志,防止中断死机
                EA = 1;
                break;
            }
        }
    }
}
```

第 15 章

步进电机测试

15.1 步进电机的特点

步进电机也称为步进马达，与其他电机相比有以下特点：

① 步进电机旋转角度和输入脉冲数成正比，通常市面所售步进电机的说明书会说明其步进角（也就是一个脉冲所产生的旋转角度），比如常见的小体积永磁式电机的步进角是 7.5°，则送给它 48 个脉冲使步进电机正好转动一圈。

② 步进电机误差很小，没有累积误差，因此控制步进电机正反转还是会回到原来的位置，不会因为误差累积而使初始位置越来越远。

③ 具有自保持特性，任何一相线圈加上电源后，电机本身都具有自保持力矩，不送脉冲的情况下会停止在一定位置，不会改变。

④ 步进电机空载最高启动频率一般能达到 450 Hz，使用频率不能超过允许最高频率，否则电机只能振动，无法运转。

⑤ 常见步进电机供电电压是 5 V、12 V 和 24 V，供电电压允许误差是±10%，电机外壳上一般都会对供电电压规格作相应标识。

常见步进电机外形与内部电路如图 15-1 所示。

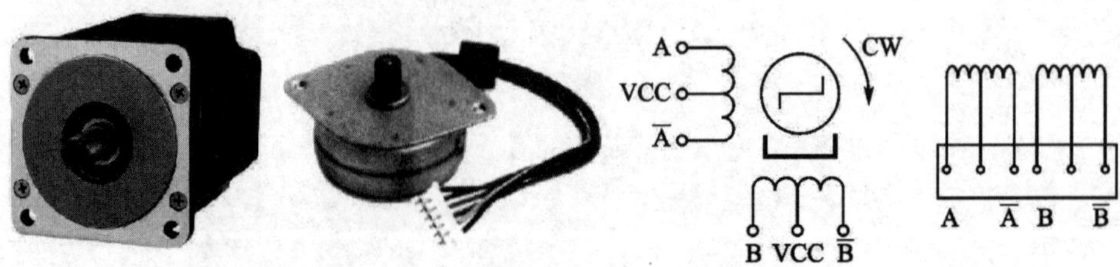

图 15-1 步进电机外形与内部电路

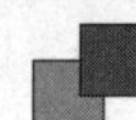

15.2　步进电机的 3 种励磁方式

依次改变电流所流过的线圈，就可以让步进电机转动，如果顺序相反，则电机就会反方向转动。比如图 15－1 电机有 A、$\overline{A}$、B 和 $\overline{B}$ 共 4 组线圈，最简单的方式就是依次将电流按 A、B、$\overline{A}$ 和 $\overline{B}$ 的顺序导入 4 组线圈，不同的导入方式会产生不同的结果，电流的导入称为励磁，励磁有 3 种方式。

1. 1 相励磁（也称为单 4 拍）

这种励磁方式是将电流一次只导入一组线圈中，每次可移动一个步进角，这种励磁方式产生的力矩小，噪声振动最大。励磁顺序如表 15－1 所列，其中 H 表示励磁，L 表示未励磁，励磁波形如图 15－2 所示。

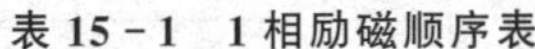
表 15－1　1 相励磁顺序表

相 ＼ 励磁顺序	1	2	3	4
A	H	L	L	L
B	L	H	L	L
$\overline{A}$	L	L	H	L
$\overline{B}$	L	L	L	H

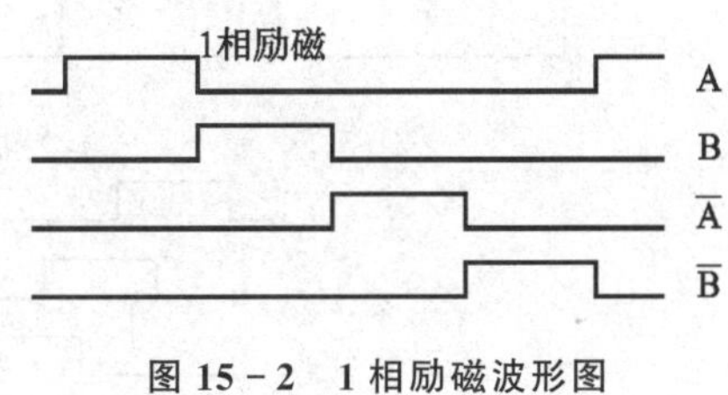

图 15－2　1 相励磁波形图

2. 2 相励磁（也称为双 4 拍）

这种励磁方式是将电流一次导入两组线圈中，每次可移动一个步进角，由于同时有 2 个线圈被励磁，因此产生的力矩较大，噪声振动比 1 相励磁小。励磁顺序如表 15－2 所列，励磁波形如图 15－3 所示。按照表 15－2 的方式依 1、2、3、4 的顺序分别将 4 组线圈中的 2 组线圈励磁，步进电机会转动 4 个步进角。如果反方向励磁（也就是以 4、3、2、1 的顺序），则步进电机就按反方向转动 4 个步进角。

表 15－2　2 相励磁顺序表

相 ＼ 励磁顺序	1	2	3	4
A	H	L	L	H
B	H	H	L	L
$\overline{A}$	L	H	H	L
$\overline{B}$	L	L	H	H

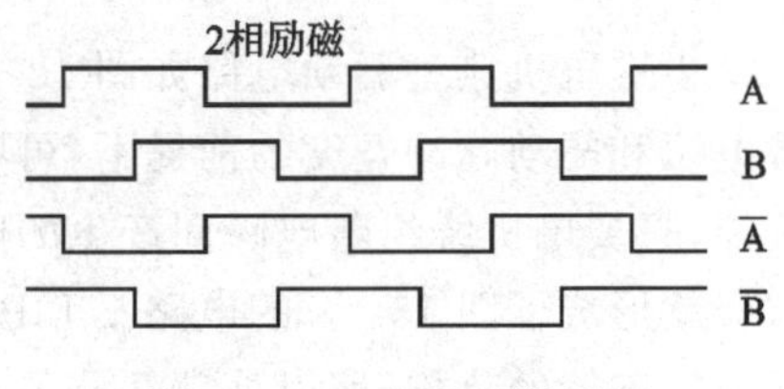

图 15－3　2 相励磁波形图

3. 1－2 相励磁(也称为 8 拍)

这种励磁方式是上述两种励磁方式的综合，将 A、B 两相采用交互励磁的方式进行，电流第一次导入一组线圈，第二次导入两组线圈，每次可移动半个步进角，是噪声振动最小的一种励磁方式，励磁顺序如表 15－3 所列，励磁波形如图 15－4 所示。按照表 15－3 的方式依 1、2、3、4、5、6、7、8 的顺序分别将 4 组线圈励磁，步进电机会转动 4 个步进角(虽然励磁 8 次，但因每次都只前进半个步进角，总和还是 4 个步进角)。

表 15－3　1－2 相励磁顺序表

励磁顺序 相	1	2	3	4	5	6	7	8	9	10
A	H	H	L	L	L	L	L	H	H	H
B	L	H	H	H	L	L	L	L	L	H
$\overline{A}$	L	L	L	H	H	H	L	L	L	L
$\overline{B}$	L	L	L	L	L	H	H	H	L	L

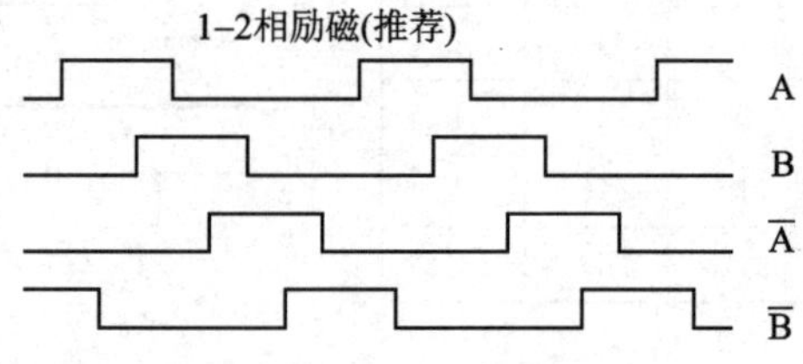

图 15－4　1－2 相励磁波形图

如何测试步进电机的接线呢？首先假设步进电机某一条线为公共端，把公共端接到电源正极，电源负极分别接触其余 4 线，这时电机会转动，若接触 4 次电机向同一方向走 4 步，则所接触的顺序即为正确的顺序，分别为 A、B、$\overline{A}$、$\overline{B}$，若其中有一步反相，则要重新组合接触的顺序，直到出现正确转动方向为止。

15.3　步进电机驱动电路

步进电机典型驱动电路如图 15－5 所示，有时为了增加电机输出力矩，在不增加电源电压和驱动脉冲宽度的前提下，可将图 15－5 中的 4 只尖峰电压保护二极管 1N4007 去掉，只要电机绕组断电瞬间产生的电压峰值不超过 TIP122 的极限电压 100 V 即可，这样就形成了图 15－6 的电路。TIP122 内部 CE 间已集成反向二极管，为了减轻内部反向二极管的负担，所以外部并接了 1N4007 给电机绕组提供反向电流通路。图 15－7 与图 15－8 是实测的 TIP122 集电极电压波形与 TIP122 发射极电流波形(即电机绕组电流波形)。

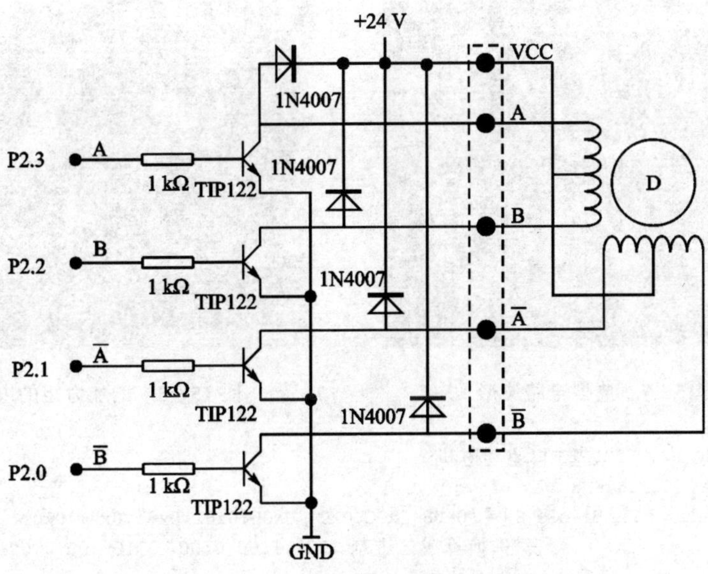

图 15-5　步进电机典型驱动电路

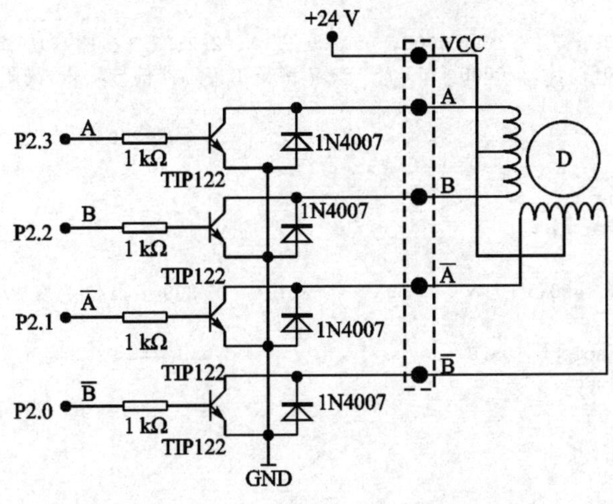

图 15-6　增加驱动力矩的电路

15.4　步进电机驱动实例

例 15.1　步进电机正反转测试,使用图 15-7 或图 15-8 的电路,采用 1-2 相励磁,要求上电后顺转 200 步,然后反转 200 步,如此循环。完整实验代码如下:

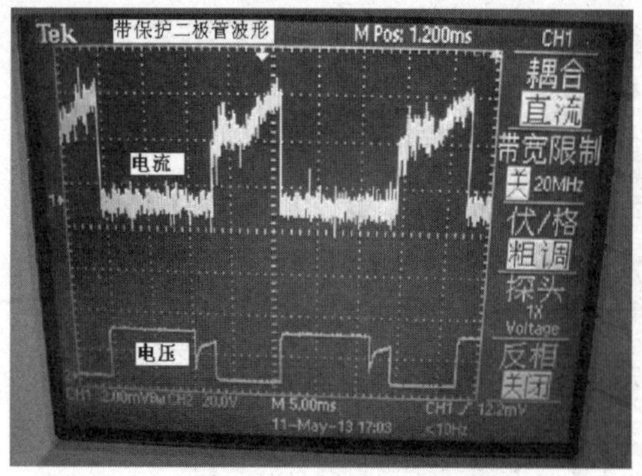

图 15-7　典型电路波形

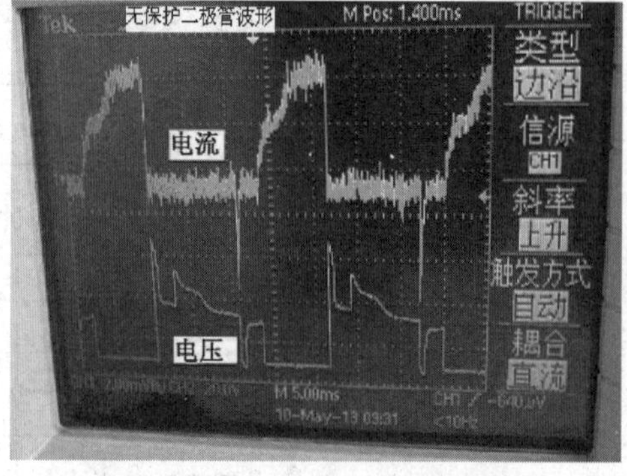

图 15-8　增加力矩的电路波形

```
//使用 P20、P21、P22、P23 口驱动电机
#include "STC15W4K.H "
unsigned char code BiaoGe[8] = {0x08,0x0C,0x04,0x06,0x02,0x03,0x01,0x09};
                         //表格,换算成二进制 1000,1100,0100, 0110 ,0010,0011, 0001 1001
                         //P2 口输出低 4 位驱动电机    A  B  Ā  B̄
                         //1-2 相励磁,发 8 次脉冲(顺序输出上面表格)转动 4 步
void PROT_Init(void)
{
    P2M1 = 0x80;     //1000 0000,    P2.0、P2.1、P2.2、P2.3 接驱动功率管,推挽输出
    P2M0 = 0x0f;     //0000 1111,    P2.7 接霍尔传感器信号输入,高阻输入
}
void shun200()                                   //顺转 200 步
{
    unsigned int i;
    unsigned char n;
    n = 0;
    for(i = 0;i<400;i++)                         //200 步,i/2 为实际步数
    {
        P2 = BiaoGe[n]|0xf0;                     //不影响 P2 口高 4 位
        delay3ms();
        n = n + 1;
        if (n>7)
        {
            n = 0;
        }
    }
    P2& = 0xf0;                                  //保证电机绕组断电
}
void fan200()                                    //反转 200 步
{
    unsigned int i;
    unsigned char n;
    n = 8;
    for(i = 0;i<400;i++)                         //200 步,i/2 为实际步数
    {
        n = n - 1;
```

```
        P2 = BiaoGe[n]|0xF0;                        //不影响 P2 口高 4 位
        delay3ms();
        if (n == 0)
        {
            n = 8;
        }
    }
    P2& = 0xf0;                                     //保证电机绕组断电
}
void main(void)
{
    PROT_Init();                                    //初始化端口
    while(1)
    {
        shun200();
        delay1s();
        fan200();
        delay1s();
    }
}
```

15.5　步进电机专用驱动器介绍

一般的步进电机步进角都较大(比如 7.5°),这种步进角通过前面的程序控制最小一次也得走半个步进角,即 3.75°。这对于实际的精密控制一般是不能满足要求的。有两种解决办法,一种是采用减速齿轮组并将齿轮组与电机封装成一体,比如 60:1 的减速齿轮组,减速后 7.5°的步进角就变成了 7.5°/60= 0.125°;另一种办法是使用步进电机专用驱动器,外形如图 15-9 所示,通过外置的选择开关可以将步进角设置得很小,前面介绍的驱动电路与程序都不需要了。驱动器使用非常简单,电路连接如图 15-10 所示,PULS+与 PULS-用于输入脉冲信号,脉冲信号频率越高,电机转速越快,DIR+与 DIR-用于电机运转方向控制;ENBL+与 ENBL-为使能信号,悬空时正常工作,如果提供输入信号,则使电机绕组完全断电,电机处于无电、无力矩自由状态。使能信号一般可以不用。

图 15-9　步进电机专用驱动器

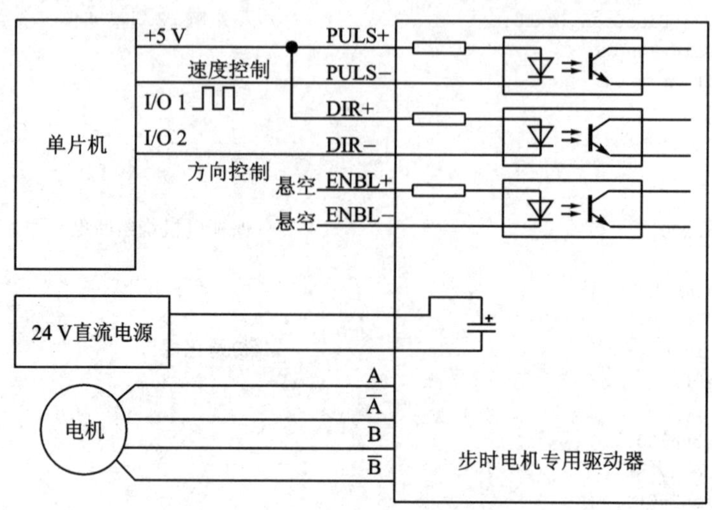

图 15－10　驱动器电路连接图

典型耐压 50 V DC,电流 4.5 A(峰值)驱动器内部电路原理如图 15－11 所示。

此电路采用 TB6600HG 作为驱动芯片,输入直流电压的范围为 8～42 V,电流峰值为 4.5 A,逻辑输入高电平为 2.0～5.5 V,逻辑输入低电平为 0～0.8 V,最高时钟频率为 200 kHz,芯片内部具有短路、过流与过热保护功能,电路简单可靠。

当电路中 S1 开关接通且没有驱动时钟脉冲输入时,步进电机的线圈电流会减半,这样可降低电机的发热量,R22 电位器用于调节电机的工作电流,电流越大,电机力矩越大,发热量也会相应增加, M1、M2、M3 可选择不同的细分状态,如表 15－4 所列。

表 15－4　TB6600HG 细分设置

细　分	M1	M2	M3
待机模式 ,内部电路几乎被关闭	0	0	0
1 细分,整步,最快速度	0	0	1
2 细分	0	1	0
2 细分	0	1	1
4 细分	1	0	0
8 细分	1	0	1
16 细分,最慢速度	1	1	0
待机模式 ,内部电路几乎被关闭	1	1	1

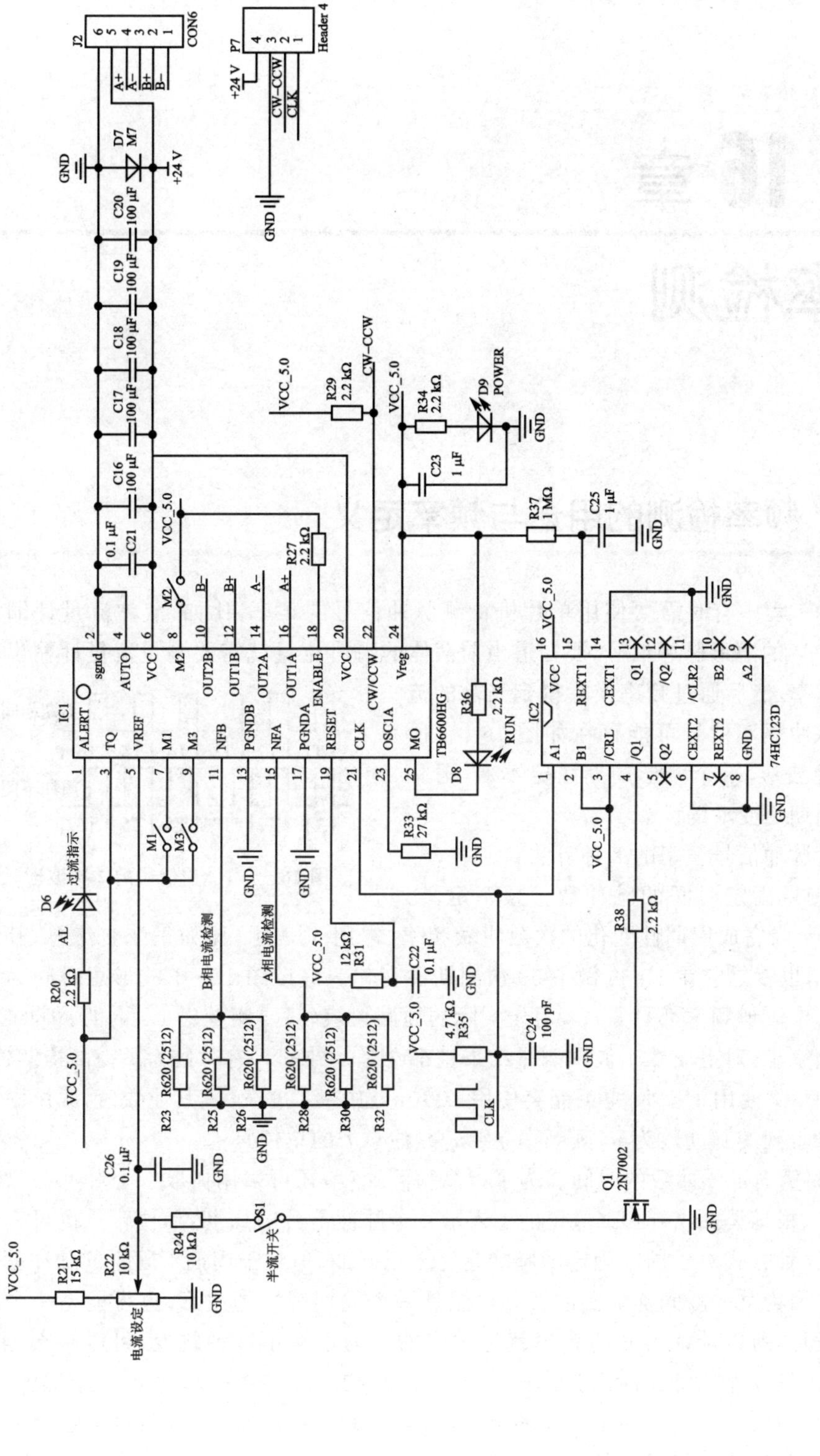

图15－11　4.5 A驱动器内部电路原理图

第 16 章

频率检测

16.1 频率检测的用途与频率定义

实际工程中有时需要使用单片机检测脉冲信号的频率，比如，液体流量计输出的是 5～24 V 的矩形脉冲信号，要知道当前液体的瞬时流量就需要测量流量计输出的脉冲信号频率，然后通过频率换算得到当前的流量值。脉冲频率信号可能存在如图 16 - 1 所示的 2 种波形，一个波形周期固定不变，另一个波形周期是变动的。

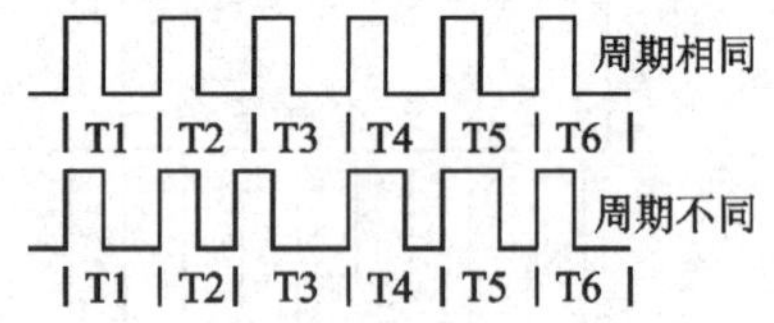

图 16 - 1 脉冲信号的 2 种波形

测量脉冲信号频率的 2 种方法：

① 测量固定时间的脉冲数。频率定义：物质在 1 s 内完成周期性变化的次数叫做频率，常用 f 表示，比如正弦交流电，其频率是 50 Hz，也就是它在 1 s 内做了 50 次周期性变化。假设图 16 - 1 波形总时间为 1 s，则上下 2 个波形频率都是 6 Hz，对于实际的检测仪表，只要测量出 1 s 内的脉冲个数也就知道频率了，对上面 2 个波形测量结果也都会是一致的。有时候为了提高检测速度，测量时间 t 除使用 1 s 外，也可能会使用 100 ms、10 ms、1 ms 等其他数值，假设固定时间内测量得到的脉冲数为 n，则频率 $f=n/t$，注意 t 的单位是 s。

② 测量固定脉冲数的时间。为了提高检测速度，还可采用抓取一个脉冲测量其周期的方式，根据公式 $f=1/t$（这里的 t 表示一个脉冲信号的周期，单位：s），也可得到脉冲频率，这种方式对于周期固定的脉冲是完全正确的，但对于周期不固定的脉冲就有些问题了。因为某一瞬间抓取到的波形可能是一个周期很短的波形，也可能是一个周期很长的波形，所以计算出来的频率就是跳变的。为了减小这种跳变，可以一次测量 n 个脉冲，假设 n 个脉冲总时间为 t，则脉冲频率 $f=1/(t/n)=n/t$，这里分别给出 1 s 内脉冲计数测量方式（测量固定时间的脉冲数）与脉冲周期测量方式（测量固定脉冲数的时间）的实例供读者根据实际需要选用。

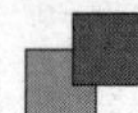

16.2 频率检测实例

例 16.1 程序功能：把 P3.4、P3.5 在精确 1 s 内输入的脉冲个数值测量出来并通过串口发送给计算机。

说明：由于要求同时测量 2 路脉冲信号频率，使用 T0(P3.4)与 T1(P3.5)作为外部计数脉冲输入，T2 作为串口波特率发生器。1 s 定时器使用 PCA 模块定时，使用频率为 22.118 4 MHz 的外部晶振(重点)，串口通信波特率为 9 600，可精确测量外部信号最高频率的理论值为 22.118 4 MHz/4 = 5.592 6 MHz。实验结果：输入 6.021 MHz 时测量结果仍然是精确的，低频时测量到几 Hz 依然是准确的，只是不能显示小数部分而已。完整代码如下：

```
///////////////////////////////////////////////////////////////////////
#include "STC15W4K.H"
#include <stdio.h>                              //为使用 Keil 自带的库函数 printf 而加入
bit flag;                                       //需要通过串口向计算机发送数据的标志
sbit LED_1s = P0^0;                             //调试指示灯
sbit LED_T0_Over = P0^1;                        //调试指示灯
sbit LED_T1_Over = P0^2;                        //调试指示灯
unsigned char Read_TH0,Read_TL0;                //读取的定时器 T0 的高低位计数值
unsigned char Read_TH1,Read_TL1;                //读取的定时器 T1 的高低位计数值
unsigned char HT0,HT1;            //超过 16 位的计数值,最大 256×65 536 Hz = 16.777 216 MHz
unsigned char Read_HT0,Read_HT1;                //读取的超过 16 位的计数值,
unsigned char Count = 200;                      //中断计数变量(1 s 计时用),200×5 ms = 1 s
void Uart_Init(void)                            //波特率为 9 600,频率为 22.118 4 MHz
{
    SCON = 0x50;                                //8 位数据,可变波特率
    AUXR |= 0x04;                               //定时器 2 时钟为 fosc,即 1T
    T2L = 0xC0;                                 //设定定时初值
    T2H = 0xFD;                                 //设定定时初值
    AUXR |= 0x01;                               //串口 1 选择定时器 2 为波特率发生器
    AUXR |= 0x10;                               //启动定时器 2
    TI = 1;
}
void JiShuQ_Init()                              //计数器初始化,T0 和 T1 共 2 路计数脉冲输入
{
    TMOD = 0x55;                                //设置 T1、T0 工作于计数方式,16 位计数
    HT0 = 0;TH0 = 0;TL0 = 0;HT1 = 0;TH1 = 0;TL1 = 0;      //清空计数器
    TR0 = 1;TR1 = 1;                            //开启计数器 0 /计数器 1
    ET0 = 1;ET1 = 1;                            //开启计数器 0 与 1 的中断
}
void DingSQ_Iint_5mS()                          //PCA 定时器初始化为 5 ms 中断
{
    CMOD = 0x80;                           //#10000000B   空闲模式下停止 PCA 计数器工作
                                      //选择 PCA 时钟源为 fosc/12,禁止 PCA 计数器溢出时中断
    CCON = 0;                                   //清零 PCA 计数器溢出中断请求标志位 CF
    //CR = 0, 不允许 PCA 计数器计数;清零 PCA 各模块中断请求标志位 CCFn
    CL = 0;                                     //清零 PCA 计数器
```

```
    CH = 0;
    CCAP0L = 0;                              //给 PCA 模块 0 的 CCAP0L 置初值
    CCAP0H = 0x24;                           //给 PCA 模块 0 的 CCAP0H 置初值
    CCAPM0 = 0x49;                           //设置 PCA 模块 0 为 16 位软件定时器
                                             //ECCF0 = 1 允许 PCA 模块 0 中断
                                //当[CH,CL] = [CCAP0H,CCAP0L]时,CCF0 = 1,产生中断请求
    EA = 1;                                  //开整个单片机所有中断共享的总中断控制位
    CR = 1;                                  //启动 PCA 计数器(CH,CL)计数
}
void PCA(void) interrupt 7                   //PCA 中断服务程序,每 5 ms 中断一次
{
    union
    {                                        //定义一个联合,以进行 16 位加法
        unsigned int num;
          struct
        {                                    //在联合中定义一个结构
        unsigned char Hi,Lo;
        }Result;
    }temp;
    temp.num = (unsigned int)(CCAP0H<<8) + CCAP0L + 0x2400;
    CCAP0L = temp.Result.Lo;                 //取计算结果的低 8 位
    CCAP0H = temp.Result.Hi;                 //取计算结果的高 8 位
    CCF0 = 0;                                //清 PCA 模块 0 中断标志
    Count -- ;                               //修改中断计数
    if(Count == 0)
    {
        Count = 200;                         //恢复中断计数初值 200×5 ms = 1 s
        LED_1s = !LED_1s;                    //在 P0.0 输出脉冲宽度为 1 s 的方波(周期 2 s)
        TR0 = 0;TR1 = 0;                     //关闭计数器 0 与 1,防止读数错误
        CR = 0;                              //关闭 16 位 PCA 计数器(CH,CL)
        Read_HT0 = HT0;Read_TH0 = TH0;Read_TL0 = TL0;         //读取计数值
        Read_HT1 = HT1;Read_TH1 = TH1;Read_TL1 = TL1;         //读取计数值
        HT0 = 0;TH0 = 0;TL0 = 0;                              //清空计数器
        HT1 = 0;TH1 = 0;TL1 = 0;
        TR0 = 1;TR1 = 1;                     //开启计数器 0 与 1,防止读数错误
        CR = 1;                              //开启 16 位 PCA 计数器(CH,CL)
        flag = 1;                            //需要主程序处理数据
    }
}
void Timer0(void) interrupt 1                //定时器 T0 中断函数
{
    HT0 ++ ;                                 //超过 16 位计数值变量加 1
    LED_T0_Over = !LED_T0_Over;
}
void Timer1(void) interrupt 3                //定时器 T1 中断函数
{
    HT1 ++ ;                                 //超过 16 位计数值变量加 1
    LED_T1_Over = !LED_T1_Over;
}
void SendBuf()
{
```

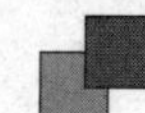

```
        unsigned long tmp;
        tmp = Read_HT0 * 65536 + Read_TH0 * 256 + Read_TL0;
        printf("F1: % ldHz        ",tmp);
        tmp = Read_HT1 * 65536 + Read_TH1 * 256 + Read_TL1;
        printf("F2: % ldHz\n",tmp);
}
void main()
{
        Uart_Init();                                //串口初始化
        JiShuQ_Init();                              //计数器初始化
        DingSQ_Iint_5mS();                          //PCA 定时器 5 ms 初始化
        while(1)
        {
                if (flag == 1)                      //需要通过串口向计算机发送数据的标志
                {
                        SendBuf();
                        flag = 0;
                }
        }
}
```

由于 1 号单片机的输出信号电路串联了 240 Ω 电阻，所以在信号频率很高时接入万用表会对信号波形产生影响，因此需要直接测量 1 号单片机信号输出引脚，另外 2 号单片机晶振一定要选用外部晶振。实测结果如图 16-2 所示(图中只给一个输入通道输入了频率信号)。

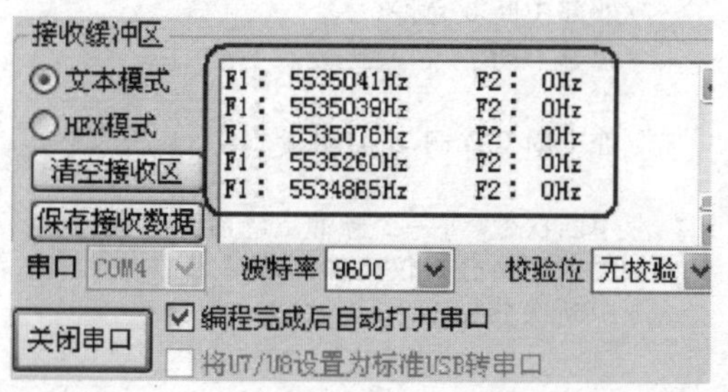

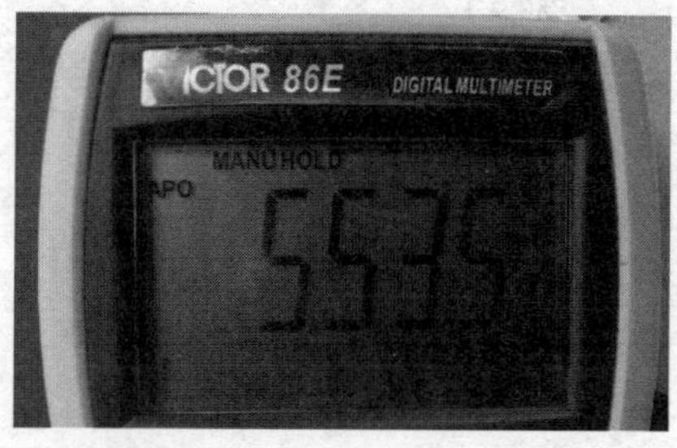

图 16-2　秒计数方式实验结果

例 16.2　采用测量脉冲周期方式测量 1 路脉冲信号频率，测量结果发计算机串口助手显示。

原理是利用脉冲信号的第一个下降沿中断打开计数器开始对外部晶振频率直接计数，利用脉冲的第二个下降沿中断关闭计数器。根据两次中断间计数脉冲个数和外部晶振频率就可以计算出外部脉冲信号的频率。由于脉冲下降沿引起的外部中断必须立即进行处理，因此只能测量一路外部信号。若要测量多路信号，可以采用 CD4051 电子开关切换方式分别抓取外部多路信号中的一路进行测量，然后依次切换到其他各路。经测试，本实例测量 5 000 Hz 以内的信号时具有很高的精度，超过 5 000 Hz 误差会逐步增加，如果使用配套实验板实验，需要使用杜邦线将 2 号单片机 P3.2 与 P3.4 连接

在一起。完整代码如下:

```
//假设外部晶振频率为 22.118 4 MHz,串口通信波特率为 9 600
#include "STC15W4K.H"
#include "intrins.h"
#include <stdio.h>                              //为使用 Keil 自带的库函数 printf 而加入
#define number 10                               //一次捕捉 10 个脉冲计算其频率
#define Fsoc 22118400
bit flag1;                                      //需要通过串口向计算机发送数据的标志
sbit LED = P0^0;                                //调试指示灯
sbit LED_T0_Over = P0^1;                        //调试指示灯
unsigned char Read_TH0,Read_TL0;                //读取的定时器 T0 的高低位计数值
unsigned int HT0;            //超过 16 位的计数值,最大 65 536×65 536/22 118 400 Hz = 194 s
unsigned int Read_HT0;                          //读取的超过 16 位的计数值,
void Uart_Init(void)                            //9 600 bps@22.118 4 MHz
{    //同例 14.1    }
void JiShuQ_Init()                              //计数器初始化,T0 和 T1 共 2 路计数脉冲输入
{
    TMOD = 0x01;                                //设置 T0 工作于 16 位定时方式
    AUXR| = 0x80;            //定时器 0 的速度是传统 8051 单片机定时器速度的 12 倍,即 1T。
    HT0 = 0;TH0 = 0;TL0 = 0;                    //清空计数器
    ET0 = 1;                                    //开启计数器 0 与 1 的中断
    EA = 1;                                     //开总中断
}
void EXT_INT_Init()
{
    IT0 = 1;                                    //外部中断 0 下降沿触发
    EX0 = 1;                                    //外部中断 0 允许
    EA = 1;                                     //开总中断
}
void INT0() interrupt 0                         //外中断 0 控制 T0 计数子程序
{
    static unsigned char Count = 0;             //中断次数(每一个脉冲下降沿计数值加 1)
    LED = 0;                                    //用于逻辑分析仪精确调整时间
    Count++;                                    //中断次数加 1
    if    (Count == 1)
    {
        //微调用,进入中断后开启计数器与关闭计数器时间延迟要求相同,
        //使用逻辑分析仪测量并调整_nop_()个数,否则高频时频率误差很大
        _nop_();_nop_();_nop_();_nop_();_nop_();_nop_();_nop_();_nop_();
        TR0 = 1;                                //定时器 0 开始计数(测量脉冲周期)
        LED = 1;                                //观察中断延迟用(进入中断到开启计数器延迟)
    }
    else if (Count> = number + 1)
    {
        TR0 = 0;                                //关闭定时器
        LED = 1;                                //观察中断延迟用(进入中断到关闭计数器延迟)
        Read_HT0 = HT0;Read_TH0 = TH0;Read_TL0 = TL0;      //读取计数值
        HT0 = 0;TH0 = 0;TL0 = 0;                //清空计数器
        flag1 = 1;                              //数据需要处理标志
        Count = 0;
        IE0 = 0;                                //必须清除可能存在的本中断程序标志
```

```
    }
}
void Timer0(void) interrupt 1                          //定时器 T0  中断函数
{
    HT0 ++ ;                                           //超过 16 位计数值变量一次变量加 1
    LED_T0_Over = !LED_T0_Over;
}
void SendBuf()
{
    unsigned long tmp;
    tmp = (Read_HT0 * 65536 + Read_TH0 * 256 + Read_TL0)/number;  //1 个脉冲对应的计数值
    tmp = Fsoc/tmp;
    printf("F1： % ldHz        ",tmp);
}
void main()
{
    Uart_Init();                                       //串口初始化
    printf("串口初始化完毕\n");
    JiShuQ_Init();                                     //计数器初始化
    EXT_INT_Init();
    while(1)
    {
        if (flag1 == 1)                                //需要通过串口向计算机发送数据的标志
        {
            SendBuf();
            flag1 = 0;
        }
    }
}
```

第 17 章

DS1302 时钟芯片

17.1 DS1302 的 SPI 数据通信格式

时钟芯片用来记录系统运行的年、月、日、时、分、秒数据，常用的型号有 DS1302 与 PCF8563。DS1302 的零售价为 3 元，有直插与贴片封装，引脚排列顺序完全相同。引脚功能说明如下。

1 引脚：VCC2，主电源输入，2.0～5.5 V，当 VCC2 比 VCC1 大 0.2 V 时，由 VCC2 供电，否则由 VCC1 供电。当 VCC2 = 5 V 时，最大通信过程中的工作电流为 1.28 mA，非通信过程时的最大计时电流为 81 μA。

2、3 引脚：外接 32.768 kHz 晶振输入端。

4 引脚：GND，电源负。

5 引脚：$\overline{\text{RST}}$，复位控制端，有的芯片手册标识符为“CE”，相当于片选信号输入。

6 引脚：I/O，数据输入/输出口。

7 引脚：SCLK，串行时钟输入口。

8 引脚：VCC1，备用电池输入，允许范围：2.0～5.5 V，典型值为 3.6 V。VCC1 = 5 V 时最大通信过程中的工作电流为 1.2 mA，非通信过程时的最大计时电流为 1 μA。

使用 DS1302 必需的步骤是读取 DS1302 内部的时间信息，另外还需要对 DS1302 设置初始运行时间，因此就有数据读取与数据写入 2 种不同的传输格式。DS1302 采用的是 SPI 接口与单片机进行通信，数据读取与数据写入格式如图 17－1 和图 17－2 所示。

时序说明：

① $\overline{\text{RST}}$ 在平时应为低电平，数据传输过程中必须是高电平，数据传输时按低位在前、高位在后的顺序传输。

② SCLK 在 $\overline{\text{RST}}$ 拉高之前必须是低电平。

③与 IIC 接口芯片 24C02 相似，单片机向 DS1302 发送的第一个地址字节中还包

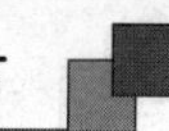

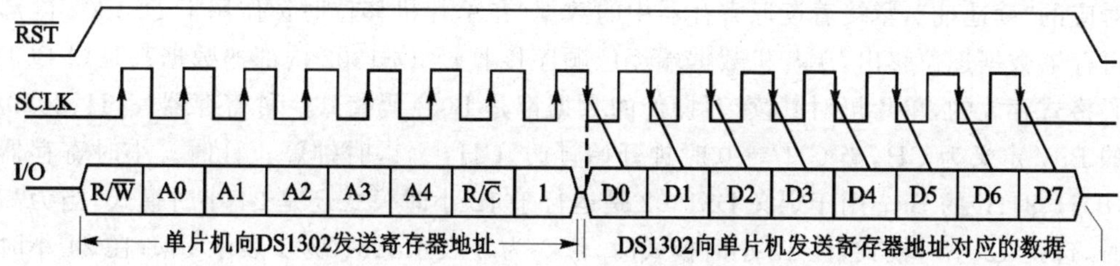

图 17-1 单片机读取 DS1302 的数据

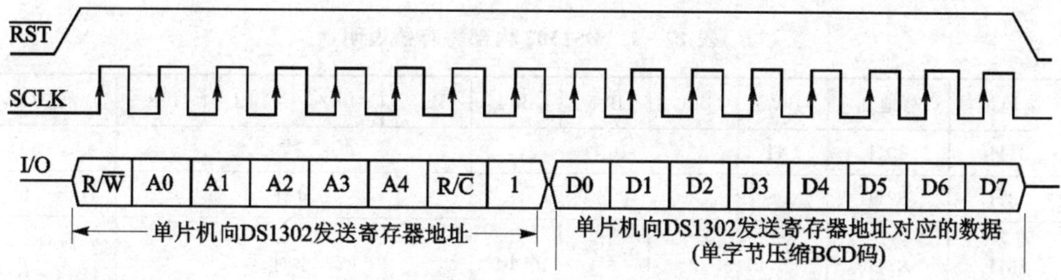

图 17-2 单片机向 DS1302 写入数据

含其他重要信息，第 1 位 $R/\overline{W}$ 是读/写控制，0 表示进行写操作，1 表示进行读操作。第 2～6 位（A0～A4）表示操作单元的地址；第 7 位 $R/\overline{C}$ 如果为 0，则表示存取日历时钟数据，为 1 表示存取 RAM 数据。第 8 位固定为 1，实际上这些控制位及地址已经有包封好的完整字节供我们使用，见表 17-1 的"读地址"与"写地址"。

④ 单片机向 DS1302 发送地址和数据时是时钟上升沿有效（即在时钟由低变高之前必须把地址或数据先放在 I/O 口线上，在时钟上升沿瞬间将数据移入 DS1302 内部），DS1302 向外输出数据时是时钟下降沿输出。

在图 17-1 与图 17-2 中，单片机都需要先向 DS1302 发送寄存器地址。由于年、月、日、时、分、秒数据无法用一个字节表示，所以就分成了多个字节，每个数据字节需要占用 DS1302 内部一个地址单元，单片机发送一个地址，则读取一个地址单元中的数据。通常情况下，我们使用多字节传输的突发模式，防止某些时候出现读数错误。比如，当读到 59 s，然后去读分的时候，分钟已经进位了，这样时间上就差了 1 分钟，如果正在读取小时，这个就差得更远了。突发模式读/写的是 DS1302 内部的数据缓冲区，这个缓冲区的数据字节是在瞬间同时更新的，当 DS1302 接收到单片机的突发模式读命令后，在整个数据传输过程结束之前是不会更新数据缓冲区的，这样就保证了读数的准确性。突发模式命令是将发送的地址位全部置 1，读操作地址为 0xBF，写操作地址为 0xBE。

DS1302 内部寄存器的意义如表 17-1 所列。在表 17-1 中"写地址"表示当单片机需要向 DS1302 的某个寄存器中写入新的数据时，先向 DS1302 发送寄存器地址，即表格中对应的"写地址"，紧接着发送需要写入寄存器中的数据。"读地址"表示当单片机需要读取 DS1302 某个寄存器中的数据时，先向 DS1302 发送寄存器地址，即表格中对应的“读地址”,紧接着读取寄存器中的数据(在单片机移位时钟作用下 DS1302 内部寄存器数据逐位移出,单片机数据端逐位顺序接收)。DS1302 内部的数据都是以 BCD 码格式存放的,单片机对其读/写操作的数据都是 BCD 码格式。秒寄存器(81H、80H)的 Bit7 定义为 CH,当 CH = 0 时钟开始计时,CH = 1,时钟停止计时。小时寄存器(85H、84H)的 Bit7 用于定义 DS1302 是运行于 12 小时模式还是 24 小时模式,当为高时,选择 12 小时模式,在 12 小时模式时,位 5 为 0 表示 AM,为 1 表示 PM;在 24 小时模式时,位 5 是第二个 10 小时位。控制寄存器(8FH、8EH)的 Bit7 是写保护位 WP,WP = 0 允许写入,WP = 1 禁止写入。

表 17 - 1　DS1302 内部寄存器说明

读地址	写地址	Bit7	Bit6	Bit5	Bit4	Bit3	Bit2	Bit1	Bit0	范围
81H	80H	CH	10 秒			秒				00～59
83H	82H	—	10 分钟			分钟				00～59
85H	84H	12 (/24)	0	10 /AM(PM)	10 小时	小时				1～12 (0～23)
87H	86H	0	0	10 日		日				1～31
89H	88H	0	0	0	10 月	月				1～12
8BH	8AH	0	0	0	0	0	星期			1～7
8DH	8CH	10 年				1 年				00～99
8FH	8EH	WP	0	0	0	0	0	0	0	—
91H	90H	TCS	TCS	TCS	TCS	DS	DS	RS	RS	—

17.2　程序实例

例 17.1　读取 DS1302 运行过程中的年、月、日、时、分、秒数据并发送到计算机串口助手显示,单片机的时钟频率为 22.118 4 MHz,波特率为 9 600。串口助手接收区选择“字符格式显示”。

```
#include "STC15W4K.H"
#include "uart_debug.H"
#include <intrins.h>
sbit SCK = P2^7;                                //时钟
sbit SDA = P4^5;                                //数据
sbit RST = P4^6;                                //DS1302 复位(片选)
#define DS1302_W_ADDR 0x80                      //写起始地址
#define DS1302_R_ADDR 0x81                      //读起始地址
unsigned char StartTime[7] = {14,11,30,23,50,59,7};   //年、月、日、时、分、秒、周 14 - 11 - 30 23:50:59
unsigned char time[8];                          //秒、分、时、日、月、周、年
void Data_Swap()                                //数据交换
{
    time[0] = StartTime[5];                     //秒
```

```
        time[1] = StartTime[4];                //分
        time[2] = StartTime[3];                //时
        time[3] = StartTime[2];                //日
        time[4] = StartTime[1];                //月
        time[5] = StartTime[6];                //周
        time[6] = StartTime[0];                //年
        time[7] = 0;                           //最后一字节写保护为0可写入数据
    }
    //写字节,低位在前,高位在后
    void write_ds1302_byte(unsigned char dat)
    {
        unsigned char i;
        for (i = 0;i<8;i++)
        {
            SDA = dat & 0x01;                  //bit型变量取值范围是0和1,赋值非0结果为
1
            SCK = 1;                           //放入数据到时钟上升沿时间50 ns
            dat >>= 1;                         //时钟上升沿后数据保持时间70 ns
            SCK = 0;                           //时钟低电平时间与时钟高电平时间250 ns
        }
    }
    //清除写保护
    void clear_ds1302_WP(void)
    {
        RST = 0;                               //RST引脚即是CE引脚
        SCK = 0;
        RST = 1;
        write_ds1302_byte(0x8E);
        write_ds1302_byte(0);
        SDA = 0;
        RST = 0;
    }
    //设置写保护
    void set_ds1302_WP(void)
    {
        RST = 0;                               //RST引脚即是CE引脚
        SCK = 0;
        RST = 1;
        write_ds1302_byte(0x8E);
        write_ds1302_byte(0x80);
        SDA = 0;
        RST = 0;
    }
    //连续写入8个寄存器数据,dat:待写入数据指针
    void write_ds1302_nbyte(unsigned char * dat)
    {
        unsigned char i;
        RST = 0;
        SCK = 0;
        RST = 1;
        write_ds1302_byte(0xBE);               //发送突发写寄存器指令
```

```
    for (i = 0; i<8; i++)                    //连续写入 8 字节数据
    {
        write_ds1302_byte(dat[i]);
    }
    RST = 0;
}
//设定时钟数据
void set_time(unsigned char * timedata)
{
    unsigned char i, tmp;
    for (i = 0; i<7; i++)                //转化为压缩 BCD 格式(一个字节存放 2 个 BCD 码)
    {
        tmp = timedata[i] / 10;                  //获取高位 BCD 码
        timedata[i] = timedata[i] % 10;          //获取低位 BCD 码
        timedata[i] = timedata[i] + tmp * 16;    //合并成压缩 BCD 码
    }
    clear_ds1302_WP();                           //清除写保护
    write_ds1302_nbyte(timedata);                //连续写入 8 字节数据
    set_ds1302_WP();                             //写保护
}
//读字节,低位在前,高位在后
unsigned char read_ds1302_byte(void)
{
    unsigned char i, dat = 0;
    for (i = 0;i<8;i++)
    {
        dat >>= 1;
        if (SDA) dat |= 0x80;
        SCK = 1;
        SCK = 0;
    }
    return dat;
}
//连续读取 8 个寄存器的数据,dat:读取数据的接收指针
void read_time(unsigned char * dat)
{
    unsigned char i;
    RST = 0;
    SCK = 0;
    RST = 1;
    write_ds1302_byte(0xBF);                     //发送突发读寄存器指令
    for (i = 0; i<8; i++)                        //连续读取 8 个字节
    {
        dat[i] = read_ds1302_byte();
    }
    RST = 0;
}
void delay_1S(void)
{   //由第 1 章介绍的软件计算得出
}
//单字节压缩 BCD 码转换成 ASCII 码另一常见格式示例,dat/16 + 0x30,
```

```
//dat/16 本质就是右移 4 位,数字 0～9 加上 0x30 即得数字 0～9 的 ASCII 码
void UART_Send_PC(unsigned char * tmp)
{
    unsigned char str[12];                          //字符串转换缓冲区
    str[0] = '2';                                   //添加年份的高 2 位:20
    str[1] = '0';
    str[2] = (tmp[6] >> 4) + '0';                   //"年"高位数字转换为 ASCII 码
    str[3] = (tmp[6]&0x0F) + '0';                   //"年"低位数字转换为 ASCII 码
    str[4] = '-';                                   //添加日期分隔符
    str[5] = (tmp[4] >> 4) + '0';                   //"月"
    str[6] = (tmp[4]&0x0F) + '0';
    str[7] = '-';
    str[8] = (tmp[3] >> 4) + '0';                   //"日"
    str[9] = (tmp[3]&0x0F) + '0';
    str[10] = '\0';                                 //字符串结束符
    UART_Send_Str(str);                             //输出年、月、日
    UART_Send_Str("    ");
    str[0] = (tmp[2] >> 4) + '0';                   //"时"
    str[1] = (tmp[2]&0x0F) + '0';
    str[2] = ':';                                   //添加时间分隔符
    str[3] = (tmp[1] >> 4) + '0';                   //"分"
    str[4] = (tmp[1]&0x0F) + '0';
    str[5] = ':';
    str[6] = (tmp[0] >> 4) + '0';                   //"秒"
    str[7] = (tmp[0]&0x0F) + '0';
    str[8] = '\0';
    UART_Send_Str(str);                             //输出时、分、秒
    UART_Send_Str("    ");
    UART_Send_Str("week = ");
    str[0] = (tmp[5]&0x0F) + '0';                   //"星期"
    str[1] = '\0';
    UART_Send_Str(str);                             //输出星期
    UART_Send_Str("    ");
}
void main()
{
    port_mode();                                    //所有 I/O 口设为准双向弱上拉方式
    UART_init();                                    //波特率为 9 600,频率为 22.118 4 MHz
    Data_Swap();                                    //数据交换
     set_time(time);                                //设定初始时间值,数组名就代表数组首地址
    while(1)
    {
        read_time(time);                            //秒、分、时、日、月、周、年
        UART_Send_PC(time);
        delay_1S();
    }
}
```

第 18 章
红外通信

18.1 红外通信电路与基本原理

红外遥控普遍运用在家用电器上。在工业控制中，对于存在高压、辐射、有毒气体、粉尘等的场合，如果要求成本较低，就可考虑使用红外遥控。红外遥控相比无线电波遥控的优势是成本更低，劣势是通信距离要比无线电波方式短。无线电波方式将在第 19 章详细介绍。

将最原始的二进制信号调制为一系列的脉冲串信号，通过红外发射管发射红外信号。最原始的二进制信号也称为基带信号。利用 38 kHz(35～42 kHz 都可用)载波调制脉冲将原始二进制信号调制后发送出去。利用载波的主要目的是提高发射效率，减少发射部分电源功耗。红外发射电路的基本原理与波形如图 18-1 所示，接收端需要再将调制后的信号还原成原始二进制信号。

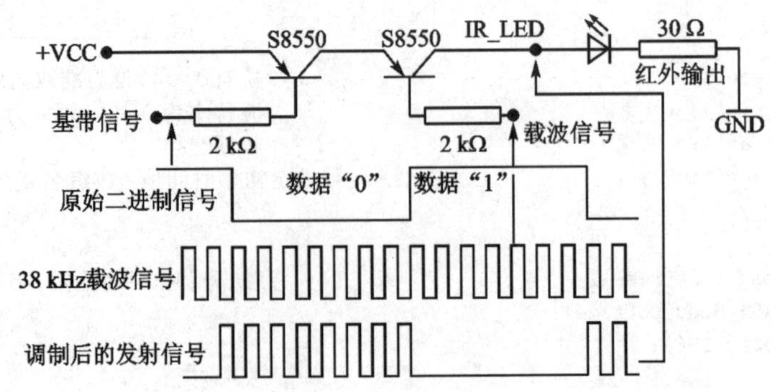

图 18-1 红外发射电路的基本原理

红外线遥控是利用波长为 0.76～1.5 μm 之间的红外线来传送控制信号的。图 18-2 是红外发射二极管外形图，一般有透明和淡蓝两种颜色。图 18-3 是红外接收二极管，

一般是黑色。红外接收二极管用于简单红外信号的接收处理，当其受到红外线照射时反向导通，导通程度与红外线强度有关。图 18-4 是一体化红外接收头，用于红外调制信号的解调。

常用 38 kHz 载波的产生办法：① 455 kHz 晶振进行 12 分频≈37.91 kHz（常用的电视机遥控器就是如此）。② 用单片机的可编程时钟输出功能产生。③ 用 NE555 时基电路搭建。

一体化红外接收头 HS0038（38 通常表示载波频率）：电源电压为 0～6 V，通常使用+3.3 V 或+5 V；OUT 输出的是已解调的低频原始二进制信号，输出低电平<0.4 V，输出高电平接近电源电压，静态输出为高电平。由于红外接收头内部放大器的增益很大，很容易引起干扰，因此在接收头供电引脚上必须加上滤波电容，具体电路如图 1-18 所示，一般使用 0.1～10 μF 都可以，在供电引脚和电源之间串联 10～100 Ω 的电阻，可进一步降低干扰。另外，需要注意发射管发出信号的载波频率与接收头载波频率要一致，否则接收头无法解调出低频信号。不过市场上卖的接收头普遍是 38 kHz，其他载波频率的很难买到，所以一般情况下做这个实验是不会出现什么问题的。

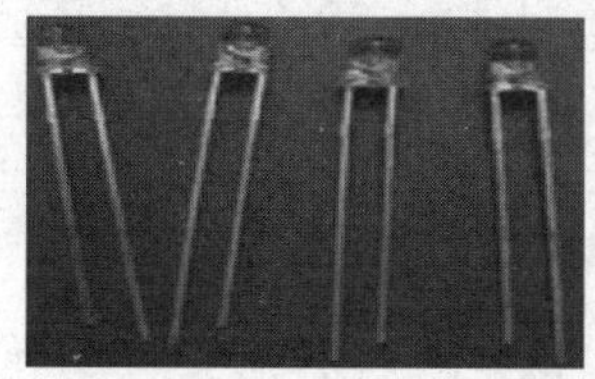

图 18-2　红外发射二极管

图 18-3　红外接收二极管

图 18-4　一体化红外接收头

接收头完成的功能其实很简单，如图 18-5 所示。接收头没有接收到信号时输出的是高电平，收到合格的一串 38 kHz 载波就输出低电平，载波停止又输出高电平，有合格载波又输出低电平。所以假如要实现 560 μs 低电平、1 680 μs 高电平，其就是发射 560 μs、38 kHz 的红外信号，再停止 1 680 μs 信号发射，再依次发送下一位，但不要连续发射 38 kHz 信号，如果连续发射 38 kHz 信号，会看到输出 200 ms 低电平后，输出又会回到高电平。

图 18-5　原始二进制信号、红外输出信号与接收头输出信号三者间的关系

要让单片机正常接收遥控器信号，就必须知道遥控器的数据输出格式，即通信协议。最常用的 NEC 协议（遥控器输出 38 kHz 信号）传输格式如图 18-6 所示。支持 NEC 协议的遥控器芯片的典型型号是 HT6121/6122。

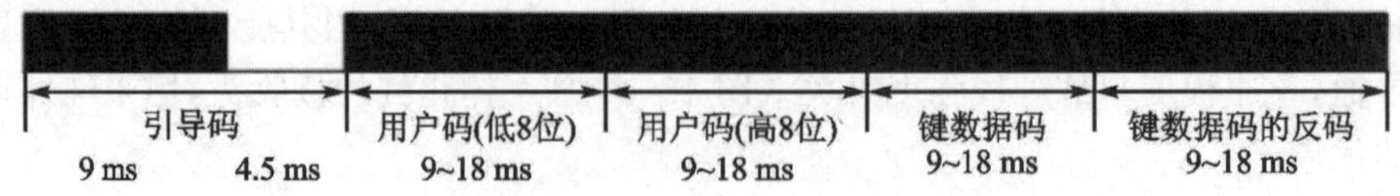

图 18－6　NEC 协议传输格式

与图 18－6 对应的遥控器的原始二进制信号与红外接收头解码输出波形相同，图 18－7 和图 18－8 是对图 18－6 进行细节分析的波形图。

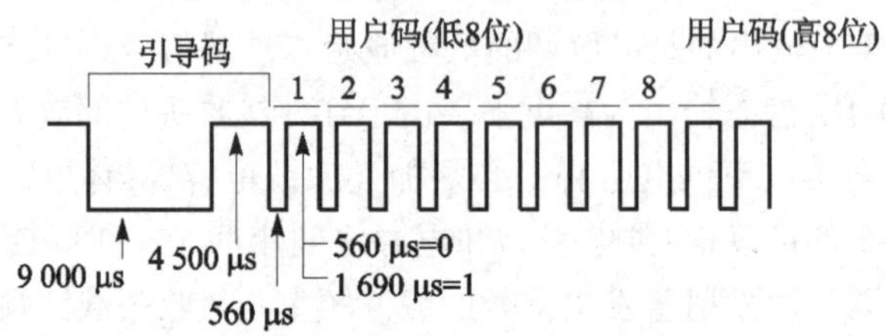

图 18－7　基带信号与红外接收头输出信号

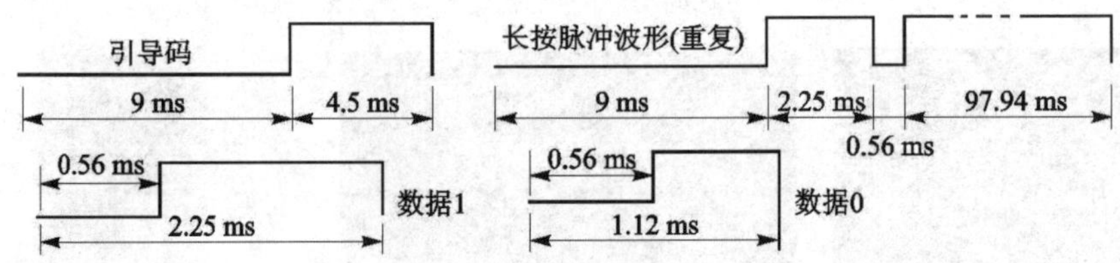

图 18－8　引导码数据位与长按波形

引导码低电平持续时间(即载波时间)为 9 000 μs，高电平持续时间为 4 500 μs，单片机只有检测到引导码出现时才确认开始接收后面的数据，这样用于保证接收数据的正确性。用户码高 8 位与低 8 位可以是相同的，也可以是互为反码或者高低 8 位构成 16 位的用户码，具体由生产商决定。用户码用于区分不同的电器设备，防止不同机种遥控器互相干扰，引导码后面的数字信息通过一个高低电平持续时间来表示，1 的持续时间是 560 μs 低电平 ＋ 1 690 μs 高电平，0 的持续时间是 560 μs 低电平＋560 μs 高电平。用户码后面的键数据码是用户真正需要的编码，按下不同的键产生不同的键数据码，接收端收到键数据码后根据其具体数值执行不同的操作。键数据码的反码在接收端接收到后再按位取反，取反后的值与键数据码进行比较，不等则认为是数据传输错误，为无效数据，从而提高了数据传输的准确性。键数据码的反码结束后实际还有一位同步位，同步位主要起隔离作用，一般不进行判断，编程时我们也不予理会。另外，发送端输出的原始二进制数据的每个字节都是低位在前，高位在后，即使遥控器上的按键一直按着，一个命令也只发送一次，如果键按下的时间超过 108 ms 仍未松开，接下来发送的代码(连发代码)将仅由引导码的前 9 ms 与 2.25 ms 结束码组成，隔 108 ms 重复发送一次，并不带任何数据。图 18－9 是逻辑分析仪采集到的某一按键按下时红外接收头的输出波形(数字电视机顶盒遥控器波形)，图 18－10 是按下某个按键长时间不松开的完整波形。

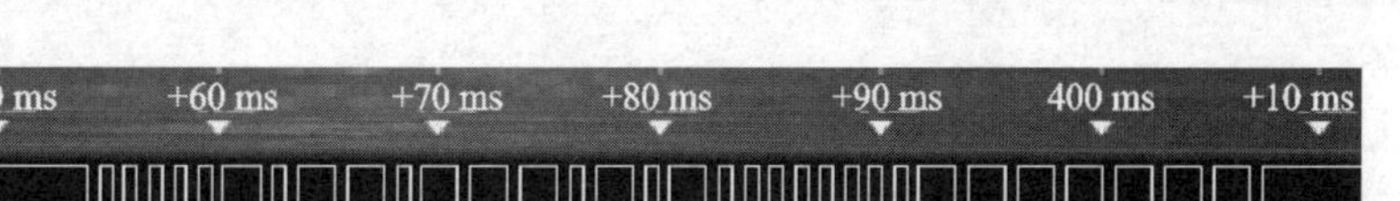

图 18-9 一帧数据波形

图 18-10 长按波形

现在计算一帧数据总宽度，16 位地址码的最短宽度（输出全为 0）：1.12 ms×16≈18 ms，16 位地址码的最长宽度（输出全为 1）：2.25 ms×16=36 ms，8 位键数据码与其 8 位反码的宽度和不变：(1.12 ms+2.25 ms)×8≈27 ms，所以 32 位数据宽度为 (18 ms+27 ms)～(36 ms+27 ms)，即 45～63 ms，加上引导码 13.5 ms，一帧数据总宽度为 58.5～76.5 ms。

熟悉了遥控器输出信息后，下一步则是如何将遥控器输出的用户码与键码信息提取出来，提取用户码与键码信息的过程称为解码。解码的关键是如何识别“0”和“1”，从位的定义可以发现“0”和“1”均以 0.56 ms 的低电平开始，不同的是高电平的宽度不同，“0”为 0.56 ms，“1”为 1.69 ms，所以必须根据高电平的宽度区别“0”和“1”。如果从 0.56 ms 低电平后开始延时，那么 0.56 ms 以后，若读到的电平为低，说明该位为“0”，反之则为“1”。为了可靠起见，延时必须比 0.56 ms 长些，但又不能超过 1.12 ms，因此取 0.56 ms+(1.12 ms−0.56 ms)/2=0.84 ms 左右即可。

下面将使用单片机普通 I/O 口或外部中断引脚接收红外接收头的信号，然后把解码出来的 4 个字节发送给计算机串口助手显示。这样做就方便多了，图 18-9 的波形解码完成后在计算机串口助手显示的结果为：A0 5D 01 FE。

18.2 红外接收软件实例

例 18.1 红外接收数据，查询方式，通过串口发送接收到的 4 字节，R/C 时钟频率为 22.118 4 MHz，波特率为 9 600，要求串口助手按十六进制格式显示。

程序思路：单片机一直守候红外信号，等待出现低电平，一旦出现，立即打开计数器对内部 R/C 时钟脉冲计数，直到低电平结束，低电平区间计数值的大小即代表了脉冲低电平的宽度，保存低电平计数值后立即记录高电平脉冲宽度，使用相同的方式对接收到的每一个脉冲进行记录分析即可获得 4 字节数据。

程序优点：程序简单明了，可靠性高，可选择单片机任意 I/O 口连接红外接收头输出信号，可用此程序验证红外通信硬件部分是否工作正常。

程序缺点：需要单片机一直守候红外信号的出现，单片机不方便去执行一些其他任务。

程序代码:见配套资源。

例 18.2 红外接收数据,外部中断方式,通过串口发送接收到的 4 字节,R/C 时钟频率为 22.118 4 MHz,波特率为 9 600,要求串口助手按十六进制格式显示。

程序优点:此程序由例 18.1 扩展而来,可靠性高,程序比较容易理解,实际应用较多。

程序缺点:程序需要占用单片机一个外部中断引脚,并且需要占用一个定时器,在出现红外信号后,外部中断接收数据的过程需要 58.5~76.5 ms 的时间,若程序中有更高级的中断使用,高级中断程序占用时间应限制到 250 μs 以内以免干扰红外数据的正常接收。

程序代码:见配套资源。

例 18.3 红外接收数据,外部中断方式,通过串口发送接收到的 4 字节,R/C 时钟频率为 22.118 4 MHz,波特率为 9 600,要求串口助手按十六进制格式显示。

程序优点:程序由例 18.2 扩展而来,可靠性高,红外接收中断程序占用时间很少,大约几 μs。

程序缺点:程序需要占用单片机一个外部中断引脚,并且需要占用两个定时器,程序相对复杂些。

程序代码:见配套资源。

例 18.4 红外接收数据,使用一个定时器模拟外部中断方式,并通过串口发送接收到的用户码与键码,R/C 时钟频率为 22.118 4 MHz,波特率为 9 600,要求串口助手按字符格式显示。

程序思路:设置定时器 125 μs(允许范围:60~250 μs)定时检测一次红外输入口电平,若某一次采样值为高电平并且紧接着的一次采样值为低电平,说明出现了下降沿,清 0 一个计数器变量 IR_SampleCnt,退出程序继续 125 μs 的定时检测,并且不断地对检测次数进行累加,累加值放到变量 IR_SampleCnt 中,在下一次出现下降沿时,变量 IR_SampleCnt 中的值就代表了 2 次下降沿之间的脉冲周期(IR_SampleCnt×125 μs),根据每一次的脉冲周期即可识别出同步信号与 32 位数据。

程序优点:通用性极强,可使用任意 I/O 口接收红外数据,红外接收部分自适应 R/C 时钟频率为 5~35 MHz,模拟串口输出部分需要根据 R/C 时钟频率调整延时函数参数,此程序移植时只需更改红外接收引脚定义与模拟串口发送引脚即可。

程序缺点:程序复杂,但通用性强,只占用一个定时器,移植非常简单,建议优先选用。

程序代码如下:

```
/// ***************  功能说明  ***************
//当遥控器用户码与程序定义的用户码不同时,程序会将遥控器的用户码一起从串口输出
/ *******************************************/
#include    "STC15W4K.H"
#define MAIN_Fosc       22.1184         //定义主时钟,红外接收会自动适应 5~36 MHz
```

```
#define     User_code          0xFD02                 //定义红外接收用户码
sbit    Ir_Pin = P3^6;                                //定义红外接收输入端口
sbit    TXD1 = P3^1;                                  //定义模拟串口发送引脚
#define TIME     125          //选择定时器时间 125 μs,红外接收要求在 60~250 μs 之间
#define Timer0_Reload (unsigned int)(65536 - (TIME * MAIN_Fosc /12.0))  //定时器初值
/***************     本地变量声明     ***************/
unsigned char    IR_SampleCnt;  //采样次数计数器,通用定时器对红外口检测次数累加记录
unsigned char    IR_BitCnt;                           //记录位数
unsigned char    IR_UserH;                            //用户码(地址)高字节
unsigned char    IR_UserL;                            //用户码(地址)低字节
unsigned char    IR_data;                             //键原码
unsigned char    IR_DataShit;                         //键反码
unsigned char    IR_code;                             //红外键码
bit         Ir_Pin_temp;                              //记录红外引脚电平的临时变量
bit         IR_Sync;                    //同步标志(1——已收到同步信号,0——没收到)
bit         IrUserErr;                                //用户码错误标志
bit         IR_OK;  //完成一帧红外数据接收的标志(0——未收到,1——收到一帧完整数据)
#if ((TIME <= 250) && (TIME >= 60))
//TIME 决定测量误差,TIME 太大防错能力降低,TIME 太小会干扰其他中断函数执行
#define     IR_sample          TIME                   //定义采样时间,在 60~250 μs 之间
#endif
#define IR_SYNC_MAX          (15000/IR_sample)
//同步信号 SYNC  最大时间 15 ms(标准值 9 ms + 4.5 ms = 13.5 ms)
#define IR_SYNC_MIN          (9700 /IR_sample)
//同步信号 SYNC  最小时间 9.5 ms,(连发信号标准值 9 ms + 2.25 ms = 11.25 ms)
#define IR_SYNC_DIVIDE       (12375/IR_sample)
//区分 13.5 ms 同步信号与 11.25 ms 连发信号,11.25 ms + (13.5 ms - 11.25 ms)/2 = 12.375 ms
#define IR_DATA_MAX          (3000 /IR_sample)    //数据最大时间 3 ms (标准值 2.25 ms)
#define IR_DATA_MIN          (600  /IR_sample)  //数据最小时间 0.6 ms (标准值 1.12 ms)
#define IR_DATA_DIVIDE       (1687 /IR_sample)
//区分数据 0 与 1,1.12 ms + (2.25 ms - 1.12 ms)/2  = 1.685 ms
#define IR_BIT_NUMBER          32                     //32 位数据
//********************  红外接收模块  ********************
//信号第 1 个下降沿时刻清零计数器并让计数器从 0 开始计数,第 2 个下降沿时刻计算计数器
//运行时间,因此检测的是每个信号从低电平开始到高电平结束这段时间,也就是脉冲周期
void IR_RX_HT6121(void)
{
    unsigned char    SampleTime;                      //信号周期
    IR_SampleCnt++;                                   //定时器对红外口检测次数
    F0 = Ir_Pin_temp;
                                         //保存前一次此程序扫描到的红外端口电平
    Ir_Pin_temp = Ir_Pin;                             //读取当前红外接收输入端口电平
    if(F0 && !Ir_Pin_temp)       //前一次采样高电平且当前采样低电平,说明出现了下降沿
    {
        SampleTime = IR_SampleCnt;                    //脉冲周期
        IR_SampleCnt = 0;                             //出现了下降沿则清零计数器
        //*******************接收同步信号 ********************
        if(SampleTime > IR_SYNC_MAX)     IR_Sync = 0;   //超出最大同步时间,错误信息
        else if(SampleTime >= IR_SYNC_MIN)     //SYNC
        {
            if(SampleTime >= IR_SYNC_DIVIDE)
```

```
        //区分 13.5 ms 同步信号与 11.25 ms 连发信号
        {
            IR_Sync = 1;                    //收到同步信号 SYNC
            IR_BitCnt = IR_BIT_NUMBER;      //赋值 32(32 位有用信号)
        }
    }
    //****************************************
    else if(IR_Sync)                        //已收到同步信号 SYNC
    {
        if((SampleTime < IR_DATA_MIN)|(SampleTime > IR_DATA_MAX)) IR_Sync = 0;
        //数据周期过短或过长,错误
        else
        {
            IR_DataShit >>= 1;
            //键反码右移 1 位(发送端是低位在前,高位在后的格式)
            if(SampleTime >= IR_DATA_DIVIDE)    IR_DataShit |= 0x80;
            //区别是数据 0 还是 1
            //************* 32 位数据接收完毕 *************
            if(--IR_BitCnt == 0)
            {
                IR_Sync = 0;                    //清除同步信号标志
                if(~IR_DataShit == IR_data)  //判断数据正反码
                {
                    if((IR_UserH == (User_code / 256)) && IR_UserL == (User_code
                        % 256))
                    {
                            IrUserErr = 0;//用户码正确
                    }
                    else    IrUserErr = 1;//用户码错误

                    IR_code = IR_data;      //键码值
                    IR_OK = 1;              //数据有效
                }
            }
        //格式: 用户码 L —— 用户码 H —— 键码 —— 键反码
        //功能: 将"用户码 L —— 用户码 H —— 键码"通过 3 次接收交换后存入
        //对应字节,这样写代码可以节省内存 RAM 占用,但是不如用数组保存好理解
        //          键反码前面部分代码已保存好了:IR_DataShit |= 0x80;
            else if((IR_BitCnt & 7) == 0)   //1 个字节接收完成
            {
                IR_UserL = IR_UserH;        //保存用户码高字节
                IR_UserH = IR_data;         //保存用户码低字节
                IR_data   = IR_DataShit;    //保存当前红外字节
            }
        }
    }
  }
}
/************* Timer0 初始化函数 *************/
void InitTimer0(void)
{
```

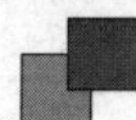

```
    TMOD = 0x01;                                    //16 位计数方式.
    TH0 = Timer0_Reload / 256;
    TL0 = Timer0_Reload % 256;
    ET0 = 1;
    TR0 = 1;
    EA  = 1;
}
/*************Timer0 中断函数*************/
void timer0 (void) interrupt 1
{
    IR_RX_HT6121();
    TH0 = Timer0_Reload / 256;                      //重装定时器初值
    TL0 = Timer0_Reload % 256;                      //重装定时器初值
}
/************* 模拟串口相关函数*************/
void delay104us(void)
{  //由第 1 章介绍的软件计算得出
}
//模拟串口发送
void Tx1Send(unsigned char dat)          //9 600,N.8.1 发送一个字节
{  //……
}
void PrintString(unsigned char code * puts)                    //发送一串字符串
{
    for (; * puts != 0;     puts++)  Tx1Send(* puts);     //遇到停止符 0 结束
}
/************* 十六进制转 ASCII 函数*************/
unsigned char    HEX2ASCII(unsigned char dat)
{
    dat &= 0x0f;
    if(dat <= 9)     return (dat + '0');                 //数字 0～9
    return (dat - 10 + 'A');                             //字母 A～F
}
/************* 主函数*************/
void main(void)
{
    InitTimer0();                                        //初始化 Timer0
    PrintString("定时器 0 初始化完毕\r\n");               //上电后串口发送一条提示信息
    while(1)
    {
        if(IR_OK)                                        //接收到一帧完整的红外数据
        {
            PrintString("红外键码：0x");                  //提示红外键码
            Tx1Send(HEX2ASCII(IR_code >> 4));            //键码高半字节
            Tx1Send(HEX2ASCII(IR_code));                 //键码低半字节
            if(IrUserErr)                                //用户码错误,则发送用户码
            {
                Tx1Send(' ');                            //发空格
                Tx1Send(' ');                            //发空格
                PrintString("用户码：0x");                //提示用户码
                Tx1Send(HEX2ASCII(IR_UserH >> 4)); //用户码高字节的高半字节
```

```
            Tx1Send(HEX2ASCII(IR_UserH));          //用户码高字节的低半字节
            Tx1Send(HEX2ASCII(IR_UserL >> 4));//用户码低字节的高半字节
            Tx1Send(HEX2ASCII(IR_UserL));          //用户码低字节的低半字节
        }
        Tx1Send(0x0d);                             //发回车
        Tx1Send(0x0a);                             //发回车
        IR_OK = 0;                                 //清除 IR 键按下标志
    }
  }
}
```

程序运行效果如图 18－11 所示。

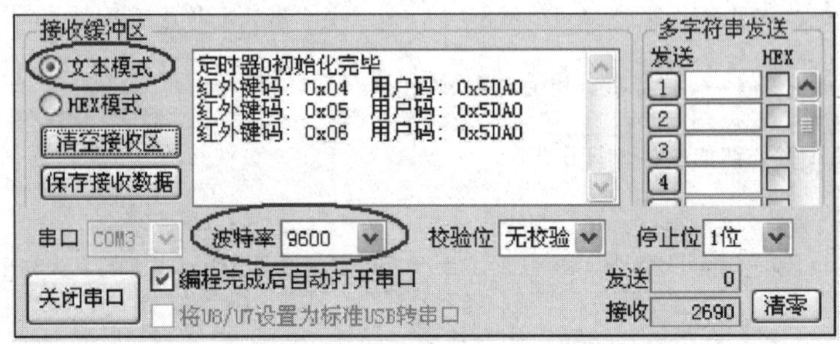

图 18－11　只使用一个定时器实现的红外接收

至此，红外接收已讲解完毕，可能很多人会问红外发射的电路与程序，由于红外遥控器购买方便，价格低廉，便宜到三五元一个，如果自己制作，成本太高，所以实际中一般是不需要自己制作的。

第 19 章

单总线 DS18B20 通信(长距离无线通信)

19.1 DS18B20 运用基础

19.1.1 单只 DS18B20 的温度检测电路

DS18B20 是一种很常用的数字温度传感器,温度检测范围是−55～＋125 ℃,手册说明在−10～＋85 ℃范围内检测误差为±0.5 ℃。作者在自己的产品中随机抽样验证了几只传感器,在−25 ℃误差 0.1 ℃,＋25 ℃和＋50 ℃误差小于 0.1 ℃,可见这种传感器实际精度是很高的。传感器引脚如图 19－1 所示,工作电压范围是 3.0～5.5 V。通常使用＋5 V,电源接反或接错是不会损坏传感器的。对于单只 DS18B20 的使用,按图 19－2 连接即可。为了方便,在下面的描述中 DS18B20 可能会简写为 18B20。

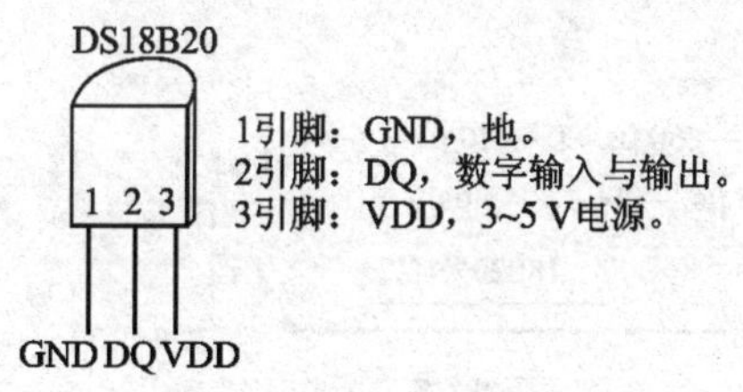

图 19－1 DS18B20 引脚图

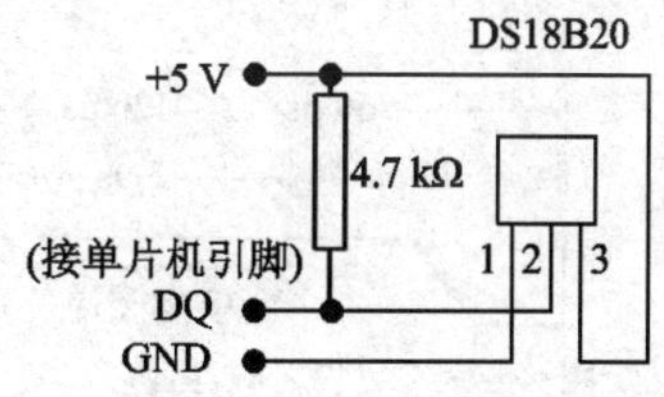

图 19－2 单只 DS18B20 的温度检测电路

19.1.2 DS18B20 的通信时序

1. 复位时序

复位时序,如图 19－3 所示。单片机在每次与 18B20 通信前都必须对 18B20 进行复位,复位过程中包括了复位脉冲与存在脉冲。复位脉冲由单片机产生,存在脉冲由 18B20 产生。单片机在 t_0 时刻发送一低电平复位脉冲(最短 480 μs,最长 960 μs),接

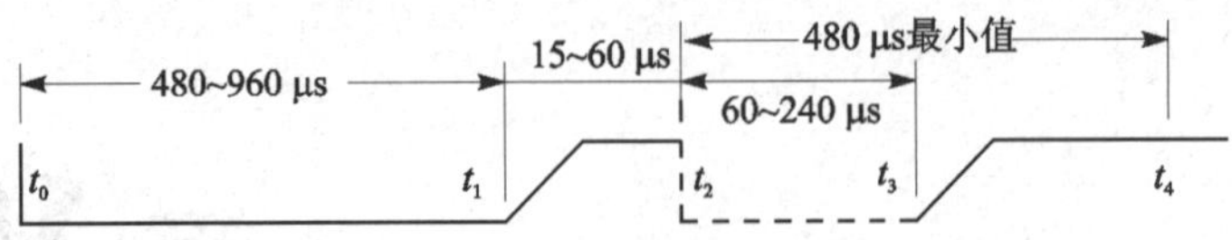

图 19-3　复位时序

着在 t_1 时刻释放总线并进入接收状态。18B20 在检测到总线的上升沿之后,等待 15～60 μs(单片机应该在 60 μs 后检测是否有存在脉冲),在 t_2 时刻发出低电平存在脉冲,持续 60～240 μs,如图 19-3 中虚线所示。换句话说如果 t_2～t_3 之间信号电平为低,则说明 18B20 存在并且复位成功,否则说明 18B20 不存在或已损坏。在图 19-3 中从 t_2 时刻开始,必须保证 480 μs 内单片机不对信号线做控制操作,因此程序中单片机读取了 18B20 的存在脉冲后,需要延时一段时间才能退出复位程序。

为了观察单片机输出的高低电平,可在程序中定义一个调试引脚作为输出参考端,让单片机控制 18B20 信号线电平变化时参考端电平跟着变化(详见例 19.1 程序代码),这样就解决了单总线主从机信号区分问题。图 19-4 是实测的复位波形。

图 19-4　实测的 DS18B20 复位波形

2. 写操作时序

写操作时序,由单片机向 18B20 传送数据,如图 19-5 所示,前半部分为写 1 时序,后半部分为写 0 时序。

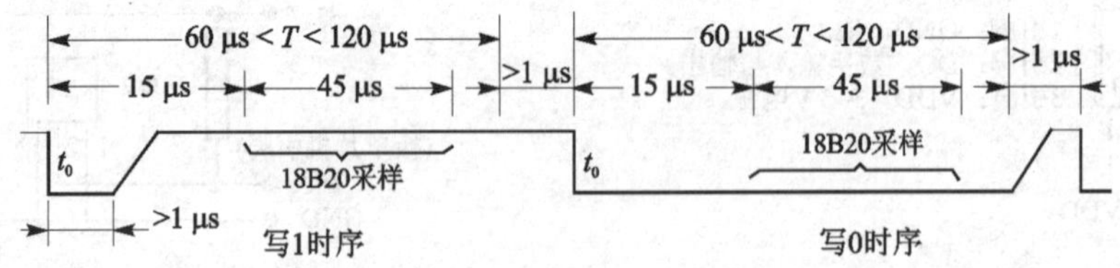

图 19-5　18B20 写入时序图

写操作时序用来实现单片机到 18B20 的数据传输,单片机 t_0 时刻将总线从高电平拉至低电平时,就产生写时序,低电平脉冲持续时间必须大于 1 μs,建议保持低电平大于 4 μs。如图 19-5 所示,从 t_0 时刻开始 15 μs 之内,应将所需写的位送到总线上,18B20 在 t_0 后 15～60 μs 区间(具体值不确定)对总线采样,若低电平,写入的位是 0;若高电平,则写入的位是 1。写一位的周期 60 μs<T<120 μs,连续写 2 位间的间隙必须大于 1 μs,连续 8 次这样的操作即可向 18B20 中写入 1 个字节。写完一个字节后可

接着写下 1 个字节。图 19－6 是单片机向 18B20 写入匹配 ROM 命令 0X55(二进制：0101 0101)的实际波形图。注意写入顺序是低位在前，高位在后。为了方便观察单片机输出的某些时间，比如 2 位间的写间隙，参考线输出并非完全跟随单片机输出信号线变化(详见例 19.1 程序代码)，图 19－6 中的 8.6 μs 窄脉冲即为写 2 位间的间隙。

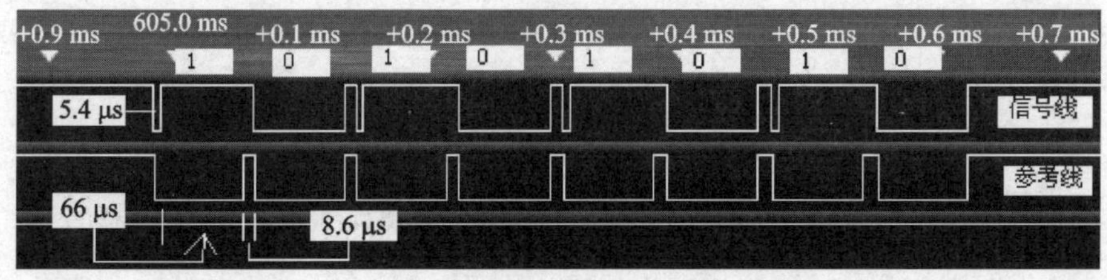

图 19－6　实测的 18B20 写入波形

3. 读操作时序

读操作时序，由 18B20 向单片机传送数据，如图 19－7 所示，前半部分为读 1 时序，后半部分为读 0 时序。

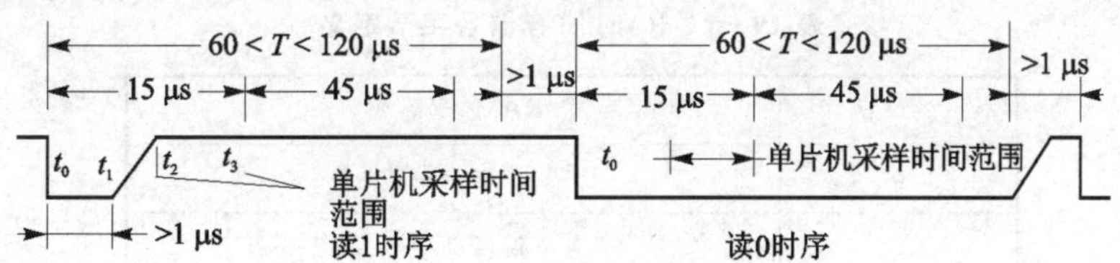

图 19－7　18B20 读出时序图

读操作时序用来实现从 18B20 到单片机的数据传输，单片机在 t_0 时刻将总线从高电平拉至低电平，并保持低电平至少大于 1 μs。建议保持低电平 4 μs 之后，在 t_1 时刻将总线拉高，产生读时序。读时间在 $t_2 \sim t_3$ 区间有效，$t_3 \sim t_0$ 为 15 μs，也就是说，t_3 时刻前主机必须完成读位。读一位的周期 60 μs$<T<$120 μs，连续读 2 位间的间隙必须大于 1 μs，小于∞，连续 8 次这样的操作即可读出 18B20 中 1 个字节，读出的顺序是低位在前，高位在后。读完一个字节后可连续读取下一个字节，也可间隔∞时间再读下一个字节，共可读 9 个寄存器，前两个就是温度。图 19－8 是读取一个字节的波形图，读到的数据为二进制 1111 1011(低位在前，高位在后)。

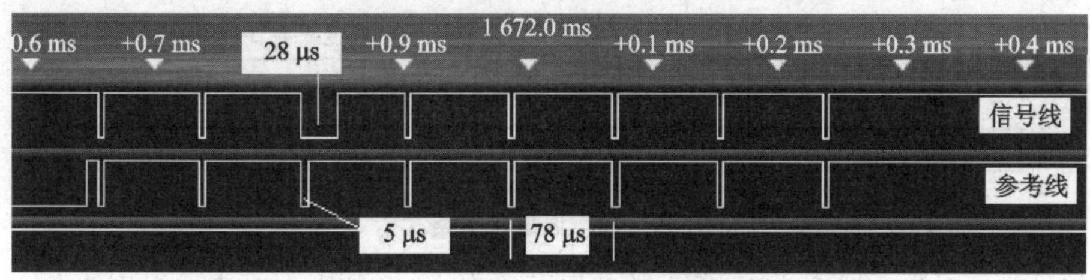

图 19－8　实测的 18B20 读出波形

19.1.3 DS18B20 内部功能部件 ROM、RAM 和指令集

1. 64 位 ROM 编码格式

64 位 ROM 编码格式如图 19-9 所示，在多只 18B20 信号线并联使用时，需要通过 ROM 编码的不同而识别出不同的 18B20。对于同一只 18B20，它的 64 位 ROM 编码是固定不变的。

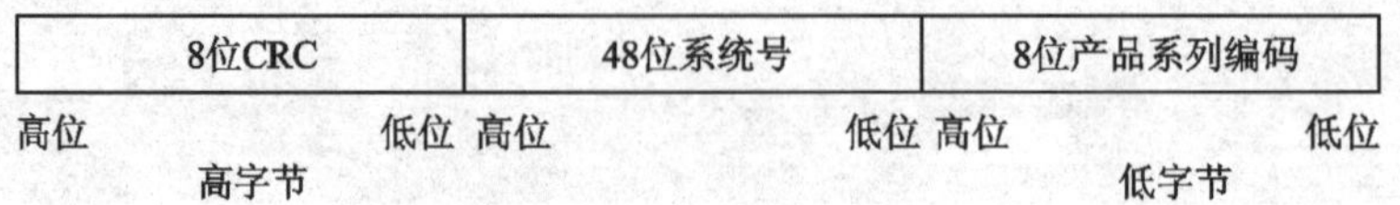

图 19-9 ROM 编码格式

2. RAM 寄存器

RAM 寄存器，18B20 内部有 9 个字节的 RAM 寄存器，各字节定义如表 19-1 所列，其中温度信息就存放在 RAM 寄存器中。

表 19-1 RAM 寄存器各字节定义

字　节	RAM　暂存器
0	温度低字节
1	温度高字节
2	温度报警上限 TH
3	温度报警下限 TL
4	分辨率配置(0 R1 R0 1　1 1 1 1)
5	保留
6	保留
7	保留
8	CRC

温度字节格式如图 19-10 所示。

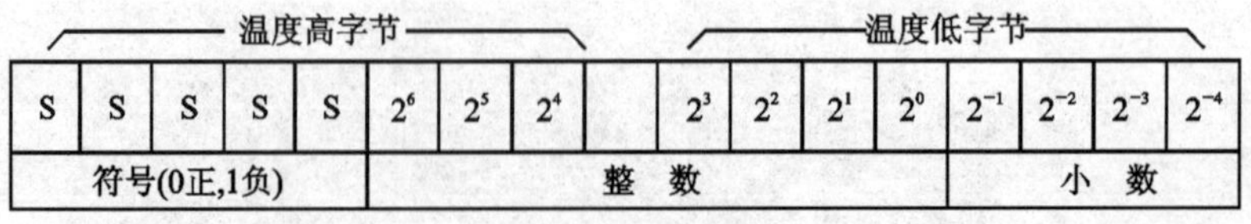

图 19-10 温度字节格式

符号为 0 时表示温度为正，后面数字用原码表示；符号为 1 时表示温度为负，后面数字用补码表示。二进制与温度值示例如表 19-2 所列。

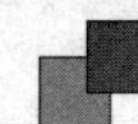

表19-2　二进制与温度值示例

温度/℃	数据输出(二进制)	数据输出(十六进制)
+125	0000 0111 1101 0000	07D0H
+85	0000 0101 0101 0000	0550H
+25.062 5	0000 0001 1001 0001	0191H
+10.125	0000 0000 1010 0010	00A2H
+0.5	0000 0000 0000 1000	0008H
0	0000 0000 0000 0000	0000H
-0.5	1111 1111 1111 1000	FFF8H
-10.125	1111 1111 0101 1110	FF5EH
-25.062 5	1111 1110 0110 1111	FE6EH
-55	1111 1100 1001 0000	FC90H

如果温度是正数,高5位为0,上面的数据×分辨率即得温度值,例:0191H的十进制是401,401×0.062 5 ℃=25.062 5 ℃;如果温度是负数,则高5位为1,需要将这16位二进制数按位取反再加1,得到的数再乘以分辨率即可得到温度值。不论采用几位分辨率,当小数部分数据超过最大值向整数部分进位时,整数值的最低位就代表1 ℃,因此如果不需要显示小数,可将读到的小数部分抛弃,整数部分就是实际的温度值,不需要乘以分辨率0.062 5 ℃。

RAM暂存器分辨率配置字节中的8位数据只使用Bit6与Bit5对分辨率进行设置,具体意义如表19-3所列。在实际应用中,我们一般不需要对分辨率进行设置,保留默认的12位分辨率就能得到最高的测量精度。

表19-3　分辨率设置

R1	R0	分辨率	温度转换最长时间/ms
0	0	9位(0.5 ℃)	93.75
0	1	10位(0.25 ℃)	187.5
1	0	11位(0.125 ℃)	375
1	1	12位(0.062 5 ℃)	750(默认值)

分辨率设置步骤如下:

① 复位。

② 写入"写暂存器命令4EH"。

③ 紧接着写入3个字节,前2个字节写入暂存器的TH(温度报警上限)与TL(温度报警下限)中,与分辨率设置无关,可取FFH;第3个字节是分辨率设置值,默认是12位分辨率。

3. 指令集

指令集,对18B20的操作,需要向其发送不同的指令。指令又分为ROM指令与

RAM 指令两大类。

(1) ROM 指令

① Read ROM [33H] 读 ROM(可读出 64 位 ROM 编码)

② Match ROM [55H] 匹配 ROM(总线上有多个 18B20 时匹配单只 18B20)

③ Skip ROM [CCH] 跳过 ROM(跳过 ROM 匹配)

④ Search ROM [F0H] 搜索 ROM(总线上有多个 18B20 时一次性将所有 ROM 编码读回)

⑤ Alarm Search ROM [ECH] 报警搜索(单片机获取总线上有多个 18B20 时有哪些产生了报警)

(2) RAM 指令

① 温度转换 [44H] (命令 18B20 进行温度转换)

② 写暂存器 [4EH] (执行此命令后单片机就可以向 18B20 中写入数据)

③ 读暂存器 [BEH] (使单片机从 18B20 中读取数据)

④ 复制暂存器 [43H] (将 RAM 暂存器中的数据复制到 E^2RAM 中)

⑤ 重调 E^2 [E3H] (将 E^2RAM 中的数据复制到 RAM 暂存器中)

⑥ 读电压 [B4H] (读取电源供电方式:直接供电与寄生电源供电)

19.1.4 读取温度步骤

单只 18B20 温度读取,用于总线上只有一个 18B20 的情况,步骤如下:

① 复位。

② 发出跳过 ROM 匹配指令[CCH]。

③ 发出温度转换命令 [44H]。

④ 判忙(温度转换过程中,数据线将一直呈现高电平状态,但是如果通过读时序将数据线拉低后升高,此时数据线将返回大约 26 μs 的低电平,然后又将一直呈现为高电平状态,直到温度转换结束才能读到稳定的高电平状态)。

⑤ 复位。

⑥ 发出跳过 ROM 匹配指令[CCH]。

⑦ 发出读暂存器命令 [BEH]。

⑧ 读取 RAM 暂存器中的前 2 个字节,分别是温度低字节和温度高字节。

⑨ 温度格式转换得到最终温度值。

多只 18B20 温度读取,用于总线上并联有多个 18B20 的情况,步骤如下:

① 复位。

② 发出跳过 ROM 匹配指令[CCH]。

③ 发出温度转换命令 [44H]。

④ 延时等待 750 ms。

⑤ 复位。

⑥ 发出匹配 ROM 指令[55H]。

⑦ 发出 64 位 ROM 编码。

⑧ 发出读暂存器命令［BEH］。

⑨ 读取 RAM 暂存器中的 9 个字节。

⑩ 通过读出的数据与 CRC 字节判断数据传输是否正确。

19.2　单只 DS18B20 的温度检测

例 19.1　单只 DS18B20 的温度检测,测温范围 －55～＋125 ℃,1602 液晶显示,1602 写单字符方式写入数据。R/C 时钟频率为 22.118 4 MHz。程序移植时只需要修改 DS18B20.H 中的 18B20 信号引脚定义与 myfun.c 中的延时函数参数保证延时时间基本准确即可,程序运行结果如图 19－11 所示。

图 19－11　单只 18B20 测温结果

```
////////////////////////////////main.c ////////////////////////////////////////
//单只 DS18B20 的温度检测,测温范围 - 55～ + 125 ℃ ,1602 液晶显示
 #include "STC15W4K.H"
 #include "DS18b20.h"
 #include "myfun.h"
 #include "LCD1602.h"
bit flag;                                  //flag = 0 表示正温,flag = 1 表示负温
unsigned char baiw,shiw,gew;               //百位、十位、个位 ASCII 码
unsigned char point_1,point_2,point_3,point_4;            //小数点后 1、2、3、4 位 ASCII 码
// *****************温度数据处理函数 *****************/
void gettemp()                             //读取温度值
{
      unsigned int temp0,temp1,temp;       //存放小数、整数、符号,10 000 倍小数值
      unsigned char temh,teml;             //存放原始高字节与低字节
      temp = DS18B20_ReadTemperature();    //从 18B20 中读取 2 字节原始温度值
      flag = 0;
      if ((temp&0xf800)! = 0)              //如果是负温,将补码取反加 1 变为原码
      {
          temp = ～temp + 1;
          flag = 1;
      }
      temh = temp/256;                     //高字节(5 位符号 + 3 位数据)
      teml = temp % 256;                   //低字节(4 位整数 + 4 位小数)
```

```
        temp0 = teml&0x0F;                    //4 位小数
        temp1 = (temh<<4)|(teml>>4);          //8 位整数(最高一位符号 0 不用管)
        baiw = temp1/100 + 48;                //百位 ASCII 码
        shiw = (temp1 % 100)/10 + 48;         //十位 ASCII 码
        gew = (temp1 % 100) % 10 + 48;        //个位 ASCII 码
        temp = temp0 * 625;                   //将结果中的小数乘以分辨温度 0.062 5
                        //扩大 10 000 倍进行输出,不用浮点,同样可以保留 4 位小数精度
        point_1 = temp/1000 + 48;             //小数点后 1 位 ASCII 码
        point_2 = (temp % 1000)/100 + 48;     //小数点后 2 位 ASCII 码
        point_3 = (temp % 100)/10 + 48;       //小数点后 3 位 ASCII 码
        point_4 = temp % 10 + 48;             //小数点后 4 位 ASCII 码
}
void main()
{
    unsigned char xPos,yPos;
    unsigned char * s = "Now temp is:";
    port_mode();                              //所有 I/O 口设为准双向弱上拉方式
    xPos = 0;                                 //xPos 表示水平右移字符数(0～15)
    yPos = 0;                                 //yPos 表示垂直下移字符数(0～1)
    delay100ms();                             //等待 LCD1602 上电时内部复位
    LCD1602_Init();
    WriteString(xPos,yPos,s);                 //X 坐标、Y 坐标、字符串,屏幕左上角为坐标原点
    DS18B20_SetResolution(3);
    //设置 DS18B20 的分辨率为 12 位(默认值,新器件可以不作任何设置)
    while(1)
    {
        gettemp();
        if(flag)                              //负温度
        {
            WriteChar(0,1,'-');
        }
        if(!flag)                             //正温度
        {
            WriteChar(0,1,'+');
        }
        WriteChar(1,1,baiw); WriteChar(2,1,shiw); WriteChar(3,1,gew); WriteChar(4,1,'.');
        WriteChar(5,1,point_1);WriteChar(6,1,point_2); WriteChar(7,1,point_3);
        WriteChar(8,1,point_4);
        SetCur(NoCur);                        //有显示无光标
    }
}
///////////////////////////////    DS18B20.C   ///////////////////////////////
#include "DS18b20.h"
```

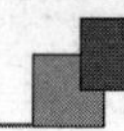

```
#include "myfun.h"
sbit  DQTest = P2^2;      //时间调整观察参考引脚
//**************************************/
unsigned char DS18B20_Reset()
{
    unsigned char x = 0;
    DQ = 1;                              //DQ 拉高
                DQTest = 1;              //时间调整观察参考引脚
    delay2us();                          //延时约 2 μs
    DQ = 0;                              //单片机将 DQ 拉低
                DQTest = 0;              //时间调整观察参考引脚
    delay720us();                        //要求延时 480～960 μs(这里取中心值 720 μs)
    DQ = 1;                              //DQ 拉高释放总线
                DQTest = 1;              //时间调整观察参考引脚
                                         //以上是由单片机产生的"复位脉冲"
    delay75us();                         //要求延时大于 60 μs(这里取 75 μs)
    x = DQ;                              //DS18B20 产生的"存在脉冲"
                                         //检测 DQ 如果为低,说明复位成功,DS18B20 存在
                                         //如果为高,说明复位失败,DS18B20 损坏或不存在
    delay500us();                        //让 18B20 释放总线,避免影响到下一步操作
    return x;                            //返回复位结果
}
void DS18B20_WriteBit(unsigned char bdat)   //向 DS18B20 写入一个位
{
    DQ = 1;                              //将数据线置为高电平
                DQTest = 1;              //时间调整观察参考引脚
    delay2us();                          //两次写过程间隔大于 1 μs,这里取 2 μs
    DQ = 0;                              //开始一个写过程
                DQTest = 0;              //时间调整观察参考引脚
    delay4us();                          //低电平保持 1 μs 以上,这里延时约 4 μs,
    DQ = bdat;
    delay60us();                 //延时 60 μs,写过程开始 15 μs 后 DS18B20 对数据线进行采样
                                         //写周期在 60～120 μs 之间
    DQ = 1;                              //释放总线
                DQTest = 1;              //时间调整观察参考引脚
}
void DS18B20_WriteByte(unsigned char dat)    //向 DS18B20 写入一个字节
{
    unsigned char i = 0;
    for(i = 0;i<8;i++)                   //调用 8 次写时间片实现写入字节(8 个位)
    {
        DS18B20_WriteBit(dat&(1<<i));
        //从低位开始写入,0xCC&1 = (0100 1110 &0000 0001) = 0
```

```
    }
}
unsigned char DS18B20_ReadBit()           //从 DS18B20 读取一个位
{
    unsigned char bdat = 0;
    DQ = 1;                               //将数据线置为高电平
            DQTest = 1;                   //时间调整观察参考引脚
    delay2us();                           //两次读过程间隔大于 1 μs,这里取 2 μs
    DQ = 0;                               //开始一个读过程
            DQTest = 0;                   //时间调整观察参考引脚
    delay4us();                           //低电平保持 1 μs 以上,这里取 4 μs
    DQ = 1;                               //开始读取数据线状态
            DQTest = 1;                   //时间调整观察参考引脚
    delay4us();               //读时间片开始后 15 μs 内主机对数据线进行采样,这里取 4 μs
    bdat = DQ;
    delay60us();                          //读周期 60 μs<T<120 μs (60 μs )
    return bdat;
}
unsigned char DS18B20_ReadByte()          //从 DS18B20 读取一个字节
{
    unsigned char i = 0,dat = 0;
    for(i = 0;i<8;i++)                    //调用 8 次读过程实现字节读取(8 个位)
    {
        dat| = (DS18B20_ReadBit()<<i);        //从低位开始读取
    }
    return(dat);
}
void DS18B20_SetResolution(unsigned char res)        //设置 DS18B20 的分辨率
{                                                    //res:0:9 位,1:10 位,2:11 位,3:12 位
    while(DS18B20_Reset());                          //复位,通信前必须复位
    DS18B20_WriteByte(Write_Scratchpad);             //写暂存器指令
    DS18B20_WriteByte(0xff);                         //此值被写入 TH
    DS18B20_WriteByte(0xff);                         //此值被写入 TL
    DS18B20_WriteByte(0x1f|(res<<5));                //设置分辨率 (0 R1 R0 1    1 1 1 1)
}
unsigned int DS18B20_ReadTemperature()               //从 DS18B20 中读取温度
{
    unsigned int Temp = 0;
    DS18B20_Reset();                                 //复位,通信前必须复位
    DS18B20_WriteByte(Skip_ROM);
    //如果总线上只有一个 DS18B20,则可跳过 ROM 操作(0xCC)
    DS18B20_WriteByte(Convert_T);                    //启动温度转换(0x44)
    //实验结果:执行完上面 2 条命令后信号线将永久呈高电平状态
```

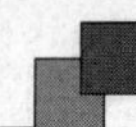

```
    //while(!DS18B20_ReadBit());
    //启动温度转换后要进行读忙,9～12 位精度温度转换所需的
    //最长时间分别为 93.75 ms、187.5 ms、375 ms、750 ms(实验结果:602 ms)
    delay760ms();
    //这里也可以不判断忙,避免数据线不停地发送数据,直接延时 750 ms 再读取温度值
    DS18B20_Reset();        //温度转换后 DS18B20 处于空闲状态,要进行通信,需要重新复位
    DS18B20_WriteByte(Skip_ROM);                    //跳过 ROM 操作
    DS18B20_WriteByte(Read_Scratchpad);
    //写入读取暂存器命令(共可读 9 个寄存器,直接连续读取,前两个就是温度)
    Temp = DS18B20_ReadByte();
                        //读取的第一个字节是温度值的低字节,第二个字节是温度值的高字节
    Temp| = ((unsigned int)DS18B20_ReadByte())<<8;  //将读到的两个字节进行整合
    return Temp;                                    //返回读到的 2 个温度原始字节
}
```

例 19.2　单只 DS18B20 的温度检测,测温范围 －55～＋125 ℃,1602 液晶显示,1602 写字符串方式写入数据。R/C 时钟频率为 22.118 4 MHz,与例 19.1 相比,实验结果相同,只有主程序不同,代码如下:

```
#include "STC15W4K.H"
#include "DS18b20.h"
#include "myfun.h"
#include "LCD1602.h"
bit flag;                              //flag = 0 表示正温,flag = 1 表示负温
unsigned char str[10];                 //最长字符 10 字节,比如:- 123.456 7/0
unsigned char Long_Str(long dat,unsigned char * str)         //长整型数转换为字符串,
{    //同第 4 章"串口通信"的 4.8 节"单片机向计算机发送多种格式的数据"
}
//*****************温度数据处理函数*****************/
void gettemp()                                  //读取温度值
{
    unsigned int temp0,temp1,temp;              //存放小数、整数、符号,10 000 倍小数值
    unsigned char temH,temL;                    //存放原始高字节与低字节
    unsigned char len;                          //温度整数部分字符串长度
    temp = DS18B20_ReadTemperature();           //从 18B20 中读取 2 字节原始温度值
    flag = 0;
    if ((temp&0xf800)! = 0)                     //如果是负温,将补码取反加 1 变为原码
    {
        temp = ~temp    + 1;
        flag = 1;
    }
    temH = temp/256;                            //高字节(5 位符号 + 3 位数据)
    temL = temp % 256;                          //低字节(4 位整数 + 4 位小数)
    temp0 = temL&0x0F;                          //4 位小数
    temp1 = (temH<<4)|(temL>>4);                //8 位整数(最高一位符号 0 不用管)
    len = Long_Str(temp1,str);
    str[len++] = '.';                           //添加小数点,覆盖原有字符串结束符 0
    temp = temp0 * 625;                         //将结果中的小数乘以分辨温度 0.062 5
```

```
                                    //扩大 10 000 倍进行输出,不用浮点,同样可以保留 4 位小数精度
        str[len ++ ]=  temp/1000 + 48;          //小数点后 1 位 ASCII 码
        str[len ++ ] = (temp % 1000)/100 + 48;  //小数点后 2 位 ASCII 码
        str[len ++ ] = (temp % 100)/10 + 48;    //小数点后 3 位 ASCII 码
        str[len ++ ]=  temp % 10 + 48;          //小数点后 4 位 ASCII 码
        str[len]=  0;                           //添加字符串结束符
    }
    void main()
    {
        unsigned char xPos,yPos;
        unsigned char  * s = "Now temp is:";
        port_mode();                            //所有 I/O 口设为准双向弱上拉方式
        xPos = 0;                               //xPos 表示水平右移字符数(0~15)
        yPos = 0;                               //yPos 表示垂直下移字符数(0~1)
        delay100ms();                           //等待 LCD1602 上电时内部复位
        LCD1602_Init();
        WriteString(xPos,yPos,s);              //X 坐标、Y 坐标、字符串,屏幕左上角为坐标原点
        DS18B20_SetResolution(3);
        //设置 DS18B20 的分辨率为 12 位(默认值,新器件可以不作任何设置)
        while(1)
        {
            gettemp();
            WriteString(0,1,str);
            SetCur(NoCur);                      //有显示无光标
        }
    }
```

例 19.3 单只 DS18B20 的温度检测,测温范围 −55~+125 ℃,1602 液晶显示,1602 写字符串方式写入数据,程序中使用 18B20 中读出的原始数据×0.062 5+ sprintf 方式处理数据,使程序代码大幅度简化,与例 19.1 相比,只有温度处理程序不同,代码如下:

```
    void gettemp()                              //读取温度值
    {
        int temp;                               //存放 18B20 中读出的 2 字节原始数据
        float Temperature;                      //存放最终温度值
        temp = DS18B20_ReadTemperature();       //从 18B20 中读取 2 字节原始温度值
        Temperature = temp * 0.0625;
        sprintf(str," % 0.6f",Temperature);     //保留 6 位小数
    }
```

19.3 多只 DS18B20 的温度检测

19.3.1 读取传感器代码

当一个系统只使用几只 18B20 进行温度检测时,可将它们的信号端分别接到单片

机的几个I/O口上，然后使用前面介绍的单点温度检测程序即可分别读出传感器温度。当一个系统使用几百只甚至更多的18B20进行温度检测时，需要将多只18B20信号端与电源端分别并接到一起，多点测温首先必须取得各个传感器代码，类似每个人的身份证号码一样，是没有重复的。

例19.4 读取18B20内部代码。程序说明：此程序读取P1口(P1.0～P1.3)4只DS18B20代码并发送给计算机，计算机只接收显示数据，不向单片机发送任何信息，效果如图19-12所示，前面的数据01、02、03、04分别表示单片机P1.0、P1.1、P1.2、P1.3引脚，后面的8字节才是18B20的内部代码，代码这里就不写出来了，需要的读者请查看配套资源。

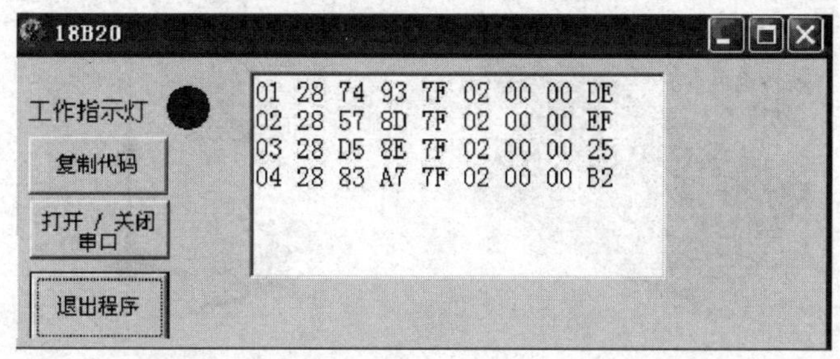

图19-12 读取18B20内部传感器代码

19.3.2 读取传感器温度

图19-13是通过计算机操作，运用无线电波传送数据的完整结构图与数传电台实物图，整个系统使用一台计算机作主机对数据进行显示与存储，使用多个单片机作分机对18B20进行温度采集。

无线数传电台价格在300元左右，通信距离可达到1 000 m以上，使用非常简单。用与电台配套的软件，将电台串口的波特率设置成与单片机串口波特率一致就可以使用了，计算机主机通过串口向它输入什么数据，接收分机的电台就能通过串口输出什么数据。普通RS232通信距离最远15 m，数传电台的功能就是延长了RS232通信距离并且省掉了中间的传输线。

分机电路如图19-14所示，74HC245的19引脚 $\overline{G}$ 相当于使能端，低电平工作，1引脚DIR是输入/输出传输方向控制端，74HC245的输出到18B20采用普通平行3芯线(2条线为5 V供电，1条为信号线)。实际应用中在长度100 m以上的同一条信号线上并接60只甚至更多的传感器是没有问题的，若出现距离稍长或更换传输线就通信不正常，首先要检查的是软件时序控制是否太靠近临界时间边沿，最好的方法是用逻辑分析仪边观察边调试，让信号采样点在时间范围的中间位置。

对于这里的多点测温程序，主机发给分机或分机发给主机的数据都采用16字节为一帧的格式，且采用应答方式，首先由主机向某一分机发送一帧数据，分机收到数据后对数据进行分析，判断该帧数据是否是发给本机的合法有效帧(判断是否是16个字节、

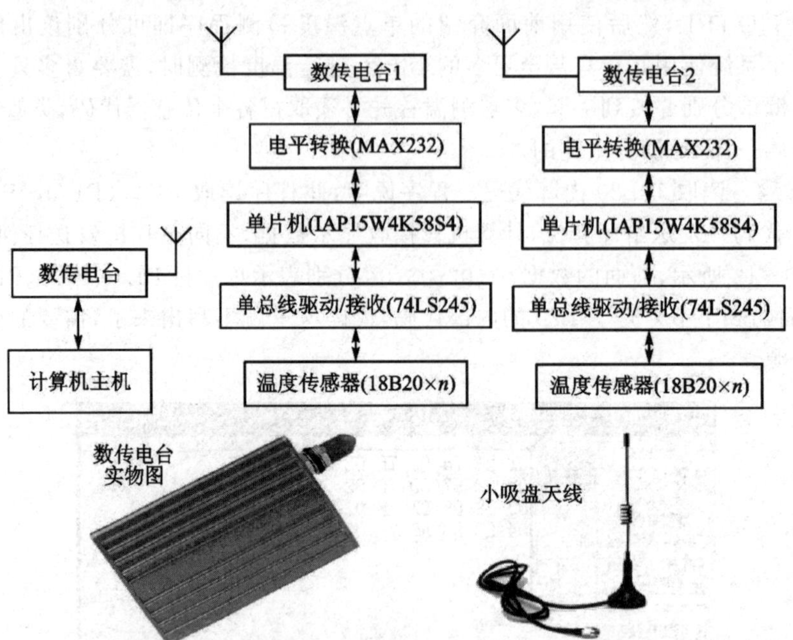

图 19-13 系统总体结构图与数传电台实物图

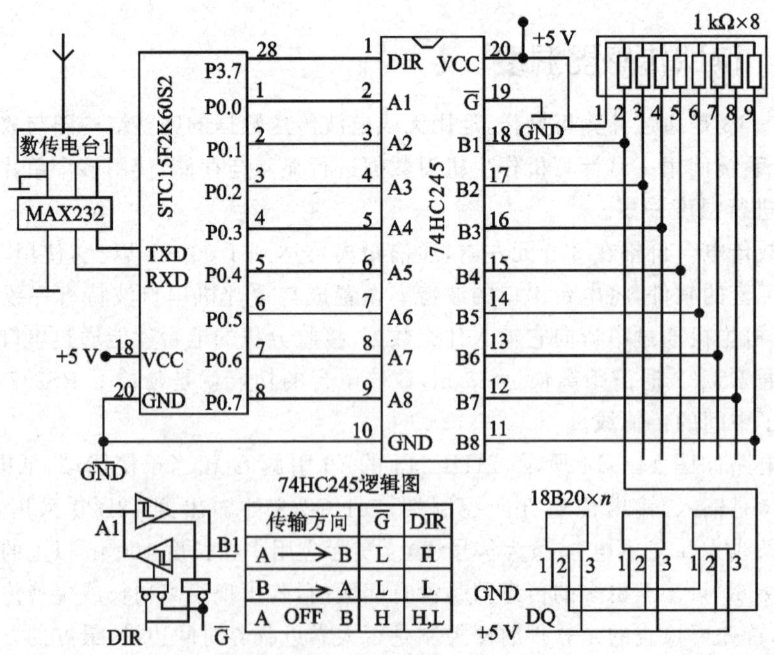

图 19-14 分机电路原理图

是否有帧头帧尾、是否是发给本机的数据、CRC 校验是否正确)，如果任意一项不符，本机都将不作处理，主机数据帧格式如图 19-15 所示。

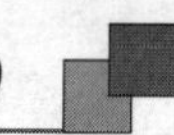

1	2	3	4	5	6	7	8	9	10	11	12	13	14	15	16
帧头	发送机地址	接收机地址	命令	传感器物理位置		传感器ID								CRC	帧尾
7E	00	分机号													7E

图 19-15 主机发送信息格式

图中的第 4 字节是命令,具体如下:

① 0x44(温度转换),此时 5~14 字节为任意值。

② 0xaa(读取温度),此时 5~6 为传感器物理位置,5 为测温电缆所接单片机端口号(00:P0 口,01:P1 口),6 为测温电缆所接单片机具体引脚号(数值 0x80、0x40、0x20、0x10、0x08、0x04、0x02、0x01)对应引脚是 P＊.7~P＊.0)。

③ 0xcc (读取湿度),每个分机只需要一个湿度传感器。

④ 0x11(主机发通信检测命令),确认主机与分机通信是否正常,此时 5~14 字节为任意值。

第 15 字节 CRC 为 2~14 字节的校验值。

分机数据帧格式如图 19-16 所示。

1	2	3	4	5	6	7	8	9	10	11	12	13	14	15	16
帧头	发送机地址	接收机地址	命令	温度值		传感器 ID								CRC	帧尾
7E	分机号	00		低	高										7E

图 19-16 分机发送信息格式

图中的第 4 字节是命令,具体如下:

① 0x88(温度转换完成),此时 5~14 字节为任意值。

② 0xbb(发送温度),此时 5~6 字节是实测温度值,7~14 字节为传感器 ID。

③ 0x22(向主机发通信正常命令),此时 5~14 字节为任意值。

第 15 字节 CRC 为 2~14 字节的校验值。

现在把前面读取过代码的 01 号传感器接 P0.0 口对应的 74LS245 输出, 02 号接 P0.1 口对应的 74LS245 输出,03 号接 P0.2 口对应的 74LS245 输出,04 号接 P0.3 口对应的 74LS245 输出(这里的程序只操作 P0 口的 8 个引脚),确认硬件连接无误后在计算机串口助手中选择十六进制发送与接收,波特率选择 19 200,其他默认,测试步骤如下:

① 主机发通信检测命令,输入:7E 00 01 11 01 01 01 01 01 01 01 01 01 01 ?? 7E,其中的"??"是需要计算的 CRC 值,利用第 4 章介绍的程序,去掉帧头 7E,然后取出"??"前 13 字节进行计算得出"??"值为 0x08。因此最终发送数据为 7E 00 01 11 01 01 01 01 01 01 01 01 01 01 08 7E,单击发送后接收窗口立即会显示 7E 01 00 22 55 55 55 55 55 55 55 55 55 55 5E 7E,表示双方通信正常,如果收不到返回信息,请检测发送的

校验码是否正确。

② 主机发送温度转换命令,输入:7E 00 01 44 01 01 01 01 01 01 01 01 01 01 f8 7E,单击发送后等待大约 1 s 接收窗口会显示 7E 01 00 88 01 01 01 01 01 01 01 01 01 01 6E 7E,表示单片机已完成对 P0 口 18B20 的温度转换。

③ 主机发送读温度命令,输入:7E 00 01 AA 00 01 28 74 93 7F 02 00 00 DE 35 7E,单击发送后接收窗口会显示 7E 01 00 BB 5B 01 28 74 93 7F 02 00 00 DE C2 7E,第 5、6 字节是温度信息的低字节与高字节,正常排列为 01 5B,015 为整数部分,B 是小数部分,将整数部分的十六进制转换成十进制表示 21 ℃。小数部分 B=1011,即 $(2)^{-1}+(2)^{-3}+(2)^{-4}=0.6875$,合起来为 21.687 5 ℃,发送数据更改引脚号、系列码和校验码即可分别测试其他几只实验传感器。特别注意引脚号数据为 0x80、0x40、0x20、0x010、0x08、0x04、0x02、0x01,分别代表 P0.7、P0.6、P0.5、P0.4、P0.3、P0.2、P0.1、P0.0。分别测试完成后,将 4 只实验传感器的信号线共同接到 P0.0 口对应的 74LS245 输出引脚,进行真正的多点匹配温度检测,测试 1 号传感器发送数据与前面完全相同,2、3、4 号只需要在 1 号发送数据的基础上更改 ID 号和校验码即可。

例 19.5 多只 18B20 温度检测实验。完整程序请查阅配套资源。

第 20 章

SD 卡与 znFAT 文件系统

20.1 认识 SD 卡与 SD 卡驱动程序

20.1.1 认识 SD 卡

SD 卡是由 MMC 卡发展而来的安全数码卡，可用于大容量的数据存储，实物外形如图 20-1 所示。

图 20-1 SD 卡实物外形图

MicroSD 卡（又称 TF 卡）比标准 SD 卡（如数码相机上使用的 SD 卡）在外形上更加小巧，通过 SD 转接卡也可当作标准 SD 卡使用。MicroSD 卡主要用在手机上，其容量从 128 MB～32 GB，规格齐全。MicroSD 卡与标准 SD 卡仅仅是在封装上有所不同，其传输协议是完全相同的。

SDHC 是"High Capacity SD Memory Card"的缩写，即"高容量 SD 存储卡"。SD 2.0 系统规定 SDHC 是容量大于 2 GB、小于或等于 32 GB 的 SD 卡，传输速度被定为 Class2（2 MB/s）、Class4（4 MB/s）、Class6（6 MB/s）等级别，并且在卡片上必须有 SDHC 标志和速度等级标志。符合 SDHC 标准的 TF 卡如图 20-2 所示（Class4 是市场上用得最普遍的速度等级）。另外，SD 协会规定 SDHC 必须采用 FAT32 文件系统，这是因为之前在 SD 卡中使用的 FAT16 文件系统所支持的最大容量为 2 GB，不能满足 SDHC 的要求。

标准 SD 卡引脚排列与插座外形如图 20－3 所示。MicroSD 卡(TF 卡)引脚排列如图 20－4 左图所示。图 20－4 中间部分是转接卡内部引线排列实物图,它们的引脚定义见表 20－1。

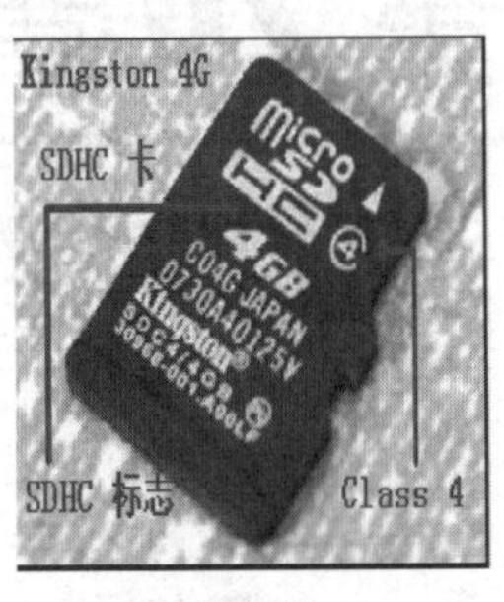

图 20－2　符合 SDHC 标准的卡

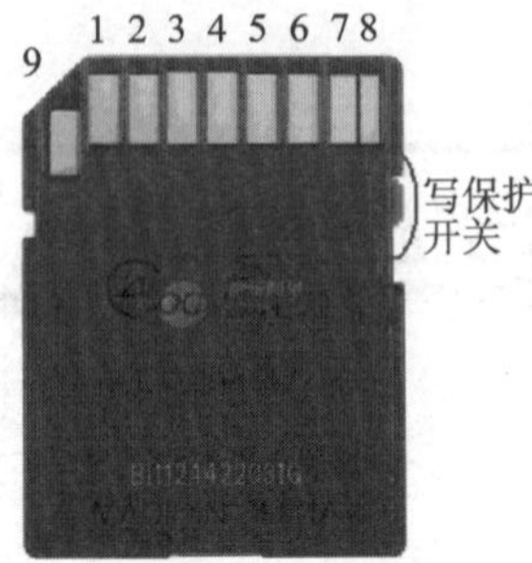

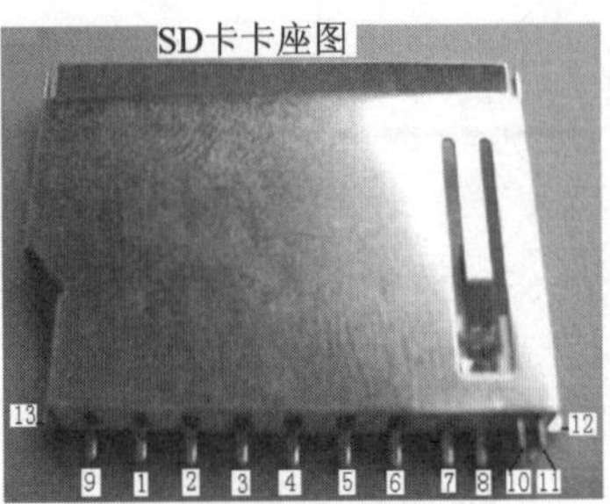

图 20－3　标准 SD 卡引脚排列与电路板插座外形图

图 20－4　MicroSD 卡引脚定义与转接卡内部结构图

表 20－1　标准 SD 卡与 MicroSD 卡引脚定义

标准 SD 卡引脚	MicroSD 卡引脚	SD 模式			SPI 模式		
		名　称	类　型	描　述	名　称	类　型	描　述
1	2	CD/DAT3	I 或 O 或 PP	卡检测/数据线 3	CS	I	片选,低电平有效
2	3	CMD	PP	命令/回应	DataIn	I	数据输入
3	—	VSS1	S	电源地	VSS	S	电源地
4	4	VDD	S	电源	VCC	S	电源(2.7～3.3 V)
5	5	CLK	I	时钟	CLK	I	时钟
6	6	VSS2	S	电源地	VSS	S	电源地
7	7	DAT0	I 或 O 或 PP	数据线 0	DataOut	O 或 PP	数据输出
8	8	DAT1	I 或 O 或 PP	数据线 1	Reserved		悬空不用
9	1	DAT2	I 或 O 或 PP	数据线 2	Reserved		悬空不用

注:S——电源供给;I——输入;O——采用推拉驱动的输出;PP——采用推拉驱动的输入/输出。

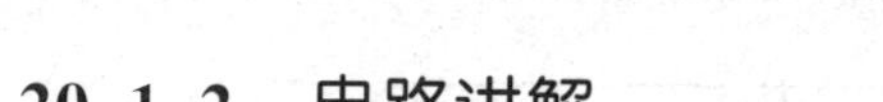

20.1.2 电路讲解

SD卡驱动有2种模式,SD模式与SPI模式。SPI模式只需4根信号线,即CS片选、CLK时钟、DIN数据输入与DOUT数据输出,软件操作简单。SD模式采用6线制,使用CLK、CMD、DAT0～DAT3进行数据通信,用于数据量大、速度要求更高的场合,SD模式操作起来比较复杂。在有些高档CPU芯片上集成有SD专用接口,采用单片机对SD卡进行读/写时一般都采用SPI模式。在程序中采用不同的初始化方式可以使SD卡工作于SD方式或SPI方式,这里只对其SPI方式进行介绍。

如图1-19所示,MicroSD卡本身只有8个引脚,没有9引脚,但对应的电路板插座是9引脚输出,额外的第9引脚是用作插入检测的。当有MicroSD卡插入卡座并且插到位时,卡座9引脚将会与卡座外壳接通,外壳通常固定与电源GND连接,因此可以将9引脚通过电阻串联发光二极管连接到电源VCC,当SD卡可靠插入时,LED点亮作为插入指示。同理,标准SD卡本身只有9个引脚,插座输出的第10引脚为插入检测引脚,11引脚为写保护引脚,12、13引脚表示外壳接地。当SD卡写保护块拨到靠近SD卡引脚方向时,SD卡可靠插入卡座后,卡座11引脚将与卡座外壳连通,此引脚可连到单片机的某个I/O口。每次单片机向SD卡写入数据前,先检查此引脚是否为低电平,若低电平则正常写入;当SD卡写保护块拨到远离SD卡引脚方向时,SD卡可靠插入卡座后,卡座11引脚不会与卡座外壳连通,不对SD卡写入数据,从而实现了数据写入保护。MicroSD卡插入SD转接卡套后,引脚和标准SD卡是完全一样的,同样也具备写保护引脚,程序也与标准SD完全相同。图1-19中把标准SD卡插座与MicroSD卡插座都做到一个电路板上,方便两种卡的测试,也进一步证明了标准SD卡与MicroSD卡仅仅是尺寸大小存在差异。

20.1.3 通信时序与完整驱动程序说明

1. 命令格式与时序图

SD卡内部主要由两部分构成:SD卡主控芯片与Flash存储器。CPU芯片与SD卡中的主控芯片通过SPI进行通信,间接对存储器进行读/写擦除等操作。SD卡的基本操作与24系列存储器芯片比较类似,只不过24系列芯片可以按字节操作,也可以按页操作。SD卡的最小操作单位是一个扇区(512字节),本书中编写的SD卡驱动程序主要功能包括:① 初始化。② 写扇区。③ 读扇区。④ 扇区擦除。⑤ 获取扇区容量等。要完成这些不同的功能,就得向SD卡发送不同的命令,SD卡接收到命令后一般也有一个字节的简单应答信号输出。SD卡的命令虽然比较多,但常用的只有几个,并且所有命令在发送格式上是统一的,都包含6个字节,如图20-5所示。

起始字节第一位固定为0,第二位固定为1,表明是主机给SD卡的命令。有的命令有参数,有的命令没有参数。没有参数时,中间4个字节固定为0,比如复位、初始化命令是没有参数的。读扇区、写扇区命令是有参数的,中间4个字节参数表示扇区

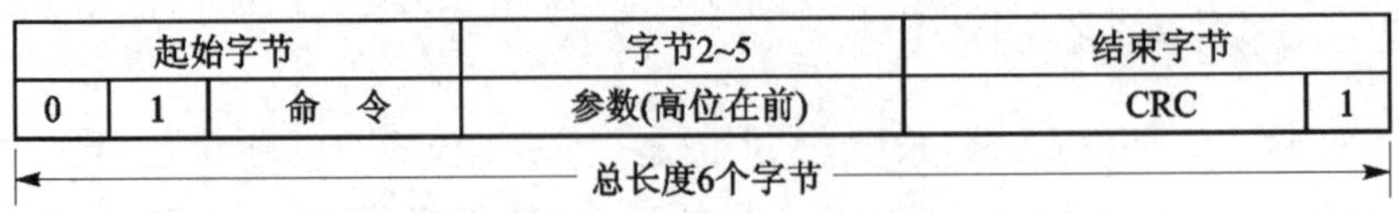

图 20－5　SD 卡命令格式

地址信息，结束字节前 7 位是 CRC 校验码，第 8 位固定为 1，比如：CMD0（命令 0）格式如下所示：

CMD0（二进制格式）：01000000 00000000 00000000 00000000 00000000 10010101

（十六进制格式）：　0x40　0x00　0x00　0x00　0x00　0x95

命令最后一个字节中的 7 位 CRC 校验码是由前 5 个字节（40 个位）通过 CRC 生成多项式 $G(x)=x^7+x^3+1$ 计算得到的。在 SD 驱动模式下，CRC 校验是必需的，而在 SPI 驱动模式下，CRC 校验将会被忽略。因此除 CMD0 的 CRC 必须正确外，其余命令与数据中的 CRC 字节无需计算，直接填 0xFF 即可。

命令依照图 20－6 时序即可写入到 SD 卡。在图 20－6 中，① 用于唤醒 SD 卡，让它"振奋"起来，迎接随之而来的写入操作。② 用于等待 SD 卡就绪，否则向其写入命令字节也是徒劳的，根本不能被接受。③ 是命令字节写入之后的等待阶段，此时 SD 卡完成与命令相应的内部操作。这个过程所经历的时间或短或长，它与 SD 卡的品质和性能有关。命令字节中单个字节写入顺序是高位在前，低位在后。对于单个位，SD 卡是在时钟上升沿锁存输入数据，因此要求 DI 线上的数据在时钟上升沿以前处于稳定状态；SD 卡在时钟下降沿输出数据并保持到下一个时钟下降沿结束。

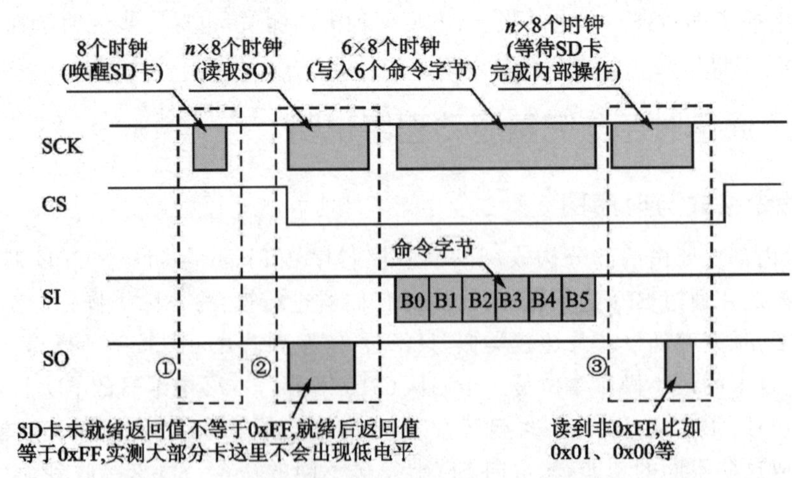

图 20－6　SD 卡命令写入时序图

2. 初始化流程与时序（MMC ＋ SD1.0 ＋ SD2.0）

初始化对于 SD 卡驱动来说具有重要意义，可以说只要初始化能够正常通过，SD 卡驱动就没有太大问题了。初始化的过程包括 SD 卡工作模式的切换（默认的 SD 模式切换到 SPI 模式）、工作电压与版本的鉴别（MMC、SD 或 SDHC）、初始化状态检测、扇区寻址方式的确定等操作，具体初始化流程如图 20－7 所示。提示：流程图需要与程序代码对照看，否则不容易看懂。

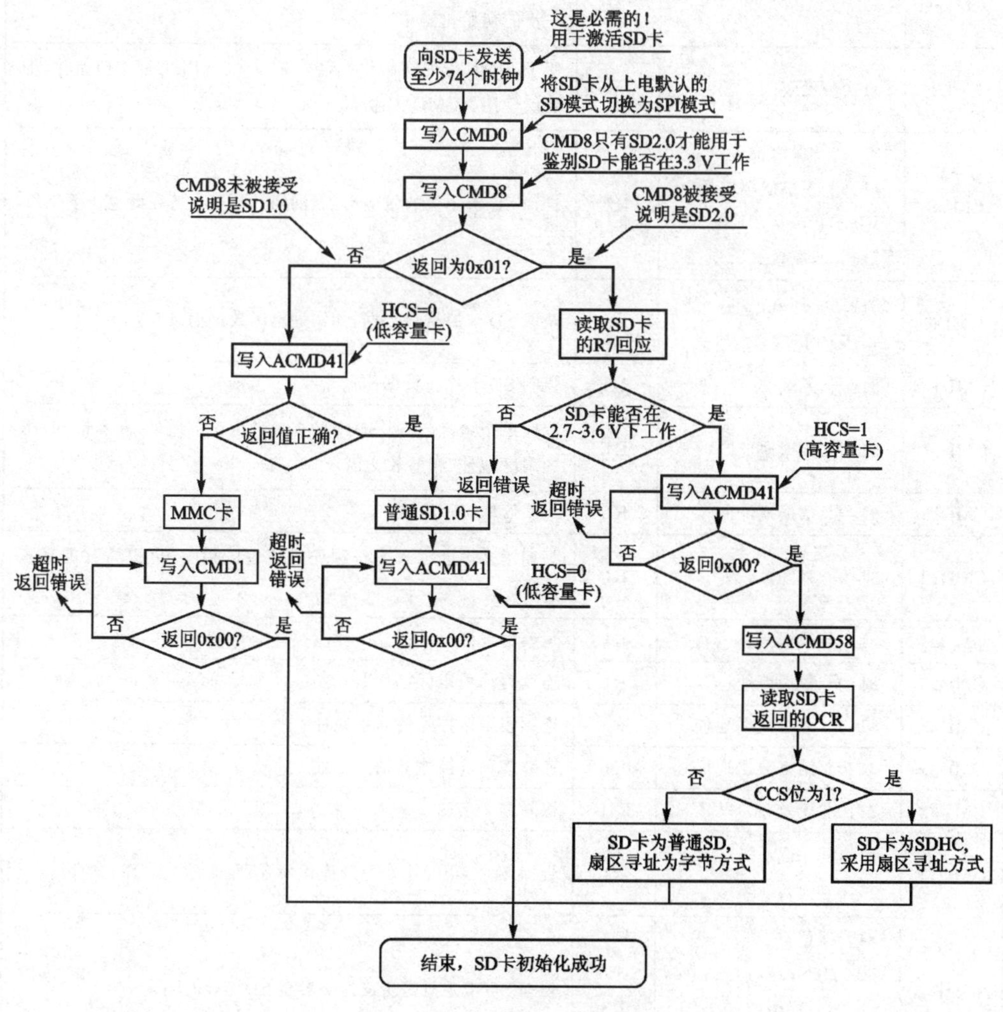

图 20－7　SD 卡初始化流程图

这个流程涉及了很多命令，如表 20－2 所列，阅读程序时需要查找这些命令的功能。

表 20－2 中所列举的基本上就是完成 SD 卡驱动所需要的所有命令。SD 卡在接收到命令之后，通过某种形式的应答来告知主机命令执行的结果以及更多相关信息，要根据应答的不同，采用相应的读取与解析方法，从中得到想要的信息。SD 卡初始化关键点说明如下：

表 20-2　SD 卡常用命令表

命令号	参　数	应　答	功能描述
CMD0	[31:0] 无效	无	将 SD 卡从上电默认的 SD 工作模式切换成待机模式，等待进一步的初始化操作
CMD1	[31:0] 无效	无	用于 MMC 卡的初始化(有些 SD 卡也可用此命令初始化，但建议使用 ACMD41 命令)
CMD8	[31:12] 保留位； [11:8] 主机供电电压(VHS)； [7:0] 匹配模式	R7	告知 SD 卡主机的供电电压，询问其是否支持在此电压下工作
CMD9	[31:16] RCA； [15:0] 无效	R2	获取 SD 卡的特性数据，如物理扇区数等信息
CMD12	[31:0] 无效	R1b	强制 SD 卡停止数据传输
CMD17	[31:0] 数据地址	R1	读取单个扇区(普通 SD 卡数据地址为字节地址，高容量 SD 卡为扇区地址，相差 512 倍)
CMD18	[31:0] 数据地址	R1	连续读取多个扇区
CMD23	[31:0] 扇区数	R1	为连续多扇区写入操作预先进行扇区擦除(可提高数据写入速度)
CMD24	[31:0] 数据地址	R1	写单个扇区
CMD25	[31:0] 数据地址	R1	连续写多个扇区
CMD32	[31:0] 开始数据地址	R1	连续多扇区擦除的开始地址
CMD33	[31:0] 结束数据地址	R1	连续多扇区擦除的结束地址
CMD38	[31:0] 无效	R1b	擦除多个扇区
CMD55	[31:16] RCA； [15:0] 无效	R1	告知 SD 卡下一个命令为应用命令，而非标准的 SD 命令
ACMD41	[31] 保留位； [30] HCS； [29:24] 保留位； [23:0] 供电电压	R3	告知 SD 卡主机是否支持高容量 SD 卡(SDHC)
CMD58	[31:0] 无效	R7	获取 SD 卡的 OCR，通过其中的 CCS 位可知 SD 卡是否为高容量 SD 卡(SDHC)

① 如图 20-8 所示向 SD 卡发送至少 74 个时钟与写 CMD0 命令就构成了 SD 卡的复位时序，CMD0 命令的正确返回值为 01H，表示 SD 卡已经处于空闲状态。

上电后首先将 CS 片选信号置高电平，当 CS 为高的时候，在 CLK 时钟线上产生至少 74 个时钟信号用于唤醒 SD 卡的 SPI 通信，然后将 CS 片选信号置为低电平，接着在数据线上给出命令 CMD0：0x40、0x00、0x00、0x00、0x00、0x95，向 SD 卡写入命令 0 之

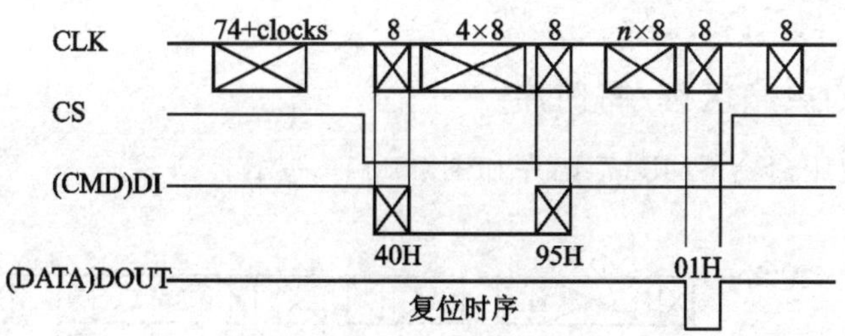

图 20-8　复位时序

后，就开始对 SD 卡的数据输出端不断地进行检测。如果在一段时间之后能够读到 01H，就说明对 SD 卡的复位操作是成功的，如果一直读到的都是 FF，则说明复位操作失败。复位操作成功后将 CS 拉高，然后再在时钟线产生 8 个 CLK 信号，这 8 个时钟信号可让程序工作更加稳定，保证各个厂家生产的卡都能正常操作。CMD0 写入成功之后，SD 卡随即切换为 SPI 工作模式，不再进行 CRC 校验。

② 初始化阶段 SPI 的时钟频率通常使用几 kHz 到几十 kHz，最高不应超过 400 kHz。

③ SD 卡分为多个版本：MMC、SD1.0 与 SD2.0，其中 SD2.0 又包括普通 SD 与 SDHC。不同种类的 SD 卡初始化方法不尽相同，而且命令集也不一样，比如 SD1.0 没有 CMD58，而 SDHC 却有，所以，正确鉴别 SD 卡的版本是成功进行初始化的前提。以 SD 卡 1.0 为例，具体初始化时序如图 20-9 所示。

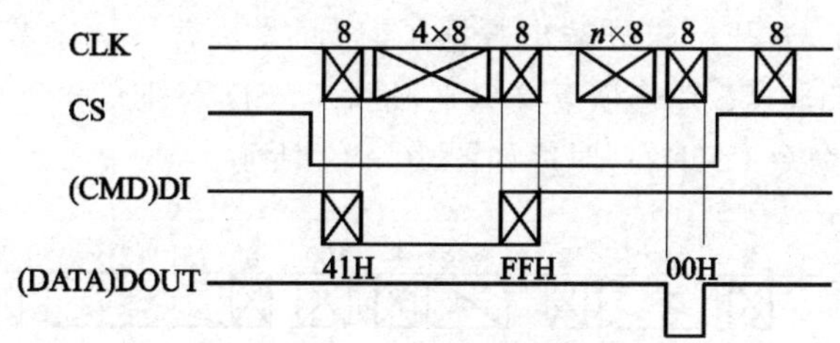

图 20-9　SD1.0 初始化时序

首先将 CS 片选信号置低电平，在 CS 为低电平区间，在数据线上写入命令 1，如下：

CMD1（命令 1）：01000001 00000000 00000000 00000000 00000000 11111111

0x41　0x00　0x00　0x00　0x00　0xFF

向 SD 卡写入命令 1 之后，就开始对 SD 卡的数据输出端不断地进行检测，如果在一段时间之后能够读到 00H，就说明对 SD 卡的初始化操作是成功的；如果一直读到的都是 FF，则说明初始化操作失败，初始化操作成功后将 CS 拉高，然后再在时钟线产生 8 个 CLK 信号让程序工作更加稳定。

④ 高容量卡与普通卡的扇区地址不同，比如同是对扇区 1 进行操作，对于高容量卡要向其写入地址 0x0000 0001，而对于普通卡来说，写入的地址却是 0x0000 0200，相差 512 倍，所以要想正确完成后续的扇区读/写操作，就必须在初始化过程中正确地判

定 SD 卡的扇区寻址方式。

3. SD 卡的单扇区读/写时序

单扇区读使用命令 CMD17,时序如图 20-10 所示。

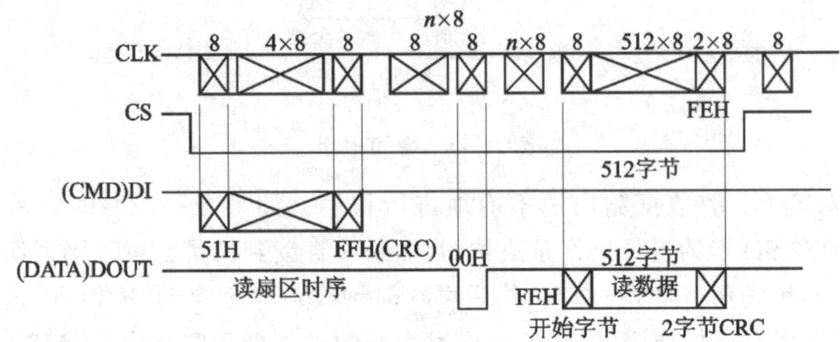

图 20-10 读扇区时序

将 CS 片选信号置低电平,在 CS 为低电平区间,在数据线上写入命令 17,如下:

CMD17 : 01010001 xxxxxxxx xxxxxxxx xxxxxxx0 00000000 11111111

(命令 17) 0x51 (高字节) 地址 (低字节) 0xFF

中间 4 字节是地址信息,将命令 17 写入后,开始对 SD 卡的数据输出端进行读取,如果能够读到 00H,说明命令 17 被写入成功;如果一直读到的都是 FF,则说明命令 17 写入失败。命令 17 被写入成功后开始对数据线进行读取,如果读到的数据是 FEH(开始字节),则说明 SD 卡开始向外输出数据了,后面紧接着 512 字节的数据,然后输出 2 字节 CRC 校验码,将 CS 片选恢复高电平,最后向 SD 卡补充 8 个时钟脉冲。

单扇区写使用命令 CMD24,时序如图 20-11 所示。

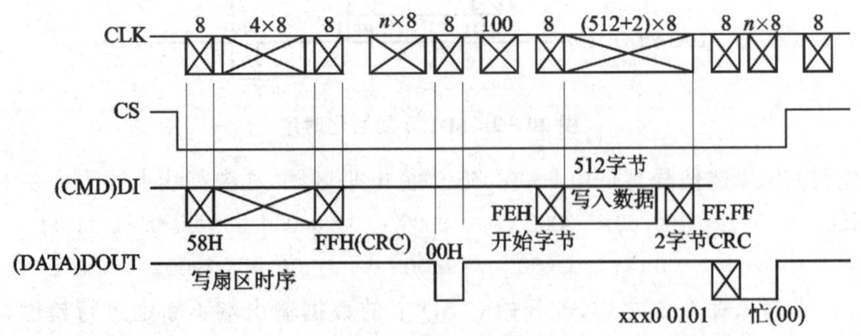

图 20-11 单扇区写时序

将 CS 片选信号置低电平,在 CS 为低电平区间,在数据线上写入命令 24,如下:

CMD24 : 0101100 xxxxxxxx xxxxxxxx xxxxxxx0 00000000 11111111

(命令 24) 0x58 (高字节) 地址 (低字节) 0xFF

中间 4 字节是地址信息,将命令 24 写入后,开始对 SD 卡的数据输出端进行读取,

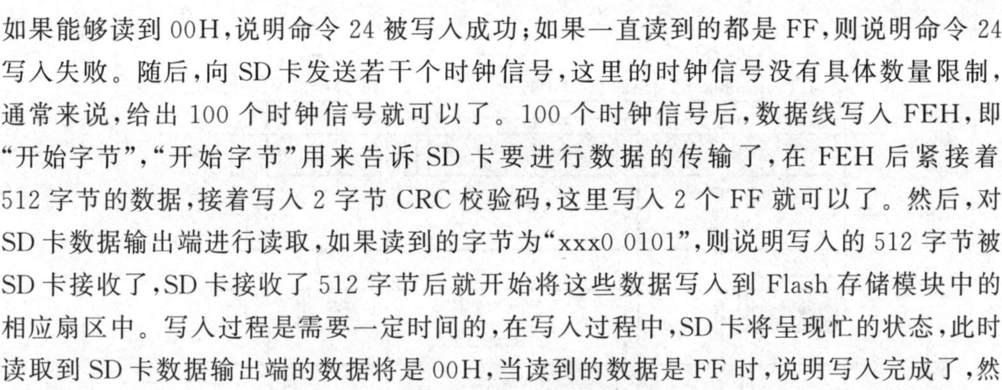

如果能够读到 00H，说明命令 24 被写入成功；如果一直读到的都是 FF，则说明命令 24 写入失败。随后，向 SD 卡发送若干个时钟信号，这里的时钟信号没有具体数量限制，通常来说，给出 100 个时钟信号就可以了。100 个时钟信号后，数据线写入 FEH，即“开始字节”，“开始字节”用来告诉 SD 卡要进行数据的传输了，在 FEH 后紧接着 512 字节的数据，接着写入 2 字节 CRC 校验码，这里写入 2 个 FF 就可以了。然后，对 SD 卡数据输出端进行读取，如果读到的字节为“xxx0 0101”，则说明写入的 512 字节被 SD 卡接收了，SD 卡接收了 512 字节后就开始将这些数据写入到 Flash 存储模块中的相应扇区中。写入过程是需要一定时间的，在写入过程中，SD 卡将呈现忙的状态，此时读取到 SD 卡数据输出端的数据将是 00H，当读到的数据是 FF 时，说明写入完成了，然后将 CS 片选恢复高电平，最后向 SD 卡补充 8 个时钟脉冲。

对于扇区读/写，我们最关心的是它的速度。通过扇区读/写时序图，可以看到影响 SD 卡扇区读/写速度的两大因素。

① SPI 接口速度。在成功完成初始化操作之后，应该把 SPI 的速度尽可能地提高，当然也不能超过 SD 卡硬件最高允许范围，这要依 SD 卡的速度等级而定，通常在 SD 卡的表面标签上会有形如“②”“④”“⑥”的图样，它向我们说明了 SD 卡能够达到多高的速度，比如“④”代表 4 MB/s，其他类推，对于没有速度标识的卡，其速度都是低于 2 MB/s 的。

② SD 卡本身品质。在扇区读/写中有一些等待过程等待 SD 卡完成内部的一些操作，比如数据接收前的准备工作、自身 Flash ROM 的数据写入等操作，这些内部操作所花费的时间取决于 SD 卡硬件本身。

4. SD 卡的多扇区读/写与擦除时序

对连续的多个扇区进行读/写擦除操作可以通过多次单扇区读/写操作来实现（软件多扇区），也可以使用多扇区专用命令 CMD18、CMD23、CMD25、CMD32 等对多扇区进行读/写擦除等操作来实现。硬件多扇区要比软件多扇区效率高得多（速度要快 2～3 倍）。多扇区读操作如图 20－12 所示，多扇区写操作如图 20－13 所示，多扇区擦除操作如图 20－14 所示。

图 20－12 步骤说明：① 发送 CMD18 读命令，收到 0x00 表示成功；② 连续读直到读到开始字节 0xFE；③ 读 512 字节；④ 读 2 个 CRC 字节；⑤ 如果还想读下一扇区，则重复步骤②～④；⑥ 发送 CMD12 来停止读多块操作。

图 20－13 步骤说明：① 发送 CMD25，收到 0x00 表示成功；② 发送若干时钟；③ 发送写多块开始字节 0xFC；④ 发送 512 字节数据；⑤ 发送 2 个 CRC（可以均为 0xFF）；⑥ 连续读直到读到 xxx00101 表示数据写入成功；⑦ 继续读进行忙检测，直到读到 0xFF 表示写操作完成；⑧ 如果想写下一扇区则重复步骤②～⑦；⑨ 发送写多块停止字节 0xFD 来停止写操作；⑩ 进行忙检测直到读到 0xFF。

扇区的擦除比较简单，如图 20－14 所示。

最后，还有一个获取物理总扇区的操作。向 SD 卡写入 CMD9，它随即会返回 16 个字

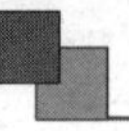

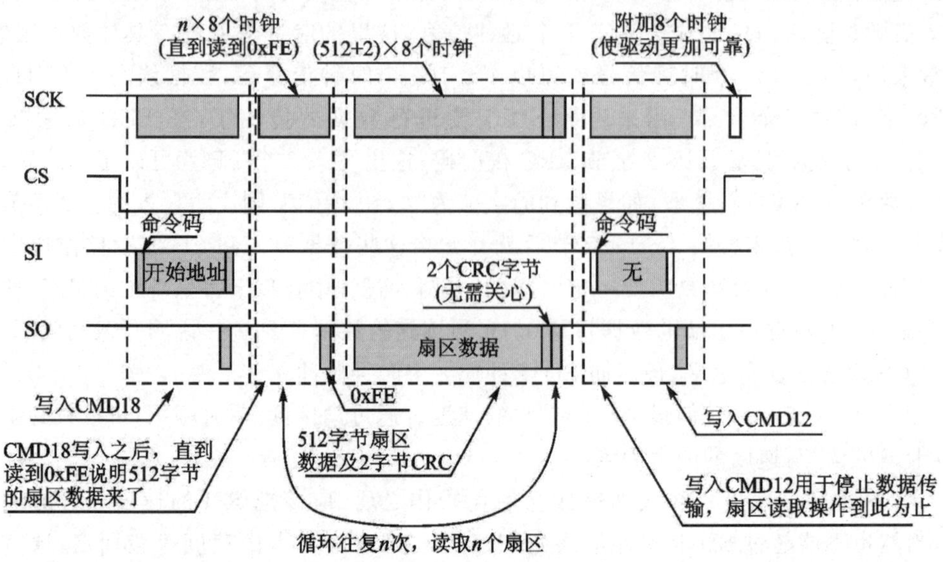

图 20-12　多扇区读时序

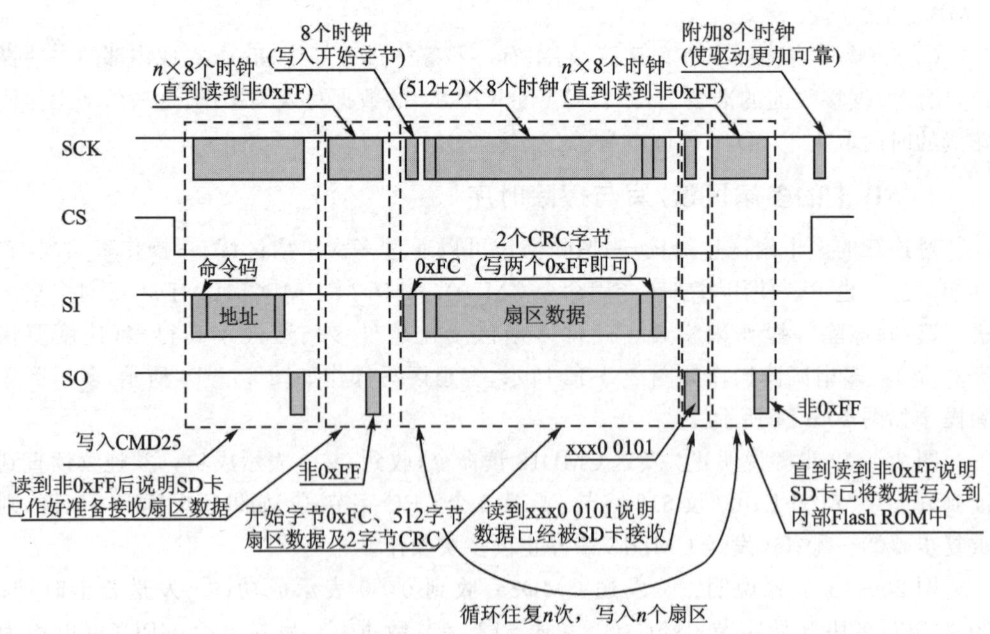

图 20-13　多扇区写时序

节的 CSD 数据(Card Specifc Data)，从中提取相关参数，进而可计算得到物理总扇区数。

例 20.1　SD 卡扇区读/写驱动测试，要求单片机上电后读取 SD 卡总容量并将结果通过串口发送到计算机，R/C 时钟频率为 22.118 4 MHz，波特率为 9 600，计算机串

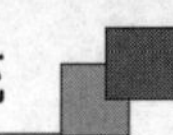

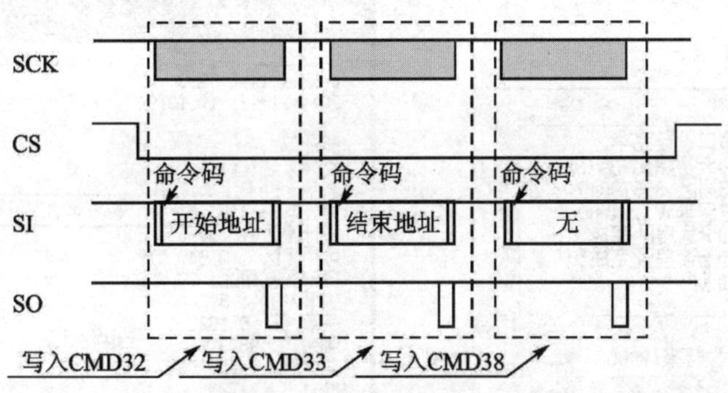

图 20-14　多扇区擦除时序

口助手使用字符格式显示，单片机读取 SD 卡总容量后对一个程序指定的扇区地址进行数据写入与读出，并验证写入与读出数据是否完全相符，同时把验证结果发送给计算机串口助手。

为了提高程序通用性，采用 I/O 模拟 SPI 方式，读者只需要结合自己的硬件修改与 SD 卡连接的 4 个单片机 I/O 口即可。程序中的函数功能作说明如表 20-3 所列，完整的驱动程序见配套资源。

表 20-3　驱动程序函数功能说明

函数定义	功能与参数描述
SD_Init()	SD 卡初始化
SD_Write_Sector(addr,buffer)	将 buffer 中的数据写入到 addr 扇区中
SD_Read_Sector(addr,buffer)	读取 addr 扇区中的数据到 buffer 中
SD_Write_nSector(nsec,addr,buffer)	将 buffer 中的数据写入到 addr 开始的 nsec 个扇区中
SD_Read_nSector(nsec,addr,buffer)	读取 addr 开始的 nsec 个扇区数据到 buffer 中
SD_Erase_nSector(addr_sta,addr_end)	擦除 addr_sta 开始到 addr_end 结束的多个扇区
SD_GetTotalSec()	获取 SD 卡的物理总扇区数

注：前 6 个函数返回 0 为成功，1 为失败；最后一个函数返回物理总扇区数。

程序运行结果如图 20-15 所示，为确认上面结果是否正确，将 SD 卡插入市场购买的读卡器(零售价不到 20 元)，然后再插入计算机 USB 接口。打开 WinHex 软件，在菜单栏选择“工具”→“打开磁盘”，选择 SD 卡对应的可移动磁盘，然后单击“确定”按钮，此时窗口会显示一大堆数据，接着在菜单栏选择“专业工具”→“详细技术报告”，此时会看到由 WinHex 软件分析得到的实际参数值，如图 20-16 所示。单片机分析得到的 SD 卡总容量 14 980×1 024×1 024 字节＝15 707 668 480 字节，与 WinHex 软件分析的容量是完全相同的。

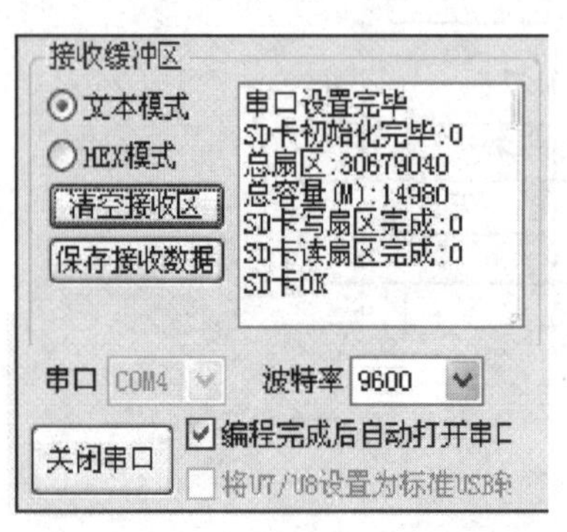

图 20－15　SD 卡驱动函数测试结果

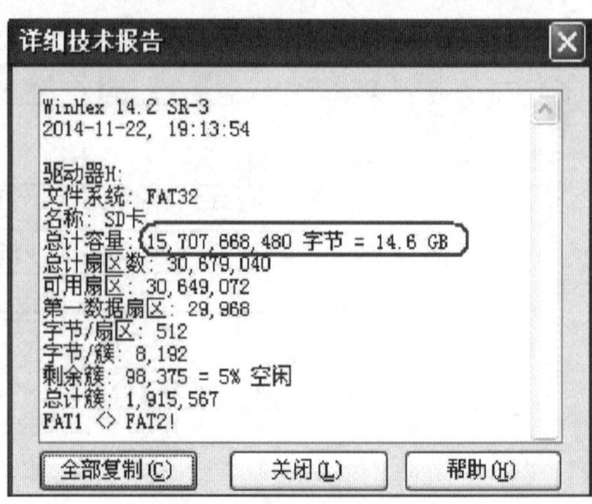

图 20－16　WinHex 软件分析出的 SD 卡物理信息

20.2　znFAT 文件系统

有了前面的驱动程序，就可以使用 SD 卡来存储程序运行过程中的重要数据了。由于 SD 卡存储容量很大，即使每次使用 1 个不同的扇区(512 字节)，也有足够的空间来存储数据；但有一个问题，通过前面的驱动程序直接写入到 SD 卡的数据无法直接在计算机上显示，在计算机上写入到 SD 卡中的数据也无法使用前面的驱动程序直接读取出来。为了解决这个问题，需要在前面驱动程序的基础上加入文件系统，让单片机对文件的操作与计算机对文件的操作相兼容。目前主流的开源文件系统有 znFAT 和 FATFS，znFAT 占用资源最少，是唯一能在 51 单片机上使用的文件系统，所以这里只介绍 znFAT，znFAT 与存储设备的关系如图 20－17 所示。

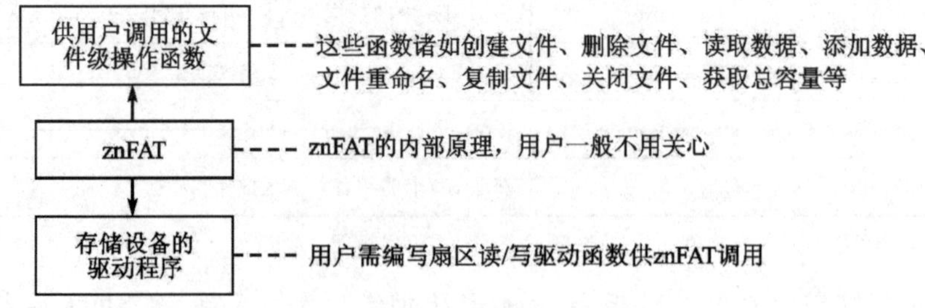

图 20－17　znFAT 与存储设备的关系

20.2.1　znFAT 的移植方法

znFAT 的移植其实非常简单，前提是已经有了现成的、较为成熟稳定的存储设备扇区读/写等驱动函数，比如 SD 卡的扇区读/写函数 SD_Read_Sector(addr，buf)和 SD_Write_Sector(addr，buf)，znFAT 运行过程中需要调用这 2 个由用户编写的函数，具体移植步骤如下：

1. 重新定义数据类型

将 znFAT 文件夹下所有文件复制到当前工程文件夹下(可以是实际工程,也可以是新建的一个没任何 C 文件的空的工程),也可将整个 znFAT 文件夹复制到当前工程文件夹下,如图 20－18 所示,然后在当前工程中加入 znFAT. C 与 deviceio. C。

图 20－18　znFAT 文件包中的所有文件

图 20－18 中 znFAT. C 和 znFAT. H 是 znFAT 的主体,我们不需要作任何更改,4 个头文件:gb2uni. h、cc_macro. h、template. h、deviceio. h,是 znFAT 在实现过程中要使用的一些代码资源,比如汉字编码表、功能扇区模板数据等,大多数情况下用户是无需改动这些文件的。mytype. h 对数据类型进行重定义(需用户修改),deviceio. c 通过一些底层函数接口与存储设备扇区读/写驱动进行连接(需用户修改),config. h 可对 znFAT 进行相关配置(用户修改频率最高)。打开 deviceio. c 文件如图 20－19 所示,然后拖动选中 mytype. h,右击,选择打开"mytype. h",如图 20－20 所示,如果数据类型与硬件平台实际的数据类型不一致,则需要重新定义数据类型。

```
#include "mytype.h"
#include "config.h"
#include "deviceio.h"
#include "SD_device0.h" //存储设备驱动头文件
struct znFAT_IO_Ctl ioctl; //用于扇区读写的IO控制, 尽量减少物理扇区操作
extern UINT8 Dev_No; //设备号
```

deviceio. c　mytype. h　deviceio. h

图 20－19　文件 deviceio. c

2. 将存储设备驱动函数与 znFAT 进行连接

通过 deviceio. c 将存储设备驱动函数与 znFAT 标准物理接口进行连接,包括存储设备初始化、单扇区读取、单扇区写入、多扇区连续读取与写入,多扇区擦除等。

① 加入存储设备驱动头文件(这个可以是前面我们介绍的或读者自己编写的),如图 20－21 所示,SD_device0. h 只是举个例子。

② 将存储设备初始化函数与 znFAT_Device_Init 函数连接,如图 20－22 所示。

除了将实际存储设备的初始化函数名加入接口函数 znFAT_Device_Init 中,此函数中的其他代码请不要改动,以下同理。

③ 将扇区读取驱动函数与 znFAT_Device_Read_Sector 函数进行连接,如

```
#ifndef _MYTYPE_H_
#define _MYTYPE_H_
#define UINT8   unsigned char
#define UINT16  unsigned int
#define UINT32  unsigned long
#define INT8    char
#define INT16   int
#define INT32   long
#define ROM_TYPE_UINT8  unsigned char code
#define ROM_TYPE_UINT16 unsigned int code
#define ROM_TYPE_UINT32 unsigned long code
#endif
```

对数据类型重新定义

图 20－20　文件 mytype. h

```
#include "mytype.h"
#include "config.h"
#include "deviceio.h"
#include "SD_device0.h" //存储设备驱动头文件
struct znFAT_IO_Ctl ioctl; //用于扇区读写的IO控制，尽量减少物理扇区操作
extern UINT8 Dev_No; //设备号
```

加入自定义存储设备驱动头文件

deviceio.c　mytype.h　deviceio.h

图 20－21　加入自定义驱动程序头文件

```
UINT8 znFAT_Device_Init(void)
{
 UINT8 res=0,err=0;
 ioctl.just_dev=0;
 ioctl.just_sec=0;
 //以下为各存储设备的初始化函数调用，请沿袭以下格式
 res=Device0_Init();
 if(res) err|=0X01;
 return err; //返回错误码，如果某一设备初始化失败，则err相应位为1
}
```

存储设备的初始化函数

图 20－22　存储设备初始化函数接口

图 20－23 所示。

④ 将扇区写入驱动函数与 znFAT_Device_Write_Sector 函数进行连接，如图 20－24 所示。

znFAT 中的多扇区连续读取驱动接口函数采用了两种实现方式，使用者可以通过修改 config. h 中的相应宏选择使用哪种实现方式。config. h 中的宏如图 20－26 所示。

⑤ 将多扇区连续读取驱动函数与 znFAT_Device_Read_nSector 函数进行连接，如图 20－25 所示。

如果这个宏被注释，则采用单扇区读取驱动＋循环的实现方式，否则，将采用硬件级的多扇区连续读取驱动，此时，使用者必须提供存储设备多扇区连续读取驱动函数。

```
UINT8 znFAT_Device_Read_Sector(UINT32 addr,UINT8 *buffer)
{
 ......
 switch(Dev_No) //有多少个存储设备，就有多少个case分支
 {                                          单扇区读取驱动函数
  case 0:
        while(Device0_Read_Sector(addr,buffer));
        break;
  //case 1:
        //while(Device1_Read_Sector(addr,buffer));
        //break;
  //case...
 }
 return 0;
}
```

图 20－23　单扇区读函数接口

```
UINT8 znFAT_Device_Write_Sector(UINT32 addr,UINT8 *buffer)
{
    ......
    switch(Dev_No)
    {                  存储设备扇区写入驱动
        case 0:
            while(Device0_Write_Sector(addr,buffer));
            break;
        //case 1:
            //while(Device1_Write_Sector(addr,buffer));
            //break;
        //case...
    }
    return 0;
}
```

图 20－24　单扇区写函数接口

```
UINT8 znFAT_Device_Read_nSector(UINT32 nsec,UINT32 addr,UINT8 *buffer)
{
 UINT32 i=0;
 if(0==nsec) return 0;
 #ifndef USE_MULTISEC_R //此宏决定是否使用硬件级连续扇区读取驱动
  switch(Dev_No)
  {                 使用单扇区读取 + 循环的方式实现多扇区连续读取
   case 0:
         for(i=0;i<nsec;i++) //如果不使用硬件级连续扇区读取，则使用单扇区读取+
         {
          while(Device0_Read_Sector(addr+i,buffer));
          buffer+=512;                单扇区读取驱动函数
         }
         break;
   //case 1:
  }
 #else
  switch(Dev_No)
  {                    硬件级的多扇区连续读取驱动函数
   case 0:
         while(Device0_Read_nSector(nsec,addr,buffer));
   //case 1:
         //while(Device1_Read_nSector(nsec,addr,buffer));
  }
 #endif
 return 0;
}
```

图 20－25　多扇区读接口

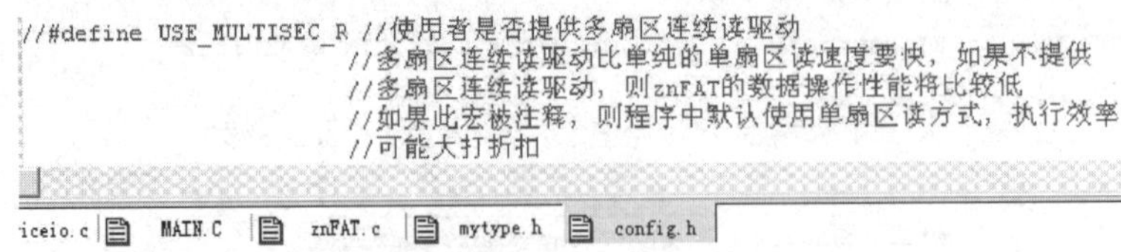

图 20-26 选择软件多扇区与硬件多扇区

⑥ 将多扇区连续写入驱动函数与 znFAT_Device_Write_nSector 函数进行连接(与⑤同理,config.h 中对应的宏为#define USE_MULTISEC_W)。

⑦ 将多扇区连续清零驱动函数与 znFAT_Device_Clear_nSector 函数进行连接(config.h 中对应的宏为#define USE_MULTISEC_CLEAR)。

3. 配置宏

config.h 中通常需要开启的宏定义如下,其余宏定义根据需要开启。

```
#define ZNFAT_FLUSH_FS                    //刷新文件系统
#define RT_UPDATE_FSINFO                  //实时更新 FSINFO 扇区
#define RT_UPDATE_FILESIZE                //实时更新文件信息
#define RT_UPDATE_CLUSTER_CHAIN           //是否实时更新 FAT 簇链
#define CCCB_LEN (8)                      //簇链缓冲的长度,必须为偶数,且不小于 4
#define USE_ALONE_EXB                     //每个文件都有它单独的交换缓冲区
```

以上就是 znFAT 的移植方法,下面我们测试一下 znFAT 占用的最小内存空间。

例 20.2 文件系统占用最少资源测试。

新建一个新的工程,建立并加入 MAIN.C 主文件,在 MAIN.C 主文件中写入一条语句:“while(1);”不写其他任何代码,另外再建立一个用户自定义头文件,比如“SD.H”,在 SD.H 中声明 znFAT 文件包中 deviceio.c 驱动接口需要用到的函数(不需要编写具体函数的 C 文件),并在 deviceio.c 中包含“SD.H”,然后编译程序,结果如图 20-27 所示。

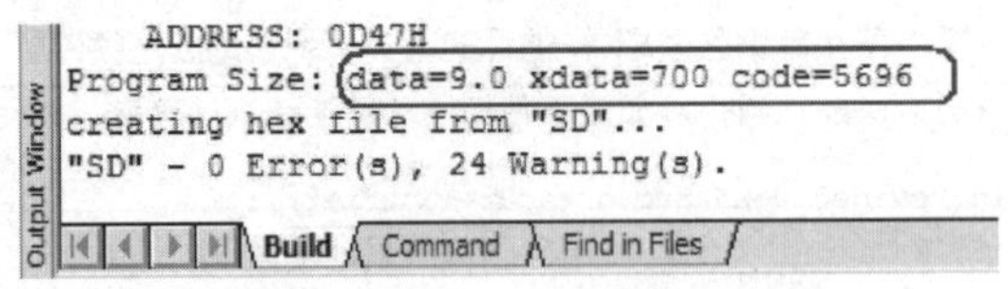

图 20-27 znFAT 占用最少资源测试

20.2.2 znFAT 移植实例

这里提供一系列实例对 znFAT 作全面运用验证,功能包括:打开文件、读取数据、创建文件、创建文件夹、打开文件夹、文件数据写入、删除文件、删除文件夹、格式化 SD 卡等。文件系统初始化是使用 znFAT 文件系统的必需过程,后面的所有实例都包含此实例的完整步骤,如果文件系统初始化成功,则说明 SD 卡的底层驱动与 znFAT 移植过程已经没有太大的问题,文件系统初始化主程序如下。

例 20.3 文件系统初始化。

```
struct znFAT_Init_Args idata Init_Args;        //初始化参数集合
struct FileInfo idata fileinfo;                //文件信息集合
```

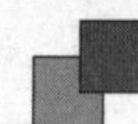

```
int main()
{
    unsigned int res = 0;
    UART_Init();                              //波特率为 9 600,频率为 22.118 4 MHz
    UART_Send_Str("串口设置完毕\r\n");
    znFAT_Device_Init();                      //存储设备初始化
    UART_Send_Str("SD 卡初始化完毕\r\n");
    znFAT_Select_Device(0,&Init_Args);        //选择设备
    res = znFAT_Init();                       //文件系统初始化
    if(! res)                                 //文件系统初始化成功
    {
        UART_Send_Str("文件系统初始化成功\r\n");
        UART_Send_StrNum("DBR 扇区地址:",Init_Args.BPB_Sector_No);
        UART_Send_StrNum("总存储容量(K 字节):",Init_Args.Total_SizeKB);
        UART_Send_StrNum("每扇区字节(个):",Init_Args.BytesPerSector);
        UART_Send_StrNum("FAT 扇区数:",Init_Args.FATsectors);
        UART_Send_StrNum("每簇扇区(个):",Init_Args.SectorsPerClust);
        UART_Send_StrNum("第一 FAT 扇区:",Init_Args.FirstFATSector);
        UART_Send_StrNum("根目录开始扇区:",Init_Args.FirstDirSector);
        UART_Send_StrNum("FSINFO 扇区地址:",Init_Args.FSINFO_Sec);
        UART_Send_StrNum("下一空闲簇:",Init_Args.Next_Free_Cluster);
        UART_Send_StrNum("剩余空闲簇:",Init_Args.Free_nCluster);
    }
    else                                      //文件系统初始化失败
    {
        UART_Send_StrNum("文件系统初始化失败 , 错误码:",res);
    }
    znFAT_Flush_FS();                         //刷新文件系统
    while(1);
    return 0;
}
```

编译后代码占用空间:“Program Size: data=99.1 xdata=718 code=9696”,上电后程序运行结果如图 20-28 所示,由 znFAT 解析出来的 SD 卡容量是 1 943 552 (单位:KB), 1 943 552×1 024 字节= 1 990 197 248 字节,同样可以使用 WinHex 软件验证这个结果是正确的。在对文件系统进行初始化以后,就可以调用 znFAT.C 中的函数进行各种文件操作了,znFAT.C 中的常用函数使用方法对照配套资源例程学习即可。

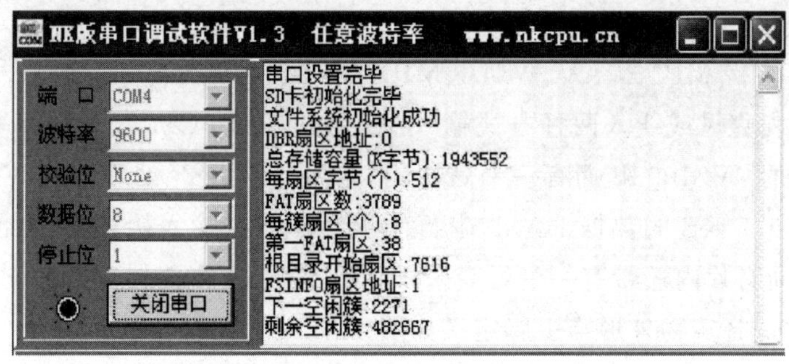

图 20-28　单片机解读出的 SD 卡物理信息

第 21 章 MP3 播放器实验

21.1 MP3 的介绍与电路讲解

我们对声波进行定时采样，将采样所得到的电压值进行记录（即 A/D），这样就得到了最原始的音频数据。当然，如果要得到较好的音质，就要采用较高的采样率，但是，采样率越高，所产生的原始音频数据量也就越大，所以人们就想到了数据压缩技术，将大的数据量压缩为较小的数据量，同时又不损失太多的音质。MP3 数据就是原始的音频数据经过 MP3 的编码压缩算法处理后得到的最终数据，因此我们拿到一个 MP3 数据之后要想播放出声音，就要进行解码，还原出最原始的音频数据，这样才能播放出声音。MP3 压缩的原理是抛弃人耳基本听不到的高频声音，只保留能听到的低频部分，从而将声音用 1∶10 甚至 1∶12 的压缩率进行压缩。

解码器包括软件解码器，如计算机上的千千静听等音频解码器与 Windows Media Player、暴风影音等音视频解码器，还包括硬件解码器芯片。硬件解码芯片种类繁多，作者实际拆解了 2 个市面上买来的 MP3 成品，里面的解码芯片分别是 ATJ111L 和 ATJ2091N，都是 TQFP－64 封装。它们是专用芯片，价格相对便宜。下面介绍的 VS1003B 零售价为 22 元。

VS1003B 支持 MP3、WAV、WMA、MIDI 音频数据解码与 ADPCM 格式录音。录音时可以采用麦克风或线入两种方式输入声音信号，ADPCM 就是我们平时所见到的 WAV 波形文件。VS1003B 拥有一个高性能、低功耗的 DSP 处理器核 VS_DSP，5 KB 的指令 RAM，0.5 KB 的数据 RAM，串行的控制和数据输入接口，4 个通用 I/O，1 个 UART 接口，同时片内还带有一个可变采样率的 ADC，1 个立体声 DAC 以及音频耳机放大器。VS1003B 实物外形与引脚定义如图 21－1 所示。

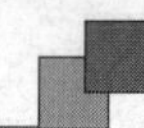

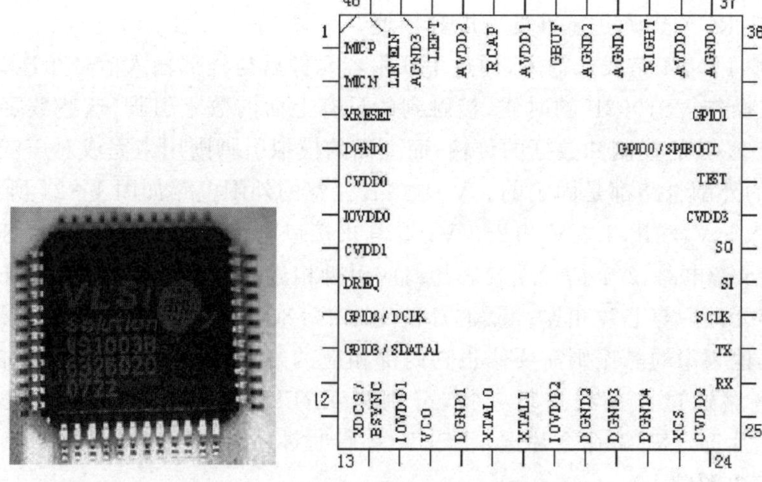

图 21-1　VS1003B 实物外形与引脚定义

21.1.1　VS1003B 引脚说明

1. 电源引脚

模拟部分供电：AVDD，38、43、45 引脚，电压：2.5～3.6 V。

数字部分供电：CVDD，5、7、24、31 引脚，电压：2.4～2.7 V，推荐值：2.5 V。

I/O 工作电压：IOVDD，6、14、19 脚，电压：(CVDD－0.6 V)～ 3.6 V。

最典型供电举例：AVDD ＝ IOVDD ＝ 3.3 V，CVDD ＝ 2.5 V。

2. 数字引脚：

3 引脚：XRESET，芯片复位输入控制，低电平复位，运行中由单片机 I/O 口控制。

8 引脚：DREQ，数据请求，低电平表示忙，高电平表示单片机可以向 VS1003 发送数据。

13 引脚：XDCS，数据片选，低电平有效。

23 引脚：XCS，命令片选，低电平有效。

28 引脚：SCLK，串行时钟，上升沿 VS1003 采样外部数据，下降沿 VS1003 向外输出数据。

29 引脚：SI，串行输入，连接单片机输出 I/O 口。

30 引脚：SO，串行输出，连接单片机输入 I/O 口。

3. 模拟引脚：

1 引脚：MICP，同相差分话筒输入，连接麦克风。

2 引脚：MICN，反相差分话筒输入，连接麦克风。

39、46 引脚：RIGHT、LEFT，右声道与左声道，连接耳机接口。

42 引脚:GBUF,公共地缓冲器,与耳机接口地相连。

44 引脚:RCAP1 通过基准滤波电容接地。

48 引脚:LINEIN,线入输入,通过串联阻容元件后与外部输入信号相连。

我们在操作 VS1003B 的时候,接触到的只有上面的数字引脚,这些数字引脚用来完成对 VS1003B 的控制和数据的传输;而上面的模拟引脚则用来完成对声音的播放和录制,它们的外围电路都是固定的。VS1003B 完整的外围电路如图 1-21 所示。① 电源电路:输入 5 V,输出 3.3 V 和 2.5 V;② 耳机接口电路:信号和地分别接芯片对应引脚;③ 麦克录音电路:2 个信号端与芯片对应引脚相连;④ 线入录音电路:外部输入信号经过阻容元件后与芯片相连;⑤ 芯片使用 12.288 MHz 标准晶振可省去很多麻烦,如果使用其他频率的晶振则需要修正它内部相应的寄存器,这在后面也会讲解。整个模块与外电路通过 9 条线进行连接,分别为 XRESET(复位)、DREQ(数据请求)、XDCS(数据片选)、XCS(命令片选)、SCLK(串行时钟)、SI(串行输入)、SO(串行输出)、+5 V、0 V(电源输入)。

21.1.2 VS1003 寄存器

VS1003 内部共有 16 个 16 位的寄存器,地址分别为 0x00～0x0F,除了模式寄存器 MODE 和状态寄存器 STATUS 在复位后的初始值分别为 0x800 和 0x3C 外,其余的寄存器在 VS1003 复位后的值均为 0,这里只对与本章实验相关的 4 个寄存器进行介绍。

1. MODE 模式寄存器

MODE 模式寄存器(地址:0x00,可读/写),16 位数据中只有 3 个位需要关注,其余位保持默认值即可。

Bit11:SM_SDINEW,上电后默认为 1,数据通信模式设置,只要始终保证此位为 1 即可。

Bit5:SM_TESTS,SM_TESTS = 1,进入正弦测试模式(正弦测试会用到)。

Bit2:SM_RESET,VS1003 软件复位,SM_RESET = 1,VS1003 软复位。软复位之后该位会自动清零,VS1003 所有功能寄存器恢复为默认值。

2. SCI_CLOCKF 时钟寄存器

SCI_CLOCKF 时钟寄存器(地址:0x03)各位定义如表 21-1 所列。

表 21-1 时钟寄存器

位	15～13	12～11	10～0
名 称	SC_MULT	SC_ADD	SC_FREQ
描 述	主倍频	额外倍频	时钟校正

SC_MULT:时钟频率的倍频系数,SC_MULT 将外部输入时钟进行倍频,从而可得到更高的时钟,如表 21-2 所列。比如取 4,它就将外部时钟进行 3 倍频。

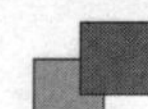

表 21－2　时钟频率设置

SC_MULT	时钟频率	SC_MULT	时钟频率	SC_ADD	时钟频率
0	XTAL	4	XTAL×3.0	0	无额外倍频
1	XTAL×1.5	5	XTAL×3.5	1	×0.5
2	XTAL×2.0	6	XTAL×4.0	2	×1
3	XTAL×2.5	7	XTAL×4.5	3	×1.5

SC_ADD:用于解码 WMA 时给倍频器增加的额外倍频值，比如 SC_ADD 取 3，代表获得额外的 1.5 倍的倍频，由于 WMA 音频文件压缩率更高，对它的解码需要更高的频率，所以在解码 WMA 的时候要有额外的时钟倍频，如果只解码 MP3，不涉及 WMA，则就可以取 0，也就是没有额外的时钟倍频，这样可以减小芯片功耗。

SC_FREQ:时钟校正。当 XTAL 输入的时钟不是 12.288 MHz 时才需要设置该值，其默认值为 0，即 VS1003 默认使用的是 12.288 MHz 的输入时钟。不是 12.288 MHz 时，需要设置为相应的值。假设实际晶振频率为 X，则 SC_FREQ = (X－8 MHz)/4 000，比如外部晶振为 12 MHz，则 SC_FREQ = (12 －8)/4 000 = 1 000。

3. 音量控制寄存器

音量控制寄存器(地址:0x0B)各位定义如表 21－3 所列。

表 21－3　音量控制寄存器

位	15～8	7～0
名　称	SC_VOL_L	SC_VOL_R
二进制值	0000 0100	0000 0100

各位定义如下：

SC_VOL_L:左声道音量(最大音量 －寄存器值×0.5 dB)

SC_VOL_R:右声道音量(最大音量 －寄存器值×0.5 dB)

寄存器的值为 0 时是最大音量，值为 254 时为静音，值为 255 时关闭声道并进入低功耗掉电模式。

4. 解码时间寄存器

解码时间寄存器:当 VS1003 芯片进行正确解码的时候，可以通过读取这个寄存器获得当前的解码时长(单位: s)，不过它是一个累计时间，所以需要在每首歌播放之前把它清空，以得到这首歌的准确解码时间。软件复位后这个寄存器恢复为 0。解码时间的重要用途:一般所熟知的歌词文件 lrc，对歌词是以播放时间来进行组织的，精确地获取当前播放时间是正确显示歌词的重要基础。

21.2 正弦测试

在使用 VS1003 播放歌曲之前，一般先对它进行正弦测试，所谓正弦测试就是不必向 VS1003 写入音频数据，芯片自己就会产生正弦波输出，这样就可从耳机中听到一定频率的声音，只要能够听到这些声音就说明芯片是完好无损的。

前面说过，模式寄存器第 5 位 SM_TESTS = 1，进入正弦测试模式，所以首先要将此位置 1，然后写入字节 0x53 0xEF 0x6E 0x?? 0x00 0x00 0x00 0x00，这样 VS1003 就进入正弦测试模式了，"??"是占用一个字节的变量，由它设定芯片产生的正弦波频率，这一个字节的变量定义如表 21-4 所列。

表 21-4 正弦波频率字节

名 字	FsIdx	S
位	7～5	4～0
描 述	采样率索引（见表 21-5）	正弦波跳跃速度

表 21-5 采样率索引

FsIdx	f_s/Hz	FsIdx	f_s/Hz
0	44 100	4	24 000
1	48 000	5	16 000
2	32 000	6	11 025
3	22 050	7	12 000

产生的正弦波频率 $f = f_s \times S/128$，其中 f_s 是由索引所指向的频率值，见表 21-5，S 为正弦波跳跃速度，例如 ?? =0x7E，即二进制 011 11110，那么索引值二进制 = 011 = 3，查表 21-5 可看出对应的频率值是 22 050 Hz，S = 11110 = 30，这样最终的正弦波频率 f =22 050 Hz×30/128 = 5 618 Hz。

在进行完正弦测试之后，需要退出正弦测试，写入数据 0x45 0x78 0x69 0x74 0x00 0x00 0x00 0x00 即可。

实验板上单片机与 VS1003 模块引脚连接线路如图 1-20 所示。

例 21.1 正弦测试。

```
//////////////////////////////////MAIN.C //////////////////////////////////
/*程序功能：正弦测试，程序中不断提高正弦波的频率，就可以在耳机中听到越来越刺耳的
         声音，持续大约 1 min 后停止，R/C 时钟频率 5～33 MHz 都可以工作，典型值为
         22.118 4 MHz */
//////////////////////////////////main.c //////////////////////////////////
#include "vs1003.h"
#include "myfun.h"
void main()
{
    unsigned char i = 0;
    VS_Reset();                          //初始化 VS1003
    for(i = 0;i<200;i++)
    {
        VS_sin_test(i);                  //正弦测试
    }
```

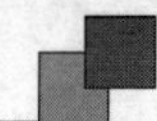

```
    while(1);
}
///////////////////////////////////vs1003.c  ///////////////////////////////////
#include "vs1003.h"
#include "patch.h"
#include "myfun.h"
/*****************************************
功能:向 VS1003 的功能寄存器中写入数据(两个字节)
参数:addr 是功能寄存器的地址，hdat 是要写入的高字节，ldat 是要写入的低字节
*****************************************/
void VS_Write_Reg(unsigned char addr,unsigned char hdat,unsigned char ldat)
{
    VS_DREQ = 1;                //51 单片机 I/O 作输入时先置为 1
    while(!VS_DREQ);            //VS1003 的 DREQ 为高电平时才接收数据
    VS_XCS = 0;                 //打开命令片选,这样才能对功能寄存器进行读/写
    SPI_WriteByte(0x02);        //写入操作码 0x02 0000 0010(功能寄存器写操作)
    SPI_WriteByte(addr);        //写入寄存器地址
    SPI_WriteByte(hdat);        //写入高字节
    SPI_WriteByte(ldat);        //写入低字节
    VS_XCS = 1;                 //关闭命令片选
}
/*****************************************
功能:从 VS1003 的功能寄存器中读取数据(2 个字节)
参数:addr 是功能寄存器的地址
返回:返回从 VS1003 的功能寄存器中读到的值
*****************************************/
unsigned int VS_Read_Reg(unsigned char addr)
{
    unsigned int temp = 0;
    VS_DREQ = 1;                //51 单片机 I/O 作输入时先置为 1
    while(!VS_DREQ);            //VS1003 的 DREQ 为高电平时才接收数据
    VS_XCS = 0;                 //打开命令片选,这样才能对功能寄存器进行读/写
    SPI_WriteByte(0x03);        //读出操作码 0x03 0000 0011(功能寄存器读操作)
    SPI_WriteByte(addr);        //写入寄存器地址
    temp = SPI_ReadByte();      //读高字节
    temp<< = 8;
    temp| = SPI_ReadByte();     //读取低字节,与高字节拼成一个整数
    VS_XCS = 1;                 //关闭命令片选
    return temp;                //返回读到的值
}
/*****************************************
功能:VS1003 硬件复位 + 软件复位 + 初始化(设置时钟频率及音量)
*****************************************/
unsigned char VS_Reset()
{
    ///////////  硬件复位 //////////
    unsigned char retry = 0;
    VS_XDCS = 1;                //取消数据传输
    VS_XCS = 1;                 //取消指令传输
    VS_XRESET = 1;
    delay(10);
```

```
    VS_XRESET = 0;                      //硬件低电平复位
    delay100mS();                       //延时 100 ms
    VS_XRESET = 1;
    while(VS_DREQ = = 0&&retry<200)     //等待 DREQ 为高
    {
        retry ++ ;
        delay50us();
    };
    delay20ms();
    ///////////  软件复位 //////////
    VS_Write_Reg(0x00,0x08,0x04);       //软件复位,向模式寄存器写入 0x0804 即可
    ///////////  初始化 //////////
    VS_Write_Reg(0x03,0x98,0x00);       //时钟设置,3 倍频
    VS_Write_Reg(0x0b,0x00,0x00);       //音量设置,左右声道均最大音量
    VS_XDCS = 0;                        //打开数据片选,注意此时 XCS(片选)为高电平
    SPI_WriteByte(0);
    //写入数据,这里写入 4 个字节 00 或 FF,是无关数据,用来启动数据传输
    SPI_WriteByte(0);
    SPI_WriteByte(0);
    SPI_WriteByte(0);
    VS_XDCS = 1;                        //关闭数据片选
    if(retry> = 200)return 1;           //硬件复位失败
    else return 0;                      //硬件复位成功
}
/ *****************************************
功能:向 VS1003 写入一个字节的音频数据(即用于播放的数据)
参数:dat 是要写入的字节
 *****************************************/
void VS_Send_Dat(unsigned char dat)
{
    VS_XDCS = 0;                        //打开数据片选
    VS_DREQ = 1;
    while(!VS_DREQ);                    //VS1003 的 DREQ 为高才能写入数据
    SPI_WriteByte(dat);                 //通过 SPI 向 VS1003 写入一个字节的音频数据
    VS_XDCS = 1;                        //关闭数据片选
}
/ *****************************************
功能:向 VS1003 写入 2 048 个 0,用于清空 VS1003 的数据缓冲区,在播放完一个完整的音频(如
    MP3)后,调用函数,清空 VS1003 数据缓冲区,为下面的音频数据(如下一首 MP3)做准备
 *****************************************/
void VS_Flush_Buffer()
{
    unsigned int i;
    VS_XDCS = 0;                        //打开数据片选
    for(i = 0;i<2048;i ++ )
    {
        VS_Send_Dat(0);
    }
    VS_XDCS = 1;                        //关闭数据片选
}
/ *****************************************
```

```
功能:正弦测试,这是测试 VS1003 芯片是否正常的有效手段!!
参数:x 决定了正弦测试中产生的正弦波的频率,直接影响听到的声音的频率
 ********************************************/
void VS_sin_test(unsigned char x)
{
    VS_Write_Reg(0x00,0x08,0x20);      //启动正弦测试
    VS_DREQ = 1;
    while(! VS_DREQ);                  //等待 DREQ 变为高电平
    VS_XDCS = 0;                       //打开数据片选 SDI 有效
    SPI_WriteByte(0x53);               //写入以下 8 个字节,进入正弦测试
    SPI_WriteByte(0xef);      //正弦测试命令:0x53 0xef 0x6e xx 0x00 0x00 0x00 0x00
    SPI_WriteByte(0x6e);
    SPI_WriteByte(x);         //参数 x 用来调整正弦测试中正弦波的频率
    SPI_WriteByte(0);         //比如 x = 126 (0b011 11110) FsIdx = 011 = 3,Fs = 22 050 Hz
                              //S = 11110 = 30,F = 22 050 Hz×30/128  = 5 168 Hz
    SPI_WriteByte(0);
    SPI_WriteByte(0);
    SPI_WriteByte(0);
    delay200mS();                      //这里延时一段时间,为了听到"正弦音"
    SPI_WriteByte(0x45);               //写入以下 8 个字节,退出正弦测试
    SPI_WriteByte(0x78);
    SPI_WriteByte(0x69);
    SPI_WriteByte(0x74);
    SPI_WriteByte(0);
    SPI_WriteByte(0);
    SPI_WriteByte(0);
    SPI_WriteByte(0);
    VS_XDCS = 1;                       //关闭数据片选
}
/*********************************************
功能:为 VS1003 打补丁,获得实时频谱,atab 与 dtab 是 VS1003 频谱功能补丁码,在 patch.h 中
 ********************************************/
void LoadPatch()
{
    unsigned int i;
    for(i = 0;i<943;i++)
    {
        VS_Write_Reg(atab[i],dtab[i]>>8,dtab[i]&0xff);
    }
}
```

21.3　通过 SD 卡播放 MP3 文件

这里需要使用上一章介绍的 znFAT 文件系统 ＋ SD 卡和本章的 VS1003 模块。在此实验中,读取 SD 卡根目录下的所有 MP3 等音频文件,包括 MP3、WMA、MIDI、WAV 等。读文件时,使用 znFAT＋ SD 卡,并通过数据重定向功能将读到的数据直接送到 VS1003 进行解码播放。在操作的过程中,串口向计算机输出相关信息。znFAT＋SD 卡＋MP3 播放流程图如图 21－2 所示。

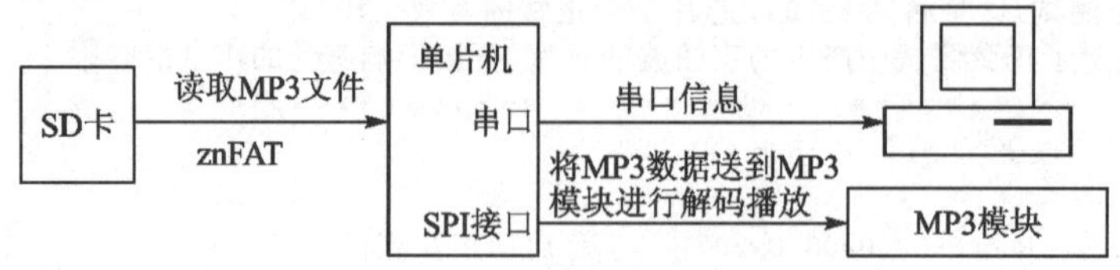

图 21-2 znFAT + SD 卡 + MP3 播放流程图

例 21.2 使用数据重定向方式向 VS1003 发送数据并播放音乐(无按键操作)。

znFAT + SD 卡程序与 SD 卡章节完全相同,VS1003 部分的代码与 21.1 节内容也是完全相同的,所以这里只对几大部分程序进行组合。程序调试过程中的重点是要对 znFAT 文件夹中的 config 文件进行配置,比如开启打开文件、关闭文件、文件数据读取、数据重定向、数据重定向函数名定义等语句。数据重定向语句如下:

```
#define Data_Redirect VS_Send_Dat       //数据重定向函数名定义
```

其中的 VS_Send_Dat 是 VS1003 的数据写入函数,同时必须在 znFAT.C 文件中加入语句#include "vs1003.h",否则 znFAT.C 编译时找不到 VS_Send_Dat 函数,具体程序请查看配套资源。

例 21.3 经过单片机数据缓冲区向 VS1003 发送数据并播放出音乐(带按键操作)。

使用重定向时,文件系统读出的数据直接送 VS1003 播放,其最大的优点是速度快,但无法对数据进行干预。比如想要加入按键控制歌曲的上一首、下一首就无法实现,为了完成这个功能,本例不使用数据重定向。主程序代码如下:

```
#include "ZNFAT.H"
#include "sd.h"
#include "uart.h"
#include "vs1003.h"
#include "myfun.h"
struct znFAT_Init_Args idata Init_Args;       //初始化参数集合
struct FileInfo idata fileinfo;               //文件信息集合
unsigned int len = 0;                         //从文件中读取的数据长度
unsigned char buf[800];                       //从文件中读取的数据长度
sbit K3 = P5^4;                               //上一首
sbit K4 = P1^7;                               //下一首
void port_mode()                              //端口模式
{
    P0M1 = 0xff; P0M0 = 0xff;P1M1 = 0x0C;P1M0 = 0x0C;P4M1 = 0x80;P4M0 = 0x80;
}
int main()
{
    unsigned char i = 0,j = 0;
    unsigned int res = 0,n = 0;
    port_mode();
    UART_Init();                              //波特率为 9 600,频率为 22.118 4 MHz
    UART_Send_Str("串口设置完毕\r\n");
    znFAT_Device_Init();                      //存储设备初始化
    UART_Send_Str("SD 卡初始化完毕\r\n");
```

```
    znFAT_Select_Device(0,&Init_Args);      //选择设备
    res = znFAT_Init();                     //文件系统初始化
    if(! res)                               //文件系统初始化成功
    {
        UART_Send_Str("文件系统初始化成功\r\n");
    }
    else                                    //文件系统初始化失败
    {
        UART_Send_StrNum("文件系统初始化失败 , 错误码:",res);
    }
    VS_Reset();                             //VS1003 复位初始化
    while(! znFAT_Open_File(&fileinfo,"/ * .mp3",n ++ ,1))
                                            //打开 SD 卡根目录下所有 MP3 文件中的第 n 个
    {
        UART_Send_Str("====================================\n");
        UART_Send_Str("打开文件成功\n");  //从串口输出文件参数信息
        UART_Send_Str("文件名为:");
        UART_Send_Str(fileinfo.File_Name);
        UART_Send_Enter();
        UART_Send_StrNum("文件大小(字节):",fileinfo.File_Size);
        UART_Send_StrNum("文件当前偏移量(字节):",fileinfo.File_CurOffset);
        UART_Send_Str("文件创建时间:\n");
        UART_Send_Num(fileinfo.File_CDate.year); UART_Send_Str("年");
        UART_Send_Num(fileinfo.File_CDate.month);UART_Send_Str("月");
        UART_Send_Num(fileinfo.File_CDate.day);  UART_Send_Str("日");
        UART_Send_Num(fileinfo.File_CTime.hour); UART_Send_Str("时");
        UART_Send_Num(fileinfo.File_CTime.min);  UART_Send_Str("分");
        UART_Send_Num(fileinfo.File_CTime.sec);  UART_Send_Str("秒\r\n");
        UART_Send_Enter();
        VS_sin_test(100);                   //正弦测试,可以听到一声嘀
        while(len = znFAT_ReadData(&fileinfo,fileinfo.File_CurOffset,800,buf))
        {
            VS_XDCS = 0;                    //打开 VS1003 的数据片选
            len/ = 32;
            for(i = 0;i<len;i ++ )
            {
                VS_DREQ = 1;
                while(!VS_DREQ);            //VS1003 的 DREQ 为高才能写入数据
                for(j = 0;j<32;j ++ )
                SPI_WriteByte(buf[i * 32 + j]);
                                            //通过 SPI 向 VS1003 写入一个字节的音频数据
            }
            VS_XDCS = 1;                    //关闭数据片选
            K3 = 1;                         //上一首
            if (K3 == 0)
            {
                delay(100) ;                //按键去抖
               if (K3 == 0)
               {
                  if(n>1)  n- =2;
                  else n = 0;
```

```
                    break;
                }
            }
            K4 = 1;
            if (K4 == 0)                    //下一首
            {
                delay(100) ;                //按键去抖
                if (K4 == 0)    break;
            }
        }
        VS_Reset;                           //硬件复位与软件复位
    }
    UART_Send_Str(" ==================================\n");
    UART_Send_StrNum("文件列举完毕,共有文件(个):",n);
    while(1);
    return 0;
}
```

第 22 章 数字存储示波器技巧与逻辑分析仪的操作

22.1 测量直流电源开关机瞬间输出的毛刺浪涌

在需要测试一些不规范的非周期性突发信号时，比如开关、继电器触点火花、毛刺干扰等波形，用一般的示波器就显得无能为力了。由于这类偶尔突发的信号，时间短、幅度大，只有用数字示波器的存储功能将它们记录下来，然后才可以对它们进行详细的观察和分析。下面就针对这一问题，介绍如何用数字示波器捕捉非周期性信号的方法和步骤。

在介绍之前，先对数字存储示波器的使用作一些简单的了解，图 22-1 是一台泰克 TDS1012B-SC 型数字存储示波器。各种型号的数字存储示波器面板类似，大同小异。开机后，首先要对数字存储示波器作功能检查和探头补偿校准。先将示波器探头（探头上的开关一般设定在×10 位置）和地线夹子连接到面板的“探头补偿”5 V/1 kHz 连接器上，如图 22-1 显示屏右下角所示，再按下“自动设置”按钮，此时若示波器功能正常，左边屏幕将显示频率为 1 kHz，电压峰值为 5 V 的方波。

若屏幕显示的方波如图 22-2 所示有失真，就需要对探头进行补偿调整，图 22-2 左边为“过补偿”波形，右边为“欠补偿”波形，这时可以用仪器配备的工具进行探头电容调整，如图 22-3 所示，直至左边屏幕上为正常的方波为止。

下面观察一个直流电源开关开启和关闭瞬间产生的毛刺浪涌脉冲波形。

① 首先将示波器 CH1 通道的探头接到直流电源相关测试点上，打开直流电源开关，调节直流电源的电压输出旋钮，选取一固定值，如图 22-4 所示，将直流电压调节到 5.00 V，屏幕显示一条 5.00 V 的黄色直流电平直线。

② 调整仪器面板右侧“触发电平”旋钮，如图 22-5 所示，设定捕捉脉冲电平比信号电平稍高一点，这里设定 5.60 V，也就是说，只要出现高于 5.60 V 以上的脉冲都能捕捉到，在调整“触发电平”旋钮的同时，屏幕上的黄色箭头跟着上移，同时屏幕下方显示“5.60 V”字样和“上升沿触发”等标志，如图 22-6 所示。

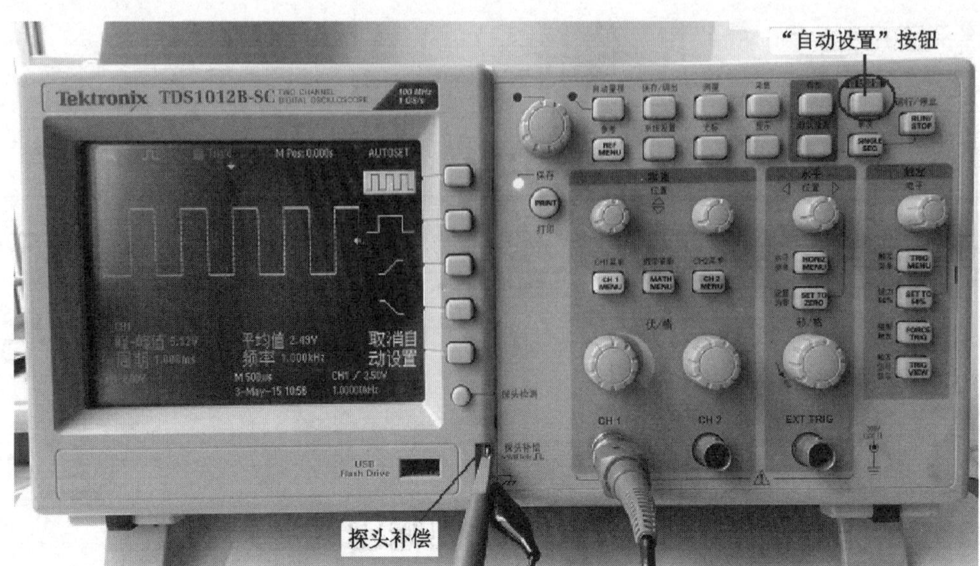

图 22－1　数字示波器作功能检查

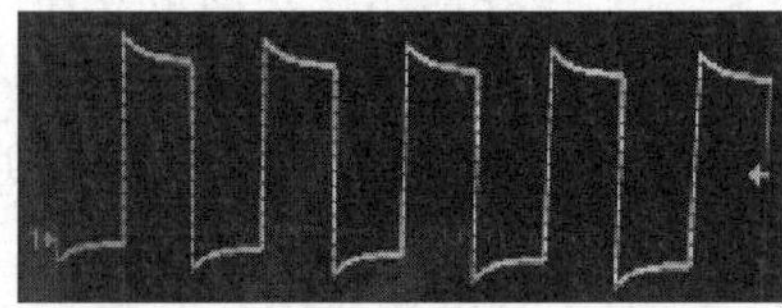

过补偿波形

欠补偿波形

图 22－2　失真波形

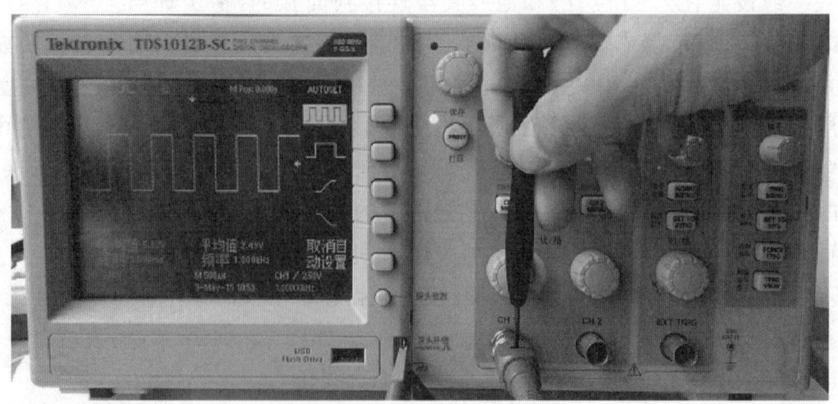

图 22－3　探头补偿调整

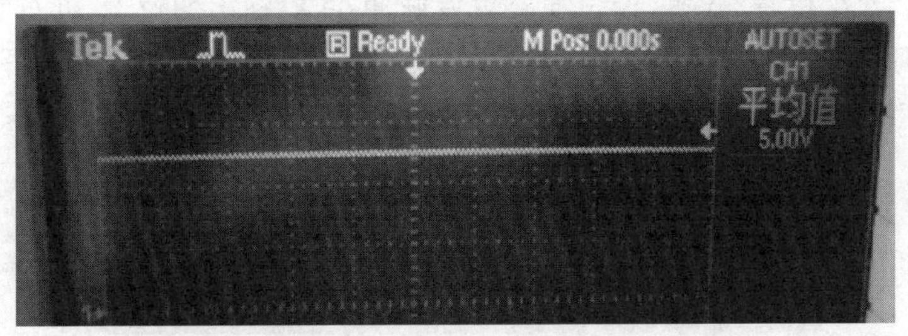

图 22－4　屏幕显示一条 5.00 V 黄色直流电平直线

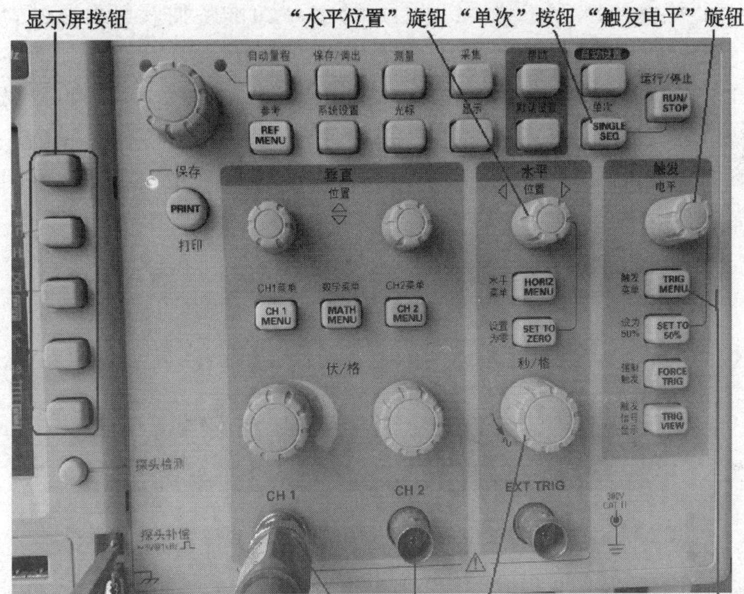

图 22－5　仪器面板部分按钮功能说明

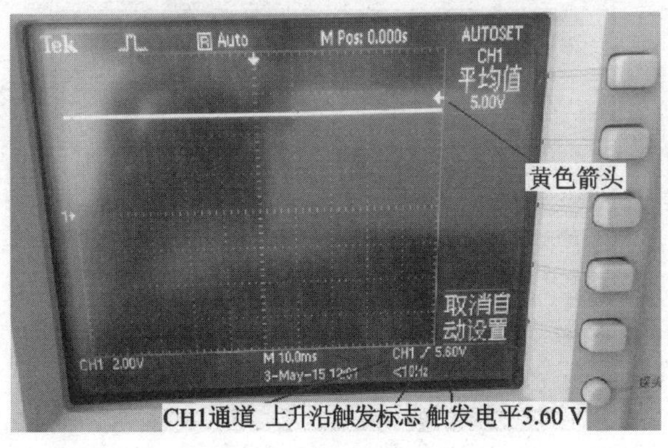

图 22－6　触发电平指示

③ 调整“水平位置”旋钮，设定捕获突发脉冲在 X 轴上的位置，此处设置在 X 轴(即时间轴)原点处，调整“水平位置”旋钮的同时，屏幕上方白色箭头在水平方向作相应移动，设置结果如图 22－7 所示。

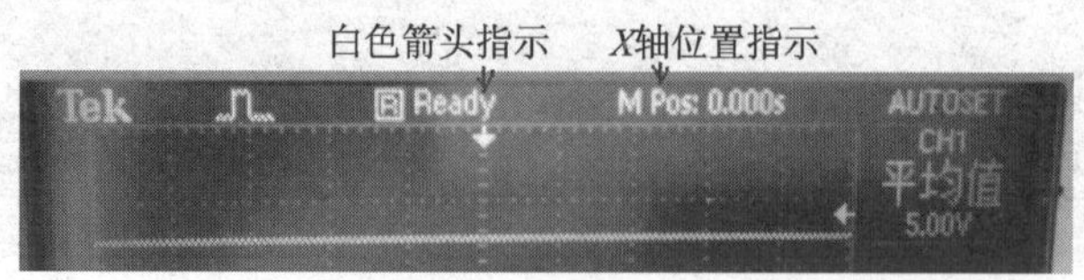

图 22－7　设定捕获突发脉冲在 X 轴上的位置

④ 按一下“单次(SINGLE)”按钮(参见图 22－5)准备捕获触发脉冲，屏幕白色箭头上方显示“Ready”字样，表示准备好了。

⑤ 关闭直流电源开关，这时由于开关在关闭的瞬间将产生一个抖动脉冲，这个抖动脉冲即被数字存储示波器所捕获。在屏幕白色箭头上方显示“Acq Complete(捕获完成)”字样，并且在屏幕上，能看到在原直流电平的横线上、位于 X 轴原点附近有一个尖脉冲波，如图 22－8 所示。

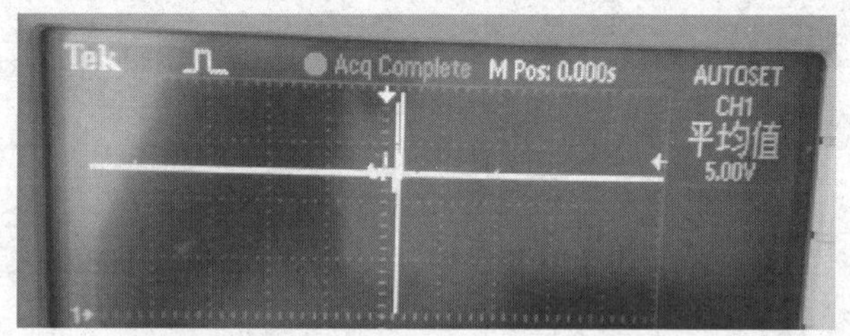

图 22－8　捕获到的电源开关关闭瞬间产生的抖动尖脉冲波形

⑥ 调整面板上的“秒/格”“伏/格”“水平位置”等旋钮(参见图 22－5)，即可放大和移动被捕获的脉冲波形位置。图 22－9 为两个不同位置的被捕获脉冲波形，它们都离 X 轴原点 500.0 μs，见图 22－9 屏幕上方的“M Pos：500.0 μs”。

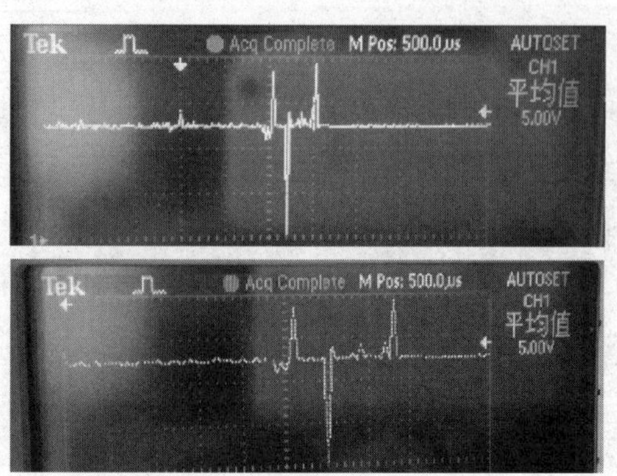

图 22－9　两个不同位置的被捕获脉冲波形

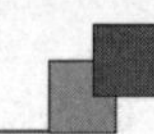

以上介绍测试的是电源开关机输出瞬间浪涌抖动情况，这在产品设计时，是需要考虑的。开关抖动的幅度越小，对负载电路的冲击就越小。如果是单片机系统中的按键，则通过测量抖动的时长可以确定单片机程序中按键延时去抖的时间。

22.2　测量稍纵即逝的红外发射信号

红外发射信号中包含了两种信息：其一是 38 kHz 左右的载波信号，其二是矩形包络信息（原始二进制信号）。当向红外接收头发送红外脉冲信号时，由于这种经编码的一连串脉冲信号频率高、周期短，瞬时出现、稍纵即逝，用普通示波器几乎无法观察；若用数字存储示波器观察，也存在一个设置是否得当的问题，否则看到的和普通示波器一样，是一连串重叠、漂移不定的杂乱波形，如图 22－10 所示。

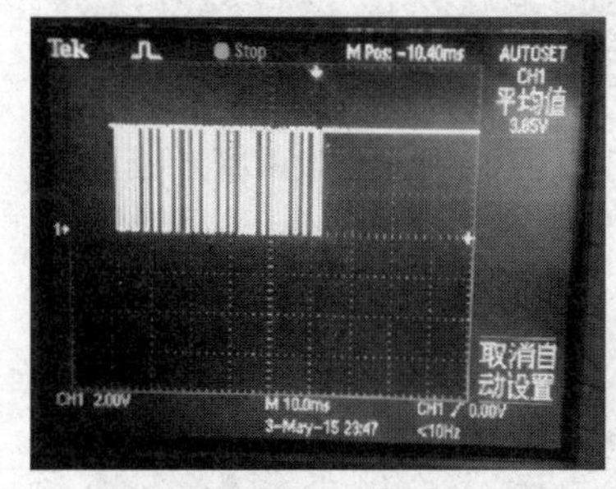

图 22－10　一连串重叠、漂移不定的杂乱波形

使用数字存储示波器测量红外发射信号的正确设置步骤如下：

① 将数字存储示波器的 CH1 通道探头连接到一体化红外接收头的输出端，并按下示波器的“自动设置”按钮（见图 22－5）。在没有发射红外信号之前，由于接收头工作电源是 5 V，这时从屏幕上能看到的接收头输出电压为 4.98 V，它呈一条黄色直流水平线，如图 22－11 所示。

图 22－11　接收头输出呈一条黄色直流水平线

② 按一下数字存储示波器面板右侧“触发”菜单按钮（见图 22－5），屏幕右侧显示“触发”菜单，默认触发斜率为“上升”，如图 22－12 所示。

③ 按一下显示屏按钮第三个（见图 22－5），将触发斜率设置为“下降”，如图 22－13 所示。这是因为实际的红外信号包络是采用下降沿触发的。

④ 调节“触发电平”旋钮（见图 22－5），这时屏幕右侧的黄色箭头会跟着上、下移动，并且屏幕右下角触发电平值随着变化，将触发电平设置在红外遥控信号电平的中间值附近，如设置触发电平为 2.48 V，结果如图 22－14 所示。

⑤ 调整数字存储示波器面板上的“秒/格”旋钮（见图 22－5），同时屏幕下方中间 M

后面的数字跟着变化,将其调成“10.00 ms”,如图 22-15 所示,即 X 轴每个大虚线格时间为 10 ms,因为实际的红外信号包络波形一个周期在 100 ms 左右。

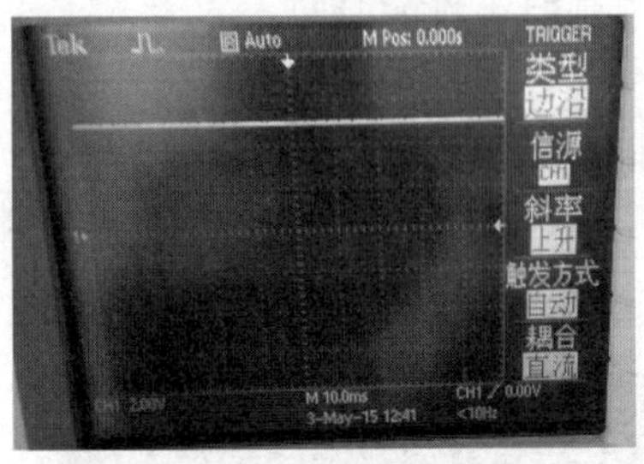

图 22-12　默认触发斜率为“上升”

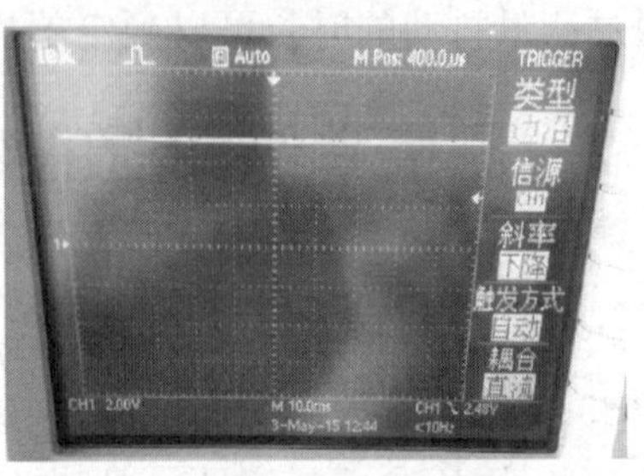

图 22-13　将触发斜率设置为“下降”

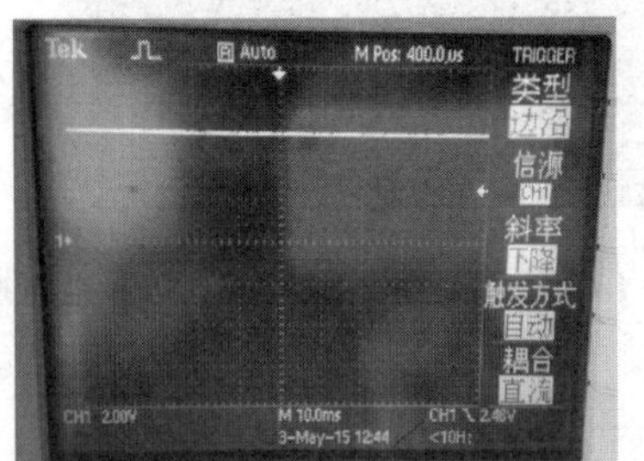

CH1通道 下降沿触发　触发电平 2.48 V

图 22-14　屏幕显示设置触发电平为 2.48 V

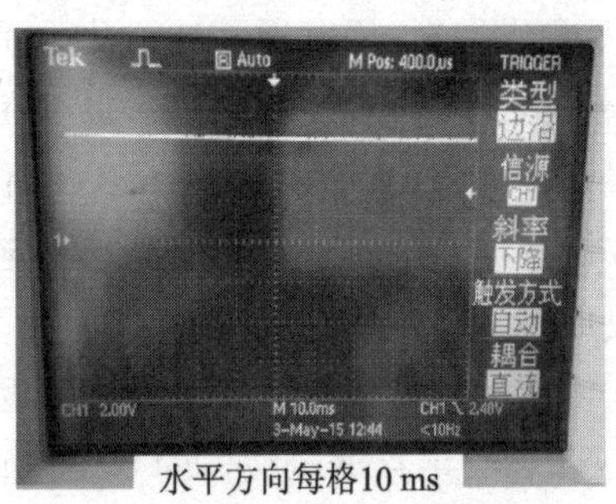

图 22-15　设置 X 轴扫描时间单位

⑥ 调节数字存储示波器面板上的“水平位置”旋钮(见图 22-5),这时屏幕上方的白色箭头会跟着左右移动,同时屏幕右上角“M Pos:”后面的数字也跟着变化,使白色箭头移向左边对准一个大虚线格处,右上角显示“M Pos:40.00 ms”,如图 22-16 所示。这一方面是为了能在屏幕上显示红外发射信号的一个完整包络波形,另一方面该处也是下降沿触发位置,“M Pos:40.00 ms”意味着白色箭头所对的虚线位置离开屏幕中心竖直虚线(基准 0 ms)为 40 ms。

⑦ 按一下数字存储示波器面板上的“单次(SINGLE)”旋钮(见图 22-5),准备捕获红外脉冲,屏幕上方会显示“Ready”字样,表示准备好了。

⑧ 按一下手中的遥控器发射红外信号,这时数字存储示波器屏幕上立即显示如图 22-17 所示的波形,并在屏幕上方出现红色字体“●Acq Complete(捕获完成)”。另外,还可以看到:红外信号是一系列脉冲群组成的包络波形,包括最前面的引导码、紧接着的用户码低 8 位、用户码高 8 位、键码、键反码,屏幕上方白色箭头正好对准红外脉冲群第一个负脉冲的下降沿,由于事先设置 X 时间轴合理,我们能看到一个完整的红外包络波形,包络宽度约为 70 ms。

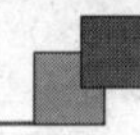

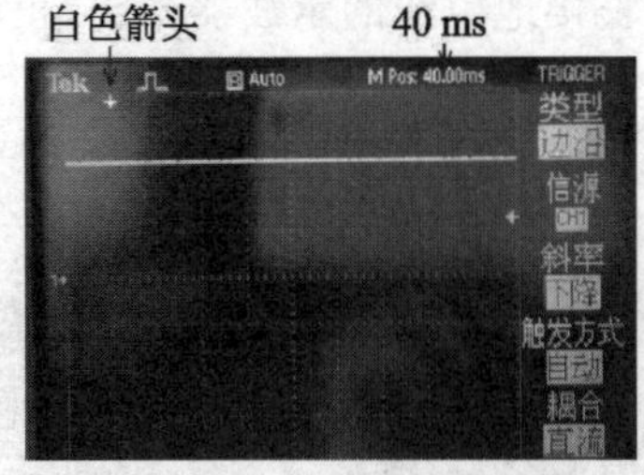

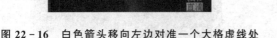

图 22-16　白色箭头移向左边对准一个大格虚线处

图 22-17　捕获的红外发射脉冲群波形

⑨ 可以利用调整面板上的“秒/格”和“水平位置”旋钮，扩展波形对它进行详细观察和研究。例如调成图 22-18 所示扩展波形(1)，可以从屏幕右上角显示的“M Pos: 9.200 ms”，知道引导码的前部分为 9.2 ms，继续调整“秒/格”和“水平位置”旋钮，得到如图 22-19 所示的扩展波形(2)，屏幕右上角显示“M Pos:13.60ms”，将 13.6 ms 减去 9.2 ms 得 4.4 ms，这就是引导码后部分所占时间。因此起始反码的周期即为 13.6 ms，用相同的方法可以求出其他脉冲的参数。

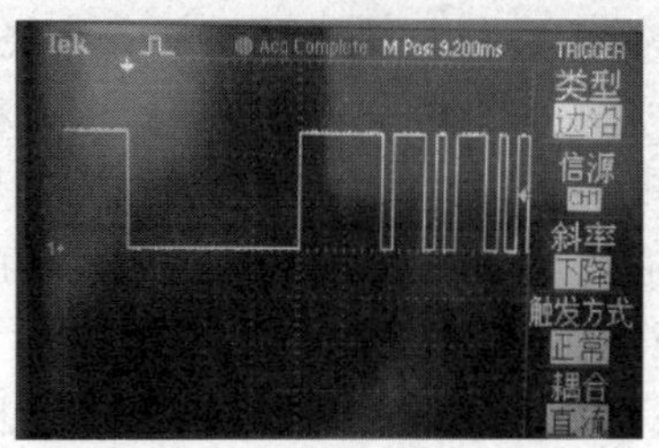

图 22-18　扩展波形(1)

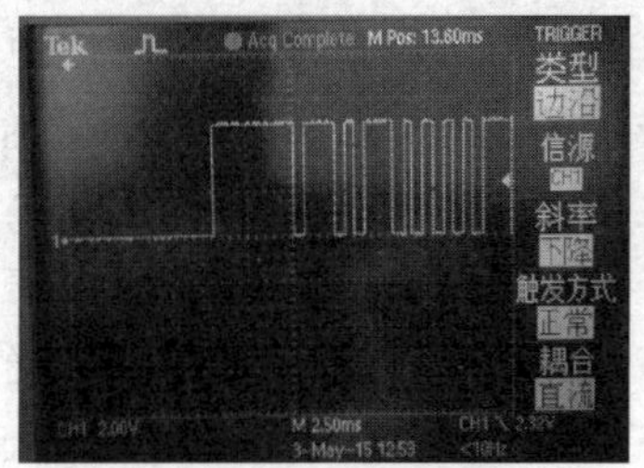

图 22-19　扩展波形(2)

22.3　精确测量直流电源纹波

基本要求：使用示波器 AC 耦合，20 MHz 带宽限制（数字示波器有此功能设置），拔掉探头帽（很重要），尽量不使用探头原本地线夹。使用 1∶1 衰减，灵敏度为 20 mV/格，详细步骤如下：

① AC 耦合是去掉叠加的直流电压，以更小挡位来仔细观测纹波，不关心直流电平。

② 打开 20 MHz 带宽限制是为了防止高频噪声的干扰，防止测出错误的结果，因为高频成分幅值较大，测量的时候应除去，相反，在测量电路高频噪声时，使用示波器的全通带，一般为几百 MHz 到 GHz 级别，其他与上述相同。

③ 不使用探头原本接地夹，使用接地环测量，是为了减少干扰；如果误差允许，也可直接用探头的接地夹测量，但在判断是否合格时要考虑这个因素。比如在图 22-20 所示的示例中，一名初级工程师完全错误地使用了一台示波器，其错误测量结果如

图 22－21 所示。他的第一个错误是使用了一支带长接地引线的示波器探头，正确做法是要尽可能减小探头之间的环路。

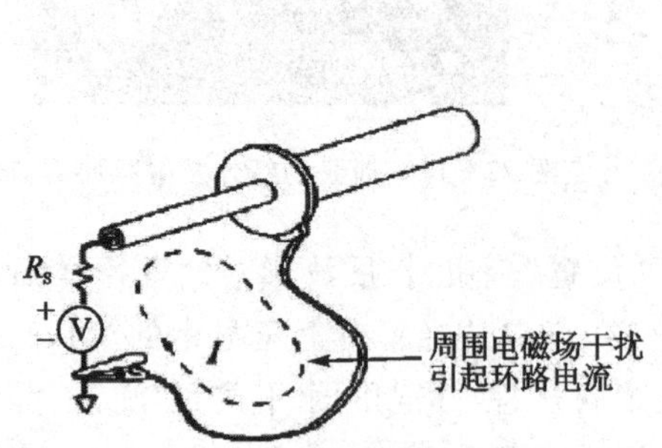

图 22－20　测量纹波错误做法

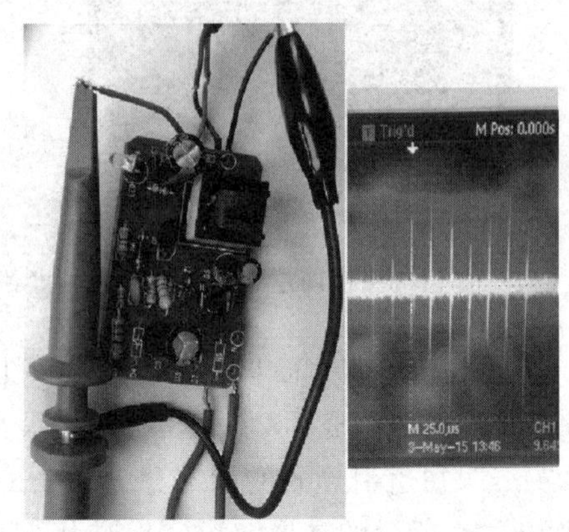

图 22－21　错误的纹波测量得到的较差的测量结果

他的第二个错误是将探头形成的环路和接地引线均置于电源变压器和开关元件附近，正确做法是探头的线缆尽可能地远离辐射源，同时注意探头的线缆避免缠绕，以避免自身形成环路而拾取电磁场干扰信号。他的最后一个错误是允许示波器探头和输出电容之间存在多余电感，该问题在纹波波形中表现为高频拾取，在电源中，存在大量可以很轻松地与探头耦合的高速、大信号电压和电流波形，其中包括电源变压器的磁场，开关节点的电场，以及由变压器互绕电容产生的共模电流。

正确的测量方法可以大大地改善测得的纹波结果。首先，通常使用带宽限制来规定纹波，以防止拾取并非真正存在的高频噪声，应该为示波器设定正确的带宽限制；其次，通过取掉探头“帽”，露出探头地壳，自制接地短线缠绕在探头地壳上，长度尽量不超过 1 cm，并将该接地线连接至电源参考地，这样做可以缩短暴露于电源附近高频电磁辐射的探头端部长度，从而进一步减少高频耦合拾波。

示波器地通常要悬空(拔掉 3 芯电源插头的地)，只通过探头地与测试信号的参考点共地，不要通过其他方式让示波器与测试设备共地，这样会给纹波测量引入很大的地噪声，例如：当示波器和其他仪器共用一个插线板时，其他仪器的开关干扰可能通过接地线引入到示波器并给测试带来噪声干扰。最后，在电源地线上往往存在高频电流，加上印制板导线宽度的限制，就在电源公共接地参考点和示波器接地连接点之间形成了压降，从而表现为纹波，因此在电路板上选择的参考地不同测量结果也就不一样，这点需要引起注意。图 22－22 的波形对应图 22－21 的电路板，其使用了改进的测量方法，这样，高频峰值就被真正地消除了。

④ 判定纹波的标准。纹波通常限制在输出电压值的 1%以内即可满足实际使用要求，比如 Intel 在计算机电源 ATX12V 2.31 规范(英文名“ATX12V Power Supply Design Guide”)中规定＋12 V 和－12 V 输出纹波的峰-峰值 Vpp 不得超过 120 mV，＋3.3 V 与＋5 V 纹波不得超过 50 mV，这个量对于大多品牌电源是非常宽裕的，绝大

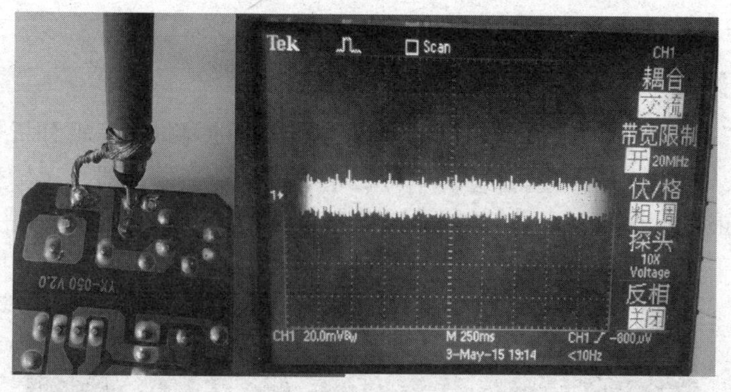

图 22－22　测量纹波的正确做法

多数电源都不会超过这个数值。

纹波测试结果其实不难看懂，图 22－23 是高频测试结果（Y 轴刻度度值 20.0 mV/格，X 轴刻度度值 10.0 μs/格），图 22－22 是低频测试结果（Y 轴刻度度值 20.0 mV/格，X 轴刻度度值 250 ms /格）两种纹波值相加即为最终结果。图 22－23 中除去毛刺后的高频纹波峰-峰值大约是 1 个网格即 20.0 mV。高频与低频相加即为该路输出的纹波值，两者相加为 40 mV，可见这个电路板输出电压纹波是在 120 mV 的标准范围内。

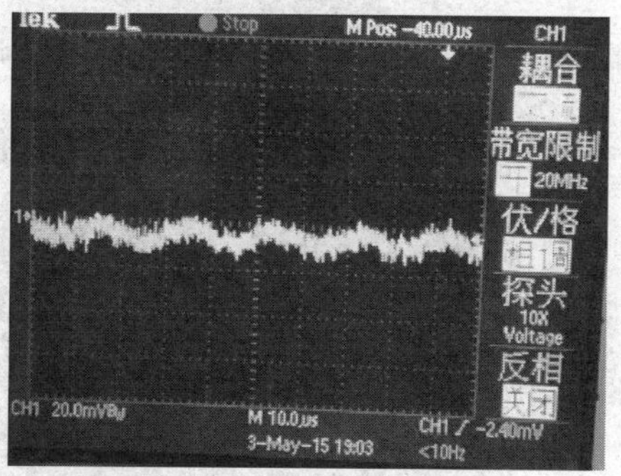

图 22－23　电源纹波测量结果

22.4　示波器带宽选用依据

带宽（五倍法则）：示波器所需带宽 ＝ 被测信号的最高信号频率×5，使用五倍准则选定的示波器的测量幅值误差将不会超过±3%，对于大多数操作来说已经足够了，比如单片机系统信号频率 20 MHz，应选用至少 100 MHz 带宽的示波器。如果要求对脉冲边沿上升或下降时间作精确测量，则对带宽要求更高，所有快速边沿的频谱中都包含无限多的频率成分，但其中有一个拐点频率，称为“knee”，高于该频率的频率成分对于确定信号的形状就无关紧要了。$f_{knee} = 0.5/RT$ (10%～90%)，$f_{knee} = 0.4/RT$ (20% ～80%)，RT 表示实际信号的上升时间，假设实际信号的上升时间 RT≈500 ps（按 10%～90% 的标准定义），那么该信号的最大实际频率成分 $f_{knee} = 0.5/500\ \text{ps} = 1\ \text{GHz}$，示波器带宽应选用 f_{knee} 的 2 倍，即 2 GHz，这样测量时间误差将不会超过±3%。

22.5 逻辑分析仪概述

逻辑分析仪的功能与示波器相似,但对于数字信号的测量,逻辑分析仪的功能比示波器更加强大,使用更加方便,是应对单片机系统疑难杂症的神器。逻辑分析仪外观如图 22-24 所示,逻辑分析仪与被测信号电路板连接如图 22-25 所示。

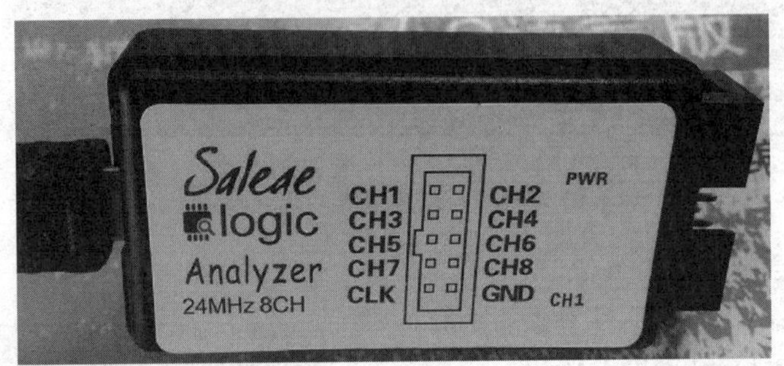

图 22-24 逻辑分析仪外观

图 22-25 逻辑分析仪与被测信号电路板连接

提示:当逻辑分析仪的 USB 接口通过 USB 线插入计算机 USB 接口后,逻辑分析仪的 GND 引脚与计算机的 GND(机箱金属部分)是直通的,连接前应确保计算机的 GND 与被测电路板 GND 间没有明显的电压差;否则会在两个 GND 间形成较大的电流,引起测量不稳定或损坏逻辑分析仪。本书的实验板采用工频变压器隔离供电,不会形成地电流回路,因此不存在这个问题。

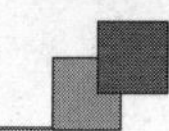

当被测电路板供电难以实现与 220 V 交流电源隔离时，可使用笔记本电脑连接逻辑分析仪，测试期间，笔记本电脑不要连接 220 V 交流供电。

22.6　线束和测试夹

逻辑分析仪有 10 个引脚输出，CH1～CH8 为 8 通道信号输入口，输入信号范围是 0～5.5 V，1.5 V 以下的会被识别为低电平，1.5～5.5 V 之间会被识别为高电平，因此无论是 5 V 供电的单片机还是 3.3 V 供电的单片机都能正常使用；CLK 为逻辑分析仪内部 12 MHz 信号输出（一般不需要，悬空即可），GND 为公共端，需要与被测信号 GND 直接相连。

输出口与被测电路板之间使用杜邦线相连，杜邦线外观如图 22－26 所示，但要注意杜邦线不应太长（不要超过 20 cm），杜邦线接触松动后应及时更换，避免接触不良问题。

图 22－26　杜邦线

22.7　逻辑分析仪软件的安装

逻辑分析仪软件可以从网址 http://www.saleae.com/downloads 免费下载，目前软件的最新版本为 Logic Steup 1.2.18，如图 22－27 所示，功能已非常完善。该软件支持 XP、WIN7 和 WIN10，安装步骤非常简单，按图 22－28～图 22－33 的提示操作即可顺利完成安装。

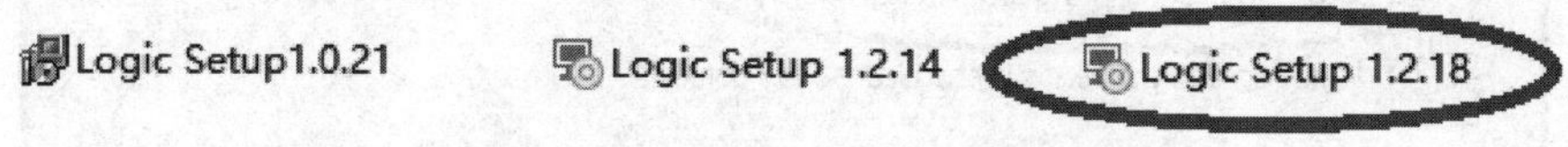

图 22－27　双击运行安装软件

安装完毕后双击桌面图标（见图 22－34）即可进入，Logic 软件无需注册即可永久免费使用。

图 22-28　单击 Next 按钮开始安装

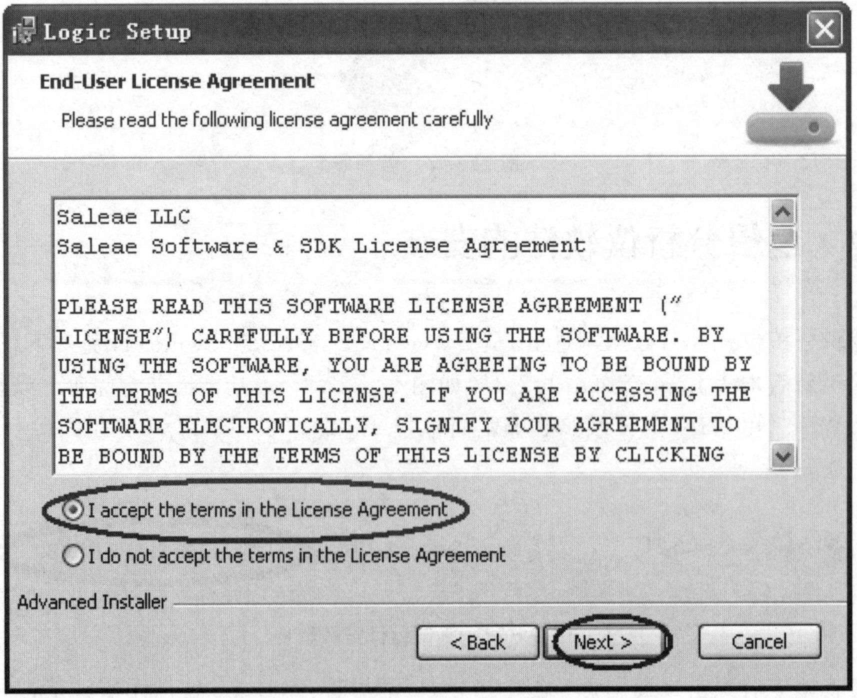

图 22-29　同意许可协议

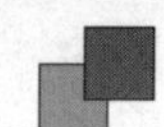

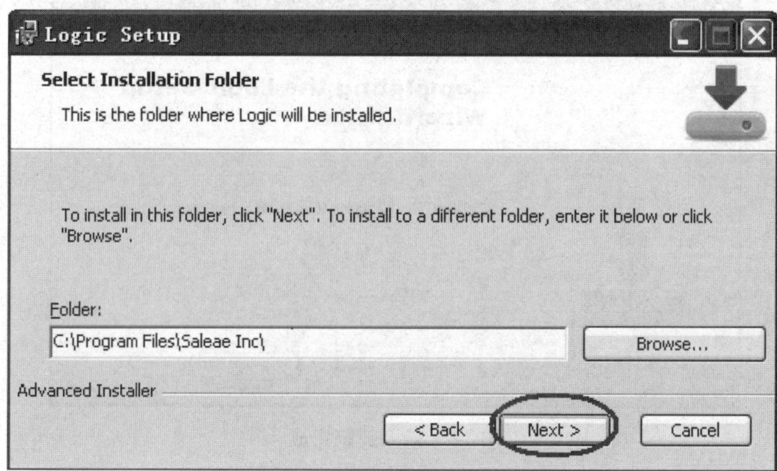

图22-30　选择安装路径

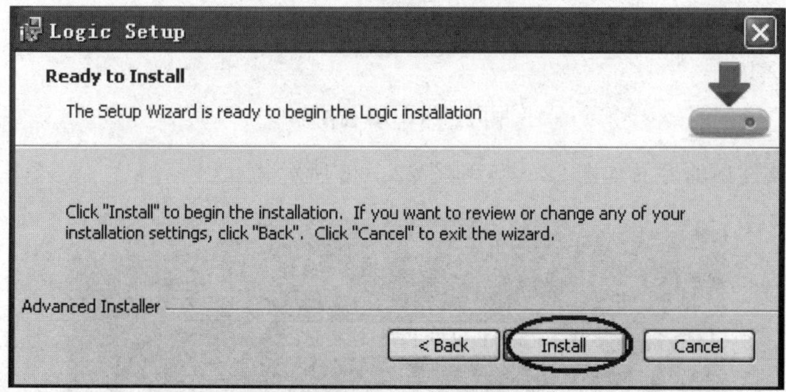

图22-31　准备安装

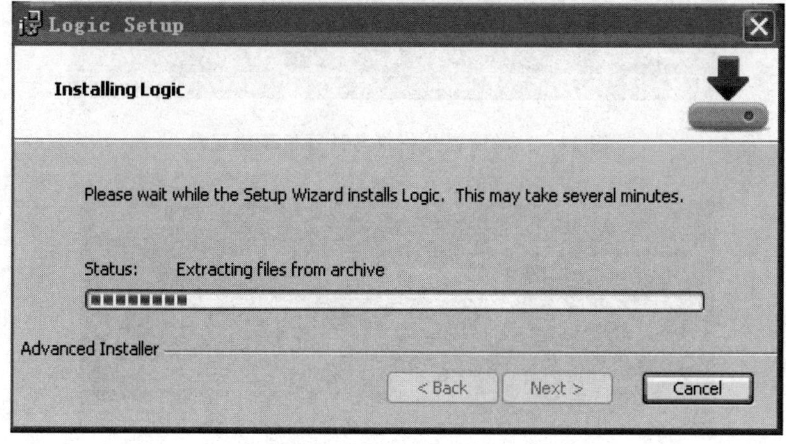

图22-32　正在安装(这一步比较慢,大概要等3分钟)

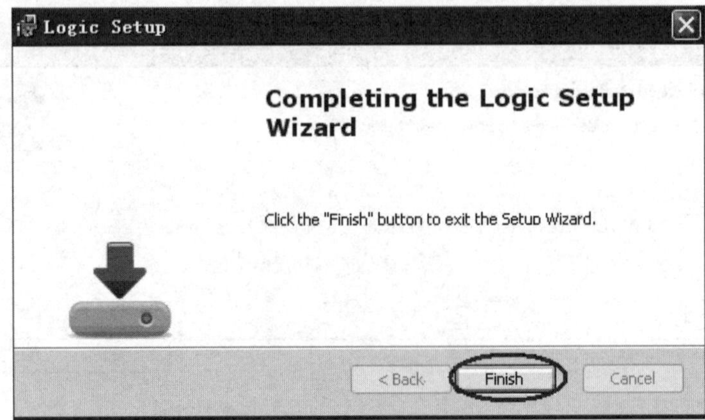

图 22-33　安装完成

图 22-34　桌面图标

进入软件后的界面如图 22-35 和图 22-36 所示。

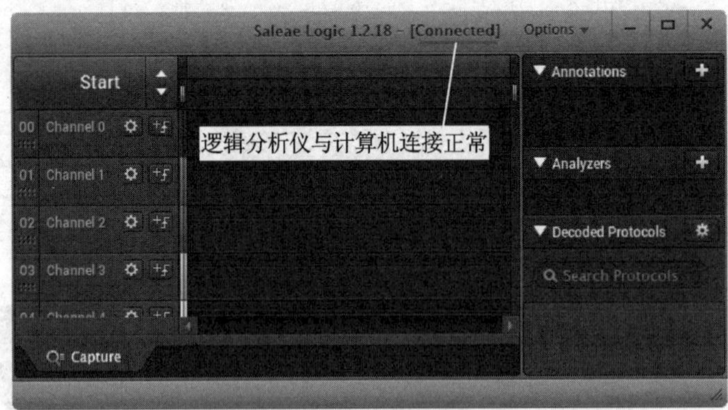

图 22-35　逻辑分析仪与计算机连接正常

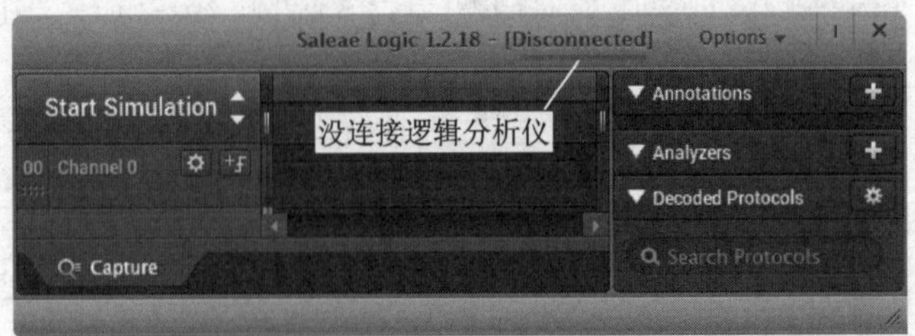

图 22-36　没连接逻辑分析仪

22.8　采集数据和分析仪设置

22.8.1　演示模式

当没有连接逻辑分析仪时，软件将在演示模式下工作，与分析仪连接时的功能相同，这样在没有逻辑分析仪实物时也可以先熟悉这个软件。

22.8.2　采集数据

如图 22－37 所示，要开始采集数据，只需单击 Start 按钮。捕获开始后会显示带有停止按钮的捕获进度小窗口，如图 22－38 所示，可以在捕获完成之前单击 Stop 按钮停止捕获。

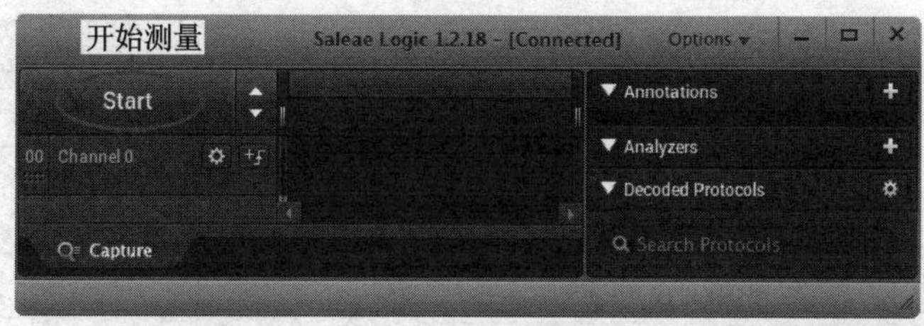

图 22－37　开始测量(已连接逻辑分析仪)

图 22－38　单击 Stop 按钮停止捕获

测量得到的波形如图 22－39 所示。

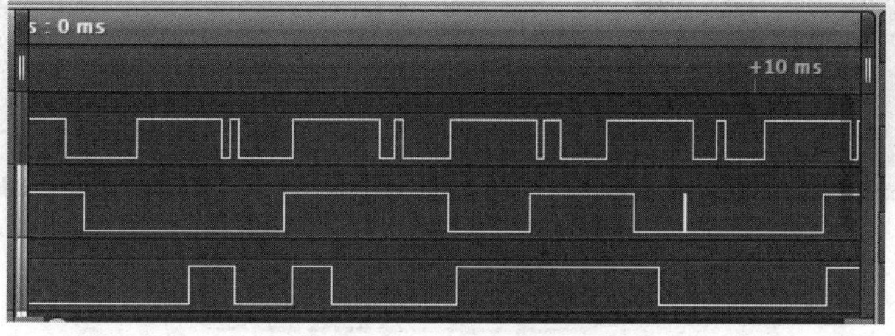

图 22－39　测量得到的波形

22.8.3 逻辑分析仪设置

要访问逻辑分析仪设置，可使用 Start 按钮旁边的上/下箭头按钮，如图 22-40 所示。采样频率与时间长度设置如图 22-41 所示，采样频率选择如图 22-42 所示。

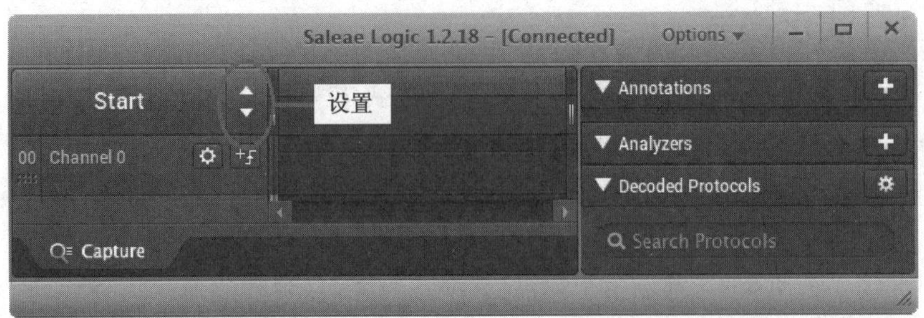

图 22-40 常用设置

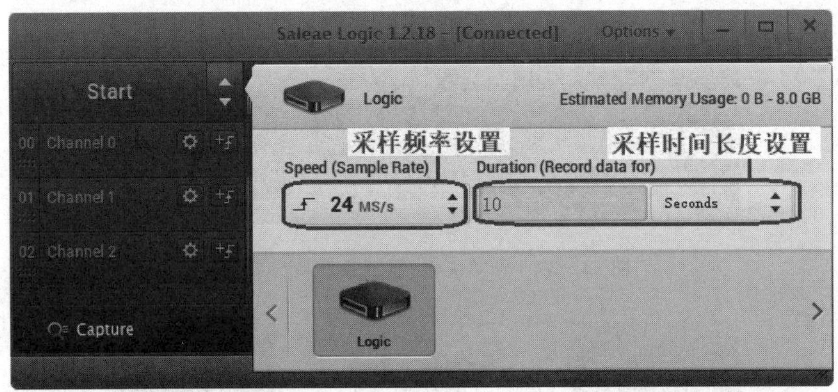

图 22-41 采样频率与时间长度设置

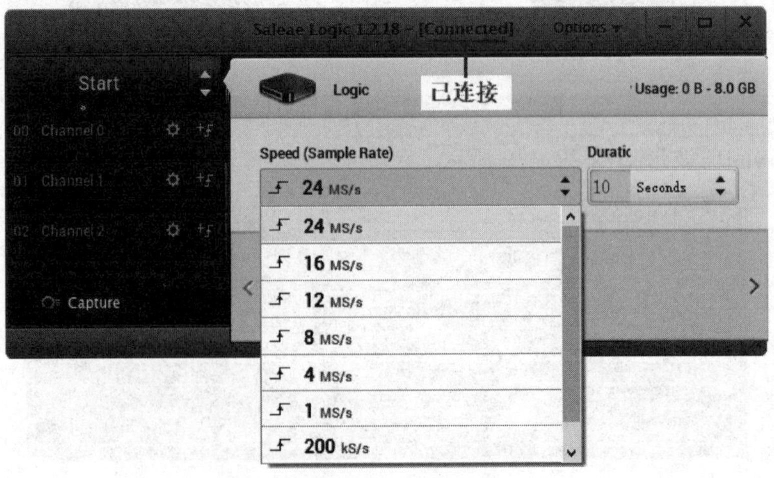

图 22-42 采样频率选择

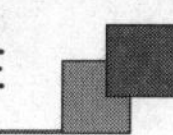

采样频率下拉列表可选择采样数据的速度，即每秒测量多少次信号，此逻辑分析仪支持最高 24 MHz，满足绝大多数实验测量使用，比如 STC15 单片机或 STM32 单片机实验，几乎都使用这个分析仪。如果多通道同时测量（比如 SPI 通信），则其可靠检测频率能达到 2.4 MHz；如果只测量 1 路信号输入，则可测量 6 MHz。如果输入信号频率超过这个值，则测量结果将会与实际不符。

采样时间文本框可输入捕获的持续时间，时间越长，捕获等待也会越久。

22.9　导航数据（缩放、平移、重排、隐藏等）

22.9.1　放大和缩小

波形采集完成后，可以放大和缩小波形显示，使用鼠标滚轮，滚轮向前——放大，滚轮向后——缩小，如图 22－43 所示。

还可以使用键盘上的上/下箭头键或加号/减号键，上箭头——放大，下箭头——缩小，加号——放大，减号——缩小，如图 22－44 所示。

图 22－43　使用鼠标滚轮

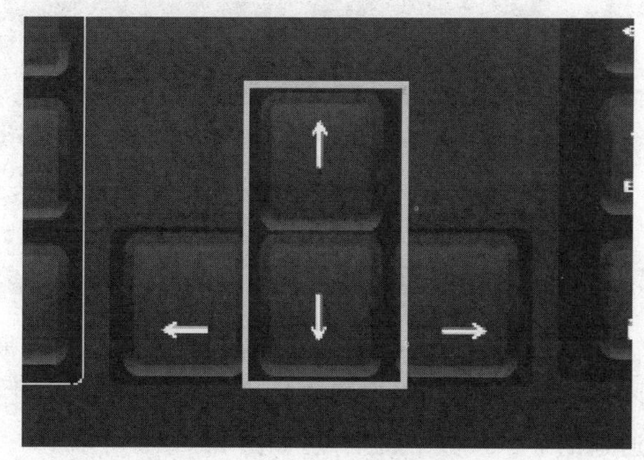

图 22－44　使用键盘

22.9.2　左右平移

如需左右平移，请按住鼠标左键不松开，左右拖动显示，如图 22－45 所示。

还可以使用左/右箭头键，或者移动窗口底部的滚动条，如图 22－46 和图 22－47 所示。

图 22-45　左右平移

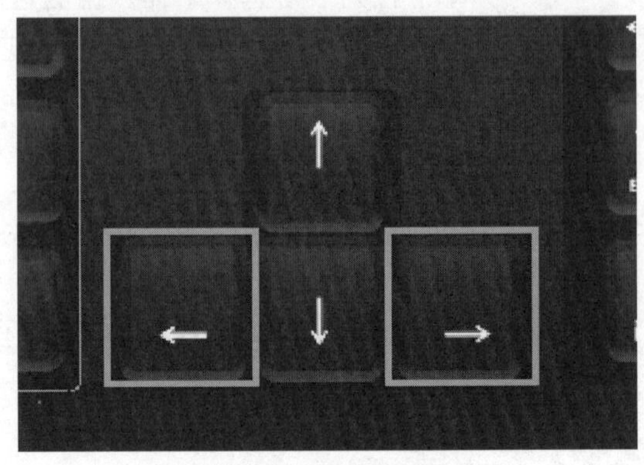

图 22-46　使用键盘左右平移

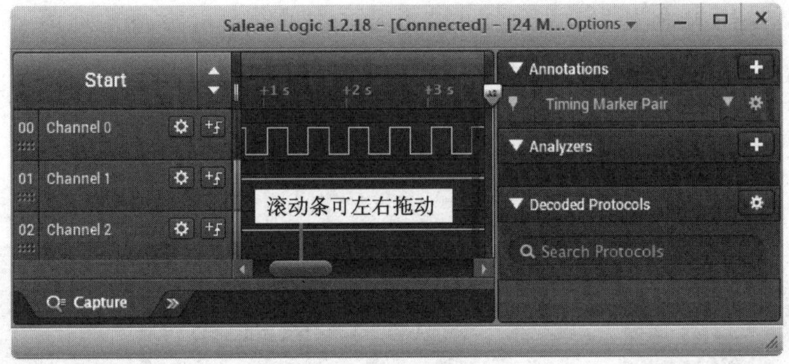

图 22-47　使用滚动条左右平移

22.9.3　数字边沿跳跃

有时数据是以数据包形式存在的,它们之间有很长的空闲时间,可以快速跳过空闲时间,将鼠标移动到指定通道的最右边或最左边,跳转按钮将出现,单击此按钮跳转到该通道的下一个数字转换点,如图 22-48 所示。

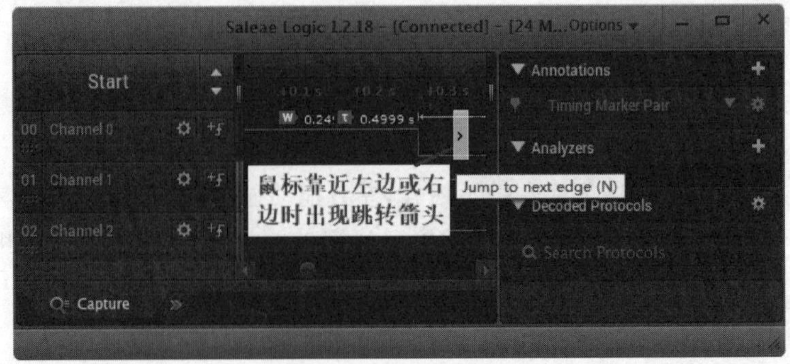

图 22-48　数字边沿跳跃

另外，还可以使用键盘上的 N 键（下一步）和 P 键（前面）。

图 22-49　键盘字母跳跃

22.9.4　调整窗口大小

有时可能需要有更多的通道显示，我们可以拖动窗口边沿调整窗口大小，或者直接把窗口最大化就能完整显示了，如图 22-50 和图 22-51 所示。

图 22-50　调整窗口大小

图 22-51　向下拖动显示 0～7 通道

22.9.5 使用标签

有时希望捕获几次数据，并将几次捕获的波形来回切换显示，这时就需要使用标签了。如图22-52所示，捕获一次数据后，屏幕左下角的捕获选项卡旁边将出现双箭头按钮，单击双箭头按钮即可建立一个新的标签并自动将当前波形移入建立的标签中。

图 22-52 建立标签

如图22-53所示，要捕获更多数据，请返回捕获选项卡。

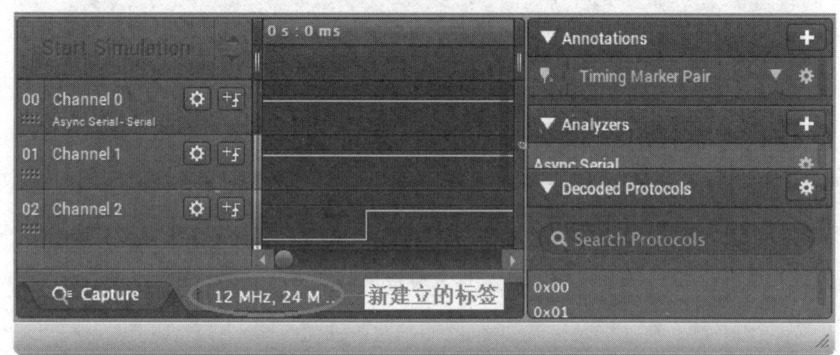

图 22-53 建立新的标签

如图22-54所示，单击标签上显示的文本可编辑标签的名称。

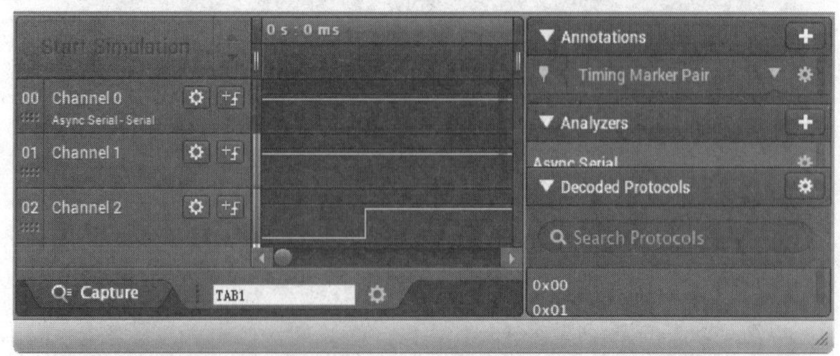

图 22-54 编辑标签名称

捕获多次并建立多个标签后的效果如图22-55所示。

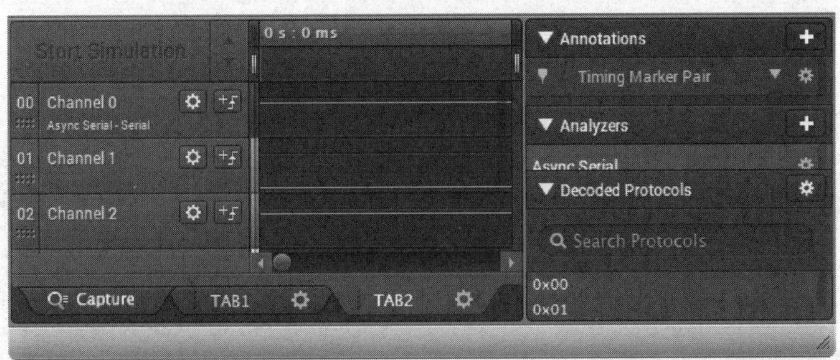

图 22－55　多个标签

22.9.6　重新排列通道

重新排列通道是指调整各通道间的上下位置，如图 22－56 所示，要重新排列通道，请在通道的左边拖动它们的图标。

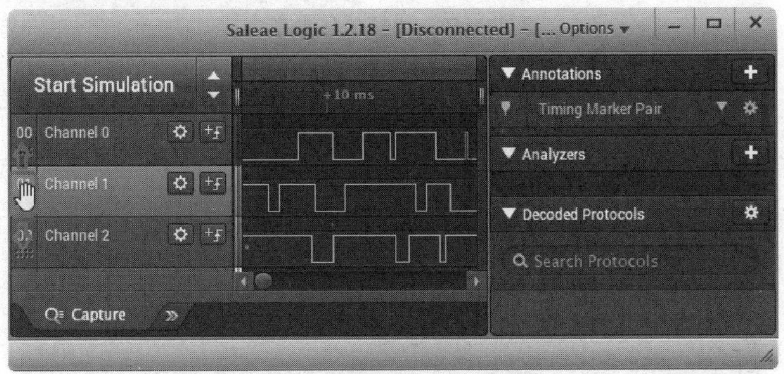

图 22－56　调整通道上下位置

要同时拖动多个通道，请单击通道标签中的任何一个来选择第一个通道。然后使用 Ctrl＋单击，选择其他通道，也可以使用 Shift＋单击选择连续的一系列通道，然后拖动一个通道的抓力图标，所有选定的通道将一起移动。

如图 22－57 所示，若要还原通道顺序，请在任意通道上单击通道设置图标（齿轮），然后选择还原所有的通道。

图 22－57　还原通道位置

22.9.7 改变通道信号高度

如图 22－58 所示，要更改通道信号高度，请单击通道设置图标(齿轮)，选择一个新的高度(1X、2X、4X、8X)，重设高度后的效果如图 22－59 所示。

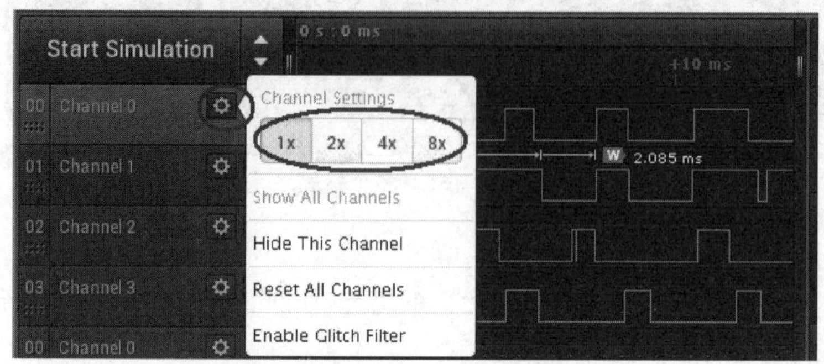

图 22－58 设置信号高度 A

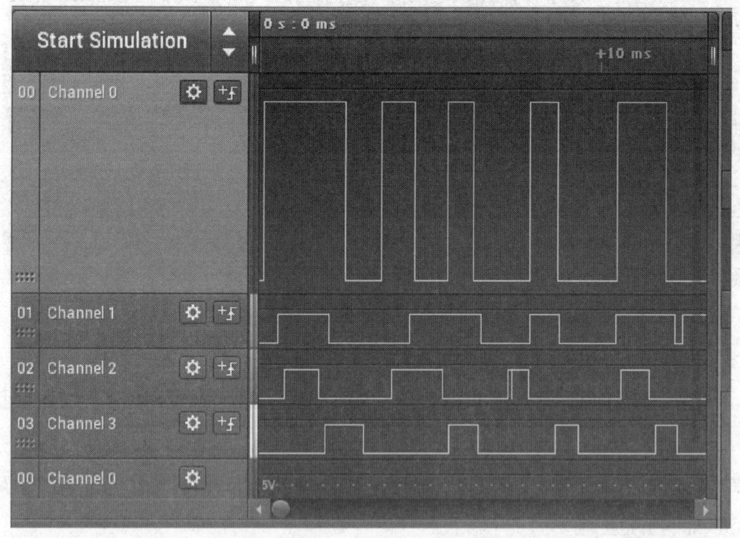

图 22－59 设置信号高度 B

若要将多个通道更改为相同的大小，请选择它们(Ctrl＋单击，或在窗口任意位置按 Ctrl＋A 选中所有通道)，然后设置其中一个，所有选定的通道将更改其大小。

22.9.8 隐藏通道

如图 22－60 所示，要隐藏通道，请单击通道设置图标(齿轮)并选择隐藏通道。

可以同时隐藏多个通道，选择多个通道，然后选择其中一个隐藏通道，要恢复通道时可单击通道设置图标并选择 Reset All Channels 命令还原全部通道。

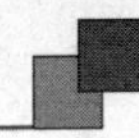

图 22 - 60　隐藏通道

22.10　测量、时间标记和书签

22.10.1　数字测量

如图 22 - 61 所示，若要查看数字测量，则把鼠标移动到波形脉冲上。W 表示脉冲高电平或脉冲低电平的宽度，f 表示频率，τ 表示信号周期。

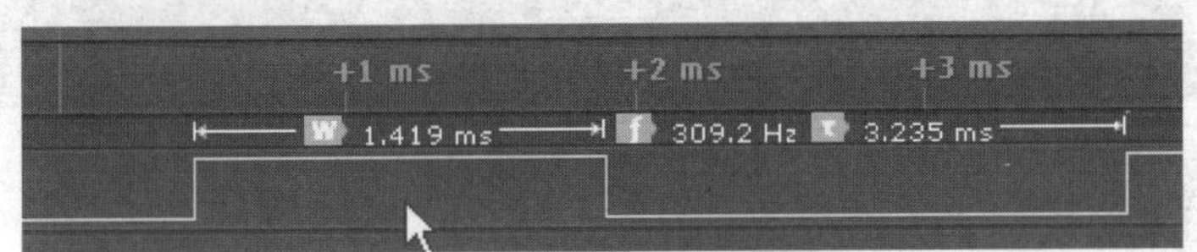

图 22 - 61　数字测量

如图 22 - 62 所示，右击，弹出菜单可设置需要显示的信息。

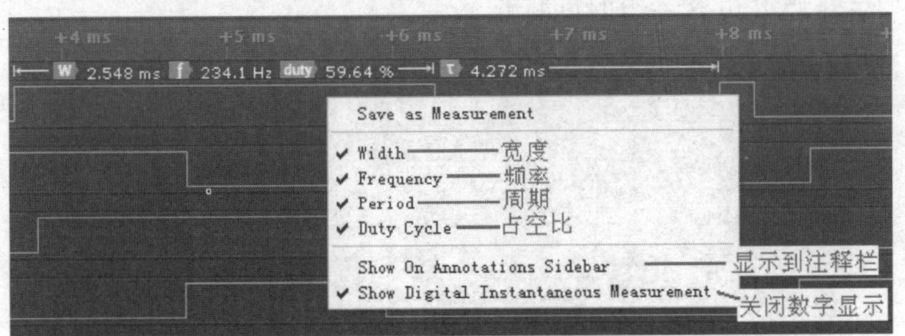

图 22 - 62　显示设置

当选择 Show On Annotations Sidebar（显示到注释栏）命令后，如图 22 - 63 所示，波形数字信息迁移到了右侧注释窗口显示。

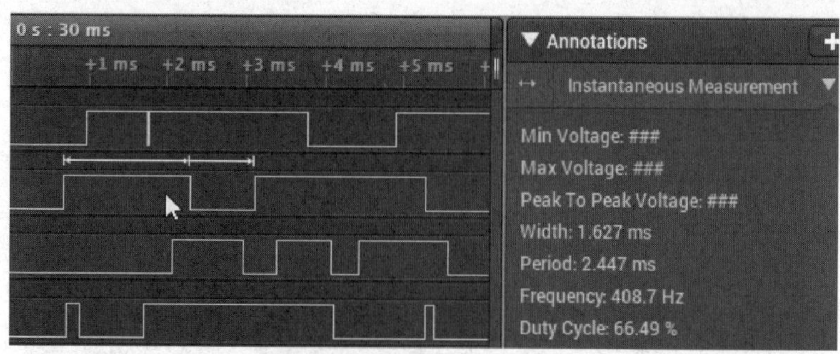

图 22-63　显示到注释栏

22.10.2　使用注释

如图 22-64 所示，所有注释都在软件右上角的注释栏 Annotations 中列出，默认情况下，注释栏包含一个时间标记"|A1－A2|"。

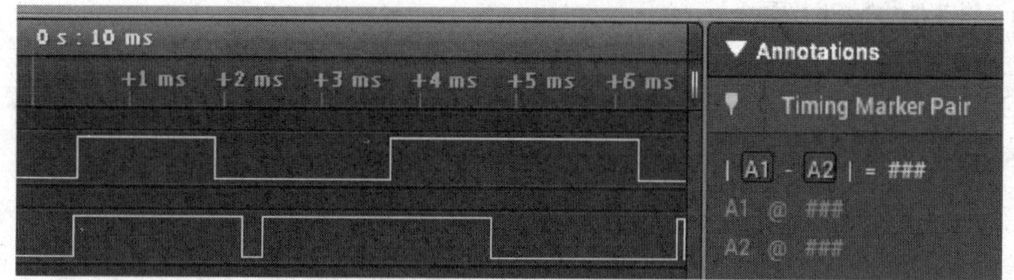

图 22-64　注释栏

22.10.3　使用时间标记

如图 22-65 所示，时间标记可以用来测量波形中任意两个位置之间经过的时间。默认情况下，注释栏将包含一组时间标记。

图 22-65　包含一个时间标记

如图 22-66 所示，首先单击 A1 或 A2 按钮，然后移动鼠标，此时可以看到光标上跟上了时间标记竖线，移动到所需的位置，单击放置标记。

还可以用键盘数字键 1 和 2 或小键盘 1 和 2 放置时间标记，1 代表时间标记 A1，2 代表时间标记 A2，如图 22-67 所示。

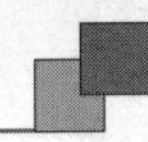

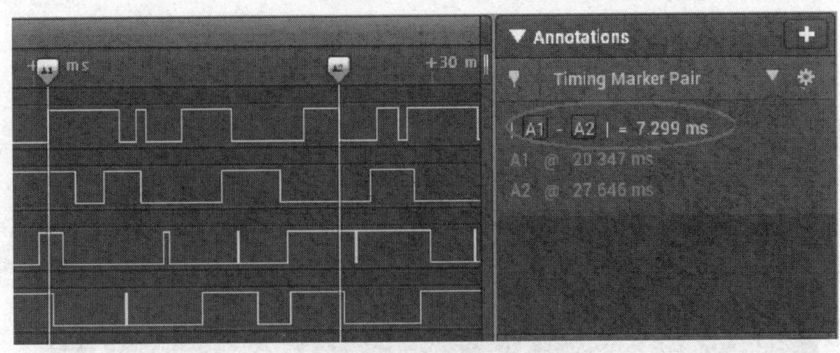

图 22-66　放置时间标记

图 22-67　键盘数字键

删除一个时间标记，如图 22-68 所示，单击字母或竖线，再右击即可删除。

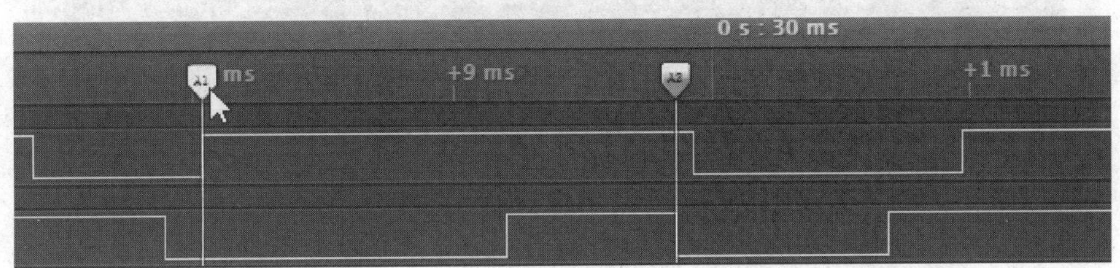

图 22-68　删除一个时间标记

移动时间标记，单击字母或竖线，然后移动鼠标即可移动时间标记。

22.10.4　添加多个时间标记

如图 22-69 所示，单击注释面板 Annotations 右上角的加号按钮并选择时间标记对，添加后的结果如图 22-70 所示。

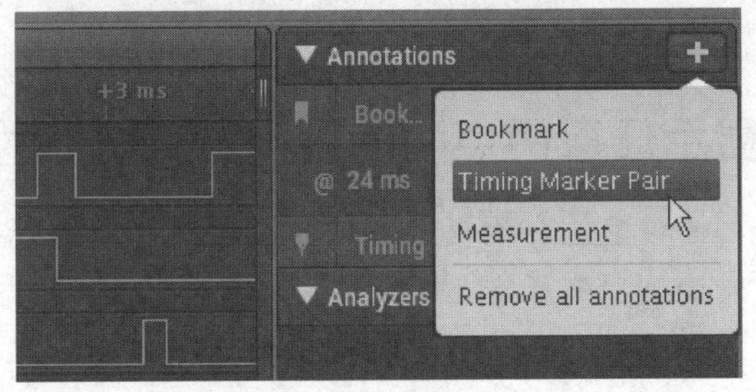

图 22-69　添加时间标记对

如图 22-71 所示，若要跳转并缩放到指定的时间标记对，则单击注释面板中酒杯

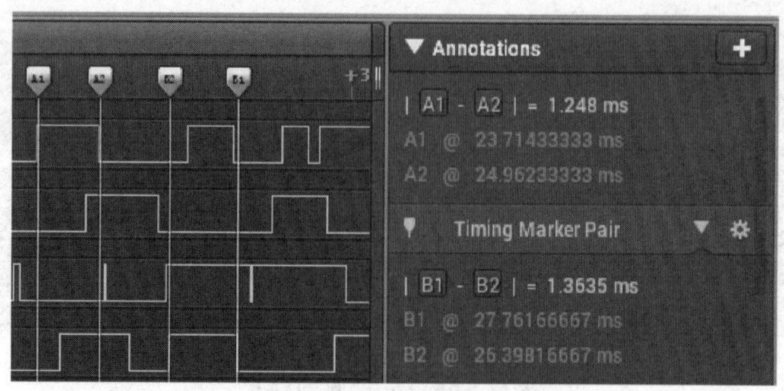

图 22-70　添加完成

形状的图标。单击注释栏右边的三角形可展开或收缩注释信息。

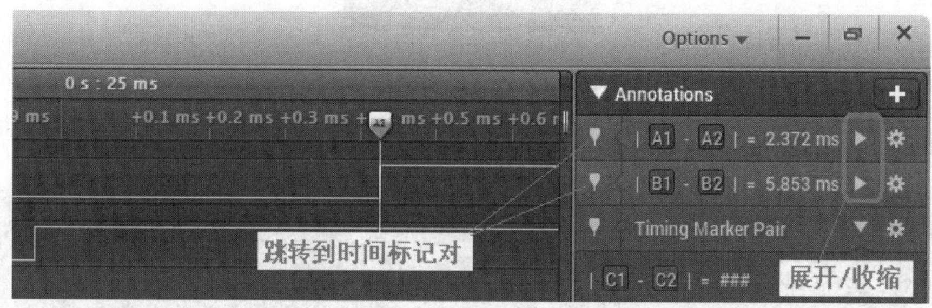

图 22-71　跳转到时间标记对

如图 22-72 所示，若要删除一组时间标记的注释，则选择其设置图标(齿轮)并选择 Delete Annotation 删除注释。

图 22-72　删除注释

22.10.5　快速显示任意两点间的时间(持久显示)

如图 22-73 所示，请单击注释面板上的加号按钮并选择测量 Measurement。

单击波形某位置作为测量开始点，如图 22-74 所示。

接下来，如图 22-75 所示，移动鼠标到所需的结束点后单击。

单击起始点或结束点并移动鼠标可重新调整起始点或结束点位置；若要更改显示的测量值，则右击箭头标注区域内的任何位置，弹出如图 22-76 所示的界面后选择即可。

测量值同时出现在窗口右边的注释栏中，如图 22-77 所示。

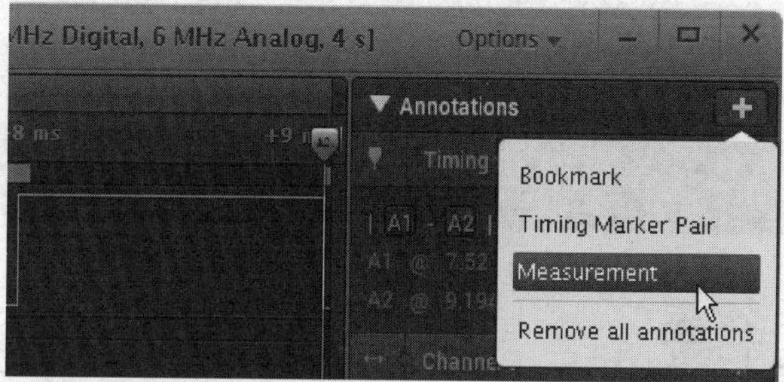

图 22－73　选择测量

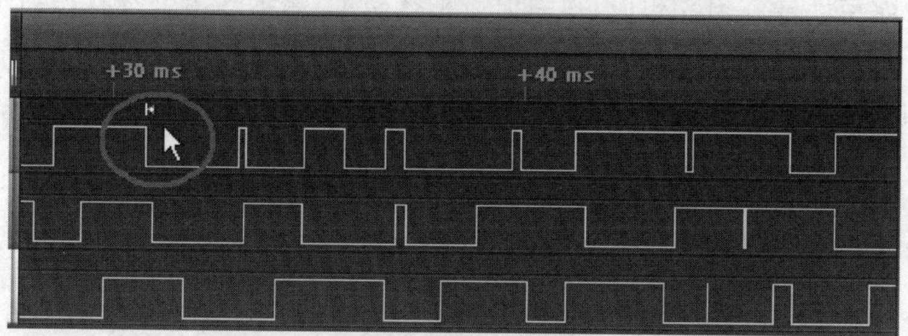

图 22－74　选择测量开始点

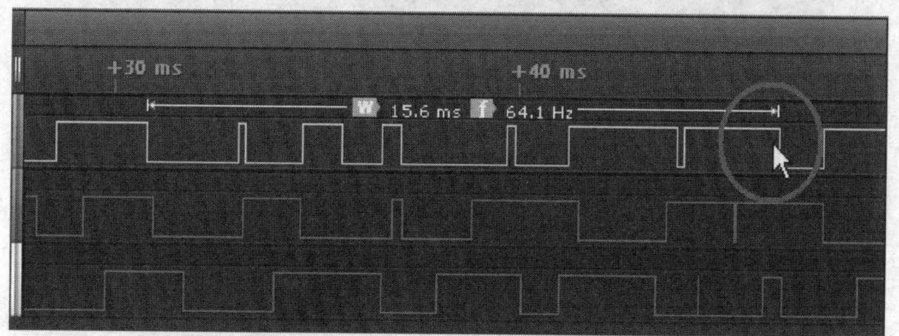

图 22－75　单击结束点

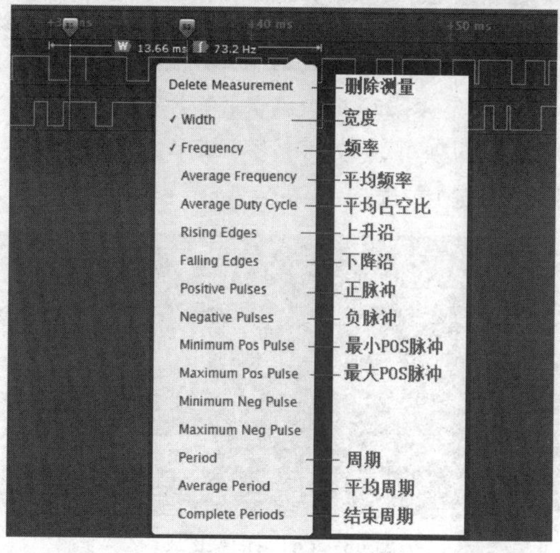

图 22－76　显示设置

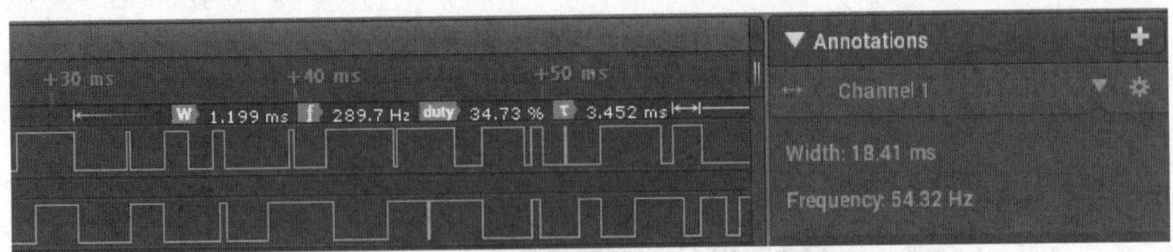

图 22-77 注释窗口显示测量值

22.11 使用书签

书签功能与屏幕截图较相似,在当前显示状态下,添加一个书签就相当于把当前截图保存了下来,添加多个书签方便来回切换多个波形。如图 22-78 所示,单击注释面板右上角加号按钮并选择书签即可添加一个书签。

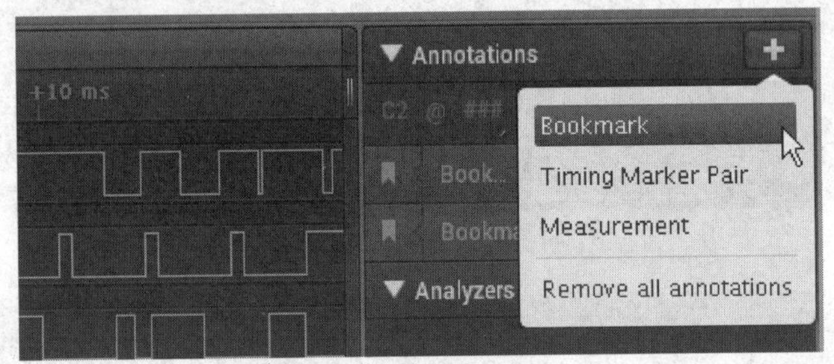

图 22-78 添加书签

新添加的所有书签默认名称为 Bookmark,若要编辑书签的名称,则单击书签名,如图 22-79 所示。

图 22-79 编辑书签名称

如图 22-80 所示,若要切换并缩放到书签,则单击注释面板左侧的图标;若要删除书签,则选择其设置图标(齿轮)并选择 Delete Annotation 命令即可删除注释。

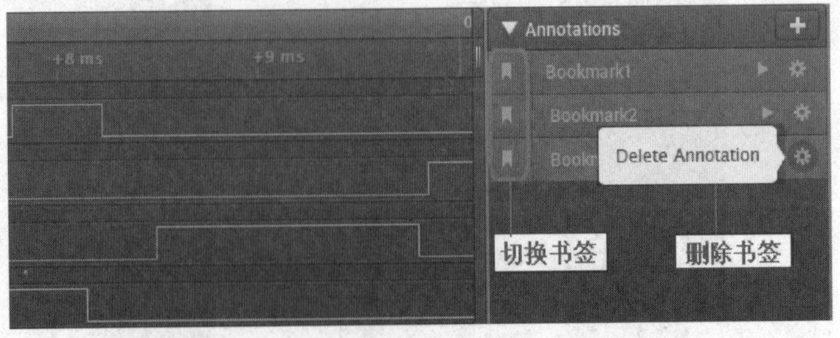

图 22-80 切换书签

22.12　使用协议分析器

协议分析器可分析特定协议解码，逻辑软件目前提供 24 种不同的协议分析器。如图 22 - 81 所示，单击右边的分析器 Annalyzers 栏的加号按钮添加分析器，选择 Show more analyzers 可显示全部分析器，如图 22 - 82 所示。

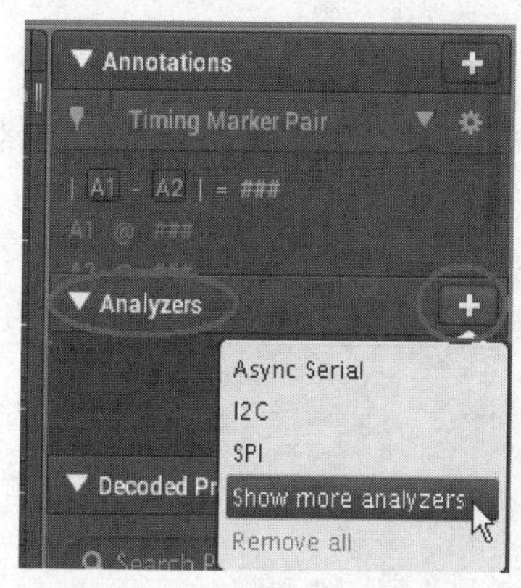

图 22 - 81　协议分析器

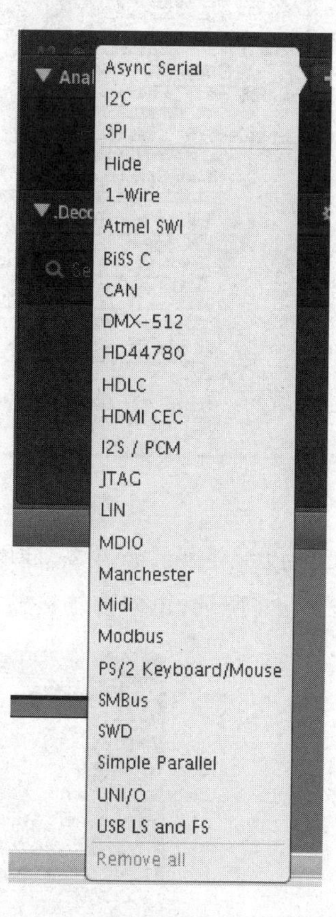

图 22 - 82　全部协议分析器

如图 22 - 83 所示，不同的分析器需要不同的设置，所有协议分析器都要求指定输入通道。

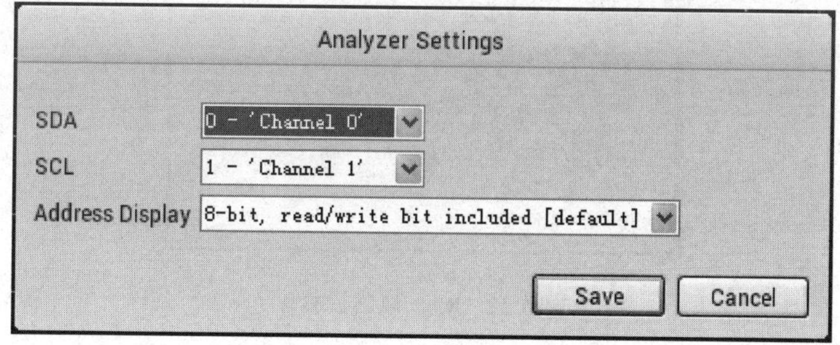

图 22 - 83　指定输入通道

如果运行协议分析器之后,它不工作或没有正确显示,则可尝试编辑设置,如图 22-84 所示,SPI 分析仪必须建立匹配准确解码的数据。

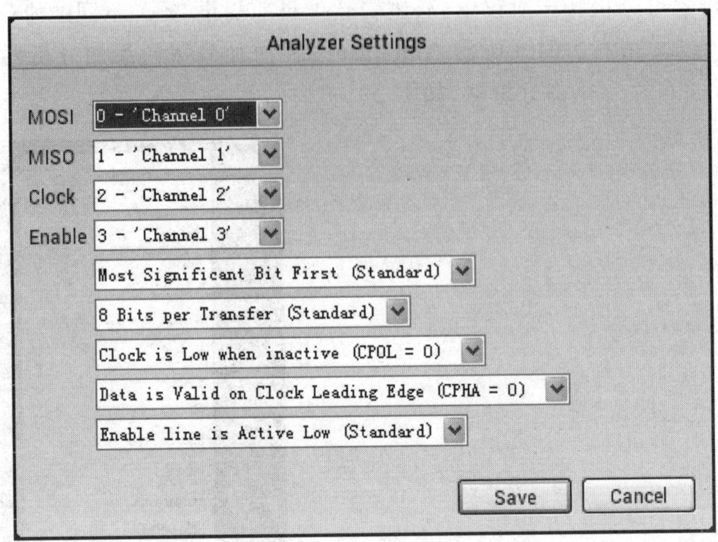

图 22-84 SPI 通信设置

若要编辑现有分析器的设置(同图 22-84),则在右侧的分析器面板中找到该分析器。如图 22-85 所示,单击齿轮按钮,选择编辑设置。

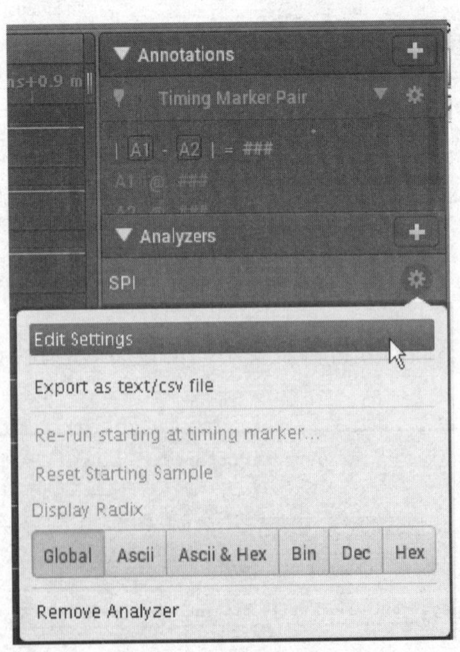

图 22-85 编辑设置

在编辑分析器设置之后,分析器将对收集的一切数据重新运行,并将更新所有结果。默认情况下，所有协议分析器都使用全局 Global 设置显示数据，可选择不同的数制显示，ASCII、ASCII&Hex、Bin（二进制）、Dec（十进制）或 Hex（十六进制）。

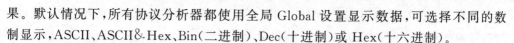

比如需要测量并分析串口 UART 通信过程中的数据，如图 22-86 所示，添加 Async Serial（异步串口）分析器，弹出如图 22-87 所示窗口，除通道与波特率可能需要设置外，其他各项保持默认标准值即可。单击 Save 按钮后分析器立即生效。如果主窗口已有波形，则显示分析结果；如果主窗口没有波形，则后测量得到的波形将被给出分析结果。

图 22-86 异步串口分析器

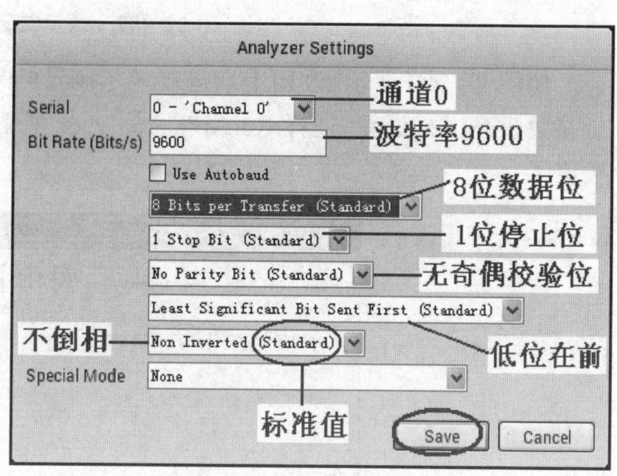

图 22-87 串口参数设置

这里用计算机串口助手向 STC15 单片机发送数据，测量 STC15 单片机接收端波形，选择逻辑分析仪 0 通道（软件以 0 开始，0～7 通道，对应实物外观 1～8 通道），波特率 9 600。串口助手界面如图 22-88 所示，发送输出 2 个字节 0x11、0x22。

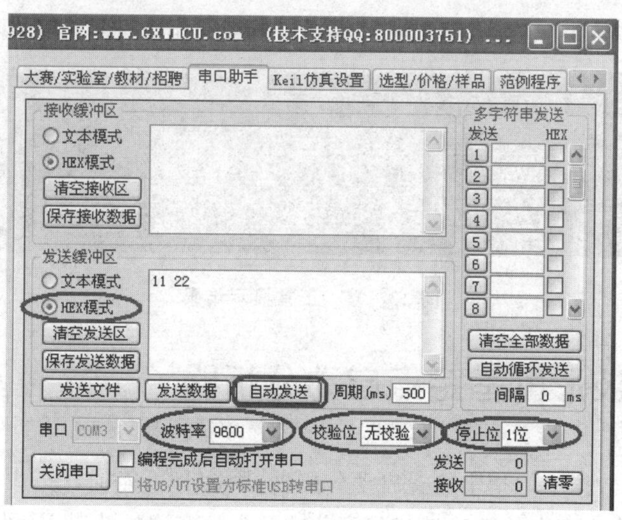

图 22-88 计算机串口助手界面

分析得到的结果如图 22 - 89 所示,串口发送的是 0x11、0x22,但分析结果是“'17'”与“"”,显然是错误的,这是由于显示的数制不对引起的。

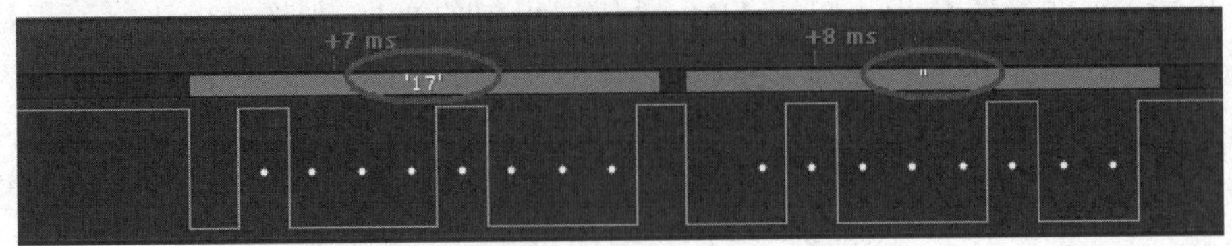

图 22 - 89　显示结果错误

如图 22 - 90 所示,改用十六进制显示测量结果。通过 Edit Settings 项可对串口分析参数重新进行设置,选择 Remove Analyzer 可删除分析器,这样波形上也就不再显示数值了。

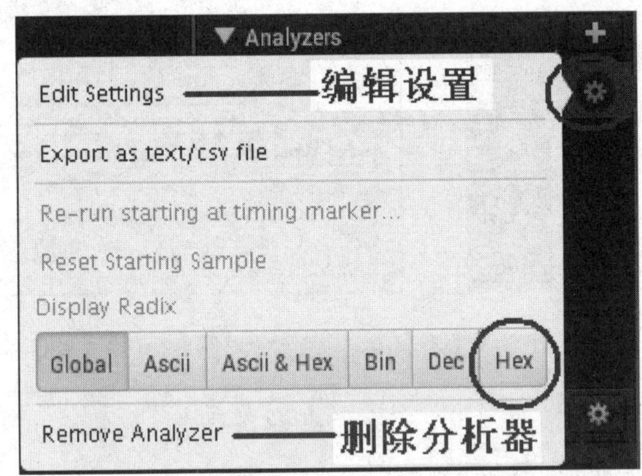

图 22 - 90　使用十六进制显示测量结果

如图 22 - 91 所示,显示进制更改后主窗口显示数据立即变为正常值。

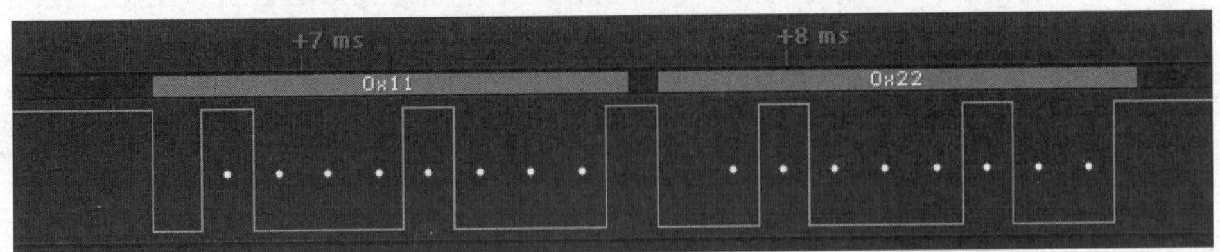

图 22 - 91　正常显示结果

22.13　在波形的指定点启动分析器

有时需要在数据中的指定位置启动分析器,因为有可能捕获产生在一个字节转换的中间位置,它将没有办法正确地找到字节的开头。在这种情况下,可以通过先设置时间标记 A1 来手动设置起始位置,在开始信号前至少一个数据位前设置时间标记,不能

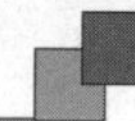

在信号开始时刻设标志，因为分析器总会比标记晚一个数据位进行分析。

以前面串口接收到的波形为例，放置时间标记 A1，然后如图 22－92 所示，单击分析器的齿轮按钮，并选择从时间标记位置运行，结果如图 22－93 和图 22－94 所示。

图 22－92　从时间标记位置运行

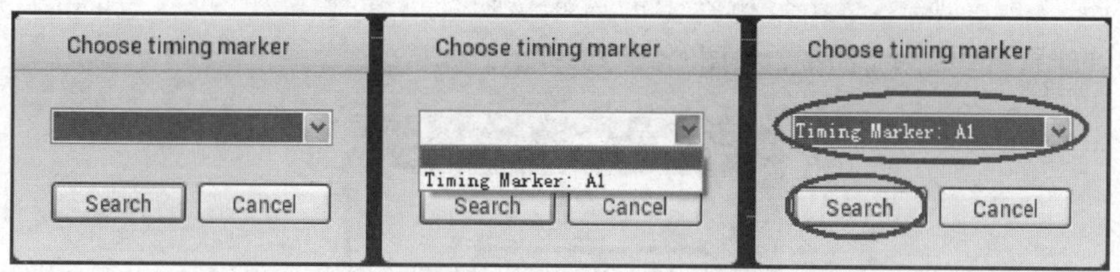

图 22－93　选择时间标记 A1

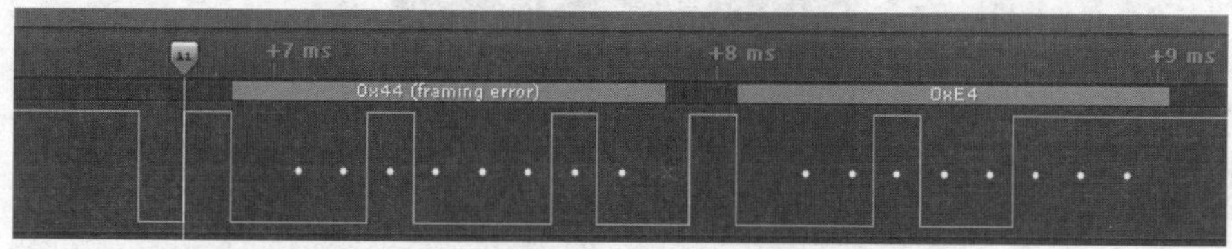

图 22－94　时间标记后 1 位开始分析的结果

22.14　查看协议分析器结果

如图 22－95 所示，除了在数字波形上显示结果外，结果还在软件右边的解码协议面板（Decoded Protocols）中列出。

单击此列表中的单个项将展开放大波形中的对应位置，查询分析器窗口还可搜索指定的数据。

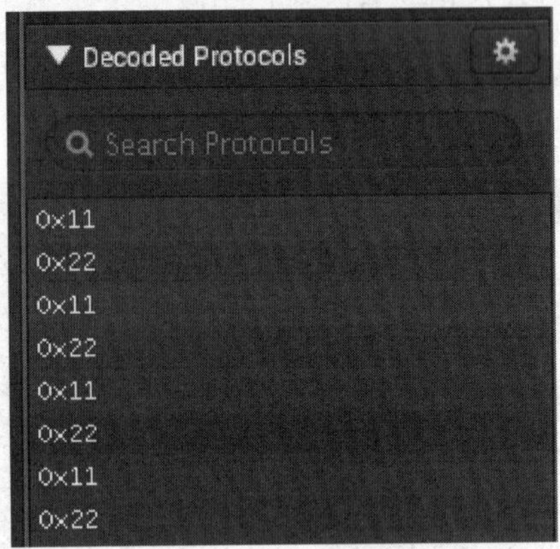

图 22-95　解码协议面板

22.15　导出分析结果

如图 22-96 所示,单击分析器上的齿轮按钮。选择导出为 csv 文件,导出的文件可用 Excel 打开,如图 22-97 和图 22-98 所示。

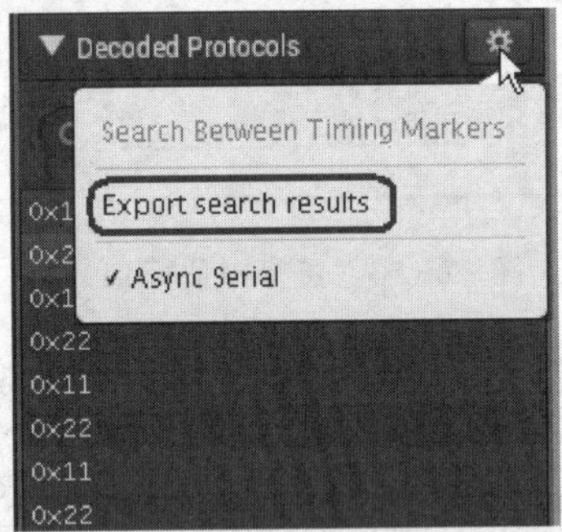

图 22-96　导出分析结果

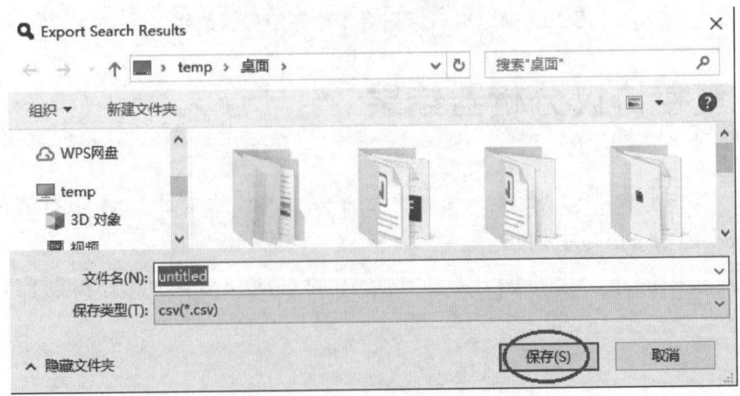

图 22-97　导出为 csv 文件

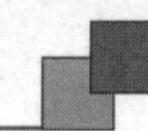

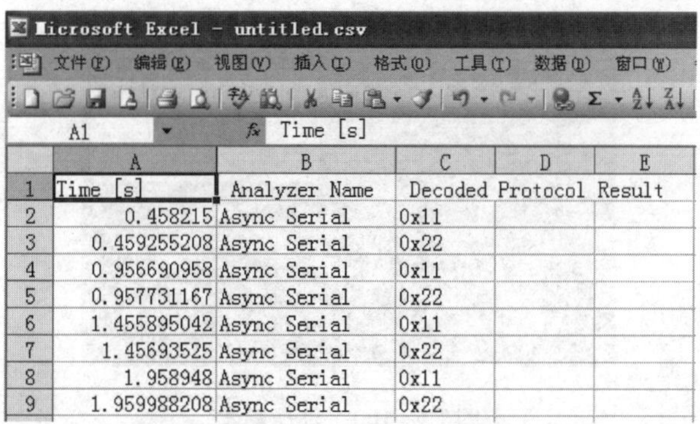

Microsoft Excel - untitled.csv

	A	B	C	D	E
1	Time [s]	Analyzer Name	Decoded Protocol Result		
2	0.458215	Async Serial	0x11		
3	0.459255208	Async Serial	0x22		
4	0.956690958	Async Serial	0x11		
5	0.957731167	Async Serial	0x22		
6	1.455895042	Async Serial	0x11		
7	1.45693525	Async Serial	0x22		
8	1.958948	Async Serial	0x11		
9	1.959988208	Async Serial	0x22		

图 22-98　查看导出的结果

22.16　保存和加载波形

如图 22-99 所示，单击软件右上角的 Options 下拉列表按钮选择 Save capture 保存捕获的波形，也可以按 Ctrl＋S 键保存波形。

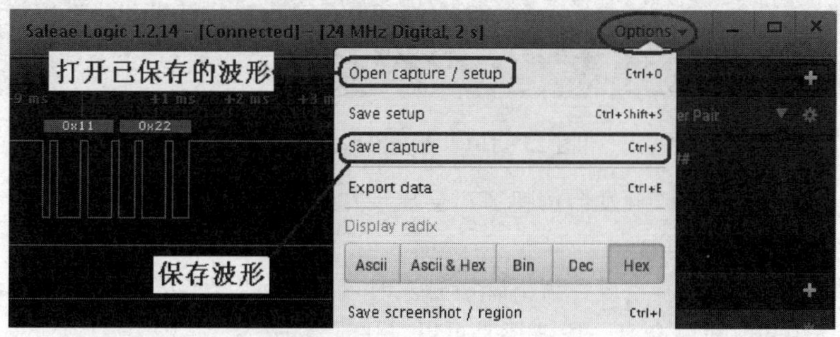

图 22-99　保存与导入波形

保存的波形可以通过 Open capture/setup 调入并打开，还可以将保存的波形文件拖动到逻辑软件窗口中自动打开，或者直接双击捕获文件打开它。

22.17　使用触发

触发器可以用于在指定的数字事件发生后开始捕获数据，触发器支持两种类型：边沿触发和脉冲宽度触发。

22.17.1　边沿触发

如图 22-100 所示，若需要边沿触发（从高到低，或从低到高跳变），则在所希望的通道上选择上升沿触发、下降沿触发、高电平触发或低电平触发。

设置触发器后，可以单击 Start 按钮开始采集触发信号。当触发条件被识别时，将

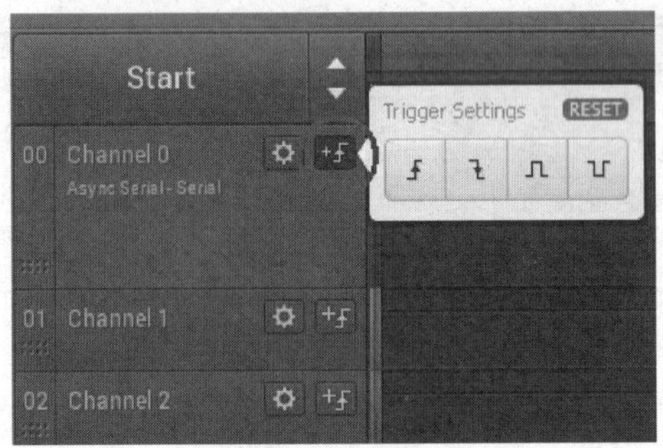

图 22-100 选择触发

开始采集数据。还是以前面串口通信为例,如图 22-101 所示,当设置为上升沿触发时,捕获到的波形第一个上升沿正好与时间 0 s 对齐,0 s 前面也会有一段波形是可以对比观察的。

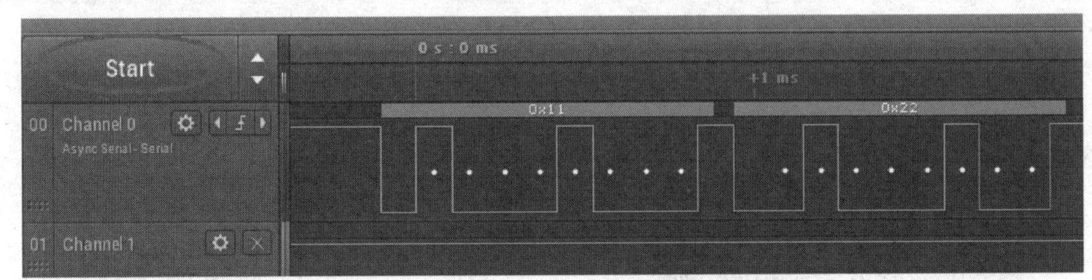

图 22-101 上升沿触发波形

触发并采集数据后,触发器按钮旁边会出现左右箭头,单击这些箭头可以前进到满足触发器条件的数据部分。

如图 22-102 所示,当设置为下降沿触发时,捕获到的波形第一个下降沿正好与时间 0 s 对齐,0 s 前面也会有一段波形是可以对比观察的。

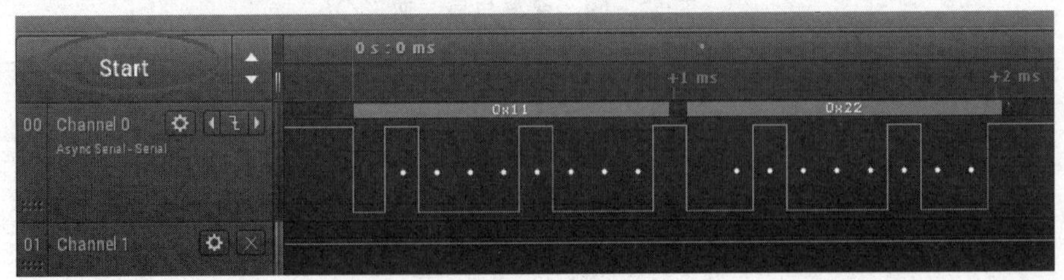

图 22-102 下降沿触发波形

如图 22-103 所示,如果需要,也可以要求其他通道在捕获前是高或低,只有多个条件同时满足时才触发捕获数据,选择一个边沿后,注意其他通道将显示一个带有“X”的按钮,“X”表示“不在乎”。

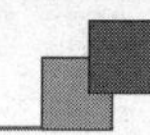

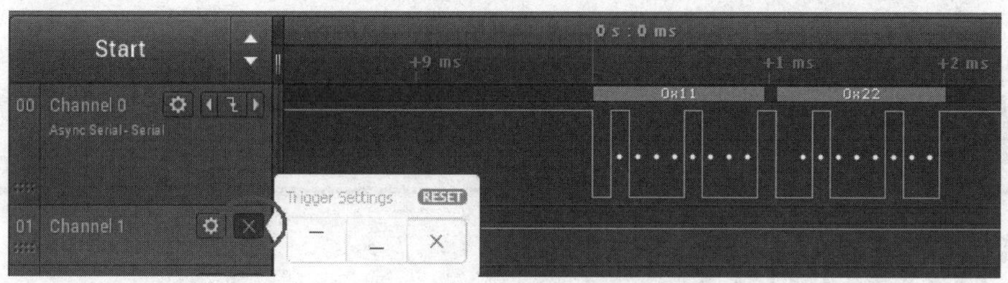

图 22－103　设置多通道条件

22.17.2　脉冲宽度触发

如图 22－104 所示，也可以在脉冲宽度条件下触发，在指定的通道中，规定一个高或低的脉冲时间。若要添加脉冲宽度触发器，则选择正脉冲触发或负脉冲触发，并输入所需的时间范围。

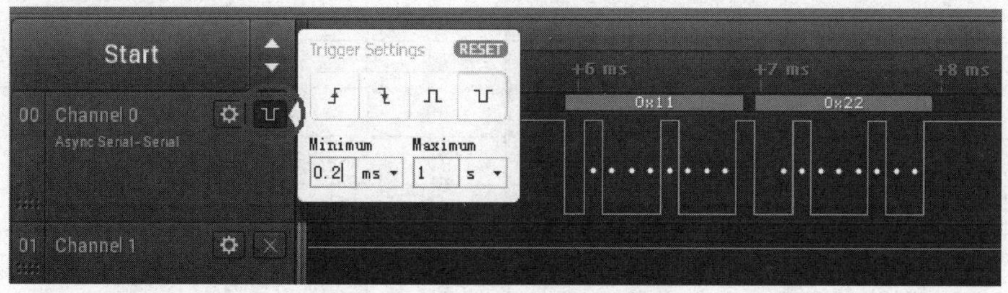

图 22－104　脉冲宽度触发

22.18　键盘快捷键

开始捕捉：Ctrl＋R。

停止捕获：Esc 或回车（按下停止按钮）。

向右/向左移动：→、←（同时按下 Ctrl 键移动更快）。

放大/缩小：↑ 放大，↓ 缩小，＋ 放大，－ 缩小（同时按下 Ctrl 键更快）。

放置时间标记：所有数字，1 ＝ A1，2 ＝ A2，3 ＝ B1，4 ＝ B2，等等。

保存波形：Ctrl＋S。

缩小显示全体波形：Ctrl＋O。

改变进制：Ctrl＋A（ASCII），CTRL＋H（HEX），Ctrl＋B（二进制），Ctrl＋D（十进制）。注：这改变了全局基数。

附录

ASCII 码表

ASCII 值	控制字符	ASCII 值	控制字符	ASCII 值	控制字符	ASCII 值	控制字符
0	NUT	32	(space)	64	@	96	、
1	SOH	33	!	65	A	97	a
2	STX	34	”	66	B	98	b
3	ETX	35	#	67	C	99	c
4	EOT	36	$	68	D	100	d
5	ENQ	37	%	69	E	101	e
6	ACK	38	&	70	F	102	f
7	BEL	39	,	71	G	103	g
8	BS	40	(	72	H	104	h
9	HT	41	)	73	I	105	i
10	LF	42	*	74	J	106	j
11	VT	43	+	75	K	107	k
12	FF	44	,	76	L	108	l
13	CR	45	—	77	M	109	m
14	SO	46	.	78	N	110	n
15	SI	47	/	79	O	111	o
16	DLE	48	0	80	P	112	p
17	DCI	49	1	81	Q	113	q
18	DC2	50	2	82	R	114	r
19	DC3	51	3	83	X	115	s
20	DC4	52	4	84	T	116	t
21	NAK	53	5	85	U	117	u
22	SYN	54	6	86	V	118	v
23	TB	55	7	87	W	119	w
24	CAN	56	8	88	X	120	x
25	EM	57	9	89	Y	121	y

续表

ASCII 值	控制字符	ASCII 值	控制字符	ASCII 值	控制字符	ASCII 值	控制字符
26	SUB	58	：	90	Z	122	z
27	ESC	59	；	91	[	123	{
28	FS	60	<	92	/	124	|
29	GS	61	=	93	]	125	}
30	RS	62	>	94	ˆ	126	～
31	US	63	?	95	—	127	DEL

参考文献

[1] 宏晶科技. STC15 系列单片机器件手册[M/OL]. (2014). http://www. stcmcu. com/.

[2] 陈桂友. 增强型 8051 单片机实用开发技术[M]. 北京:北京航空航天大学出版社,2010.

[3] 周坚. 单片机 C 语言轻松入门[M]. 北京:北京航空航天大学出版社,2006.

[4] 周坚. 平凡的探索[M]. 北京:北京航空航天大学出版社,2010.

[5] 刘军. 例说 STM32[M]. 北京:北京航空航天大学出版社,2011.

[6] 马潮. AVR 单片机嵌入式系统原理与运用实践[M]. 北京:北京航空航天大学出版社,2009.

[7] 于振南. 嵌入式 FAT32 文件系统设计与实现——基于振南 znFAT[M]. 北京:北京航空航天大学出版社,2014.